教育部高等学校材料类专业教学指导委员会规划教材

高分子化学

李悦生 潘 莉 任丽霞 刘晓辉 编著

POLYMER CHEMISTRY

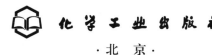

化学工业出版社

·北 京·

内容简介

《高分子化学》教材从合成树脂及塑料、合成橡胶、合成纤维等高分子的生产、改性及应用的要求出发，系统介绍从单体原料到聚合物产品的各类聚合反应机理，重点讲授各类聚合反应的动力学特征和聚合产物的结构调控原理。

本教材在保持缩聚和自由基聚合相关内容科学性和系统性的同时，对离子聚合、配位聚合、开环聚合及高分子反应等章节内容进行梳理，厘清各反应机理、反应动力学特征、代表性聚合物的结构控制方法和措施等，并结合这几类聚合反应近十几年的研究进展与理论发展及完善情况，介绍各类典型聚合物的合成、性能及应用，理论联系实际，以加深学生对高分子化学基础理论的全面理解和掌握。

针对高分子化学领域日新月异的发展现状，结合课程相关的基础概念、基本原理、反应机理与高分子材料的实际应用及发展前景，对内容进行适度更新和系统优化。

每章后提供20余道习题，扫描二维码可获取100余页习题解析和答案，方便教学使用。

本书是高等学校高分子材料与工程、化学化工等专业及其他相关专业的本科生或研究生教材，也可供相关领域的研究人员和技术人员参考。

图书在版编目（CIP）数据

高分子化学 / 李悦生等编著. -- 北京：化学工业出版社，2024. 9. --（教育部高等学校材料类专业教学指导委员会规划教材）. -- ISBN 978-7-122-46207-7

Ⅰ. O63

中国国家版本馆 CIP 数据核字第 202430Q01R 号

责任编辑：陶艳玲　杨　菁　王　婧
责任校对：边　涛　　　　装帧设计：史利平

出版发行：化学工业出版社
(北京市东城区青年湖南街 13 号　邮政编码 100011)
印　　装：三河市航远印刷有限公司
787mm×1092mm　1/16　印张 28　字数 690 千字
2025 年 1 月北京第 1 版第 1 次印刷

购书咨询：010-64518888　　　　售后服务：010-64518899
网　　址：http://www.cip.com.cn
凡购买本书，如有缺损质量问题，本社销售中心负责调换。

定　　价：78.00 元

高分子工业在国民经济发展和国防建设等方面占据着重要地位，发展高分子新材料是中国从制造大国转变为制造强国的必然要求。习近平总书记指出，"新材料产业是战略性、基础性产业，也是高技术竞争的关键领域，我们要奋起直追、迎头赶上"。我国高分子新材料发展面临诸多挑战，目前仍以传统材料为主，产业关键技术相对不足，高端材料国内供给有限，受制于人的短板问题仍然突出。因此，适应于高分子新材料发展的需求，全面提高人才自主培养质量、着力造就拔尖创新人才是高分子材料专业人才培养的重中之重。"高分子化学"是高分子专业的核心课程之一。该课程根据高分子材料与工程和化学化工等专业的特点，从合成树脂及塑料、合成橡胶、合成纤维等高分子的生产、改性及应用的要求出发，系统介绍从单体原料到聚合物产品的各类聚合反应机理，重点讲授各类聚合反应的动力学特征和聚合产物的结构调控原理，是专业人才培养中最为基础和重要的一门课程。

我们在教学过程中发现，由于出版时间相对较早，现有部分教材内容与高分子化学日新月异的发展前沿相比略显陈旧、脱节。例如，以往认为，除乙烯外的 α-烯烃都不能自由基聚合，醋酸乙烯酯和卤代烯烃都不能配位聚合。然而，随着高分子化学的发展，已实现丙烯等其他 α-烯烃的自由基聚合、醋酸乙烯酯和卤代烯烃与乙烯的配位共聚合等以前认为不能发生的聚合反应。另外，现有教材的部分内容，如阳离子聚合和配位聚合章节存在概念模糊不清、内容碎片化等问题；开环聚合章节缺乏环酯单体聚合的相关内容，而这类反应却是合成环境友好型可降解高分子材料的重要方法，也是目前高分子合成化学的重要发展方向之一。同时，近年来出现多本简化版"高分子化学"课程教材，删减了很多重要内容，仅保留了早期的经典高分子化学理论。编者认为，缩减专业核心课程的教学内容尤其是近些年发展较快的基础理论知识，不仅影响本科教育，对后续的研究生培养也会带来诸多负面影响。

基于以上考虑，我们决定编写一部新的"高分子化学"教材，荣幸获得教育部高等学校材料类专业教学指导委员会规划教材建设立项。本教材在保持缩聚和自由基聚合相关内容科学性和系统性的同时，对离子聚合、配位聚合、开环聚合及高分子反应等章节的内容进行梳理，厘清各反应机理、反应动力学特征、代表性聚合物的结构控制方法和措施等，并结合这几类聚合反应近十几年的研究进展与理论发展及完善情况，介绍各类典型聚合物的合成、性能及应用，理论联系实际，以加深学生对高分子化学基础理论的全面理解和掌握。

针对高分子化学领域日新月异的发展现状，结合课程相关的基础概念、基本原理、反应机理与高分子材料的实际应用及发展前景，对教材内容进行适度更新和系统优化。例如，在阳离子聚合一章，更改了"Lewis 酸是主引发剂"的错误概念；在配位聚合一章，引入了过渡金属催化烯烃配位聚合的基本原理；在开环聚合一章，增加了有机催化和 Lewis Pair 催化环酯开环聚合的前沿内容，希望对高分子教学的"与时俱进"与"常教常新"起到抛砖引玉的作用。

书中每章后提供 20 余道习题，扫描二维码可获取习题解析和答案，方便教学使用。

本书第 1 章绪论、第 2 章逐步聚合与缩合聚合、第 10 章高分子的化学反应由潘莉主笔，第 3 章自由基聚合、第 4 章自由基共聚合、第 5 章自由基聚合实施方法由任丽霞主笔，第 6 章阴离子聚合、第 7 章阳离子聚合、第 8 章配位聚合、第 9 章开环聚合由李悦生编撰，各章准备了丰富的习题，由刘晓辉整理、编写与解答。全书由四位作者集体修改，最后由李悦生定稿。

真诚感谢李子臣教授的精心审阅和提出的宝贵修改意见。

因时间及精力有限，书中不妥之处在所难免，敬请各位读者批评指正。

习题参考答案

编者
2024 年 4 月于天津大学北洋园

目 录

第3章 // 自由基聚合

第4章　自由基共聚合

第5章　自由基聚合实施方法

第6章　阴离子聚合

第 9 章　　开环聚合

第10章　高分子的化学反应

参考文献

第 1 章

绪论

　　说起高分子人们并不陌生，它们无处不在，我们就生活在一个丰富多彩的高分子世界之中。生物体永不停息地合成着各种高分子，如淀粉、纤维素、壳聚糖、蛋白质和脱氧核糖核酸等；人类的衣食住行，包括穿着的棉布与合成纤维布、食用的淀粉与蛋白质、家居中的桌椅板凳与塑钢门窗以及出行使用的各种车辆、飞机、船舶等交通工具都依赖着各种各样的高分子材料；人类社会的各行各业，从传统手工业到高新技术产业持续不断地使用着各种高分子材料……可以说，高分子材料在人类社会发展过程中扮演着无可替代的角色。那么究竟什么是高分子？本章将带你学习高分子的基础知识。

1.1 高分子的基本概念

　　提到高分子，人们可能立即想到由长分子链构成的物质，如某种长长的、缠结在一起的三维的线、链、绳或丝。高分子也称聚合物（polymer）或高聚物，它们是指由许多简单的结构单元（structural unit）通过共价键重复键接而成的高分子量化合物，分子量高达 $10^4 \sim 10^7$ 道尔顿（Dalton，常简写为 Da），具有一定的机械强度。Polymer 一词来自于希腊语，由 poly＋meros 两部分组成，"poly" 意味着 "很多"，"meros" 表示 "部分（parts）"。而同样由许多简单的结构单元通过共价键重复键接而成的化合物，分子量低于 10000Da（或 10kDa）时，如分子量为数千道尔顿（Da）的较低分子量化合物，则称为低聚物（oligomer）。

　　例如，医用防护口罩用的聚丙烯由许多丙烯结构单元通过共价键重复键接而成，形如一条长链。

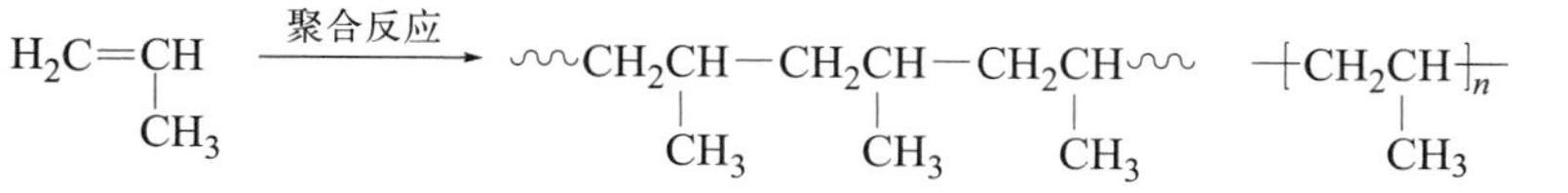

$$H_2C=CH \quad \xrightarrow{\text{聚合反应}} \quad \sim\sim CH_2CH-CH_2CH-CH_2CH\sim\sim \quad \quad \left[CH_2CH\right]_n$$

丙烯（单体）　　　　　　　　聚丙烯（聚合物）　　　　　聚丙烯（结构式）

　　如上所示，聚丙烯是在一定条件下由丙烯聚合而成，丙烯是单体（monomer），分子片段—$CH_2CH(CH_3)$—称为单体单元（monomeric unit）。单体是指能通过聚合反应形成聚合物的小分子化合物，是合成聚合物的原料。聚合（polymerization）或聚合反应是指将单体转变成聚合物的反应。聚合反应源于小分子的化学反应，但要求具有单一产物和单向进行等特点。上图中聚合物分子链两端的波浪线表示具有不同长度的碳链骨架结构，在此省略了末端基团（end group）。为了方便起见，聚丙烯也可以表示为上图右侧的结构式。方括号内是聚丙烯的结构单元，恰好与单体单元相同；括号表示内部的结构单元重复链接；括号外的小写字母 n 表示重复单元的数目，也称为聚合度（degree of polymerization，DP）或链节数。

结构单元是指在大分子链中出现的以单体结构为基础的原子团，即聚合物中单体的剩余部分，是构成聚合物的结构构件。聚合物中重复出现的结构单元也称为重复结构单元（repeating structural unit），又称为链节（chain element）。通常不同聚合物的结构单元也不相同。除主链结构不同外，也有很多聚合物主链结构相同，但是主链连接的取代基或侧基（side group）不同，如聚丙烯的侧基是甲基，聚苯乙烯的侧基是苯基，聚氯乙烯的侧基是氯原子。

像聚丙烯或聚苯乙烯这类聚合物，是由一种结构单元构成的高分子，或者说是由一种单体合成的高分子，称为均聚物（homopolymer）。它们由许多相同的、简单的结构单元通过共价键重复链接而成。均聚物的结构单元往往与单体单元、重复单元（或链节）完全一致，用分子式表示起来比较简单。为了表明聚合物的单体单元，聚乙烯的分子式可简写为 $\pm CH_2CH_2\mp_n$，聚丙烯的分子式可简写为 $\pm CH_2CH(CH_3)\mp_n$。显然，均聚物的聚合度 DP 与重复单元数 n 相同，重复单元的摩尔质量与单体的摩尔质量相同，因此，均聚物的分子量（molecular weight，MW）就是聚合度 DP 或链节数 n 与结构单元分子量（M_0）的乘积，即

$$MW = DP \times M_0 = n \times M_0 \tag{1-1}$$

为了调控聚合物材料的性能，常采用多种单体合成聚合物。由多于一种单体通过共聚反应（copolymerization）合成的聚合物称为共聚物（copolymer），如氯乙烯-醋酸乙烯酯共聚物、丁二烯-苯乙烯共聚物等。

聚酯和聚酰胺是缩聚高分子，分子链结构很像共聚物。例如，聚对苯二甲酸丁二醇酯（polybutylene terephthalate，PBT）具有与聚丙烯和聚苯乙烯等典型均聚物不同的结构特征：

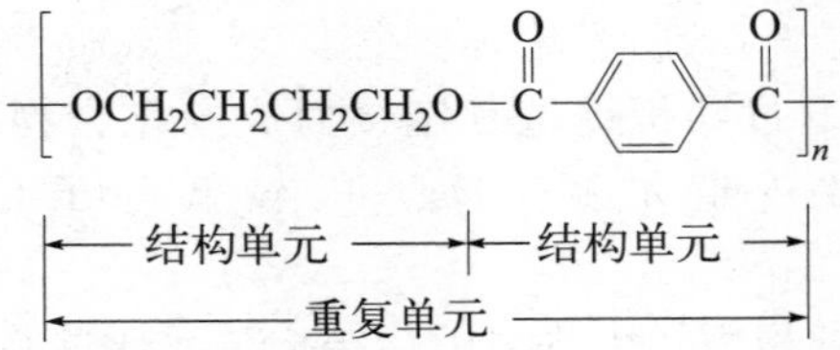

式中，来自于 1,4-丁二醇 $HO(CH_2)_4OH$ 和对苯二甲酸 $HOOC(C_6H_4)COOH$ 脱水缩合的两种结构单元 $\pm O(CH_2)_4O\mp$ 和 $\pm CO(C_6H_4)CO\mp$ 构成一个重复单元，结构单元与单体单元相比少了因脱水而失掉的原子（H）和原子团（OH）。由此可见，对于 PBT 等共聚物来说，重复单元与结构单元、单体单元并不等同。

对于这类共聚物，由于结构单元与重复单元不完全相同，其分子量的计算方法与均聚物也有所区别。以 PBT 为例，作为丁二醇与对苯二甲酸的二元共聚物，一个重复单元包含两个结构单元。因此，聚合度 DP 等于结构单元数，是重复单元数的两倍，即 DP＝2n。

在缩聚过程中，每形成一个重复单元失掉两分子水，重复单元的摩尔质量小于单体摩尔质量之和，分子量的计算要相应地减去小分子副产物的质量。重复单元分子量计算公式如式（1-2）所示，M_0 为重复单元的分子量，M_{01}、M_{02} 分别为两种单体单元的分子量，M_{water} 为小分子副产物水的分子量。缩聚物的分子量就是链节数 n 与重复单元分子量 M_0 的乘积，如式（1-3）所示。

$$M_0 = M_{01} + M_{02} - 2M_{water} \tag{1-2}$$

$$MW = n \times (M_{01} + M_{02} - 2M_{water}) \tag{1-3}$$

式（1-3）适用于醇酸缩聚物和胺酸缩聚物等，如己二酸与己二胺的缩聚物（聚酰胺-66）、对苯二甲酸与乙二醇的缩聚物。

聚合物的分子量具有多分散性，因此常使用平均聚合度（$\overline{X}_n$）的概念。对于聚苯乙烯和聚丙烯等均聚物，平均聚合度即为结构单元数或重复单元数的平均值（$\overline{n}$）；对 PBT 和聚酰胺-66 等缩聚物，平均聚合度为结构单元数的平均值，或为重复单元数平均值的两倍（$2\overline{n}$）。

1.2 高分子的分类和命名

1.2.1 高分子的分类

高分子的分类方式多种多样，人们尝试采用既能体现出高分子结构与性能，又能将所有聚合物分门别类的统一方法。这里介绍几种常用的分类方法，包括按照高分子来源、性能和用途、分子链的化学组成分类等。

（1）根据来源分类

高分子可分为天然高分子、合成高分子和改性高分子。常见的天然高分子包括纤维素、壳聚糖、蛋白质和淀粉等；合成高分子种类很多，包括聚乙烯、聚丙烯、聚丙烯腈、聚苯乙烯、聚酯、聚酰胺、聚碳酸酯和聚氨酯等；常见的改性高分子包括硫化天然橡胶、醋酸纤维素、硝化棉和塑化淀粉等。

（2）根据性能和用途分类

高分子可大致分为塑料、橡胶、纤维、涂料、黏合剂、功能高分子等几类。其中，合成树脂与塑料、合成橡胶及合成纤维统称为三大合成材料，被广泛应用于工业、农业、交通运输和日常生活中。

三大合成材料中塑料占比最大，聚乙烯、聚丙烯、聚氯乙烯、聚苯乙烯、不饱和聚酯、酚醛树脂和环氧树脂等多样化的通用塑料产量大、价格低，在日常生活中得到广泛应用；而聚碳酸酯、聚甲醛、聚苯醚、丙烯腈-丁二烯-苯乙烯共聚物（ABS）等机械性能好的工程塑料大量用于制造各种机械设备零部件和结构件。

丁苯橡胶（丁二烯-苯乙烯共聚物）、顺丁橡胶（顺-1,4-聚丁二烯）、丁腈橡胶（丁二烯-丙烯腈共聚物）和丁基橡胶（异丁烯-异戊二烯共聚物）等合成橡胶在民用领域和军事领域都发挥着重要作用。

合成纤维中最重要和最常见的是涤纶、腈纶、锦纶和维尼纶。涤纶是聚对苯二甲酸乙二醇酯纤维，腈纶是聚丙烯腈纤维，锦纶是聚酰胺纤维，维尼纶是聚乙烯醇缩甲醛纤维。涤纶用作服装面料易洗快干、挺括不皱；腈纶制成的人造毛线松软耐用；锦纶俗称尼龙，具有极高的耐磨性；维尼纶虽相比之下产量较小，但耐酸碱且透气性好。

（3）根据分子链的化学组成分类

高分子可分为碳链聚合物、杂链聚合物、元素有机聚合物和无机聚合物四类。

碳链聚合物（carbon chain polymer）的主链完全由碳原子组成，绝大多数烯类和二烯类聚合物属于此类。烯类聚合物种类较多，包括聚乙烯、聚丙烯、聚氯乙烯、聚四氟乙烯、聚苯乙烯、聚丙烯腈和聚甲基丙烯酸酯等；二烯类聚合物主要包括聚丁二烯和聚异戊二烯，其结构特征是主链含有双键，有时也含有侧基双键。

杂链聚合物（heterochain polymer）的主链除碳原子外，还含有氧、氮、硫、磷等杂原子，如聚醚、聚酯、聚酰胺、聚氨酯和聚脲等缩聚物及杂环单体的开环聚合物，天然高分子、工程塑料、合成纤维、耐热聚合物大多是杂链聚合物。

元素有机聚合物（element organic polymer）的主链不含碳原子，而是由硅、硼、铝、氧、氮、硫和磷等杂原子组成，侧基则为有机基团。聚硅氧烷（有机硅橡胶）是典型的元素有机聚合物，其分子主链为—Si—O—，以有机基团为侧基。硅橡胶是目前工业规模生产的唯一一类主链不含碳原子的弹性体，其最典型的特征是在最宽温度范围内能长时间保持弹性。

无机聚合物（inorganic polymer）的主链和侧链均不含碳原子，完全由杂原子构成，大多呈网状（体形）或片层结构，如石英（二氧化硅）、二硫化钼、氮化硼、聚硅酸盐、聚偏磷酸盐和聚磷钼酸盐等。

（4）根据分子链的几何形状分类

按照分子链的几何形状，高分子可分为线形聚合物、环状聚合物、支化聚合物、交联聚合物等几类。线形聚合物分子链呈不规则的线状，一个分子链含有两个末端；环状聚合物是以大单环、大套环和大扣环等形式存在的高聚物，没有链末端；支化聚合物除主链外还有一定长度和数量的侧链，一条聚合物链含有多个链末端。随着活性/可控聚合技术的发展，人们已经能够合成各种结构明确的（well-defined structure）支化聚合物，如梳形、星形和 H 形等聚合物；交联聚合物是由很多高分子链通过化学键相互键接而形成的三维网状大分子，既不能溶解也不能熔融。

1.2.2　高分子的命名

聚合物命名方法主要有一般命名法和系统命名法两种。

（1）一般命名法

均聚物在其单体名称前冠以"聚"字，即成为聚合物的名称，如氯乙烯的聚合物称为"聚氯乙烯"，甲基丙烯酸甲酯的聚合物称为"聚甲基丙烯酸甲酯"等。若聚合物并非由单体直接聚合得到，则以假想单体命名，如聚乙烯醇。聚乙烯醇系由聚醋酸乙烯酯经醇解而制得，单体"乙烯醇"并不真实存在。

$$\left.\begin{array}{c}CH_2CH\\ \ \ \ |\\ OAc\end{array}\right\}_n \xrightarrow[\text{KOH}]{\text{CH}_3\text{OH}} \left.\begin{array}{c}CH_2CH\\ \ \ \ |\\ OH\end{array}\right\}_n + n\,CH_3CO_2CH_3$$

由两种单体缩聚生成的聚合物，除了冠以"聚"字外，还应在名称中反映出经缩聚反应生成的主链中的特征基团，如对苯二甲酸与乙二醇缩聚形成酯键，其聚合物命名为"聚对苯二甲酸乙二醇酯"，己二酸和己二胺缩聚形成酰胺键，聚合物命名为"聚己二酰己二胺"。

不同烯类单体共聚，命名时常以两种单体的单体名加"共聚物"三个字来命名，即"单体 1-单体 2 共聚物"形式。例如，苯乙烯和丙烯腈共聚后得到的聚合物称为"苯乙烯-丙烯腈共聚物"，苯乙烯和丁二烯共聚后得到的聚合物称为"苯乙烯-丁二烯共聚物"。名称中单体 1 与单体 2 的先后顺序由二者的共聚类型、加入顺序、单体比例等因素决定。

由两种单体合成的聚合物、结构特征不明显的热固性塑料，可取两种单体的简称，常在后面加"树脂"二字来命名，如苯酚和甲醛合成的"酚醛树脂"、尿素与甲醛合成的"脲醛树脂"、甘油和邻苯二甲酸酐合成的"醇酸树脂"等。如果共聚物是结构不明确的弹性体，则在后面加"橡胶"二字，如以丁二烯和苯乙烯为单体的聚合物称为"丁苯橡胶"，以丁二烯和丙烯腈为单体的聚合物称为"丁腈橡胶"，以乙烯、丙烯和双烯烃共聚而成的聚合物称为"乙丙橡胶"等。

有些组成与结构不明确的高分子也常常使用英文缩写名称，如 SAN 树脂是苯乙烯-丙烯腈共聚物，EVA 树脂是乙烯（ethylene）-醋酸乙烯酯（vinyl acetate）共聚物。我们常说的 ABS 树脂是 PS、SAN 树脂和丁二烯-苯乙烯接枝共聚物的混合物，A 代表丙烯腈（acrylonitrile），B 代表丁二烯（butadiene），S 代表苯乙烯（styrene）。ABS 将 PS、SAN 和 PB 的性能有机地结合起来，兼具韧、硬、刚韧均衡的优良力学性能，是一种强度高、韧性好、易于加工成型的热塑性高分子材料。表 1-1 给出一些常见高分子的英文名称及缩写。

表 1-1　常见高分子的英文名称及缩写

中文名称	英文缩写	英文缩写
聚乙烯	polyethylene	PE
聚丙烯	polypropylene	PP
聚氯乙烯	poly（vinyl chloride）	PVC
聚苯乙烯	polystyrene	PS
聚丁二烯	polybutadiene	PB
聚异戊二烯	polyisoprene	PIP
聚甲基丙烯酸甲酯	poly（methyl methacrylate）	PMMA
聚丙烯酸	poly（acrylic acid）	PAA
聚丙烯酰胺	polyacrylamide	PAM
聚丙烯腈	polyacrylonitrile	PAN
聚醋酸乙烯酯	poly（vinyl acetate）	PVAc
聚偏氟乙烯	poly（vinylidene fluoride）	PVDF
聚四氟乙烯	polytetrafluoroethylene	PTFE
聚碳酸酯	polycarbonate	PC
聚对苯二甲酸乙二酯	poly（ethylene terephthalate）	PET
聚对苯二甲酸丁二酯	poly（butylene terephthalate）	PBT
聚苯硫醚	polyphenylene sulfide	PPS
聚氨酯	polyurethane	PU
酚醛树脂	phenol-formaldehyde resin	PF
环氧树脂	epoxy resin	EP

杂链聚合物可进一步按其特征结构来命名，如聚酰胺、聚酯、聚氨酯、聚醚、聚砜等。很多聚合物还有家喻户晓的俗名，如聚酰胺俗称"尼龙"，日常生产生活中常用"尼龙"二

字后加数字指代这类聚合物，由二元胺和二元酸缩聚而成的聚酰胺用"尼龙-XY"表示，第一个数字 X 表示二元胺的碳原子数，第二个数字 Y 表示二元酸的碳原子数，如聚己二胺-己二酸俗称"尼龙-66"，也称"聚酰胺-66"，是最早工业化生产的聚酰胺品种；聚己二胺-癸二酸俗称"尼龙-610"，也称"聚酰胺-610"。若聚酰胺由内酰胺开环聚合或 ω-氨基酸缩聚所得，则"尼龙"后只附一个数字，表示内酰胺或氨基酸的碳原子数，如聚己内酰胺俗称"尼龙-6"，聚 ω-氨基十一酸俗称"尼龙-11"。

我国习惯以"纶"作为合成纤维商品名的后缀，如以"丙纶"指代聚丙烯纤维，以"腈纶"指代聚丙烯腈纤维，以"维尼纶"指代聚乙烯醇缩甲醛纤维，以"锦纶"指代聚酰胺纤维，以"涤纶"指代 PET 纤维等；有时也用"X 纶树脂"指代用于纺制纤维的聚合物，如"腈纶树脂""涤纶树脂"等。

（2）系统命名法

一般命名法中介绍的命名方法都不是很规范，在科学上缺乏严谨性。为了进行更严格的科学系统命名，国际纯粹与应用化学联合会（International Union of Pure and Applied Chemistry，IUPAC）对线形聚合物提出下列命名原则和程序：首先确定重复单元结构，如聚乙烯为亚甲基；再排好其中次级单元的次序，一般顺序为先写侧基最少的元素，继写有取代基的亚甲基；接着给重复单元命名，命名时按小分子的 IUPAC 命名规则；给重复结构单元的命名加括号，并冠以前缀"聚"字，这就成为聚合物的名称。表 1-2 给出了一些聚合物的两种命名。

表 1-2　常见高分子的一般命名与系统命名

聚合物分子式	一般命名	系统命名
$-\!\!\left[CH_2CH_2\right]_n\!\!-$	聚乙烯	聚亚甲基
$-\!\!\left[CH_2CH\right]_n\!\!-$ Cl	聚氯乙烯	聚（1-氯代亚乙基）
$-\!\!\left[CH_2C\right]_n\!\!-$ CH$_3$ / CH$_3$	聚异丁烯	聚（1，1-二甲基亚乙基）
$-\!\!\left[CH_2C\right]_n\!\!-$ CH$_3$ / CO$_2$CH$_3$	聚甲基丙烯酸甲酯	聚（1-甲氧羰基-1-甲基亚乙基）
$-\!\!\left[CH_2-CH=CH-CH_2\right]_n\!\!-$	1,4-聚丁二烯	聚（1-亚丁烯基）
$-\!\!\left[NH(CH_2)_5CO\right]_n\!\!-$	聚己内酰胺	聚［亚氨基（1-氧代己基）］
$-\!\!\left[NH(CH_2)_{10}NHCO(CH_2)_4CO\right]_n\!\!-$	聚己二酰癸二胺	聚（亚氨基亚癸基亚氨基己二酰）
$-\!\!\left[OCH_2CH_2CH_2O-C(=O)-\bigcirc-C(=O)\right]_n\!\!-$	聚对苯二甲酸丙二醇酯	聚（氧亚丙基氧对苯二甲酰）

IUPAC 系统命名法具有严谨的优势，但对于一些聚合物，尤其是缩聚物来说，该法命名的名称过于冗长，例如，聚对苯二甲酸乙二醇酯使用 IUPAC 法命名为"聚（氧亚乙基氧对苯二甲酰）"，尼龙-66 使用 IUPAC 法命名为"聚（亚氨基六亚甲基亚氨基己二酰）"。IUPAC 系统命名法由于比较繁琐，未普遍使用，但在进行学术交流时还需尽量减少俗名的使用，多使用严谨的命名方法。

1.3 聚合反应

聚合反应是把低分子量的单体转化成高分子量聚合物的反应过程。

1.3.1 按单体和聚合物在组成与结构上的变化分类

依此分类，聚合反应可分为缩合聚合（缩聚）、加成聚合（加聚）、开环聚合、聚加成聚合、异构化聚合等多种类型，其中，缩聚和加聚是最重要的两大类聚合反应方法。

（1）加聚反应

在催化剂、引发剂或辐射等外加条件下，含有不饱和键（双键、三键、共轭双键）的单体通过连续加成反应而形成共价键相连高分子的反应称为加成聚合（addition polymerization），产物称为加聚物。例如，氯乙烯在偶氮二异丁腈（azodiisobutyronitrile，AIBN）的引发下聚合生成聚氯乙烯，N-乙烯基吡咯烷酮在 AIBN 的引发下聚合生成聚 N-乙烯基吡咯烷酮，丙烯在 $TiCl_3/AlEt_2Cl$ 的催化下聚合生成聚丙烯，α-甲基苯乙烯在烷基锂的引发下聚合生成聚 α-甲基苯乙烯。

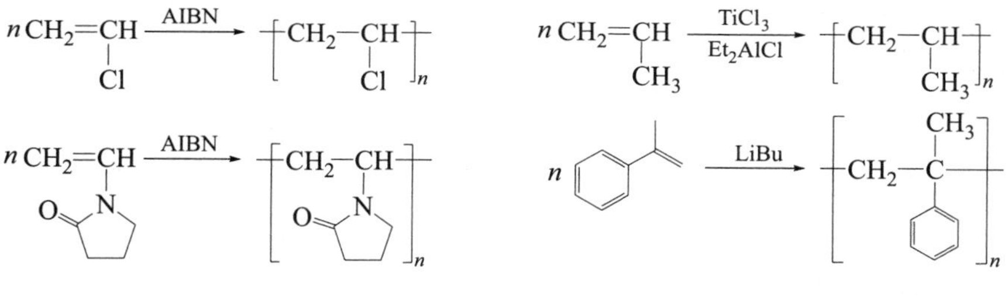

加聚反应是不饱和化合物 π 键加成的聚合反应，主链没有官能团结构特征，产物是碳链聚合物；加聚物的元素组成与单体相同，仅电子结构有所改变；加聚反应过程无副产物生成，因而加聚物分子量是单体分子量的整数倍。

（2）缩聚反应

具有两个或两个以上官能团的单体经多次缩合反应而形成高分子的过程称为缩聚（condensation polymerization）。一个典型的例子是己二胺和己二酸缩聚生成聚酰胺-66，该过程是胺基和羧基的脱水缩合反应。

$$n\ H_2N(CH_2)_6NH_2 + n\ HO_2C(CH_2)_4CO_2H \longrightarrow H{-}[NH(CH_2)_6NHCO(CH_2)_4CO]_n{-}OH + (2n-1)\ H_2O$$

缩聚反应通常是官能团间的缩合反应，除聚合物外，还有小分子副产物生成，如水、醇、乙酸、氯化氢和碱金属卤化物（MX）等。缩聚物中往往残留有官能团的结构特征，如—O—、—S—、—OCO—、—NHCO—，故大部分缩聚物都是杂链高分子（heterochain polymer）。在分子组成上，缩聚物的结构单元与单体不同，小分子副产物的脱除使得缩聚物的结构单元比单体少若干原子，故缩聚物的分子量不再是单体分子量的整数倍。

（3）开环聚合

具有环张力的环状单体，在引发剂或催化剂的作用下 σ 键断裂后开环、聚合形成线形聚合物的反应称为开环聚合（ring-opening polymerization）。例如，环氧丙烷经醇钠引发开环聚合形成线形聚醚，四氢呋喃经阳离子引发开环聚合生成聚四氢呋喃，己内酰胺经阴离子引发开环聚合生成尼龙-6，丙交酯经配位催化开环聚合生成聚乳酸。

杂环单体开环聚合生成杂链聚合物，其结构类似于缩聚物；但开环聚合没有小分子副产物生成，这一特点又类似于加聚反应。

（4）其他类型反应

有些聚合反应难以归属到上述三大类型中，如聚加成聚合、环加成聚合、迈克尔加成聚合（Michael addition polymerization）、氧化偶联聚合等。聚加成聚合的一个典型例子是丁二醇与二异氰酸酯通过分子间氢转移生成聚氨酯。这些反应从产物的官能团结构特征看，类似于缩聚反应，但从反应机理来看，它们属于加聚反应，没有小分子副产物。

1.3.2 按聚合反应机理分类

根据反应机理，聚合反应可分为连锁聚合和逐步聚合两大类，加聚反应中绝大部分属于连锁聚合，缩聚反应中绝大部分属于逐步聚合，开环聚合多属于连锁聚合。

（1）连锁聚合

连锁聚合又称为链式聚合（chain polymerization），绝大多数烯类单体的加成聚合都是连锁聚合。连锁聚合过程可分为链引发、链增长、链转移和链终止四个基元反应。首先，单体分子在光、热、放射线、引发剂等外界因素的作用下生成活性中心，活性中心一旦形成，便通过继续与单体分子反应，很快传递下去，瞬间形成高分子，连锁聚合中每个大分子形成时间很短，最快仅需零点几秒到几秒，最后，活性中心由于某种原因失去活性而无法继续进行链增长而结束反应。

根据活性中心的形式，连锁聚合又可分为自由基聚合、阴离子聚合、阳离子聚合和配位聚合，其链增长活性中心分别为自由基、阴离子、阳离子和金属-碳键。高分子"生长"是通过活性链与单体的反应来实现的，对于慢引发、快增长、快速链转移和链终止的连锁聚合，聚合物的分子量与单体转化率基本无关（如图1-1中线1），如AIBN引发的氯乙烯自由基聚合；如果链引发快于链增长，而且没有链转移和链终止，则聚合物的分子量随单体转化率的升高而线性增大（如图1-1中线2），这类聚合称为"活性聚合"，如丁基锂引发的苯乙烯阴离子聚合。

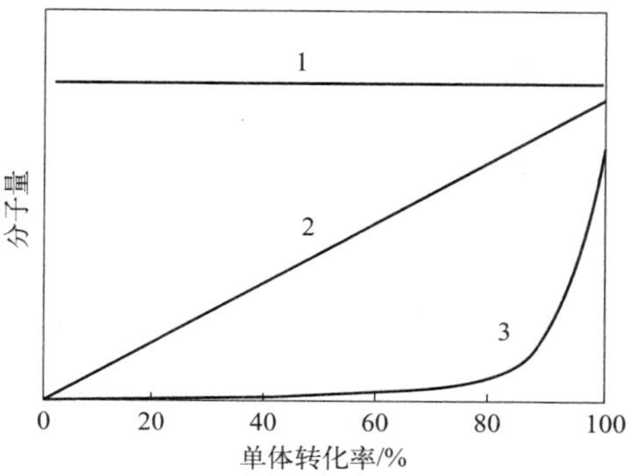

自由基聚合是典型的连锁聚合，从链引发、链增长到链终止可在几秒内完成，即聚合物链的形成瞬间完成，而单体的消耗速率较慢，存在于整个聚合反应过程中。

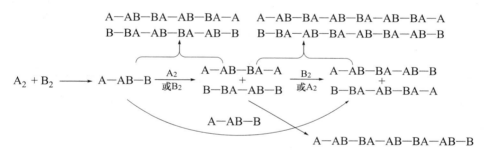

图 1-1　不同聚合反应的分子量-单体转化率关系

1—稀溶液自由基聚合：聚合物分子量不随单体转化率而变化；2—"活性聚合"：聚合物分子量随单体转化率的升高而线性增大；3—缩聚反应：前期的聚合物分子量增加缓慢，而后期的聚合物分子量迅速增大

（2）逐步聚合

如图1-2所示，逐步聚合是通过多次分子间反应，单体形成二聚体、三聚体和多聚体，逐步形成高分子的聚合反应。参与逐步聚合的单体通常是含有官能团的化合物，绝大多数缩聚反应都属于逐步聚合。逐步聚合和连锁聚合不同，它没有特定的链增长活性中心。

图 1-2　逐步聚合过程示意

逐步聚合的典型特征是，小分子缓慢、逐步转变成高分子，每步反应的速率和活化能大致相同。反应初期，单体很快转变成二聚体、三聚体、四聚体等中间产物，单体转化率在开始时就可能很高，但基团反应程度却很低，导致分子链的增长非常缓慢。随后，聚合反应在这些低聚体之间继续进行，分子量缓慢增大，只有当基团反应程度达到较高数值时，分子量才能快速增大并达到较高值，形成聚合物，如图1-1的曲线3。很显然，逐步聚合的反应体系由单体和一系列分子量递增的中间产物组成，而聚合物链端基始终具有反应活性。

1.4　聚合物分子量及其分布

与有机小分子化合物相比，高分子的特点之一就是分子量比较大，而且不均一或不确定，具有多分散性（polydispersity）。因此，高分子的分子量大小只能用平均分子量表示，而其多分散性常用分子量分布（molecular weight distribution，MWD）指数来表示。

高分子作为材料的许多优异性能都与其分子量大小及分子量分布宽窄有关。不同功能、不同用途的材料对于抗张强度、冲击强度、断裂伸长率、可逆弹性及耐热性等性能的要求不同，可有针对性地调节聚合物分子量及分子量分布来满足不同应用领域的实际需求。

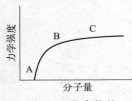

图 1-3　聚合物的力学强度与分子量之间的关系

分子量大小对材料性能的影响并非简单的线性关系。以高分子材料的力学强度为例，图 1-3 给出了力学强度与分子量的关系。A 点是聚合物具有强度的最低点，此处聚合物分子量通常为数千，其数值大小与分子间作用力有关。例如，具有较强分子间氢键的聚酰胺，A 点对应的聚合度约为 30；而低极性的烯类聚合物，A 点对应的聚合度高于 100。在 A 点以上，聚合物的力学强度随分子量升高而迅速增大，到达临界点 B 点（分子量大约在 10～30kDa）以后，材料强度升高趋势变缓；超过 C 点，力学强度增加趋势更加缓慢。

高分子材料的分子量大小并无明显界限。表 1-3 列出了常见聚合物的分子量，一般纤维材料分子量较小，橡胶材料分子量较大，这与材料本身的结构和应用领域有关。以聚乙烯为例，用作塑料加工助剂的蜡状聚乙烯分子量只有 500～5000Da，用作管材的高密度聚乙烯分子量为 50～80kDa，而用作工程塑料的超高分子量聚乙烯分子量可达 3500kDa。除分子量外，高分子材料的强度还与结晶、取向、分子间氢键等多种因素有关。纺制纤维需经过拉伸取向，分子间作用力很强，甚至形成伸直晶，20～30kDa 即可满足高力学强度的要求；而塑料制备通常取向度较低，分子间作用力较差，因而常需要较高分子量才能达到合适的力学强度，如塑料级 PET 的分子量要明显高于涤纶树脂，塑料 PP 的分子量也显著高于丙纶树脂。

表 1-3　常见聚合物的分子量

塑料	分子量/kDa	纤维	分子量/kDa	橡胶	分子量/kDa
高密度聚乙烯	50～300	涤纶	18～23	天然橡胶	200～400
抗冲聚丙烯	50～300	锦纶	12～18	丁苯橡胶	150～200
聚氯乙烯	50～150	腈纶	30～50	顺丁橡胶	250～300
聚甲基丙烯酸甲酯	50～200	丙纶	30～50	氯丁橡胶	100～120
聚苯乙烯	100～300	维尼纶	60～75	丁基橡胶	500～1000

总体来说，聚合物的分子量比有机小分子高 3 个数量级以上，一般为 10～1000kDa；除了有限的几种蛋白质大分子外，聚合物实质上是分子量不等的混合物，聚合物的分子量不均一，具有多分散性。因此，聚合物的分子量描述还需给出分子量的统计平均值和分子量分布。

1.4.1　平均分子量

在学习平均分子量表示方法之前，首先要掌握一些基础概念。假设聚合物样品的总质量为 W，总物质的量为 N，分子数为 n，不同分子量的分子种类用 i 表示，第 i 种分子（也称为 i 聚体）的分子量为 M_i、物质的量为 N_i，分子数为 n_i、质量为 W_i，在整个样品中所占的摩尔分数为 x_i，质量分数为 w_i，则有：

$$\sum N_i = N \qquad\qquad \sum W_i = W$$
$$N_i/N = n_i/n = x_i \qquad\qquad W_i/W = w_i$$

$$\sum x_i = 1 \qquad\qquad \sum w_i = 1$$

根据统计方法的不同，有以下几种平均分子量的表示方法。

（1）数均分子量

按聚合物样品中所含分子数目统计平均的分子量称为数均分子量（number-average molecular weight，$\overline{M}_n$）。其定义为高分子样品中所有分子的总质量 W 除以其分子（摩尔）总数 N，可以表达为 i 聚体的分子量乘以其摩尔分数的加和。

$$\overline{M}_n = \frac{W}{\sum N_i} = \frac{\sum N_i M_i}{\sum N_i} = \frac{\sum W_i}{\sum (W_i / M_i)} = \sum x_i M_i \tag{1-4}$$

聚合物的数均分子量可通过依数性方法（冰点降低法、沸点升高法、蒸气压降低法）和端基分析法测定。数均分子量的数值受体系中小分子量聚合物的影响较大。

（2）重均分子量

按照聚合物的重量进行统计平均的分子量称为重均分子量（weight-average molecular weight，$\overline{M}_w$）。可表示为 i 聚体的分子量乘以其质量分数的加和。

$$\overline{M}_w = \frac{\sum W_i M_i}{\sum W_i} = \frac{\sum N_i M_i^2}{\sum N_i M_i} = \sum w_i M_i \tag{1-5}$$

重均分子量可通过光散射法和凝胶渗透色谱法（gel permeation chromatography，GPC）测定。重均分子量的数值对高分子量聚合物敏感，因此能更准确地反映高分子的性质。

例如，假设一个聚合物样品由分子量分别为 20、40、60、80、100kDa 的 5 个分子组成。计算数均分子量时，将单个分子的分子量相加，然后除以总的分子数（5）；计算重均分子量时，将每个分子的分子量平方后相加，然后除以分子量的总和（300kDa），计算结果如下。

$$\overline{M}_n = (20 + 40 + 60 + 80 + 100)\text{kDa}/5 = 60\text{kDa}$$

$$\overline{M}_w = (20^2 + 40^2 + 60^2 + 80^2 + 100^2)\text{kDa}^2/300\text{kDa} = 73.3\text{kDa}$$

高分子样品是一系列具有不同分子量的同系物的集合体，高分子量聚合物分子所占质量或体积比例明显高于低分子量聚合物分子，所以重均分子量更能反映高分子样品的实际情况。将分子量分别为 10kDa 和 100kDa 的两种聚合物等质量混合，混合物的数均分子量和重均分子量分别为 18.2kDa 和 55kDa，显然后者更接近于实际情况，同时也表明数均分子量受体系中小分子量聚合物的影响更大。

（3）黏均分子量

黏均分子量（viscosity-average molecular weight，$\overline{M}_v$）：全称为黏度平均分子量，是用稀溶液黏度法测得的聚合物分子量。其表达式为：

$$\overline{M}_v = \left(\frac{\sum W_i M_i^\alpha}{\sum W_i} \right)^{\frac{1}{\alpha}} = \left(\frac{\sum N_i M_i^{1+\alpha}}{\sum N_i M_i} \right)^{\frac{1}{\alpha}} = \left(\sum w_i M_i^\alpha \right)^{\frac{1}{\alpha}} \tag{1-6}$$

高分子稀溶液的特性黏数 $[\eta]$ 和分子量的关系满足 Mark-Houwink 方程，即

$$[\eta] = k\overline{M}^\alpha \tag{1-7}$$

式中，k 和 α 是与聚合物、溶剂和温度有关的常数。

以上三种平均分子量大小关系为 $\overline{M}_w > \overline{M}_v > \overline{M}_n$，其中 $\overline{M}_v$ 略低于 $\overline{M}_w$。如图 1-4 所示，$\overline{M}_n$ 靠近聚合物中低分子量部分，即低分子量部分对 $\overline{M}_n$ 影响较大；$\overline{M}_w$ 靠近聚合物中高分子量部分，即高分子量部分对 $\overline{M}_w$ 影响较大。一般用 $\overline{M}_w$ 来表征聚合物比用 $\overline{M}_n$ 来表征更恰当，因为聚合物的性能如强度、熔体黏度更多地依赖于样品中分子量较大的分子。

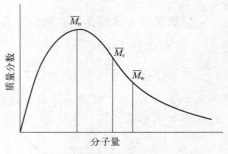

图 1-4　聚合物的平均分子量

1.4.2　分子量分布

聚合物分子量不均一的特性称为聚合物分子量的多分散性，通常采用不同实验方法测得的聚合物分子量都是平均分子量。但要注意的是，即使聚合物的平均分子量数值相同，但分散性却不一定相同。因此，单独用平均分子量数据不足以表征聚合物的结构和性能，还需要了解分子量多分散性的程度。

分子量分布有两种表示方法，一是分子量分布指数，二是分子量分布曲线。

（1）分子量分布指数

将重均分子量与数均分子量的比值定义为分子量分布指数（polydispersity index，PDI），用来表示聚合物分子量分布的分散程度。分子量均一的体系，其分子量分布指数等于 1；合成聚合物的分子量分布指数一般为 1.5～3.0，甚至在 10～50 之间，受合成方法的影响较大。比值越大，分布越宽，分子量越不均一。

PDI 为 1.1～1.3 的体系可认为分子量分布很窄。例如，活性阴离子聚合物的分子量分布很窄，聚合度很大时分子量分布接近单分散状态。目前已知通过活性阴离子聚合可得到的最小 PDI 为 1.04，苯乙烯在四氢呋喃中进行阴离子聚合，通常聚合物的 PDI 在 1.06～1.12 之间。PDI 为 1.5～2.0 的体系可认为分子量分布较窄，利用活性/可控自由基聚合很容易得到分子量分布在该范围内的聚合物。PDI 在 4～10 的体系可认为分子量分布较宽，自由基聚合的工业产品大多分子量分布较宽。PDI 大于 10 的体系可认为分子量分布很宽，某些工业高分子产品的 PDI 在此范围内，如用铬系催化剂生产的高密度聚乙烯的 PDI 往往大于 10。

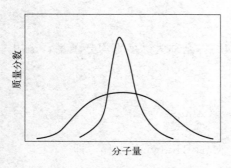

图 1-5　聚合物的分子量分布曲线

（2）分子量分布曲线

将聚合物样品分成不同分子量的级分，测定其质量分数，以各级分的质量分数对其平均分子量作图，得到分子量分布曲线。如图 1-5 所示，中间较陡直的曲线两端拖尾短，说明该聚合物分子量分布相对较窄，而较平缓的曲线两端拖尾长，说明该聚合物分子量分布较宽。将聚合物样品按照分子量分级，常用的实验方法有逐步沉淀分级法、逐步溶解分级法和 GPC 分级法，可分析聚合物中各种不同分子量组分的相对含量。

分子量分布的宽窄也是影响聚合物力学性能和加工

性能的重要因素。高分子量部分可明显增加材料强度，但黏度激增、流动性变差，加工成型困难；低分子量部分使材料强度降低，但可提高加工性能。针对不同领域的应用，不同种类的高分子材料有各自合适的分子量及分子量分布，合成纤维需适当低的分子量、窄分布，塑料需要较高的分子量和较宽的分布，而橡胶则需要很高的分子量。

1.5 大分子微结构

聚合反应的复杂性不仅导致了聚合物分子量的多分散性，还使得聚合物具有复杂的多重结构，包括近程结构或链结构（一次结构）、远程结构或构象结构（二次结构）、凝聚态结构（三次结构）以及高次结构等。本节主要介绍高分子的近程结构，它是构成高分子的最底层、最基本的结构，包括化学结构和立体结构两个方面，其中化学结构是指分子中的原子种类、原子和基团的排列、取代基和端基的种类以及支链的类型、长度及其分布等；立体结构又称为构型，是指组成聚合物的所有原子（或取代基）在空间的排列，它反映了分子中原子与原子之间或取代基与取代基之间的相对位置。

1.5.1 序列结构

结构单元的序列结构是指结构单元之间的键接次序，大分子内结构单元间的键接可能有多种方式，以具有取代基的烯类单体聚合物为例，可能存在"头-尾""头-头"和"尾-尾"三种键接方式。此表述中以有取代基的碳原子为"头"，无取代基的碳原子为"尾"。

$$
\begin{array}{ccc}
\sim\!CH_2CH\!-\!CH_2CH\!\sim & \sim\!CH_2CH\!-\!CHCH_2\!\sim & \sim\!CHCH_2\!-\!CH_2CH\!\sim \\
\quad\ \ |\qquad\quad\ | & \quad\ \ |\qquad\ | & \ \ |\qquad\qquad | \\
\quad\ \ X\qquad\quad X & \quad\ \ X\qquad\ X & \ \ X\qquad\qquad X \\
\text{"头-尾"键接} & \text{"头-头"键接} & \text{"尾-尾"键接}
\end{array}
$$

式中，X 为取代基，如苯基、烷基、酯基、酰胺基、氰基和卤素等。

多元共聚物的序列结构不仅包括结构单元之间的键接方式，还包括单体间的键接次序。烯类单体的均聚物有 3 种结构单元键接方式，二元共聚物有 9 种结构单元键接方式，三元共聚物则更为复杂。

$$
\begin{array}{ccc}
\sim\!CH_2CH\!-\!CH_2CH\!\sim & \sim\!CH_2CH\!-\!CH_2CH\!\sim & \sim\!CH_2CH\!-\!CH_2CH\!\sim \\
X_1\qquad\quad X_1 & X_1\qquad\quad X_2 & X_2\qquad\quad X_2 \\[4pt]
\sim\!CH_2CH\!-\!CHCH_2\!\sim & \sim\!CH_2CH\!-\!CHCH_2\!\sim & \sim\!CH_2CH\!-\!CHCH_2\!\sim \\
X_1\quad\ X_1 & X_1\quad\ X_2 & X_2\quad\ X_2 \\[4pt]
\sim\!CHCH_2\!-\!CH_2CH\!\sim & \sim\!CHCH_2\!-\!CH_2CH\!\sim & \sim\!CHCH_2\!-\!CH_2CH\!\sim \\
X_1\qquad\quad X_1 & X_1\qquad\quad X_2 & X_2\qquad\quad X_2
\end{array}
$$

有些聚合反应的单体插入方式单一，只按 1,2-插入或 2,1-插入方式进行，则结构单元之间的键接方式只有"头-尾"键接。此时，共聚物的序列结构只包括单体间的键接次序。对于 A 和 B 两种单体的共聚物，二元组有 3 种序列结构单元，包括 AA、AB 和 BB；三元组有 6 种序列结构单元，包括 AAA、AAB、ABA、ABB、BAB 和 BBB。例如，甲基丙烯酸甲酯（methyl methacrylate，MMA）和丙烯酸叔丁酯（*tert*-butyl acrylate，*t*BA）在较低温度下进行自由基共聚，受空间位阻的影响，聚合反应只按 1,2-插入方式进行，生成全"头-尾"键接的共聚物，三元组的序列结构单元如下。

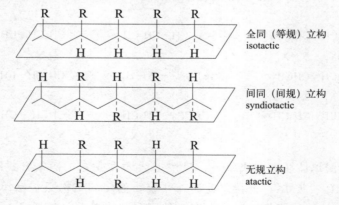

通常共聚物的链结构很复杂，根据结构单元的分布情况，可分为无规共聚物、交替共聚物和嵌段共聚物等。共聚物的结构单元杂乱无章地随机分布，称为无规共聚物（random copolymer），如 EVA 和丁苯橡胶；两种结构单元交替分布的共聚物称为交替共聚物（alternating copolymer），如苯乙烯-马来酸酐共聚物；每种结构单元均连续分布的共聚物称为嵌段共聚物（block copolymer），如苯乙烯-丁二烯-苯乙烯三嵌段共聚物。

1.5.2　立体异构

原子或原子团在大分子中的不同空间排列称为构型（configuration），构型差异产生的异构现象称为立体异构，包括对映异构和几何异构两种。

（1）对映异构

对映异构又叫做手性异构，是不对称碳原子上基团排列次序差异引起的异构现象。以聚丙烯为例，将分子主链拉成锯齿形排在一个平面内，若分子链中甲基全部位于平面的同一侧，则为全同立构或等规立构；若甲基相间地规则排布于平面两侧，则为间同立构或间规立构；若甲基在平面两侧无规排布，则为无规立构。很多烯类单体都有一个潜手性碳原子，理论上可聚合生成各种对映异构聚合物。立构规整性对高分子材料的性能影响很大，聚合物链的立体构型主要由引发剂或催化剂控制。具体内容详见第 8 章。

全同（等规）立构 isotactic

间同（间规）立构 syndiotactic

无规立构 atactic

（2）几何异构

几何异构是大分子链中的双键不能自由旋转而引起的。共轭二烯单体 1,4-聚合时，主链中双键的碳原子上取代基不能绕双键旋转，当双键的两个碳原子上的质子同时被两个不同的取代基或原子取代时，即可形成顺、反两种构型。例如，丁二烯类单体的1,4-加成聚合，可以形成顺（cis)-1,4结构，也可以形成反（$trans$)-1,4结构。

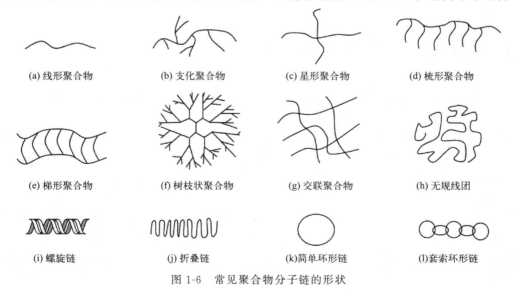

聚丁二烯和聚异戊二烯的顺反异构现象

分子链中的几何构型对聚合物的性能影响很大。顺式聚丁二烯和聚异戊二烯是性能优异的橡胶，而反式聚丁二烯和聚异戊二烯则是半结晶性的塑料。

1.6 线形、支链形和交联聚合物

聚合物的远程结构又叫二次结构，是涉及单个大分子链或链段构象的结构，与一次结构中的构型不同，构象的改变是由单键旋转造成的，并不涉及化学键的断裂。二次结构的基本单元不是单个重复单元，而是由若干个重复单元组成的链段或整条分子链。

如图1-6所示，聚合物链结构非常丰富，包括线形聚合物（linear polymer）、环状聚合物（cyclic polymer）、支化聚合物（branched polymer）、星形聚合物（star polymer）、梳形聚合物（comb polymer）、梯形聚合物（ladder polymer）、树枝状聚合物（dendrimer）、超支化聚合物（hyperbranched polymer）、交联聚合物或体形聚合物（cross-linked polymer 或 three-dimensional polymer）等，分子链的构象结构除包括常见的无规线团（radom coil）和伸直链（extended chain）外，还有螺旋链（helix chain）、折叠链（folded chain）、简单环形链及套索环形链等。

线形高分子的一条分子链只含有两个端基，可进行熔融加工。因一次结构导致的分子链

(a) 线形聚合物	(b) 支化聚合物	(c) 星形聚合物	(d) 梳形聚合物
(e) 梯形聚合物	(f) 树枝状聚合物	(g) 交联聚合物	(h) 无规线团
(i) 螺旋链	(j) 折叠链	(k)简单环形链	(l)套索环形链

图 1-6 常见聚合物分子链的形状

的柔顺性和外界条件（如温度、拉伸等）的不同，线形大分子链可能比较伸展，也可能卷曲成无规线团。刚性棒状聚合物一般为伸直链，含有大位阻侧基的等规立构聚合物多为螺旋链，如等规聚丙烯和等规聚丁烯；柔性链聚合物多为无规线团，而柔性结晶聚合物由于结晶作用多为折叠链，如聚乙烯和聚环氧乙烷等。

环状高分子不含端基。当分子量足够高时，环状聚合物的性质与线形聚合物相同或相近。例如，柔性的环状高分子结晶时也呈折叠链，在溶液中呈无规线团，溶解与熔融性能与线形聚合物的相同。

如果线形高分子上带有侧枝，通过共价键连接在主链上，则称为支链高分子。支链高分子的侧枝长短和数量可不同。有些是在聚合过程中自然形成的，有些是通过后反应接枝制得的。除简单的支链结构外，还可以形成星形链、梳形链等复杂结构。支链高分子易溶解在适当溶剂中，加热可以熔融，即可溶可熔。

交联聚合物又称体形聚合物，具有三维结构，每一条假想链与其他假想链通过共价键相连接，实际上不存在独立的分子链，而只有链段和交联点。交联或体形聚合物的交联程度可用交联密度来表示。交联聚合物不能溶解，轻度交联聚合物可在适当溶剂中溶胀，受热时可软化，但不能熔融且难结晶，一旦成型，不能进一步加工；深度交联聚合物既不能溶解，也不能熔融。

线形或支链形聚合物通过分子间作用力而聚集，可溶于适当溶剂中，加热时可熔融塑化，冷却时则固化成型，此过程可反复进行，因而称之为热塑性聚合物（thermoplastic polymer）。聚乙烯、聚氯乙烯、聚丙烯酸酯、聚苯乙烯、聚酯、聚酰胺（尼龙）等都是常见的热塑性聚合物。

酚醛树脂、环氧树脂、不饱和聚酯和硫化橡胶等体形聚合物的合成一般分为两个阶段，预聚合时控制原料配比和反应条件，使其停留在形成线形或带有少量支链的预聚物阶段；成型时，经加热使其潜在的官能团继续反应成交联结构而固化，形成网状或体形结构，再加热时不能熔融塑化，也不溶于溶剂，这类聚合物称为热固性聚合物（thermosetting polymer）。由于热固性聚合物交联密度大，对热降解和化学侵蚀的抵抗力高，耐热性、尺寸稳定性好，常用作结构材料及某些工程材料。

1.7　凝聚态结构与热转变

高分子的凝聚态结构也叫三次结构，是指高分子材料整体的内部结构，即高分子链与链之间的排列和堆砌。小分子的凝聚态包括晶态、液态、气态三个基本相态和玻璃态、液晶态两个过渡态。与小分子相比，除了没有气态，几乎所有的小分子物态高分子也都存在，但要复杂得多。高分子的凝聚态结构可分为固态结构和液态结构两大类，其中，固态结构又可分为晶态结构、液晶态结构和非晶态结构（无定形结构）三类。

许多高分子可结晶，但结晶度均不能达到100%，即结晶高聚物一般处于晶态和非晶态两相共存的状态。高分子的结晶能力与大分子的主链、侧基等微结构有关，影响因素涉及链的柔顺性、立构规整性、取向和分子间作用力等，也与温度和压力场等外部因素有关。熔融温度又称为熔点（T_m），是结晶高分子的热转变温度，由于高分子结晶存在缺陷，其熔融会在一个温度范围内进行，也就是说，聚合物宏观上没有固定熔点，而是具有一个熔融温度范围。结晶聚合物加热到一定温度，可能直接进入黏流态，这与聚合物熔融温度的高低有关。

某类晶体受热熔融（热致性）或被溶剂溶解（溶致性）后，失去了固体的刚性，转变成液体，但仍保留晶态分子的有序排列，呈各向异性，形成兼有晶体和液体性质的过渡状态，这种中间状态称为液晶态，处于这种状态的物质称作液晶。聚合物的液晶态结构主要有向列型、近晶型和胆甾型三种。晶态高分子熔融后许多分子链结构变得不稳定，容易发生分解和交联等反应；但液晶高分子熔融后仍然稳定，且很难发生分解和交联反应。

非晶态聚合物的分子链通常处于无规线团状态，分子链间存在缠结，但同时也存在着一定程度的有序。非晶态聚合物没有熔点，在比容-温度曲线上有一转折点，此点对应的温度称为玻璃化转变温度（T_g）。无定形聚合物在 T_g 以下时，呈硬而脆的玻璃态，加热使温度超过 T_g 后转变为高弹态。因此，T_g 是无定型塑料的上限使用温度，橡胶的下限使用温度。继续升温，聚合物则由高弹态转变为黏流态，此温度称为黏流温度（T_f）。将一非晶态聚合物试样，施加一恒定外力，记录试样的形变随温度的变化，可得到形变-温度曲线或热机械曲线，该曲线能清楚地反映出无定形聚合物的力学三态和两个转变温度的关系，如图 1-7 所示。

半晶态聚合物的热变形行为不同于非晶态聚合物。如图 1-8 所示，通常高结晶性聚合物很难观测到玻璃化转变温度，样品受热发生形变的幅度很小，直到发生熔融，曲线的左上方均是固态；中低结晶性聚合物的热变形行为介于无定形聚合物和高结晶性聚合物之间，可能同时存在 T_g、T_m 和 T_f 三个热转变温度。

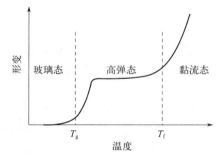

图 1-7　非晶态聚合物的热变形行为

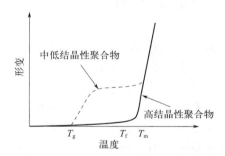

图 1-8　半晶态聚合物的热变形行为

1.8　高分子材料的力学性能

在前文高分子的分类一节中提到，合成树脂与塑料、合成纤维、合成橡胶统称为三大合成高分子材料，合成材料按照用途还可分为结构材料和功能材料两大类。结构材料是以力学性能为基础，用以制造受力构件的材料，因此具有优异的力学性能是结构材料的必要条件。功能材料是指通过光、电、磁、热、化学、生化等作用后具有特定功能的材料，虽其更注重功能特性，但仍需一定机械强度以满足使用需要。

高分子材料的力学性能一般用弹性模量、抗张强度和断裂伸长率进行表征。

① 弹性模量代表物质的刚性，对变形的阻力，以起始应力除以相对伸长率表示，即应力-应变曲线的斜率；

② 抗张强度是使试样破坏的应力，单位为 N/cm^2；

③ 断裂伸长率是最终试样断裂时的伸长率（%）。

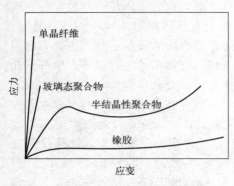

图 1-9　典型聚合物的应力-应变曲线

如图 1-9 所示，纤维、橡胶、软硬塑料的结构和性能差别很大。成纤聚合物多为分子量较低的极性高分子或高结晶性材料，纤维成型过程中经过单轴拉伸，分子链高度取向并结晶。因此，纤维不易变形，断裂伸长率低，模量和强度却都很高。

橡胶具有高弹性，很小的作用力即可产生很大形变，除去外力后能立即恢复原状。橡胶多为分子链柔顺的高分子量非极性聚合物，通常 T_g 为 $-100 \sim -50℃$，分子链在室温下处于卷曲状态，拉伸时伸长，除去应力后回缩。轻度交联可防止分子链滑移，增加回弹性。

塑料的力学性能介于纤维和橡胶之间，范围比较宽，可从接近橡胶的软塑料至接近纤维的硬塑料。高 T_g 的极性聚合物受力后不易变形，但模量和强度均低于纤维，断裂伸长率略高，如聚甲基丙烯酸甲酯（PMMA）；半晶态聚合物的拉伸行为比较复杂，应力-应变曲线存在屈服点，屈服点之后应力随应变增大先降后增。

1.9　高分子化学发展简史

目前高分子材料已经广泛应用于人们的日常生活当中，衣食住行无不涉及大量的高分子化合物。从利用天然高分子，到人工合成高分子，人们对它们的组成、结构的认识与合成方法的掌握经历了一个复杂而曲折的过程。

纤维素、甲壳素、淀粉、蛋白质、DNA 等都是天然高分子化合物，远在数千年前，人类就开始使用棉、麻、丝、毛、皮等天然高分子作织物材料，以竹木建房，以淀粉和肉类制食。但是在漫长的历史中，人们对天然高分子的本质并没有深入的了解。直到 1812 年，化学家在用酸水解木屑、树皮、淀粉等植物的实验中得到了葡萄糖，才知道淀粉、纤维素都由葡萄糖组成。自此，人们逐步了解了构成某些天然高分子的单体。其后的很长一段时间里，人们探究出多种天然高分子的化学改性方法，制备出硝酸纤维素、醋酸纤维素和纤维素醚等一系列改性纤维，但在合成高分子方面始终无甚进展。

早在 1872 年，德国化学家 Bayer 首先发现，苯酚与甲醛在酸性条件下加热时能迅速结成红褐色硬块或黏稠物，但因无法用传统方法纯化而停止实验。直至 1909 年，美国化学家 Baekeland 等用苯酚和甲醛制造出人类历史上第一种完全人工合成的塑料——酚醛树脂，又称"Baekeland 塑料"。19 世纪末 20 世纪初虽陆续合成了聚氯乙烯、甲基橡胶（二甲基丁二烯聚合物）等合成高分子材料，但一直缺乏系统、科学的理论支撑。

1922 年，德国化学家 Hermann Staudinger 首次提出了高分子是由长链大分子构成的观点。虽然该理论提出后一直遭到当时拥护"胶体论"（认为高分子是胶体缔合）的科学家们的质疑和反对，但 Staudinger 坚持真理，坚定地维护和推广自己的学说，与胶体论者展开了持久而艰难的论战。最终，瑞典化学家 Svedberg 等人利用设计出的一种超速离心机，测量出蛋白质的分子量，成功证明高分子的分子量为几万到几百万，为大分子理论提供了直接的证据。1932 年，Staudinger 总结了自己的大分子理论，出版了划时代的巨著《高分子有机化合物》。他的论著帮助人们认清了高分子的实质，合成高分子的研究有了明确的方向，从此新的高分子被大量合成，高分子合成工业获得了迅速发展，Staudinger 对高分子学说做出了卓越贡献，也因此获得了 1953 年诺贝尔化学奖。

大分子理论提出后，高分子化学理论迅速发展，高分子工业也蓬勃兴起，其后的 40 年间高分子化学及高分子工业达到飞速发展阶段。1935 年，美国工业化学家 Carothers 合成出聚酰胺-66，这种聚合物不溶于普通溶剂，具有 263℃ 的高熔点，适合纺制纤维。聚酰胺-66 纤维在结构和性质上更接近天然丝，耐磨性和强度超过当时任何一种纤维，而且原料价格也更便宜，杜邦公司进行了相关商品生产开发，于 1938 年宣布世界上第一种合成纤维的正式诞生，并将其命名为尼龙（nylon）。尼龙的出现使纺织品的面貌焕然一新，用这种纤维织成的尼龙丝袜既透明又比传统丝袜耐穿，深受人们喜爱。1939 年 10 月，杜邦公司展示了尼龙丝袜，很快就被视为珍奇之物抢购一空。尼龙的合成是高分子化学发展的一个重要里程碑，它有力地证明了高分子的存在，使人们对 Staudinger 的大分子理论深信不疑，自此高分子化学才真正建立起来。1940 年，英国科学家 Whinfield 在卡罗瑟斯早期研究成果的基础上，改用对苯二甲酸与乙二醇进行醇酸缩聚，制备了聚酯纤维——涤纶。

除缩聚合成高分子外，20 世纪 30 年代还工业化了一批经自由基聚合而成的烯类加聚物。1930 年，BASF 开始在德国商业化生产聚苯乙烯；1931 年，德国 Farben 公司采用乳液聚合实现了聚氯乙烯的工业化生产；1933 年，ICI 公司的研究人员把乙烯和苯乙醛置于 200℃、140MPa 下试图进行缩合反应时却得到了极少量的白色固体，后来才证实氧在高温高压下可以引发乙烯的自由基聚合，这是高分子发展史上首次制得了聚乙烯，1939 年该工艺实现了工业化生产。缩聚和自由基聚合奠定了早期高分子化学学科发展的基础。

1929 年，德国金属有机化学家 Ziegler 卓有远见地将共轭二烯单体加成到金属钠或金属锂上进行聚合反应，为阴离子聚合奠定了研究基础。1956 年，美国高分子化学家 Szwarc 证实苯乙烯阴离子聚合可成为一种无链终止的活性聚合，即反应体系中生成的阴离子比较稳定，单体消耗完后形成的末端阴离子也是稳定的，再加入单体聚合反应会继续进行，聚合物的分子量持续增长。学术界将 1956 年定为阴离子活性聚合的元年，以表彰 Szwarc 对离子聚合领域所做出的杰出贡献。同一时期，阳离子聚合被应用于工业化生产。1934 年，Whitmore 用强酸催化烯烃反应制备低聚物并提出阳离子聚合的概念。1937 年，美国的 Thomas 和 Sparks 开始对异丁烯与少量异戊二烯的阳离子共聚进行深入研究，合成出了性能优异、能进行硫化交联的丁基橡胶（IIR）。

聚烯烃工业是在 20 世纪 50 年代 Ziegler 和意大利高分子化学家 Natta 两人里程碑式的科学发现的基础上发展起来的。1952 年，Ziegler 在一次烯烃还原试验中偶然发现高压釜内的少量镍杂质能催化乙烯齐聚，随后在对过渡金属催化乙烯齐聚的研究过程中发现，四氯化钛在三乙基铝的活化下能高效催化乙烯聚合生成高分子量、高结晶度的线形聚乙烯。1954 年，Ziegler 又发现钒系催化剂可以使乙烯和丙烯共聚得到弹性体材料。同年，Natta 在 Ziegler 的重大发现的基础上，成功地用 $TiCl_3/Et_2AlCl$ 催化丙烯的立构选择性聚合，制备了等规聚丙烯。随后几年，Ziegler-Natta 催化剂很快应用于工业生产聚烯烃产品。Ziegler 和 Natta 所开创的配位催化聚合和立体定向聚合，应用于烯烃和共轭烯烃的配位聚合等，开拓了高分子科学和工艺的崭新领域，成为高分子化学发展史上的里程碑，两人因此也共同获得了 1963 年诺贝尔化学奖。

20 世纪 50 年代，新的聚合方法和聚合物品种层出不穷，高分子学科理论也得以扩展和完善。1953 年，康奈尔大学出版社出版了《高分子化学原理》，该书很快成为高分子领域的必备参考书之一，其在今天依然是高分子领域主要的理论基础，被视为高分子科学的圣经。该书的作者是获得 1974 年诺贝尔化学奖的美国化学家 Paul J. Flory，他在高分子化学与物理领域的研究无论在理论还是实验方面都取得了极为可观的成就，特别是在缩聚和加聚机理及高分子溶液理论方面卓有成就。高分子溶液理论和分子量测定推动了高分子化学的发展。此外，物理和物理化学中的许多表征技术，如核磁共振波谱、红外光谱、X 射线衍射、光散射等，对高分子的剖析和结构确定起了重要作用。

在随后的几十年里，高分子科学不断发展和完善，新型聚合物不断涌现，合成方法和技术也在不断刷新。除原有聚合物更大规模、更加高效地工业生产外，新合成技术的应用及高性能、新功能及特种聚合物的开发也方兴未艾。20 世纪 70 年代，茂金属催化剂的发明进一步改变了聚合催化体系，茂金属催化聚合物代表了对分子参数具有更高程度控制的新一代聚烯烃材料的产生，1977 年美国联合碳化物公司（UCC）率先开发出线形低密度聚乙烯（LLDPE）。结合 Szwarc 等提出的活性聚合概念及传统自由基聚合的特点，活性/可控自由基聚合应运而生，其优点在于可控制聚合物的分子量，使其具有更窄的分子量分布（相近的链长），且可制备端基官能化聚合物和拓扑结构聚合物，如环形聚合物、杂臂星形聚合物、嵌段共聚物、接枝共聚物和刷形聚合物等。此外，具有优异官能团耐受性的基团转移聚合、基于高效催化剂的发明而发展起来的烯烃易位聚合等多种合成方法，推动了高分子聚合不断发展。高分子科学也开始与其他学科相互渗透、相互结合，呈现多向发展的趋势。1974 年，美国洛克菲勒大学著名生物化学家 Merrifield 将功能化的聚苯乙烯用于多肽和蛋白质的合成，大大提高了生命物质合成的效率，开创了功能高分子材料与生命物质合成领域的新纪元，于 1984 年获得诺贝尔化学奖。1977 年，日本科学家 Shirakawa、美国科学家 Heeger 和 MacDiarmid 等合成了具有导电功能的高分子材料，使塑料也能导电，他们也因此获得了 2000 年诺贝尔化学奖。学科交叉已成为众多原始创新的源泉，高分子材料与多学科的结合更为高分子科学家提供了创新的机遇。

如今，利用新合成方法能对高分子的立体结构进行精确控制，制备结构和性质可调控的高分子材料，超支化聚合物、索烃型聚合物、光电磁活性聚合物、仿生聚合物与生物聚合物的高效合成正在如火如荼地进行中。21 世纪高分子材料的发展将不再仅局限于化学合成领域，纳米化、智能化、绿色化将成为重要发展方向，依赖高分子的纳米合成，可获得具有精准多级结构的高分子，实现高分子的分子设计；依靠智能化，赋予无生命的有机材料“感觉”和“知觉”，可以使材料的作用和功能随外界条件的变化而自动调节、修饰和修复；依照生态学的绿色精神，对绿色环保的高分子合成方法、生物可降解高分子、高分子解聚方法等的研究旨在最大限度地降低材料对环境的污染，以有效解决人类发展与环境之间的冲突，符合可持续发展战略。

高分子化学已经不再是有机化学、物理化学等某一传统化学学科的分支，而是整个化学学科和物理、工程、生物乃至药物等许多学科的交叉和综合，今后还会进一步丰富和完善。从 20 世纪初至今，历经百余年的发展，高分子科学已经成为一门基础性和应用性兼而有之的科学，随着科学技术的不断发展，高分子科学必将在社会生产、生活的各个方面得到更加广泛的应用。

本章纲要

1. **高分子的基本概念**　高分子也称聚合物或高聚物，它们是指由许多简单的结构单元通过共价键重复键接而成的高分子量化合物，分子量高达 $10^4 \sim 10^7$ 道尔顿（Da）。而同样由许多简单的结构单元通过共价键重复键接而成的化合物，分子量低于 10000Da（或 10kDa）时，如分子量仅为数千道尔顿的低分子量聚合物，称为低聚物或齐聚物。单体是指能通过聚合反应形成高分子化合物的低分子化合物，聚合反应是指将单体转变成聚合物的反应。

2. **高分子的分类**　高分子的分类方式多种多样，目前常用的分类方法包括按照材料来源、性能和用途、分子链的化学组成分类等。根据材料来源，高分子可分为天然高分子、合成高分子和改性高分子；按性能和用途，高分子可大致分为塑料、橡胶、纤维、涂料、黏合剂、功能高分子等几类；按照分子链的化学组成，高分子可分为碳链聚合物、杂链聚合物、元素有机聚合物和无机聚合物四类。

3. **高分子的命名**　聚合物命名方法主要有一般命名法和系统命名法两种。一般命名法常依据单体来源、聚合物结构组成与习惯叫法等，系统命名法依照 IUPAC 的命名原则，较为科学和严谨。

4. **聚合反应**　按照单体和聚合物在组成与结构上发生的变化，聚合反应可分为缩合聚合（缩聚）、加成聚合（加聚）、开环聚合、聚加成聚合、异构化聚合等多种类型，其中，缩聚和加聚为最重要的两大类聚合反应方法。根据反应机理，聚合反应可分为连锁聚合和逐步聚合两大类，加聚反应中绝大部分属于连锁聚合，缩聚反应中绝大部分属于逐步聚合，而开环聚合多属于连锁聚合。

5. **聚合物的分子量及分子量分布**　聚合物的分子量比有机小分子高 3 个数量级以上，一般为 10~1000kDa，除了有限的几种蛋白质大分子外，聚合物体系实质上是分子量不等的混合物体系，聚合物的分子量不均一，具有多分散性。因此，聚合物的分子量描述还需给出分子量的统计平均值和分子量分布。按聚合物样品中含有分子数目统计平均的分子量称为数均分子量（$\overline{M}_n$），按照聚合物的重量进行统计平均的分子量称为重均分子量（$\overline{M}_w$），聚合物分子量不均一的特性称为聚合物分子量的多分散性，通常采用不同实验方法测得的聚合物分子量都是平均分子量。将重均分子量与数均分子量的比值定义为分子量分布指数，用来表示聚合物分子量分布的分散程度。

6. **大分子微结构**　聚合反应的复杂性不仅导致了聚合物相对分子量的多分散性，还使得聚合物具有复杂的多重结构，包括近程结构或链结构（一次结构）、远程结构或构象结构（二次结构）、凝聚态结构（三次结构）以及高次结构等。高分子的近程结构，包括化学结构和立体结构两个方面，其中化学结构是指分子中的原子种类、原子和基团的排列、取代基和端基的种类以及支链的类型、长度及其分布等；立体结构又称为构型，是指组成聚合物的所有原子（或取代基）在空间的排列，它反映了分子中原子与原子之间或取代基与取代基之间的相对位置。聚合物链结构非常丰富，包括线形聚合物、环状聚合物、支化聚合物、梳形聚合物、超支化聚合物、树状聚合物、星形聚合物等。

7. **凝聚态结构与热转变**　高分子的凝聚态结构也叫三次结构，是指高分子材料整体的内部结构，即高分子链与链之间的排列和堆砌结构。高分子的凝聚态结构可分为固态结构和液态结构两大类，其中，固态结构又可分为晶态结构、液晶态结构和非晶态结构（无定形结构）三类。熔融温度又称为熔点，是结晶高分子的热转变温度，由于高分子结晶存在缺陷，聚合物宏观上没有固定熔点，而是具有一个熔融温度范围。非晶态聚合物没有熔点，在比容-温度曲线上有一转折点，此点对应的温度称为玻璃化转变温度。

8. 高分子材料和力学性能　合成树脂与塑料、合成纤维、合成橡胶统称为三大合成材料，合成材料按照用途还可分为结构材料和功能材料两大类。高分子材料的机械性能一般用弹性模量、抗张强度和断裂伸长率进行表征。

9. 高分子化学发展简史　从利用天然高分子，到人工合成高分子，人们对它们的组成、结构的认识与合成方法的掌握经历了一个复杂而曲折的过程。高分子化学已经不再是有机化学、物理化学等某一传统化学学科的分支，而是整个化学学科和物理、工程、生物乃至药物等许多学科的交叉和综合，今后还会进一步丰富和完善。从 20 世纪初至今，历经百余年的发展，高分子科学已经成为一门基础性和应用性兼而有之的科学，随着科学技术的不断发展，高分子科学必将在社会生产、生活的各个方面得到更加广泛的应用。

习题

1. 与有机小分子化合物相比，高分子或聚合物有哪些特征？

2. 举例说明下列概念。（1）单体、低聚物、聚合物、高分子、高聚物；（2）碳链聚合物、杂链聚合物、元素有机聚合物、无机聚合物；（3）主链、侧链、侧基、端基；（4）结构单元、单体单元、重复单元、链节；（5）聚合度、分子量、分子量分布；（6）连锁聚合、链式聚合、逐步聚合、加聚反应、缩聚反应；（7）加聚物、缩聚物、低聚物。

参考答案

3. 写出由下列单体聚合得到的聚合物的名称、分子式，注明聚合物的结构单元和重复单元。（1）甲基丙烯酸甲酯；（2）偏二氯乙烯；（3）丙烯酰胺；（4）α-甲基苯乙烯；（5）α-氰基丙烯酸甲酯；（6）对苯二甲酸＋丁二醇；（7）己二酸＋己二胺；（8）4,4′-二苯基甲烷二异氰酸酯＋ 丁二醇；（9）环氧丙烷；（10）己内酰胺。

4. 写出下列聚合物的中文名称（用来源基础命名法）和分子式，注明结构单元和重复单元。（1）PS；（2）PVC；（3）PP；（4）PMMA；（5）PAN；（6）PET；（7）PC；（8）尼龙-66；（9）IIR。

5. 根据大分子链结构特征命名法，对下述聚合物进行命名。（1）聚甲醛；（2）环氧树脂；（3）涤纶树脂；（4）聚碳酸酯；（5）尼龙-6；（6）顺-1,4-聚丁二烯；（7）—O(CH$_2$)$_2$O—CONHC$_6$H$_4$CH$_2$C$_6$H$_4$NHCO—；（8）—HN (CH$_2$)$_6$NH—CONH(CH$_2$)$_6$NHCO—。

6. 举例说明橡胶、塑料和纤维的结构-力学性能特征和主要区别。

7. 什么是玻璃化转变温度？橡胶和无定形塑料的玻璃化转变温度有何区别？举例说明玻璃态聚合物和半晶态聚合物的使用温度区间有何差别。

8. 写出下列聚合物的分子式，求出重复单元数（n）、数均聚合度（$\overline{X}_n$）和平均聚合度（$\overline{DP}$）。（1）聚丙烯的分子量为 60kDa；（2）聚酰胺-610 的分子量为 50kDa。

9. 通过聚合物分子量与单体转化率之间的关系图，比较连锁聚合与逐步聚合的特征，对下列聚合物的聚合机理进行分类。（1）聚丙烯；（2）聚丁二烯；（3）聚酰胺-610；（4）聚氧化乙烯；（5）聚酰胺-6；（6）聚苯乙烯；（7）聚酯 PPT；（8）聚氨酯。

10.写出顺丁橡胶、天然橡胶、丁腈橡胶、丁苯橡胶、EVA、维尼纶、涤纶树脂的分子式。

11.一高分子混合物含有 A、B、C 三个组分，其中组分 A 的质量为 10g，分子量为 30kDa；组分 B 的质量为 5g，分子量为 70kDa；组分 C 的质量为 2g，分子量为 100kDa，求高分子样品的数均分子量、重均分子量和分子量分布指数。

12.聚合物 A 的数均分子量和重均分子量分别为 30kDa 和 90kDa，聚合物 B 的数均分子量和重均分子量分别为 15kDa 和 40kDa，计算 A 和 B 等质量共混物的数均分子量和重均分子量。

第2章

逐步聚合与缩合聚合

2.1 逐步聚合概述

2.1.1 逐步聚合定义与分类

按照聚合机理，聚合反应可分为逐步聚合（step polymerization）和连锁聚合或链式聚合（chain polymerization）两类。在逐步聚合过程中，单体和多聚体之间通过不同官能团的相互反应使分子链长度不断增长，即单体转变成聚合物的化学反应是逐步进行的，分子量也是逐渐增大的。逐步聚合通常是由单体所带的两种不同官能团之间的化学反应而得以进行的。例如，羟基和羧基的酯化反应，胺基与羧基的酰化反应，羟基与异氰酸酯的加成反应等。逐步聚合的两种官能团可在不同单体上，也可在同一单体上（如 ω-羟基酸和间氨基苯甲酸等）。

$$\sim\!\!\!\text{COOH} + \text{HO}\sim\!\!\!\xrightarrow{\text{H}^+} \sim\!\!\!\text{COO}\sim\!\!\! + \text{H}_2\text{O}$$

$$\sim\!\!\!\text{COOH} + \text{H}_2\text{N}\sim\!\!\!\xrightarrow{\text{H}^+} \sim\!\!\!\text{CONH}\sim\!\!\! + \text{H}_2\text{O}$$

$$\sim\!\!\!\text{N}\!=\!\text{C}\!=\!\text{O} + \text{HO}\sim\!\!\!\longrightarrow \sim\!\!\!\text{HNCOO}\sim\!\!\!$$

$$\sim\!\!\!\text{CH}\!=\!\text{CH}_2 + \text{HS}\sim\!\!\!\xrightarrow{h\nu} \sim\!\!\!\text{CH}_2\text{CH}_2\text{S}\sim\!\!\!$$

逐步聚合包括诸多化学反应类型，如酯化、酰化、加成和偶联反应等，而聚合过程是这些简单反应的不断重复。从化学反应本身来讲，逐步聚合不分阶段。与此相反，连锁聚合多为烯类单体的不断加成反应，每个大分子的生成都必须经历链引发、链增长和链终止或链转移等历程。

逐步聚合初期，单体的转化率快速升高，短时间内即可达到 95% 以上；而聚合物分子量的增长却相当缓慢，直到聚合后期，分子量才显著增大。对于连锁聚合，聚合反应一旦开始，高分子量聚合物即快速形成。在稀溶液中进行自由基聚合，聚合物分子量与单体转化率的关系不大，而整个聚合的完成即单体的完全转化却需要较长时间。

逐步聚合大体上可分为三类，分别是缩合聚合（condensation polymerization）、逐步加成聚合（stepwise addition polymerization）和氧化偶联聚合（oxidative coupling polymerization）。

缩合聚合简称缩聚，是指具有两个或两个以上官能团的单体或多聚体之间反复发生缩合反应，生成分子量更高的多聚体和聚合物，同时释放出小分子化合物（如水、醇、羧酸、氨、碱金属盐、卤化氢和乙烯等）的反应过程。例如，二元醇与二元酸的脱水缩聚，α,ω-非共轭二烯的脱乙烯易位聚合，ω-羟基酸的自缩聚，酚盐与活化的卤代芳烃的脱盐缩合等。

本章后文将详细介绍缩合聚合反应与代表性的缩聚物。

$$n\,HO-R_1-OH + n\,HO_2C-R_2-CO_2H \longrightarrow H\!\!-\!\!\left[O-R_1-OCO-R_2-CO\right]_n\!\!\!-\!\!OH + (2n-1)\,H_2O$$

$$n\,CH_2{=}CH-R-CH{=}CH_2 \longrightarrow \left[CH-R-CH\right]_n + (n-1)\,CH_2{=}CH_2$$

$$n\,CH_3COO-R-COOH \longrightarrow CH_3CO\!\!-\!\!\left[ORCO\right]_n\!\!\!-\!\!OH + (n-1)\,CH_3COOH$$

逐步加成聚合不同于缩聚，通常聚合过程中没有小分子生成，如聚氨酯、环氧树脂和酚醛树脂的合成。虽然这类聚合反应通常没有小分子副产物生成，但个别逐步加聚也有小分子生成，有些逐步加聚反应还可能发生个别活泼原子的转移等特殊反应。

氧化偶联聚合常伴随氢气的释放或水的生成，主要用于合成聚苯醚、聚噻吩、聚吡咯和聚苯胺等。

2.1.2 缩聚反应特点

不同于加成聚合，缩聚是单体或多聚体的官能团之间的相互反应，通常只需要加热就能开始聚合反应，而且除了产生热分解、交联等副反应外，本质上没有终止反应。

缩聚看似简单，实际上比较复杂。按反应动力学可分为一级反应、二级反应、三级反应以及其他级数反应；按反应复杂情况，可分为平衡缩聚与不平衡缩聚；按反应产物的拓扑结构（topological structure），可分为线形缩聚、支化缩聚和体形缩聚；按参加缩聚反应单体的情况，可分为 AB 型单体的自缩聚或均缩聚（self-polycondensation）、AA 型和 BB 型单体的混缩聚（mixed polycondensation）和多类型单体的共缩聚（copolycondensation）；按反应官能团间化学反应的类型可分为羰基加成-消去反应、羰基加成-芳环取代反应、脂肪族亲核取代反应、重键加成反应、自由基偶联反应、芳香族亲电取代反应等。缩聚反应的基本特征可概括如下。

① 缩聚物分子量随时间逐步增加，分子链的增长以缓慢和逐步反应的形式进行。聚合体系没有特定的反应活性中心，任何两个分子的官能团间都可以相互反应，因而聚合物分子量大小不一，分子量分布较宽。

② 单体和不同链长得多聚体具有相同或相近的反应活性，因而可选用任一平衡反应来代表整个缩聚平衡反应。

③ 两种组分或官能团要求等当量比，极少量的单官能团杂质或一种双官能团单体的过量，对缩聚反应的最终分子量有显著影响。据此，可利用一种组分过量或添加单官能团组分来调节和控制聚合物的分子量。

④ 平均聚合度与小分子副产物的浓度成反比，因而很多重要的缩聚反应是化学平衡反应，进行缩聚反应的同时，也伴随小分子的生成，所以反应过程中要不断从体系中除去小分子副产物，这样聚合物分子量才能增大。

⑤ 由于分子内官能团的相互反应生成环状产物而存在环-线平衡，反应的方向主要取决于单体的分子结构、官能团间的距离和分子链的柔性，通常升高温度和降低单体浓度有利于成环反应。

⑥ 在缩聚过程中，除单体和多聚体参与的可逆反应外，还存在高分子链节间以及高分子链末端官能团与链节间的交换反应，特别是在高温及合适催化剂存在下更容易发生。

⑦ 缩聚属于逐步聚合，但也有形式类似于缩聚而按连锁机理进行的聚合反应实例。例如，对二甲苯热氧化脱氢合成聚（对二亚甲基苯）、重氮烷烃聚合制备聚烯烃等，但这些聚合方法应用并不广泛。

$$n\,H_3C-\!\!\!\bigcirc\!\!\!-CH_3 \xrightarrow{\triangle} \left[CH_2-\!\!\!\bigcirc\!\!\!-CH_2\right]_n + (n-1)\,H_2$$

$$n\,CH_2N_2 + m\,RCHN_2 \xrightarrow{催化剂} \left[CH_2\right]_n\!\!\overset{\displaystyle R}{\underset{}{\left[CH\right]}}_m + (n+m-1)\,N_2$$

缩聚是高分子材料合成的重要方法之一，在高分子化学和高分子工业中均占有重要地位，用该方法合成的聚合物种类众多、应用广泛。例如，聚酯、聚酰胺、聚芳醚酮、聚芳醚砜、液晶聚芳酯、聚芳酰胺、聚酰亚胺和聚苯并咪唑等都是通过缩聚合成的重要高分子。

2.1.3 逐步加成聚合

逐步加成聚合的类型比较多，其化学原理与缩聚既有差别又有相似之处。为了加深理解，下面简要介绍常用的聚合类型。

（1）迈克尔加成聚合

受羰基吸电子效应的影响，α,β-不饱和羰基化合物的烯键比较活泼，在碱催化下可与巯基、羟基和胺基发生亲核加成反应，生成饱和基团取代的羰基化合物。这种反应可用于合成多种结构的聚合物。例如，双丙烯酰胺与二元醇的迈克尔加成（Michael addition），可合成高分子量聚酰胺醚。

$$n \begin{array}{c} \end{array} + n\,HO-R_2-OH \xrightarrow{Et_3N} \cdots$$

（2）硫-烯加成聚合

在过氧化物或紫外线辐照下，硫醇可与烯烃发生自由基硫-烯加成（thio-ene addition）反应。非共轭二烯与二元硫醇的硫-烯加成可用于合成聚硫醚，但分子量不高。如果使用 α,β-不饱和羰基化合物，则硫-烯加成聚合按离子机理进行，即转化为迈克尔加成聚合。

$$n \begin{array}{c} R_1 \end{array} + n\,HS-R_2-SH \xrightarrow{h\nu} \left[\begin{array}{c} R_1 \quad S \quad R_2 \quad S \end{array}\right]_n$$

（3）异氰酸酯加成聚合

异氰酸酯（—N=C=O）是一种具有累积双键的化合物，中心碳原子高度缺电子，极易受到亲核试剂的进攻，发生加成反应，生成氨酯基（—NHCOO—）或脲基（—NHCONH—）。基于这个加成反应，可用双异氰酸酯与二元醇或二元胺反应合成聚氨酯或聚脲。

$$n\,O=C=N-R_1-N=C=O + n\,HO-R_2-OH \xrightarrow{Et_3N} \cdots$$

（4）环氧加成聚合

环氧化合物的三元环结构不稳定，容易受到亲核试剂的进攻，发生开环反应生成稳定的线形分子。环氧的这一性质类似于 α,β-不饱和羰基化合物的迈克尔加成反应，因而也可称为环氧的亲核加成反应。双环氧化合物的亲核加成可用于合成聚醚醇。

人们利用环氧基团的亲核加成或开环反应原理，发展了胺固化环氧树脂法。

（5）酚类化合物与甲醛的加成-取代聚合

苯酚阴离子的负电荷分散在氧原子和苯环的邻、对位上，带有部分负电荷的邻位和对位位点可进攻甲醛的羰基，发生亲核加成反应，生成羟甲基苯酚。随后在酸或碱的催化下，苯环上的羟甲基可与苯酚或其衍生物发生取代缩合反应，生成亚甲基桥联的聚多酚，深度反应后形成酚醛树脂。上述过程中，亲核加成反应在前，取代反应在后，因而称为加成-取代聚合（addition-substitution polymerization）。如果使用邻位或对位单取代苯酚，则可获得线形聚合物。加成-取代聚合具有部分缩聚的特点，具体反应原理详见后续的酚醛树脂章节。

（6）Diels-Alder 环加成聚合

在受热条件下，以丁二烯为代表的共轭双烯烃可与缺电子的烯烃发生 4+2 环加成反应，又称为 Diels-Alder 反应，这个反应可用于合成稠环聚合物，Diels-Alder 环加成聚合（cycloaddition polymerization）没有小分子副产物生成，是典型的逐步聚合。

（7）偶极环加成聚合

除 Diels-Alder 反应外，1,3-偶极加成（1,3-dipolar addition）也可用于合成高分子，最具有代表性的例子是 α,ω-二炔与 α,ω-双叠氮化合物之间的 3+2 环加成聚合，可称为 1,3-偶极加成聚合。这种逐步聚合反应速率超快，没有小分子副产物生成，因而可称为"点击聚合"。

2.1.4 氧化偶联聚合

在过渡金属催化下，吡咯、噻吩、苯酚和苯胺等可被氧化成相应的自由基，随后发生偶联反应生成二聚体，不断重复上述反应，最后可形成聚合物。这种反应称为氧化偶联聚合，常用于合成共轭高分子，包括聚苯醚、聚噻吩、聚吡咯和聚苯胺等。

$$FeCl_2 + HCl + \frac{1}{2}O_2 \longrightarrow FeCl_3 + \frac{1}{2}H_2O$$

例如，在氧化剂 $FeCl_3$ 存在下，噻吩可通过空气氧化，发生 2,5-位偶联生成聚噻吩。相比于其他合成方法，过渡金属催化的氧化偶联聚合操作更简单，但立体选择性较差。

2.2 缩聚反应

缩聚是多官能团单体通过多次重复缩合而形成缩聚物的过程，缩合反应是缩聚的基础。因此，本节首先介绍高分子化学中常见的缩合反应。

2.2.1 单体的官能团与官能度

官能团是指能参加缩合反应的基团，大体上可分为四类。

① 提供酰基（—CO—）或类似基团的官能团，包括羧基（—COOH）、酯基（—COOR）、酰卤（—COX）、碳酰氯（ClCOCl）、酸酐（—COOCO—）、磺酰氯（—SO$_2$Cl）和异氰酸酯（—N=C=O）等；

② 提供正碳"C$^+$"的官能团，主要包括卤代烃和磺酸酯，特别是苄基卤代物和磺酸酯；

③ 提供杂原子的官能团，包括羟基（—OH）、酰氧基（—COOR）、巯基（—SH）、伯胺基（—NH$_2$）和仲胺基（—NHR）等；

④ 提供负碳"C$^-$"的官能团，包括端炔、丙二酸酯和苯酚及其衍生物等。

通常第①类官能团与第③类官能团搭配，第②类官能团与第④类官能团搭配。例如，苯酚与甲醛缩合制备酚醛树脂的第一步反应，甲醛提供碳正离子，苯酚提供邻位和对位碳负离子；乙炔与苯甲醛缩合，乙炔提供碳负离子，苯甲醛提供碳正离子。

多数缩聚单体具有偶数碳对称结构，同类官能团成对出现，如乙二醇、丁二醇、己二胺、癸二酸、对苯二甲酸和碳酰氯等。有些单体含有两个不同性质的官能团，呈不对称结构，如对羟基苯甲酸和 ω-氨基十一酸等。用于合成高支化聚合物和体形交联聚合物的单体官能团数大于 2，官能团的性质可能相同也可能不同，如丙三醇（甘油）、季戊四醇、2,2-二羟甲基丁酸和 3,5-二氨基苯甲酸等。

单体分子中能参加反应的官能团数目称为官能度，用"f"表示。单体的官能度要依据具体反应而定，不可一概而论。例如，均苯四酸二酐的酯化官能度是 4，合成聚酰亚胺的官能度是 2；苯酚的酰化官能度为 1，碱催化下合成酚醛树脂的官能度是 3。

在甲醛过量的条件下，苯酚的邻位和对位均可参与亲核加成和后续的亲电取代反应。邻或对甲基苯酚的官能度是 2，而间甲基苯酚的官能度仍为 3。

聚酯、聚酰胺和聚氨酯等聚合物的合成均涉及酰基化反应，酰基化官能团活性对缩聚反应过程和聚合物分子量影响很大。常见酰基化官能团的反应活性次序为：酰氯（—COCl）＞酸酐（—COOCO—）＞羧酸（—COOH）＞羧酸酯（—COOR）。

酰基化官能团可看成是 Lewis 酸，能与呈 Lewis 碱性的官能团反应，包括羟基（—OH）、巯基（—SH）、胺基（—NH$_2$）和富电子芳烃的亲核位点（如烷基苯的邻位和对位）等。酯化和酰基化是连串反应，先亲核加成后消去，亲核加成是关键步骤，三种常见官能团的亲核活性次序为：—SH＞—NH$_2$＞—OH。

作为同类官能团，酚羟基和醇羟基的酰化反应活性相差较小，但前者的酯化活性明显低于后者，因而常用酰化反应或酯交换反应合成聚酚酯。

空间位阻对单体官能团的反应活性影响很大。醇羟基的酯化和酰化反应活性次序为：伯羟基（RCH$_2$OH）＞仲羟基（R$_2$CHOH）＞叔羟基（R$_3$COH）；类似地，胺基的酰化反应活性次序为：RCH$_2$NH$_2$＞R$_2$CHNH$_2$＞R$_3$CNH$_2$。工业上常用 α,ω-二元伯醇和 α,ω-二元伯胺合成聚酯和聚酰胺。

2.2.2 缩合反应与缩聚反应

缩合反应是两个或两个以上有机分子相互作用后以共价键结合形成一个大分子，并常伴有生成小分子的反应。可用于合成高分子的缩合反应很多，包括酯化、酯交换、O-酰化、N-酰化、亲核取代、亲电取代、酰化-酯化和酰化环化等。按照形成化学键的类型可分为以下几类。

反应式中，LA 和 LB 分别是 Lewis 酸和 Lewis 碱。

（1）成酯缩合反应

虽然在有机化学中成酯反应较多，但可用于聚酯合成的反应仅限于酸催化的酯化反应、Lewis 碱催化的 O-酰化反应和 Lewis 酸或碱催化的酯交换反应。如果使用环酸酐与醇反应，则通过酰化和酯化连串反应形成两个酯键。

（2）成酰胺缩合反应

形成酰胺键的缩合反应较多，但能用于合成聚酰胺的反应较少，包括羧酸与胺的脱水缩合、使用酰氯或酸酐的 N-酰化反应和使用活性酯的 N-酰化反应。如果使用环酸酐与二元胺反应，可通过 N-酰化和脱水酰胺化连串反应形成两个酰胺键。

$$\sim\sim COOH + H_2N\sim\sim \longrightarrow \sim\sim CONH\sim\sim + H_2O$$
$$\sim\sim COCl + H_2N\sim\sim \longrightarrow \sim\sim CONH\sim\sim + HCl$$
$$\sim\sim COOR + H_2N\sim\sim \longrightarrow \sim\sim CONH\sim\sim + ROH$$

（3）成醚缩合反应

酸催化的醇脱水缩合、烷氧负离子与卤代烃或磺酸酯的亲核取代是合成脂肪醚的通用方法，但这两个反应分别存在脱水成烯和 β-H 消去成烯的副反应，因而很少用于高分子量脂肪族聚醚的合成，但可用于环氧树脂的合成，如醇与环氧氯丙烷的反应。

芳香醚是稳定结构，酚盐对活性卤代芳烃的亲核取代易于进行，常用于合成聚芳醚酮、聚芳醚砜、聚芳醚腈和聚苯硫醚等。

$$\sim\sim OH + HO\sim\sim \longrightarrow \sim\sim O\sim\sim + H_2O \;(+\;\text{==})$$
$$\sim\sim X + MO\sim\sim \longrightarrow \sim\sim O\sim\sim + MX \;(+\;\text{==})$$

$$\sim\sim Y-\!\!\bigcirc\!\!-X + ME-\!\!\bigcirc\!\!-\sim\sim \longrightarrow \sim\sim Y-\!\!\bigcirc\!\!-E-\!\!\bigcirc\!\!-\sim\sim + MX$$

$$X = F, Cl; \; Y = CO, SO_2; \; E = O, S$$

（4）氨酯键的形成反应

碳酸的两个羟基都转变为烷氧基或胺基时，分别形成碳酸酯和脲；碳酸的两个羟基分别被胺基和烷氧基取代时，则形成氨酯化合物。以光气为酰化试剂，通过 N-酰化和 O-酰化可合成聚碳酸酯和聚脲，但使用该法不能得到结构规整的聚氨酯。而异氰酸酯与醇的亲核加成反应可形成氨酯键。值得注意的是，这个反应没有小分子副产物，并非缩合反应。

（5）"C—C" 键形成反应

"C—C" 键形成反应也用于高分子合成。这类反应主要包括碳负离子亲核取代、碳负离子缩合和碳-碳偶联等反应。例如，炔钠与伯卤代烃的亲核取代可用于合成含炔聚合物，酚类化合物与甲醛缩合用于合成酚醛树脂，过渡金属催化的碳-碳偶联用于合成共轭高分子等。

$$\sim\sim C\equiv CM + X\sim\sim \longrightarrow \sim\sim C\equiv C\sim\sim + MX \;(\text{碱金属盐})$$

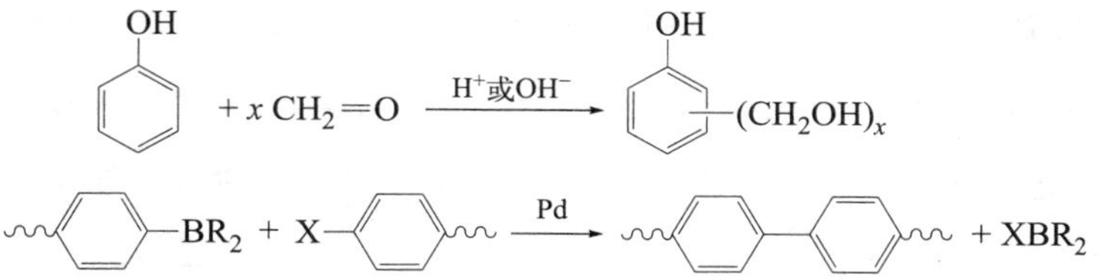

利用碳负离子缩合法制备的酚醛聚合物是重要的热固性树脂，主要用作制作纤维增强复合材料的基体树脂。共轭聚合物主要用作有机半导体材料、发光材料和光电转换材料等。

（6）酮和砜的形成反应

虽然仲羟基和硫醚可被氧化成酮羰基和砜基，但通常不用于合成高分子。在强 Lewis 酸催化下的 Friedel Crafts 酰基化反应可用于合成聚芳醚酮和聚芳醚砜，与芳环亲核取代法互为补充。相关反应如下：

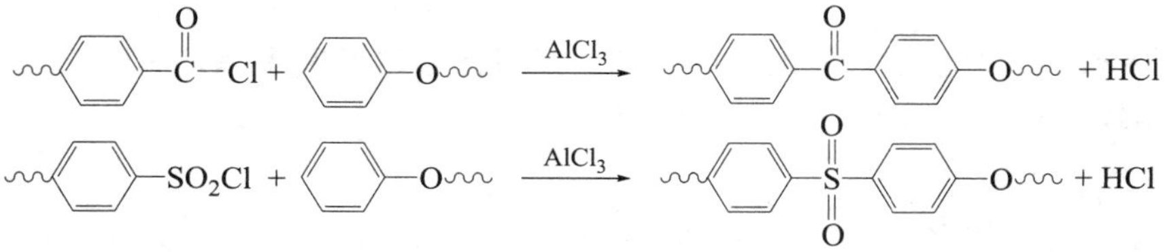

2.2.3　缩聚反应类型

缩合反应和缩聚反应机理与速率取决于反应类型，如 O-酰化反应速率明显快于酯化反应；反应产物的结构则与单体的官能度 f 密切相关，可能得到小分子化合物、线形聚合物、超支化聚合物或体形聚合物。

（1）"1+ n"型缩合体系

当一种单体的官能度为 1 时，无论另一种单体的官能度如何变化，反应产物均为小分子化合物，但可能存在支化。例如，官能度为 2 的邻苯二甲酸酐和对苯二甲酸与异辛醇进行酯化，分别生成小分子化合物 DOP 和 TOP，二者均是聚氯乙烯的增塑剂。

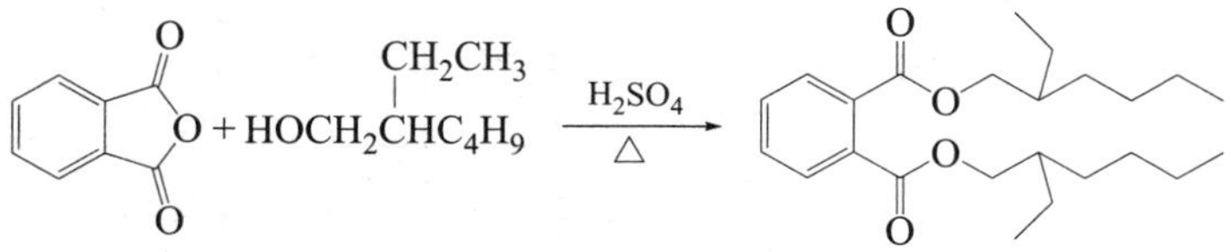

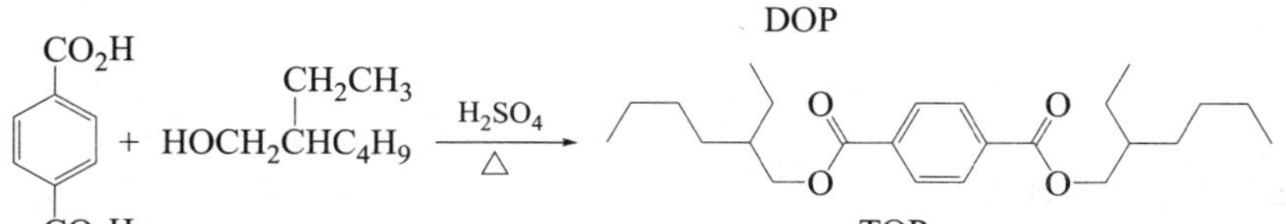

当第二种单体的官能度 $f \geqslant 3$ 时，缩合产物为星形分子。例如，脂肪酸甘油三酯是三臂星形分子；季戊四醇的软脂酸酯是四臂星形分子，常用作聚碳酸酯的加工助剂。

（2）"2+ 2"型缩聚体系

两个合适的双官能单体（$A_2 + B_2$）进行缩聚，生成线形聚合物。缩聚物的分子量与单体配比和反应程度有关。用 a—A—a 和 b—B—b 表示 A_2 和 B_2 单体，缩聚反应通式为：

$$n\text{a—A—a} + n\text{b—B—b} \longrightarrow \text{a}\!\!+\!\!\text{AB}\!\!\underset{n}{\!\!+}\!\!\text{b} + (2n-1)\text{ab}$$

二元酸与二元醇的缩聚反应生成线形聚酯，属于此类型。例如，对苯二甲酸与乙二醇的酯化缩聚，生成线形涤纶树脂。

AB 型双官能单体俗称为双官能团体系。这类单体的自缩聚也生成线形缩聚物，AB 型单体自身保证了严格的等官能团配比，因而聚合物的分子量只与反应程度有关。AB 型单体的缩聚反应，称为自缩聚。自缩聚反应通式为：

$$n\text{a—R—b} \longrightarrow \text{a}\!\!+\!\!\text{R}\!\!\underset{n}{\!\!+}\!\!\text{b} + (n-1)\text{ab}$$

ω-氨基酸和 ω-羟基酸的自缩聚反应分别生成线形聚酰胺和聚酯，属于此类。例如，聚酰胺-11 和热致液晶聚对羟基苯甲酸酯的合成。

（3）"2+n"型缩聚体系

当一种单体的官能度为 2，另一种单体的官能度 $f \geqslant 3$ 时，反应初期形成支化分子，随后发生交联反应，最后生成网状或体形聚合物。例如，等量的 2 官能度二元酸与 3 官能度丙三醇的缩聚反应，会发生交联，最终生成不溶不熔的体形聚合物；如果降低甘油的用量并控制反应程度，可获得低分子量的可溶性聚合物，俗称醇酸树脂，用作涂料。

（4）"AB$_f$"型缩聚体系

AB$_f$ 是一类可进行自缩聚的单体。当 $f = 1$ 时，AB$_f$ 自缩聚生成线形聚合物，当 $f \geqslant 2$ 时，AB$_f$ 自缩聚生成高度无规支化或超支化（hyperbranched）聚合物（图 2-1）。例如，2,2-二羟甲基丁酸的自缩聚生成超支化聚酯。该聚合物的分子构造（architecture）呈树形，树根是羧基（A），而每个树枝的枝头均为羟基（B）。这种超支化聚酯易溶于四氢呋喃等溶剂，表面带有大量可供改性的羟基官能团，适合用作功能高分子材料。

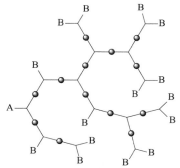

图 2-1 超支化聚合物的结构示意

（●表示成键点）

（5）"AA′ + CB$_f$"型缩聚体系

AA′是不等活性的双官能团单体，其中 A′的活性高于 A。例如，环状酸酐与醇反应形成两分子酯，第一步 O-酰化反应明显快于第二步酯化反应。如果 CB$_f$ 单体中 C 官能团活性明显高于 B 官能团，官能团的活性差异使得 AA′和 CB$_f$ 间的缩合反应分步进行，首先形成 A[A′C]B$_f$ 中间体，相当于 AB$_f$ 单体，后续的缩聚反应形成超支化聚合物。

无需催化剂，丁二酸酐（AA′）和二乙醇胺（CB$_2$）可在室温的甲苯溶液中发生 N-酰化反应，生成含有一个羧基和两个羟基的 A[A′C]B$_2$ 中间体，升温回流，最后真空本体缩聚，可获得高分子量的超支化聚酰胺酯。

$$n\ \underset{\text{O}}{\overset{\text{O}}{\bigcirc}}\ +\ n\ HN\underset{OH}{\overset{OH}{\diagup}}\ \longrightarrow\ n\ HO\text{——}\overset{O}{C}\text{——}N\underset{OH}{\overset{OH}{\diagup}}\ \xrightarrow[-(n-1)H_2O]{\triangle}\ \begin{matrix}\text{超支化}\\\text{聚酰胺酯}\end{matrix}$$

2.2.4　缩聚反应的成环倾向

AB$_f$ 单体的缩聚称为自缩聚，f 值为 1，生成线形聚合物，f 值大于 1，生成超支化聚合物；A_2+B_2 体系的混缩聚，生成线形聚合物；$A_2+B_2+A_2′+B_2′$ 和 $A_2+B_2+AB_f$ 体系的共缩聚分别生成线形聚合物和支化聚合物。

值得注意的是，多官能度单体参与的缩聚反应，聚合物分子链的构造不仅依赖于单体官能团的活性差异，与多官能度单体的相对含量有关，而且还依赖于缩聚反应条件，如反应体系的浓度和加料方式等。例如，如果 A 和 A′的活性有较大差异，$AA′+B_3$ 体系在温和条件下进行共缩聚，首先生成 AB$_2$ 型中间体 A(A′B)B$_2$，继续反应生成可溶性的超支化聚合物；如果在高温和高真空条件下，A 和 A′的活性差异减小，类似于 A_2+B_3 体系，最终将形成交联的体形聚合物。另外，线形缩聚体系在反应过程中，还可能形成环状小分子或低聚物。

如图 2-2 所示，在高浓溶液或本体聚合过程中，不同分子链异种官能团之间易于接触碰撞，发生缩合反应生成线形分子。但在稀溶液中，同一分子链两端的异种官能团有机会发生缩合反应，形成环状聚合物，特别是在高稀溶液中，异种分子链间没有机会反应，只能是单分子链的首尾端两个官能团发生自缩合，形成环状分子。基于这一反应原理，人们可创造"假高稀"条件，用来合成环状缩聚物。

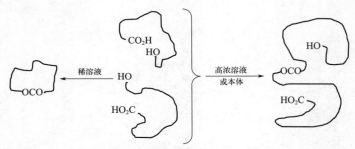

图 2-2　缩聚物线形增长与成环的竞争

热力学因素是影响缩聚成环的重要因素。如图 2-3 所示，3 元和 4 元碳环的稳定性差，成环倾向很小；5 元和 6 元碳环的稳定性最好，成环倾向很大；7 元和 12 元以上的大碳环稳定性也比较好，成环倾向较大；而 8 元～11 元的中碳环不易形成。杂原子和位阻取代基对环状化合物的稳定性也有较大影响，因而图 2-3 仅作为缩聚成环倾向的参考。关于杂环化合物的稳定性，将在开环聚合的相关章节进行详细介绍和讨论。

图 2-3　成环的可能性和环的原子数的关系

受扩散动力学控制，缩聚物的分子链越长，两端碰撞的机会越少，形成大环越困难；缩聚反应物浓度越低，异种分子链碰撞的机会越少，越有利于单分子链的首尾自缩合成环；分子链的刚性增大，链端基被无规线团包裹的可能性减小，成环机会增加。

下面介绍两个缩聚成环的实例。在有机酸二价锡盐的催化下，乳酸的自缩聚生成线形低聚物和六元环的丙交酯，环/线比例与催化剂和反应条件有关。如果要全部获得丙交酯，可在减压条件下热解聚线形低聚物。

不同于乳酸的自缩聚，α-氨基酸无需催化剂，在溶液中受热即脱水转化为稳定的交酰胺。丙交酯有环张力，羰基也比较活泼，可开环聚合生成聚乳酸；而交酰胺稳定性好，不能开环聚合。这两个例子进一步说明缩合成环主要受热力学因素控制。

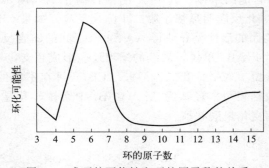

2.3 线形缩聚反应机理

"A_2+B_2"和 AB 型 2 官能团缩合体系常用来合成线形缩聚物。要获得预期的高分子量缩聚物仍然要满足以下两个条件：①缩聚反应不易形成环状物种，特别是小环化合物。例如，乙二醇的脱水缩合通常生成稳定的二氧六环，因而不能用于合成聚醚。②缩聚体系没有脱除官能团和同类官能团缩合的副反应，或者在合适条件下可有效抑制副反应。

2.3.1 缩聚反应的逐步特性

在消除上述副反应的情况下，缩聚仅是官能团之间的逐步缩合反应，而且每一步均为可逆反应。以"a—A—a+b—B—b"为例，首先是两种单体缩合，生成二聚体 a—AB—b 和小分子副产物 ab；随后二聚体与两种单体缩合，生成三聚体 a—ABA—a 或 b—BAB—b 和小分子 ab；同时，二聚体缩合生成四聚体 a—ABAB—b 和小分子 ab，三聚体也会与单体缩合生成四聚体。如此类推，单体间和多聚体间的不同官能团间不断缩合，最终生成高分子量缩聚物。整个缩聚反应过程可用下式表示。

$$a—A—a + b—B—b \Longrightarrow a—AB—b + ab$$
$$a—AB—b + a—A—a \Longrightarrow a—ABA—a + ab$$
$$a—AB—b + b—B—b \Longrightarrow b—BAB—b + ab$$
$$a—AB—b + a—AB—b \Longrightarrow a—ABAB—b + ab$$
$$a—ABA—a + b—B—b \Longrightarrow a—ABAB—b + ab$$
$$b—BAB—b + a—A—a \Longrightarrow a—ABAB—b + ab$$
$$\cdots\cdots\cdots\cdots$$
$$n\text{-聚体} + m\text{-聚体} \Longrightarrow (n+m)\text{-聚体} + ab$$

缩聚反应没有特定的活性种，各步反应速率常数和活化能基本相等。缩聚早期，单体很快消失，转变成二聚体、三聚体、四聚体、五聚体等低聚物，单体转化率（参与反应的单体与总单体比例）很快达到 95% 以上。以后便是多聚体之间的缩合，使分子量逐渐增大。因此，不能用单体转化率评价缩聚反应程度，而改用官能团的反应程度来表述缩聚反应程度更为确切。

现以等量二元酸和二元醇的缩聚为例讨论缩聚反应过程。体系中起始（$t=0$）时的羧基数或羟基数为 N_0，为二元酸和二元醇的分子总数，也等于时间 t 时二元酸和二元醇的结构单元数。t 时残留的羧基数或羟基数为 N，等于此时的聚酯分子数，因为 1 个聚酯分子平均带有 1 个羧基和 1 个羟基。

官能团反应程度（P）的定义为参与缩聚反应的官能团数（N_0-N）占起始官能团数（N_0）的分数，因此有：

$$P = \frac{N_0-N}{N_0} = 1-\frac{N}{N_0} \tag{2-1}$$

如果将缩聚物的结构单元数定义为平均聚合度 $\overline{X}_n$，则有：

$$\overline{X}_n = \frac{\text{结构单元总数}}{\text{大分子数}} = \frac{N_0}{N} \qquad (2\text{-}2)$$

通过式（2-1）和式（2-2），可以得到数均聚合度与官能团反应程度之间的关系式：

$$\overline{X}_n = \frac{1}{1-P} \qquad (2\text{-}3)$$

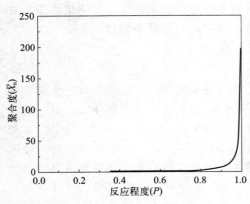

图 2-4　平均聚合度与官能团反应程度的关系

式（2-3）表明，缩聚物的平均聚合度随反应程度的增大而升高，见图 2-4。由式（2-3）可以计算出不同反应程度时的平均聚合度。当反应程度为 90％时，平均聚合度仅为 10；当反应程度为 99％时，平均聚合度提高至 100。许多商用缩聚物的平均聚合度要达到 200～300，因而反应程度要达到 99.5％～99.7％。

以上计算是建立在两种等量高纯单体的反应基础上的。如果两种单体化学计量不等量，多余单体会成为封端剂，将无法获得高分子量聚合物。体系中混有少量单官能团单体，情况与此类似。因此，严格等量单体和高反应程度是获得高分子量缩聚物的充分必要条件。

2.3.2　缩聚反应的可逆性

酯化缩聚和酯化缩合反应相似，都是可逆平衡反应，正反应是酯化反应，逆反应是酯水解反应。假设酯化平衡缩聚反应与分子链的长短无关，则可用羧基和羟基官能团间的反应作为代表：

$$-\text{COOH} + -\text{OH} \underset{k_{-1}}{\overset{k_1}{\rightleftharpoons}} -\text{OCO}- + \text{H}_2\text{O}$$

酯化缩聚反应的平衡常数为：

$$K = \frac{k_1}{k_{-1}} = \frac{[-\text{OCO}-][\text{H}_2\text{O}]}{[-\text{COOH}][-\text{OH}]} \qquad (2\text{-}4)$$

缩聚反应的可逆程度可用平衡常数的大小来衡量。根据平衡常数的大小，线形缩聚可分为以下三类。

① 平衡常数很小，如醇酸聚酯化反应，$K \approx 4$，小分子副产物水的存在限制了聚酯分子量的提高，需要高度减压脱除水。

② 平衡常数中等，如胺酸聚酰胺化反应，$K = 300 \sim 400$，水对聚酰胺分子量有影响，聚合早期可在水介质中进行，后期需减压脱水进一步提高反应程度。

③ 平衡常数很大，如合成聚砜的芳香亲核取代缩聚反应，小分子副产物是碱金属盐，$K > 1000$，可看作是不可逆聚合。其他芳香亲核取代缩聚与此类似，这些聚芳醚很难发生解聚。

$$n\,F\!-\!\!\langle\text{C}_6\text{H}_4\rangle\!-\!\overset{\overset{\text{O}}{\|}}{\underset{\overset{\|}{\text{O}}}{\text{S}}}\!-\!\langle\text{C}_6\text{H}_4\rangle\!-\!F + n\,\text{NaO}\!-\!\langle\text{C}_6\text{H}_4\rangle\!-\!\overset{\text{CH}_3}{\underset{\text{CH}_3}{\text{C}}}\!-\!\langle\text{C}_6\text{H}_4\rangle\!-\!\text{ONa} \longrightarrow$$

$$\left[\langle\text{C}_6\text{H}_4\rangle\!-\!\overset{\overset{\text{O}}{\|}}{\underset{\overset{\|}{\text{O}}}{\text{S}}}\!-\!\langle\text{C}_6\text{H}_4\rangle\!-\!\text{O}\!-\!\langle\text{C}_6\text{H}_4\rangle\!-\!\overset{\text{CH}_3}{\underset{\text{CH}_3}{\text{C}}}\!-\!\langle\text{C}_6\text{H}_4\rangle\!-\!\text{O}\right]_n + (2n-1)\,\text{NaF}$$

缩聚反应的逐步特征是共有特征，而缩聚反应的可逆平衡程度却差别很大。

2.3.3 缩聚中的副反应

缩聚反应通常在高温条件下进行，除环化反应外，还常常伴随着官能团消去、化学降解和链交换等副反应。

（1）官能团消去

在高温条件下，二元酸存在脱羧副反应，双官能团单体变成单官能团物种，改变了官能团配比，相当于引入封端剂，因而不利于获得高分子量缩聚物。在酸催化下，二元醇存在受热脱水形成环醚和线形醚的副反应。两种副反应都消耗了单体，改变了官能团配比，不利于合成高分子量聚酯。

类似于二元醇的情况，脂肪族二元胺在高温下也能发生脱氨反应，生成线形仲胺或者环状仲胺，前者是三官能团单体，可能导致支化和交联副反应，后者是缩聚反应的封端剂。

$$\text{HO}_2\text{C}\!-\!(\text{CH}_2)_x\!-\!\text{CO}_2\text{H} \xrightarrow{\triangle} \text{H}\!-\!(\text{CH}_2)_x\!-\!\text{CO}_2\text{H} + \text{CO}_2$$

$$3\,\text{HO}\!-\!(\text{CH}_2)_x\!-\!\text{OH} \xrightarrow{\triangle} \text{HO}\!-\!(\text{CH}_2)_x\text{O}(\text{CH}_2)_x\!-\!\text{OH} + \bigcirc\!\text{O}$$

$$3\,\text{H}_2\text{N}\!-\!(\text{CH}_2)_x\!-\!\text{NH}_2 \xrightarrow{\triangle} \text{H}_2\text{N}\!-\!(\text{CH}_2)_x\text{NH}(\text{CH}_2)_x\!-\!\text{NH}_2 + \bigcirc\!\text{NH}$$

（2）化学降解

醇酸聚酯化和胺酸聚酰胺化均是可逆反应，逆反应水解就是化学降解反应之一。另外，缩聚反应的单体也是降解试剂。例如，向高分子量聚酯中加入二元醇会引起醇解反应，加入二元酸则会引起酸解反应，最后分别生成端羟基或端羧基的低分子量聚酯。

$$\text{H}\big[\text{OR}_1\text{OCOR}_2\text{CO}\big]_n\big[\text{OR}_1\text{OCOR}_2\text{CO}\big]_m\text{OH} + \text{HOR}_1\text{OH} \xrightarrow{\text{醇解}}$$
$$\text{H}\big[\text{OR}_1\text{OCOR}_2\text{CO}\big]_n\text{OR}_1\text{OH} + \text{H}\big[\text{OR}_1\text{OCOR}_2\text{CO}\big]_m\text{OH}$$

$$\text{H}\big[\text{OR}_1\text{OCOR}_2\text{CO}\big]_n\big[\text{OR}_1\text{OCOR}_2\text{CO}\big]_m\text{OH} + \text{HO}_2\text{CR}_2\text{CO}_2\text{H} \xrightarrow{\text{酸解}}$$
$$\text{H}\big[\text{OR}_1\text{OCOR}_2\text{CO}\big]_n\text{OH} + \text{HO}_2\text{CR}_2\text{CO}\big[\text{OR}_1\text{OCOR}_2\text{CO}\big]_m\text{OH}$$

类似地，二元胺也可使聚酰胺发生氨解，生成低分子量的聚酰胺。

$$\text{H}\big[\text{NHR}_1\text{NHCOR}_2\text{CO}\big]_n\big[\text{NHR}_1\text{NHCOR}_2\text{CO}\big]_m\text{OH} + \text{H}_2\text{NR}_1\text{NH}_2 \xrightarrow{\text{氨解}}$$
$$\text{H}\big[\text{NHR}_1\text{NHCOR}_2\text{CO}\big]_n\text{NHR}_2\text{NH}_2 + \text{H}\big[\text{NHR}_1\text{NHCOR}_2\text{CO}\big]_m\text{OH}$$

化学降解使聚合物分子量降低，聚合时应设法避免。但应用化学降解的原理可使废旧缩聚物降解成单体或低聚物，实现回收利用。例如，废涤纶树脂与过量乙二醇共热，可醇解成对苯二甲酸乙二醇酯低聚物；废酚醛树脂与过量苯酚共热，可酚解成低分子量酚醛；废旧尼龙-6 与等化学计量的偏苯三甲酸酐共热，可通过酸解和酰亚胺化得到二元酸单体，用于合成聚酯和聚酰胺等。

（3）链交换反应

聚酯化和聚酰胺化的本质都是羰基的亲核加成-消去反应。酯羰基和酰胺羰基均具有亲电性，可像羧酸羰基和酰卤羰基一样受到亲核试剂的进攻而发生亲核加成-消去反应，但活性较低。类似地，羧酸酯的烷氧基和酰胺的胺基都含有孤对电子，也都是亲核试剂，只不过活性低于相应的醇和伯胺。因此，聚酯和聚酰胺在高温合成和熔融加工过程中均可发生链交换反应。下面以酯交换反应为例，说明链交换的原理。

聚酯化后期体系中缺少羟基，羧酸酯的烷氧基可作为亲核物种进攻端羧基，发生亲核加成，形成不稳定的四面体碳中间体，随后发生羟基消去反应，尚未离去的羟基被邻近缺电子的酯羰基所捕获，立即发生另一个亲核加成-消去反应，最后生成两分子聚酯。

在高温缩聚的中期，大分子链的增长仍受动力学控制，缩聚物的分子量分布较宽；在高温缩聚的后期，可反应的官能团逐渐减少，受热力学平衡影响的链交换反应增多，缩聚物的分子量分布稍稍变窄。

在缩聚物的熔融加工过程中，聚酯和聚酰胺等两类缩聚物之间的链交换反应，会导致形成少量不规则的嵌段共聚物。这种嵌段共聚物可增加两种聚合物之间的相容性，提高材料的力学性能。

2.4 线形缩聚反应动力学

2.4.1 官能团等活性概念

在缩聚高分子的形成过程中，缩聚反应逐步进行。例如，要合成聚合度为 100 的聚酯，需连续进行 100 次成酯缩合反应。通常，链端官能团的反应活性随分子链长度的增加有所降低，因而每步缩合的速率常数略有差别，动力学研究会遇到困难。

研究发现，$C_4 \sim C_8$ 的脂肪族二元酸与乙醇酯化时，二元酸的碳链长度对反应速率常数影响较小；碳链长度对脂肪族二元醇（$C_5 \sim C_{10}$）与癸二酰氯的缩聚初始速率影响也不大。大幅度增加分子链长度，是否对缩合速率有较大影响将主要取决于链段的活动性。

缩聚体系的黏度随分子量的增大而升高，一般认为分子链运动性会减弱，从而使官能团活性降低。然而，链端基的活性不取决于整个大分子的质心运动，而只与链端基的活动性有关。大分子构象变化，链端基的活动性以及两种官能团的相遇速率远高于质心的运动速率。因此，在聚合度不高，体系黏度不大的情况下，分子链长度并不会影响分子链端基的运动，两个链端基一旦靠近，适当黏度下反而不利于分开，有利于持续碰撞，为连续缩合创造有利条件。

基于上述分析，Flory 提出了"官能团等活性"假说。即同类官能团具有相同的反应活性，与分子链的长短无关。假说的目的是简化缩聚反应动力学问题，方便建立速率方程和分子量关系式。等活性概念也同样适合其他类型的逐步聚合体系，如环加成聚合、氧化偶联聚合等，并不局限于缩聚反应。

Flory 指出，官能团等活性理论或假说是近似的，不是绝对的。这一假说大大简化了研究处理，可用同一平衡常数表示整个缩聚反应，即可用两种官能团之间的反应速率常数来表示。例如，聚酰胺化缩聚可用下式表示：

$$—COOH + —NH_2 \underset{k_{-1}}{\overset{k_1}{\rightleftharpoons}} —OCNH— + H_2O$$

式中，k_1 和 k_{-1} 分别为正逆反应速率常数。

值得注意的是，有些缩聚或逐步聚合单体的官能团不等活性。例如，丙三醇三个羟基的酯化活性有差异，受空间位阻的影响，仲羟基的活性明显低于伯羟基；在酚醛树脂合成过程中，苯酚的对位反应活性明显高于邻位；在聚氨酯的合成过程中，甲苯二异氰酸酯的两个官能团活性也有差异，受甲基供电子效应和空间位阻的影响，对位异氰酸酯基团活性高于邻位。

一个有趣的例子是醇羟基对甲苯二异氰酸酯的亲核加成反应。甲苯二异氰酸酯的第一步亲核加成反应的速率常数（k_1）明显大于第二步（k_2），k_1/k_2 值比较高，即链端基异氰酸酯的活性低于单体，这是因为氨酯基团是供电子取代基，通过电子效应降低了苯环上另一个异氰酸酯的缺电子特征，使其反应活性降低。相关实验数据列于表 2-1。

表 2-1　异氰酸酯与正丁醇的反应活性

异氰酸酯反应物	$k_1/[\text{L}/(\text{mol} \cdot \text{min})]$	$k_2/[\text{L}/(\text{mol} \cdot \text{min})]$	k_1/k_2
异氰酸苯酯	0.406		
异氰酸对甲苯基酯	0.210		
异氰酸邻甲苯基酯	0.0655		
间苯二异氰酸酯	4.34	0.517	8.39
对苯二异氰酸酯	3.15	0.343	9.18
2,6-二异氰甲苯酯	0.884	0.143	6.18
2,4-二异氰甲苯酯	1.98	0.166	11.9

上述情况中，官能团反应活性与聚合物分子链的长短关系不大。但在许多体系中，链端官能团与单体官能团的反应活性有较大差异。例如，对氟代硫酚钠的自缩聚，聚合物链端基的 C—F 键反应活性明显高于单体，这是因为单体中的硫阴离子供电子能力强于聚合物中的硫醚基团，更多地降低了苯环对位碳的亲电性；同时聚合物链端硫基阴离子的亲核性也显著高于单体。

$$F\text{—}\boxed{}\text{—SNa} \xrightarrow[\text{DMSO}]{\triangle} F\text{—}\boxed{}\text{—S}\left[\boxed{}\text{—S}\right]_n\boxed{}\text{—SNa}$$

乙二醇两个羟基的化学环境完全相同，反应活性理应相同，但一个羟基被酯化后，另一个羟基变成链端基团，由于酰氧基（—OCOR）的吸电子诱导能力强于自由羟基，导致链端羟基的亲核性降低，酯化活性减小。

2.4.2　不可逆线形缩聚动力学

要获得缩聚反应动力学方程，首先要建立缩聚反应模型。缩聚反应的理想模型为：①官能团等活性，与分子链的长短无关；②没有环化反应，每个高分子链有且仅有两个末端基；③反应过程中没有官能团损失，不存在单体挥发和脱官能团副反应。

在没有多官能度单体参与、两种官能团等量且缩聚反应不可逆的条件下，最终可获得高分子量线形聚合物。聚酰胺化的平衡常数较大，而聚酯化的平衡常数很小，不满足上述条件，但如果小分子副产物 H_2O 或醇能及时移除，仍可视为不可逆反应。

醇酸线形缩聚反应速率可用羧酸浓度随时间减小的微分式 $R_p = -d[COOH]/dt$ 表达，也可用官能团的反应程度 $P = ([COOH]_0 - [COOH]_t)/[COOH]_0$ 表达。

醇酸聚酯化反应可简化为：

$$\text{～C(=O)—OH} + H^+A^- \underset{k_2}{\overset{k_1}{\rightleftharpoons}} \text{～C}^{+OH}\text{—OH} + A^-$$

$$\text{～C}^{+OH}\text{—OH} + \text{～OH} \underset{k_4}{\overset{k_3}{\rightleftharpoons}} \text{～C(OH)(—OH)(O}^+\text{～)}$$

$$\text{～C(OH)(—OH)(}^+\text{OH～)} \overset{k_5}{\rightleftharpoons} \text{～C(=O)—O～} + H_3^+O$$

在及时脱水的条件下，$k_4 = 0$，k_1、k_2 和 k_5 都比 k_3 大得多，聚酯化反应速率或羧基消失速率由第二步反应（k_3）决定。因此，缩聚反应动力学方程为：

$$R_p = k_3[C^+(OH)_2][OH] \tag{2-5}$$

活性中间体的浓度 $[C^+(OH)_2]$ 难以测定，需要替换成其他已知量。第一步酸催化平衡反应常数为：

$$K = \frac{k_1}{k_2} = \frac{[C^+(OH)_2][A^-]}{[COOH][HA]} \tag{2-6}$$

将式（2-6）代入式（2-5），得到聚酯化反应速率方程：

$$R_{\mathrm{p}}=\frac{k_1 k_3[\mathrm{COOH}][\mathrm{OH}][\mathrm{HA}]}{k_2[\mathrm{A}^-]} \tag{2-7}$$

醇酸聚酯化反应可分两种情况，一种是外加酸催化缩聚，另一种是没有外加酸的自催化缩聚。两种情况下的缩聚反应动力学有差异，下面分别进行讨论。

（1）外加酸催化聚酯化动力学

通常用强无机酸作为醇酸聚酯化的催化剂，无机酸也存在酸解平衡反应，平衡常数可用式（2-8）表示。

$$K_{\mathrm{HA}}=\frac{[\mathrm{H}^+][\mathrm{A}^-]}{[\mathrm{HA}]} \tag{2-8}$$

将式（2-8）代入式（2-7），消去无机酸的酸根浓度，得到式（2-9）。

$$R_{\mathrm{p}}=\frac{k_1 k_3[\mathrm{COOH}][\mathrm{OH}][\mathrm{H}^+]}{k_2 K_{\mathrm{HA}}} \tag{2-9}$$

醇酸聚酯化是典型的慢反应，一般由外加强无机酸来提供质子，质子催化能加速聚酯化反应。对于该类缩聚体系，质子浓度 $[\mathrm{H}^+]$ 不随时间变化，可视为常数。合并速率常数 k_1、k_2、k_3 和无机酸电离平衡常数 K_{HA} 为 k，令 $[\mathrm{COOH}]=[\mathrm{OH}]=c$，则可得到聚酯化的微分反应动力学方程式（2-10）。

$$-\frac{\mathrm{d}c}{\mathrm{d}t}=kc^2 \tag{2-10}$$

对式（2-10）进行变量分离和积分，得到聚酯化的积分反应动力学方程式（2-11）。

$$\frac{1}{c}-\frac{1}{c_0}=kt \tag{2-11}$$

以上表明，在强无机酸的催化下，醇酸聚酯化反应按二级动力学进行，对醇和酸均呈一级动力学。

在缩聚反应后期，官能团的浓度很低，不易测定。此时可将官能团的反应程度导入动力学方程。官能团的反应程度为 $P=(N_0-N)/N_0$，P 是一个无量纲的参数，可用单体浓度替代分子数。因此，$P=(c_0-c)/c_0=1-c/c_0$，即 $c=c_0(1-P)$，将其代入动力学积分式（2-11），得到反应程度与时间的关系式：

$$\frac{1}{1-P}=kc_0 t+1 \tag{2-12}$$

类似地，将 $P=1-c/c_0$ 代入式（2-3）$[\overline{X}_{\mathrm{n}}=1/(1-P)]$，得到数均聚合度与反应时间的关系式：

$$\overline{X}_{\mathrm{n}}=kc_0 t+1 \tag{2-13}$$

式（2-12）和式（2-13）表明，$1/(1-P)$ 和数均聚合度（$\overline{X}_{\mathrm{n}}$）与反应时间 t 呈线性关

系。上述两式是缩聚反应，包括酯交换聚酯化、聚酰胺化和亲核取代缩聚等的普适性动力学方程。

缩聚实验结果与理论方程可在更宽的反应程度范围内吻合，P 值可达 0.99。例如，以对甲苯磺酸为催化剂，已二酸与癸二醇、一缩乙二醇的缩聚反应动力学曲线见图 2-5，P 从 0.8 至 0.99，线性关系良好，说明等活性概念基本适合于该缩聚体系。

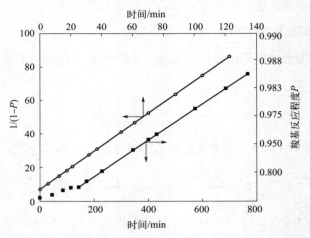

图 2-5　对甲苯磺酸催化己二酸聚酯化的动力学曲线
[癸二醇（○），一缩乙二醇（■）]

值得注意的是，在低反应程度时，缩聚实验和理论方程常常存在较大偏离。另外，聚合物链构象对聚合反应有影响。在良溶剂中，聚合物链呈伸展的线团构象，链末端比较容易相互接触而反应；但在不良溶剂中，聚合物呈塌缩的线团构象，极性的链末端官能团被线团包裹，反应不易进行。

（2）自催化聚酯化动力学

二元醇和二元酸的聚酯化反应很慢，通常需要酸催化加速。然而，α,ω-氨基酸的自缩聚速率很快，与酸催化的醇酸聚酯化速率相近。这是因为胺基的亲核性远高于羟基，有利于羰基的加成-消去反应。羧基在本体或有机介质中也会发生双分子电离释放质子，因而醇酸聚酯化和酸胺聚酰胺化也可在无外加酸的条件下进行，称为自催化缩聚反应。

$$\underset{\text{~~~}}{\overset{\text{O}}{\underset{\|}{\text{C}}}}-\text{OH} + \underset{\text{~~~}}{\overset{\text{O}}{\underset{\|}{\text{C}}}}-\text{OH} \underset{k_2}{\overset{k_1}{\rightleftharpoons}} \underset{\text{~~~}}{\overset{\text{OH}}{\underset{\|}{\text{C}}}}=\overset{+}{\text{OH}} \quad \text{O}-\underset{\text{~~~}}{\overset{\text{O}}{\underset{\|}{\text{C}}}}$$

根据分子反应动力学原理，羧酸双分子电离平衡常数如下：

$$K' = \frac{k_1}{k_2} = \frac{[\text{C}^+(\text{OH})_2]}{[\text{COOH}]^2} \tag{2-14}$$

自催化聚酯化的后两步基元反应不变，因而将式（2-14）代入速率方程式（2-5），得到：

$$R_p = k_3 K' [\text{COOH}]^2 [\text{OH}] \tag{2-15}$$

类似于酸催化缩聚的情况，合并速率常数和电离平衡常数为 k，令 $[\text{COOH}]=[\text{OH}]=c$，可得到自催化缩聚的反应动力学方程式：

$$-\frac{\mathrm{d}c}{\mathrm{d}t}=kc^3 \tag{2-16}$$

将上式作变量分离，经积分得到自催化缩聚的积分反应动力学方程式：

$$\frac{1}{c^2}-\frac{1}{c_0^2}=2kt \tag{2-17}$$

将 $c=c_0(1-P)$ 代入式（2-17），得到自催化缩聚的官能团反应程度与时间的关系式：

$$\frac{1}{(1-P)^2}=2kc_0^2t+1 \tag{2-18}$$

根据数均聚合度与官能团反应程度之间的关系，得到数均聚合度与反应时间的关系式：

$$\overline{X_n^2}=2kc_0^2t+1 \tag{2-19}$$

醇酸自催化聚酯化反应，$1/(1-P)^2$ 和 $\overline{X_n^2}$ 与缩聚反应时间 t 呈线性关系，聚合度随反应时间缓慢增加。缩聚实验结果与理论方程在 $P=0.80\sim0.93$ 范围内吻合。

反应程度较低时，缩聚实验和理论方程常常发生偏离，主要原因包括：①反应体系极性变化影响反应速率常数；②官能团的缔合降低了游离的官能团浓度，导致官能团的活度降低；③催化物中质子转变成羧酸；④缩聚反应会发生体积收缩。

反应程度高于99%时，缩聚实验和理论方程也可能产生偏离，主要原因是单体发生副反应及损失，同时逆反应速率加快。

图 2-6 是己二酸与不同二元醇的自催化聚酯化动力学曲线，全程很难统一成同一反应级数。当 $P<0.80$ 或 $\overline{X_n}<5$ 时，即聚酯化反应初期，$1/(1-P)^2$ 与反应时间 t 不呈线性关系。此时的动力学特征是酯化缩合，而非聚酯化反应。聚合初期，随着反应的进行，羧酸浓度迅速降低，反应液的极性、醇-酸缔合度、活度和体积等都将发生相应的变化，导致反应速率常数 k 值减小和对三级动力学行为的偏离。

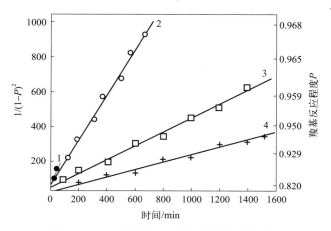

图 2-6　己二酸自催化聚酯化的动力学曲线
1—癸二醇 202℃；2—癸二醇 191℃；3—癸二醇 161℃；4——缩二乙二醇 166℃

高反应程度部分是需要着重研究的区域，因为高聚合度才能保证聚酯的强度。$P > 0.8$后，介质性质基本不变，速率常数趋向恒定，此后才遵循式（2-18）的线性关系。其中曲线1~3代表己二酸和癸二醇的聚酯化反应，在很广的范围内都符合三级反应动力学行为；但己二酸与一缩二乙二醇的聚酯化反应（曲线4），只在 $P = 0.80 \sim 0.93$ 范围内才呈线性关系，这一范围虽然只有 13% 的反应程度，但占了 45% 的缩聚时间。

动力学行为的偏离可能是反应物的损失和存在逆反应的结果。为了提高反应速率，需及时排出副产物水，醇酸聚酯化常在加热和减压条件下进行，可能造成醇脱水和酸脱羧损失。缩聚初期，反应物的少量损失并不重要，但 $P = 0.93$ 时，0.3% 的反应物损失就可能引起 5% 的浓度误差。缩聚后期，黏度变大，水分排出困难，逆反应也不容忽视。

取 $1/(1-P)^2 - t$ 图直线部分的斜率，就可求得速率常数 k，由 Arrhenius 方程 $k = A e^{-\frac{E}{RT}}$ 求取的频率因子 A 和活化能 E，列在表 2-2 中。表中以 mol/kg 作单位替代常用的 mol/L，因为缩聚过程中体积收缩，体积不是定值，以 kg 作单位有其方便之处。

表 2-2　己二酸自催化聚酯化动力学参数

二元醇	$A/[\text{kg}^2/(\text{mol}^2 \cdot \text{min})]$	$E/(\text{kJ/mol})$	$k/[\text{kg}/(\text{mol} \cdot \text{min})]$
乙二醇			约 0.005
癸二醇	48000	58.6	0.0175
月桂二醇			0.0157
一缩二乙二醇	470	46	0.0041

2.4.3　可逆平衡线形缩聚反应动力学

聚酰胺化的平衡常数较大，但仍属于平衡缩聚。聚酰胺的合成可在密闭系统中进行，缩聚过程不排水。但如果聚酯化反应的水排出不及时，则逆反应不容忽视，水解和酯化构成平衡反应。

以聚酯化反应为例，如果羧基数和羟基数相等，起始浓度为 c_0，时间 t 时的浓度为 c，则聚酯和水的浓度均为 $c - c_0$。如果排出一部分水，设残留水浓度为 c_w。

$$\sim\!\!\!\sim\!\!\text{—COOH} + \sim\!\!\!\sim\!\!\text{—OH} \underset{k_{-1}}{\overset{k_1}{\rightleftharpoons}} \sim\!\!\!\sim\!\!\text{—OCO—}\!\!\sim\!\!\!\sim + H_2O$$

$t=0$	c_0	c_0		0	0
t	c	c	封闭体系	$c_0 - c$	$c_0 - c$
t	c	c	部分排水	$c_0 - c$	c_w

聚酯化反应的总速率是正、逆反应速率之差。对不排水的封闭体系，缩聚总速率为：

$$R_p = -\frac{dc}{dt} = k_1 c^2 - k_{-1}(c_0 - c)^2 \tag{2-20}$$

部分排水时，缩聚总速率为：

$$R_p = -\frac{dc}{dt} = k_1 c^2 - k_{-1}(c_0 - c)c_w \tag{2-21}$$

将 $c = c_0(1-P)$ 代入式（2-20），得到式（2-22）。

$$\frac{\mathrm{d}P}{\mathrm{d}t}=k_1 c_0 (1-P)^2-k_{-1}c_0 P^2 \qquad (2\text{-}22)$$

将平衡常数与速率常数的关系式 $K=k_1/k_{-1}$ 代入式（2-22），得到式（2-23）。

$$\frac{\mathrm{d}P}{\mathrm{d}t}=k_1 c_0 \left[(1-P)^2-\frac{1}{K}P^2\right] \qquad (2\text{-}23)$$

式（2-23）表明，封闭体系的缩聚总反应速率 R_p 和官能团反应程度 P 均与平衡常数 K 有关，K 值越大缩聚反应越快，K 很大时还原为不可逆体系。

将 $c=c_0(1-P)$ 代入式（2-21），得到式（2-24）。

$$c_0 \frac{\mathrm{d}P}{\mathrm{d}t}=k_1 c_0^2 (1-P)^2-k_{-1}c_0 P c_w \qquad (2\text{-}24)$$

将平衡常数与速率常数的关系式 $K=k_1/k_{-1}$ 代入式（2-24），得到式（2-25）。

$$\frac{\mathrm{d}P}{\mathrm{d}t}=k_1 \left[c_0(1-P)^2-\frac{1}{K}P c_w\right] \qquad (2\text{-}25)$$

式（2-25）表明，对于外加酸的部分排水体系，封闭体系的缩聚总反应速率 R_p 和官能团反应程度 P 均随平衡常数 K 的增大而增大，同时 R_p 和 P 均随小分子副产物的排出度增大而增大。当 K 值很大或 c_w 很小时，式（2-25）的第二项可忽略，与外加酸催化的不可逆缩聚动力学方程相同。

2.5　线形缩聚物的聚合度

影响缩聚物聚合度的因素较多，包括平衡常数、官能团反应程度和官能团数比等。在平衡常数和官能团反应程度确定的前提下，官能团数比将成为控制聚合度的主要因素。

A_2+B_2 和 AB 体系用于合成线形缩聚物。A_2+B_2 体系的缩聚物 $a[AB]_n b$ 由 A 和 B 两种结构单元组成 1 个重复单元（AB），结构单元数是重复单元数的 2 倍。处理动力学问题时，通常以结构单元数，而非重复单元数（n）来定义平均聚合度（$\overline{X}_n$），二者的关系为 $\overline{X}_n=2n$。

2.5.1　反应程度和平衡常数对聚合度的影响

两种官能团数相等的 A_2+B_2 体系进行线形缩聚时，$\overline{X}_n$ 与官能团反应程度（P）之间存在关系式（2-3），即 $\overline{X}_n=1/(1-P)$。涤纶树脂和尼龙-66 等缩聚物的 $\overline{X}_n$ 为 $100\sim200$，要求 $P>0.99$。然而，许多缩聚反应具有可逆性，如果不将副产物及时排出，正逆反应将形成平衡，总速率等于零，反应程度将受到限制。

（1）封闭聚合体系

对于封闭聚合体系，两种官能团数相等时，由式（2-23）得：

$$(1-P)^2-\frac{1}{K}P^2=0 \qquad (2\text{-}26)$$

用式（2-26）求解官能团反应程度，得：

$$P = \frac{\sqrt{K}}{1 + \sqrt{K}} \tag{2-27}$$

将其代入式（2-3），得到平均聚合度与平衡常数之间的关系式：

$$\overline{X}_n = \sqrt{K} + 1 \tag{2-28}$$

对于醇酸聚酯化反应，$K \approx 4$。如果反应体系封闭，平衡反应程度仅为 2/3，平均聚合度仅为 3。因此，聚酯的工业生产需要在高度减压的条件下，及时排出副产物水。

（2）开放聚合体系

通过式（2-25）可知，当开放除水的缩聚体系达到平衡时，存在关系式（2-29）：

$$c_0(1 - P)^2 - \frac{Pc_w}{K} = 0 \tag{2-29}$$

用式（2-29）求解 P 与 K 和水含量之间的关系式，得：

$$\overline{X}_n = \sqrt{\frac{Kc_0}{Pc_w}} \approx \sqrt{\frac{Kc_0}{c_w}} \tag{2-30}$$

式（2-30）表明，平均聚合度与平衡常数的平方根成正比，与副产物水含量的平方根成反比。上述关系式曾得到图 2-7 和图 2-8 等一些实验的证实。因此，要获得高分子量缩聚物，小分子副产物要尽可能除尽。工业常采用高温与高真空度的熔融缩聚方法制备聚酯材料。

对于平衡常数很小（$K \approx 4$）的聚酯化反应，要获得聚合度为 100 的聚酯，需在高温减压至 <70Pa，充分脱除残留水分至 <0.4mmol/L。聚合后期，体系黏度增大，酯基对水分子具有吸附能力，水的扩散和脱除并不容易，因而需要特殊设备。

对于平衡常数较高（$K \approx 400$）的聚酰胺化反应，要获得聚合度为 100 的聚酰胺，可在减压程度稍低的条件下进行，允许稍高的残留水分（<40mmol/L）。

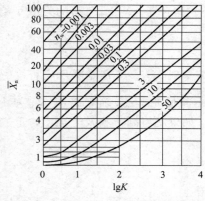

图 2-7　平均聚合度与平衡常数
及小分子副产物的关系

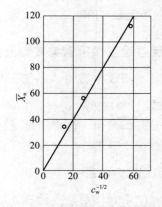

图 2-8　ω-羟基十一酸缩聚物的
聚合度与副产物水浓度的关系

对于 K 值很大（＞1000）、而对聚合度又要求不高（几至几十）的反应，如可溶性酚醛树脂的制备，则完全可在水介质中进行缩聚。

2.5.2 官能团数比对聚合度的影响

官能团反应程度 P 和平衡常数 K 是影响线形缩聚物聚合度的重要因素，但通常不用它们来调节聚合度。在保证高反应程度的基础上，工业上常用封端的方法控制聚合度，通过封端反应合成具有一定聚合度的大分子链，并使其失去反应活性。

对于 $A_2 + B_2$ 缩聚体系，加入少量单官能团物质可使大分子的链端封闭；一种单体过量可使大分子链端带有相同官能团，限制分子链的进一步增长。对于 AB 单体等双官能团体系，加入少量单官能团物质可使大分子的一个链端封闭，另一链端带相同官能团。

（1） $A_2 + B_2$ 缩聚体系，B_2 单体稍过量

两种单体非等官能团数时，可用过量摩尔分率 q 和官能团数比（摩尔比）r 表示，工业上常用 q，理论分析时常用 r。

如果用二元酸 a—A—a（A_2）与二元醇或二元胺 b—B—b（B_2）进行缩聚，设 N_a 和 N_b 分别为 a 和 b 官能团的起始数目，分别为两种单体分子数的两倍。按定义，$r = N_a/N_b$ $\leqslant 1.0$，即 b—B—b 单体过量，则 q 与 r 有如下关系：

$$q = \frac{(N_b - N_a)/2}{N_a/2} = \frac{1-r}{r} \qquad (2\text{-}31)$$

$$r = \frac{1}{q+1} \qquad (2\text{-}32)$$

例如，对苯二甲酸与丁二醇缩聚，两种单体的摩尔比为 9：10，则 $r = N_a/N_b = 0.9$，$q = 1/9$；如果两种单体的摩尔比为 9.9：10，则 $r = N_a/N_b = 0.99$，$q = 1/99$。

在 q 和 r 定义的基础上，可分析 $A_2 + B_2$ 缩聚物的平均聚合度与单体投料比之间的关系。如果以 a—A—a 单体（二元酸）为基准，b—B—b 单体（二元醇或二元胺）稍过量，羧基（a）的反应程度为 P，两种基团的反应数均为 PN_a，羧基的残留数为 $N_a - PN_a$，而羟基或胺基的残留数为 $N_b - PN_a$，两种官能团残留总数，即大分子链端基数为 $N_a + N_b - 2PN_a$，大分子总数为 $(N_a + N_b - 2PN_a)/2$，结构单元数则为 $(N_a + N_b)/2$。

根据定义，平均聚合度为结构单元数与大分子总数的比值，因而有：

$$\overline{X}_n = \frac{(N_a + N_b)/2}{(N_a + N_b - 2PN_a)/2} = \frac{1+r}{1+r-2rP} \qquad (2\text{-}33)$$

式（2-33）代表了平均聚合度与官能团数比（$r = N_a/N_b < 1$）、反应程度（P）的关系，见图 2-9。根据式（2-33），即可通过改变官能团数比来预定缩聚物的平均聚合度。

当两种单体官能团数相等，即 $r = 1$ 或 $q = 0$ 时，式（2-33）简化式（2-3）。

$$\overline{X}_n = \frac{1}{1-P} \qquad (2\text{-}3)$$

当官能团反应程度为 1 时，式（2-33）简化为式（2-34）。

$$\overline{X}_n = \frac{1+r}{1-r} \qquad (2\text{-}34)$$

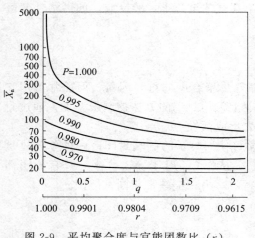

图 2-9 平均聚合度与官能团数比（r）
及反应程度（P）的关系

图 2-9 是在一些 P 值下用式（2-33）计算得到的 $\overline{X}_n$ 随官能团数比的变化曲线。这些不同的曲线表明了如何通过控制 r 和 P 值，使聚合反应达到某一特定的聚合度。但是在聚合反应中，r 和 P 的值通常不允许完全自由地选择。例如，要考虑经济效益和反应物纯化上的困难，往往很难做到使 r 值非常接近 1。同样地，考虑到经济效益和反应时间，在聚合反应程度低于 100% 时反应就结束了（$P<1$）。在聚合反应的最终阶段，要想使反应程度提高 1%，所需要的时间约为反应从最初进行到反应程度为 97%～98% 所需要的时间。

现举几例来说明图 2-9 和式（2-33）的应用。当单体 B_2 的过量摩尔分率分别为 0.001 和 0.01（即 r 值分别为 1000/1001 和 100/101）时，在 100% 的反应程度下，$\overline{X}_n$ 分别为 2001 和 201；在 99% 的反应程度下，$\overline{X}_n$ 分别降至 95 和 67；在 98% 的反应程度下，$\overline{X}_n$ 就降到了 49 和 40。显然，逐步聚合的反应程度必须达到 98% 以上，这意味着聚合度可以达到 50～100，否则生成的聚合物没有多大用处。

（2） A_2+B_2 缩聚体系，A_2 和 B_2 分子数相等，加入少量单官能团物质 C_b

在两单体分子数相等的 A_2+B_2 体系中加入少量单官能团物质 C_b，令 C_b 的官能团数为 N_b'，根据定义，官能团数比值 r 和过量摩尔分率 q 分别为 $N_a/(N_b+2N_b')$ 和 N_b'/N_a。注意，双官能单体的官能团数是分子数的两倍，而单官能团封端剂的官能团数和分子数恰好相同。依据平均分子量的定义，同样可以获得式（2-33），即 $\overline{X}_n=(1+r)/(1+r-2rP)$。

（3） AB 缩聚体系，加入少量单官能团物质 C_b

对于 AB 缩聚体系，两种官能团数相同，即 $r=1$，根据式（2-3），如果反应程度为 1，则缩聚物的聚合度为无穷大。实际上，反应程度不可能达到 100%。在该体系中添加少量单官能团物质 C_b，可以调节聚合物的平均聚合度，推导结果完全相同，同样可以获得式（2-33）。

以上分析表明，线形缩聚物的聚合度与官能团数比或过量摩尔分率密切相关。任何原料都很难做到基团数相等，微量杂质（尤其单官能团物质）的存在、分析误差、称量不准、聚合过程中的挥发损失和分解损失都是造成基团数不相等的原因，应尽可能设法排除。

在缩聚过程中，应该尽可能保证单体纯度，对于难以纯化的单体，可使用替代物或更换反应路线。例如，早期对苯二甲酸的精制工艺不过关，转而采用易于纯化的对苯二甲酸二甲酯进行替代，通过酯交换缩聚合成涤纶树脂。为了避免单体损失，应控制缩聚温度和真空度。例如，工业上先将己二酸和己二胺制成等摩尔的 66 盐，然后在水介质中进行聚酰胺化缩聚，反应后期再逐步减压除水，既保证了初期的等官能团数比，又避免了脱羧和脱胺等副反应的发生。

2.6 线形缩聚物的聚合度分布

线形缩聚物是聚合度大小不等的大分子混合物，没有确切唯一的聚合度，不同聚合度存在一个较宽的分布。聚合度分布状况可用其分布函数来描述。

2.6.1 聚合度分布函数

根据官能团的等活性理论，Flory 应用数理统计方法，推导出线形缩聚物的聚合度分布函数式，适用于 $A_2 + B_2$ 和 AB 体系。

根据统计学概念，成键概率（P）为已反应官能团的数目与总官能团数目的比值，非成键概率（$1-P$）则为未反应官能团的数目与总官能团数目的比值，二者之和必定为 1。在任一状态下，单个官能团的成键概率恰好相当于所有同类官能团的反应程度。

根据官能团等活性原理，每次成键概率为 P，x 次成键概率为 P^x。x-聚体的形成要通过 $(x-1)$ 次成键事件（P^{x-1}）和 1 次未成键事件（$1-P$）。x-聚体的形成概率记为 N_x / N，其中 N_x 为 x-聚体的数目，N 为 t 时刻缩聚物的总数目。即

$$\frac{N_x}{N} = P^{x-1}(1-P) \tag{2-35}$$

成键概率 P 和官能团反应程度 P 都没有量纲。从统计学上讲，虽然概念不同，二者大小相同。虽然反应程度 P 时的大分子总数 N 未知，但可从反应程度定义式 $P = (N_0 - N)/N_0$ 中获得 $N = N_0(1-P)$，将其代入式（2-35），得到聚合度的数量分布函数：

$$\frac{N_x}{N_0} = P^{x-1}(1-P)^2 \tag{2-36}$$

如果忽略端基的质量，定义 W_x 为 x-聚体的质量，W 为聚合物的总质量，N_0 为结构单元总数，M_0 为结构单元平均分子量，则可通过式（2-36）得到聚合度的质量分布函数：

$$\frac{W_x}{W} = \frac{xN_x}{N_0} = xP^{x-1}(1-P)^2 \tag{2-37}$$

图 2-10 和图 2-11 分别是缩聚过程中，聚合度的数量分布曲线和质量分布曲线。非常明显，单体数随反应程度的增大而减小，但单体数总是高于任一聚合度的聚合体数；尽管如此，在中高反应程度下，剩余单体的质量所占比例很小，如反应程度 95% 时的单体小于 0.5%（质量分数）；低聚体数量随聚合度的增大而降低，而高聚体的数量随反应程度的增大而升高。

图 2-11 还表明，x-聚体的质量分数存在极大值，对应的聚合度为最可几聚合度 $X_{\max}$，近似为数均聚合度。$X_{\max}$ 随反应程度 P 的增大而升高，即缩聚物的数均聚合度随反应程度 P 的增大而升高。

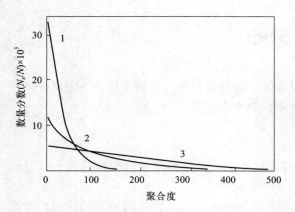
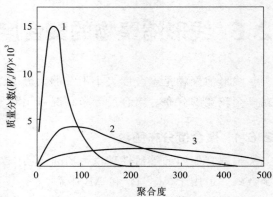

图 2-10　不同反应程度下线形缩聚物　　　　图 2-11　不同反应程度下线形缩聚物
　　聚合度的数量分布曲线　　　　　　　　　　聚合度的质量分布曲线
1—$P=0.9600$；2—$P=0.9875$；3—$P=0.9950$　　　1—$P=0.9600$；2—$P=0.9875$；3—$P=0.9950$

2.6.2　聚合度分布指数

参照数均聚合度的定义，数均聚合度的表达式可以写成：

$$\overline{X}_n = \frac{\sum xN_x}{\sum N_x} = \frac{\sum xN_x}{N} = \sum x\ \frac{N_x}{N} \tag{2-38}$$

将式（2-35）代入式（2-38），经过数学运算，得数均聚合度：

$$\overline{X}_n = \sum xP^{x-1}(1-P) = \frac{1}{1-P} \tag{2-39}$$

式（2-39）与式（2-3）完全相同。

同理，可以推导出重均聚合度为：

$$\overline{X}_w = \sum x\ \frac{W_x}{W} = \sum x^2 P^{x-1}(1-P)^2 = \frac{1+P}{1-P} \tag{2-40}$$

将式（2-40）和式（2-39）相除，得聚合度分布指数：

$$\frac{\overline{X}_w}{\overline{X}_n} = \frac{(1+P)/(1-P)}{1/(1-P)} = 1+P \leqslant 2 \tag{2-41}$$

实验证实，多数逐步聚合物的分子量分布指数接近于 2，但也存在较大偏离的情况。出现偏离的主要原因是官能团等活性只是一个假设，有些情况并不满足这个条件。例如，对于 B_2 和 B_2' 不等活性的 $A_2 + B_2 + B_2'$ 缩聚体系，分子量分布将变宽；对于 B 和 B' 不等活性的 $A_2 + BB'$ 缩聚体系，分子量分布将变窄。

如果官能团反应活性随反应程度的增大而降低，则高分子量缩聚物反应活性较低，而低分子量多聚体之间的缩合反应将优先进行，最终形成分子量大小接近的缩聚物，分子量分布指数随之变小；反之，如果官能团反应活性随反应程度的增大而升高，则缩聚物之间分子量差别变大，分子量分布指数也随之增大。

聚酯、聚硫酯和聚酰胺在高温条件下会发生快速链交换反应。链交换反应是一个大分子链的端基与另一个大分子链的中间连接基团之间的反应，其结果是生成一个更长的大分子链和一个较短的分子链。理论上讲，缩聚物的中间连接基团具有同样的反应活性和概率，因而聚合度分布仍然服从 Flory 分布［式（2-41）］，即链交换反应对缩聚物分子量分布的影响不大，最终的结果是分子量分布稍微变窄。

2.7 体形逐步缩聚

2.7.1 体形逐步聚合与凝胶点

双官能团单体缩聚时，产物为线形聚合物。一般情况下它们均可在加热时熔融，在良溶剂中溶解，被称为热塑性高分子（thermoplastic polymer）。

一种双官能团单体与一种官能度大于 2 的单体缩聚时，缩聚反应首先产生支链，然后将自行交联成体形结构或通过外加交联剂形成网状结构（net-structure），这类缩聚反应过程称为体形逐步缩聚。已经交联了的体形聚合物不溶、不熔、尺寸稳定，被称为热固性高分子（thermosetting polymer）。

热固性聚合物的生产一般分两阶段进行。第一阶段先制成线形或支化的聚合物，分子量约 $0.5 \sim 5\mathrm{kDa}$，可以是液体或固体，叫做预聚物（prepolymer）。第二阶段是预聚物在加热、加压或加催化剂的条件下，发生交联反应（cross-linking reaction），得到不熔、不溶的聚合物，常称为固化成型。

交联反应进行到一定程度时，体系黏度变得很大，难以流动，反应及搅拌产生的气泡无法从体系中逸出，可以看到凝胶或不溶性聚合物明显生成的现象，这一现象叫做凝胶化（gelation），出现凝胶化时的反应程度称作凝胶点（gel point），用 P_c 表示。

产生凝胶化现象时，并非所有聚合物分子都是交联高分子，而是既含有不溶性的交联高分子，同时也含有可溶性的支化高分子。不能溶解的部分叫做凝胶（gel），能溶解的部分叫做溶胶（collosol）。这时产物的分子量分布无限宽。随着反应程度进一步提高，溶胶逐渐反应变成凝胶。

在工艺上，往往根据反应程度的不同，将体形聚合物的合成分为三个阶段。第一阶段，官能团的反应程度小于凝胶点（$P < P_c$），体系有良好的溶、熔性能。第二阶段，反应程度 P 接近 P_c，树脂溶解性能变差，但仍能熔融。第三阶段，反应程度大于凝胶点（$P > P_c$），体系已经交联固化，不能再溶解和熔融。第一阶段和第二阶段的聚合物均为预聚物。

凝胶点的研究对于预聚物的制备和预聚物的交联固化都是十分重要的。在合成预聚物阶段，要控制反应程度低于 P_c。P_c 的预测主要有以下两种方法。

2.7.2 Carothers 方程预测凝胶点

Carothers 理论的核心是，当反应体系开始出现凝胶时，聚合物的数均聚合度 $\overline{X}_n \to \infty$，根据数均聚合度与官能团反应程度的关系求出 $\overline{X}_n \to \infty$ 时的反应程度即为凝胶点。

（1）反应官能团数相等

反应物等量时，定义单体的平均官能度 $\overline{f}$ 为官能团总数与分子总数的比值，即

$$\overline{f} = \frac{\sum N_i f_i}{\sum N_i} \tag{2-42}$$

式中，N_i 是单体 i 的分子数，而非单体 i 的官能团数；f_i 是单体 i 的官能度。单体 i 的官能团数为 $N_i f_i$。例如，由 2.0mol 丙三醇和 3.0mol 邻苯二甲酸组成的体系，羟基数为 3×2.0mol，羧基数为 2×3.0mol，平均官能度 $\overline{f} = (2.0 \times 3 + 3.0 \times 2)/(2.0 + 3.0) = 2.4$。

在 A 和 B 官能团数相等的体系中，若起始单体分子数是 N_0，那么官能团总数就是 $N_0 \overline{f}$。设反应后体系的分子数为 N，于是 $2(N_0 - N)$ 就是已参与反应的官能团数。消耗掉的官能团占起始官能团的分数就是此时的反应程度 P。

$$P = \frac{2(N_0 - N)}{N_0 \overline{f}} \tag{2-43}$$

将 $\overline{X}_n = N_0/N$ 代入上式，得：

$$\overline{X}_n = \frac{2}{2 - P\overline{f}} \tag{2-44}$$

将式（2-44）转换为反应程度的表达式，得：

$$P = \frac{2}{\overline{f}}\left(1 - \frac{1}{\overline{X}_n}\right) \tag{2-45}$$

式（2-45）常称为 Carothers 方程，它表达了官能团反应程度、平均聚合度和平均官能度之间的定量关系。

在凝胶点时，数均聚合度趋于无穷大，此时的反应程度称为临界反应程度。因此，体系的凝胶点为：

$$P_c = \frac{2}{\overline{f}} \tag{2-46}$$

根据式（2-46），从单体的平均官能度可以计算出发生凝胶化时的反应程度。例如，上面述及的丙三醇与邻苯二甲酸（摩尔比为 2：3）反应体系，临界反应程度的计算值为 0.833。

（2）反应官能团数不相等

式（2-45）和式（2-46）只适用于反应官能团数相等的反应体系，而用于反应官能团数不等的体系时会产生很大误差。例如，考虑一个极端情况，用 1.0mol 丙三醇和 5.0mol 邻苯二甲酸反应时，用式（2-42）计算，其平均官能度为 2.17，这表明能生成高分子量的聚合物。再用式（2-46）计算可知 $P_c \approx 0.922$ 时出现凝胶。但这两个结论都是错误的。从前面的 2.5 节讨论已知，这个反应体系由于 A 和 B 官能团不等量（$r = 0.3$），二元酸过量太多，链端都被羧基封闭，无法得到高分子量的聚合物。

两种官能团数不相等时，可以简单地认为，反应程度与官能团数少的单体有关。另一单体的过量部分对分子量增长不起作用。因此，平均官能度定义为：非过量官能团的两倍除以所有单体的分子数。

例如，对于一个三元混合体系，单体 A、B 和 C 的量分别为 N_A、N_B 和 N_C，官能度分别为 f_A、f_B 和 f_C。单体 A 和 C 含有同样的 A 官能团，并且 B 官能团过量。即 $(N_A f_A + N_C f_C) < N_B f_B$，则平均官能度为：

$$\bar{f} = \frac{2(N_A f_A + N_C f_C)}{N_A + N_B + N_C} \tag{2-47}$$

$$\bar{f} = \frac{2r f_A f_B f_C}{f_A f_C + r\rho f_A f_B + \gamma(1-\rho)f_B f_C} \tag{2-48}$$

$$r = \frac{N_A f_A + N_C f_C}{N_B f_B} \tag{2-49}$$

$$\rho = \frac{N_C f_C}{N_A f_A + N_C f_C} \tag{2-50}$$

式中，r 是 A 和 B 官能团数比，它等于或小于 1；ρ 是 $f>2$ 的单体所含 A 官能团占总 A 官能团的分数。

从式（2-49）和式（2-50）可以看出，A 和 B 官能团数接近（r 趋近于 1）的反应体系、多官能团单体含量高（ρ 接近于 1）的体系和含高官能度单体的体系（f_A、f_B 和 f_C 的值大时），都更容易发生交联反应（P_c 值变小）。

凝胶点 P_c 是对 A 官能团而言的，对于 B 官能团，其凝胶点反应程度应是 rP_c。

2.7.3　统计学方法预测凝胶点

Flory 和 Stockmayer 在"官能团等反应活性"和"无分子内反应"两个假定的基础上，应用统计学方法，推导出预测凝胶点的表达式。推导时引入支化系数 α，定义为高分子链末端支化单元上一给定的官能团产生另一支化单元的概率。对于 A_2、B_2 和 A_f 的缩聚反应，可以得到如下结构：

$$n\ \text{A—A} + (n+1)\ \text{B—B} + A_f \longrightarrow A_{f-1}\text{—}\big[\text{B—BA—A}\big]_n\text{B—B—}A_{f-1}$$

式中，n 可以是任意自然数。多官能团单体 A_f 看作是一个支化单元，两个单元之间的一段分子链称为支链。凝胶化发生的条件是，从支化点长出的 $(f-1)$ 条链中至少有一条能与另一支化点相连接。发生这种情况的概率是 $1/(f-1)$，那么产生凝胶的临界支化系数为：

$$\alpha_c = \frac{1}{f-1} \tag{2-51}$$

式中，f 是支化单元的官能度（$f>2$）。如果体系中有几种多官能团单体时，f 则应取平均值。

当 $\alpha_c(f-1) \geqslant 1$ 时，形成支链的数目增多，产生凝胶。相反，$\alpha_c(f-1) < 1$ 时，不形成支链，所以不发生凝胶化。

让我们计算一下反应式（2-51）中支链生成的概率。A 和 B 官能团的反应程度分别是 P_A 和 P_B，支化点上 A 官能团的数目与 A 官能团总数之比为 ρ，B 官能团与支化点上 A 官

能团的反应概率为 $P_B\rho$，B 官能团与非支化点上 A 官能团的反应概率为 $P_B(1-\rho)$。因此，生成支链的概率是 $P_A[P_B(1-\rho)P_A]^nP_B\rho$，对所有的 n 值求和，得到：

$$\alpha = \frac{P_A P_B \rho}{1 - P_A P_B(1-\rho)} \tag{2-52}$$

A 与 B 官能团数比为 r，把 $P_B = rP_A$ 代入式（2-52）中，消去 P_A 或 P_B 得到：

$$\alpha = \frac{rP_A^2\rho}{1 - rP_A^2(1-\rho)} = \frac{P_B^2\rho}{r - P_B^2(1-\rho)} \tag{2-53}$$

联立式（2-53）和式（2-51），得到凝胶化时 A 官能团的反应程度表达式：

$$P_C = \frac{1}{\{r[1+\rho(f-2)]\}^{1/2}} \tag{2-54}$$

当两种官能团数相等时，$r=1$，且 $P_A = P_B$，式（2-53）和式（2-54）简化为：

$$\alpha = \frac{P^2\rho}{1 - P^2(1-\rho)} \tag{2-55}$$

$$P_C = \frac{1}{[1 + \rho(f-2)]^{1/2}} \tag{2-56}$$

当没有 A_2 单体时（$\rho=1$），$r<1$，式（2-53）和式（2-54）简化为：

$$\alpha = rP_A^2 = P_B^2/r \tag{2-57}$$

$$P_C = \frac{1}{[r(f-1)]^{1/2}} \tag{2-58}$$

当同时满足上述两个条件时，即 $r=\rho=1$，式（2-53）和式（2-54）简化为：

$$\alpha = P^2 \tag{2-59}$$

$$P_C = \frac{1}{(f-1)^{1/2}} \tag{2-60}$$

以上方程式对于有单官能团反应物、有 A 和 B 两种支化单元存在的反应体系不适用。因此，需要考虑更普遍适用的表达式，在多元反应体系下：

$$A_1 + A_2 + \cdots + A_i + B_1 + B_2 + \cdots + B_j \longrightarrow 交联聚合物$$

单体含 A 和 B 官能团的数目分别为 $1\sim i$ 和 $1\sim j$ 时，凝胶点的反应程度为：

$$P_C = \frac{1}{[r[(f_{w,A}-1)(f_{w,B}-1)]]^{1/2}} \tag{2-61}$$

式中，r 为 A 和 B 官能团数比；$f_{w,A}$ 和 $f_{w,B}$ 分别是 A 和 B 官能团的重均官能度，分别定义为：

$$f_{w,A} = \frac{\sum f_{Ai}^2 N_{Ai}}{\sum f_{Ai} N_{Ai}} \tag{2-62}$$

$$f_{w,B} = \frac{\sum f_{Bj}^2 N_{Bj}}{\sum f_{Bj} N_{Bj}} \qquad (2-63)$$

式中，N_{Ai} 和 N_{Bj} 分别是单体 A_i 和 B_j 的分子数；f_{Ai} 和 f_{Bj} 是两种官能团的官能度。

例如，有一个复杂的醇酸缩聚体系，含丁醇 4.0mol、乙二醇 49mol、丙三醇 2.0mol 和季戊四醇 3.0mol，丁酸 2.0mol、丁二酸 50mol、间苯三甲酸 3.0mol 和均苯四甲酸 3.0mol。r、$f_{w,A}$、$f_{w,B}$ 和 P_c 的计算过程和结果如下。

$$r = \frac{1 \times 4.0 + 2 \times 49 + 3 \times 2.0 + 4 \times 3.0}{1 \times 2.0 + 2 \times 50 + 3 \times 3.0 + 4 \times 3.0} = 0.9756$$

$$f_{w,A} = \frac{1^2 \times 4.0 + 2^2 \times 49 + 3^2 \times 2.0 + 4^2 \times 3.0}{1 \times 4.0 + 2 \times 49 + 3 \times 2.0 + 4 \times 3.0} = 2.2167$$

$$f_{w,B} = \frac{1^2 \times 2.0 + 2^2 \times 50 + 3^2 \times 3.0 + 4^2 \times 3.0}{1 \times 2.0 + 2 \times 50 + 3 \times 3.0 + 4 \times 3.0} = 2.2520$$

$$P_c = \frac{1}{[0.9756 \times (2.2167 - 1)(2.2520 - 1)]^{1/2}} = 0.820$$

2.7.4 凝胶点的实验测定

凝胶点在实验上是测定反应体系失去流动性（以气泡不能上升为标志）时的反应程度。例如，在甘油与等官能团量二元酸反应体系中，测得凝胶点的反应程度为 0.765，而用 Carothers 方程和统计学方法计算得到的 P_c 分别为 0.833 和 0.709。Flory 曾详细地研究了由一缩二乙二醇、1,2,3-丙三羧酸和己二酸或丁二酸组成的反应体系。实测凝胶点的结果见图 2-12。

由图 2-12 可以看出，该体系缩聚 230 min 后出现凝胶，黏度突增，实测 P_c 为 0.911，数均聚合度为 25。当 $r = 1$，$\rho = 0.293$ 时，按 Carothers 方程 [式 (2-46)] 计

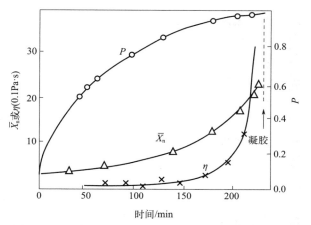

图 2-12 一缩二乙二醇、丁二酸、丙三羧酸缩聚时 P、$\overline{X}_n$ 和黏度 (η) 随反应时间的变化

算，P_c 为 0.951，较实测值大；按统计法 [式 (2-61)] 计算，P_c 为 0.879，较实测值略低。表 2-3 列出了临界反应程度 P_c 的实验测定值及 Carothers 方程和统计学方法的理论预测值。

表 2-3　代表性醇酸缩聚体系的凝胶点预测值与实验值对比

$r = $[COOH]/[OH]	ρ	凝胶点的反应程度(P_c)		
		Carothers 法计算值	统计学计算值	实验测定值
1.000	0.293	0.951	0.879	0.911
1.000	0.194	0.968	0.916	0.939
1.002	0.404	0.933	0.843	0.894
0.800	0.375	1.063	0.955	0.991

由表 2-3 中所列数据可见，同一个反应体系，两种理论预测凝胶点的方法所得出的结果却大不相同。Carothers 方程的计算值大于实验测定值，因为该方程推导中，要求 P_c 为平均聚合度（$\overline{X}_n$）达到无限大时的反应程度，而实际反应体系中存在着各种聚合度的聚合物，$\overline{X}_n$ 还没有达到无限大时就已凝胶化了。统计学方法计算出的凝胶点与实验测定值比较接近，但总是偏小。出现这种偏差的原因有两个，即分子内环化反应的存在和官能团的不等活性。因为分子内环化反应无效消耗了反应物，导致实际达到凝胶点时的反应程度要比预测值高。Stockmayer 在研究季戊四醇（$f=4$）与己二酸的聚合反应时，测定了不同浓度的凝胶点，将所得结果外推到浓度无限大，此时分子内环化反应可以忽略，所得 P_c 值为 0.577，与实验值 0.578 ±0.005 十分吻合。

在某些缩聚反应体系中，官能团等反应活性的假设是不正确的。例如，上述的甘油和邻苯二甲酸反应体系，甘油的仲羟基活性较低，若对此加以校正后，P_c 的计算值与实验值的偏差会减小，但不能完全消除。

虽然 Carothers 方法和统计学方法都能预测凝胶点，但统计学方法使用更为普遍。因为 Carothers 方法预测的 P_c 通常比实际值高，这意味着在聚合反应釜中就可能会提前发生凝胶化，这是工业生产不希望的。统计学方法不存在这个问题，所以得到了广泛应用。

2.7.5 无规预聚物

从单体到热固性聚合物制品，大多分成两个阶段：第一阶段是树脂合成阶段，先聚合成低分子量（0.3～5kDa）的线形或支链预聚物，处于可溶、可熔、可塑化状态；第二阶段是成型阶段，预聚物的活性基团进一步反应，交联固化成不溶、不熔的热固性聚合物制品。

预聚物可分为无规预聚物（random prepolymer）和结构预聚物（structural prepolymer）两类。无规预聚物的官能团分布和后续反应无规律，主要品种有醇酸树脂、碱催化酚醛树脂和脲醛树脂等。结构预聚物的官能团分布有规律，可预先设计，树脂不能自交联，成型时，需另加固化剂或其他反应性物质，主要品种包括不饱和聚酯、环氧树脂、酸催化酚醛树脂等。

无规预聚物的官能团呈无规分布，聚合物结构不确定，通常在加热、加压或加催化剂的情况下能进行交联固化，但交联反应较难控制。下面分别介绍几种典型的无规预聚物。

（1）醇酸树脂

由多元醇、邻苯二甲酸酐和脂肪酸或甘油三脂肪酸酯缩聚而成的聚酯称为醇酸树脂。醇酸树脂的生产始于 20 世纪 20 年代。醇酸树脂是可交联的聚酯，属于无规预聚物，主要用作涂料或胶黏剂，在水性乳胶漆开发应用以前，是应用最广泛的涂料品种。

邻苯二甲酸酐（$f=2$）、甘油（$f=3$）和少量不饱和脂肪酸共缩聚，生成无规支链型预聚物，而后再交联固化成网状或体形结构。树脂合成阶段除单体配比外，还需控制在较低反应程度，使之处在凝胶点以下，保持黏滞液体状态，缩聚过程中要定期检测黏度和酸值。

为了改善树脂脆性、保证涂层柔软性，常用间苯二甲酸、己二酸和癸二酸等替代部分邻苯二甲酸酐，同时用少量不饱和脂肪酸和其他二元醇降低交联密度，降低单官能团单体的使用上限，要使体系的平均官能度稍大于 2。例如，1mol 邻苯二甲酸酐、0.85mol 乙二醇和 0.1mol 甘油，平均官能度＝2.05。除甘油外，也可用三羟甲基丙烷、季戊四醇和山梨醇等多元醇。改性用的亚麻油酸、豆油、蓖麻油、桐油酸都是不饱和脂肪酸的甘油酯。

根据改性油的用量，醇酸树脂可分为短油度、中油度、长油度三类。短油度醇酸树脂含有 30%～50% 油，一般需经烘烤才能形成硬的漆膜。中油度（含 50%～65% 油）和长油度（含 65%～75% 油）醇酸树脂，只要加入金属干燥剂（如萘酸钴），即可室温固化。干性油改性的醇酸树脂，与适当溶剂、颜料、干燥剂等配合，即成醇酸树脂漆。

（2）氨基树脂

由含有氨基的化合物如尿素或三聚氰胺与甲醛和醇类经缩聚而成的树脂统称氨基树脂，主要包括脲醛树脂和三聚氰胺甲醛树脂等。氨基树脂主要用于制作涂料、胶黏剂、塑料或鞣料，并用于织物、纸张的防缩防皱处理等。

① 脲醛树脂。脲醛树脂（urea-formaldehyde resin）简称 UF，平均分子量约 10kDa。尿素与 37% 甲醛水溶液在酸或碱的催化下可缩聚得到线形脲醛低聚物。工业上以碱为催化剂，95℃左右反应，甲醛/尿素摩尔比为 1.5～2.0，以保证树脂能固化。预聚阶段生成一羟甲基脲和二羟甲基脲，然后羟甲基与氨基进一步缩合，得到可溶性树脂。如果用酸催化，生成粉状脲醛树脂并导致凝胶。产物需在中性条件下贮存。线形脲醛树脂以氯化铵为固化剂时可在室温固化，模塑粉则在 130～160℃加热固化，添加促进剂如硫酸锌、磷酸三甲酯、草酸二乙酯等可加速固化。

尿素的酰胺具有亲核性，与甲醛反应的官能度为 4。在微碱性条件下，控制配比，可得到一至三羟甲基脲衍生物。在中性或微酸性条件下，多羟甲基脲受热发生脱水缩合，形成 $N—CH_2—N$ 键或醚键。

在预聚阶段，需调节 pH 值保持微碱性，以防止交联；在中性和酸性条件下，则容易交联固化。醇与酰胺反应，在两个氮原子间形成亚甲基桥，先是线形，后交联；在碱性条件下，则可形成亚甲基醚桥。在固化的树脂中都发现有亚甲基桥联的酰胺和醚氧交联结构。此外，还可能存在环状结构。

脲醛树脂用作涂料时，可在碱性条件下用丁醇改性，引入更多醚键，提高溶解性。醚化以后，进行酸化，继续反应到一定聚合度。经丁醇处理的典型脲醛树脂含有 0.5～1.0mol 丁醚基团/mol 尿素。

$$\text{HOH}_2\text{CHN}-\overset{\displaystyle \overset{\text{O}}{\|}}{\text{C}}-\text{NHCH}_2\text{OH} + \text{ROH} \xrightarrow[-\text{H}_2\text{O}]{\text{OH}^-} \text{HOH}_2\text{CHN}-\overset{\displaystyle \overset{\text{O}}{\|}}{\text{C}}-\text{NHCH}_2\text{OR}$$

脲醛树脂色浅或无色，比酚醛树脂硬，可用作涂料、胶黏剂、层压材料和模塑品。脲醛树脂与纤维素（纸浆）、固化剂、颜料等混合，可配制模塑粉，用来制作低压电器和日用品。脲醛树脂也可用作木粉、碎木的胶黏剂，制作木屑板和合成板。

② 蜜胺树脂。三聚氰胺与甲醛缩聚所得聚合物称为三聚氰胺甲醛树脂，又称蜜胺树脂（melamine-formaldehyde resin），简称 MF。蜜胺树脂为无规共聚物，加工成型时发生交联反应，制品为不熔的热固性树脂。

三聚氰胺具有亲核性，与甲醛缩合反应的官能度为 6。在工业生产中，三聚氰胺和 37% 的甲醛水溶液反应，甲醛与三聚氰胺的摩尔比为 1∶（2～3），第一步生成不同数目的 N-羟甲基取代物，然后进一步缩合成热固性树脂。反应条件不同，产物分子量不同，可从水溶性到难溶于水，甚至不溶、不熔的固体，pH 值对反应速率影响极大。上述反应制得的树脂溶液不宜贮存，常用喷雾干燥法制成粉状固体。蜜胺树脂在室温下不固化，一般在 130～150℃ 热固化，加少量酸催化可提高固化速度。

蜜胺树脂作为模塑料主要用于制作餐具和电器，除此之外还用作涂料、木材黏合剂、油漆交联剂、纤维纺织物整理剂、纸张湿强剂和水泥减水剂等。

（3）碱催化酚醛树脂

酚醛树脂（phenol-formaldehyde resin）是世界上最早研制成功并商品化的合成高分子材料，目前在热固性聚合物中仍占有一定地位，主要用作模制品、层压板、胶黏剂和涂料。

酚醛树脂由苯酚和甲醛缩聚而成，甲醛官能度 f 为 2，苯酚的邻、对位氢是活性基团，因而官能度为 3。从反应类型看，酚与甲醛反应分两步进行，首先发生亲核加成，形成羟甲基酚混合物；继而进行酚醇间的亲电取代。

酚醛树脂合成可使用碱和酸两类催化剂，相应地也有两类树脂，一类是碱催化且醛过量，形成酚醇无规预聚物，称为 Resoles，继续加热可直接交联固化；另一类是酸催化且酚过量，缩聚产物称作 Novolacs，属于结构预聚物，单凭加热难以固化，需另加甲醛或六亚甲基四胺 $[(\text{CH}_2)_6\text{N}_4]$，后者受热分解，提供亚甲基才能使之交联。

有碱存在时，苯酚处于共振稳定的阴离子状态，邻、对位阴离子与甲醛进行亲核加成，先形成邻、对位羟甲基酚。例如，酚与醛摩尔比为 6∶7 时，亲核加成产物为一羟甲基酚、二羟甲基酚和三羟甲基酚的混合物。将苯酚、40% 甲醛水溶液、氢氧化钠或氨（苯酚量的 1%）等混合，回流 1～2 h，即可达到预聚要求。延长时间，将交联固化。要及时取样分析熔点、凝胶化时间、溶解性能、酚含量等，以便控制。反应结束前，中和成微酸性，暂停聚合，减压脱水，冷却，即得酚醛预聚物。

碱催化酚醛树脂，常分成 A、B、C 三个阶段。A 阶段，可溶、可熔、流动性能良好，反应程度 P 小于凝胶点 P_c。延长反应时间也可以进一步缩聚成 B 阶段，使反应程度接近 P_c，黏度有所提高，但仍能熔融塑化加工。A 或 B 阶段预聚物受热时，交联固化，即成 C 阶段（$P > P_c$），交联固化后，就不能再溶解和熔融。成型加工常使用 B 阶段或 A 阶段预聚物。

A 阶段的亲核加成是快反应；因羟甲基脱羟基困难，B 阶段的芳核亲电取代是慢反应；C 阶段需要通过升温加速芳核亲电取代反应，形成交联结构。在中性、酸性和较低温度条件下，则有利于二苄基醚键的形成。

2.7.6 结构预聚物

结构预聚物是新型热固性聚合物，是指官能团结构比较清楚、位置相对明确，特殊设计的预聚物。结构预聚物一般是线形低聚物，分子量从几百到几千不等。结构预聚物自身一般不能进一步交联，通常需要外加固化剂（curing agent）才能进行第二阶段的交联固化。与无规预聚物相比，结构预聚物有许多优点，预聚阶段、交联阶段以及产品结构都容易控制。

官能团转换反应是结构预聚物化学改性的重要途径，是合成综合性能优良的新型聚合物材料的重要方法。常用预聚体的端（侧）基官能团包括环氧基、异氰酸酯基（—NCO）、羟基（—OH）和羧基（—COOH）等。

（1）酸催化酚醛预聚物——热塑性酚醛树脂（Novolacs）

强酸可以催化苯酚和甲醛的缩聚反应，工业上使用低腐蚀性的草酸。在酸催化下，甲醛的羰基先质子化，而后在苯酚的邻、对位进行亲核加成，形成邻、对羟甲基酚。在酸催化下，羟甲基快速转变为苄基阳离子，随后发生芳核的亲电取代反应，随机形成邻-邻、邻-对和对-对亚甲基桥。pH<3 时，对位氢比较活泼，pH=4.5～6 时，则邻位氢比较活泼。

由于第二步的芳核亲电取代反应明显快于第一步的亲核加成反应，制备 Novolacs 时，必须苯酚过量。如果苯酚与甲醛等摩尔比，即使在酸性条件下，也会发生交联。酚、醛摩尔比为 10∶1～10∶9 时，预聚物分子量可以在 230～1000Da 区间变动，每个分子中苯环含量可以高达 6～10 个，反映出不同的缩聚程度。

Novolacs 的生产过程大致如下：将熔融状态（如 65℃）的苯酚加入反应釜内，加热到 95℃，先后加入草酸（苯酚的 1%～2%）和甲醛水溶液，在回流温度下反应 2～4h，甲醛即可耗尽。甲醛用量不足，树脂结构中无残留羟甲基，即使再加热，也无交联危险，因此可称为热塑性酚醛树脂。酚醛树脂从水中沉析出来，先常压、后减压蒸出水分和未反应的苯酚，直至 160℃。测定产物熔点或黏度，借以确定反应终点。然后冷却、破碎，即成酚醛树脂粉末。

酚醛树脂粉末再与木粉填料、六亚甲基四胺 $[(CH_2)_6N_4]$ 交联剂、其他助剂等混合，即成模塑粉。模塑粉受热成型时，六亚甲基四胺分解，提供交联所需的亚甲基，其作用与甲醛相当，同时产生的部分氨可能与酚醛树脂结合，形成苄胺桥。

（2）环氧树脂

环氧树脂是指分子中含有两个以上环氧基团的一类聚合物。常用的环氧树脂是环氧氯丙烷与双酚 A 或多元醇的缩聚产物。由于环氧基的化学活性，可用多种含有活泼氢的化合物使其开环，交联固化生成网状结构，因而它是一种结构预聚物和热固性树脂。

在碱催化下，双酚 A（bisphenol A，BPA）的羟基首先使环氧开环，随后发生分子内亲核取代环化反应，脱除 HCl 后重新形成环氧端基，如此不断开环与闭环，逐步聚合生成分子量递增的环氧树脂。

上式中 n 值一般为 $0 \sim 12$，分子量相当于 $0.34 \sim 3.8kDa$，个别 n 值可达 19（$M_n \approx 7kDa$）。$n = 0$，为双酚 A 被环氧丙基封端的环氧树脂中间体，为黄色黏滞液体；$n \geq 2$，则为固体。n 值的大小由原料配比、加料次序、操作条件来控制，环氧氯丙烷总是要求过量。

在较高温度下，强碱可催化醇羟基对环氧的开环反应，发生交联。因此，环氧树脂的合成需要控制反应温度。环氧树脂的分子量不高，使用时再进行交联固化。

环氧树脂粘接力强、耐腐蚀、耐溶剂、耐热、电性能好，广泛用于胶黏剂、涂料、复合材料等；应用时，需经交联和固化。环氧树脂分子中的环氧端基和侧羟基都可以成为交联的基团，胺类和酸酐是常用的交联剂或催化剂。

① 伯胺固化。乙二胺、二乙烯三胺等含有活泼氢，可使环氧直接开环交联，属于室温固化剂。伯胺的—NH_2 中有 2 个活泼氢，可按化学计量来估算其用量。常以环氧值来表示环氧树脂分子量的大小。环氧值是指 100g 树脂中含有环氧基的量（mol）。

从反应式看，一分子伯胺似乎可消耗两分子环氧基团，但受链段运动和分子几何空间的限制，胺基反应无法达到很高程度。

② 叔胺固化。叔胺呈强 Lewis 碱性，可与羟基反应生成由烷氧阴离子和季胺阳离子构成的离子对，随后烷氧阴离子进攻环氧端基，引发交联反应。叔胺只起催化作用，用量不宜过高，固化温度稍高于伯胺，如 $70 \sim 80℃$。

③ 环酸酐固化。邻苯二甲酸酐和马来酸酐等也可用作环氧树脂的交联固化剂。固化过程包括两种反应：一是环酸酐与侧羟基直接酯化而交联；二是环酸酐与羟基先形成半酯，半酯上的羧酸再使环氧开环。前者并不消耗环氧基团，后者所占比重较大。环酸酐作为交联剂时，也可定量计算。但活性比较低，需在 $150 \sim 160℃$ 的高温下交联固化。

（3）不饱和聚酯树脂

不饱和聚酯是主链含有烯键的聚酯。通常，聚酯化缩聚反应需在 $190 \sim 220℃$ 进行，直至达到预期的黏度，在聚酯化缩聚反应结束后，趁热加入一定量的烯类单体，配成黏稠的液体，这样的聚合物溶液称为不饱和聚酯树脂。

不饱和聚酯用于生产玻璃纤维增强塑料，俗称玻璃钢（glass fiber reinforced plastics）。

玻璃钢的生产过程分为两个阶段：一是不饱和聚酯预聚，制成分子量数千的线形不饱和聚酯；二是玻璃纤维的粘接、成型和交联固化。

马来酸酐和乙二醇缩聚，可以合成最简单的不饱和聚酯，数均分子量 1.5～2.5kDa。

$$n\ HOCH_2CH_2OH + n\ \underset{O}{\overset{O}{\bigcirc}} \xrightarrow{-H_2O} \Big[OCH_2CH_2OCOCH=CHCO \Big]_n$$

这种简单的不饱和聚酯交联后，性脆。为了降低交联密度，改善材料的韧性，可用邻苯二甲酸酐、间苯二甲酸、丁二酸和己二酸等替代部分马来酸酐，用丙二醇、丁二醇、一缩二乙二醇和双酚 A 等替代部分乙二醇，进行共缩聚。

几乎所有不饱和聚酯在实际应用中都溶解在可自由基聚合的烯类单体中，以液体形式使用。交联单体不限于苯乙烯，还可用甲基苯乙烯和甲基丙烯酸甲酯等。

2.8 缩聚反应实施方法

缩聚的反应放热量较小，仅为 10～25kJ/mol，而活化能却比较高（40～100kJ/mol）。与此相反，烯类单体加聚的反应热较高（40～95kJ/mol），而活化能比较低（15～40kJ/mol）。为了保证合理的聚合速率，缩聚多在较高温度（115～275℃）下进行。为了弥补热损失，需要外部补加热量，另需设法避免单体挥发和热分解损失。

多数缩聚反应是可逆反应，平衡常数等于正、逆反应的速率常数之比。虽然正、逆反应的速率常数均随温度升高而增大，但后者的增大速度快于前者，导致缩聚的平衡常数随温度的升高而减小。因此，高温缩聚需配合高真空度，以提高官能团反应程度，保证高聚合度。

对于线形缩聚而言，聚合物分子量的控制比聚合速率更重要。为了保证线形缩聚平稳进行，获得高分子量聚合物，需考虑下列原则和措施。

① 单体纯度尽可能高；

② 单体按化学计量配比，可加微量单官能团物质或使某种双官能团单体微过量来调控缩聚物的分子量；

③ 尽可能提高官能团反应程度；

④ 采用减压或其他方法脱除小分子副产物，使缩聚反应向形成聚合物方向移动。

合成缩聚物所能够选择的聚合方法包括熔融缩聚、溶液缩聚、界面缩聚和固相缩聚四种，其中熔融缩聚和溶液缩聚的应用最为广泛。

2.8.1 熔融缩聚

熔融缩聚（melt polycondensation）是一种最为简单而有效的缩聚方法。反应物料只有单体和适量催化剂，因而产物纯净、无需分离、分子量较高，而且反应器的生产效率也比较高。所谓"熔融"系指聚合反应温度在单体和聚合物的熔点之上，聚合反应物料处于"熔融状态"下进行缩聚反应。不同种类缩聚物所要求的熔融缩聚反应条件各不相同，这里仅就熔融缩聚反应器和反应条件作一般性介绍。

（1）熔融缩聚反应器

通常要求配备加热和换热及温度控制装置、减压和通入惰性气体装置、无级可调速搅拌装置等三大要件。当然对于平衡常数很大的缩聚反应这些条件可以适当放宽。

（2）单体配料要求

缩聚反应的单体配料要求计量准确。如果反应平衡常数较小，同时期望得到尽可能高的聚合度，则要求单体高度纯净，同时严格控制等官能团数比，再加入适量能够充分溶解或分散于单体中的催化剂即可。

（3）熔融缩聚操作要点

① 缓慢升温，连续搅拌，反应初期不必减压，如单体沸点较低，反应初期还需密闭反应器，反应器应能够承受一定压力；

② 缩聚反应中后期再进一步升高温度，同时逐步减压，维持连续搅拌等以利于小分子副产物的排出；

③ 减压时必须特别重视高度黏稠物料可能发生暴沸甚至外喷的危险，通常采用毛细管导入惰性气体鼓泡可有效避免这种危险；

④ 对于体形缩聚反应，应该特别注意跟踪检测，必须在反应程度接近凝胶点以前停止反应并出料。

大多数缩聚物的合成都采用熔融缩聚法。在涤纶树脂和尼龙的生产过程中，还采用熔融缩聚、纺丝连续工艺和专用设备，其上部是连续聚合反应器，下部则是连续纺丝和牵伸装置。

2.8.2　溶液缩聚

溶液缩聚（solution polycondensation）是单体在惰性溶剂中进行的缩聚反应。由于溶液缩聚受溶剂沸点的限制，聚合反应温度相对较低，所以要求单体应该具有较高的反应活性，否则只能采用高沸点溶剂实施所谓的高温溶液缩聚。溶液缩聚在相对低温条件下进行时副反应较少，产物的分子量较熔融缩聚物低。除此以外，溶剂的分离回收颇为困难，反应器的生产效率较低，聚合物的生产成本相对较高。但是在以下两种情况下采用溶液缩聚最为适当。

① 溶液缩聚广泛用于涂料和胶黏剂的合成。由于它们均以聚合物的溶液形式使用，所以采用溶液缩聚反而省去了聚合物再溶解的麻烦；

② 当单体热稳定性较差、在熔融温度条件下可能发生分解时，采用溶液缩聚不失为最佳的选择。

选择溶液缩聚反应的溶剂时，下述几点必须予以考虑。溶剂对缩聚反应表现为惰性；沸点相对适中，因为沸点太低必然限制反应温度，同时溶剂挥发会有损失并会对环境造成污染，沸点过高则分离回收困难；价格相对较低；毒性相对较小等。

2.8.3　界面缩聚

在两种互不相溶、分别溶解有两种单体的溶液的界面附近进行的缩聚反应称为界面缩聚（interfacial polycondensation）。显而易见，该方法只适用于由两种单体进行混缩聚的情况。界面缩聚具有如下特点。

① 两种单体中至少有一种属于高活性单体，才能保证界面缩聚反应的快速进行；

② 两种溶剂不能互溶，其相对密度应有一定差异，才能保证界面的相对稳定，以及溶剂分离回收的方便可行；

③ 不要求两种单体的高纯度和严格的等量配比，即可保证获得高分子量聚合物，这是界面缩聚的最大特点。

界面缩聚的典型例子是二元胺与二元酰氯缩聚合成尼龙。

$$n\,H_2N—(CH)_6—NH_2 + n\,ClCO(CH_2)_4COCl \longrightarrow \left[\!\!\!-NH(CH_2)_6NHCO(CH_2)_4CO-\!\!\!\right]_n + (2n\text{-}1)\,NaCl$$

（NaOH水溶液）　　　（氯仿溶液）

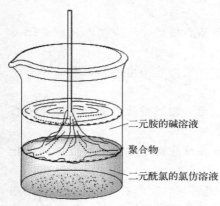

二元胺的碱溶液

聚合物

二元酰氯的氯仿溶液

图 2-13　二元酰氯与二元胺的界面缩聚

如图 2-13 所示，两种单体的溶液被加入烧杯以后，缩聚反应立即发生，在两相界面附近生成薄薄一层聚合物膜，如果用玻璃棒将生成的聚合物膜挑出液面，可以看到这层聚合物膜源源不断地生成，好像取之不尽，甚是有趣。

客观而言，二元胺与二元酰氯之间极高的反应速率常数 $[10^4 \sim 10^5\,L/(mol \cdot s)]$，是界面缩聚得以顺利进行的关键。因此，在设计界面缩聚反应条件时，必须保证以不降低单体的反应活性为前提。一方面，水相中 NaOH 的存在对于中和反应生成的 HCl 是必须的，否则后者将与二元胺成盐，从而降低二元胺的反应活性。另一方面，NaOH 浓度过高将导致酰氯水解成为活性较低的羧酸，同样不利于反应的顺利进行。由此可见，碱浓度的控制十分重要。除此以外，有机溶剂的选择对于产物相对分子质量的控制也相当重要。

事实上，界面缩聚反应并非真正在两相界面进行，主要是在界面偏向于有机相一侧进行的。原因在于水相中的二元胺向有机相扩散的速率明显快于有机相中二元酰氯向水相扩散的速率。基于此，溶剂对聚合物的溶解能力就直接关系到产物相对分子质量的高低。总的规律是，溶剂的溶解能力强，获得的聚合物相对分子量较高；反之则聚合物分子量较低。例如，有氯仿和甲苯/四氯化碳两种溶剂，前者甚至能够溶解高相对分子质量的尼龙，而后者几乎不能溶解较低相对分子质量的尼龙。因此，以后者为有机相的界面缩聚，产物尼龙在较低相对分子质量时便沉淀析出，使得生成的聚合物的相对分子量不高。

虽然界面缩聚具有不少优点，然而其必需的高活性单体（如二元酰氯）价格昂贵，使用的大量有毒溶剂回收困难，会造成环境污染，这些因素决定了该方法无法普遍采用。聚碳酸酯是目前工业上采用界面缩聚工艺生产的极少数缩聚物例子之一。

由表 2-4 可见，上述三种缩聚方法各有其优缺点和适用范围，可用于合成不同品种和不同用途的缩聚物。对于线形缩聚物，分子量的控制比聚合速率更重要。因此，聚合方法的选择需要充分考虑如下问题。

① 为了减少副反应，要保证单体的纯度和单体的准确计量；

② 要求等官能团数比；

③ 及时除去副产物，通过减压来控制平衡反应向聚合物方向移动；

④ 控制温度和压力，防止单体挥发和分解；

⑤ 高环化倾向体系，应采用高浓或本体聚合；

⑥ 控制分子量时，可加入单官能团单体或使某一官能团过量；

⑦ 缩聚反应速率不大 ［约 10^{-3} L/(mol·s)］；

⑧ 聚合热比较低，温度控制容易。

表 2-4　三种缩聚方法的比较

聚合条件	熔融缩聚	溶液缩聚	界面缩聚
聚合温度	高	低于溶剂沸点	一般为室温
对热稳定性的要求	要求稳定性高	无要求	无要求
动力学类型	逐步、平衡	逐步、平衡	不可逆，类似于链式
聚合反应时间	1 小时～几天	10 分钟～几小时	几分钟～1 小时
产率	很高	低到高	低到高
官能团数比	要求严格	要求严格	要求不严格
单体纯度	要求高	要求高	要求不高
设备	特殊要求，气密性好	简单，敞开	简单，敞开
压力	高和低	常压	常压

2.8.4　固相缩聚

固相缩聚（solid phase polycondensation）是在聚合物熔点温度以下进行的缩聚反应。该方法一般不能单独用来进行以单体为原料的缩聚反应，往往作为一种进一步提高熔融缩聚物分子量的辅助手段。熔融缩聚体系黏度大、搅拌困难，不易脱除小分子副产物，因而本体法生产的聚对苯二甲酸乙二醇酯分子量较低（20～30kDa），主要用作纤维材料，因脆性大和抗撕裂强度低，不适于用作工程塑料。提高聚对苯二甲酸乙二醇酯分子量的有效方法是固相缩聚。

将采用熔融缩聚法制得的聚酯粒料置于反应器中，在稍低于聚酯熔点的温度下通入氮气，因氮气和反应生成的水蒸气在固相聚合物分子链间空隙中的扩散和排出相较于在熔融状态更为容易，所以随着氮气源源不断地带走生成的副产物水蒸气，缩聚反应反而能够顺利地向更高分子量聚合物方向进行。

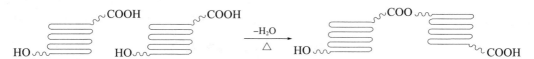

在聚酯的 $T_g \sim T_m$ 区间，大部分聚合物链端基处于晶粒表面，可以自由活动，两种端基官能团在高温下容易反应，小分子副产物被真空排出。固相缩聚不需要搅拌，反应在晶粒的界面进行，经过长时间的真空反应可有效提高分子量。

非均相中官能团分布和扩散的不均匀性，导致树脂颗粒外层的聚合物分子量高于颗粒内部的聚合物分子量，引起聚酯树脂的分子量分布变宽。

2.9　线形逐步聚合物

多数逐步聚合物属于杂链聚合物，可分成线形和体形两大类。$A_2 + B_2$ 或 AB 体系将聚合成线形聚合物，如聚酯、聚酰胺、聚芳醚酮和聚芳醚砜等。

　　研究不同品种逐步聚合物时，除遵循聚合机理的共同规律外，应重视特殊性，同时关注结构-性能关系的导向性，如脂肪族和芳香族同类聚合物的聚合原理相似，但性能差异却很大。引入芳杂环、极性基团、规整性和交联结构等往往是提高聚合物耐热性和强度的重要措施。

2.9.1　聚酯

　　聚酯（polyester）是主链含有酯基（—COO—）的杂链聚合物，通常是指由二元醇或二元酚酯等 A_2 单体与二元酸或二元酸酯等 B_2 单体混缩聚、羟基酸等 AB 单体自缩聚而成的聚合物的总称。带酯侧基的聚合物，如聚甲基丙烯酸甲酯、聚醋酸乙烯酯、纤维素酯等，都不能称作聚酯。

　　聚酯种类很多，包括脂肪族聚酯、半芳香聚酯和聚芳酯。聚丁二酸丁二醇酯（polybutylene succinate，PBS）、聚丙交酯（polylactide，PLA）和聚己内酯（polycaprolactone，PCL）是最重要的脂肪族聚酯，PBS 由缩聚法合成，PLA 和 PCL 由环酯单体的开环聚合法制备。半芳香族聚酯是应用最广泛的缩聚物，主要包括 PET、PBT 和聚对苯二甲酸 1,3-丙二醇酯（polytrimethylene terephthalate，PTT）。PET 是涤纶纤维的原料，高分子量 PET 用作塑料；PTT 用于纺制耐磨纤维；PBT 是重要的热塑性塑料。聚芳酯包括易成型加工的热致性液晶聚酯和透明性聚芳酯。

　　除醇酸缩聚酯化反应之外，成酯缩聚还包括二羧酸酯与二元醇的脱醇缩聚、酚酯与羧酸的脱酸缩聚、酰卤与酚或醇的脱 HX 缩聚反应等。不同结构和应用的聚酯材料，需要选择不同的缩聚方法。

（1）脂肪族聚酯

　　主链不含芳环的聚酯称为脂肪族聚酯。脂肪族聚酯的酯基能被酶和微生物降解，生成的脂肪酸和脂肪醇可在自然界中进一步降解成 CO_2 和水。随着人们环保意识的增强，可生物降解的脂肪族聚酯发展迅速。表 2-5 列举了常见的脂肪族聚酯及其合成方法，PBS 由熔融缩聚结合固相缩聚的方法生产，脂肪族聚碳酸酯（polypropylene carbonate，PPC）由溶液聚合法生产，而聚 β-羟基丁酸酯（polyhydroxybutyrate，PHB）和 β-羟基丁酸酯-β-羟基戊酸酯共聚物 [poly(hydroxybutyrate-co-hydroxyvalerate)，PHBV] 由生物发酵法制备。

表 2-5　常见脂肪族聚酯的合成与性能

脂肪族聚酯	代号	分子式	合成方法	备注
聚乙交酯	PGA		开环聚合	快结晶，快降解
聚丙交酯（聚乳酸）	PLA		开环聚合	慢结晶，慢降解
聚己内酯	PCL		开环聚合	高结晶度，可降解

脂肪族聚酯	代号	分子式	合成方法	备注
聚 β-羟基丁酸酯	PHB		生物发酵	高结晶度，脆性
共聚 β-羟基烷酸酯	PHBV		生物发酵	中结晶度，韧性
聚丁二酸丁二醇酯	PBS		熔融缩聚	快结晶，慢降解
脂肪族聚碳酸酯	PPC		CO_2 与环氧丙烷共聚	无定形态

（2）半芳香族聚酯

PET、PTT 和 PBT 三种半芳香族聚酯的合成原理基本相同，聚合方法稍有差别。早期对苯二甲酸常含有苯甲酸杂质，二者均容易升华，纯化困难。对苯二甲酸酯与苯甲酸酯的沸点差别很大，可用减压蒸馏的方法纯化。因此，早期采用酯交换法合成 PET。酯交换法分为酯化、酯交换（预缩聚）和终缩聚三个阶段。

现代工业以对苯二甲酸为原料，采用更简单的直接酯化法合成半芳香族聚酯，生产过程分为酯化预缩聚和终缩聚两个阶段。

工程塑料用半芳香族聚酯对分子量要求较高，单独使用熔融缩聚法很难获得高分子量聚酯，因而需要将熔融缩聚和固相缩聚相结合。

聚对苯二甲酸 1,4-环己烷二甲醇酯是一种无定形的半芳香族聚酯，其耐热性和透明性明显优于 PET 和 PBT。由于对二羟甲基的非平面性，这种聚酯几乎不结晶。为了避免高温脱羧问题，这种半芳香族聚酯采用熔融酯交换缩聚法合成。

$$n\ MeO_2C-\!\!\!\!\bigcirc\!\!\!\!-CO_2Me + n\ HOH_2C-\!\!\!\!\bigcirc\!\!\!\!-CH_2OH \xrightarrow[\triangle]{-CH_3OH} \left[\!\!\begin{array}{c}O\\\|\\C\end{array}\!\!-\!\!\!\bigcirc\!\!\!\!-\!\!\begin{array}{c}O\\\|\\C\end{array}\!\!-OCH_2-\!\!\!\!\bigcirc\!\!\!\!-CH_2O\right]_n$$

（3）芳香族聚酯

芳香族聚酯简称聚芳酯（polyarylester），是综合性能非常优良的耐高温塑料。通常所指的聚芳酯是以双酚 A 乙酸酯和对苯二甲酸、间苯二甲酸为原料，经酯交换缩聚而成。聚芳酯最突出的特点是具有优良的耐热性和尺寸稳定性，主要应用在电子电器、医疗、机械和汽车等方面。

$$n\ HOOC-\!\!\!\!\bigcirc\!\!\!\!-COOH + m\ HOOC-\!\!\!\!\bigcirc\!\!\!\!-COOH + (n+m)\ AcO-\!\!\!\!\bigcirc\!\!\!\!-\!\!\!\!\bigcirc\!\!\!\!-OAc \xrightarrow{\triangle}$$

$$\left[\begin{array}{c}O\\\|\\C\end{array}-\!\!\!\!\bigcirc\!\!\!\!-\begin{array}{c}O\\\|\\C\end{array}\!\!\!/\!\!\!\begin{array}{c}O\\\|\\C\end{array}-\!\!\!\!\bigcirc\!\!\!\!-\begin{array}{c}O\\\|\\C\end{array}-O-\!\!\!\!\bigcirc\!\!\!\!-\!\!\!\!\bigcirc\!\!\!\!-O\right]_{(n+m)} + (2m+2n-1)\ CH_3COOH$$

受苯环吸电子效应的影响，酚羟基的亲核性低于醇羟基，酚酸聚酯化反应速率慢，平衡常数很小，不能用于合成聚芳酯。因此，需先将双酚 A 转化为乙酸酯，然后再通过酯交换缩聚制备高分子量聚芳酯。

聚芳酯的缺点是熔体黏度高，成型加工性较差。高于熔点时，热致液晶聚合物具有高流动性，易于注塑加工。聚对羟基苯甲酸酯是典型的热致性液晶聚合物，T_m 为 214～215℃，易于成型加工。

为了提高材料的刚度和力学强度，可将联苯结构引入液晶聚酯的分子链中。联苯二酚酯和对苯二甲酸酯是合成液晶聚酯的常用单体，将其与 4-乙酰氧基苯甲酸共聚，可获得力学强度和加工性能平衡的热致性液晶共聚酯（thermotropic liquid crystal copolyesters）。

$$n\ HO_2C-\!\!\!\!\bigcirc\!\!\!\!-CO_2H + n\ AcO-\!\!\!\!\bigcirc\!\!\!\!-\!\!\!\!\bigcirc\!\!\!\!-OAc + m\ AcO-\!\!\!\!\bigcirc\!\!\!\!-CO_2H \xrightarrow{\triangle}$$

$$\left[\begin{array}{c}O\\\|\\C\end{array}-\!\!\!\!\bigcirc\!\!\!\!-\begin{array}{c}O\\\|\\C\end{array}-O-\!\!\!\!\bigcirc\!\!\!\!-\!\!\!\!\bigcirc\!\!\!\!-O\right]_n\left[\begin{array}{c}O\\\|\\C\end{array}-\!\!\!\!\bigcirc\!\!\!\!-O\right]_m + (2n+m-1)\ CH_3CO_2H$$

热致性液晶共聚酯具有高力学强度、优异的电绝缘和介电性能，在航空航天、电器电子、汽车、机械、化工、纤维、光学器件等领域具有广泛的用途。

2.9.2 聚酰胺

聚酰胺（polyamide）是主链含有酰胺基（—CONH—）的杂链聚合物，也可分为脂肪族、半芳香族和芳香族三种类型。聚酰胺分子链中含有大量羰基（—CO—）和亚胺基（—NH—），分子间的两种基团能形成强氢键，因而脂肪族聚酰胺具有较高的结晶度、熔点和力学强度，15～25kDa 的分子量即可用作高强纤维和工程塑料。

（1）脂肪族聚酰胺

脂肪族聚酰胺包括两类。一类是由二胺和二酸缩聚而成，其结构单元的化学式为：

$H\left[HN(CH_2)_x NHCO(CH_2)_y CO\right]OH$，简称为聚酰胺-XY 或尼龙-XY，如尼龙-66 和尼龙-1010 等。聚酰胺纤维又称为锦纶，分子量一般为 $17\sim23$ kDa。

另一类是 ω-氨基酸的聚合物，其结构单元的化学式为：$H\left[NH(CH_2)_x CO\right]OH$，简称为聚酰胺-X 或尼龙-X，如尼龙-11。尼龙-6 采用己内酰胺的开环聚合来合成，将在第 9 章进行讨论。

在脂肪族聚酰胺中，随着碳链的增长，酰胺基团密度减小，分子间作用力减弱，结晶度、T_m 和力学强度降低。尼龙纤维织物的舒适性和吸湿性与柔顺性呈正相关性，高酰胺基团密度的尼龙-66 适合于纺制纤维。用生物基戊二胺与己二酸合成的聚酰胺称为尼龙-56，其分子对称性差，结晶度低，特别适合于纺制高吸湿性纤维。

聚酰胺由二元酸和二元胺缩聚而成。聚酰胺化有两个特点：一是氨基活性高，不需要催化剂；二是平衡常数大（约 400），可在水中预缩聚。下面以聚酰胺-66 为例进行讨论。

己二酸和己二胺可预先中和成 66 盐，用乙醇重结晶提纯，保证羧酸和氨基数相等。66 盐中另加少量单官能团的醋酸或微过量己二酸进行缩聚，通过封端来控制分子量。

$$H_2N-(CH)_6-NH_2 + HO_2C-(CH_2)_4-CO_2H \xrightarrow{\text{EtOH}} \begin{array}{c} H_3\overset{+}{N}-(CH)_6-\overset{+}{N}H_3 \\ \overset{-}{O_2}C-(CH_2)_4-CO_2^- \end{array}$$

为了防止 66 盐中的己二胺挥发和己二酸脱羧，导致等官能团数比失调，采用两阶段缩聚工艺。第一阶段：在密闭系统内将少量乙酸加入 $60\%\sim80\%$ 66 盐的水浆液中，在 $200\sim215℃$ 和 $1.4\sim1.7$ MPa 下加热 $1.5\sim2$ h，预缩聚至反应程度为 $0.8\sim0.9$。然后在 $2\sim3$ h 内缓慢升温至高于聚酰胺-66 的熔点（如升温至 $270\sim275℃$），进一步缩聚。第二阶段：保温降压排气，最后在减压条件下完成最终缩聚，获得设定分子量的聚酰胺-66。

聚酰胺-66 结晶度适中，T_m 为 $265℃$，能溶解于甲酸、苯酚和甲酚中，具有高强度、高柔韧性、耐磨损、易染色、低摩擦系数、低蠕变、耐溶剂等综合优点，是第二大类合成纤维材料。

聚酰胺-1010 由癸二胺和癸二酸缩聚而成，是我国开发成功的品种，主要用作工程塑料，其特点是吸湿性低。癸二酸源自蓖麻籽油的高温裂解，进一步转化成癸二胺。聚酰胺-1010 的合成技术与聚酰胺-66 相似，也分为 1010 盐配制和缩聚两个工序。所不同的是 1010 盐不溶于水，自始至终属于熔融缩聚，熔体黏度较大，也可分成两段聚合。聚酰胺-1010 的熔点较低，仅为 $194℃$，缩聚可在较低的温度（$240\sim250℃$）下进行。癸二胺沸点较高，在缩聚温度下也不易挥发损失。

此外，还有聚酰胺-610 和聚酰胺-612 的小规模生产，合成原理相似，可用作注塑料。

（2）半芳香族聚酰胺

为了进一步提高聚酰胺的耐热性，用对苯二甲酸和间苯二甲酸等替代脂肪族二酸与脂肪族二胺缩聚，则可获得半芳香族聚酰胺，用作耐高温工程塑料。对苯二甲酸基半芳香族聚酰胺，简称为 PAXT；间苯二甲酸基半芳香族聚酰胺，简称为 PAXI，X 是脂肪族二元胺的亚甲基（—CH$_2$—）数目，PA 表示 polyamide，T 和 I 分别表示对苯二甲酰胺（terephthalamide）和间苯二甲酰胺（isophthalamide）。

半芳香族聚酰胺分子链的刚性随二胺碳链长度的增大而降低，导致结晶度和 T_m 随之降低。例如，PA4T、PA6T 和 PA9T 的 T_m 分别为 $430℃$、$370℃$ 和 $350℃$。当二胺相同时，

T 系列聚酰胺的 T_m 高于 I 系列聚酰胺。例如，PA6I 的 T_m 仅为 250℃，远低于 PA6T 的 370℃。

PAXT   PAXI

PA6T 是最重要的半芳香族聚酰胺，尤以其优异的耐热性和尺寸稳定性著称。由于 PA6T 的熔点很高，可采用固相聚合或界面聚合的方法制备。PA6T 具有高刚性、高强度、低吸水性等特性，主要用于汽车内燃机部件、耐热电器部件、传动部件和电子装配件等。

由于 PA6T 的熔点高于分解温度（350℃），使得其不能像一般的脂肪族聚酰胺一样，进行注塑成型，这就使 PA6T 的应用受到了一定的限制。用壬二胺或癸二胺替代己二胺，可通过熔融缩聚法合成综合性能优异的 PA9T 和 PA10T。PA9T 和 PA10T 具有良好的耐热性、可熔融加工性和尺寸稳定性等，在电子电气、信息设备、汽车零部件等方面得到了广泛的应用。

（3）芳香族聚酰胺

芳香族聚酰胺简称聚芳酰胺，俗称芳香尼龙。最简单的聚芳酰胺是聚对苯甲酰胺，通过对氨基苯甲酸的自缩聚而合成。由于结构对称、苯环和酰胺基团密集，聚对苯甲酰胺的 T_m 极高，加工困难，难以得到实际应用。

聚芳酰胺具有高结晶度、高 T_m、高 T_g、高模量和低密度等特点，适合于制作高强耐热纤维，称为芳纶。最具有应用价值的聚芳酰胺是聚对苯芳酰胺和聚间苯芳酰胺，由杜邦公司开发成功，前者的商品名为 Kevlar，后者的商品名为 Nomex，我国开发的聚芳酰胺纤维称为芳纶-1414 和芳纶-1313，分别对应于 Kevlar 和 Nomex。芳纶主要用于制备先进纤维增强复合材料，是航空航天和先进制造等高技术领域的关键材料。

聚芳酰胺的 T_m 高于热分解温度（thermal decomposition temperature，T_d），不适于熔融缩聚；聚芳酰胺的溶解性很差，也不适于界面缩聚。因此，只能使用特殊的溶液缩聚来合成聚芳酰胺。聚芳酰胺-1313 可在含有增溶剂 LiCl 的 N,N-二甲基乙酰胺（N,N-dimethylacetamide，DMAc）溶液中进行，用吡啶（pyridine，Py）作 HCl 吸收剂。聚芳酰胺-1414 的合成需在 N-甲基吡咯烷酮（N-methylpyrrolidone，NMP）、六甲基磷酰三胺（hexamethylphosphoric triamide，HMPA）和 LiCl/CaCl$_2$ 的混合溶液中进行。

聚芳酰胺-1414 的合成有很多关键技术，如使用混合溶剂和无机助溶盐。一般使用 NMP 或 DMAc 和 HMPA 的混合液，比例分别为 2：1 或 1：1.4；LiCl 等助溶盐是 Lewis

酸碱对，可吸附酰胺基，抑制链段聚集，促使聚合物溶剂化，同时也可加速缩聚反应。另外，还需要添加酰化反应催化剂和缚酸剂等。

由于溶解度很低，芳纶纤维的纺制也非常困难。控制聚芳酰胺-1414 的对数比浓黏度高于 4.0 dL/g，对应的黏均分子量大于 20kDa，在浓硫酸中进行液晶纺丝，经过反复水洗、牵伸和热定形等，最终获得高性能的芳纶纤维。

2.9.3 聚碳酸酯

聚碳酸酯是主链含有碳酸酯基的杂链聚合物，根据酯基的结构可分为脂肪族、芳香族和半芳香族等类型。其中，基于双酚 A 的聚碳酸酯简称 PC（polycarbonate），其综合性能优异，已成为五大工程塑料中增长速度最快的通用品种。PC 的 T_m 为 265～270℃，T_g 为 149℃，可在 15～130℃区间保持良好的力学性能，抗冲性能和透明性好，尺寸稳定，抗蠕变。

PC 的三大应用领域是玻璃装配业、汽车工业和电子、电器工业，其次还有工业机械零件、光盘、包装、计算机等办公室设备、医疗及保健、薄膜、休闲和防护器材等。PC 可用作门窗玻璃，PC 层压板广泛用于银行、场馆、公共场所的防护窗，还可用于飞机舱罩、照明设备、工业安全挡板和防弹玻璃。

PC 有两种合成方法：一是光气直接法，二是碳酸二苯酯酯交换法。前者成本低，但光气是剧毒物质，安全生产至关重要；后者分子量较低、合成工艺流程长、生产成本较高。

（1）光气直接法合成 PC

光气是一种高活性的双酰氯，在碱催化下能与双酚 A 进行亲核加成-消去反应，生成 PC。光气法合成 PC 多采用界面缩聚技术。双酚 A 溶于氢氧化钠溶液作为水相，光气的有机溶液（如二氯甲烷或氯苯溶液）作为有机相，并以叔胺或季铵盐为催化剂，在 50℃下反应。反应主要在水相一侧进行，反应器内的搅拌要保证有机相中的光气及时地扩散至界面。光气直接法比酯交换法经济，所得聚合物分子量也较高。

$$n\ \text{NaO}-\!\!\!\left\langle\bigcirc\right\rangle\!\!\!-\!\!\!\left|\!\!\!-\!\!\!\left\langle\bigcirc\right\rangle\!\!\!-\text{ONa} + n\ \underset{\text{Cl}}{\overset{\overset{\displaystyle O}{\|}}{\text{Cl}}}\!\!\!-\!\!\!\text{C}\!\!\!-\!\!\!\text{Cl} \xrightarrow[-\text{NaCl}]{\text{Bu}_4\text{NBr}} \left[\!\!\text{O}-\!\!\!\left\langle\bigcirc\right\rangle\!\!\!-\!\!\!\left|\!\!\!-\!\!\!\left\langle\bigcirc\right\rangle\!\!\!-\text{O}-\!\!\!\overset{\overset{\displaystyle O}{\|}}{\text{C}}\!\!\!-\!\!\!\right]_n + (2n-1)\ \text{NaCl}$$

界面缩聚是不可逆反应，并不需要严格要求两官能团数相等，一般光气稍过量，以弥补水解损失。要控制分子量，可加少量苯酚封闭端基。聚碳酸酯用双酚 A 的纯度要求高，不能含有单酚和三酚杂质，否则得不到高分子量聚合物，或发生交联。

（2）碳酸二苯酯酯交换法合成 PC

碳酸二苯酯酯交换法合成 PC 的原理与生产涤纶聚酯的酯交换法相似。双酚 A 与碳酸二苯酯熔融缩聚，在高温减压条件下不断排出苯酚，提高反应程度和分子量。

$$n\ \text{HO}-\!\!\!\left\langle\bigcirc\right\rangle\!\!\!-\!\!\!\left|\!\!\!-\!\!\!\left\langle\bigcirc\right\rangle\!\!\!-\text{OH} + n\ \text{PhO}\!\!\!-\!\!\!\overset{\overset{\displaystyle O}{\|}}{\text{C}}\!\!\!-\!\!\!\text{OPh} \xrightarrow[\triangle]{\text{催化剂}}$$

$$\left[\!\!\text{O}-\!\!\!\left\langle\bigcirc\right\rangle\!\!\!-\!\!\!\left|\!\!\!-\!\!\!\left\langle\bigcirc\right\rangle\!\!\!-\text{O}-\!\!\!\overset{\overset{\displaystyle O}{\|}}{\text{C}}\!\!\!-\!\!\!\right]_n + (2n-1)\left\langle\bigcirc\right\rangle\!\!\!-\text{OH}$$

酯交换法需用催化剂，分两个阶段进行：第一阶段，温度 180~200℃，压力 0.27~0.40kPa，反应 1~3h，转化率为 80%~90%；第二阶段，290~300℃，0.13kPa 以下，提高反应程度。起始碳酸二苯酯应过量，经酯交换反应，排出苯酚，由苯酚排出量来调节两官能团数比，控制聚合物分子量。

苯酚沸点高，从高黏熔体中脱除并不容易。与 PET 相比，PC 的熔体黏度要高得多，如分子量 30kDa、300℃时的黏度达 600Pa·s，对反应设备的搅拌混合和传热要求更高。因此，酯交换法聚碳酸酯的分子量受到了限制，大多不超过 30kDa。

2.9.4　聚氨酯与聚脲

聚氨酯（polyurethane）简称 PU，是主链中含有氨基甲酸酯基团（—HNCOO—）的杂链聚合物，其链结构与聚酯、聚酰胺和聚碳酸酯都有些相似之处，但合成方法与性能各有不同。

| 聚酯 | 聚酰胺 | 聚碳酸酯 | 聚氨酯 | 聚脲 |

聚氨酯可以是线形、支化或体形聚合物，其制品隔热、耐油、耐磨，应用极为广泛，包括胶黏剂、涂料、纤维、弹性体、软硬泡沫塑料、人造皮革和运动鞋料等。聚氨酯是近年来发展最快的逐步聚合物。

二醇与二异氰酸酯的逐步加成聚合是聚氨酯的成熟合成路线。二异氰酸酯系由二元伯胺与光气的亲核加成-消去，脱除 HCl 而生成。由于光气剧毒、氯化氢气体有高腐蚀性，二异氰酸酯的合成不宜分散进行。

$$H_2N-R-NH_2 + 2ClCOCl \longrightarrow O=C=N-R-N=C=O + 4HCl$$

$$n\ HO-R'-OH + n\ O=C=N-R-N=C=O \longrightarrow \left[O-R'-O-\overset{O}{\underset{\|}{C}}-NH-R-NH-\overset{O}{\underset{\|}{C}} \right]_n$$

虽然二异氰酸酯的反应活性很高、有毒，但毒性小于光气，且为液体，便于纯化、运输、储存和使用，因而工业上广泛使用二异氰酸酯合成 PU。常见的二异氰酸酯如下。

| 2,4-TDI | 2,6-TDI | NDI | IPDI |

MDI　　　　　　　　　　　HDI

甲苯二异氰酸酯（toluene diisocyanate，TDI）价格最低，应用最广泛，工业原料为两种异构体的混合物。4,4-二苯甲烷二异氰酸酯（methylene diphenyl diisocyanate，MDI）也是常用原料，价格相对较低。1,5-萘二异氰酸酯（naphthalene diisocyanate，NDI）的刚性较强，异佛尔酮二异氰酸酯（isophorone diisocyanate，IPDI）和 1,6-己二异氰酸酯（hexamethylene diisocyanate，HDI）的柔顺性好。

异氰酸酯非常活泼，能与很多含有活性氢的化合物反应，包括水、羧酸和酰胺等。水和羧酸首先与异氰酸酯进行亲核加成-重排反应，随后脱除 CO_2，分别生成伯胺和酰胺。酰胺的亲核性较弱，但在加热的条件下，也能与异氰酸酯进行亲核加成和重排反应，但不脱除 CO_2，最终形成氨基酰亚胺化合物。

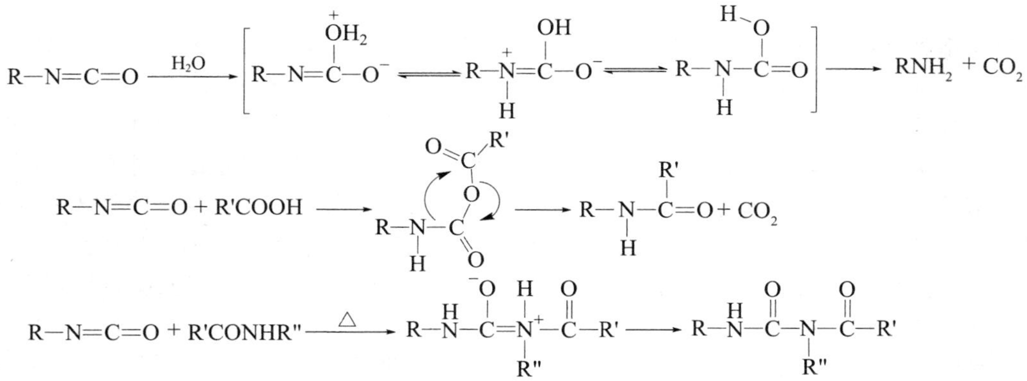

除二异氰酸酯外，合成聚氨酯的另一种原料是多元醇，如聚醚多元醇、聚酯多元醇和聚硅氧烷多元醇等，但很少使用酚类化合物。二元醇与二异氰酸酯聚合，形成线形聚氨酯；在二元醇中加入少量多官能度醇，可形成支化或微交联聚合物；如果使用甘油和季戊四醇等，则形成体形聚合物。

在聚氨酯的合成与成型过程中，往往要经过预聚、扩链和交联三个阶段。

（1）预聚阶段

在预聚阶段，先将稍过量的二异氰酸酯与聚醚二醇或聚酯二醇反应，形成两个端基均为异氰酸酯的预聚物。

$$(n+2) \, O=C=N-R-N=C=O + n \, HO \wiggle OH \longrightarrow O=C=N-R-NHCOO \wiggle N=C=O$$

二异氰酸酯预聚物再与二醇反应，就形成嵌段共聚物。聚氨酯段为硬段，聚醚或聚酯段为软段。聚氨酯的 T_g、T_m、强度、模量、弹性和吸水率等性质均可通过改变硬段与软段的结构和比例进行调节。例如，使用亲水性聚醚二醇可得到亲水性聚氨酯，同时使用亲水性聚醚二醇和疏水性聚醚二醇，则形成两亲性的嵌段聚氨酯。

（2）扩链阶段

将二异氰酸酯预聚物与聚醚或聚酯二元醇反应，可得到更高分子量的多嵌段共聚物。扩链反应后期可使用少量的乙二胺和肼等高活性二元胺，通过亲核加成反应形成脲，进一步提高聚合物的分子量。

$$2 \wiggle N=C=O + H_2N-R-NH_2 \longrightarrow \wiggle NHCONH-R-NHCONH \wiggle$$

（3）交联阶段

聚氨酯用作弹性体时，需要交联。在加热加压条件下，氨酯基和脲基（扩链时形成）中的酰胺可与另一分子的异氰酸酯端基进行亲核加成反应，形成交联结构；如果使用少量甘油，仲羟基的活性比较低，预聚或扩链时可得以保留，此时则可参与交联反应。

聚氨酯弹性体分子链中没有烯键，热稳定性好，耐老化，具有强度高、电绝缘性好、难燃和耐磨等优点，但不耐碱。

聚氨酯涂料遇到大气中的水分，预聚物中的异氰酸酯端基与水反应，形成脲基；进一步与异氰酸酯端基反应而交联，不必另加催化剂就可固化，因此属于"单组分涂料"。

聚氨酯也用于纺制高弹纤维，俗称氨纶。氨纶通常与棉纤维混纺，用于制作内衣和牛仔装等。为了获得高弹性氨纶，软段要具有较高的结晶性，但 T_m 不宜过高。聚四氢呋喃二醇和聚己内酯二醇易于结晶，二者的 T_m 分别为 35℃ 和 60℃，被用于合成氨纶树脂，常用的扩链剂是 2-甲基戊二胺。

聚氨酯可用于制备泡沫塑料。软泡沫塑料通常先由聚醚二醇或聚酯二醇与二异氰酸酯反应，异氰酸酯封端的预聚物加水即形成脲基，树脂分子量增加的同时释放出 CO_2，发泡。

硬泡沫塑料则由多羟基预聚物制成。侧羟基与二异氰酸酯反应，发生交联变硬。硬泡沫一般以低沸点卤代烃或氟利昂代用品作发泡剂。2,4-甲苯二异氰酸酯和 2,6-甲苯二异氰酸酯的混合物最常用，异辛酸亚锡（2-乙基己酸亚锡）和三级胺常用作催化剂。

二元伯胺与二异氰酸酯的加成聚合物称为聚脲（polyurea），聚脲即是聚碳酸酰胺。聚脲的合成反应放热，可以采用溶液聚合法或界面聚合法。因为是逐步加成反应，不存在副反应，聚合过程比较简单。脲基的极性很强，能形成更多氢键，因而聚脲的 T_m 比相应聚酰胺的高，韧性也更强，更适合于纺制纤维。

聚亚壬基脲是代表性的聚脲，由壬二胺与尿素脱氨缩聚而成，其物理性质与聚酰胺-6相似，T_m 为 230～235℃，可以熔融纺丝，具有良好的耐热性、染色性和耐腐蚀性。聚脲纤维适合于制造渔网和针织品。

聚脲主要用于防护技术，包括混凝土防护毡、卡车耐磨衬里、钢结构和管道防腐、核电站防护、水上弹性防撞防护、泳池设施和屋面防水等。

2.9.5 聚苯醚与聚苯硫醚

（1）聚苯醚

只含有醚键（—O—）的杂链聚合物称为聚醚。聚醚也可分为脂肪族聚醚和芳香族聚醚。两个伯醇的酸催化脱水和 Williamson 成醚缩合的副反应都很多，不能用于合成脂肪族聚醚。实际上，环醚的开环聚合常用来合成脂肪族聚醚，本章不作讨论，详见第9章。

无取代基的刚性聚苯具有高力学强度和高热稳定性，但无法加工应用。设想在苯环间引入柔性的醚键，可得到强度和耐热性均衡的聚芳醚。然而，受强共轭效应的影响，简单卤代芳烃的亲核取代反应活性很低，导致芳醚的合成困难。例如，经典的 Ullmann 偶联反应使用铜粉高温催化卤代芳烃与酚钾的成醚缩合，收率较低。在 Ullmann 反应体系中引入氨基酸配体，可大幅度提高反应效率和产物收率，但仍不能实现定量反应。二卤代苯和双酚之间的缩聚反应更难控制，不能用于聚芳醚的合成。

苯酚很容易被氧化为苯醌，反应按单电子转移方式进行，即自由基机理。苯酚衍生物也容易被氧化，但受取代基位阻的影响，不易形成醌式结构，而是形成自由基偶联产物。例如，邻甲基苯酚可被氧化形成 3,3'-二甲基-4,4'-联苯酚、2,3'-二甲基-3,4'-联苯酚、2-甲基-4-(2-甲基苯氧基)苯酚和 2-甲基-6-(2-甲基苯氧基)苯酚等混合物。

上述反应的特点是自由基中间体均呈共轭结构。如果封闭苯酚的两个邻位，只保留对位，偶联产物则只能对位连接；选择合适的原料和催化剂，还可使反应完全按 O—C 偶联方式进行。例如，以 2,6-二甲基苯酚为原料，用一价铜配合物作为催化剂，通过连续催化氧化偶联反应，生成聚(2,6-二甲基-1,4-苯醚)，简称聚苯醚（polyphenylene oxide，PPO）。

首先，二价铜氧化二甲基苯酚生成相应的自由基和低价态过渡金属，随后氧气将低价态过渡金属转变为高价态过渡金属。二甲基苯酚自由基的单电子可在氧原子上，也可以在对位碳原子上，即存在两种结构的自由基，二者易于发生偶联生成二甲基苯酚二聚体。不断重复上述反应，可形成高分子量的 PPO。

PPO 是一种高性能工程塑料，特点是在长期负荷下，具有优良的尺寸稳定性和突出的电绝缘性，可在 −127~121℃ 范围内长期使用。具有优良的耐水、耐蒸汽性能，制品具有较高的拉伸强度和抗冲击强度，抗蠕变性也好。此外，有较好的耐磨性和电性能。主要用于代替不锈钢制造外科医疗器械，在机电工业中可用于制作齿轮、鼓风机叶片、管道、阀门、螺钉及其他紧固件和连接件等，还用于制作电子、电气工业中的零部件，如线圈骨架及印刷电路板等。

（2）聚苯硫醚

相对于氧原子，硫原子的电负性小，半径大，变形性强，导致硫阴离子的亲核性远高于氧阴离子。因此，硫阴离子对卤代苯的亲核取代反应易于进行，可用来合成聚苯硫醚（polyphenylene sulfide，PPS）。例如，无需催化剂，对卤代硫酚盐受热即脱除卤盐，生成 PPS。

$$n \; X \!-\!\!\langle\bigcirc\rangle\!\!-\! SNa \xrightarrow[\triangle]{NMP} \left[\!\langle\bigcirc\rangle\!-\!S\right]_n + (2n\!-\!1)\,NaX \quad X = Cl,\, Br,\, I$$

PPS 是一种综合性能优异的特种工程塑料，具有优良的耐高温、耐腐蚀、耐辐射、阻燃性能，均衡的物理机械性能和极好的尺寸稳定性以及优良的电性能等，被广泛用作结构性高分子材料，通过填充、改性后广泛用作特种工程塑料。同时，PPS 还可制成各种功能性的薄膜、涂层和复合材料，在电子电器、航空航天、汽车运输等领域获得成功应用。

工业上使用更简单的原料生产 PPS，用硫化钠和对二氯苯在极性溶剂中缩聚；或者采用硫黄溶液法，所用溶剂和硫化钠法相同，反应条件也大致相同，主要区别是所用的硫阴离子由硫单质的歧化反应原位产生。

$$n \; Cl\!-\!\!\langle\bigcirc\rangle\!\!-\! Cl + n \; Na_2S \xrightarrow{\triangle} \left[\!\langle\bigcirc\rangle\!-\!S\right]_n + 2n \; NaCl$$

$$3\,S + 3\,K_2CO_3 \xrightarrow{\triangle} 2\,K_2S + K_2SO_3 + 3\,CO_2$$

$$n \; Cl\!-\!\!\langle\bigcirc\rangle\!\!-\! Cl + \frac{3n}{2}\,S + \frac{3n}{2}\,K_2CO_3 \xrightarrow{\triangle} \left[\!\langle\bigcirc\rangle\!-\!S\right]_n + 2n \; KCl + \frac{n}{2}\,K_2SO_3 + \frac{3n}{2}\,CO_2$$

用这种方法合成的 PPS 分子量比较低，T_g 和 T_m 也比较低，力学强度不高。通常使用模塑加工方式成型，在模压加工过程中，发生热交联变为体形材料。

利用二苯二硫醚的氧化重排反应，可合成高分子量的 PPS。整个反应按自由基机理进行，首先过硫键受热分解为自由基，而后发生逐步脱氢偶联，最终形成高分子量聚合物。虽然二苯二硫醚是成熟的精细化工产品中间体，但合成工艺复杂，污染重，成本高，无法用于高分子工业生产。

$$n \; \langle\bigcirc\rangle\!-\!S\!-\!S\!-\!\langle\bigcirc\rangle + n \; O_2 \xrightarrow{\triangle} \left[\!\langle\bigcirc\rangle\!-\!S\right]_{2n} + (2n\!-\!1)\,H_2O$$

为了改善 PPS 的力学强度和加工性能，可用二氯二苯酮和二氯苯腈等高活性单体替代 1,4-二氯苯，合成高分子量的改性聚苯硫醚。另外，也可用二氯化硫对二苯醚的亲电取代反应，合成氧醚-硫醚交替的聚（苯醚-硫醚）。

$$n \; Cl\!-\!\!\langle\bigcirc\rangle\!\!-\!\!\overset{\overset{\displaystyle O}{\|}}{C}\!-\!\!\langle\bigcirc\rangle\!\!-\! Cl + n \; Na_2S \xrightarrow{\triangle} \left[\!\langle\bigcirc\rangle\!-\!\overset{\overset{\displaystyle O}{\|}}{C}\!-\!\langle\bigcirc\rangle\!-\!S\right]_n + (2n\!-\!1)\,NaCl$$

$$n \; \langle\bigcirc\rangle\!-\!O\!-\!\langle\bigcirc\rangle + n \; SCl_2 \xrightarrow[\triangle]{Lewis酸} \left[\!\langle\bigcirc\rangle\!-\!O\!-\!\langle\bigcirc\rangle\!-\!S\right]_n + (2n\!-\!1)\,HCl$$

2.9.6 聚芳醚酮与聚芳醚砜

在卤代苯的对位或邻位引入羰基（—CO—）、砜基（—SO$_2$—）和氰基（—CN）等强吸电子基团，可导致苯环缺电子，提高卤代苯的亲核取代反应活性。这一化学原理可用于合成各种高性能工程塑料，包括聚芳醚酮、聚芳醚砜和聚芳醚腈等。

（1）聚芳醚酮

除芳环上吸电子基团的活化作用外，离去基团的电子效应也是影响芳香族亲核取代反应的重要因素。通常芳卤键邻对位的吸电子能力越强、离去卤离子的电负性越大，亲核取代反应越快。因此，常用 4,4'-二氟二苯酮作为亲电单体，对苯二酚钾和 4,4'-联苯二酚钾作为亲核单体，缩聚反应在高温下进行，添加催化剂量的季铵盐有利于提高缩聚反应速率和聚合物的分子量。

聚醚醚酮（polyether ether ketone，PEEK）是半晶态聚合物，可注塑成型；联苯型聚芳醚酮的 T_m 较高，成型加工性能较差；酚酞型聚芳醚酮（cardo polyether ketone，PEK-C）是无定形聚合物，T_g 高达 196℃，常用作分离膜材料。使用双酚 A 和间苯二酚等其他双酚单体，也可合成结构多样性的聚芳醚酮，但材料性能没有特点，工业应用价值较小。

除上述亲核取代反应外，还可用 Friedel Crafts 酰基化反应来合成不同醚/酮比的聚芳醚酮。例如，在 Lewis 酸的催化下，对苯氧基苯甲酰氯（AB 型单体）的自缩聚生成聚醚酮（polyether ketone，PEK）；二苯醚与对苯二甲酰氯（$A_2＋B_2$）的共缩聚生成聚醚酮酮；4,4'-二苯氧基二苯酮与对苯二甲酰氯（$A_2＋B_2$）的共缩聚，则生成更为复杂的聚醚酮醚酮酮（polyether ketone ether ketone ketone，PEKEKK）。

Friedel Crafts 酰基化是典型的亲电取代反应，有形成邻位取代的可能性，易产生非线形聚合物的结构缺陷。另外，傅氏酰基化反应需要高于等摩尔量的强 Lewis 酸作为催化剂，不仅成本高而且后处理困难，因而不适于大规模生产。

聚芳醚酮主链含有刚性的苯环，因此具有优良的耐高温性能、力学性能、电绝缘性、耐辐射和耐化学品性等特点。聚芳醚酮主链中的醚键又使其具有柔顺性，因而可用热塑性工程塑料的加工方法进行成型加工。聚芳醚酮系列品种中，分子链中的醚键与酮基的比例（E/K）越低，其 T_m 和 T_g 就越高。

聚芳醚酮可用于制造耐高冲击齿轮、轴承、超离心机、电熨斗零件、微波炉转盘传动件、汽车齿轮密封件、齿轮支撑座、轴衬、粉末涂料和超纯介质输送管道、航空航天结构材料、化工用滤材、分离膜材料等。

（2）聚芳醚砜

砜基的吸电子能力明显强于羰基，因而可利用亲核取代缩聚反应合成各种聚芳醚砜。$4,4'$-二氯二苯砜的活性足够高，可与对苯二酚、$4,4'$-联苯二酚和双酚 A 等高活性亲核双酚单体配合，可不使用昂贵的氟代单体。如果使用六氟双酚 A 和 $4,4'$-二羟基二苯酮等低活性亲核双酚单体，则需要使用高活性的 $4,4'$-二氟二苯砜。

通常，双酚 A 型聚芳醚砜称为聚砜（polysulfone），简称 PSF；由对苯二酚合成的聚芳醚砜称为聚醚砜 PES（polyether sulfone）；由酚酞合成的聚芳醚砜称为 PES-C（cardo polyether sulfone）。

PSF

PES

PES-C

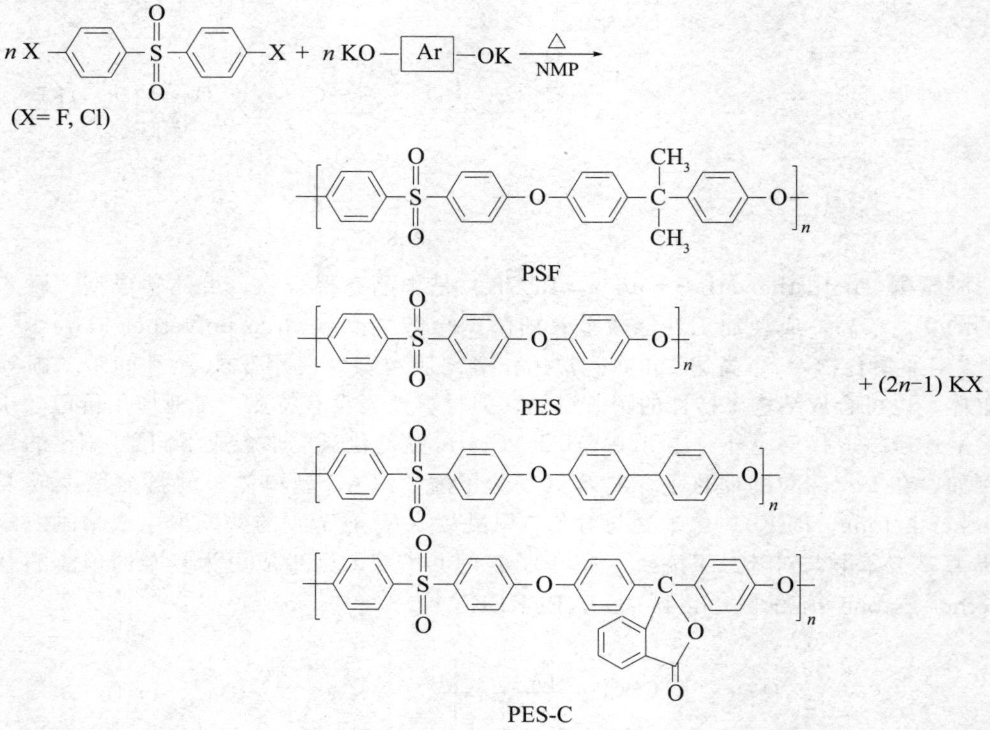

类似于聚芳醚酮，也可用芳环亲电取代法合成聚芳醚砜。例如，对苯氧基磺酰氯的自缩聚和二苯醚二磺酰氯/联苯的共缩聚，都可用于合成聚芳醚砜。早期，该方法曾用于工业生产，但由于工艺复杂、污染严重，现已被弃用。

砜基的极性强、位阻大，因而聚芳醚砜的 T_g 高于相应的聚芳醚酮，但结晶度相对较低。PES 和联苯型聚醚砜是半晶态聚合物，可注塑成型。PSF 和 PES-C 均为琥珀色的无定形聚合物，T_g 分别为 190℃ 和 210℃，即后者的耐热性高于前者。两种聚芳醚适于制作各种耐热件、绝缘件、减磨耐磨件、仪器仪表零件、医疗器械零件和分离膜等。

（3）聚芳醚腈

含有强吸电子基团的二卤代苯可与双酚盐共缩聚，合成高分子量的聚芳醚。例如，2,4-二氯苯腈可与对苯二酚盐或 4,4′-联苯酚盐缩聚，生成高分子量聚芳醚腈树脂；2,4-二氟二苯酮也可与双酚盐进行亲核取代缩合，生成含有苯酮侧基的聚芳醚。

$$n \ \text{(2,4-二氯苯腈)} + n \ \text{KO} - \text{C}_6\text{H}_4 - \text{OK} \xrightarrow[\text{DMSO}]{\triangle} \left[\text{芳醚腈} \right]_n + (2n-1)\text{KCl}$$

$$n \ \text{(2,4-二氟二苯酮)} + n \ \text{KO} - \text{C}_6\text{H}_4 - \text{OK} \xrightarrow[\text{DMSO}]{\triangle} \left[\text{芳醚} \right]_n + (2n-1)\text{KF}$$

聚芳醚腈（polyaryl ether nitrile）也是一种耐高温热塑性塑料，具有较高的 T_g（175℃）和 T_m（353℃），负载热变形温度高达 260℃，可于 230℃ 下长期在压力下使用，聚芳醚腈树脂不仅耐热性比其他耐高温塑料优异，而且具有高强度、高模量、高断裂韧性以及优良的尺寸稳定性。此外，聚芳醚腈还具有自润滑性好、易加工、绝缘性稳定、耐水解等优异性能，使得其在工业、航空航天、汽车制造、电子电气、医疗和食品加工等领域具有广泛的应用，开发利用前景十分广阔。

2.9.7 聚酰亚胺和梯形聚合物

（1）聚酰亚胺

聚酰亚胺（polyimide），简称 PI，是一类主链含有酰亚胺环（—CO—NH—CO—）的杂链聚合物。PI 是一类耐高温和低温、耐辐射、高机械强度、超高尺寸稳定性、高绝缘和低介电的超级工程塑料，可满足航空、航天和微电子等尖端技术在特殊场合对特种高分子材料的需要。

聚酰亚胺是四酸二酐（简称二酐）与二元伯胺（简称二胺）的缩聚产物，由芳香二酐和芳香二胺合成的聚合物称为全芳香 PI，分子链中含有脂肪基团的聚酰亚胺称为半芳香 PI。半芳香 PI 分子链中含有容易热分解的脂肪基团，其耐热性降低，很少应用。因此，下面重点讨论全芳香 PI。

全芳香 PI 的热分解温度高于 500℃，均苯型 PI 的 T_d 高达 600℃，同时可耐受极低温度，如在 −269℃ 的液态氢中不会脆裂，长期使用温度范围 −200～300℃，短期使用温度可超过 500℃。全芳香 PI 具有很高的耐辐照性能，PI 薄膜在 5×10^9 rad 快电子辐照后强度保持率为 90%。全芳香 PI 的热膨胀系数在 $(2 \sim 3) \times 10^{-5}/℃$，联苯型 PI 可达 $10^{-6}/℃$，个别品种可达 $10^{-7}/℃$。

全芳香 PI 具有优异的力学性能，抗张强度可超过 100MPa，如均苯型 PI 膜高于 170MPa、联苯型 PI 膜高于 400MPa，热塑性 PI 的抗冲击强度高达 261 kJ/m^2。PI 具有良好的介电性能，介电常数在 3.4 左右，引入氟原子或氟取代基，介电常数可以降至 2.5 左右。介电损耗为 10^{-3}，介电强度为 $100 \sim 300 \ kV/mm$，体积电阻为 $10^{17} \Omega \cdot cm$。

PI 的主要合成方法包括：①聚酰胺酸-热环化的两步法制备 PI 膜；②聚酰胺酸-化学环化的一锅法制备 PI 模塑料；③间甲苯酚溶液一步制备可溶性 PI；④亲核取代法制备醚酰亚胺和聚硫醚酰亚胺；⑤催化偶联法制备联苯型 PI；⑥马来酰亚胺或降冰片烯酰亚胺封端预聚物与芳香二胺或二硫酚的迈克尔加成法制备 PI 等。

芳香二酐和芳香二胺的酰化开环-热脱水缩环是合成全芳香 PI 的通用方法。以均苯型聚酰亚胺薄膜的制备为例，先将等量的均苯二酐和二苯醚二胺在二甲基甲酰胺（dimethylformamide，DMF）、DMAc 或 NMP 等偶极溶剂中缩聚，合成聚酰胺酸，然后将其溶液涂敷成膜，缓慢加热至 250℃ 以上，减压保温 30min 左右，酰亚胺化产生的水随高沸点溶剂挥发。冷却后，将薄膜从钢滚或玻璃板上剥离，即可得到 PI 薄膜。

在高速搅拌和催化量三乙胺或乙酸钠的存在下，用乙酸酐可使聚酰胺酸快速脱水环化，生成粉状的聚异酰亚胺（polyisoimide，PSI），在后续的高温模塑过程中，PSI 转化为 PI。间甲基苯酚可溶解除均苯型以外的大多数 PI，在回流状态下，二酐和二胺可一步缩聚成 PI，无法区分为聚酰胺酸形成阶段和环化阶段，经乙醇沉淀、分离、洗涤、干燥等后处理，可获得注塑料或模塑粉。

将卤代或硝基苯酐与芳二胺缩合，可合成含有两个亲核取代位点的双（苯基酰亚胺）单体，将其与双酚盐或硫阴离子缩聚，可合成各种聚醚酰亚胺和聚硫醚酰亚胺。聚合原理类似于聚芳醚酮的合成，取代基 X 可位于 3-或 4-位。以 4-氯代或 4-溴代双（苯基酰亚胺）为原料，还可通过 Pd 或 Ni 的催化偶联反应，合成可溶性的联苯型 PI。

X = F, Cl, Br, NO₂

改变芳香二酐和芳香二胺的结构，可获得结构多样性的聚酰亚胺，材料性能与分子结构密切相关。均苯二酐（pyromellitic dianhydride，PMDA）的刚性最强，与对苯二胺聚合，可获得耐热性能最好的 PI；PMDA 与柔性的二苯醚二胺缩聚，也可获得高耐热等级的 PI，如最负盛名的 Kapton 薄膜。联苯二酐（bisphenyl dianhydride，BPDA）的两个苯环间存在强共轭效应，刚性虽低于 PMDA，但长径比明显增大，因而联苯型 PI 的力学强度高于均苯型 PI，而耐热性有所降低。通常均苯型和联苯型 PI 难于熔融加工。

在 BPDA 的两个苯环间引入醚键（—O—）、硫醚键（—S—）、羰基（—CO—）、砜基（—SO₂—）、硅桥（—SiMe₂—）和六氟亚丙基 [—C(CF₃)₂—]，可获得一系列芳香二酐，由此可合成能熔融加工的结构多样性的 PI。硅桥联和六氟亚丙基桥联型 PI 也可溶液加工。在 BPDA 的两个苯环间引入双醚结构，则可进一步提高 PI 的熔融加工性能，但耐热等级有所降低。

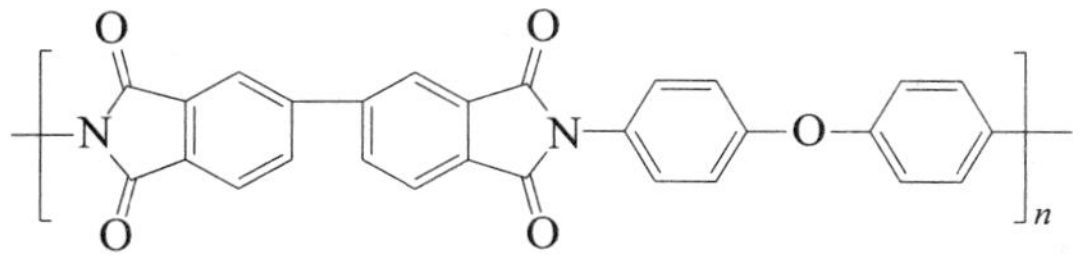

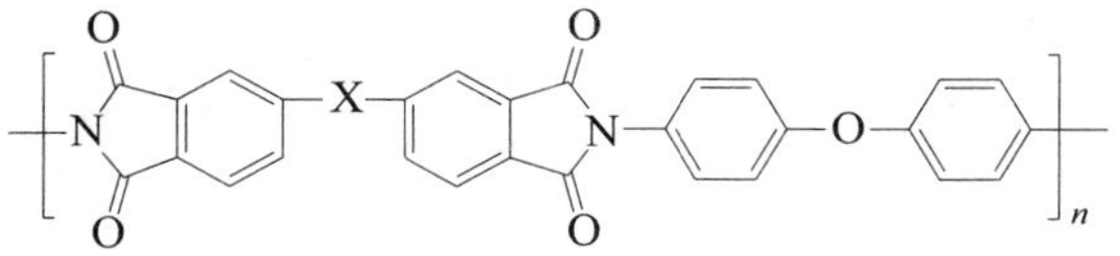

$$X = O, S, CO, SO_2,$$
$$SiMe_2, C(CF_3)_2$$

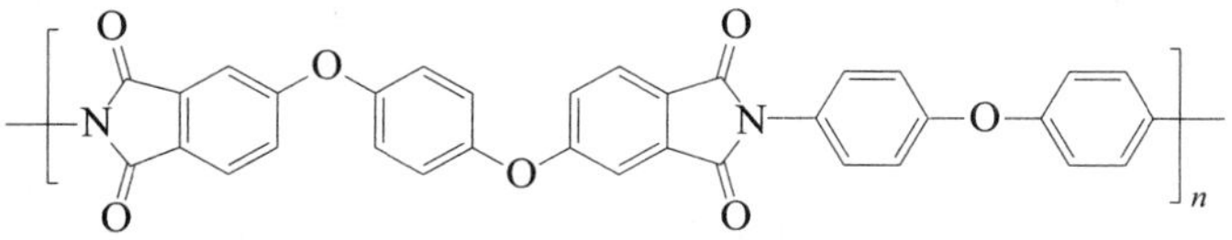

除苯酰亚胺基团间的连接基团外，连接位次也是影响材料性能的重要因素。直线形 PI 的分子链可有序排列，不同分子链的酰亚胺环之间存在着强分子间作用力，因而熔体黏度大，不利于成型加工。3,4-连接型 PI 的分子链呈弯曲形，分子链排列的有序性降低，因而树脂的熔体黏度大幅度降低，在保持高耐热性和不降低力学强度的前提下，可有效改善成型加工性能。

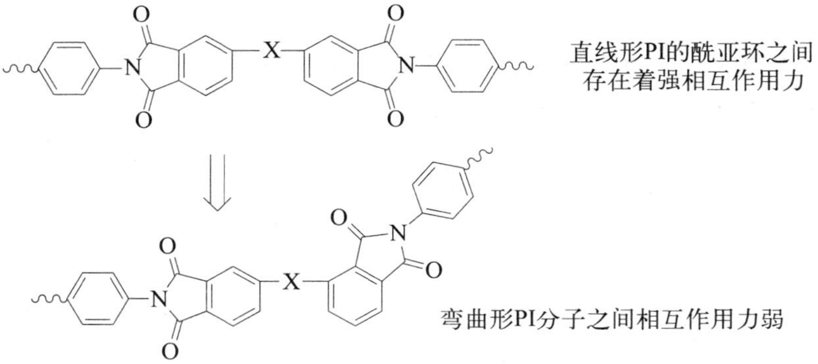

直线形PI的酰亚环之间存在着强相互作用力

弯曲形PI分子之间相互作用力弱

（2）聚苯并咪唑

除聚酰亚胺外，芳杂环高分子还包括聚苯并咪唑（polybenzimidazole，PBI）、聚苯并噁唑（polybenzoxazole）、聚苯并噻唑（polybenzothiazole）和聚吡咙（polypyrrolone）等。

高分子主链含苯并咪唑重复单元的耐高温聚合物称为聚苯并咪唑。一般由芳香族四胺与苯二甲酸二苯酯经缩聚和环化而成，反应可在熔融状态或在强极性溶剂中进行。PBI 在氮气中的热稳定性高于 500℃，聚间亚苯基联苯并咪唑塑料的热变形温度高达 430℃，极限氧指数为 58%，拉伸强度可达 165MPa，耐辐射、耐沸水、耐溶剂、耐化学药品性能优良。

最重要的 PBI 是由 3,3′,4,4′-四氨基联苯与间苯二甲酸二苯酯在高温及惰性气氛下，先制得泡沫状预聚物，经冷却、粉碎后在真空和高温下经固相缩聚而成，其对数比浓黏度为

$0.7\sim0.8dL/g$。

PBI 可用作耐高温黏合剂和制作高性能纤维，广泛应用于宇航、化工机械、石油开采、汽车等领域，纤维织物则用作防火、防原子辐射的防护服。

分别用 3,3'-二氨基-4,4'-联苯酚和 3,3'-二氨基-4,4'-联苯硫酚替代 3,3',4,4'-四氨基联苯，与间苯二甲酸二苯酯缩聚，可得到相似于 PBI 的芳杂环聚合物，分别称为聚苯并噁唑和聚苯并噻唑。它们的耐高温性能与 PBI 相似。

（3）梯形聚合物

梯形聚合物（ladder polymer）是指大分子主链呈梯形，而非简单线形链的杂环聚合物。聚酰亚胺和聚苯并咪唑都是半梯形聚合物，主链中留有单键，是受热断键的位点。如果选用 4+4 官能团体系进行缩聚，可能获得梯形聚合物。由于具有两条主链，需用较高能量才能使两条主链同时在一个梯格内断裂，所以梯形聚合物属于高耐热性树脂。

梯形聚合物种类较多，包括聚吡咙、聚喹啉、聚菲绕啉以及石墨型梯形聚合物等。其中，以均苯四酸二酐和四氨基苯缩聚合成的全梯形聚吡咙最具有代表性。

聚吡咙的合成也分两步进行：首先在室温下预缩聚成聚酰胺-胺，保持体系为可溶、可熔状态，浇铸成膜或模塑成型；然后再加热脱水-成型固化。

上述梯形聚合物由全环状结构单元组成，类似两条主链全交联成一个整体，一个链节断裂，尚有另一个链节，热稳定性和刚性均很高，并耐辐射，可在宇航设备中应用。

本章纲要

1.缩聚反应　逐步聚合通常是由单体所带的两种不同官能团之间的化学反应而得以进行的。在逐步聚合过程中，单体和多聚体之间通过不同官能团的相互反应使分子链长度不断增加，即单体转变成聚合物的化学反应是逐步进行的，分子量也是逐渐增大的。

缩聚是缩合聚合的简称，是逐步聚合的一种特殊类型。缩聚是多官能团单体经过多次缩合而形成聚合物的反应，同时生成小分子副产物，多数按逐步聚合机理进行。缩聚占了逐步聚合的大部分，但两词并非同义词。

单体分子中官能团的数目称作官能度。A_2+B_2 和 AB 体系进行线形缩聚，分子量是其重要控制指标；AB_f（$f \geqslant 3$）型单体的自缩聚生成超支化聚合物；多官能度单体进行体形缩聚，凝胶点是其主要控制指标。

2.线形缩聚机理　线形缩聚与成环是竞争反应，有形成稳定的五元、六元环倾向的单体不利于线形缩聚。线形缩聚具有逐步特性，有些还存在可逆平衡。逐步特性反映在：缩聚过程早期单体聚合成二、三、四聚体等低聚物，低聚物之间可以进一步相互反应，在短时间内，单体转化率很高，基团的反应程度却很低，聚合度缓慢增加，直至反应程度很高（>99%）时，聚合度才增加到期望值。在缩聚过程中，体系由分子量递增的系列中间产物组成。对于平衡常数小的缩聚反应，需加温减压，促使反应向缩聚物方向移动，提高反应程度，保证高聚合度。

线形缩聚存在很多副反应，包括因热分解导致的基团消去，水解、醇解、氨解等化学降解，分子链间的交换等，影响缩聚的正常进行。

3.官能团等活性概念　在同系列单体中，碳原子数为 1～3 时，随着碳原子数的增大官能团活性有所降低；碳原子数继续增大后，官能团活性基本不变，这称作官能团等活性概念。每步反应的活化能和速率常数也基本不变，成为处理缩聚动力学的基础。直至最后，分子量增长很大后链段运动受到阻碍，活性才减弱。值得注意的是，许多缩聚反应体系，或多或少存在"不等活性"问题，主要源于空间位阻和电子效应。

4.线形醇酸聚酯化动力学　该类缩聚反应可分成不可逆和可逆两种。在不可逆条件下，外加酸作催化剂，聚酯化动力学为二级反应；无外加酸自催化的条件下，动力学行为主要是三级反应，也可能出现二级半反应，随转化率而变。速率常数随温度升高而增大，符合 Arrhenius 规律。可逆条件下，需考虑副产物的存在对缩聚速率的影响。

二级反应：$-\dfrac{dc}{dt}=kc^2$ 或 $\dfrac{1}{c}-\dfrac{1}{c_0}=kt$，$\overline{X}_n=\dfrac{1}{1-P}$

三级反应：$-\dfrac{dc}{dt}=kc^3$ 或 $\dfrac{1}{c^2}-\dfrac{1}{c_0^2}=2kt$，$\overline{X}_n=\dfrac{1}{(1-P)^2}$

5.线形缩聚物的聚合度　平衡常数 K、官能团反应程度 P、官能团数比 r 是影响缩聚物聚合度的三大因素。在充分保证平衡向缩聚方向移动和足够反应程度的条件下，官能团数比成为聚合度的控制因素。

反应程度的影响：$\overline{X}_n=\dfrac{1}{1-P}$

平衡常数的影响：完全平衡（密闭体系），$\overline{X}_n = \dfrac{1}{1-P} = \sqrt{K} + 1$

部分平衡（开放体系），$\overline{X}_n = \dfrac{1}{1-P} = \sqrt{\dfrac{Kc_0}{Pc_w}} \approx \sqrt{\dfrac{Kc_0}{c_w}}$

反应程度和官能团数比的综合影响：$\overline{X}_n = \dfrac{1}{1-P} = \dfrac{1+r}{1+r-2rP}$

某单体微过量或外加单官能度单体：$r = \dfrac{N_a}{N_b + 2N_b^r}$

6. 线形缩聚物的聚合度分布　　用统计法可以推导出数量分布函数和质量分布函数，进一步可求出数均聚合度、重均聚合度以及聚合度分布指数。

$$\frac{N_x}{N_0} = P^{x-1}(1-P)^2 \qquad\qquad \overline{X}_n = \frac{1}{1-P}$$

$$\frac{W_x}{W} = \frac{xN_x}{N_0} = xP^{x-1}(1-P)^2 \qquad\qquad \overline{X}_w = \frac{1+P}{1-P}$$

$$\frac{\overline{X}_w}{\overline{X}_n} = \frac{(1+P)/(1-P)}{1/(1-P)} = 1+P \leqslant 2$$

7. 体形缩聚物和凝胶点　　凝胶点是体形缩聚中开始产生交联的临界反应程度，可由体系黏度突变来测定，Carothers 法的理论预测结果比实验值大，而 Flory 统计法的理论预测结果比实测值小。

Carothers 法：$\overline{f} = \dfrac{\sum N_i f_i}{\sum N_i}$，$P_c = \dfrac{2}{\overline{f}}$

Flory 统计法：$P_c = \dfrac{1}{[r + r\rho(f-2)]^{1/2}}$

8. 逐步聚合热力学与动力学特征　　缩聚的聚合热小，活化能高，降低温度有利于平衡向聚合物方向移动。聚合速率常数与温度的关系符合 Arrhenius 方程，为了保证较高的聚合速率，需在适当的高温下进行。

9. 逐步聚合实施方法　　逐步聚合实施方法包括熔融缩聚、溶液缩聚、界面缩聚、固相缩聚四种。固相缩聚通常与熔融缩聚相结合，提高半芳香聚酯的分子量；工业上界面缩聚仅限于聚碳酸酯的合成。

10. 重要的缩聚高分子　　工业上采用逐步聚合生产的聚合物种类很多。线形聚合物主要包括半芳香聚酯和芳香聚酯、聚酰胺、聚芳酰胺、聚碳酸酯、聚氨酯、聚苯醚、聚苯硫醚、聚芳醚砜、聚芳醚酮、聚酰亚胺、聚苯并咪唑和聚吡咙等；热固性树脂（体形聚合物）主要包括醇酸树脂、环氧树脂、脲醛树脂、密胺树脂、不饱和聚酯树脂和酚醛树脂等。

习题

1. 简述逐步聚合和缩聚、缩合和缩聚、线形缩聚和体形缩聚、自缩聚和混缩聚及共缩聚的关系和区别。

参考答案

2.缩聚反应是多官能团的化合物间反复脱去小分子逐渐形成聚合物的过程。按理来说，有机反应中的官能团反应都能用来合成高分子，但实际情况并非如此，为什么？

3.试按形成线形聚合物、超支化聚合物和体形聚合物对缩聚反应体系进行分类。

4.合成聚酯的缩聚反应有哪些类型？比较它们的优缺点和适用聚酯类型。脂肪族聚酯、半芳香聚酯和芳香聚酯应分别选择何种类型的缩聚反应？

5.醇酸聚酯化和胺酸聚酰化分别存在哪些影响聚合物分子量的副反应？如何消除或抑制这些副反应？

6.在推导缩聚反应动力学时提出了官能团等活性概念，试列举在实际缩聚反应过程中官能团不等活性的例子，分析它们对聚合反应速率和聚合物分子量的影响。

7.半芳香聚酯和脂肪族聚酰胺均采用熔融缩聚法合成，但两类聚合物的合成工艺有较大差别，简述两种聚合工艺不能互换的原因。

8.理论上讲，缩聚高分子的分子量分布指数 PDI≤2，但常有缩聚物 PDI 大于 2 或接近 1.5 的情况发生，简述缩聚物分子量分布指数发生偏移的原因。

9.解释下列名词、写出其化学结构。聚氨酯、聚脲、聚酰亚胺、聚芳酰胺、聚砜、聚芳醚砜、聚苯醚、聚苯硫醚、聚芳醚腈、PBI、聚吡咙、脲醛树脂、密胺树脂、环氧树脂、不饱和聚酯树脂、醇酸树脂。

10.碱催化和酸催化酚醛缩聚分别用于合成热固性酚醛树脂和热塑性酚醛树脂，两种催化缩合有什么不同？能否用碱催化反应合成热塑性酚醛树脂？

11.哪些合成方法可用于制备聚酰亚胺、聚苯并咪唑、聚苯并噻唑、聚吡咙？写出相关化学反应原理。

12.聚苯醚和聚苯硫醚具有结构相似性，但合成方法完全不同，简述两种树脂的合成原理，说明工业上采用不同合成路线的理由。

13.工业上均采用亲核取代反应来合成聚芳醚酮、聚芳醚砜和聚芳醚腈，简述不用 Friedel Crafts 反应来合成聚芳醚酮和聚芳醚砜的理由。

14.简述环氧树脂的合成原理，简述二元伯胺、叔胺和环酸酐固化环氧树脂的化学原理。

15.缩聚常采用哪些实施方法？比较各种方法的优缺点。为什么塑料级 PET 树脂要采用熔融缩聚和固相缩聚相结合的方法来制备？

16.何为凝胶点？比较 Carothers 法和 Flory 统计法这两种预测凝胶点的方法。

17.简述缩聚中的消去、化学降解、链交换等副反应对缩聚有哪些影响，说明其有无可利用之处。

18.比较合成涤纶聚酯的两条技术路线及其选用原则，说明涤纶树脂聚合度的控制方法和分段聚合的原因。

19.聚酰胺有脂肪族和芳香族之分，试说明为何合成前者常采用熔融缩聚，而合成后者常采用溶液缩聚？并比较这两类聚合体系对单体的要求。

20.外加酸催化和自催化醇酸聚酯化的动力学有何差别？为何前者是二级动力学，而后者是三级动力学？

21.工业上采用控制官能团数比（r）的方法来调节缩聚物的分子量，为什么不用改变官能团反应程度（P）的方法？

22.羟基酸 HO—$(CH_2)_4$—COOH 进行线形缩聚，测得产物的重均分子量为 18.4kDa，试计算：（1）羧基酯化的百分比；（2）数均聚合度；（3）结构单元数。

23. 等摩尔己二胺和己二酸进行缩聚，反应程度 P 为 0.500、0.800、0.900、0.950、0.980、0.990、0.995，试求数均聚合度 $\overline{X}_n$、DP 和数均分子量，并作 $\overline{X}_n$-反应程度 P 的关系图。

24. 等摩尔的乙二醇和对苯二甲酸在 280℃ 下的封管内进行缩聚，平衡常数 $K=4$，求最终 $\overline{X}_n$。另在排出副产物水的条件下缩聚，欲使得数均聚合度 $\overline{X}_n=100$，问体系中残留水分有多少？

25. 等摩尔二元醇和二元酸缩聚，另加醋酸 1.5%，$P=0.995$ 或 0.999 时聚酯的聚合度为多少？

26. 己内酰胺在封管内进行开环聚合。按 1mol 己内酰胺计，加水 0.0205mol、醋酸 0.0205mol，测得产物的端羧基为 19.8 mmol，端氨基为 2.3mmol。从端基数据，计算数均分子量。

27. 尼龙-1010 是由 1010 盐中过量的癸二酸来控制分子量，如果要求分子量为 20kDa，问 1010 盐的酸值应该是多少？（以 mg KOH/g 计）

28. 邻苯二甲酸酐与甘油或季戊四醇缩聚，两种基团数相等，试求：（1）平均官能度；（2）按 Carothers 法求凝胶点；（3）按统计法求凝胶点。

29. 制备醇酸树脂的配方为 1.21mol 季戊四醇、0.50mol 邻苯二甲酸酐、0.49mol 丙三羧酸 $[C_3H_5(COOH)_3]$，问能否不产生凝胶而反应完全？

30. A_2、B_2、A_3 体系进行共缩聚，$N_{A0}=N_{B0}=3.0$mol，A_3 中 A 基团数占混合物中 A 总数的 10%，试求 $P=0.970$ 时的 $\overline{X}_n$ 以及 $\overline{X}_n=200$ 时的反应程度 P。

第 3 章

自由基聚合

3.1 链式聚合概述

依据聚合机理，聚合反应可分为逐步聚合和链式聚合两类。绝大部分缩聚反应属于逐步聚合，而大部分烯类单体的加成聚合则遵循链式聚合机理。链式聚合又称为连锁聚合，是现代高分子工业的常用聚合方法。按照产量估算，大约70％的高分子材料通过链式聚合生产，包括聚乙烯、聚丙烯、聚氯乙烯、聚苯乙烯、ABS 树脂、SBS 树脂、聚甲基丙烯酸甲酯、腈纶树脂、顺丁橡胶、丁苯橡胶和丁腈橡胶等。

不同于逐步聚合，链式聚合需要单体在引发剂或者光/热等的作用下，首先产生引发活性种（R^*），随后与单体加成，生成单体活性种（RM^*），单体活性种进而与单体连续加成，形成链增长活性种，一般称为活性链（简写为 RM_n^* 或者 P^*）。活性链可与链转移剂（YS）发生反应，生成"死"聚合物和新引发活性种 S^*，活性链可发生终止反应，形成"死"聚合物。聚合过程可用下面的反应方程式来表示。

$$
\begin{array}{ll}
\text{链引发} & \begin{aligned}
I &\longrightarrow R^* \\
R^* + M &\longrightarrow RM^*
\end{aligned} \\[2em]
\text{链增长} & \begin{aligned}
RM^* + M &\longrightarrow RM_2^* \\
RM_2^* + M &\longrightarrow RM_3^* \\
&\cdots\cdots \\
RM_{n-1}^* + M &\longrightarrow RM_n^*
\end{aligned} \\[2em]
\text{链转移} & RM_n^* + YS \longrightarrow S^* + RM_nY\,(\text{"死"聚合物}) \\[1em]
\text{链终止} & RM_n^* \longrightarrow \text{"死"聚合物}
\end{array}
$$

与逐步聚合不同，链式聚合不仅包括链引发（chain initiation）、链增长（chain propagation）和链终止（chain termination）等基元反应，还可能含有链转移（chain transfer）反应。链式聚合必须有反应活性中心（reactive center），也称活性种（reactive species），活性中心一旦生成立即以链式反应方式加成单体，快速形成活性链，只有链增长反应才使聚合度增加。链式聚合体系中总是存在单体、聚合物和极少量的活性链。

活性中心是指能打开烯类单体的 π 键，并引发链式聚合的物种。根据活性种的不同，链式聚合可以分为自由基聚合、阴离子聚合、阳离子聚合和配位聚合等。

（1）自由基聚合

自由基活性种一般由共价键的均裂产生。共价键的一对电子分别属于两个基团，其均裂形成两个带单电子的有机基团，呈电中性，称为自由基。活性中心为自由基的链式聚合称为自由基聚合（radical polymerization）。

$$R \!:\! R \longrightarrow 2R\cdot$$

（2）离子聚合

化学键的异裂产生阴阳离子对，原化学键的一对电子全部归属于某一基团，形成阴离子，另一缺电子基团则成为阳离子。活性中心为阴离子的链式聚合称为阴离子聚合，活性中心为阳离子的链式聚合则称为阳离子聚合。阴离子聚合与阳离子聚合统称为离子聚合，这部分将在本书第 6 章和第 7 章详细讨论。

$$A \!:\! B \longrightarrow A^+ + B^-$$

（3）配位聚合

配位聚合的活性中心是过渡金属-碳键，烯烃单体首先与过渡金属配位得到活化，随后插入至过渡金属-碳键之中，发生链引发和链增长。不同于自由基聚合与离子聚合，配位聚合的链引发和链增长包括"配位"和"插入"两步反应，因而有学者称其为"配位-插入"聚合。配位聚合将在本书第 8 章进行详细讨论

3.2　烯类单体的聚合机理

3.2.1　链式聚合单体

从物理化学角度分析，一种烯类单体能否进行聚合，可以通过聚合反应热力学和动力学作出判断。满足热力学可能性的单体原则上可以聚合，但是聚合程度和聚合速率取决于反应动力学。影响聚合反应动力学的因素主要有：引发剂、催化剂、反应温度和压力等，此部分为本章后续内容。只有同时满足反应热力学可能性和聚合动力学的单体才有实际应用价值。

单烯类化合物、共轭双烯、炔烃、联烯和羰基化合物等一般都属于热力学可聚合的单体，即聚合反应的自由能变化（ΔG）小于 0。然而，温度、压力和浓度等反应条件也会影响反应热力学。例如，α-甲基苯乙烯在室温下可以聚合，但在高温下却不能聚合。

依据化学结构，能发生链式聚合的单体种类如下。

（1）烯类单体

烯类单体（vinyl monomer）指含有 C＝C 双键的化合物，包括乙烯、α-烯烃、环烯烃、乙烯基芳烃、（多）卤代乙烯、（甲基）丙烯酸酯/酰胺、丙烯腈、衣康酸（酯）、N-乙烯基吡咯烷酮和乙烯基咔唑等。另外，丁二烯、异戊二烯和氯丁二烯等共轭二烯也归类为烯类单体。烯类单体的 π 键键能小于 $C(sp^3)$—$C(sp^3)$ σ 键的键能，因而其聚合反应放热显著，是热力学允许的过程。

$$\begin{matrix} | & | \\ C=C \\ | & | \end{matrix} \longrightarrow \begin{bmatrix} | & | \\ C-C \\ | & | \end{bmatrix} \qquad \Delta H = H_\sigma - H_\pi < 0$$

聚合机理的选择性取决于单体的分子结构和反应条件。多数烯类单体均能自由基聚合，如乙烯、氯乙烯和丙烯酸酯等；共轭二烯（conjugated diene）和带有吸电子基团的共轭单体可阴离子聚合，如苯乙烯、丁二烯和乙烯基吡啶；共轭二烯和带有强供电子基团的烯类单体可阳离子聚合，如 α-甲基苯乙烯、异丁烯和烷基乙烯醚等；乙烯、α-烯烃、环烯烃、苯乙烯和共轭二烯等均能配位聚合。

（2）炔烃和联烯化合物

炔键包含一个 σ 键和两个 π 键，打开一个 π 键可形成一个 σ 键，释放的能量较多，是热力学允许的反应。另外，联烯（allene）可看成是炔烃的异构体，其 π 键的键能亦小于 σ 键的键能，发生聚合时可释放较多能量，也是热力学允许的反应。

$$-C\equiv C- \longrightarrow \begin{bmatrix} | & | \\ C=C \\ \end{bmatrix} \qquad \Delta H = H_\sigma - H_\pi < 0$$

$$\begin{matrix} | & & | \\ C=C=C \\ | & & | \end{matrix} \longrightarrow \begin{bmatrix} | & & | \\ C=C-C \\ | & & | \end{bmatrix} \qquad \Delta H = H_\sigma - H_\pi < 0$$

（3）羰基化合物

羰基化合物主要包括醛、酮、酯和酰胺等，其中的 C＝O 双键具有极性，羰基的 π 键异裂后具有类似离子的特性，有可能由阴离子或阳离子引发聚合，但不能自由基聚合。

$$\begin{matrix} R_2 \\ C=O \\ R_1 \end{matrix} \longleftrightarrow \begin{matrix} R_2 \\ \overset{+}{C}-\bar{O} \\ R_1 \end{matrix}$$

（4）小碳环化合物

小碳环化合物，包括环丙烷和环丁烷及其衍生物，环张力比较大，受热分解产生自由基，并聚合形成链状化合物，特别是含有拉电子基团的小环化合物更容易发生聚合反应。

基于化学键的特点，上述单体理论上能按不同机理进行链式聚合。在各类单体中，烯类单体来源最为广泛、工业化生产便利，因而成为研究和应用最多的单体。下面重点讨论烯类单体对链式聚合机理的选择性。

3.2.2 烯类单体对聚合机理的选择性

烯类单体由于含有弱 π 键，理论上可以按照自由基、离子或"配位-插入"机理聚合。聚合反应活性和机理选择性取决于取代基效应（substitiuent effect），包括化学结构、数量和位置等。综合其对聚合机理的影响，取代基效应可以分为电子效应和空间位阻效应。

（1）取代基的电子效应

取代基的电子效应主要包括诱导效应（inductive effect）和共轭效应（conjugate effect）。诱导效应是指电负性不同的原子或原子团使分子中的成键电子云密度向某一方向偏移，使化学键发生极化的现象。通常高电负性的原子或基团产生吸（拉）电子诱导效应，可沿 σ 键传递。共轭效应是指由于原子或双键间的相互影响而使体系内 π 电子（或 p 电子）分布发生离域变化的一种电子效应，分为吸电子共轭和供电子共轭。共轭效应只能通过双键发挥作用，不能通过 σ 键传递。烯类单体取代基的电子效应决定接受活性种的进攻方式和聚合机理的选择。

乙烯具有可聚合活性，但结构对称、无取代基，不存在诱导效应和共轭效应，因此较难聚合。乙烯只能在高温高压下发生自由基聚合，生成支化聚乙烯，因其密度较低常称为低密度聚乙烯（low density polyethylene，LDPE）；或者通过配位聚合，生成线形聚乙烯，因其密度较高称为高密度聚乙烯（high density polyethylene，HDPE）。

① 供电子取代基的影响。α-烯烃的烷基是供电子（electron-donating）取代基，可与 C═C 发生供电子诱导和 σ-π 超共轭效应，但这两种效应都比较弱，难以稳定碳阳离子活性中心，更无法稳定自由基和阴离子活性中心，因此较难离子聚合和自由基聚合。α-烯烃易于配位聚合，制备等规聚 α-烯烃，如等规聚丙烯和等规聚丁烯等。

强供电子取代基可以中和碳阳离子的部分正电荷，形成较稳定的碳阳离子活性中心。因此，烷基乙烯基醚和叔胺基乙烯基醚可阳离子聚合，如二氢呋喃和 N-乙烯基咔唑。虽然烷基是弱供电子基团，但 1,1-二取代乙烯也是易于阳离子聚合的单体，如异丁烯。

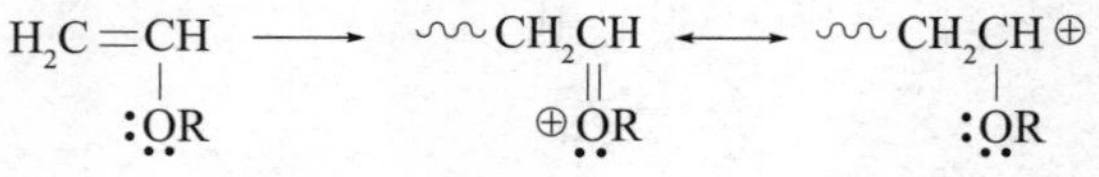

$$H_2C\!=\!CH \underset{:OR}{|} \longrightarrow \mathrm{\sim\sim CH_2CH} \underset{\oplus OR}{\|} \longleftrightarrow \mathrm{\sim\sim CH_2CH}\oplus \underset{:OR}{|}$$

② 吸电子取代基的影响。吸电子（electron-withdrawing）取代基使烯键的电子云密度降低，能提高碳阴离子活性种的稳定性，从而使单体发生阴离子聚合。许多带有较强吸电子基团的烯类单体，如丙烯腈和丙烯酸酯既能阴离子聚合也能自由基聚合。如果取代基的吸电子能力过强，所形成的自由基稳定性增强、反应活性显著降低，难以自由基聚合，只能阴离子聚合。最典型的例子是硝基乙烯和二氰基乙烯。

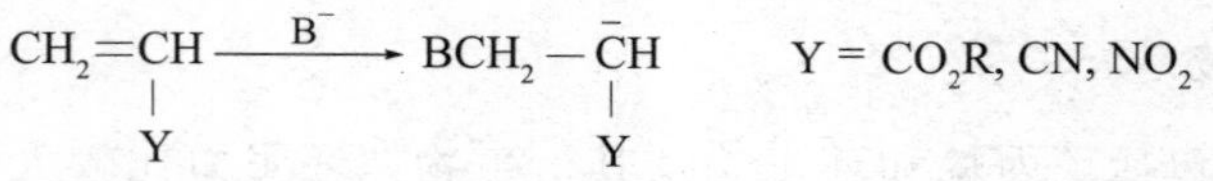

$$CH_2\!=\!CH \underset{Y}{|} \xrightarrow{\ B^-\ } BCH_2\!-\!\overset{\cdot}{C}H \underset{Y}{|} \qquad Y = CO_2R,\ CN,\ NO_2$$

弱吸电子取代基的典型代表为卤原子。卤原子含有未成键的 p 电子，其 p-π 共轭效应使双键电子云密度增加；同时卤原子具有高电负性，强诱导效应使双键电子云密度降低。虽然两种电子效应中以诱导效应为主，但是仍不能有效稳定阴离子，因而卤代单体很难发生阴离子聚合。综合来看，两种电子效应提高了自由基的稳定性，因而增大了自由基聚合活性。卤代单体包括氯乙烯、氟乙烯、偏二氟乙烯、偏二氯乙烯、四氟乙烯和三氟氯乙烯等，大部分都能自由基聚合。

③ 具有 π-π 共轭效应的烯类单体。π-π 共轭体系的电子云流动性大，容易诱导极化，随着进攻试剂性质的不同而产生不同的电子云流向，这类单体可进行多种机理的链式聚合。如下图所示，苯乙烯可以改变电子云的流动方向，从而稳定阴离子、阳离子和自由基活性种。因此，具有 π-π 共轭体系的烯类单体既能自由基聚合，也能阴离子和阳离子聚合。常见的共轭单体主要包括苯乙烯及其苯环取代衍生物、α-甲基苯乙烯、丁二烯和异戊二烯等。

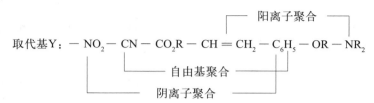

依据取代基 Y 的电子效应，单取代共轭单体 $CH_2\!\!=\!\!CHY$ 的聚合机理选择性如下。

$$\text{取代基Y：} \quad -NO_2 \quad -CN \quad -CO_2R \quad -CH\!\!=\!\!CH_2 \quad -C_6H_5 \quad -OR \quad -NR_2$$

阳离子聚合

自由基聚合

阴离子聚合

（2）取代基的位阻效应

取代基的体积、数量和位置等因素所引起的空间位阻（steric hindrance）作用，对烯类单体的聚合能力有显著影响，但对聚合活性种类的选择性影响较小，具体分为以下几种情况。

丙烯酸酯（$CH_2\!\!=\!\!CHCO_2R$）是典型的单取代烯类单体，随着 R 体积的增大，单体的自由基聚合活性减小，即活性顺序为：$CH_3 > CH_2R > CHR_2 > CR_3$。类似地，$\alpha$-烯烃（$CH_2\!\!=\!\!CHR$）的配位聚合活性也随着取代基 R 体积的增大而减小。例如，丙烯和 1-丁烯易于聚合，而长链 α-烯烃的聚合活性则显著降低。

相对于单取代烯类单体，1,1-二取代单体（$CH_2\!\!=\!\!CY_2$）的分子对称性更差，极化程度增大，更容易聚合。如果取代基的吸电子能力较弱，如偏二氯乙烯和偏二氟乙烯，两个卤原子的吸电子作用叠加，使其相对于单取代单体更容易自由基聚合。

如果两个取代基的吸电子能力都很强，如偏二氰基乙烯，双重强吸电子作用使双键电子云密度降低太多，从而使双键失去了与自由基加成的能力，只能阴离子聚合，而难自由基聚合。

如果两个取代基都有供电子特性，如异丁烯中的两个甲基，供电子作用的叠加使异丁烯不能自由基聚合，而易于阳离子聚合。如果将供电子取代基与强吸电子取代基结合，如甲基丙烯酸酯，则易于自由基聚合。

在苯乙烯的 α-位引入弱供电子的甲基即形成 α-甲基苯乙烯，后者也是重要的 1,1-二取代乙烯单体。像苯乙烯一样，α-甲基苯乙烯可按自由基、阴离子和阳离子机理聚合，但三种机理的活性均小于苯乙烯。

甲基丙烯酸酯是一类典型的高活性 1,1-二取代乙烯单体，如果用大位阻基团替代甲基，则聚合活性明显降低，甚至完全失去活性。例如，甲基丙烯酸甲酯是基团转移聚合（group transfer polymerization，GTP）的高活性单体，而苯基丙烯酸酯却是 GTP 的链终止剂。类似地，苯乙烯是高活性阳离子聚合单体，用苯基替代苯乙烯的 α-H 形成 1,1-二苯基乙烯，它不能阳离子聚合，通常用作阳离子聚合的封端剂。

因结构对称性好、极化程度低、空间位阻增大，1,2-双取代烯类化合物（$XCH\!\!=\!\!CHY$）一般不能单独聚合或只能形成二聚体，如 1,2-二苯基乙烯和马来酸酐。然而，反丁烯二酸酯却能自由基聚合，生成高分子量聚合物。

三取代或四取代的烯类化合物一般不能聚合，但氟代乙烯例外，原因是氟原子半径很小，接近氢原子，几乎没有位阻效应。例如，四氟乙烯和三氟氯乙烯都能自由基聚合。

表 3-1 汇总了常见烯类单体对连锁聚合机理的选择性。可见取代基的电子效应和空间位阻是决定聚合机理的主要因素。

表 3-1　常见烯类单体对连锁聚合机理的选择性

单体	结构式	链式聚合机理			
		自由基	阴离子	阳离子	配位-插入
乙烯	$CH_2=CH_2$	工业聚合			工业聚合
丙烯	$CH_2=CHCH_3$	可聚合		可低聚	工业聚合
丁烯	$CH_2=CHCH_2CH_3$	可聚合		可低聚	工业聚合
异丁烯	$CH_2=C(CH_3)_2$	可共聚		工业聚合	可共聚
氯乙烯	$CH_2=CHCl$	工业聚合			可共聚
偏二氯乙烯	$CCl_2=CH_2$	工业聚合			
偏氟乙烯	$CH_2=CF_2$	工业聚合			
四氟乙烯	$CF_2=CF_2$	工业聚合			
三氟氯乙烯	$CF_2=CFCl$	工业聚合			
六氟丙烯	$CF_2=CFCF_3$	工业聚合			
丁二烯	$CH_2=CHCH=CH_2$	工业聚合	工业聚合	可聚合	工业聚合
异戊二烯	$CH_2=C(CH_3)CH=CH_2$	可聚合	工业聚合	可聚合	工业聚合
氯丁二烯	$CH_2=CClCH=CH_2$	工业聚合	可聚合		可共聚
苯乙烯	$CH_2=CHC_6H_5$	工业聚合	工业聚合	可聚合	工业聚合
氯代苯乙烯		可聚合	可聚合		可聚合
甲（氧）基苯乙烯		可聚合		可聚合	可聚合
4-乙烯基吡啶		可聚合	可聚合		
α-甲基苯乙烯		工业聚合	可聚合	可聚合	
烷基乙烯基醚	$CH_2=CHOR$			可聚合	
醋酸乙烯酯	$CH_2=CHOCOCH_3$	工业聚合		可聚合	可共聚
丙烯酸甲酯	$CH_2=CHCOOCH_3$	工业聚合	可聚合		可共聚
甲基丙烯酸甲酯	$CH_2=C(CH_3)COOCH_3$	工业聚合	可聚合		可共聚
丙烯腈	$CH_2=CHCN$	工业聚合	可聚合		可共聚
N-乙烯基吡咯烷酮		工业聚合		可聚合	
N-乙烯基咔唑		可聚合	可聚合	工业聚合	
衣康酸（酯）	$CH_2=C(CO_2R)CH_2CO_2R$	工业共聚	可聚合		可共聚
硝基乙烯	$CH_2=CHNO_2$		可聚合		
偏二氰基乙烯	$CH_2=C(CN)_2$		可聚合		
氰基丙烯酸酯	$CH_2=C(CN)CO_2R$	可聚合	可聚合		

3.3　链式聚合的反应热力学

与有机小分子反应相似，聚合反应能否顺利进行需要从热力学（thermodynamics）和动力学（dynamics）两方面考虑。首先需要热力学可行，只有从热力学判断可行的聚合才有可能发生。进一步通过聚合反应动力学对聚合速率、聚合物分子量及其分布等进行研究。只有既满足热力学又满足动力学的聚合才能顺利进行，成为可用的高分子材料合成方法。本节主要讨论聚合反应热力学，研究聚合过程中的能量变化，包括自由能的变化（ΔG）、焓的变化（ΔH）和熵的变化（ΔS），以此判断单体发生聚合的可能性，以及聚合反应可进行的程度。例如，研究表明，α-甲基苯乙烯在常压和室温下可自由基聚合，但是在常压和 61℃ 以上则不能聚合。该问题属于聚合反应热力学的范畴。

3.3.1 聚合热

烯类单体聚合生成大分子的聚合反应可以用如下的通式表示：

$$n\,M \longrightarrow \left[M\right]_n \text{ (Polymer)}$$

根据 Gibbs 方程，聚合自由能的变化如式（3-1）：

$$\Delta G = G_P - G_M = \Delta H - T\Delta S \tag{3-1}$$

式中，G_P 为聚合物的自由能；G_M 为单体的自由能；ΔH 和 ΔS 分别为聚合反应的焓增量和熵增量；T 为绝对温度。ΔH 代表聚合反应前后体系的能量变化。反应吸热 ΔH 为正值，反应放热则 ΔH 为负值。烯类单体的聚合一般都是放热反应，因此将 $-\Delta H$（即焓增量的负值）定义为聚合反应的聚合热。ΔS 为聚合体系的有序度变化，对于大多数聚合反应，单体转化为聚合物，体系的无序性减小，是熵减小过程，因而聚合熵 $\Delta S < 0$。大多数体系的聚合熵为负值，只有大环单体的本体开环聚合等极少数体系的聚合熵为正值。

对于大多数加聚反应，实验测得的熵增量 $\Delta S = -105 \sim -125\,J/(mol \cdot K)$，聚合反应温度一般在 $25 \sim 100$℃ 之间，因此 $-T\Delta S$ 值的范围约为 $29 \sim 47\,kJ/mol$。

根据热力学判据，当 $\Delta G < 0$ 时，聚合反应自发进行；当 $\Delta G = 0$ 时，聚合与解聚反应处于平衡；当 $\Delta G > 0$ 时，解聚反应自发进行。根据式（3-1），聚合反应自发进行需要 $\Delta G < 0$，即 $\Delta H - T\Delta S < 0$，由于大多数聚合反应 $\Delta S < 0$，因此聚合反应自发进行要求 $\Delta H < 0$，同时其绝对值大于 $T\Delta S$ 的绝对值。因此，单体的聚合倾向可以通过聚合热作初步判断。当聚合热（$-\Delta H$）$> 29 \sim 47\,kJ/mol$ 时，聚合自由能 $\Delta G < 0$，聚合反应自发进行。

表 3-2 是部分烯类单体聚合的热力学参数。大多数烯类单体的聚合热（$-\Delta H$）为 $56 \sim 95\,kJ/mol$，即聚合反应不存在热力学障碍。

表 3-2　部分烯类单体的聚合焓和聚合熵

单体	$-\Delta H^{\ominus}/(kJ/mol)$	$-\Delta S^{\ominus}/[J/(mol \cdot K)]$	单体	$-\Delta H^{\ominus}/(kJ/mol)$	$-\Delta S^{\ominus}/[J/(mol \cdot K)]$
乙烯	93.5(gg,25,4b)	142(gg,25,4b)	氯乙烯	71(lc,25,4b)	
丙烯	86.5(gg,25,4b)	167(gg,25,4b)	偏二氯乙烯	75.5(lc',25,2)	112(lc',25,1)
1-丁烯	103(gc,25,4b)	193(gc,25,1)	氟乙烯	138.9(gc,25,2)	262.4(gc,25,2)
异丁烯	48(lc,25,2)	121(lc,25,1)	偏氟乙烯	336.8(gc,25,2)	265.3(gc,25,2)
丁二烯	73(lc,25,2)	89(lc,25,1)	四氟乙烯	658.6(gc,25,2)	300.1(gc,25,2)
异戊二烯	75(lc,25,2)	101(lc,25,1)	丙烯酸	67(lc,74.5,3)	
苯乙烯	70(lc,25,2)	104(lc,25,1)	丙烯酰胺	60(gg,74.5,3)	
α-MSt	35(lc,25,2)	110(lc,20,4a)	丙烯酸甲酯	78(lc,76.8,3)	105(ls,87,4b)

单体	$-\Delta H^{\ominus}/(\text{kJ/mol})$	$-\Delta S^{\ominus}/[\text{J/(mol·K)}]$	单体	$-\Delta H^{\ominus}/(\text{kJ/mol})$	$-\Delta S^{\ominus}/[\text{J/(mol·K)}]$
MMA	55(lc,25,5)	105(lc,25,1)	马来酸酐	59(ls,74.5,3)	
丙烯腈	76.5(lc',74.5,3)	109(lc',25,1)	甲醛	66(gc',25,4a)	169(gc',25,4a)
乙烯基醚	60(lc,50,3)		乙醛	0(lc,25,4b)	21(lc,25,1)
醋酸乙烯酯	89.5(ls,25,3)				

注：括号内标注为测试单体状态、温度和测试方法，其中：g—气态，c—冷凝无定形状态，l—液态，s—溶液，c'—结晶态或部分结晶。1—来自于图书 *Experimetal Thermochemistry*，2—单体或聚合物或两者的燃烧，3—反应量热法，4a—热力学方法，4b—用于评价聚合物或单体或两者的形成热的半经验规则，5—基尔霍夫法。α-MSt 为 α-甲基苯乙烯（*α*-methyl styrene），MMA 为甲基丙烯酸甲酯（methyl methacrylate）。

（1）聚合热的计算和测定方法

聚合热在实验上可以通过直接量热法、燃烧热法和热力学平衡等方法测量，也可以通过理论进行计算，还可以通过标准生成热进行估算。

$$\Delta H = \Delta H^{\ominus}_{\text{f,p}} - \Delta H^{\ominus}_{\text{f,m}} \tag{3-2}$$

式中，$\Delta H^{\ominus}_{\text{f,p}}$ 为聚合物的标准生成热；$\Delta H^{\ominus}_{\text{f,m}}$ 为单体的标准生成热。

根据热力学定义：

$$\Delta H = \Delta U + P\Delta V \tag{3-3}$$

式中，ΔH 为聚合反应的焓变；ΔU 为聚合体系的内能变化；P 为压力；ΔV 为体积变化。如果忽略聚合过程中的体积变化，则 $\Delta H = \Delta U$，可以用聚合过程的内能变化计算体系的焓变。

聚合反应前后内能的变化可通过键能估算，即通过键能的变化估算聚合反应的聚合热。烯类单体的聚合反应可以认为是打开一个 π 键，生成两个 σ 键，其聚合热为相应的键能之差。

已知 C—C 单键的键能为 352kJ/mol，C=C 双键的键能为 608.2 kJ/mol，则聚合热的估算值为：$-\Delta H = 2 \times 352\text{kJ/mol} - 608.2\text{kJ/mol} = 95.8\text{kJ/mol}$。

（2）影响聚合热的因素

表 3-2 中列出了部分烯类单体的聚合热，其中只有少数单体的聚合热与上述的估算值相近，多数烯类单体的聚合热偏离估算值。这是因为单体结构，包括取代基的空间位阻、共轭效应、电负性以及氢键和溶剂化作用等因素影响聚合热。

① 取代基的位阻效应。烯类单体的键角约为 120°，而聚合物的相应键角约为 109.5°。当单体聚合后，取代基的空间位阻进一步增大，使聚合物的键长和键角偏离正常值，键能降低。因此，取代基的位阻效应使聚合热明显降低。与没有取代基的乙烯相比，单取代烯类单体的聚合热降低幅度较小，二取代单体的聚合热降低幅度则较大。由于结构不对称且空间位阻较大，1,1-二取代单体和其聚合物的键能均降低，但聚合物的键能降低更多，聚合热明显减小。例如，与乙烯的聚合热（93.5kJ/mol）相比，丙烯的聚合热为 86.5kJ/mol，1,1-二取代单体异丁烯的聚合热则仅为 52kJ/mol。1,2-二取代单体聚合热更低，很难加成聚合。

② 共轭效应与超共轭效应。π-π 共轭效应会使单体的键长和电子云分布平均化，降低键能和内能，而相应的聚合物不存在共轭效应，内能不受影响，因此聚合热减小。例如，受 π-π 共轭效应和取代基空间位阻的共同影响，苯乙烯和丁二烯的聚合热分别为 70kJ/mol 和 73kJ/mol，远低于乙烯的聚合热（93.5kJ/mol）。

杂原子和烷基与烯键之间存在 p-π 共轭效应和 σ-π 超共轭效应，超共轭效应对聚合热的影响类似于 π-π 共轭效应。例如，主要受 p-π 共轭效应和 σ-π 超共轭效应的影响，氯乙烯和丙烯的聚合热分别为 71kJ/mol 和 86.5kJ/mol。

③ 取代基的电负性效应。高电负性原子或取代基会使相邻化学键的电子云密度降低、键长增长、键能减小。π 电子的流动性大，高电负性 F 的强吸电子能力使氟代单体 π 键的键能显著降低，而 C—C 单键受 F 吸电子作用的影响较小。因此，氟代单体的聚合热明显增大。例如，四氟乙烯的聚合热为 155.6kJ/mol，远高于乙烯的聚合热。

④ 氢键和溶剂化效应。氢键和溶剂化效应可以提高单体的稳定性，而聚合物受主链影响，形成氢键和溶剂化的能力均弱于单体，因而聚合物内能的降低幅度小于单体，聚合热随之减小。例如，丙烯、丙烯酸、甲基丙烯酸、丙烯酰胺、甲基丙烯酰胺的聚合热分别为 86.5kJ/mol、66.9kJ/mol、42.3kJ/mol、62.0kJ/mol、35.1kJ/mol。由此可见，羧酸或酰胺之间的氢键作用显著降低了聚合热。

单体聚合热的大小受结构控制。对于不同的单体，需要综合考虑上述几种因素来判断聚合热的大小。四氟乙烯、偏氟乙烯、氯乙烯和硝基乙烯的聚合热分别为 155.6kJ/mol、129.7kJ/mol、95.6kJ/mol 和 91.0kJ/mol。F 原子电负性高，半径与 H 相近，位阻很小，因而四氟乙烯的聚合热远高于乙烯；随着 F 原子数目的减少，偏氟乙烯的聚合热明显降低。对于硝基乙烯而言，高电负性基团引起的聚合热增大与空间位阻导致的聚合热减小相互抵消，其聚合热与乙烯相差无几。苯环共轭效应和空间位阻的共同作用使苯乙烯的聚合热降至 71.0kJ/mol；在苯乙烯的 α-位引入兼具 σ-π 超共轭效应和空间位阻的甲基，使 α-甲基苯乙烯的聚合热骤降至 35.0kJ/mol。

3.3.2 聚合反应的上限温度

从理论上讲，能形成大分子的聚合反应都存在逆反应，即从聚合物生成单体的反应，该反应称为解聚反应。

根据聚合反应热力学方程式（3-1），当 $\Delta G = 0$ 时，聚合和解聚反应处于平衡状态，对应的聚合温度称为聚合上限温度（ceiling temperature of polymerization），简称 T_c，可由式（3-4）求得。当温度低于 T_c 时，聚合反应可以正常进行；当聚合温度高于 T_c 时，发生解聚反应，无法聚合；T_c 时聚合和解聚达到平衡。

$$T_c = \frac{\Delta H}{\Delta S} \tag{3-4}$$

大多数烯类单体的聚合热比较大，其聚合上限温度也很高。很多聚合物在没有达到 T_c 之前即已经达到热分解温度，如 PE、PP、PEG 和 PAN 等。对于绝大多数烯类单体，其聚合反应是一个熵减过程，ΔS 较小，约为 $-105 \sim -125 \mathrm{J/(mol \cdot K)}$，因而 T_c 的大小与聚合热紧密相关。一般来说，聚合热较大的体系 T_c 较高，聚合物的热稳定性也很高；而聚合热较低的体系 T_c 比较低，聚合物的热稳定性也不高。

烯类单体的聚合反应多在混合体系中进行，ΔG、ΔH 和 ΔS 与体系中各组分的浓度有关。烯类单体的聚合与解聚平衡及平衡常数可用下式表示。

$$\mathrm{M}_n^* + \mathrm{M} \underset{k_{dp}}{\overset{k_p}{\rightleftharpoons}} \mathrm{M}_{n+1}^* \qquad K = \frac{k_p}{k_{dp}} = \frac{[\mathrm{M}_{n+1}^*]}{[\mathrm{M}_n^*][\mathrm{M}]} \tag{3-5}$$

在聚合和解聚平衡状态下，体系中的两种自由基浓度相等，即 $[\mathrm{M}_n^*] = [\mathrm{M}_{n+1}^*]$，其平衡常数 K 与单体浓度呈倒数关系，即可逆聚合反应中的平衡常数与平衡单体浓度有关。

$$K = \frac{[\mathrm{M}_{n+1}^*]}{[\mathrm{M}_n^*][\mathrm{M}]_e} = \frac{1}{[\mathrm{M}]_e} \tag{3-6}$$

根据热力学原理，聚合反应的自由能变化与温度有关，其等温方程为：

$$\Delta G = \Delta G^\ominus + RT \ln K \tag{3-7}$$

式中，$\Delta G^\ominus$ 为标准状态下的自由能变。单体的标准状态为纯单体或者 $1.0\mathrm{mol/L}$ 的溶液。

由于平衡状态与温度有关，聚合反应放热，升温有利于解聚，在聚合与解聚的平衡状态下，存在如下关系式：

$$\Delta G^\ominus = \Delta H^\ominus - T_e \Delta S = -RT_e \ln K \tag{3-8}$$

将式（3-6）代入式（3-8），得：

$$\Delta G^\ominus = \Delta H^\ominus - T_e \Delta S = RT_e \ln[\mathrm{M}]_e \tag{3-9}$$

当平衡浓度为 $1.0\mathrm{mol/L}$ 时，平衡温度 T_e 即为聚合上限温度 T_c。

$$T_c = \frac{\Delta H^\ominus}{\Delta S^\ominus} \tag{3-10}$$

根据式（3-10），可用标准状态下的焓变和熵变来计算某一单体的聚合上限温度。

将式（3-9）变形可以得到如下公式：

$$\ln[\mathrm{M}]_e = \frac{\Delta H^\ominus}{RT_e} - \frac{\Delta S^\ominus}{R} \tag{3-11}$$

在非标准状态下，不同的温度都有其相应的平衡单体浓度。如果平衡单体浓度很低，则可以认为聚合完全。例如，25℃时的 $[\mathrm{M}]_e$，醋酸乙烯酯为 $1 \times 10^{-9} \mathrm{mol/L}$，苯乙烯为 $1 \times 10^{-6} \mathrm{mol/L}$，甲基丙烯酸甲酯为 $1 \times 10^{-3} \mathrm{mol/L}$，都可以忽略不计，聚合反应比较完全。而 α-甲基苯乙烯的 $[\mathrm{M}]_e$ 为 $2.2\mathrm{mol/L}$，单体聚合的平衡浓度很高，不能聚合完全；升温至

61℃时，α-甲基苯乙烯根本无法聚合，发生聚合的逆反应，聚合物解聚为单体。

130℃时，甲基丙烯酸甲酯的 $[M]_e$ 为 0.5mol/L，聚合不完全，理论上应该有部分聚合物解聚为单体。然而，在无引发剂或催化剂的条件下，MMA 在该温度比较稳定，很难发生解聚反应。对于大多数聚合物，温度在 T_c 以上，聚合物仍旧比较稳定，这是因为较难形成解聚中心。温度高于 T_c 时，催化剂或引发剂对解聚具有促进作用。表 3-3 列出了若干单体的聚合上限温度和平衡单体浓度。

表 3-3　若干单体的聚合上限温度和平衡单体浓度

单体	$-\Delta H/$（kJ/mol）[①]	$T_c/℃$	$[M]_e$（25℃）/（mol/L）
醋酸乙烯酯	89.5（ls，25，1）	—	$1×10^{-9}$
丙烯酸甲酯	78（lc，76.8，2）	—	$1×10^{-9}$
乙烯	93.5（gg，25，3）	384（gg）	—
苯乙烯	70（lc，25，4）	400（lc）	$1×10^{-6}$
甲基丙烯酸甲酯	55（lc，25，5）	250（lc）	$1×10^{-3}$
α-甲基苯乙烯	35（lc，25，4）	61（ls）	2.2
异丁烯	48（lc，25，4）	123（lc）	—

①括号内三项分别为单体的状态、反应温度和测试方法，其中，g—气态；c—冷凝无定形态；l—液态；s—溶液。
注：1—单体或聚合物或两者的燃烧；2—反应量热法；3—热力学法；4—用于评价聚合物或单体或两者的形成热的半经验规则；5—基尔霍夫法。

3.3.3　压力对聚合-解聚平衡的影响

在上述讨论过程中，忽略了压力和体积变化的影响。在实际聚合过程中，通常伴随着体积收缩，加压将缩短分子之间的距离，有利于聚合反应，提高聚合上限温度。纯单体的聚合上限温度与压力的关系可用 Clapeyron-Clausius 方程来描述。

$$\frac{dT_c}{dp}=T_c\frac{\Delta V}{\Delta H} \tag{3-12}$$

变换式（3-12）得：

$$\frac{d(\ln T_c)}{dp}=\frac{\Delta V}{\Delta H} \tag{3-13}$$

将式（3-13）积分得：

$$\ln(T_c)_p=\ln(T_c)_{0.1MPa}+p\frac{\Delta V}{\Delta H} \tag{3-14}$$

式（3-14）表明，聚合反应过程放热、体积收缩，$\ln T_c$ 随体系压力的增大而缓慢线性升高。因此，对于 T_c 较低的单体可通过加压的方法来提高 T_c，从而促进聚合反应。例如，α-甲基苯乙烯和甲醛等可在加压条件下顺利聚合。

3.4　自由基聚合机理

自由基聚合的活性中心为自由基，一般是碳自由基，是 sp^3 杂化的变形四面体，带有一个孤电子，因而极不稳定，容易发生化学反应，呈顺磁性。自由基的稳定性受取代基电子效应和空间位阻的影响。一般而言，吸电子取代基和共轭基团能降低活性中心的电子云密度，提高自由基的稳定性，取代基的位阻效应也能提高自由基的稳定性。根据自由基结构的不同，常见自由基的活性大小排序如下：

$$\cdot H > \cdot CH_3 > \cdot C_6H_5 > \cdot CH_2R > \cdot CHR_2 > \cdot CR_3$$

$$\cdot CCl_3 > \cdot CBr_3 > R\overset{\bullet}{C}HCOR > R\overset{\bullet}{C}HCN > R\overset{\bullet}{C}HCO_2R$$

$$\cdot CH_2CH=CH_2 > \cdot CH_2Ph > \cdot CHPh_2 > \cdot CPh_3$$

氢自由基和甲基自由基位阻很小，没有吸电子基团而成为高活性物种，引发聚合时可能发生爆聚，通常不用作聚合引发剂。烯丙基自由基和苄基自由基存在 p-π 共轭效应，能有效降低电子云密度，提高自由基的稳定性。随着共轭取代基的增多，自由基稳定性显著增大，三苯甲基自由基（$\cdot CPh_3$）在室温都可以稳定存在。通常低活性自由基也不用作聚合引发剂，而三苯基甲基自由基可用作自由基聚合的阻聚剂。

自由基聚合主要包括链引发、链增长和链终止三种基元反应。对于很多聚合体系还伴有链转移这一基元反应。虽然并不是所有自由基聚合都存在链转移，但是它对自由基聚合却具有重要意义。下面通过基元反应学习自由基聚合的机理。

3.4.1 链引发

链引发是形成单体自由基的过程，即链增长活性种的形成反应，以引发剂引发为例，具体包含两步，一是引发剂分解生成初级自由基，二是初级自由基与单体加成形成单体自由基。

（1）引发剂分解产生初级自由基

自由基引发剂（initiator，I）含有弱 σ 键，受热分解形成初级自由基（primary radical），用 R· 表示，分解速率常数（k_d）与温度的关系可用 Arrhenius 方程描述。

$$I \xrightarrow{k_d} 2R\cdot$$

$$k_d = A e^{-E_d/RT}$$

引发剂分解反应相当于使一个弱化学键断开，形成两个初级自由基，属于吸热反应，分解活化能（activation energy）E_d 较高，为 $105 \sim 150 kJ/mol$，分解速率常数（k_d）很小，为 $10^{-4} \sim 10^{-6} s^{-1}$。通常自由基聚合所用引发剂的浓度比较低，因此分解速率（R_d）较小。

（2）初级自由基与单体加成形成单体自由基

初级自由基是高活性物种，一旦生成立即进攻单体双键的低电子云密度一侧，生成稳定性稍好的单体自由基（monomer radical）。

$$R\cdot + H_2C=\underset{Y}{\overset{|}{C}}H \xrightarrow{k_i} RCH_2-\underset{Y}{\overset{|}{C}}H\cdot$$

式中，单边箭头表示单电子转移；Y 是带有吸电子效应的取代基，如卤原子、氰基、酯基和苯基等；k_i 是链引发反应的速率常数。考虑烯类单体引发反应的普适性，用 M 表示单体，上式可简化为：

$$R\cdot + M \xrightarrow{k_i} RM\cdot$$

该反应放热，活化能比较低，为 20～34kJ/mol，反应速率常数比较大，为 10^2～10^4 L/(mol·s)，加成速率（R_i）较高。$R_i \gg R_d$ 或 $k_i \gg k_d$，因此自由基的链引发速率决定于引发剂的分解速率。

链引发过程包括引发剂分解和单体自由基形成两步反应，第二步与后续的链增长反应相似。然而，初级自由基是高能态活性物种，除进攻单体外，还可能与自由基偶合或进攻溶剂分子等，发生副反应。因此，自由基引发剂不能全部引发烯类单体的链式聚合，即引发效率（f）通常会小于 1。

3.4.2 链增长

受取代基（Y）吸电子效应的影响，单体自由基的稳定性明显好于初基自由基，使其主要进攻单体发生链增长，而发生其他副反应的概率很小。

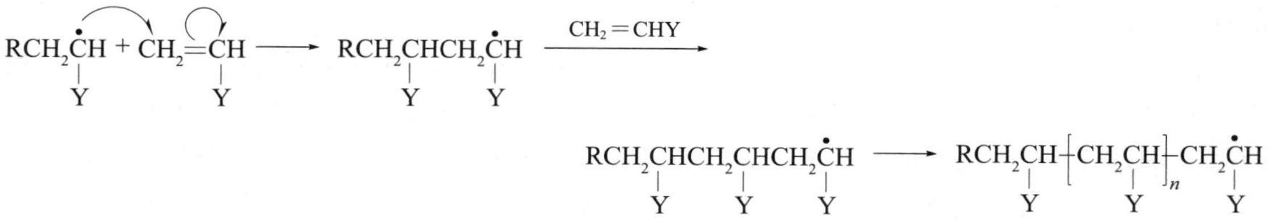

将单体自由基用 RM· 表示，增长链自由基（chain radical）用 $RM_j\cdot$ 表示，上述反应过程可用通式表示：

$$\left.\begin{array}{l} RM\cdot + M \xrightarrow{k_{p1}} RM_2\cdot \\ RM_2\cdot + M \xrightarrow{k_{p2}} RM_3\cdot \\ \cdots\cdots\cdots\cdots \\ RM_j\cdot + M \xrightarrow{k_{pj}} RM_{j+1}\cdot \end{array}\right\} RM\cdot + jM \xrightarrow{k_p} RM_{j+1}\cdot$$

链增长可认为是单体双键与自由基活性种的加成反应，是放热反应，聚合热为 55～95kJ/mol；链增长活化能（E_p）比较低，为 20～34kJ/mol；反应速率常数很高，$k_p = 10^2$～10^4 L/(mol·s)。由于单体浓度比较高，聚合反应速率极快，通常在几秒钟内聚合度达到数万，不易控制。因此，在自由基聚合体系内，无法分离得到不同链长的自由基活性种，而只能分离得到单体和聚合物两部分。然而，通过电子自旋共振波谱（electron spin resonance spectrum，ESR）可检测到自由基聚合体系中存在单电子活性种，因而确定其为自由基聚合。

自由基是富电子物种，倾向于进攻烯键的缺电子一侧，理应形成有序的“头-尾”键接链段。然而，链自由基与某些烯类单体加成反应的选择性不高，除“头-尾”键接外，还伴随着“头-头”/“尾-尾”键接。

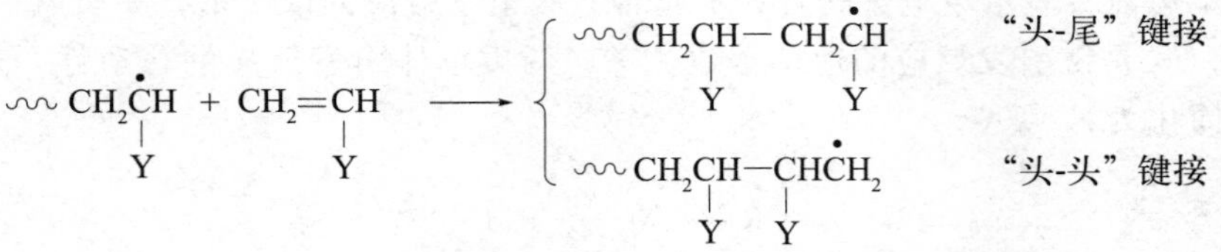

$$\sim CH_2\overset{\cdot}{C}H + CH_2=CH \longrightarrow$$
（此处为反应式）

$$\sim CH_2CH-CH_2\overset{\cdot}{C}H \quad \text{“头-尾”键接}$$

$$\sim CH_2CH-CHCH_2\cdot \quad \text{“头-头”键接}$$

（结构式中 Y 为取代基）

形成上述不规则键接的原因有两个：一是自由基是高活性物种，选择性较低；二是小位阻和弱电子效应的取代基定位效应不强。烯类单体按不同键接方式进行聚合时，链增长自由基的结构将发生变化。在正常的"头-尾"键接过程中，自由基上的单电子与取代基构成共轭体系，使自由基稳定；而"头-头"键接后，无取代基与自由基的共轭效应，自由基不稳定。

取代基的位阻效应也非常重要，单体以"头-尾"键接时，空间位阻要比"头-头"键接时的小。通常链自由基的位阻较小，活性又非常高时，两种进攻方式的概率相近，聚合物分子链上的取代基呈无规分布，聚合物往往呈无定形结构。而对于共轭稳定性较差的单体，也比较容易出现"头-头"键接结构。例如，α-甲基苯乙烯和甲基丙烯酸酯等单体进行自由基聚合时，很少能观测到"头-头"键接结构单元，而聚氯乙烯和聚醋酸乙烯酯分子链中则存在较多"不规则"的结构单元。随着温度的升高，"头-头"结构单元的比例会逐渐升高。

3.4.3 链终止

自由基是缺电子的高活性中间体，夺取一个电子后将形成稳定的 8 电子结构。当两个链自由基相遇时，低位阻自由基倾向于发生偶联，形成一个新的 C—C σ 键；而大位阻自由基倾向于夺取另一个自由基的 β-H 而饱和，失去 β-H 的自由基转变为端烯化合物。在此过程中，一个自由基发生氧化，另一个自由基发生还原，是一种歧化反应。上述两种反应即为链终止反应。自由基聚合的链终止为双分子反应，即双基终止，包括偶合终止（coupling termination）和歧化终止（disproportionation termination）。

$$
\begin{array}{c}
Y \\
| \\
CH-CH\sim \\
(2)\ H \quad\quad H \ (1) \\
\sim CH-\overset{\cdot}{C}H \\
| \\
Y
\end{array}
\qquad
\begin{array}{l}
(1)\text{偶合终止} \\
(2)\text{歧化终止}
\end{array}
$$

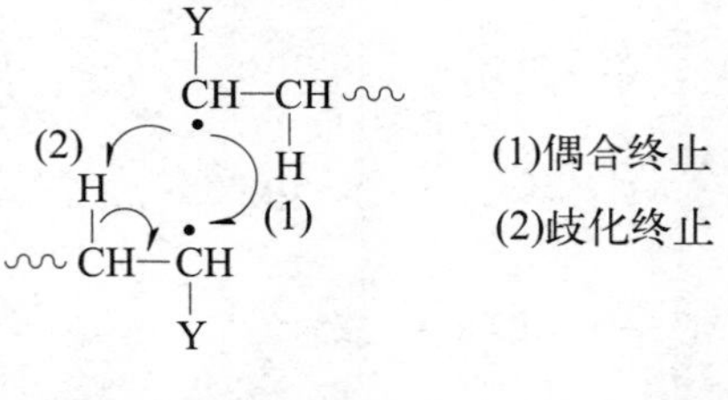

偶合终止即为两个活性链端基的自由基互相键合形成共价键的反应。偶合终止后，原来的两个聚合物链变为一个聚合物链，聚合物的聚合度为两个链自由基的结构单元数之和。如果链自由基的端基含有引发剂残基，在没有发生链转移的情况下，聚合物链的两个端基均含有引发剂残基。

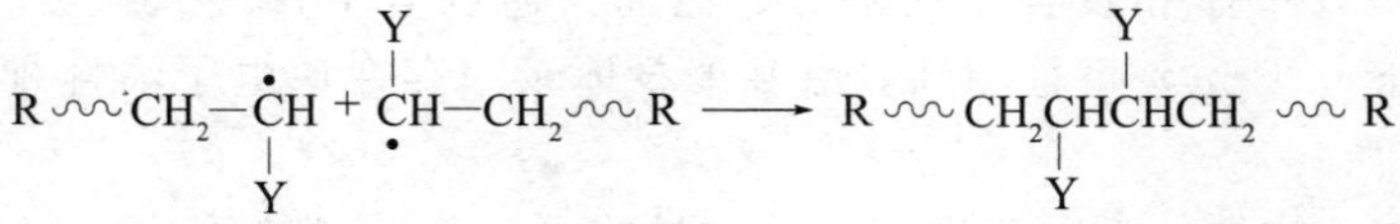

$$R\sim CH_2-\overset{\cdot}{C}H + \overset{\cdot}{C}H-CH_2\sim R \longrightarrow R\sim CH_2CHCHCH_2\sim R$$

（结构式中 Y 为取代基）

歧化终止为某个链自由基夺取另一个自由基的 β-H，生成两个死聚合物的反应。歧化终止得到与链自由基相同聚合度的聚合物。如果链自由基没有发生链转移，那么聚合物的一个端基为引发剂残基，另一个端基为饱和基团或者不饱和烯键。

$$R \sim CH_2-\overset{\bullet}{\underset{Y}{C}}H + \overset{\bullet}{\underset{Y}{C}}H-CH_2 \sim R \longrightarrow R \sim CH_2-\underset{Y}{C}H_2 + HC\underset{Y}{=}CH \sim R$$

链终止方式取决于链自由基的取代基位阻和电子效应。链自由基取代基位阻越小、吸电子能力越强，自由基越稳定，越有利于偶合终止；取代基位阻大、吸电子能力弱，则有利于歧化终止。因此，自由基聚合的链终止方式与单体结构有关。例如，氰基位阻较小，吸电子能力强，能有效稳定自由基，因而丙烯腈在60℃聚合时，几乎完全按偶合方式终止；醋酸乙烯酯的取代基为供电子基团，自由基的稳定性较差，在60℃聚合时，几乎完全按歧化方式终止。

对于同时具有共轭效应和空间位阻的单体，则需要综合衡量两种因素来判断链终止方式。苯环能通过p-π共轭效应稳定自由基，但苯环也有位阻效应，所以苯乙烯的自由基聚合以偶合终止为主，在60℃聚合时，偶合终止占77%，歧化终止占23%。甲基丙烯酸甲酯为1,1-二取代单体，双取代基的空间位阻很大，自由基聚合理应按歧化方式终止，但两个取代基均能与自由基发生共轭效应，而且酯羰基还有额外的吸电子诱导效应，进一步稳定自由基，因而偶合终止不能忽略，在60℃聚合时，歧化终止占79%，偶合终止占21%。

温度也影响链终止方式。偶合终止的活化能很低，低温有利于偶合终止，而升高温度歧化终止的比例增加。例如，甲基丙烯酸甲酯的自由基聚合中，歧化终止的比例随温度升高而增大，最后可全部为歧化终止。

链终止是高活性链自由基之间的反应，活化能很低，偶合终止活化能几乎为零，歧化终止活化能为8~21kJ/mol，因此链终止速率常数非常大，约为$10^6 \sim 10^8$ L/(mol·s)，比链增长速率常数高4个数量级，似乎难以获得高分子量聚合物。然而，自由基活性种的浓度（$10^{-7} \sim 10^{-9}$ mol/L）远低于单体浓度（1~10mol/L），两者相差7个数量级，因而两个自由基相遇的机会很少，实际链终止反应速率远低于链增长反应速率，因而容易获得高分子量聚合物。

3.4.4 链转移

链转移（chain transfer）是指链自由基从其他分子上夺取一个原子或者基团而终止成为稳定的大分子，而失去原子或基团的分子又成为一个新自由基，可继续引发单体聚合。链转移不是自由基聚合必需的基元反应，对于一些特定体系可以没有链转移。然而，链转移对于自由基聚合仍然非常重要。根据链转移反应的对象，可以将其分为向溶剂链转移、向单体链转移、向引发剂链转移以及向大分子链转移。前三种链转移会使聚合物分子量降低，尤其是向溶剂转移是调节聚合物分子量的重要手段；向大分子链转移主要影响聚合物的支化结构。

（1）向溶剂链转移

在溶液聚合过程中，链增长自由基从溶剂分子夺取一个原子而终止，而溶剂分子生成新自由基，能再引发聚合反应。向溶剂链转移导致聚合度降低，聚合速率的变化则取决于新生成自由基的反应活性。如果新自由基与链增长自由基活性相当，聚合速率不变；如果新自由基活性降低，则聚合速率有所减小。

在甲苯中进行苯乙烯的溶液聚合，存在向溶剂的链转移反应。链转移生成的苄基自由基的活性与链自由基的活性相近，因而再引发反应速率与聚合反应速率基本相同。

$$\sim CH_2\dot{C}H + \underset{C_6H_5}{\bigcirc}CH_3 \xrightarrow{k_{tr}} \sim CH_2CH_2 + \underset{C_6H_5}{\bigcirc}\dot{C}H_2$$

$$\underset{\bigcirc}{\dot{C}H_2} + n\ \underset{\bigcirc}{\diagup\!\!\!\diagdown} \xrightarrow{k_p} \sim CH_2\underset{C_6H_5}{\dot{C}H}$$

为了调节聚合物的分子量或合成低分子量的齐聚物，常使用链转移剂，类似于向溶剂链转移，但链转移常数更大，效率更高。例如，十二烷基硫醇具有很高的链转移常数，常用来调节聚合物的分子量。

（2）向单体链转移

链自由基可夺取单体分子的一个原子或基团，在形成死聚合物的同时产生一个单体自由基，后者再引发聚合。向单体链转移导致聚合度降低，但链转移后自由基数目并未减少，活性种浓度不变。由于单体自由基也具有较高活性，聚合速率不会降低。向单体转移速率取决于单体结构。对于含卤单体，比较容易发生该类链转移。例如，氯乙烯的 C—Cl 键的键能较低，自由基聚合时倾向于向单体链转移，并成为聚氯乙烯的主要链终止方式。

$$\sim CH_2\underset{Cl}{\dot{C}H} + \underset{Cl}{\overset{H}{C}}=CH_2 \xrightarrow{k_{tr}} \sim CH_2\underset{Cl}{C}HCl + CH_2=\dot{C}H$$

$$CH_2=\dot{C}H + n\ \underset{Cl}{\overset{H}{C}}=CH_2 \xrightarrow{k_p} \sim CH_2\underset{Cl}{\dot{C}H}$$

非卤代单体聚合时，向单体的链转移是自由基夺取单体烯氢的反应，所产生的单体自由基为 $\cdot CH\!=\!CHY$，能再引发自由基聚合。

（3）向引发剂转移

链自由基与引发剂反应，从引发剂分子夺取一个基团而终止，而引发剂产生一个新的初级自由基，体系中自由基浓度不变，聚合物分子量降低，聚合速率不变。向引发剂的链转移消耗了引发剂，却并没有提高体系的自由基浓度，因而引发剂的引发效率下降。此反应称为引发剂的诱导分解（induced decomposition）。

$$\sim CH_2\underset{Y}{\dot{C}H} + \underset{(引发剂)}{R-R} \xrightarrow{k_{tr}} \sim CH_2\underset{Y}{C}HR + R\cdot$$

$$R\cdot + n\ CH_2=CHY \xrightarrow{k_p} \sim CH_2\underset{Y}{\dot{C}H}$$

（4）向大分子转移

链自由基从聚合物分子链夺取一个原子而发生终止，新形成的大分子自由基可以引发单体聚合形成支链聚合物，或者不同大分子自由基相互偶合形成轻度交联高分子。向大分子转移一般发生在含有叔氢或氯的碳原子上。

$$\sim CH_2\overset{\cdot}{C}H + \sim CH_2CHCH_2CH \sim \xrightarrow{k_{tr}} \sim CH_2CH_2 + \sim CH_2\overset{\cdot}{C}CH_2CH \sim$$
$$\underset{Y}{|} \quad\quad \underset{Y}{|} \quad\quad \underset{Y}{|} \quad\quad\quad\quad \underset{Y}{|} \quad\quad \underset{Y}{|} \quad\quad \underset{Y}{|}$$

$$\sim CH_2\overset{\cdot}{C}CH_2CH \sim + n\,CH_2\!=\!CHY \xrightarrow{k_p} \sim CH_2\overset{\underset{|}{CH_2CHY}}{C}CH_2CH \sim$$
$$\underset{Y}{|} \quad\quad \underset{Y}{|} \quad\quad\quad\quad\quad\quad\quad\quad\quad \underset{Y}{|} \quad\quad \underset{Y}{|}$$

在高温高压下，可用微量氧引发乙烯的自由基聚合，向大分子的链转移反应导致生成支化聚乙烯。不规则的支化结构抑制了聚乙烯分子链的有序排列和结晶，导致其密度较低，故俗称低密度聚乙烯。

自由基聚合是一种复杂反应体系，存在链引发、链增长、链终止和链转移四种基元反应。表 3-4 是自由基聚合各基元反应的速率、速率常数与反应活化能。相关数据表明，自由基聚合具有慢引发、快增长和速终止的特点。

表 3-4　自由基聚合各基元反应的比较

基元反应		活化能 E/（kJ/mol）	k/[L/（mol·s）]	反应速率 R	
链引发	I 分解	105~150	10^{-4}~10^{-6}	k_d[I]	小
	RM· 生成	20~34	10^2~10^4	k_i[R·][M]	大
链增长		20~34	10^2~10^4	k_p[P·][M]	大
链终止	偶合终止	0	10^6~10^8	k_t[P·]^2	小
	歧化终止	8~21	10^6~10^8		

在自由基聚合过程中，每个活性中心都会在很短时间内（1~10s）依次经历链引发、链增长和链终止等，微观反应很快。对整个自由基聚合体系而言，活性中心不断生成和反应，因此在任意时刻都会存在众多活性中心和各种基元反应。然而，自由基聚合的宏观速率通常较慢，单体完全或接近完全转化常需要数小时。

3.5　引发剂与引发反应

自由基聚合需要在自由基活性种的引发下进行，最常用的方法就是在聚合体系中加入自由基引发剂（radical initiator），其次是采用光、热和高能辐射等方法。

自由基引发剂是一类容易分解产生自由基、并能引发单体聚合的化合物，其分子结构上具有弱键，离解能为 100~170kJ/mol。

3.5.1　引发剂种类

根据化学结构和组成，常用引发剂可以分为偶氮（azo）类、过氧（peroxide）类和氧化还原（redox）体系。根据性状，常用引发剂可分为无机引发剂和有机引发剂；也可以分为水溶性引发剂和油溶性引发剂。根据引发活性，引发剂可分为高活性、中活性和低活性引发剂；也可分为高温、中温、低温和极低温引发剂。

（1）偶氮类引发剂

偶氮类引发剂的分子中含有偶氮基团。引发剂分子中的 R 和 R′结构决定引发剂的分解速率、活化能和溶解性。常见的油溶性偶氮类引发剂包括偶氮二异丁腈（azodiisobutyronitrile，AIBN）、偶氮二异庚腈（azodiisoheptanitrile，ABVN）和偶氮二异丁酸二甲酯（dimethylazobisisobutyrate，AIBME）等，它们多用于本体聚合、悬浮聚合与溶液聚合。

$$
\begin{array}{c}
\underset{\overset{|}{CN}}{\overset{\overset{R'}{|}}{R-C}}-N=N-\underset{\overset{|}{CN}}{\overset{\overset{R'}{|}}{C-R}} \xrightarrow{\overset{\triangle}{k_d}} R-\underset{\overset{|}{CN}}{\overset{\overset{R'}{|}}{C}}\cdot + N_2 + \cdot\underset{\overset{|}{CN}}{\overset{\overset{R'}{|}}{C}}-R
\end{array}
$$

AIBN 是最常用的偶氮类引发剂，分解温度为 45～70℃，分解活化能为 105kJ/mol，属于低活性引发剂，储存和使用都比较安全；ABVN 则是一种较高活性引发剂，分解温度为 30～45℃，分解活化能明显低于 AIBN，需低温保存，使用温度为 25～40℃；AIBME 的引发活性与 AIBN 相近，是一种两亲性引发剂，可用于乳液聚合。

偶氮类引发剂分解只生成一种自由基，并有 N₂ 逸出，无诱导分解，常用于动力学研究。通过氮气释放量来测定分解活化能和频率因子等动力学数据。分解后形成的自由基是叔碳自由基，氰基（或羰基）和甲基可与自由基形成 p-π 共轭和 σ-π 超共轭效应，从而提高自由基的稳定性。

$$
\begin{array}{cc}
\underset{\overset{|}{Me}}{\overset{\overset{CN}{|}}{Me-C}}-N=N-\underset{\overset{|}{Me}}{\overset{\overset{CN}{|}}{C-Me}} &
(Me_2)CHCH_2-\underset{\overset{|}{Me}}{\overset{\overset{CN}{|}}{C}}-N=N-\underset{\overset{|}{Me}}{\overset{\overset{CN}{|}}{C}}-CH_2CH(Me)_2 \\
\text{AIBN} & \text{ABVN} \\
\end{array}
$$

$$
\begin{array}{cc}
\underset{\overset{|}{Me}}{\overset{\overset{CO_2Me}{|}}{Me-C}}-N=N-\underset{\overset{|}{Me}}{\overset{\overset{CO_2Me}{|}}{C-Me}} &
\\
\text{AIBME} & \text{AIBI} \\
\end{array}
$$

水溶性引发剂含有亲水性基团，可用于乳液聚合和水溶液聚合等。这类引发剂包括偶氮二异丁脒盐酸盐（azobisisobutryamide chloride，AIBA）和偶氮二异丁咪唑啉盐酸盐（azodiisobutymidazoline hydrochloride，AIBI）等。

（2）过氧类引发剂

过氧类引发剂的分子中含有过氧键，主要包括过氧化氢（H₂O₂）、氢过氧化物（HOOR）、有机过氧化物（ROOR′）和过硫酸盐等。H₂O₂ 是最简单的过氧化物，分解产生两个氢氧自由基（HO·），但分解活化能高达 218kJ/mol，一般不单独用作引发剂。

H—O—O—H	过氧化氢——相对稳定,不用作引发剂
H—O—O—R	氢过氧化物——可用作引发剂
R—O—O—R′	有机过氧化物——可用作引发剂

当过氧化氢中的一个氢被有机基团取代，即为氢过氧化物；当两个氢都被有机基团取

代，则成为有机过氧化物。与有机过氧化物相比，氢过氧化物是低活性引发剂，也较少单独使用。有机过氧化物的引发活性与取代基的电子效应密切相关，其吸、供电子能力越强，过氧键越容易断裂，引发活性越高，即：过氧醚＜过氧酯＜过氧化二酰＜过氧化二碳酸酯。

过氧化二苯甲酰（dibenzoyl peroxide，BPO）和过氧化十二酰（lauroyl peroxide，LPO）是最常用的过氧类引发剂。BPO 分解温度约为 $60\sim80℃$，分解活化能约为 125kJ/mol，属于低活性引发剂；LPO 的引发活性高于 BPO，使用温度比 BPO 低 10℃ 左右。BPO 为白色吸潮性粉末，易溶于大多数有机溶剂，微溶于水，受热易爆。BPO 分解时首先生成两分子苯甲酸基自由基，该自由基可以引发单体聚合，同时，该自由基也容易分解脱除 CO_2 生成苯自由基，进而引发单体聚合。

过氧化二碳酸酯的引发反应行为类似于过氧化二酰基引发剂，但活性明显提高。这类引发剂包括过氧化二碳酸二(2-乙基己基)酯［bis(2-ethylhexyl)peroxydicarbonate，EHP］和过氧化二碳酸二（4-叔丁基环己基）酯 ［bis（4-tertbutylcyclohexyl） peroxydicarbonate，BCHPC］等，分解温度为 $35\sim50℃$，它们常用作氯乙烯自由基聚合的引发剂。

BPO 等引发自由基聚合时，由于过氧键是弱键，链自由基易于夺取苯甲酸基团而终止，生成新的苯甲酸自由基。该反应消耗引发剂分子，但是自由基浓度没有变化，称为引发剂的诱导分解，导致引发剂的引发效率降低。诱导分解也是链自由基向引发剂的转移反应。

表 3-5 列出了部分有机过氧类引发剂的结构和性能。$t_{1/2}$ 是特定半分解时间（即半衰期），同样的半分解时间对应的温度越低，引发活性则越高。

表 3-5　典型有机过氧类引发剂

引发剂	结构式	温度/℃	
		$t_{1/2}=1h$	$t_{1/2}=10h$
氢过氧化物	RO—OH		$123\sim172$
异丙苯过氧化氢	$C_6H_5(CH_3)_2CO$—OH	193	159
叔丁基过氧化氢	$(CH_3)_3CO$—OH	199	171
过氧化二烷基	RO—OR′		$117\sim133$
过氧化二异丙苯	$C_6H_5(CH_3)_2CO$—$OC(CH_3)_2C_6H_5$	128	104
过氧化二叔丁基	$(CH_3)_3CO$—$OC(CH_3)_3$	136	113
过氧化二酰	RCOO—OOCR′		$20\sim75$

引发剂	结构式	温度/℃	
		$t_{1/2}=1h$	$t_{1/2}=10h$
过氧化二苯甲酰	$C_6H_5COO\text{—}OOCC_6H_5$	92	71
过氧化十二酰	$C_{11}H_{23}COO\text{—}OOCC_{11}H_{23}$	80	62
过氧化酯类	$RCOO\text{—}OR'$		40~107
过氧化苯甲酸叔丁酯	$C_6H_5COO\text{—}OC(CH_3)_3$	122	101
过氧化叔戊酸叔丁酯	$(CH)_3CCOO\text{—}OC(CH_3)_3$	71	51
过氧化二碳酸酯类	$ROCOO\text{—}OCOOR'$		43~52
过氧化二碳酸二异丙酯	$(CH_3)_2CHOCOO\text{—}OCOOCH(CH_3)_2$	61	46
过氧化二碳酸二环己酯	$C_6H_{11}OCOO\text{—}OCOOC_6H_{11}$	60	44

当过氧化氢中的氢原子被无机基团取代后，可得到无机过氧类引发剂，如过硫酸钾和过硫酸铵。在加热条件下，过氧键均裂生成水溶性自由基，解离能为 $109\sim140kJ/mol$，分解温度为 $60\sim80℃$。过硫酸盐水溶性好，常用于乳液聚合和水溶液聚合。过硫酸盐可单独使用，但多与还原剂组成氧化还原体系，可在更低温度下引发自由基聚合反应。

$$MO\text{—}\underset{\underset{O}{\|}}{\overset{\overset{O}{\|}}{S}}\text{—}O\text{—}O\text{—}\underset{\underset{O}{\|}}{\overset{\overset{O}{\|}}{S}}\text{—}OM \xrightarrow{\triangle} MO\text{—}\underset{\underset{O}{\|}}{\overset{\overset{O}{\|}}{S}}\text{—}O\cdot + \cdot O\text{—}\underset{\underset{O}{\|}}{\overset{\overset{O}{\|}}{S}}\text{—}OM \quad (M=K,NH_4)$$

（3）氧化-还原引发体系

氧化-还原引发体系主要是过氧化物与还原剂组合形成的体系。将过氧化物与还原剂复合，可通过氧化还原反应生成自由基，引发自由基聚合，即为氧化-还原引发体系。与单独的过氧化物相比，在还原剂存在时过氧键分解反应的活化能可显著降低至 $40\sim60kJ/mol$，能在 $0\sim50℃$ 快速引发聚合反应，是一类高活性引发剂。这类引发体系既可由无机物构成也可由有机物构成，可以是水溶性体系也可以是油溶性体系。

水溶性氧化-还原体系的氧化剂一般为过氧化氢或过硫酸盐等，还原剂一般为水溶性化合物，包括无机离子（Fe^{2+}、Cu^+、$NaHSO_3$、NaS_2O_3 等）和有机还原剂（醇、胺、草酸等）。过氧化氢和过硫酸钾的分解活化能分别为 $220kJ/mol$ 和 $140kJ/mol$，将它们与亚铁盐（Fe^{2+}）组成氧化-还原体系，分解反应的活化能分别降至 $40kJ/mol$ 和 $50kJ/mol$，引发剂活性显著提高，聚合温度降低，聚合速率增大。

氧化-还原引发体系可在室温乃至低温下引发自由基聚合，是低温和高活性引发剂的选择之一，主要用于乳液聚合和水溶液聚合。过氧化物-亚铁盐的氧化还原反应如下：

$$HO\text{—}OH + Fe^{2+} \longrightarrow HO^- + HO\cdot + Fe^{3+}$$
$$RO\text{—}OH + Fe^{2+} \longrightarrow HO^- + RO\cdot + Fe^{3+}$$
$$S_2O_8^{2-} + Fe^{2+} \longrightarrow SO_4^{2-} + SO_4^- \cdot + Fe^{3+}$$

在上述氧化-还原体系中，自由基具有氧化性，若还原剂过量，则会进一步与自由基活性种发生氧化还原反应，使自由基消失，失去引发活性。因此，还原剂的用量要少于氧化剂。

$$HO\cdot + Fe^{2+} \longrightarrow HO^- + Fe^{3+}$$

在过氧化物和氢过氧化物组成的体系中，一分子氧化剂通常产生一分子自由基。然而，亚硫酸盐和硫代硫酸盐与过硫酸盐构成引发体系时，氧化还原反应生成两个阴离子自由基。

$$S_2O_8^{2-} + SO_3^{2-} \longrightarrow SO_4^{2-} + SO_4^- \cdot + SO_3^- \cdot$$

$$S_2O_8^{2-} + S_2O_3^{2-} \longrightarrow SO_4^{2-} + SO_4^- \cdot + S_2O_3^- \cdot$$

过硫酸盐也可与脂肪胺（RNH_2、R_2NH、R_3N）构成引发体系，氧化还原反应也生成两个自由基，包括一个有机自由基和一个无机自由基。

$$R_2NH + S_2O_8^{2-} \longrightarrow R_2N \cdot + HSO_4 \cdot + SO_4^{2-}$$

$$R_2NCH_2R' + S_2O_8^{2-} \longrightarrow R_2N\overset{\cdot}{C}HR' + HSO_4 \cdot + SO_4^{2-}$$

四价铈盐（Ce^{4+}）和醇、胺、醛、酮等也可以组成氧化-还原体系，用于引发自由基聚合，尤其可用于纤维素和淀粉的接枝聚合。

油溶性氧化-还原体系的氧化剂为氢过氧化物、过氧化二烷基、过氧化二酰；还原剂为叔胺、环烷酸盐、硫醇、$Al(C_2H_5)_3$、$B(C_2H_5)_3$ 等。该体系主要用于溶液聚合和本体聚合，最常用 BPO 与 N,N-二甲基苯胺构建引发体系，与单独的 BPO 相比，分解速率常数在 60℃高达 1.25×10^{-2} L/(mol·s)，是 BPO 的 100 多倍。即使在 30℃，其分解速率常数也高达 2.29×10^{-3} L/(mol·s)，可在室温引发自由基聚合，属于高活性引发体系。

BPO 还可与萘酸铜或萘酸钴等组合，构建高活性的油溶性引发体系，用作油漆的催干剂。在活化过程中，低价金属盐转变为高价金属盐，BPO 分解为一分子苯甲酸自由基和一分子苯甲酸根负离子。

3.5.2 引发剂分解动力学

引发剂分解动力学可揭示引发剂浓度变化与时间、温度的定量关系。由于在自由基聚合的各基元反应（elementary reaction）中，引发剂分解速率最慢，因而引发剂分解速率是决定聚合速率的关键因素。

引发剂分解属于动力学一级反应，即分解速率 R_d 与引发剂浓度 [I] 的一次方成正比，微分式如下：

$$I \xrightarrow{k_d} 2R \cdot$$

$$R_d = -\frac{d[I]}{dt} = k_d[I] \tag{3-15}$$

式中，k_d 为分解速率常数，单位为 s^{-1}，代表单位浓度引发剂的分解速率，常用引发剂的 k_d 为 $10^{-4} \sim 10^{-6} s^{-1}$。

将上式积分得：

$$\ln \frac{[I]}{[I]_0} = -k_d t \quad (\text{或} \frac{[I]}{[I]_0} = e^{-k_d t}) \tag{3-16}$$

式中，$[I]_0$ 为引发剂的起始浓度；$[I]$ 为 t 时刻的引发剂浓度，单位均为 mol/L。$[I]/[I]_0$ 为引发剂的残留分率，上式表明引发剂浓度随时间呈指数衰减。

固定反应温度，测定引发剂浓度随时间变化的数据，以 $\ln([I]/[I]_0)$ 对 t 作图，由斜率可求出引发剂的分解速率常数（k_d）。对于偶氮类引发剂，可通过测定逸出的 N_2 量计算引发剂的分解量；对于过氧类引发剂可利用碘量法测定剩余引发剂浓度，计算其分解量。

工业上常将引发剂分解的速率用半衰期（half-life）表示，非常直观。半衰期指引发剂分解至起始浓度一半所需的时间，以 $t_{1/2}$ 表示，单位通常为 h。将引发剂分解的半衰期（$t_{1/2}$）代入式（3-16）得：

$$k_d t_{1/2} = \ln \frac{[I]_0}{[I]} = \ln 2 \tag{3-17}$$

整理式（3-17）得：

$$t_{1/2} = \frac{0.693}{k_d} \tag{3-18}$$

分解速率常数和半衰期是表示引发剂活性的两个物理量，分解速率常数越大，或半衰期越短，则引发剂的活性越高。工业上常用半衰期衡量引发剂的活性大小，60℃下，$t_{1/2} \leqslant 1h$ 为高活性；$t_{1/2} = 1 \sim 6h$ 为中等活性；$t_{1/2} \geqslant 6h$ 为低活性。

引发剂活性与其结构密切相关，分解速率常数与温度的关系符合 Arrhenius 公式：

$$k_d = A_d e^{-E_d/RT} (\text{或} \ln k_d = \ln A_d - \frac{E_d}{RT}) \tag{3-19}$$

实验中，测定不同温度下的分解速率常数，以 $\ln k_d$ 对 $1/T$ 作图，即可得到 E_d 和 A_d。常用引发剂的分解速率常数为 $10^{-4} \sim 10^{-6} \, \text{s}^{-1}$，活化能（$E_d$）为 $105 \sim 150 \text{kJ/mol}$。

引发剂分解的半衰期与温度有关，表 3-6 给出了不同温度下不同引发剂的半衰期，表中数据表明，随着温度升高，引发剂分解的半衰期急剧缩短。

表 3-6　典型引发剂的分解速率常数、分解活化能和半衰期

引发剂	溶剂	温度/℃	k_d/s^{-1}	$t_{1/2}/\text{h}$	E_d /(kJ·mol^{-1})	温度/℃	
						$t_{1/2}=1\text{h}$	$t_{1/2}=10\text{h}$
偶氮二异丁腈	甲苯	50 60.5 69.5	2.64×10^{-6} 1.16×10^{-5} 3.78×10^{-5}	73 16.6 5.1	128.4	79	59
偶氮二异庚腈	甲苯	59.7 69.8 80.2	8.05×10^{-5} 1.98×10^{-4} 7.1×10^{-4}	2.4 0.97 0.27	121.3	64	47
过氧化二苯甲酰	苯	60 80	2.0×10^{-6} 2.5×10^{-5}	96 7.7	124.3	92	71

续表

引发剂	溶剂	温度/℃	k_d/s^{-1}	$t_{1/2}/h$	E_d /(kJ·mol^{-1})	温度/℃	
						$t_{1/2}=1h$	$t_{1/2}=10h$
过氧化十二酰	苯	50	2.19×10^{-6}	88	127.2	80	62
		60	9.17×10^{-6}	21			
		70	2.86×10^{-5}	6.7			
过氧化叔戊酸叔丁酯	苯	50	9.77×10^{-6}	20	119.7	71	51
		70	1.24×10^{-4}	1.6			
过氧化二碳酸二异丙酯	甲苯	50	3.03×10^{-5}	6.4	—	61	46
过氧化二碳酸二环己酯	苯	50	5.4×10^{-5}	3.6	—	60	44
		44	1.93×10^{-5}	10.0			
	氯苯	60	1.93×10^{-4}	1.0			
异丙苯过氧化氢	甲苯	125	9×10^{-6}	21.4	170	193	159
		139	3×10^{-5}	6.4			
过硫酸钾	0.1mol·L^{-1} NaOH	50	9.5×10^{-7}	203	140.2	—	—
		60	3.16×10^{-6}	61			
		70	2.33×10^{-5}	8.3			

3.5.3 引发效率

在 3.4.4 小节中介绍了向引发剂的链转移，虽然体系中自由基浓度没有变化，然而每转移一次却消耗一分子引发剂。由此可知，在自由基聚合过程中，并不是所有的引发剂都会分解产生自由基并引发单体聚合，还有一部分引发剂由于诱导分解或/和笼蔽效应（cage effect）而损耗，并没引发单体聚合。因此，需要引入引发效率的概念。引发剂分解后，用来引发单体聚合的引发剂占引发剂分解或者消耗总量的分率称为引发效率（f）。自由基聚合的引发效率一般为 0.5～0.8。

（1）诱导分解

诱导分解实际上是自由基（含初级自由基 R· 和链自由基 $M_x\cdot$）向引发剂分子的链转移反应，其结果是每转移一次消耗一分子引发剂，而自由基数目却并不增加，引发效率降低。

$$\sim\sim CH_2\overset{\bullet}{\underset{Y}{C}H} + R-R \quad (引发剂) \xrightarrow{k_{tr}} \sim\sim CH_2\underset{Y}{C}HR + R\cdot$$

诱导分解与引发剂种类和结构有关。过氧类引发剂一般存在诱导分解，尤其是氢过氧化物容易发生诱导分解，BPO 等过氧化物也可发生诱导分解；AIBN 等偶氮类引发剂几乎不发生诱导分解。诱导分解的程度与引发剂浓度有关，高浓度引发剂容易发生诱导分解。

同一引发剂引发不同单体聚合，诱导分解程度也不同，常常会有不同的引发效率。引发剂的诱导分解与链增长是一对竞争反应，高活性单体对初基自由基捕捉能力强，链增长反应速率快，引发效率高；低活性单体对初级自由基的捕捉能力较弱，诱导分解反应消耗的链自由基增多，引发效率较低。

（2）笼蔽效应

笼蔽效应是指在聚合反应过程中，浓度较低的引发剂分子及其分解出的初级自由基处于溶剂"笼子"包围之中，部分初级自由基来不及扩散出笼子与笼外单体分子反应就发生副反应形成稳定化合物，从而使引发效率降低。初基自由基的笼内寿命仅为 $10^{-11} \sim 10^{-9}$ s，在此时间内，如果初级自由基没有及时扩散出"笼子"与单体反应，则会发生副反应而终止。

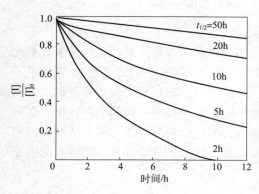

偶氮类引发剂容易发生笼蔽效应。引发剂分解产生的初级自由基在"笼子"内发生偶合反应生成稳定的化合物，失去了分解引发单体聚合的能力，因而引发效率降低。而过氧类引发剂的笼蔽效应不明显。

诱导分解和笼蔽效应都能降低引发效率。引发效率不仅与引发剂有关，还受单体活性和自由基稳定性的影响。例如，用 AIBN 引发丙烯腈聚合的效率接近 100%，引发苯乙烯聚合的效率约为 80%，引发醋酸乙烯酯聚合的效率为 68%～83%，而引发 MMA 聚合的效率仅为 52%左右。

3.5.4　引发剂的选择

（1）按照聚合实施方法选择引发剂

油溶性单体的本体聚合、悬浮聚合和溶液聚合宜选用油溶性引发剂，如 BPO、LPO 和 AIBN 等，也可以选择油溶性的氧化-还原引发体系。乳液聚合和水溶液聚合宜选择水溶性引发剂，如 $K_2S_2O_8$、$(NH_4)_2S_2O_8$ 或水溶性氧化-还原引发体系等。

（2）按照聚合反应温度选择半衰期适当的引发剂

选择在聚合温度下半衰期（$t_{1/2}$）与聚合反应时间相当或者接近的引发剂。图 3-1 是不同活性引发剂的残留分率与时间的关系图。如图所示，如果 $t_{1/2}$ 过长，聚合反应速率太慢，引发剂残留过多，影响聚合物的质量和使用性能；如果 $t_{1/2}$ 太短，反应难以控制，可能爆聚，或者引发剂过早分解完毕而导致后期无足够引发剂维持适当聚合速率，单体转化率不高。一般选择在聚合温度下半衰期为 5～10h 的引发剂。

表 3-7 是一些常用引发剂的使用聚合温度范围。高活性的氧化-还原引发体系的使用温度较低，甚至可以在 0℃ 以下使用；而 AIBN 和 BPO 等中等活性的引发剂用于 30～100℃ 的聚合；低活性的氢过氧化物引发剂则一般在高温下使用。

图 3-1　不同活性引发剂的
残留分率与时间的关系

表 3-7　常用引发剂的使用聚合温度范围

聚合温度/℃	分解活化能 $E_d/$ （kJ/mol）	常用引发剂举例
高温，>100	138～188	异丙苯过氧化氢、特丁基过氧化氢、过氧化二异丙苯、二叔丁基过氧化物
中温，30～100	110～138	BPO、LPO、AIBN、过硫酸盐
低温，−10～30	63～110	H_2O_2-Fe^{2+}、过硫酸盐-亚硫酸氢钠、异丙苯过氧化氢-Fe^{2+}、BPO-N,N-二甲基苯胺
极低温，<−10	<63	ROOR′-$AlEt_3$ 或 BEt_3

　　工业聚合不一定使用单一引发剂，通常会选择高-低（中）活性引发剂复配使用。先在常温用高活性引发剂引发聚合，待其消耗较大时提高反应温度利用低（中）活性引发剂继续引发聚合，既能保证聚合速率，避免爆聚，又可以提高单体转化率。

　　（3）按照聚合物的特殊用途选择引发剂

　　过氧类引发剂具有氧化性，会使聚合物氧化变色，因而常用偶氮类引发剂合成光学高分子材料。然而，偶氮类引发剂有毒，不能用于医药、食品等有关聚合物的合成。例如，有机航空玻璃是轻度交联和含有少量助剂的聚甲基丙烯酸甲酯，其工业生产选用偶氮类引发剂，而不能用过氧类引发剂。

3.6　其他引发反应

　　烯类单体的自由基聚合大部分采用自由基引发剂，但也有用其他方式引发聚合的情况。这些聚合体系的外加物种或能量可为自由基的形成提供必要条件。

3.6.1　热引发聚合

　　烯类单体的 π 键比 σ 键弱，高活性单体受热 π 键会被打开，形成自由基并引发聚合。例如，在受热条件下，苯乙烯可吸收约 210kJ/mol 能量，发生三分子反应，生成自由基并引发聚合 （$R_i = k_i[M]^3$）。实验表明，苯乙烯热聚合 （thermal polymerization） 的速率与单体浓度的 2.5 次方成正比，即二级半反应 （$R_p = k_p[k_i/(2k_t)]^{0.5}[M]^{2.5}$），说明该聚合反应非常复杂。

　　苯乙烯热聚合的可能机理如下。首先两分子苯乙烯进行 4＋2 环加成反应生成二聚体，随后一分子苯乙烯与苯乙烯二聚体发生 H 转移反应生成两分子自由基，从而引发聚合。

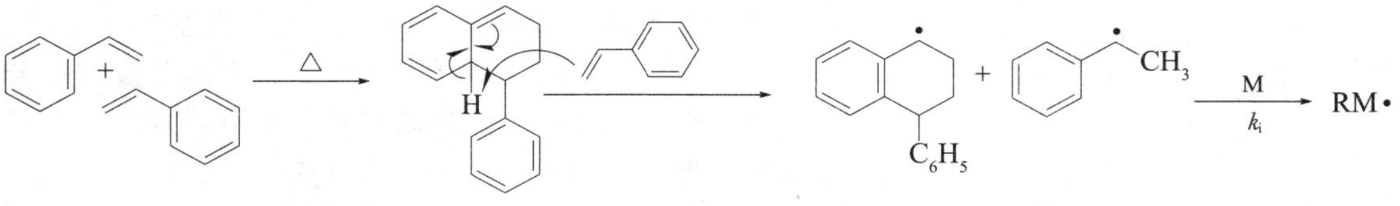

　　苯乙烯在 120℃ 热聚合已经实现工业化。由于热聚合速率较慢，在实际生产过程中仍需添加适当活性的引发剂，调控聚合至较为合理的反应速率。MMA 也能热聚合，但聚合速率太慢，只有苯乙烯的 1% 左右，没有实用价值。

3.6.2 光引发聚合

光具有波粒二象性，因此也具有一定能量，光能的大小与光的频率或者波长有关。一个光子的能量为：

$$E = h\nu = h\frac{C}{\lambda} \tag{3-20}$$

式中，h 为普朗克常数（6.624×10^{-34} J·s）；C 为光速（2.998×10^{10} cm/s）；λ 为光的波长。

一摩尔光子的能量为：

$$E_{mol} = Ah\frac{C}{\lambda} = \frac{11.96}{\lambda} (\text{J·cm·mol}^{-1}) \tag{3-21}$$

式中，A 是阿伏伽德罗常数，为 6.02×10^{23}/mol。

当光的波长降低至一定数值，光子的能量接近或大于化学反应所需的能量，则光会代替热促使化学反应的发生。例如，当 $\lambda = 300$nm 时，1mol 光子的能量为 $E_{mol} = 400$kJ/mol，大于一般化学反应的活化能（120～170kJ/mol）。因此，光子能量具有引发烯类单体聚合的可能性。

光聚合分为直接光引发、光引发剂引发和光敏剂间接引发聚合。

（1）直接光引发

苯乙烯、丁二烯、丙烯酸酯、甲基丙烯酸酯和丙烯腈等单体具有 π-π 共轭效应。这些共轭单体具有特征的紫外吸收，吸收波长为 200～300nm。

表 3-8 是部分烯类单体的紫外吸收波长。烯烃单体的吸收波长多为 200～250nm，苯乙烯及其衍生物和乙烯基咔唑等单体可吸收更长波段的紫外光（250～300nm），并且摩尔吸光系数较大，足以使 π 电子发生轨道跃迁，由基态转变为激发态。

表 3-8 烯类单体的紫外吸收波长

单体	波长/nm	单体	波长/nm	单体	波长/nm
丁二烯	217	丙烯腈	207	醋酸乙烯酯	300
异戊二烯	222	甲基丙烯腈	252	4-乙烯基吡啶	267
2-氯丁二烯	222	丙烯酸甲酯	210	N-乙烯基咔唑	329，343
苯乙烯	244，282	甲基丙烯酸甲酯	220	N-乙烯基吡咯烷酮	237

容易进行光引发聚合的单体有苯乙烯、丙烯腈、丙烯酰胺、丙烯酸酯和丙烯酸等。图 3-2 所示为苯乙烯和丙烯酸酯类单体在紫外光辐照下产生自由基的示意图。单体吸收特定波长的光跃迁到激发态，大部分激发态分子通过放热回到基态，少量激发态分子可以发生共价键的均裂，形成自由基，进一步引发单体聚合。

高活性单体苯乙烯和烷基乙烯基酮的光引发产生初级自由基的过程可用下式表示：

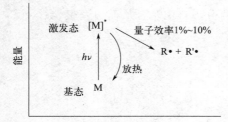

图 3-2　紫外光辐照单体产生自由基

$$CH_2=CH-C_6H_5 \xrightarrow{h\nu} [CH_2=CH-C_6H_5]^* \longrightarrow CH_2=\dot{C}H + \cdot C_6H_5$$

$$CH_2=CH-COR \xrightarrow{h\nu} [CH_2=CH-COR]^* \longrightarrow CH_2=\dot{C}H + \cdot COR$$

光引发聚合的速率与体系吸收的光的强度成正比。

$$R_i = 2\phi I_a \tag{3-22}$$

式中，2 代表一个化学键均裂产生两个自由基；ϕ 为光引发效率，或称为自由基的量子产率，表示每吸收一个光子所产生的自由基对数。如果吸收一个光子发生一分子的化学键断裂，生成一对自由基，则 ϕ 为 1。一般激发态分子的大部分能量以热能的形式释放，引发单体聚合的效率非常低，只有 0.01～0.1。I_a 代表体系吸收的光的强度。

吸收光强 I_a 和入射光强 I_0 有如下关系：

$$I_a = \varepsilon I_0 [M] \tag{3-23}$$

式中，ε 为摩尔吸光系数。ε 值越大，入射光强度越大，单体浓度越大，体系的吸收光强越强，引发的速率越快。将式（3-23）代入式（3-22），得：

$$R_i = 2\phi\varepsilon I_0 [M] \tag{3-24}$$

紫外光的穿透效果不好，上式只适用于极薄的单体层。光透过单体层时，只有一部分紫外光被吸收，I_0 和 I_a 都随单体层增厚而减弱。按照 Lambert-Beer 定律，反应器中距离为 b 处的入射光强 I 可用下式描述：

$$I = I_0 e^{-\varepsilon[M]b} \tag{3-25}$$

因此，反应体系的吸收光强应为：

$$I_a = I_0 - I = I_0(1 - e^{-\varepsilon[M]b}) \tag{3-26}$$

将其代入式（3-22），得：

$$R_i = 2\phi I_0(1 - e^{-\varepsilon[M]b}) \tag{3-27}$$

容易被紫外光引发聚合的单体包括丙烯酰胺、丙烯腈、丙烯酸和丙烯酸酯等。

（2）光引发剂引发

光引发剂（photoinitiator）引发即为引发剂在光照下，吸收特定波长的光，发生分解反应生成自由基活性种，进而引发单体聚合。AIBN、BPO 等热引发剂也能用作光引发剂。AIBN 光分解的波长为 345～400nm，而过氧化物光分解的波长较短，小于 320nm。常用光引发剂还包括安息香及其衍生物、二苯酮衍生物和二硫化物等。这些化合物能光引发自由基聚合，而不用作热引发剂。常见的光引发分解反应如下：

$$\underset{\text{OH}}{\overset{\overset{\displaystyle O}{\parallel}}{\underset{}{\text{C}}}\text{—}\underset{\underset{\displaystyle\text{OH}}{|}}{\overset{\overset{\displaystyle H}{|}}{\text{C}}}}\quad\xrightarrow[250\sim350\ \text{nm}]{h\nu}\quad \underset{}{\overset{\overset{\displaystyle O}{\parallel}}{\text{C}}}\text{·}\ +\ \overset{\displaystyle·}{\underset{\underset{\displaystyle\text{OH}}{|}}{\text{HC}}}$$

（3）光敏剂间接引发

光敏剂（photosensitizer），如二苯甲酮和荧光素、曙红等染料分子吸收光能后跃迁到激发态，其激发态以适当的频率把吸收的能量传递给单体，从而使单体激发产生自由基，引发聚合。

$$S_{Ph}\ \xrightarrow{h\nu}\ [S_{Ph}]^*$$
$$[S_{Ph}]^* + M \longrightarrow S_{Ph} + [M]^*$$
$$[M]^* \longrightarrow R_1\!\!·\ +\ R_2\!\!·$$

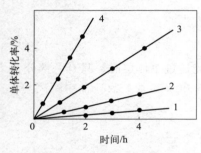

图 3-3　引发方式对苯
乙烯聚合的影响

1—热引发聚合；2—直接光引发聚合；
3—AIBN 热引发聚合；4—AIBN 光引发聚合

不同引发方式对聚合速率的影响很大。如图 3-3 所示，苯乙烯可通过不同引发方式进行自由基聚合，其中热引发聚合（1）最慢，直接光引发聚合（2）其次，AIBN 热引发聚合（3）较快，AIBN 光引发聚合（4）最快。

光引发聚合（photo-initiated polymerization）有两个特点：一是选择性高，某一物质只吸收一定波长范围的光，光照立刻引发聚合，停止光照后引发反应立刻终止，因此聚合容易控制，重现性好；二是引发速率和温度无关，聚合反应可在低温下进行，副反应少。

光引发剂引发聚合常应用于印刷制版、光固化油墨、光刻胶、集成电路、光记录、牙科修复等。利用光开关控制自由基的生与灭，可测定和计算自由基聚合的链增长速率常数（k_p）和链终止速率常数（k_t）。

3.6.3　辐射与等离子体引发聚合

（1）辐射引发聚合

采用高能电离射线（α射线、β射线、γ射线和中子射线等）辐照烯类单体可生成活性中心，引发自由基聚合，称为辐射引发聚合（radiation-initiated polymerization）。与引发剂引发的聚合相比，高能辐射产生的初级自由基与温度无关，引发反应的活化能接近于零，辐射聚合的总活化能比较低，一般为 6～7kJ/mol，聚合物的分子量也随温度升高而增大。

辐射线的能量比光量子的能量大得多，分子吸收辐射能后往往脱去一个电子成为离子自由基，同时也能形成阴离子和阳离子，因此也称离子辐射。单体对高能辐射的吸收无选择性，可在各种化学键上断裂，不具备通常光引发的选择性，产生的初级自由基具有多样性；辐射线穿透力强，可进行固相聚合。

不同来源的高能射线对聚合物和单体的辐射效应都相似，辐射效应的大小取决于辐射剂量和辐射强度。然而，自由基聚合所需的辐射剂量随单体结构而变化，通常为 $10^5\sim10^6$ rad（$1\text{rad}=6.25\times10^{13}\,\text{eV/g}$）。一些单体的辐射聚合速率列于表 3-9，从中可见醋酸乙烯酯对辐射最为活泼，也说明其自由基的反应性最强。

表 3-9　烯类单体的辐射聚合活性比较（1000 rad/min，20℃聚合）

单体	聚合速率/(%/h)	聚合率/(%/rad)	单体	聚合速率/(%/h)	聚合率/(%/rad)
丁二烯	0.01	0.2	丙烯腈	9.5	160
苯乙烯	0.2	3	氯乙烯	15	250
MMA	4	67	丙烯酸甲酯	18	300
丙烯酰胺	6	100	醋酸乙烯酯	27	450

辐射聚合易于控制，可在常温或低温下进行；辐射引发聚合生成的高分子具有较高纯度，没有化学引发剂残留。然而，高能射线也能打断聚合物的碳-碳和碳-氢键，因而辐射聚合常伴随着聚合物的降解和交联副反应，导致应用受限。

（2）等离子体引发聚合

等离子体是部分电离的气体，由电子、正负离子、自由基、原子和分子等高能粒子组成。利用等离子体放电可以使单体等解离产生聚合活性种，引发单体聚合。但是，等离子体聚合（plasma polymerization）没有选择性，也很难得到线形聚合物。等离子体聚合是各种化学键断裂和重组的过程。等离子体可被用来对聚合物进行表面改性，制备接枝共聚物，也可直接用于制备聚合物薄膜。

用这种方法制备的聚合物膜与普通聚合物膜具有不同的化学组成和物理、化学特性。因此在性质上被赋予新功能，成为研制功能高分子薄膜的一种有效新途径。如制备导电高分子膜、光刻胶膜、分离膜、高绝缘膜、光学薄膜（控制反射率、折射率的功能膜）、薄膜波导、生物医学材料、功能信息材料（包括印刷材料、光纤、纳米材料）等。

3.7　聚合反应速率

聚合反应动力学主要研究聚合速率、聚合度或分子量与单体浓度、引发剂浓度以及温度之间的定量关系。理论上该研究有助于探明聚合机理，为工业上聚合物的生产控制提供依据。

聚合速率是单位时间内单体消耗或者聚合物生成的量，即

$$R_p = -\frac{\mathrm{d}[M]}{\mathrm{d}t} = \frac{\mathrm{d}[P]}{\mathrm{d}t} \tag{3-28}$$

聚合反应速率的变化一般用单体转化率（monomer conversion，C）随时间的变化曲线来表示，单体转化率即反应/消耗单体占初始单体的比例。

$$C = \frac{\Delta[M]}{[M]_0} = \frac{[M]_0 - [M]}{[M]_0} \tag{3-29}$$

这里讨论的是聚合反应的宏观过程，有别于微观反应机理。微观上，每条聚合物链的形成可在 0.1～10s 完成，包括初级自由基的产生和链引发、经过链增长至链终止；而宏观过程则需要几小时到几十小时，取决于单体活性和聚合反应条件。

绝大多数自由基聚合的单体转化率-时间曲线呈 S 形，如图 3-4 所示，整个聚合过程可

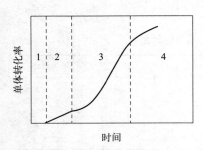

图 3-4　单体转化率与
聚合时间关系曲线
1—诱导期；2—聚合初期；
3—聚合中期；4—聚合后期

以分为四个阶段，包括诱导期、聚合初期、聚合中期和聚合后期。

诱导期（induction period），反应开始阶段由于单体的纯度低或者引发剂分解产生的初级自由基与溶剂中的杂质等发生反应而终止，不能引发单体聚合，该阶段称为诱导期。诱导期内，虽然引发剂发生了分解，但是没有消耗单体，因此聚合速率为零，又称为零速期。诱导期导致单体转化率-时间曲线不通过原点。诱导期的长短与体系中杂质的含量有关，通过单体精制、反应釜通氮气等消除或减少杂质可缩短或消除诱导期。如果体系纯度高，不存在与自由基反应的杂质，则无诱导期。

聚合初期，单体转化率在 $10\%\sim20\%$ 以下，单体转化率随反应时间呈线性增长，聚合速率不变，该阶段又称为匀速期。

聚合中期，单体转化率在 $10\%\sim20\%$ 以上的阶段，随着反应时间的延长，单体转化率升高，聚合物含量增多，体系黏度增大，导致自由基双基终止比较困难，因此自由基的寿命提高，出现凝胶效应，聚合速率增大，该阶段又称为增速期。

聚合后期，单体转化率在 70% 以上，最后可达 $90\%\sim95\%$，此时由于消耗的单体较多，与初始时刻相比，单体浓度大大降低，因此聚合速率降低，最后接近零，该阶段又称为降速期。

3.7.1　聚合动力学研究方法

聚合反应速率的大小可以通过实验测定。根据实验测定参数的差别，可以分为直接法和间接法。直接法通过直接测定不同时间的单体消耗量或者聚合物生成量来计算聚合速率。一般常用沉淀称重法，即在聚合体系中加入沉淀剂使聚合物沉淀，或蒸馏出单体使聚合中断，然后经过分离、精制、干燥、称重等得到聚合物或者单体的质量。

间接法是指通过测定聚合过程中一些与单体转化率相关的特性参数，如比容、黏度、折光率等的变化，间接求出聚合物的量，进而计算得到聚合速率。其中，最常用的是比容法，也称作膨胀计法。聚合物密度一般高于单体密度，随着聚合的进行，会发生体积收缩，其体积收缩量与单体转化率成正比。

设初始单体质量为 W_0，体积为 V_0，单体和聚合物的密度分别为 d_m 和 d_p，反应过程中 V_m 和 V_p 分别为体系中单体和聚合物的体积，则有：

$$V=V_m+V_p=\frac{W_0(1-C)}{d_m}+\frac{W_0C}{d_p}=\frac{W_0}{d_m}-W_0C\left(\frac{1}{d_m}-\frac{1}{d_p}\right) \tag{3-30}$$

变换式（3-30）得：

$$V=V_0-W_0C\left(\frac{1}{d_m}-\frac{1}{d_p}\right)=V_0-W_0C\frac{d_p-d_m}{d_pd_m} \tag{3-31}$$

重排式（3-31），可得聚合过程中的体积变化表达式：

$$\Delta V=V_0-V=W_0C\frac{d_p-d_m}{d_pd_m} \tag{3-32}$$

根据式（3-32），可得单体转化率的表达式：

$$C = \frac{d_m}{W_0} \times \frac{d_p}{d_p - d_m} \times \Delta V = \frac{\Delta V}{V_0} \times \frac{d_p}{d_p - d_m} \qquad (3\text{-}33)$$

由于 d_m 和 d_p 为已知数据，设 $K = (d_p - d_m)/d_p$，则有：

$$C = \frac{\Delta V}{K V_0} \qquad (3\text{-}34)$$

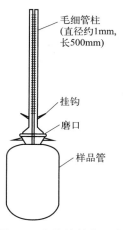

毛细管柱
（直径约1mm，
长500mm）

挂钩
磨口

样品管

由此可见，单体转化率与体积收缩率（$\Delta V/V_0$）成正比，其系数为 K 的倒数。密度与比容呈倒数关系，因此通过单体和聚合物的比容可以计算出 K 值，进而计算出单体的转化率以及聚合物的生成量，从而计算出聚合速率。

图 3-5 是膨胀计的示意图，下部是 $5 \sim 10\text{mL}$ 聚合反应器，上部是带有刻度的毛细管。将单体和引发剂等填满膨胀计到一定的刻度，在一定温度下引发聚合。通过毛细管刻度便捷读取不同反应时间的体积收缩值，再根据比容大小计算出 K 值，从而计算出不同时间的单体消耗量和聚合物生成量，获得聚合速率。

图 3-5 膨胀计结构示意

3.7.2 聚合初期的微观动力学

根据聚合机理可以推导自由基聚合的动力学方程。自由基聚合机理包括链引发、链增长、链终止和链转移四个基元反应。其中，链引发、链增长和链终止对聚合速率有贡献，而链转移形成的新自由基通常活性不变或者稍微降低，不影响聚合速率，只降低聚合度。因此微观动力学可忽略链转移的影响，聚合反应总速率通过下面三个基元反应的速率进行计算。

（1）链引发速率

链引发过程包括引发剂的分解和单体自由基的形成。其中，引发剂的分解是慢反应，初级自由基与单体的加成是快反应。引发剂分解是反应的决速步，因此链引发的速率可以用初级自由基的生成速率来表示。

$$\text{I} \xrightarrow{k_d} 2\text{R} \cdot$$

$$\text{R} \cdot + \text{M} \xrightarrow{k_i} \text{RM} \cdot$$

一分子引发剂分解生成两分子初级自由基，引发单体聚合，因此链引发速率为：

$$R_i = \frac{d[\text{R} \cdot]}{dt} = 2k_d[\text{I}] \qquad (3\text{-}35)$$

考虑到诱导分解和笼蔽效应等造成的引发效率降低，将引发效率引入上式，得到链引发的速率方程 [式（3-36）]，其中 k_d 为分解速率常数，约为 $10^{-4} \sim 10^{-6}/\text{s}$，反应活化能为 $105 \sim 150\text{kJ/mol}$。

$$R_i = \frac{d[\text{R} \cdot]}{dt} = 2f k_d[\text{I}] \qquad (3\text{-}36)$$

（2）链增长速率

链增长反应是单体自由基 RM· 连续加成单体分子的反应。

$$RM\cdot \xrightarrow[k_{P1}]{+M} RM_2\cdot \xrightarrow[k_{P2}]{+M} RM_3\cdot \xrightarrow[k_{P3}]{+M}\cdots\xrightarrow[k_{pj}]{+M} RM_{j+1}\cdot$$

上式中的每一步加成反应都有对应的速率常数，导致聚合速率方程非常复杂。为了简化上述过程，前人提出了自由基等活性假设（isoactivity hypothesis）：在自由基链增长过程中，链自由基的活性与链长基本无关。故假设所有自由基活性相同，即各步反应速率常数相等，用 k_p 表示。

$$k_{p1}=k_{p2}=k_{p3}=k_{p4}=\cdots\cdots=k_{pj}=k_p$$

令自由基浓度 $[M\cdot]$ 代表大小不等的自由基 $RM_j\cdot$ 浓度的总和，则链增长速率方程可写成：

$$R_p=-\frac{d[M]}{dt}=k_p[M]\sum[RM_j\cdot]=k_p[M][M\cdot] \tag{3-37}$$

式中，k_p 为链增长速率常数，约为 $10^2\sim10^4 L/(mol\cdot s)$，相应的反应活化能为 $20\sim34kJ/mol$。

（3）链终止速率

自由基聚合有两种链终止方式，分别是偶合终止与歧化终止。链终止反应速率即为自由基的消失速率。两种链终止的速率方程分别为：

$$R_{tc}=2k_{tc}[M\cdot]^2 \tag{3-38}$$

$$R_{td}=2k_{td}[M\cdot]^2 \tag{3-39}$$

式中，终止速率和终止速率常数的下标"tc"和"td"分别表示偶合终止与歧化终止。两种链终止均为双分子反应，终止一次消耗两分子链自由基 $[M\cdot]$，因而在速率方程的右侧乘以 2。链终止的总速率为偶合终止和歧化终止的速率之和，令偶合终止与歧化终止的反应速率常数相等，为 k_t，则链终止聚合速率为：

$$R_t=R_{tc}+R_{td}=2(k_{tc}+k_{td})[M\cdot]^2=2k_t[M\cdot]^2 \tag{3-40}$$

其中 k_t 为链终止反应速率常数，约为 $10^6\sim10^8 L/(mol\cdot s)$，反应活化能较小，仅为 $8\sim21kJ/mol$。

（4）聚合总速率

聚合总速率通常以单体消耗速率 $-d[M]/dt$ 表示。在上述三个基元反应中，只有链引发和链增长消耗单体。在聚合过程中，链增长消耗的单体通常远远大于链引发消耗的单体。因此，作长链假定（long chain assumption）：高分子的聚合度很大，用于引发的单体远少于增长消耗的单体。链增长速率远远大于链引发速率，$R_p\gg R_i$，聚合总速率即为链增长的速率。

$$R = -\frac{d[M]}{dt} = k_p[M][M\cdot] \tag{3-41}$$

自由基很活泼、寿命短、浓度低，很难实际测定其浓度［M·］。因此，作稳态假设（steady-state hypothesis）：在聚合过程中，链增长过程并不改变自由基浓度，链引发和链终止这两个相反的过程在某一时刻达到平衡，使体系处于"稳定状态"，即引发速率和终止速率相等，$R_i = R_t$，构成动态平衡。这样可以推导出自由基的浓度，方便聚合速率的计算。

$$R_i = R_t = 2k_t[M\cdot]^2 \tag{3-42}$$

将引发速率方程代入上式，得：

$$[M\cdot] = \left(\frac{R_i}{2k_t}\right)^{0.5} = \left(\frac{fk_d[I]}{k_t}\right)^{0.5} \tag{3-43}$$

将自由基的浓度代入聚合速率方程，得到总聚合速率的普适性方程，适用于各种引发方式。

$$R = -\frac{d[M]}{dt} = k_p\left(\frac{R_i}{2k_t}\right)^{0.5}[M] \tag{3-44}$$

将式（3-36）代入上式，得到引发剂引发自由基聚合的总聚合速率方程：

$$R = -\frac{d[M]}{dt} = k_p\left(\frac{fk_d}{k_t}\right)^{0.5}[I]^{0.5}[M] \tag{3-45}$$

由此可见，在引发剂引发自由基聚合过程中，聚合速率与引发剂浓度的平方根和单体浓度成正比。这一结论得到一些实验的证实。图 3-6 是甲基丙烯酸甲酯和苯乙烯的聚合速率与引发剂浓度的关系，R_p 与 ［I］$^{0.5}$ 呈线性关系，表明聚合速率与 ［I］$^{0.5}$ 成正比。图 3-7 是甲基丙烯酸甲酯聚合初期速率与单体浓度的关系，R_p 与 ［M］ 呈线性关系，表明聚合速率对单体浓度呈一级反应。

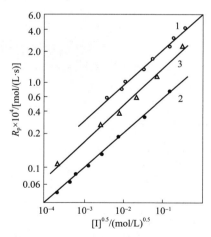

图 3-6　聚合速率与引发剂浓度的关系
1—AIBN 在 50℃引发 MMA 聚合；
2—BPO 在 50℃引发 MMA 聚合；
3—BPO 在 50℃引发苯乙烯聚合

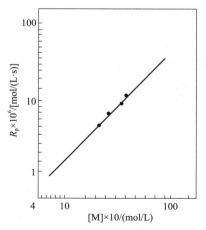

图 3-7　MMA 聚合初期速率与
单体浓度的关系

在低转化率（＜10％）下，使用低活性引发剂，可认为引发剂浓度为常数，对式（3-45）积分得：

$$\ln \frac{[M]_0}{[M]} = k_p \left(\frac{fk_d}{k_t}\right)^{0.5} [I]^{0.5} t \tag{3-46}$$

k_p、k_d、k_t 以及 f 都是常数，因此 $\ln([M]_0/[M])$ 与反应时间成正比。

将式（3-29）的单体转化率代入式（3-46）得到单体转化率与反应时间的关系：

$$\ln \frac{1}{1-C} = k_p \left(\frac{fk_d}{k_t}\right)^{0.5} [I]^{0.5} t \tag{3-47}$$

推导聚合微观动力学的过程中做了链转移反应不影响动力学、长链、自由基等活性和稳态四个假定。低转化率下的实验数据能够很好地吻合上述推导的速率方程。但是，随着单体转化率的提高，实验测定的聚合动力学数据逐渐偏离理论推导的动力学方程，上述动力学方程不再适用。

（5）聚合速率方程的偏差

除单体转化率外，链引发和链终止方式也会影响聚合动力学方程〔式（3-45）和式（3-47）〕。主要偏差是对引发剂浓度和单体浓度的反应级数。

① R_p 对 $[I]$ 的平方根的偏离。聚合速率与引发剂浓度的平方根成正比是双基终止（di-radical termination）的结果；如果是单基终止（mono-raidcal termination），终止速率与链自由基浓度的一次方成正比，聚合速率对引发剂浓度的反应级数为 1。

如果存在凝胶效应或沉淀聚合时，链自由基活性末端受到包埋，难以双基终止，往往是单基终止和双基终止并存，聚合速率对引发剂浓度的反应级数介于 0.5～1 之间，聚合反应速率方程可改写为：

$$R_p = -\frac{d[M]}{dt} = k_p [M] (A[I]^{0.5} + B[I]) \tag{3-48}$$

式中，A 和 B 分别代表双基终止和单基终止的百分比。

② R_p 对 $[M]$ 的一次方的偏离。如果初级自由基比较稳定，对单体的引发反应较慢，与引发剂的分解速率相当，这时候链引发的第二步反应也需要考虑。在这种情况下，单体往往会参与引发剂的分解反应，此时链引发可用下述反应式表示。

$$I + M \xrightarrow{k_d} 2RM\cdot$$

聚合速率则与单体浓度的 1.5 次方成正比，推导过程如下。

$$R_i = \frac{d[R\cdot]}{dt} = 2fk_d[I][M] \tag{3-49}$$

$$R_p = -\frac{d[M]}{dt} = k_p[M][M\cdot] = k_p[M]\left(\frac{R_i}{2k_t}\right)^{0.5} \tag{3-50}$$

将式（3-49）代入式（3-50），得：

$$R_p = -\frac{d[M]}{dt} = k_p \left(\frac{fk_d}{k_t}\right)^{0.5} [I]^{0.5} [M]^{1.5} \tag{3-51}$$

几种常用单体自由基聚合的动力学参数列于表 3-10 中。数据表明，自由基聚合的动力学参数取决于单体结构和聚合条件，波动范围较宽。

表 3-10　常用单体的链增长和链终止速率常数及其活化能

单体	$k_p/[\text{L}/(\text{mol} \cdot \text{s})]$		E_p /(kJ/mol)	A_p /10^7	$k_t/[10^7 \text{L}/(\text{mol} \cdot \text{s})]$		E_t /(kJ/mol)	A_t /10^9
	30℃	60℃			30℃	60℃		
VC	11000(25℃)		16.0	0.33	2100(25℃)		17.6	1300
VAc	4435 (5.0×10^7Pa)	9500~ 19000	30.6	24.3	6.44 (5.0×10^7Pa)	38~76	21.9	416
AN	127(25℃)	1960	16.2 (DMF)		1.22(25℃)	78.2	15.5 (DMF)	
MA	1580(25℃)	63000	29.7	10	5.5(25℃)		22.2	2.8×10^8
MMA	141	573	26.4	0.513	1.16	1.19	11.7	1.36
St	52.9	80	32.5	2.16	3.25	6.4	9.92	1.29
St	66.6(5.0×10^7Pa)	187.1	31.38	1.09	2.24	2.94	9.489	1.703
Bd		111.6(50℃)	38.9	12			0.71	11.3
Ip		2.8(5℃)	41.0					

（6）温度对聚合速率的影响

对于大多数化学反应，温度升高其反应速率常数增大，温度与反应速率常数的关系遵循 Arrhenius 方程（$k = A\mathrm{e}^{-E/RT}$）。

自由基聚合包括三个基元反应，速率常数由 k_p、k_d 和 k_t 三部分组成，总速率常数为 $k_p k_d^{0.5}/k_t^{0.5}$，因此总活化能为：

$$E = (E_p - E_t/2) + E_d/2 \tag{3-52}$$

式中，E_p、E_t 和 E_d 分别为链增长、链终止和引发剂分解的活化能，E_p 约为 20~34kJ/mol，E_t 约为 8~21kJ/mol，E_d 约为 105~150kJ/mol。因此，总活化能 E 是正值，约为 60~90kJ/mol，表明温度升高，反应速率常数 k 增大。

在总活化能 E 是正值的前提条件下，降低 E 值可以提高聚合速率。在总活化能中，引发剂分解活化能 E_d 的贡献较大，因此选用高活性的引发剂可以降低总活化能，显著增大聚合速率。当选用高活性的氧化-还原引发体系时，由于活化能非常低，可以在室温乃至更低的温度下聚合。

热引发活化能与引发剂引发活化能相差不大，温度对聚合速率的影响较大。而在光引发和辐射引发聚合时，没有 E_d 项，聚合反应活化能很低，约为 20kJ/mol，温度对聚合速率的影响比较小。

3.7.3　凝胶效应和聚合宏观动力学

在自由基聚合过程中，随着反应时间的延长，单体浓度和引发剂浓度下降，因此聚合总速率降低。但是在实际的聚合过程中，当达到一定单体转化率（如 10%~20%）后，聚合速率会大幅度上升，直到后期，聚合速率才逐渐减慢。这种在没有改变温度和引发剂浓度

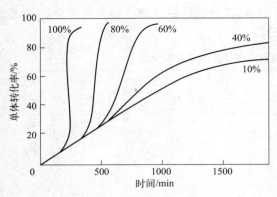

图 3-8　在 50℃ 甲苯中用 BPO 引发
MMA 聚合的单体转化率-时间曲线

等外界条件的情况下，仅由体系本身引起的加速称为自动加速（automatic acceleration）现象。

图 3-8 是 50℃ 下以 BPO 引发甲基丙烯酸甲酯在甲苯及本体中聚合的单体转化率-时间曲线，曲线上的数字表示单体百分比浓度。单体浓度在 40% 及以下时，自动加速现象不明显；单体浓度在 60% 以上时，自动加速现象明显，且随着单体浓度的升高，自动加速现象出现的时间越来越早，聚合反应增速越来越大；本体聚合的自动加速现象出现时间最早，此时单体转化率约为 10%，且聚合速率增加最为显著。

自动加速现象是体系黏度增加所致，因此又称为凝胶效应（gel effect）。聚合体系中链自由基双基终止受扩散控制导致了自动加速现象。链自由基的双基终止过程可分为三步：①链自由基平移；②链段重排使链自由基靠近；③链自由基双基终止。聚合初期，体系黏度比较低，聚合正常进行。聚合中期，单体转化率增大，体系黏度增高，链段重排受阻，链自由基甚至被包埋，双基终止困难，k_t 下降，自由基寿命延长、浓度增大；而单体运动不受影响，k_p 受影响不大，因此聚合速率增大，产生自动加速现象。在单体转化率接近 40%～50% 时，k_t 下降上百倍，活性链寿命则延长十多倍，k_p 变化不大，$k_p/k_t^{1/2}$ 增加 7～8 倍，自动加速现象显著，聚合物分子量迅速增大。聚合后期，单体转化率继续上升，黏度增大至单体运动也受阻，k_t 和 k_p 都下降，$k_p/k_t^{1/2}$ 综合值减小，聚合总速率下降，甚至停止反应。例如，MMA 在 25℃ 本体聚合时，转化率为 80% 聚合即停止；85℃ 聚合时，转化率可达到 97%。该温度仍低于体系的玻璃化转变温度（T_g），链段处于玻璃态而冻结，单体扩散困难，聚合停止。聚合后期继续升高温度至 T_g 以上，可使单体转化完全。

虽然自动加速现象是由凝胶效应引起的，但是凝胶效应的起点不一定就是自动加速的起点。在有些聚合体系中，链自由基的扩散控制可能在聚合初期就存在。单基终止时，k_t 的下降幅度与 k_p 相当，因而随着转化率增大，[M] 和 [I] 减小，聚合速率通常呈下降的趋势。此时，仍有可能存在着链自由基的扩散控制，即凝胶效应。

链自由基是有机单电子活性物种，不能自生自灭。因此，"单基终止"意味着链自由基落入"陷阱"或被"杀手"捕获。阻聚剂、缓聚剂和链终止剂均是自由基的"杀手"或"陷阱"。如果自由基聚合体系中存在此类物质，则可发生链自由基的单基终止。

自动加速现象的产生是由体系黏度增大造成的，因此，影响体系黏度的因素会影响自动加速现象的出现早晚和程度。聚合物在单体或溶剂中的溶解性影响体系的黏度和链自由基的包埋程度。图 3-9 是 MMA 在不同溶剂中聚合的单体转化率-时间曲线。在良溶剂中聚合时，可以有效避免或减小自动加速现象；在不良溶剂中聚合，链段卷曲和对活性种包埋的程度增加，自动加速比较显著；在非溶剂或沉淀剂中聚合，聚合物对活性种的包埋更加严重，以至于从聚合开始就存在自动加速现象。聚合物在不良溶剂中会有部分溶胀，自动加速现象介于良溶剂和非溶剂之间。

溶剂对自动加速现象的影响可以归纳为：在良溶剂中较少出现；在非溶剂中出现较早、现象显著；在不良溶剂中自动加速现象介于以上两种情况之间。沉淀聚合（如丙烯腈、氯乙烯的本体聚合）、乳液聚合、气相聚合、交联聚合以及固相聚合等对链自由基都有包埋作用，自动加速现象显著。

所有能提高体系黏度的因素都会影响自动加速现象。例如，提高反应温度可降低体系黏度，推迟自动加速现象出现的时间；聚合度越大，体系黏度上升越快，自动加速现象越早出现。引发剂的活性和用量影响聚合度，从而也影响聚合体系的自动加速现象。

自动加速现象导致聚合速率增加，反应放热，体系温度迅速升高，控制不当会影响产品的质量，局部过热会产生爆聚和喷料。自动加速导致自由基寿命延长，因此聚合物的聚合度增加，分子量分布也变宽。

任何单体的聚合，都可看成是正常聚合与自动加速聚合的叠加。正常聚合速率随单体转化率上升而降低；自动加速时的聚合速率则随单体转化率升高而上升。如图 3-10 所示，根据自动加速现象出现的时间和程度，转化率-时间曲线的叠加情况可分为三类。

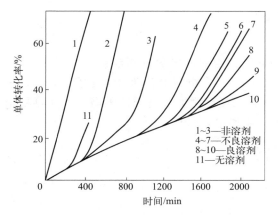

图 3-9　MMA 在不同溶剂中聚合的
单体转化率-时间曲线

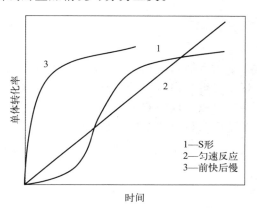

图 3-10　自由基聚合的单体转化率-
时间关系典型曲线

（1）S 型

当使用 BPO 和 AIBN 等低活性引发剂时，初期聚合缓慢；聚合中期自动加速引起的聚合速率上升大于正常的聚合速率降低，聚合加速；后期聚合速率又降低，呈现"S"型。

（2）匀速聚合

选择合适的引发体系，可使正常聚合速率的降低与自动加速互补，聚合反应保持一定速率，为匀速反应。选用半衰期略小于聚合时间的引发剂，可实现匀速聚合。如氯乙烯聚合时，采用 $t_{1/2}=2$ h 的过氧化碳酸酯类引发剂，基本属于此类型。

（3）前快后慢型

采用高活性引发剂，聚合前期产生大量自由基，聚合速率较快；中后期引发剂减少，聚合速率降低，以至于无法用自动加速效应来弥补，总聚合速率较慢，过早终止聚合反应。如采用乙酰过氧化环己基磺酰作引发剂即属此类。

一般在工业生产中，通过高和低活性引发剂混用或后期补加引发剂，来解决单体不能完全转化的问题。

3.8 平均聚合度和链转移

聚合物的聚合度和分子量对其物理性能影响较大。因此，通过聚合动力学对平均聚合度的计算或者实验测定也非常重要。

3.8.1 无链转移时的平均聚合度

在聚合动力学研究中，将一个活性种从引发到终止消耗的单体分子数定义为动力学链长 ν。无链转移反应时，动力学链长（kinetic chain length）可由链增长和链引发的比值计算得到。

$$\nu = \frac{R_p}{R_i} = \frac{k_p[M][M\cdot]}{2fk_d[I]} \tag{3-53}$$

由于链自由基非常活泼，寿命短，难以实验测定，因此可以通过测定聚合速率 R_p，间接获得链自由基浓度 $[M\cdot]$，通过上式计算动力学链长。自由基聚合动力学比较复杂，常常存在凝胶效应，测定每种条件下的 R_p 工作量较大，数据准确度和再现性不高。因此将稳态假定引入研究体系中，稳态时链引发速率等于链终止速率，则有：

$$[M\cdot] = \left(\frac{fk_d}{k_t}\right)^{0.5}[I]^{0.5} \tag{3-54}$$

$$\nu = \frac{k_p}{2(fk_dk_t)^{0.5}} \times \frac{[M]}{[I]^{0.5}} \tag{3-55}$$

式（3-55）中，$[M]$ 和 $[I]$ 为已知量，因此可以计算出动力学链长 ν。值得注意的是，该式要求聚合体系没有凝胶现象或者凝胶现象不明显。

假定发生双基终止反应的两个链自由基的聚合度相同。偶合终止时，聚合度是链自由基的 2 倍，因此数均聚合度是动力学链长的 2 倍；歧化终止时，聚合度与链自由基相同，等于动力学链长。如果两种链终止方式都存在，偶合终止的分率为 C，歧化终止的分率为 D，则数均聚合度如下：

$$\overline{X}_n = \frac{R_p}{0.5R_{tc} + R_{td}} = \frac{\nu}{0.5C + D} \tag{3-56}$$

温度对聚合度的影响，可以通过动力学链长公式的常数项对温度的依赖关系求得。根据 Arrhenius 公式，动力学链长的总活化能为：

$$E = E_p - 0.5(E_t + E_d) \tag{3-57}$$

由于 E_d 约为 $105\sim150kJ/mol$，E_p 约为 $20\sim34kJ/mol$，E_t 约为 $8\sim21kJ/mol$，总活化能 E 约为 $-40\sim-90kJ/mol$，表明温度升高，动力学链长下降。

综上所述，单体和引发剂浓度的增大及温度的升高均可提高自由基聚合速率；与此不同，只有增大单体浓度才能增大动力学链长，而增大引发剂浓度和升高温度均会减小动力学链长。

3.8.2 有链转移时的平均聚合度

当自由基聚合体系存在 C—H 或 C—X（卤素）弱键时，很容易发生链转移反应。链转移的结果是原来的自由基终止，聚合度下降；链转移后的聚合速率取决于新自由基的活性。如果新自由基与原自由基活性相同，聚合速率不变；若新自由基活性减弱，但是仍旧能引发单体聚合，会出现缓聚现象；若新自由基失去活性，则聚合停止，表现为阻聚作用。链转移的速率常数用 k_{tr} 表示。下面讨论链转移后聚合速率不变情况下的聚合度。

$$\text{P}_j \cdot (\text{RM}_j \cdot) + \text{YS} \xrightarrow{k_{tr}} \text{P}_j (\text{RM}_j \text{Y}) + \text{S} \cdot$$

（1）链转移反应对聚合度的影响

根据转移对象不同，链转移反应分为向单体、引发剂和溶剂的链转移。不同链转移的速率方程如下。

$$R_{tr,M} = k_{tr,M}[\text{M} \cdot][\text{M}] \tag{3-58}$$

$$R_{tr,I} = k_{tr,I}[\text{M} \cdot][\text{I}] \tag{3-59}$$

$$R_{tr,S} = k_{tr,S}[\text{M} \cdot][\text{YS}] \tag{3-60}$$

式中，$k_{tr,M}$、$k_{tr,I}$ 和 $k_{tr,S}$ 分别表示活性链向单体、向引发剂和向溶剂转移的速率常数。

链转移是活性中心转移而非消失。链转移后，动力学链没有终止，它所消耗的单体数目也属于该动力学链。而聚合度则是每个大分子所结合的单体数，链转移后必然生成一个"死"的大分子。因此，聚合度的计算必须综合考虑链终止和链转移反应方式。下面以双基终止全部为歧化终止进行讨论，聚合物的平均聚合度可以表示为：

$$\overline{X}_n = \frac{R_p}{R_t + \sum R_{tr}} = \frac{R_p}{R_t + R_{tr,M} + R_{tr,I} + R_{tr,S}} \tag{3-61}$$

由于上述公式过于复杂，取其倒数得：

$$\frac{1}{\overline{X}_n} = \frac{R_t}{R_p} + \frac{1}{k_p[\text{M}]}(k_{tr,M}[\text{M}] + k_{tr,I}[\text{I}] + k_{tr,S}[\text{YS}]) \tag{3-62}$$

链转移速率常数与链增长速率常数之比 k_{tr}/k_p 定义为链转移常数，代表两种反应竞争能力的大小。向单体、引发剂和溶剂的链转移常数定义为：$C_M = k_{tr,M}/k_p$、$C_I = k_{tr,I}/k_p$、$C_S = k_{tr,S}/k_p$，将它们代入式（3-62），得：

$$\frac{1}{\overline{X}_n} = \frac{R_t}{R_p} + C_M + C_I \frac{[\text{I}]}{[\text{M}]} + C_S \frac{[\text{YS}]}{[\text{M}]} \tag{3-63}$$

第一项为正常链终止对聚合度的贡献，与链转移无关，可用 $1/(\overline{X}_n)_0$ 表示；后面几项分别是向单体、引发剂和溶剂转移对聚合度的贡献。

$$\frac{1}{\overline{X}_n} = \frac{1}{(\overline{X}_n)_0} + C_M + C_I \frac{[\text{I}]}{[\text{M}]} + C_S \frac{[\text{YS}]}{[\text{M}]} \tag{3-64}$$

如果体系只有歧化终止，则第一项等于动力学链长，考虑到偶合终止和歧化终止对聚合度的影响。将式（3-56）代入，则上式转化为：

$$\frac{1}{\overline{X}_n}=\frac{C/2+D}{\nu}+C_M+C_I\frac{[I]}{[M]}+C_S\frac{[YS]}{[M]} \tag{3-65}$$

常见单体的 C_M 一般较小，多为 10^{-5} 数量级，故可忽略。但是，氯乙烯的 C_M 较大，聚合物的分子量主要取决于 C_M，且 C_M 随温度升高而增大。因此氯乙烯聚合中主要通过控制温度来调节聚合物的分子量，要得到高分子量的聚氯乙烯，聚合温度不能太高，一般不高于 60℃。聚合速率的调节通过改变引发剂浓度来实现。

C_I 虽然比 C_M 和 C_S 大，但由于引发剂浓度一般很小，所以以向引发剂转移造成聚合度下降的影响不大。

（2）向单体转移

使用偶氮类引发剂，进行本体聚合或在链转移常数很小的溶剂中进行溶液聚合，链转移反应只考虑向单体转移，大分子的平均聚合度可以表示为：

$$\frac{1}{\overline{X}_n}=\frac{R_t}{R_p}+C_M=\frac{2k_t R_p}{k_p^2[M]^2}+C_M \tag{3-66}$$

平均聚合度的倒数与 R_p 呈线性关系，截距为链转移常数 C_M。

C_M 与单体结构有关，若单体分子结构中含有键合力较小的原子，如叔氢原子、氯原子等，容易被自由基所夺取而发生链转移反应。表 3-11 是向常用单体的链转移常数。

表 3-11　向单体的链转移常数

单体	向单体的链转移常数（$C_M\times 10^4$）				
	30℃	50℃	60℃	70℃	80℃
MMA	0.12	0.15	0.18	0.30	0.40
丙烯腈	0.15	0.27	0.30		
苯乙烯	0.32	0.62	0.85	1.16	
醋酸乙烯酯	0.94	1.29	1.91		
氯乙烯	6.25	13.5	20.2	23.8	

苯乙烯、丙烯腈和 MMA 等单体不存在弱化学键，链转移常数 C_M 较小，约 $10^{-4}\sim 10^{-5}$，对分子量并无严重影响。醋酸乙烯酯的 C_M 较大，主要是乙酰基上的甲基氢很容易被夺取。氯乙烯由于 C—Cl 键较弱，Cl 容易被自由基夺取，C_M 值较高，约为 10^{-3}，其链转移速率远远超出了正常的终止速率，即 $R_{tr,M}>R_t$，PVC 的平均聚合度主要决定于向单体转移常数 C_M。

$$\overline{X}_n=\frac{R_p}{R_t+\sum R_{tr}}\approx\frac{R_p}{R_{tr,M}}=\frac{1}{C_M} \tag{3-67}$$

由表 3-11 可知，同一单体随着聚合温度升高，向单体链转移常数增大。C_M 是两个速率常数的比值，可用 Arrhenius 经验公式讨论温度对链转移反应的影响。向单体转移常数的活化能为链转移活化能与链增长活化能的差值，即 $E(C_M)=E_{tr,M}-E_p$。

对于大多数单体，链转移活化能和链增长活化能的差值很小，温度对链转移常数影响很小，因此对聚合度影响也很小。例如，MMA 的链转移和链增长活化能差值为 1.93kJ/mol，向单体的链转移常数如下式所示，受温度影响很小。

$$C_{MMA} = 0.12e^{-1.93/RT} \qquad (3-68)$$

在氯乙烯的聚合中，链转移和链增长活化能的差值高达 30.5kJ/mol，表明温度升高 C_M 值增大，聚合度降低。因此，对于氯乙烯的聚合，可以通过改变聚合温度调节 C_M 值，从而达到对聚合物分子量和聚合度的控制。

$$C_{VC} = 125e^{-30.5/RT} \qquad (3-69)$$

（3）向引发剂转移

向引发剂转移实际上就是引发剂在自由基作用下的诱导分解。诱导分解不仅影响引发效率，还影响聚合物的分子量。采用过氧化物作引发剂的本体聚合存在向引发剂转移，平均聚合度的倒数可表示为：

$$\frac{1}{\overline{X}_n} = \frac{R_t}{R_p} + C_M + C_I \frac{[I]}{[M]} \qquad (3-70)$$

对于本体聚合，式（3-70）可改写成：

$$\frac{1}{\overline{X}_n} = \frac{2k_t}{k_p^2} \times \frac{R_p}{[M]^2} + C_M + C_I \frac{k_t}{fk_d k_p^2} \times \frac{R_p^2}{[M]^3} \qquad (3-71)$$

无向引发剂转移时，平均聚合度的倒数与 R_p 的一次方成正比；存在向引发剂转移时，平均聚合度的倒数受 R_p^2 的影响较大。因此，通过平均聚合度的倒数与 R_p 的关系曲线可以判断向引发剂转移的程度。图 3-11 是不同种类引发剂下，苯乙烯的平均聚合度的倒数与 R_p 的关系曲线。

过氧化物的过氧键（O—O）较弱，因而自由基聚合容易发生向过氧化物引发剂的链转移反应。在过氧类引发剂中，氢过氧化物最容易成为链转移对象，产生端羟基聚合物和烷氧自由基；BPO 和 LPO 等酰基过氧化物也容易发生类似反应；而结构对称的过氧化异丙苯等则不易发生上述反应。

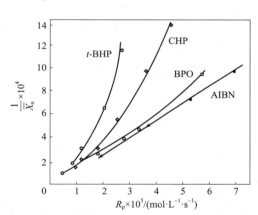

图 3-11　聚苯乙烯聚合度的倒数与聚合速率的关系

$$P \cdot + RO-OH \longrightarrow P-OH + RO \cdot$$
$$P \cdot + ROCO-OCOR \longrightarrow P-OCOR + RCOO \cdot$$
$$P \cdot + R-N=N-R \longrightarrow P-R + N_2 + R \cdot$$

偶氮类引发剂通常认为不发生链转移反应，但近年来的研究表明，这类引发剂也有很小的 C_I 值，可能通过置换反应发生链转移。

表 3-12 是向几种常用引发剂转移的链转移常数，C_I 虽比 C_M 大，但由于引发剂浓度 [I] 很小，所以向引发剂链转移对产物平均聚合度的影响不大。对于一般单体的本体聚合，

双基终止对聚合度的贡献占绝对优势，向引发剂转移次之，向单体转移最小（PVC 例外）。

表 3-12　向几种引发剂转移的链转移常数 C_1（60℃）

引发剂	单体及其向引发剂转移的链转移常数	
	苯乙烯（St）	甲基丙烯酸甲酯（MMA）
偶氮二异丁腈（AIBN）	～0	～0
过氧化二苯甲酰（BPO）	0.048～0.1	0.02
过氧化异丙苯（50℃）	0.00076～0.00092	
特丁基过氧化氢	0.035	(1.27)
异丙苯过氧化氢	0.063	0.033

（4）向溶剂或链转移剂转移

溶液聚合时需要考虑向溶剂的链转移对聚合度的影响。当体系只发生向溶剂或链转移剂的链转移反应，或其他形式的链转移常数很小，相比之下可忽略时，平均聚合度的倒数可表示为：

$$\frac{1}{\overline{X}_n}=\frac{1}{(\overline{X}_n)_0}+C_S\frac{[YS]}{[M]} \tag{3-72}$$

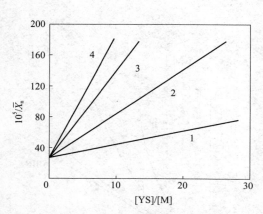

图 3-12　芳烃对聚苯乙烯数均聚合度
（100℃热聚合）的影响
1—苯；2—甲苯；3—乙苯；4—异丙苯

式中，第一项代表无溶剂时平均聚合度的倒数。以平均聚合度对 [YS]/[M] 作图，由斜率可求得向溶剂转移的链转移常数 C_S。苯乙烯在芳烃类溶剂中进行热聚合（100℃），聚合物数均聚合度的倒数与溶剂的关系见图 3-12。

表 3-13 是典型单体在常见溶剂中聚合的链转移常数（C_S）。数据表明，C_S 与自由基种类、溶剂种类和温度等因素有关。向溶剂链转移常数 C_S 取决于溶剂的结构，如果分子中有活泼氢或卤原子时，C_S 一般较大。特别是脂肪族的硫醇 C_S 较大，常用作分子量调节剂。不同单体在同一溶剂中聚合，链转移常数不同，这是因为单体越稳定，自由基活性越高，C_S 一般也越大。例如，共轭效应稳定的苯乙烯自由基活性较小，C_S 较小；醋酸乙烯酯自由基活性较大，C_S 也较大。

表 3-13　向溶剂或链转移剂转移的链转移常数

溶剂或调节剂	单体及其向溶剂或链转移剂转移的链转移常数				
	苯乙烯	MMA	丙烯腈	醋酸乙烯酯	氯乙烯
苯	0.018×10^{-4}	0.04×10^{-4}	2.46×10^{-4}	1.07×10^{-4}	
甲苯	0.125×10^{-4}	0.17×10^{-4}	26.3×10^{-4}	20.9×10^{-4}	
庚烷	0.42×10^{-4}	18×10^{-4}		17.0×10^{-4}（50℃）	
氯仿	0.5×10^{-4}	0.454×10^{-4}	5.64×10^{-4}	0.0125	
四氯化碳	92×10^{-4}	5×10^{-4}	0.85×10^{-4}	0.75	
四溴化碳	13.6	0.27	500	739	50（50℃）
正硫醇	21.0	0.66		48	

同一单体在不同溶剂中的链转移常数也不一样，C_S 的大小与溶剂结构有关。具有比较活泼碳氢键或碳卤键的溶剂，链转移常数一般较大，化学键力常数越小，则 C_S 越大。例如，异丙苯＞乙苯＞甲苯＞苯；卤代烃中碘化物＞溴化物＞氯化物；CCl_4＞$CHCl_3$＞CH_2Cl_2；R_2CHOH＞RCH_2OH＞CH_3OH。

极性溶剂 C_S 受单体极性影响。溶剂极性与单体极性相反时，链转移活性增高，原因是电子给体和电子受体之间发生部分电子转移，使过渡状态稳定。

温度升高，链转移常数增大。因为 $C_S=k_{tr,S}/k_p$，链转移活化能比链增长活化能一般大 $17\sim63kJ/mol$，升高温度所致 $k_{tr,S}$ 的增加比 k_p 的增加要大得多，故 C_S 值增大。

在工业生产中，为了调节自由基聚合物的分子量，往往会加入具有较高链转移常数的小分子化合物（通常 C_S 为 1 或更大），该类化合物称为分子量调节剂。如生产丁苯橡胶时加入硫醇、生产低分子量聚氯乙烯时加入三氯乙烯、生产聚乙烯或聚丙烯时加入氢气等就是为了调控聚合物的分子量。

分子量调节剂一般选用 $C_S\approx1$ 的化合物，此时 $k_{tr,S}\approx k_p$，消耗分子量调节剂和消耗单体的速率接近，聚合过程中可保持［S］／［M］大致不变。C_S 太小链转移剂用量太多，C_S 太大则早期即已消耗，对分子量控制不利。脂肪族硫醇、三氯乙烯、四氯甲烷等是最常用的分子量调节剂。

（5）向聚合物转移

向聚合物链转移的结果并不一定降低聚合物的平均动力学链长或聚合度，故在研究向聚合物链转移时，主要是阐明聚合物的结构，而不是推算链转移常数。

向大分子的链转移导致聚合物主链上生成活性中心，引发单体在该活性中心发生链增长反应形成长支链。

低密度聚乙烯的乙基和丁基支链形成于链自由基向分子链内 C—H 的链转移反应，而长链则形成于大分子链之间的链转移反应。

丁基支链是由链自由基借助于六元环从第五个亚甲基上"回咬"夺取一个氢原子，生成活性中心，引发单体聚合得到。乙基支链是由第五个亚甲基活性中心增长一个乙烯单体后以六元环的过渡态从相隔 3 个亚甲基的亚甲基上夺取氢原子发生二次转移形成。聚乙烯侧基数高达 30 个支链/500 重复单元。

氯乙烯聚合也容易发生向大分子的链转移，既存在分子内链转移也存在分子间链转移。通常 PVC 每 1000 个单体单元中约含有 10～20 个支链。

3.9 聚合度分布

聚合物的分子量分布对材料性能影响很大。聚合物的分子量分布可以通过实验方法测定，主要包括凝胶渗透色谱分级和溶解沉淀分级等，测得不同组分的分子量和质量/数量分数等实验结果，计算出聚合物的数量分布函数和质量分布函数，进而计算出其分子量分布指数。聚合度分布还可以通过理论推导得到，主要包括概率法和动力学方法等。本节重点介绍概率法推导的聚合度分布。由于链转移反应对聚合度的影响比较复杂，因此在聚合度分布的推导过程中不考虑链转移的影响，只考虑链终止方式的影响。

3.9.1 歧化终止时的聚合度分布

不考虑链转移反应，聚合物的生成概率与链自由基的生成概率相同。与缩聚反应相似，在自由基聚合中也存在成键反应和不成键反应：链增长是成键反应，成键反应的概率即成键概率，用 p 表示；链终止反应是活性种消失的反应，即不成键反应，其反应概率为不成键概率，用 $1-p$ 表示。成键概率 p 为 $R_p/(R_p+R_t)$，不成键概率 $(1-p)$ 为 $R_t/(R_p+R_t)$，将链增长和链终止速率方程代入，分别得到成键概率方程式（3-73）和不成键概率方程式（3-74）。

$$p=\frac{R_p}{R_p+R_t}=\frac{k_p[M]}{k_p[M]+2k_t[M\cdot]} \tag{3-73}$$

$$1-p=\frac{R_t}{R_p+R_t}=\frac{2k_t[M\cdot]}{k_p[M]+2k_t[M\cdot]} \tag{3-74}$$

由于 R_p 远远大于 R_t，因此成键概率 p 的数值接近 1。在概率法推导中，x 聚体的生成需要 $(x-1)$ 次链增长和 1 次链终止，其形成概率为：

$$\alpha=p^{x-1}(1-p)=\frac{N_x}{N} \tag{3-75}$$

由此可见，自由基聚合歧化终止时的聚合物数量分布函数（number distribution function）与线形缩聚相同。依此可进一步推算出歧化终止时的聚合物质量分布函数（weight distribution function）如下：

$$\frac{W_x}{W}=\frac{W_x}{\sum W_x}=\frac{N_xM_x}{\sum N_xM_x}=\frac{N_x(xM_0)}{nM_0}=\frac{xN_x}{n} \tag{3-76}$$

式中，W_x 为 x 聚体的质量；W 为体系的总质量；M_x 为 x 聚体的分子量；M_0 为重复单元或单体的分子量；N_x 为 x 聚体的分子数；n 是反应的单体数。

在歧化终止的自由基聚合反应中，不成键反应的概率为 $1-p$，不成键也即终止反应的次数为 $N=(1-p)n$，则有：

$$N_x = p^{x-1}(1-p)N = p^{x-1}(1-p)^2 n \tag{3-77}$$

将其代入式（3-76），得聚合物的质量分布函数：

$$\frac{W_x}{W} = \frac{xN_x}{n} = xp^{x-1}(1-p)^2 \tag{3-78}$$

图 3-13 和图 3-14 分别是歧化终止聚合物的数量分布函数图［式（3-75）］和质量分布函数图［式（3-78）］。两图与线形缩聚结果相似，但加聚物的聚合度比缩聚物高一个数量级，原因是缩聚反应的小分子副产物难以脱除干净，官能团反应程度难以达到 0.9999 以上。根据平均分子量的定义，可以由数量和质量分布函数解出其数均、重均聚合度及其分布。

$$\overline{X}_n = \sum \frac{xN_x}{N} = \sum xp^{x-1}(1-p) = \frac{1}{1-p} \tag{3-79}$$

$$\overline{X}_w = \sum \frac{xW_x}{W} = \sum x^2 p^{x-1}(1-p)^2 = \frac{1+p}{1-p} \tag{3-80}$$

$$\frac{\overline{X}_w}{\overline{X}_n} = 1+p \leqslant 2 \tag{3-81}$$

式（3-81）表明，歧化终止时聚合物的数量分布函数和质量分布函数与线形缩聚相似，其聚合度分布指数为 $1+p$，接近 2，其成键概率越大，分布指数越接近 2。

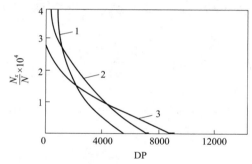

图 3-13　歧化终止聚合物的数量分布函数
$1-p=0.9990$，$\overline{X}_n=1000$；$2-p=0.9995$，
$\overline{X}_n=2000$；$3-p=0.99975$，$\overline{X}_n=4000$

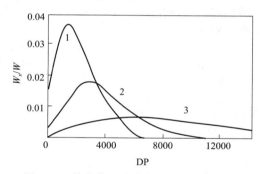

图 3-14　歧化终止聚合物的质量分布函数
$1-p=0.9990$，$\overline{X}_n=1000$；$2-p=0.9995$，
$\overline{X}_n=2000$；$3-p=0.99975$，$\overline{X}_n=4000$

3.9.2　偶合终止时的聚合度分布

与歧化终止不同，偶合终止时两条聚合物链偶合生成一个"死"的聚合物，因此 x 聚体的生成概率为偶合形成 x 聚体的两条链自由基的生成概率之乘积。x 聚体的偶合形式有多种，可以为 $1+(x-1)$、$2+(x-2)$、$3+(x-3)$、…、$(x-1)+1$ 等，共有 $(x-1)$ 种组合方式。

如果 x 是奇数，则偶合的两个链自由基都不等长，一个动力学链长为 y，则另外一个为 $x-y$，则其形成的概率为：

$$\frac{N_x}{N} = (x-1)p_y p_{x-y} = (x-1)[p^{y-1}(1-p)][p^{x-y-1}(1-p)] = (x-1)p^{x-2}(1-p)^2$$

$$\tag{3-82}$$

如果 x 为偶数，则偶合的两个链自由基有一种是等长的情况，即链的聚合度为 $x/2$，有 $(x-2)$ 种非等长链自由基的偶合情况。设非等链长时 $y \neq x/2$，则非等链长和等链长自由基偶合概率分别如下式所示：

$$\alpha_{y+(x-y)} = (x-2)[p^{y-1}(1-p)][p^{x-y-1}(1-p)] = (x-2)p^{x-2}(1-p)^2 \tag{3-83}$$

$$\alpha_{x/2+x/2} = [p^{\frac{x}{2}-1}(1-p)][p^{\frac{x}{2}-1}(1-p)] = p^{x-2}(1-p)^2 \tag{3-84}$$

偶合终止时 x 聚体的数量分布函数为 x 聚体的总生成概率，无论 x 是奇数还是偶数，都存在下式：

$$\frac{N_x}{N} = (x-2)p^{x-2}(1-p)^2 + p^{x-2}(1-p)^2 = (x-1)p^{x-2}(1-p)^2 \tag{3-85}$$

偶合终止时，大分子的数目是歧化终止时的一半，即

$$N = \frac{n}{2}(1-p) \tag{3-86}$$

结合式（3-85）和式（3-86），偶合终止时聚合物的质量分布函数如下：

$$\frac{W_x}{W} = \frac{xN_x}{n} = \frac{1}{2}x(x-1)p^{x-2}(1-p)^3 \approx \frac{1}{2}x^2 p^{x-2}(1-p)^3 \tag{3-87}$$

由此可以推导出，自由基聚合按偶合终止时的数均聚合度、重均聚合度和聚合度分布指数方程分别为：

$$\overline{X}_n = \sum \frac{xN_x}{N} = \sum x(x-1)p^{x-2}(1-p)^2 = (1-p)^2 \frac{1+p}{p(1-p)^3} \approx \frac{2}{1-p} \tag{3-88}$$

$$\overline{X}_w = \sum \frac{xW_x}{W} = \frac{1}{2}(1-p)^3 \sum x^2 (x-1) p^{x-2} \approx \frac{3}{1-p} \tag{3-89}$$

$$\frac{\overline{X}_w}{\overline{X}_n} = \frac{3/(1-p)}{2/(1-p)} = 1.5 \tag{3-90}$$

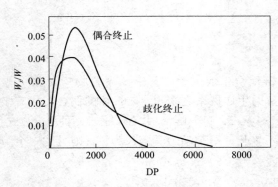

图 3-15　偶合终止和歧化终时
聚合物的质量分布曲线

由式（3-90）可知，自由基聚合偶合终止时的聚合度分布指数约为 1.5。对比歧化终止和偶合终止时的聚合度分布可知，偶合终止时聚合度的分布比歧化终止时要窄一些（图 3-15）。

上述聚合度分布是基于低转化率下的聚合动力学推导出来的。当转化率升高时，体系的自动加速效应明显，聚合度分布变宽；当体系对自由基的包埋比较严重时，分布更宽；当体系存在链转移反应时也导致聚合度分布变宽。常见聚合物的分子量分布指数列于表 3-14 中。

表 3-14　合成高分子的分子量分布指数

聚合物	分子量分布指数	（自由基）聚合物	分子量分布指数
理想的均一聚合物	1.0	稀溶液偶合终止聚合物	1.5
活性阴离子聚合物	1.04～1.10	稀溶液歧化终止聚合物	2.0
线形聚合物	～2.0	高转化率溶液聚合物	2～4
高度支化聚合物	2～20	本体聚合物（自动加速）	5～10

3.10　阻聚与缓聚

在 3.8.2 节讨论链转移对聚合度的影响时，并没有考虑链转移后聚合速率降低或者停止的情况。链转移后聚合速率不变对聚合度有较大影响。然而，一些链转移反应生成新自由基的活性较低，导致聚合速率下降，即发生缓聚（retardation of polymerization）；也有一些自由基在链转移后失去引发聚合的能力，聚合终止，称为阻聚（inhibition of polymerization）。

能与自由基反应生成非自由基或不能引发聚合的低活性自由基，而使聚合完全停止的化合物称为阻聚剂（inhibitor）；而能使聚合速率减慢的化合物称为缓聚剂（retarder）。当体系中存在阻聚剂时，初期引发剂分解并不能马上引发聚合，必须待体系中阻聚剂全部消耗完后，聚合反应才会正常进行，从引发剂开始分解到单体开始聚合的时间段称为诱导期。

除了阻聚和缓聚以外，在实际聚合过程中也有阻聚和缓聚并存的情况，即在一定的反应阶段充当阻聚剂，产生诱导期，反应一段时间后其阻聚作用消失，转而成为缓聚剂，使聚合速率减慢。如图 3-16 所示，在不同阻聚剂和缓聚剂存在下苯乙烯 100℃ 热聚合时的聚合动力学曲线差别很大。

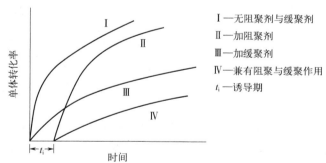

图 3-16　阻聚剂和缓聚剂对聚合反应的影响

图中曲线 Ⅰ 为正常的热聚合动力学曲线，没有添加任何阻聚剂和缓聚剂；曲线 Ⅱ 为存在苯醌等阻聚剂的体系，有诱导期，当阻聚剂消耗殆尽，也即诱导期过后，可以继续引发单体聚合，聚合速率与图 Ⅰ 相同，诱导期的长短与阻聚剂的含量成正比；曲线 Ⅲ 为存在硝基苯等缓聚剂的体系，虽然没有诱导期，但是聚合速率与正常热引发相比有所降低，产生缓聚作用；曲线 Ⅳ 为存在亚硝基苯的体系，有诱导期，并且在诱导期结束后聚合速率相比曲线 Ⅰ 低，亚硝基苯兼具阻聚和缓聚作用。

阻聚和缓聚虽然不是自由基聚合的基元反应，但是在高分子合成工业中非常重要。单体中的杂质可能会阻碍聚合的正常进行，聚合前必须对单体进行精制，缩短或者排除诱导期；

单体在加热精制和贮存运输过程中也要防止自聚，需要加入一定量的阻聚剂，使用时再脱除阻聚剂。为了得到一定结构或分子量的聚合物，需要控制转化率，有时在聚合到一定转化率时需加入阻聚剂，使聚合反应终止。在高分子化学研究中，可以利用高效阻聚剂捕捉自由基来测定引发速率等动力学参数。

3.10.1 阻聚剂类型及阻聚机理

根据分子结构特征，阻聚剂可以分为稳定自由基型、变价金属盐型和有机分子型。按照阻聚机理可分为链转移型、电荷转移型和加成型阻聚剂。

（1）链转移型阻聚剂

链转移型阻聚剂能与自由基发生链转移反应，生成不具有引发活性的化合物，终止聚合。该类阻聚剂多为稳定自由基，虽然其反应活性较低，但可与链自由基偶合，也能进行歧化反应，生成更稳定的化合物和端烯基聚合物，如 1,1-二苯基-2-三硝基苯肼（diphenyl-trinitro-phenylhydrazine，DPPH）和 2,2,6,6-四甲基哌啶氧化物（tetramethylpiperidine oxide，TEMPO）等。

DPPH 是最常用的稳定自由基型阻聚剂，阻聚效率极高，浓度仅为 10^{-4} mol/L 即足以使单体阻聚。DPPH 的阻聚机理如下所示，它可化学计量地消灭每一个自由基，因而称为自由基捕捉剂。DPPH 为黑色，捕捉自由基后变为无色，因此可通过比色法测定自由基的生成速率，即引发速率。

一些含活泼氢的仲芳胺和酚，其活泼氢容易被自由基夺取而发生链转移，本身则生成因苯环共振作用稳定化的自由基，该自由基不能引发聚合，而与其他链自由基发生终止反应，起阻聚作用。常见阻聚剂还包括芳胺、2,6-二叔丁基-4-甲基苯酚等。

简单苯胺和苯酚的阻聚效率很低，即使对十分活泼的醋酸乙烯酯自由基也仅是效果很差的缓聚剂。在苯环上引入多个供电子烷基后，阻聚效果显著增加，如 4-甲基-2,6-二叔丁基酚常用作阻聚剂。

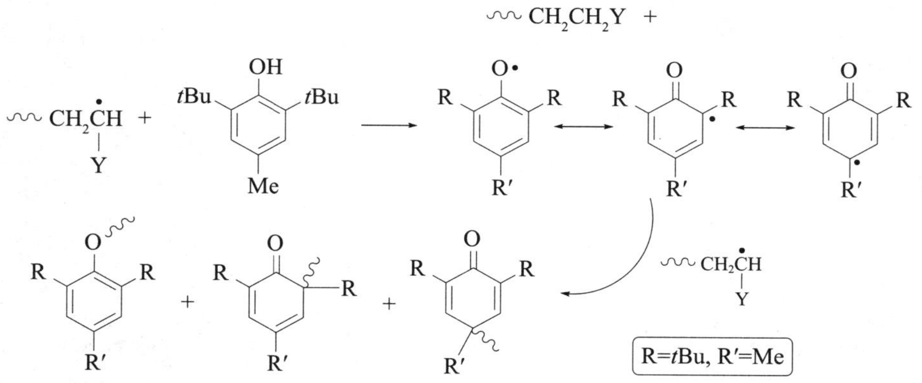

位阻酚与链自由基反应，生成稳定自由基，随后还可与自由基结合，生成稳定物种，每个位阻酚可消灭两个自由基。对苯二酚容易被氧化，生成对苯醌，阻聚效果大大增强。

（2）电荷转移型阻聚剂

电荷转移型阻聚剂的典型代表是 $FeCl_3$ 和 $CuCl_2$ 等变价金属盐。高价过渡金属具有氧化性，而自由基具有还原性，二者之间易发生氧化还原或电子转移反应，生成低价金属盐和氯代聚合物。具体反应如下：

$$\sim CH_2\overset{\bullet}{C}H\underset{Y}{} + FeCl_3 \longrightarrow \sim CH_2CHCl\underset{Y}{} + FeCl_2$$

氯化铁和氯化铜等阻聚效率很高，能按化学计量消灭自由基，因此可用于测定引发速率。工业上应避免使用碳钢或铜质反应釜和管道，以防止阻聚。

（3）加成型阻聚剂

某些不饱和化合物能与链自由基快速加成，使之转化为低活性自由基，从而起到阻聚剂或缓聚剂的作用。常用的加成型阻聚剂包括苯醌衍生物、硝基化合物、氧气和硫。苯醌应用最广，其阻聚行为比较复杂，不仅涉及自由基加成反应，还涉及氢转移反应。

苯醌的所有双键均能与自由基加成，中间自由基都是稳定自由基，引发活性很低，只能与链自由基进行偶合终止或歧化终止。每一个苯醌分子能终止的自由基个数可能大于1，甚至达到2，但不确定。

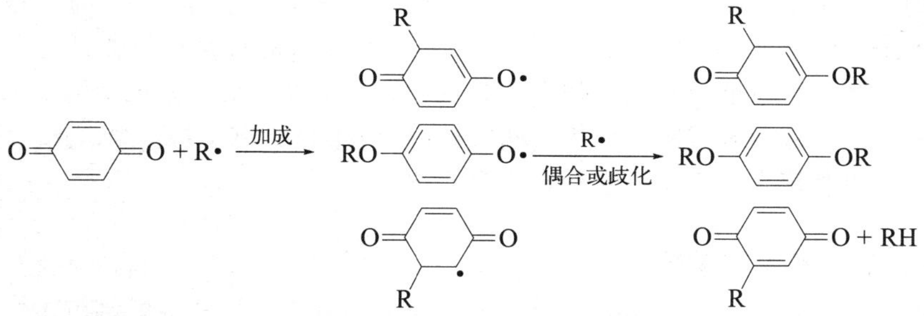

芳香族硝基化合物是常用的加成型阻聚剂，阻聚机理是自由基进攻硝基。硝基化合物对富电子活泼自由基的阻聚效果更好，硝基数目增多，阻聚效率增高。高不饱和度的芳香族硝基化合物容易发生自由基加成，产生的新自由基容易发生夺氢反应，进而发生歧化终止。

$$R\cdot + O_2 \longrightarrow R-O-O\cdot \text{(中低温下呈低活性)}$$

$$RH + O_2 \xrightarrow{\triangle} ROOH \xrightarrow{\triangle} RO\cdot + HO\cdot \xrightarrow[k_i/k_p]{n\,M} \curvearrowright M\cdot$$

有机过氧化物在低温下很稳定，但在高温时很容易分解成高活性自由基，引发某些单体聚合。例如，工业上在高温下用微量氧引发乙烯的高压自由基聚合，生产低密度聚乙烯和乙烯-醋酸乙烯酯共聚物。

3.10.2 烯丙基单体的自阻聚作用

在自由基聚合中，烯丙基单体的聚合速率很低，而且往往只能得到低聚物，这是因为自由基与烯丙基单体反应时，存在加成和转移两个竞争反应。

在链增长和链转移这一对竞争反应中，由于取代基没有吸电子效应，单体活性不高且加成反应生成的链自由基不稳定，不利于链增长，而容易发生链转移。烯丙基氢很活泼，存在 p-π 共轭效应的烯丙基自由基也非常稳定，对链自由基夺氢的转移反应非常有利。因此，烯丙基单体的自由基聚合只能得到低聚物。另外，稳定的烯丙基自由基很难引发单体聚合，只能与链自由基终止，起缓聚或阻聚作用。醋酸烯丙酯（$CH_2 =\!\!= CHCH_2OCOCH_3$）是典型的烯丙基单体，自由基聚合速率很低，聚合度只能达到 14。

3.10.3 阻聚效率和阻聚常数

阻聚反应类似于链转移或自由基加成，但新形成的自由基活性低，难以再引发单体聚合而终止。

$$RM_x\!\cdot\ +\ Z \xrightarrow{\ \ k_z\ \ } \begin{cases} \text{链终止} & RM_xZ \\ \text{链转移} & RM_x + Z\cdot \\ \text{共聚} & RM_xZ\cdot \end{cases}$$

自由基与阻聚剂的反应与链增长反应是一对竞争反应。忽略其他链转移，平均聚合度与阻聚剂浓度存在下列关系：

$$\frac{1}{\overline{X}_n}=\frac{2k_tR_p}{k_p{}^2[M]^2}+\frac{k_z}{k_p}\times\frac{[Z]}{[M]}=\frac{2k_tR_p}{k_p{}^2[M]^2}+C_z\frac{[Z]}{[M]} \tag{3-91}$$

式中，C_z 为阻聚常数，根据其大小可判断阻聚剂的阻聚效率。C_z 值越大，阻聚效率越高。

阻聚效率与阻聚剂的组成有关，相同阻聚剂对不同单体的阻聚效率也不同。苯乙烯、醋酸乙烯酯和丁二烯等带供电子取代基的单体，阻聚剂优先选择醌类、芳香族硝基化合物、变价金属盐；丙烯腈、丙烯酸酯和甲基丙烯酸酯等带吸电子取代基的单体，可选择容易供出氢原子的酚类和胺类阻聚剂。表 3-15 是常用阻聚剂对不同单体的阻聚效果。

表 3-15　常见阻聚剂的阻聚常数 C_z

阻聚剂	单体	温度/℃	C_z	k_z/[L/(mol·s)]
硝基苯	丙烯酸甲酯	50	0.0046	4.63
	苯乙烯	50	0.326	
	醋酸乙烯酯	50	11.2	19300
三硝基苯	丙烯酸甲酯	50	0.204	204
	苯乙烯	50	64.2	
	醋酸乙烯酯	50	404	760000
对苯醌	丙烯酸甲酯	44		1200
	苯乙烯	44	5.5	2400
	醋酸乙烯酯	50	518	
FeCl$_3$（DMF）	丙烯腈	60	3.33	6500
	甲基丙烯酸甲酯	60		5000
	苯乙烯	60	536	94000
	醋酸乙烯酯	60		235000
氧	甲基丙烯酸甲酯	50	3300	10^7
	苯乙烯	50	14600	$10^6\sim10^7$

3.10.4　阻聚剂在自由基聚合动力学参数测定中的应用

（1）阻聚剂在引发速率测定中的应用

DPPH 和 FeCl$_3$ 能够以 1∶1 的比例高效、迅速捕捉自由基，利用阻聚反应前后体系颜色的变化，可用比色法测定引发速率。

在阻聚反应中，高效阻聚剂的消耗速率与阻聚剂浓度无关，为零级反应，即

$$R_i t = n([Z]_0 - [Z]) \tag{3-92}$$

当阻聚剂完全消耗或诱导期结束，即 $[Z]=0$ 时，上式可转化为：

$$R_i = \frac{n[Z]_0}{t} \tag{3-93}$$

式中，n 为单位阻聚剂捕捉的自由基数；$[Z]_0$ 为阻聚剂起始浓度；t 为诱导时间。根据上式测出诱导期，则可以计算引发剂的分解速率 R_i。

图 3-17 所示为用膨胀计法在 30℃测定 AIBN 引发苯乙烯本体聚合的聚合动力学曲线。由图 3-18 可知，随着阻聚剂浓度升高，诱导期增长，诱导期过后单体的聚合速率基本不变。并且，诱导期的长度与阻聚剂 DPPH 的浓度成正比。由此可以求出引发剂的引发速率。

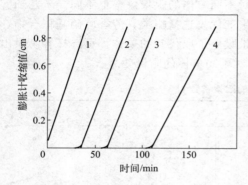

图 3-17 苯乙烯聚合动力学曲线
(30℃，$[AIBN]=0.1837mol/L$，曲线 1~4 分别表示 $[DPPH]$ 为 0、4.46×10^{-5}、8.92×10^{-5} 和 $13.4^{-5}mol/L$)

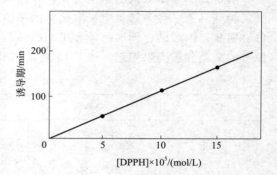

图 3-18 苯乙烯本体聚合的诱导期与 $[DPPH]$ 的关系
(30℃，$[AIBN]=0.1837mol/L$)

（2）自由基寿命和速率常数（k_p 和 k_t）的测定

在自由基聚合反应动力学的研究过程中，引发剂分解速率常数（k_d）和引发效率（f）可实验测定，却未能得到速率常数 k_p 和 k_t。聚合动力学方程和动力学链长方程分别为：

$$R_p = -\frac{d[M]}{dt} = k_p \left(\frac{fk_d}{k_t}\right)^{0.5} [I]^{0.5}[M] \tag{3-45}$$

$$\nu = \frac{k_p}{2(fk_d k_t)^{0.5}} \times \frac{[M]}{[I]^{0.5}} \tag{3-55}$$

通过式（3-44）、式（3-45）和式（3-55）可以计算出 k_p^2/k_t 的值，但是要求出 k_p 和 k_t 的值却非常困难。根据式（3-44）、式（3-45）和式（3-55）可推出式（3-94）。

$$\frac{k_p^2}{k_t} = \frac{2R_p^2}{R_i[M]^2} = \frac{2R_p\nu}{[M]^2} \tag{3-94}$$

为了计算 k_p 和 k_t 的值，可以通过自由基寿命 τ，计算出 k_p 和 k_t 的比值。自由基寿命

是指自由基从产生到终止所经历的时间。稳态自由基浓度 $[M\cdot]_s$ 与自由基消失速率存在如下关系：

$$\tau = \frac{[M\cdot]_s}{R_t} = \frac{1}{2k_t[M\cdot]_s} \tag{3-95}$$

将稳态自由基浓度或自由基寿命代入聚合反应速率方程，即可得到：

$$\tau = \frac{[M\cdot]_s}{R_t} = \frac{k_p}{2k_t} \times \frac{[M]}{R_p} \tag{3-96}$$

利用光引发自由基聚合，通过光照与光灭能够及时跟踪自由基的产生与消亡，从而求得自由基寿命（0.1～10 s），最终获得速率常数 k_p 和 k_t。

3.11 "活性/可控"自由基聚合

3.11.1 活性聚合的概念

自由基聚合具有慢引发、快增长、速终止和易转移的特点，因而聚合反应难以控制，无法合成预设分子量的窄分布聚合物。如果能加快链引发速率，使其在瞬间完成，同时大幅度降低链增长速率，使聚合物链的形成由 1～2s 增加到几小时以上，并消除链转移和链终止反应，则能使聚合完全可控，通过改变单体和引发剂的投料比，合成预设分子量的窄分布聚合物。

经过长期努力，科学家通过离子聚合机理获得了上述类型的链式聚合方法。目前，人们把"快引发、慢增长，没有链转移和链终止的聚合反应"定义为活性聚合（living polymerization）。活性聚合具有如下特征：

① 单体完全转化，聚合物的数均聚合度为单体与引发剂的投料比（$\overline{X}_n = [M]_0/[I]$）；
② 单体未完全转化，数均聚合度与单体转化率（α）成正比（$\overline{X}_n = \alpha[M]_0/[I]$）；
③ 单体耗尽，再加入单体可重新引发聚合；
④ 单体 A 耗尽，加入活性适当的单体 B 可合成嵌段共聚物；
⑤ 单分散性，分子量分布指数可接近 1.0，如 1.05。

活性阴离子聚合是最成熟的活性聚合方法，我们将在第 6 章作详细讨论。适合于活性阴离子聚合的单体较少，普适性不高。与阴离子聚合相比，自由基聚合的单体适用范围广，反应条件温和，允许单体携带各种官能团，因此研究"活性"自由基聚合具有重要意义。

自由基聚合动力学的特征是慢引发、快增长、终止反应极快、伴有链转移反应，在时间和空间上具有随机性，与活性聚合恰好相反。自由基聚合难以控制的主要原因是活性种太过活泼，如果能使活性种大部分处于休眠状态，则有望将其改造成"活性/可控"聚合。

3.11.2 实现"活性/可控"自由基聚合的策略

要将普通自由基聚合变成"活性"或"准活性"聚合，需要解决的关键问题包括：①使"慢引发"变成"快引发"；②使"快增长"变成"慢增长"；③消除或者抑制链终止和链转移反应。

从热力学角度考虑，使用高活性引发剂可以使"慢引发"变成"快引发"，但是活性种瞬间形成会造成体系中自由基浓度过高，产生爆聚，聚合不可控。从动力学角度考虑，消除或者抑制链终止要求链终止速率远小于链增长速率。如式（3-97）所示，自由基聚合的 k_t/k_p 值为 $10^4 \sim 10^5$，当单体浓度为 1mol/L，体系中自由基的浓度约为 10^{-8}mol/L 时，链终止速率约为链增长速率的 0.1% 或更低。假设该条件下，链终止相对于链增长可以忽略不计，那么，当自由基浓度约为 10^{-8}mol/L 时，R_t 相对于 R_p 可以忽略不计，基本上可以消除或者抑制链终止反应。该浓度比普通自由基聚合低 3 个数量级左右，所以要实现自由基可控聚合，其聚合速率一定很慢，不具备可操作性。

$$\frac{R_t}{R_p} = \frac{k_t}{k_p} \times \frac{[P\cdot]}{[M]} \tag{3-97}$$

解决上述问题的关键策略是将有机化学的动态平衡反应引入到自由基聚合中。如下述反应式所示，通过外加物种 X 与自由基活性种（P·）之间形成可逆链转移或者链加成反应，实现"活性种（reactive species）"和"休眠种（dormant species）"之间的快速动态平衡（$k_d \gg k_a$），达到与"快引发、慢增长"同样的效果，解决关键问题①和②。同时，通过可逆平衡反应调节聚合体系的瞬时活性种浓度在 10^{-8}mol/L 左右，使链转移相对于链增长可以忽略不计，解决关键问题③。

$$\text{活性种 } P\cdot + X \underset{k_a}{\overset{k_d}{\rightleftharpoons}} P{-}X \text{ 休眠种}$$

$$\overset{R_p}{\curvearrowright} \quad \boxed{k_d \gg k_a}$$

$$+M$$

式中，X 是外加反应物，它不能引发单体聚合，但与自由基 P· 迅速发生"去活化或钝化（deactivation）反应"，生成不能引发单体聚合的"休眠种"P—X，休眠种又会发生"活化反应"均裂为活性自由基 P·，"去活化"与"活化反应"处于快速动态平衡。

依据平衡常数 $K = [P{-}X]/([P\cdot][X])$ 可知，聚合体系中的活性自由基浓度正比于休眠种浓度，反比于平衡常数 K 和外加反应物 X 浓度。因此，增大平衡常数和外加物种 X 浓度均可减小活性自由基的浓度。聚合体系中，$[X] > ([P\cdot] + [P{-}X])$，因此 $[P\cdot]$ 可保持在很低水平。

依照物理化学原理，聚合物的平均聚合度可用式（3-98）计算，因为 $[P{-}X]$ 与正常自由基聚合的活性种浓度相当，不必担心分子量过高。

$$\overline{X}_n = \alpha \frac{[M]_0}{[P{-}X] + [P\cdot]} \tag{3-98}$$

式中，α 是单体转化率。

需要指出的是，休眠种与活性种之间的动态平衡改变了瞬时自由基浓度，从而抑制了双基终止。但并没有改变自由基聚合的本质，如果控制不当，瞬时局部自由基活性种浓度较大，仍有可能相遇，发生链终止反应。因此，该方案不能获得理想的"活性聚合"，现称之为"活性/可控"自由基聚合（living/controlled radical polymerization）。

"活性/可控"自由基聚合的关键是找到合适的 X 物种，实现活性种与休眠种之间的动态平衡，降低瞬时自由基的浓度。当采用不同的平衡反应或不同的 X 物种时即可得到不同种类的"活性/可控"自由基聚合方法，包括原子转移自由基聚合（atom transfer radical polymerization，ATRP），可逆加成-断裂链转移聚合（reversible addition-fragmentation chain transfer polymerization，RAFTP），氮氧自由基调控聚合（nitroxide mediated polymerization，NMP）等。

3.11.3　原子转移自由基聚合

有机化学有一个重要的卤代烃/丙烯酸酯自由基加成反应，称为原子转移自由基加成反应（atom transfer radical addition，ATRA）。ATRA 分三步，首先 CuCl 夺聚氯代烃（RCl）的氯原子，在生成 CuCl₂ 的同时产生自由基（R·）；随后高活性的自由基与丙烯酸酯加成，生成 p-π 共轭效应稳定的自由基；最后稳定自由基被二价铜氧化，转变为 α-氯代酯，即自由基休眠种。在该反应中，亚铜盐先被氧化，后被还原，只起催化作用。ATRA 的第一步和第三步都是快速可逆平衡反应，保证了体系中的自由基浓度很低，很难发生双自由基的偶联与歧化反应。

$$\text{自由基产生}\qquad R{-}Cl + CuCl \;\rightleftharpoons\; R\cdot + CuCl_2$$

$$\text{自由基加成}\qquad R\cdot + \overset{}{=\!\!=}\,CO_2Me \;\longrightarrow\; R{\diagup}{\overset{\cdot}{\diagup}}CO_2Me$$

$$\begin{matrix}\text{自由基消失}\\ \text{（自由基休眠）}\end{matrix}\qquad R{\diagup}{\overset{\cdot}{\diagup}}CO_2Me + CuCl_2 \;\rightleftharpoons\; R{\diagup}{\overset{Cl}{\diagup}}CO_2Me + CuCl$$

通过增加单体用量、提高反应温度及调节催化剂组成和结构，可将 ATRA 用于"活性/可控"自由基聚合，即 ATRP。如下述反应式所示，引发剂 R–Cl 与 CuCl 反应生成自由基活性种（R·），随后 R· 与单体反应生成链增长自由基（P·），P· 立即与二价铜盐发生快速反应形成自由基休眠种（P—Cl），少量 P· 引发单体聚合。引发剂很快即完全转化为休眠种，建立起链增长活性种和休眠种之间的动态可逆平衡，所有休眠种和链增长活性种之间的快速转化机会完全相等，保持链增长活性种的瞬时浓度很低，保证聚合反应按"活性/可控"方式进行。

$$R{-}Cl + CuCl \;\longrightarrow\; R\cdot + CuCl_2$$
$$\Big\downarrow k_i\,|\,M$$
$$P{-}Cl + CuCl \;\underset{k_a}{\overset{k_d}{\rightleftharpoons}}\; RM\cdot(P\cdot) + CuCl_2$$
$$\overset{R_p}{\circlearrowright}\;{+}M$$

ATRP 的引发剂通常为卤代烃，最好是苯乙烯、甲基丙烯酸酯和丙烯腈与 HX（X 为卤素）的亲电加成产物，即通常单体同源引发剂的效果最佳。另外，卤化苄和苯甲磺酰卤也具有良好的引发效果；CCl₄、CHCl₃ 和 CH₂ClCH₂Cl 等廉价卤代烃与 FeCl₂/PPh₃ 组合，也可引发甲基丙烯酸酯的 ATRP。

ATRP 最常用的催化剂是低价铜盐，CuCl 或者 CuBr。由于烯类单体大多是油溶性单体，而 CuCl 或者 CuBr 在有机溶剂和单体中的溶解性很差，一般需要加入配体与 CuCl 或者

CuBr 配位，提高其在有机相中的溶解度，进而提高其催化活性。常用配体包括联吡啶、烷基取代联吡啶、四甲基乙二胺、线形或支化的六甲基三乙烯四胺等。

与普通自由基聚合相似，ATRP 也具有较宽的单体选择范围，这是 ATRP 最大的魅力所在，目前已经报道可进行 ATRP 的单体大体分为四类。①苯乙烯和芳环取代苯乙烯单体，ATRP 对该类单体的控制性最好；②甲基丙烯酸酯类单体，控制性很好；③丙烯酸酯类单体，控制性较好；④丙烯腈、乙烯基吡啶、功能性（甲基）丙烯酸酯类单体也可以进行 ATRP，但是可控性较差。相反，乙烯、α-烯烃、环烯烃、共轭二烯、氯乙烯、醋酸乙烯酯和烷基乙烯基醚等单体很难进行 ATRP。

3.11.4 可逆加成-断裂链转移聚合

RAFTP 是利用外加物种 A—X 与活性种的可逆链转移反应生成休眠种，并达到活性种与休眠种之间的快速动态平衡，构建"活性/可控"自由基聚合体系。该方法的关键在于寻找合适的链转移剂 A—X。澳大利亚学者 Rizarrdo 等发现双硫酯 Z—C(SR)=S(1)，一种特殊的链转移剂（chain transfer agent，CTA），可与链自由基进行可逆的加成和链转移反应，在休眠种和活性种之间达到快速平衡。反应机理如下述反应式所示，RAFTP 的链引发与普通自由基聚合相同。双硫酯链转移剂具有很高的链转移常数，能迅速捕捉链自由基发生加成反应，形成不太稳定的中间态自由基，该自由基不能引发单体聚合，但可以裂解成大分子CTA 和自由基 R·。R·重新引发单体聚合形成链自由基 P_n·，P_n·能与链转移剂发生快速可逆加成和断裂反应。当 CTA 完全消耗掉时，大分子 CTA 独立存在于反应介质中并进入主平衡，在活性种与休眠链之间建立起快速的交换，确保所有的聚合物链以同等概率生长，生成窄分子量分布的聚合物。假定 CTA 全部消耗，且忽略引发剂产生的聚合物链，聚合物分子量与单体转化率成正比。

常用的 CTA 主要包括二硫代苯甲酸酯（简称二硫酯）（dithioester）、黄原酸酯（xanthate）、三硫代碳酸酯（trithiocarbonate）、二硫代氨基甲酸酯（dithiocarbamate）等。RAFTP 中 CTA 的选择很重要，一般高活性单体，如苯乙烯和（甲基）丙烯酸甲酯等，选择高活性的 CTA，如二硫代羧酸酯和三硫代碳酸酯；低活性单体，如醋酸乙烯酯，选择低活性的 CTA，如黄原酸酯等。通过不同活性 CTA 的选择，RAFTP 可以实现大多数烯类单体的"活性/可控"自由基聚合。

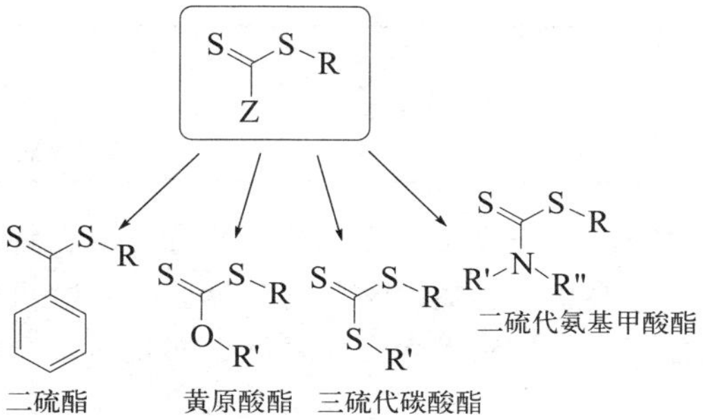

二硫酯　　黄原酸酯　三硫代碳酸酯

在 RAFTP 过程中，通常 Z 基团并不发生断裂，但它通过电子效应影响中间态自由基（2）的稳定性，因而 Z 基结构对链转移剂的性能影响最大。

3.11.5　氮氧自由基调控聚合

NMP 通过可逆链终止反应实现活性种与休眠种之间的动态平衡，从而达到"活性/可控"聚合的目的。TEMPO 是最常用的稳定氮氧自由基；由于空间位阻较大不能引发单体聚合，但可快速与链自由基发生偶合终止生成休眠种；而这种休眠种在高温（>100℃）下又可分解产生自由基，复活成活性种并引发单体聚合，即通过 TEMPO 的可逆链终止作用，活性种与休眠种之间建立一种快速可逆的动态平衡，从而实现"活性/可控"自由基聚合。在可逆链终止反应中，氮氧自由基与链自由基可逆终止反应的平衡常数适当时，能够控制体系的瞬时自由基浓度，因此该反应称为氮氧自由基调控聚合。

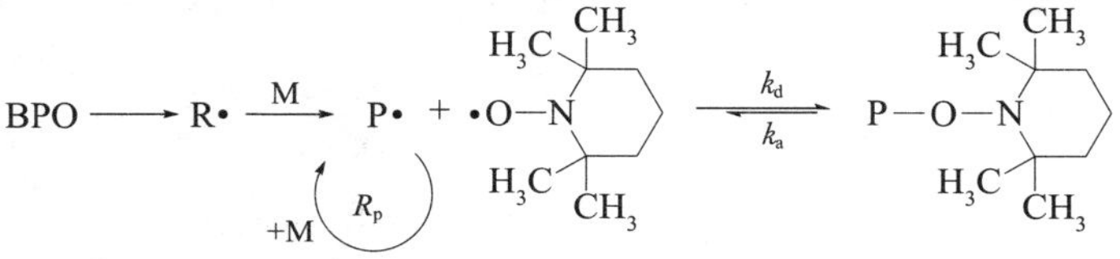

与 RAFTP 相似，NMP 的链引发与普通自由基聚合相同，通过常用引发剂，如 BPO、AIBN 等高温下引发。用于可逆链终止的化合物可以是位阻较大、比较稳定的氮氧自由基，也可以是加热能够生成稳定氮氧自由基的烷氧基胺化合物。

表 3-16 是常用"活性/可控"自由基聚合方法的比较。不同"活性/可控"自由基聚合，包括 ATRP、RAFTP、NMP，虽然其聚合的原理各不相同，但都是利用活性种与休眠种之间的快速动态平衡实现对瞬时自由基浓度的控制，从而抑制链转移和链终止对聚合的影响，并使所有潜在的活性中心与单体增长的概率相同，实现"活性/可控"聚合。不同的聚合方法所应用的可逆动态平衡反应不同，因而对聚合体系，包括使用的单体以及反应体系组成等的要求也有所不同。

表 3-16　常用"活性/可控"自由基聚合方法的比较

聚合方法	调控反应机理	调控反应体系	适用单体
NMP	快速可逆链终止	自由基引发剂 氮氧自由基或烷氧基胺	苯乙烯、丙烯酸酯、氯乙烯等
ATRP	快速可逆链终止	卤代烃引发剂 变价金属盐+配体	苯乙烯及其衍生物、（甲基）丙烯酸酯

聚合方法	调控反应机理	调控反应体系	适用单体
RAFTP	快速可逆链转移	自由基引发剂 硫代链转移剂	苯乙烯、（甲基）丙烯酸酯、丙烯腈、 丙烯酰胺、醋酸乙烯酯等

"活性/可控"自由基聚合已趋于成熟，在窄分子量分布聚合物以及嵌段聚合物尤其是功能性聚合物的合成方面具有重要意义。随着学科的发展，"活性/可控"自由基聚合逐渐向绿色环保、高活性、低温聚合以及光控制聚合方向发展，实现对聚合过程的多方面控制。

3.11.6 "活性/可控"自由基聚合的应用

（1）合成窄分子量分布的聚合物

"活性/可控"自由基聚合尤其适用于一些不能进行活性离子聚合的单体，例如，可用于合成丙烯酸酯、丙烯腈和醋酸乙烯酯的窄分子量分布聚合物。值得注意的是，"活性/可控"自由基聚合物的分子量分布宽于活性离子聚合物，通常分子量分布指数可控制在 1.1~1.3 之间，主要原因是"活性/可控"自由基聚合不能彻底消除链终止和链转移反应。

（2）合成末端官能团聚合物

ATRP、RAFTP、NMP 等聚合物的端基都存在弱化学键，可以方便地通过端基转化反应制备各种端基功能化聚合物。例如，ATRP 聚合物的端基为 C—X 键，可用六亚甲基四胺 $[N_4(CH_2)_6]$ 氨解-水解合成伯胺；C—X 与 CN 根负离子反应，再水解生成羧酸；C—X 与叠氮负离子反应生成端基叠氮化合物；C—X 与 $Mg(CH_2CH{=\!=\!}CH_2)Br$ 反应生成端烯基聚合物。

$$R\!-\!X \xrightarrow[\text{CuCl}]{M} \sim\!\!P\!\!\sim X \longrightarrow \begin{array}{l} \sim\!\!P\!\!\sim\!\!OH \\ \sim\!\!P\!\!\sim\!\!NH_2 \\ \sim\!\!P\!\!\sim\!\!COOH \\ \sim\!\!P\!\!\sim\!\!N_3 \\ \sim\!\!P\!\!\sim\!\!CH_2CH{=\!=}CH_2 \end{array}$$

在引发剂或者链转移剂的端基引入不参与聚合反应的功能性基团，也可以方便地合成端基功能化聚合物。例如，在二硫代羧酸酯的 R 基团引入羧基，该基团通过 RAFTP 进入聚合物的链末端，并保持其功能性。

（3）合成嵌段聚合物

利用"活性/可控"自由基聚合可以制备结构明确的两嵌段和三嵌段共聚物。由于"活性/可控"自由基聚合的瞬时自由基浓度很低，聚合反应速率很慢，无法让第一种单体全部耗尽，简单的两种或者多种单体顺序加料的方法并不适用。聚合过程中，中间必须经过分离纯化得到大分子引发剂或者链转移剂，再引发第二种单体聚合，才能获得理想结果。

$$R-X \xrightarrow{\quad M1 \quad} R \rightsquigarrow M1 \rightsquigarrow -X \xrightarrow[(2)M2]{(1)分离纯化} \rightsquigarrow M1-M2 \rightsquigarrow$$

"活性/可控"自由基聚合可用于合成两亲性嵌段共聚物，如 MMA 与甲基丙烯酸 N,N-二甲氨基乙酯（DMAEMA）的嵌段共聚物（PMMA-b-PDMAEMA），也可以使用大分子引发剂合成聚乙二醇和聚乳酸与聚苯乙烯或聚（甲基）丙烯酸酯的嵌段共聚物等。

本章纲要

1. **烯类单体对聚合机理的选择性** 取代基的电子效应是影响烯类单体对聚合机理选择性的主要因素。带吸电子共轭基团的单体有利于阴离子聚合，带供电子基团的单体有利于阳离子聚合，多数烯类单体都能自由基聚合。取代基位阻对聚合能力也有影响，除富马酸酯外 1,2-双取代单体难聚合；1,1-双取代单体能聚合，但基团体积较大时，也不利于聚合。

2. **聚合热力学** 聚合自由能变化（ΔG）的正负是单体能否聚合的判据，烯类单体聚合是熵减过程，聚合熵变（ΔS）近于定值，因此也可用聚合焓变（ΔH）的大小来初步判断聚合倾向。位阻效应、共轭效应、基团电负性、强氢键等对聚合焓变都有影响。聚合焓变和聚合熵变的比值定义为聚合上限温度（$T_c = \Delta H^{\ominus}/\Delta S^{\ominus}$）。加压使聚合上限温度提高，即有利于聚合。

3. **自由基的活性** 分子结构对自由基活性有很大的影响。甲基、乙基自由基过于活泼，迅速引发聚合难以控制；三苯甲基类自由基很稳定，是自由基捕捉剂。中等活性的自由基适合于引发聚合。自由基聚合常用引发剂的热分解来产生自由基，光、辐射、等离子体也能产生自由基，用来引发自由基聚合。

4. **自由基聚合机理** 微观聚合过程由链引发、链增长、链终止、链转移四种基元反应组成，各反应的活化能和速率常数并不相同。自由基聚合的特征是慢引发、快增长、速终止、易转移，总反应速率由链引发反应来控制。一经引发，链增长和链终止几乎瞬时随机完成，以秒计。链增长以头-尾键接为主。链终止主要是双基终止，包括偶合终止和歧化终止两种形式。聚合体系由单体和聚合物组成，无中间产物。随着聚合时间的延长，单体转化率不断增加，但聚合度变化较小。

5. **引发剂与引发反应** 自由基聚合的常用引发剂包括过氧类（如 BPO、过硫酸钾等）、偶氮类（如 AIBN）和氧化-还原体系。引发剂的分解速率常数 k_d 可由实验测定，工业上多用半衰期（$t_{1/2} = 0.693/k_d$）表示引发活性。引发剂的分解速率常数和半衰期与温度的关系遵循 Arrhenius 方程。根据聚合温度选用合适半衰期的引发剂。有些引发剂分解时伴有诱导分解、笼蔽效应等副反应，处理动力学时，需要引入引发效率 f。

烯类单体可以热聚合，但很少实际应用。工业上只有苯乙烯用热聚合，同时添加引发剂，苯乙烯热引发聚合遵循三级反应动力学。

烯类单体可光聚合或辐射聚合。光聚合包括光直接引发、光引发剂引发和光敏剂间接引发三类。β射线、γ射线和中子射线等均可用于辐射聚合。辐射聚合与光引发聚合的共同特点是：活化能低，可以室温聚合，温度对聚合速率和分子量的影响较小。

6. 聚合反应速率　聚合初期单体转化率（C）小于$10\%\sim20\%$，为匀速阶段；聚合中期 C 小于 70%，因凝胶效应使双基终止受限而加速；聚合后期 C 可达 95%，受限于单体浓度低和扩散控制而降速。根据自由基等活性、长链、稳态、链转移反应不影响动力学四个基本假定，可推导出初期聚合速率方程：

$$R_\mathrm{p}=k_\mathrm{p}\left(\frac{fk_\mathrm{d}}{k_\mathrm{t}}\right)^{0.5}[\mathrm{I}]^{0.5}[\mathrm{M}],\ E=(E_\mathrm{p}-E_\mathrm{t}/2)+E_\mathrm{d}/2$$

速率常数的数量级如下：k_d 为 $10^{-6}\sim10^{-4}$/s，f 为 $0.6\sim0.8$，k_p 为 $10^2\sim10^4$L/(mol·s)，k_t 为 $10^6\sim10^8$L/(mol·s)，三者活化能为：$E_\mathrm{d}=105\sim150$kJ/mol，$E_\mathrm{p}=20\sim34$kJ/mol，$E_\mathrm{t}=0\sim21$kJ/mol。总活化能为正值，聚合速率随温度升高而增大。

宏观聚合过程有加速型、匀速型和减速型三种，如果引发剂半衰期选择得当，有可能接近匀速聚合。

7. 数均聚合度 $\overline{X}_\mathrm{n}$、动力学链长 ν 和链转移　数均聚合度与引发剂浓度的平方根成反比，随温度升高而降低。

活性链向单体、引发剂、溶剂等低分子转移，将使分子量降低，向大分子转移，则产生支链。每一活性种从引发开始到双基终止所消耗的单体分子数定义为动力学链长 ν。无链转移、歧化终止时，一个活性种只形成一条大分子链，聚合度与动力学链长相等；偶合终止时，聚合度是动力学链长的 2 倍。有链转移时，一个活性种将形成多条大分子链，歧化终止时，聚合度等于动力学链长和该活性种所形成大分子数的比值。

歧化终止、无链转移时：$\overline{X}_\mathrm{n}=\nu=\dfrac{R_\mathrm{p}}{R_\mathrm{t}}=\dfrac{k_\mathrm{p}}{2(fk_\mathrm{d}k_\mathrm{t})^{0.5}}\times\dfrac{[\mathrm{M}]}{[\mathrm{I}]^{0.5}}$

歧化终止、有链转移时：$\overline{X}_\mathrm{n}=\dfrac{R_\mathrm{p}}{R_\mathrm{t}+\sum R_\mathrm{tr}}$，$\dfrac{1}{\overline{X}_\mathrm{n}}=\dfrac{R_\mathrm{t}}{R_\mathrm{p}}+C_\mathrm{M}+C_\mathrm{I}\dfrac{[\mathrm{I}]}{[\mathrm{M}]}+C_\mathrm{S}\dfrac{[\mathrm{YS}]}{[\mathrm{M}]}$

链转移常数典型值：苯乙烯 $C_\mathrm{M}=10^{-4}\sim10^{-5}$，氯乙烯 $C_\mathrm{M}=10^{-3}$，甲苯 $C_\mathrm{S}=0.125\times10^{-4}$，叔丁硫醇 $C_\mathrm{S}=3.7$。

8. 聚合度分布　在理想状态下，可由统计法推导出 x 聚体的分布函数和平均聚合度。歧化终止和偶合终止时，聚合度分布指数分别为 2.0 和 1.5。实际上，自由基聚合物的分子量分布指数为 $2\sim10$。

9. 阻聚与缓聚　阻聚剂有分子型和稳定自由基型两类。阻聚效率常用阻聚常数 C_z 来表示，C_z 可用 DPPH 比色法来测定。苯乙烯、醋酸乙烯酯等带供电子基团的单体首选醌类、硝基芳烃和变价金属卤化物（如 FeCl_2）等亲电性阻聚剂。丙烯腈和（甲基）丙烯酸酯类极性共轭单体可选用酚类、胺类等容易供出氢原子的阻聚剂。烯丙基型化合物含活性 α-H，聚合活性低且容易发生链转移，通常只能得到齐聚物。

10. "活性/可控"自由基聚合　基本原理是降低自由基的浓度 [M·] 或活性，减弱双基终止，并将慢引发转变成快引发。关键是使自由基活性种（P·）蜕化成共价休眠种（P—X），但希望休眠种仍能分解成自由基活性种，构成快速可逆平衡，并要求平衡偏向于休眠种一侧。原子转移自由基聚合（ATRP）、可逆加成-断裂链转移聚合（RAFTP）、氮氧自由基调控聚合（NMP）是最重要的"活性/可控"自由基聚合方法，能用于窄分子量分布聚合物、端基功能聚合物和嵌段共聚物的高效合成。

习题

1. 举例说明取代基的共轭效应、诱导效应或电负性、空间位阻、氢键和溶剂化作用对烯类单体聚合热（$-\Delta H$）和聚合自由能变化（ΔG）的影响。

2. 比较下列单体聚合热的大小并解释其原因。乙烯、丙烯、异丁烯、醋酸乙烯酯、苯乙烯、α-甲基苯乙烯、氯乙烯、四氟乙烯、丙烯酸甲酯、甲基丙烯酸甲酯。

3. 什么是聚合上限温度和平衡单体浓度？根据表 3-2 的数据计算苯乙烯和甲基丙烯酸甲酯在 80℃ 和 100℃ 时自由基聚合的平衡单体浓度。

4. α-甲基苯乙烯在 30℃ 可以聚合，升温至 61℃ 后不能聚合，但进一步增大压力，该单体又可以发生聚合。请说明其原因。

5. 说明下列单体适合于何种机理聚合：自由基聚合、阳离子聚合、阴离子聚合或配位聚合。(1) $CH_2=CHCl$；(2) $CH_2=CCl_2$；(3) $CH_2=CHCN$；(4) $CH_2=C(CN)_2$；(5) $CH_2=CHCH_3$；(6) $CH_2=C(CH_3)_2$；(7) $CH_2=CHC_6H_5$；(8) $CF_2=CF_2$；(9) $CH_2=C(CN)CO_2CH_3$；(10) $CH_2=CHCH=CH_2$。

6. 解释下列实验现象。(1) 共轭效应降低烯类单体的聚合热，但能增大炔类单体的聚合热；(2) 乙烯、α-烯烃、1,1-二取代乙烯能聚合，但 1,2-二取代乙烯一般不能聚合；(3) 苯乙烯和丁二烯等共轭单体既能阴离子聚合也能阳离子聚合，还能自由基聚合。

7. 为什么 MMA 的自由基聚合全部形成"头-尾"结构，而醋酸乙烯酯的自由基聚合产物含有部分"头-头"结构单元？

8. 将数均分子量为 100000 的聚醋酸乙烯酯醇解成聚乙烯醇，采用高碘酸氧化聚乙烯醇中的 1,2-邻二醇，降解产物的数均聚合度为 200。计算聚醋酸乙烯酯的"头-尾"和"头-头"结构的百分率。

9. 写出苯乙烯、醋酸乙烯酯和甲基丙烯酸甲酯在 60℃ 自由基聚合的链终止反应式，分析三种单体聚合时双基终止方式不同的原因。为什么 MMA 的歧化终止比例随温度升高而增大？

10. 对于双基终止的自由基聚合反应，平均每一个大分子含有 1.30 个引发剂残基。假定无链转移反应，试计算歧化终止与偶合终止的相对量。

11. 在良溶剂中进行稀溶液自由基聚合，转化率与相对分子量随时间的变化有何特征？这种特征与聚合机理有何关系？

12. 写出下列自由基聚合引发剂的分子式和生成自由基的反应式，其中哪些是水溶性引发剂，哪些是油溶性引发剂？使用场所有何不同？(1) 偶氮二异丁腈与偶氮二异庚腈；(2) 过氧化二苯甲酰、过氧化十二酰、过氧化二碳酸二环己酯、异丙苯过氧化氢；(3) H_2O_2-亚铁盐体系、过硫酸钾-亚硫酸盐体系、过氧化二异丙苯-N,N-二甲基苯胺。

13. 在 60℃ 下用碘量法测定过氧化二碳酸二环己酯（DCPD）的分解速率，时间（t）为 0h、0.2h、0.7h、1.2h 和 1.7h 的 DCPD 浓度分别为 0.0754mol/L、0.0660mol/L、0.0484mol/L、0.0334mol/L 和 0.0228mol/L，求 DCPD 的分解常数 k_d（s^{-1}）和半衰期 $t_{1/2}$（h）。

14. 阐述影响引发效率的两种主要因素，偶氮类引发剂和过氧类引发剂的引发效率有较大差异，请用化学反应式阐明原因。

15. 推导自由基聚合初期动力学方程时，做了哪些基本假定？聚合反应速率与引发剂浓度的平方根成正比，对单体浓度呈一级反应各是哪一机理造成的？

16. 在下述情况下自由基聚合反应速率与单体浓度的反应级数各为多少？（1）引发剂引发、$R_i \gg R_d$、双基终止；（2）引发剂引发、$R_i = 2fk_d[M][I]$、双基终止；（3）引发剂引发、$R_i = 2fk_d[M][I]$、单基终止；（4）双分子热引发、单基终止；（5）三分子热引发、单基终止。

17. 丙烯腈在 BPO 引发下进行本体聚合，实验测得其聚合反应速率对引发剂浓度的反应级数为 0.9，试解释该现象。

18. 苯乙烯在甲苯中用 BPO 引发，聚合在 80℃下进行，当单体浓度分别为 8.3mol/L、1.8mol/L、0.4mol/L 时，其聚合反应速率对单体浓度的反应级数分别为 1、1.18、1.36，简要阐述理由。

19. 苯乙烯的热聚合反应经测定属于三分子引发，试推导聚合反应速率方程，并写明在推导过程中做了哪些基本假定。

20. 以 BPO 作引发剂，在 60℃进行苯乙烯（密度为 0.887g/m³）的聚合动力学研究，引发剂用量为单体质量的 0.109%，$R_p = 2.55 \times 10^{-5}$ mol/(L·s)，引发效率 $f = 0.80$，自由基寿命为 0.82s，聚合度为 2460。（1）求 k_d、k_p、k_t 的大小，建立三个常数的数量级概念；（2）比较单体浓度和自由基浓度的大小；（3）比较 R_i、R_p、R_t 的大小。

21. 某单体在 60℃聚合，单体浓度为 0.2mol/L，过氧类引发剂浓度为 4.2×10^{-3} mol/L。如果引发剂半衰期为 44h，引发效率 $f = 0.80$，$k_p = 145$ L/(mol·s)，$k_t = 7.0 \times 10^7$ L/(mol·s)，欲达 50%转化率，需要多少反应时间？

22.（1）简述自动加速现象及其产生的原因，对聚合反应及聚合物有何影响；（2）举例说明什么是凝胶效应和沉淀效应；（3）氯乙烯、苯乙烯、甲基丙烯酸甲酯自由基本体聚合时，都存在自动加速现象，三者有何异同？

23. 已知在苯乙烯单体中加入少量乙醇进行聚合时，所得聚苯乙烯的分子量比一般本体聚合低。但将乙醇量增加到一定程度后，所得到的聚苯乙烯的相对分子质量比相应条件下本体聚合所得到的要高，请解释其原因。

24. 氯乙烯悬浮聚合时，选用高效引发剂-低效引发剂复配的复合引发剂（其半衰期为 2h），基本上接近匀速反应，解释其原因。

25. 用 BPO 作引发剂，苯乙烯聚合时各基元反应的活化能 E_d、E_p 和 E_t 分别为 125.6、32.6 和 10kJ/mol，试比较从 50℃增至 60℃以及从 80℃增至 90℃时总反应速率常数和聚合度的变化情况。

26.（1）何为缓聚剂和阻聚剂，简述其主要作用原理和主要类型，写出相关反应式；（2）分析诱导期产生的原因，阐述诱导期与阻聚剂的关系；（3）试从阻聚常数的大小比较硝基苯、对苯醌、DPPH、三氯化铁和氧的阻聚效果。

27.（1）简述链转移反应、链转移反应类型及其对聚合速率和聚合物分子量的影响；（2）阐述链转移常数的定义及其与链转移速率常数的关系。

28. 什么是动力学链长？分析没有链转移反应与有链转移反应时，动力学链长与平均聚合度的关系。举两个工业应用的例子说明利用链转移反应来控制聚合度。

29. 假设某一聚合体系共有 2×10^7 个链自由基，其中 1×10^7 个链自由基的动力学链长为 10000，它们中有 5×10^{6} 个在发生第五次链转移后生成无引发活性的小分子，另外有 5×10^{6} 个在发生第四次链转移后生成无引发活性的小分子。其余 1×10^{7} 个链自由基的动力学链长为 2000，没有发生链转移，它们中 50% 为偶合终止，50% 为歧化终止。试问在此聚合体系中共有多少个聚合物大分子？它们的数均聚合度是多少？

30. 如果某一自由基聚合完全偶合终止，估计在低转化率下所得聚合物的分子量分布指数是多少？在下列情况下，聚合物的分子量分布情况会如何变化？请解释其原因。（1）向反应体系中加入正丁硫醇；（2）反应达到高转化率时；（3）聚合反应中发生向大分子的链转移；（4）聚合反应出现自动加速。

31. 活泼单体苯乙烯和不活泼单体醋酸乙烯酯分别在苯和异丙苯中进行其他条件完全相同的自由基溶液聚合，试从单体、溶剂和自由基活性等方面比较合成的四种聚合物的相对分子量大小，并简要说明原因。

32. 氯乙烯以 AIBN 为引发剂在 50℃下进行悬浮聚合，该温度下引发剂的半衰期 $t_{1/2}=74h$，引发剂浓度为 0.01mol/L，$f=0.75$，$k_{p}=1.23\times10^{4}L/(mol\cdot s)$，$k_{t}=2.1\times10^{10}L/(mol\cdot s)$，$C_{M}=1.35\times10^{-3}$，氯乙烯单体的密度为 0.859g/mL，计算并回答：（1）反应 10h 时引发剂的残留浓度；（2）聚合初期的反应速率；（3）转化率达 10% 所需的时间；（4）初期生成聚合物的聚合度；（5）若其他条件不变，引发剂浓度变为 0.02mol/L 时，初期聚合速率及聚合度各为多少；（6）从上述计算中可得出哪些结论。

33. 以过氧化二叔丁基作引发剂，在 60℃下研究苯乙烯溶液聚合。已知苯乙烯浓度为 1.0mol/L，引发剂浓度为 0.01mol/L，苯乙烯密度为 0.887g/mL，溶剂苯的密度为 0.839g/mL。引发和聚合的初始速率分别为 $4.0\times10^{-11}mol/(L\cdot s)$ 和 $1.5\times10^{-7}mol/(L\cdot s)$，$C_{M}=8.5\times10^{-5}$，$C_{I}=3.2\times10^{-4}$，$C_{s}=2.3\times10^{-6}$。求解：（1）$fk_{d}$ 值；（2）聚合初期聚合度；（3）聚合初期动力学链长；（4）按上述条件制备的聚苯乙烯相对分子量很高，常加入正丁硫醇（$C_{s}=21$）调节，问需加入多少（g/L）正丁硫醇才能制得相对分子量为 85 万的聚苯乙烯？

34. 用 BPO 作引发剂，引发苯乙烯在 60℃本体聚合。已知 $[I]=0.04mol/L$，$f=0.8$，$k_{d}=2.0\times10^{-6}/s$，$k_{p}=176L/(mol\cdot s)$，$k_{t}=3.6\times10^{7}L/(mol\cdot s)$，60℃下苯乙烯密度为 0.887g/mL，$C_{I}=0.05$，$C_{M}=0.85\times10^{-4}$。求解：（1）链引发、向引发剂转移、向单体转移三部分在聚合度倒数中各占多少百分比？（2）对聚合度各有什么影响？

35. 醋酸乙烯酯在 60℃以 AIBN 为引发剂进行本体聚合，其动力学数据如下：$[I]=0.026\times10^{-3}mol/L$，$[M]=10.86mol/L$，$f=1$，$k_{d}=1.16\times10^{-5}/s$，$k_{p}=3700L/(mol\cdot s)$，$k_{t}=7.4\times10^{7}L/(mol\cdot s)$，$C_{M}=1.91\times10^{-4}$，歧化终止占动力学终止的 90%，求解所得聚醋酸乙烯酯的聚合度。

36. 在 10mL MMA 中加入 0.0242g BPO，于 60℃进行聚合，反应 1.5h 后得到 3g 聚合物，用渗透压法测得分子量为 831.5kDa。已知 60℃下引发剂的半衰期为 48h，$f=0.8$，$C_{I}=0.02$，$C_{M}=0.1\times10^{-4}$，MMA 密度为 0.93g/mL。求解：（1）MMA 在 60℃下的 k_{p}^{2}/k_{t} 值；（2）在该温度下歧化终止和偶合终止所占的比例。

37. 聚氯乙烯的分子量为什么与引发剂浓度基本无关而仅取决于聚合反应温度？试求解 45、50、60℃下聚合所得聚氯乙烯的数均分子量。（$C_{M}=125e^{-30.5/RT}$）

38. 讨论下列几种链转移、链增长、再引发速率常数的相对大小对聚合速率和聚合物分子量的影响。(1) $k_p \gg k_{tr}$，$k_a \approx k_p$；(2) $k_p < k_{tr}$，$k_a \approx k_p$；(3) $k_p \gg k_{tr}$，$k_a < k_p$；(4) $k_p \ll k_{tr}$，$k_a < k_p$；(5) $k_p \ll k_{tr}$，$k_a = 0$。

39. 简述 LDPE 的大分子链结构特征，并从聚合机理上给予解释。

40. 对于自由基聚合，调节分子量的措施有哪些？试以氯乙烯悬浮聚合、苯乙烯本体聚合、醋酸乙烯酯溶液聚合和丁二烯乳液聚合中的分子量调节方法为例来阐述和讨论。

41. 下列说法是否正确？如果叙述不正确，请解释其原因。(1) 在一般的自由基聚合过程中，聚合初期为链引发阶段，聚合后期为链终止阶段；(2) 丙烯进行自由基聚合得不到高聚物是因为自由基不能与单体加成；(3) 自由基聚合出现自动加速现象时体系中的自由基浓度不变，自由基的寿命延长；(4) 高压聚乙烯（LDPE）中存在乙基、丁基短支链，其起因是向单体的链转移；(5) 自由基聚合中的诱导期是由于引发剂发生了诱导分解；(6) 为提高自由基聚合反应速率，可以采取升高聚合反应温度、提高单体浓度、降低引发剂浓度等方法；(7) BPO 引发 MMA 聚合，加入少量氧气或硝基苯或二甲基苯胺都会使聚合速率减慢。

42. 简述实现"活性/可控"自由基聚合的主要思路及主要实施方法，与传统的自由基聚合相比有哪些优点与不足？

第 4 章

自由基共聚合

4.1 自由基共聚合概述

在链式聚合中，只有一种单体参与的聚合反应称为均聚，相应的聚合物称为均聚物，均聚物只有一种单体单元。两种或两种以上单体共同参与的聚合反应称为共聚合（copolymerization）；共聚产物含有两种或两种以上单体单元，称为共聚物（copolymer）。两种单体参与的共聚反应称为二元共聚；三种单体参与的共聚反应称为三元共聚；多种单体参与的共聚反应称为多元共聚。例如，丙烯腈与丙烯酸甲酯的自由基共聚可用下式表示，右式只表示共聚物，而不代表具体链结构。

$$n\ CH_2=CH\ +\ m\ CH_2=CH\ \xrightarrow{AIBN}\ \begin{array}{c} CH_2CH \\ | \\ CN \end{array}_n \begin{array}{c} CH_2CH \\ | \\ CO_2Me \end{array}_m$$

$$\underset{CN}{|}\qquad\qquad\underset{CO_2Me}{|}$$

需要注意的是，共聚物不是几种单体各自聚合所得的均聚物的混合物。共聚和共聚物多用于链式聚合，包括自由基共聚、离子共聚、配位共聚和开环共聚等。对于 A_2 和 B_2 两种单体缩聚所得的聚合物通常不称为共聚物。例如，对苯二甲酸与乙二醇的缩聚物，通常称为聚对苯二甲酸乙二醇酯，而不是"对苯二甲酸-乙二醇共聚酯"。

4.1.1 共聚物的类型

依据两种单体单元在大分子链中的排列方式不同，二元共聚物分为五种，分别为无规共聚物、交替共聚物、嵌段共聚物、梯度共聚物和接枝共聚物。

（1）无规共聚物

无规共聚物（random copolymer）中两种单体单元 M_1 和 M_2 无规排列，且 M_1 和 M_2 的连续单元数较少，从一到几十不等，按一定概率分布。

$$\sim\sim\sim M_1M_2M_2M_1M_2M_1M_2M_1M_1M_2M_2M_2M_1\sim\sim$$

自由基共聚多形成无规共聚物，如乙烯-醋酸乙烯酯共聚物（EVA）、丁二烯-苯乙烯共聚物〔丁苯橡胶，SBR，S 和 B 分别代表苯乙烯（styrene）和丁二烯（butadiene）〕。这类共聚物通常命名为"M_1-M_2 共聚物"，如乙烯-丙烯共聚物。

严格来讲，无规共聚物的结构并不完全是"无规"的，因为共聚物中单体的插入很少按纯粹的随机和无规方式进行。共聚物大分子链中单体单元的排列方式受单体活性、自由基活性、单体转化率以及溶剂和温度等反应条件的影响，以至于在大多数的二元共聚物中单体单元按照一定组成分布排列，并且在不同聚合时间或者单体转化率时，共聚物的组成也不相同。我们将在 4.2 节中详细讨论。真正的"无规"共聚物应该是单体和自由基活性相当的两种单体共聚，两个单体单元随机排列在大分子链中，这种情况称为"理想共聚"。

（2）交替共聚物

在特定情况下，两种单体聚合得到的大分子链中单体单元 M_1 和 M_2 有规则地交替排列，这种聚合物称为交替共聚物（alternating copolymer）。

在非高温条件下经自由基共聚合成的苯乙烯-马来酸酐共聚物是交替共聚物的典型代表。这种共聚物通常命名为"M_1-M_2 交替共聚物"，如苯乙烯-马来酸酐交替共聚物、苯乙烯-马来酰亚胺交替共聚物等。

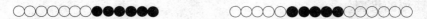

（3）嵌段共聚物

由较长连续 M_1 链段和较长连续 M_2 链段键接而成的大分子，每个链段的单体单元数为几十至几千，这种共聚物称为嵌段共聚物（block copolymer）。

由一段连续 M_1 链段与一段连续 M_2 链段构成的嵌段共聚物，称为 AB 型嵌段共聚物；由两段连续 M_1 链段与一段连续 M_2 链段构成的嵌段共聚物，称为 ABA 型嵌段共聚物；由 n 段连续 M_1 链段与 n 段连续 M_2 链段交替构成的嵌段共聚物，称为 $(AB)_n$ 型嵌段共聚物。

常见的嵌段共聚物多由活性聚合，如由"活性/可控"自由基聚合（第 3 章）、活性阴离子聚合（第 6 章）、准活性阳离子聚合（第 7 章）和活性开环聚合（第 9 章）等方法制备。通常称为"M_1-M_2 嵌段共聚物"，如苯乙烯-丁二烯嵌段共聚物，苯乙烯-丁二烯-苯乙烯嵌段共聚物等。

（4）梯度共聚物

梯度共聚物（gradient copolymer）是一种具有特殊结构的新型共聚物，由 M_1 和 M_2 两种单体单元构成，随着分子量的增大，其组成由以 M_1 单体单元为主逐渐过渡到以 M_2 单体单元为主，即共聚物组成随着主链呈梯度分布，因此称为梯度共聚物。梯度共聚物中由于分子间的相互作用比较均匀，其界面亲合力相对于嵌段聚合物要高一些，因此可作为比嵌段聚合物更有效的共混增容剂。梯度共聚物还用于抗震材料、隔音阻尼材料、涂料和黏合剂的分散剂以及化妆品添加剂等。

$$\sim\!\!\sim\!\!M_1M_2M_1M_2M_1M_2M_1M_1M_1M_1M_2M_2M_1M_1M_1M_2M_2M_2M_1M_1M_2\!\!\sim\!\!\sim$$

"活性/可控"自由基共聚可用于合成梯度聚合物，要求 M_1 和 M_2 两种单体具有较大的竞聚率差。竞聚率高的单体优先进入聚合物的起始端，而竞聚率低的单体主要进入聚合物后半段，尾端含量最多。

（5）接枝共聚物

在接枝共聚物（graft copolymer）的大分子中，由连续 M_1 单体单元构成主链，而由连续 M_2 单体单元构成的支链或侧链接枝在主链上，其结构如下。

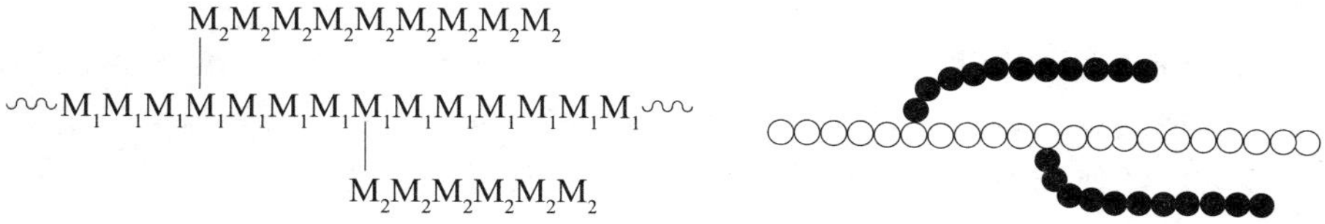

$$M_2M_2M_2M_2M_2M_2M_2M_2M_2$$
$$|$$
$$\sim\!\!\sim\!\!M_1M_1M_1M_1M_1M_1M_1M_1M_1M_1M_1M_1M_1M_1$$
$$|$$
$$M_2M_2M_2M_2M_2M_2$$

例如，高抗冲聚苯乙烯以聚丁二烯作为主链，接枝上聚苯乙烯作为支链，可以提高聚苯乙烯的抗冲击性能。接枝共聚物的命名一般为：主链聚合物名称＋接枝＋侧链聚合物名称，如聚丁二烯接枝聚苯乙烯、聚丁二烯接枝聚丙烯腈等。

4.1.2 共聚物的命名

（1）习惯命名法

将共聚的两种单体名称以短划线"-"相连，前面冠以"聚"字，或后面加"共聚物"。

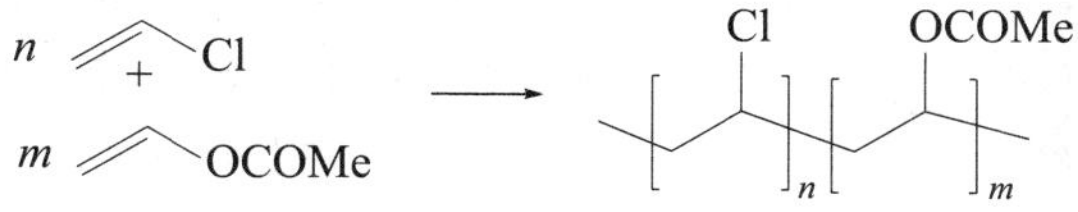

上述聚合物命名为聚（氯乙烯-醋酸乙烯酯）或者氯乙烯-醋酸乙烯酯共聚物。

习惯命名法中单体前后顺序遵循的原则是：对于无规共聚物，主单体在前，次单体在后；嵌段共聚物中前后代表单体聚合次序；接枝共聚物中前为主链，后为支链。

（2）IUPAC 命名

在 IUPAC 命名中，常在两种共聚单体间插入代表聚合类型的字节以表示共聚物的类型。其中，"-co-"代表无规共聚，"-b-"代表嵌段共聚，而"-alt-"和"-g-"分别代表交替共聚和接枝共聚，用斜体形式。例如，丁二烯和苯乙烯的无规和嵌段共聚物分别为聚（丁二烯-co-苯乙烯）和聚（丁二烯-b-苯乙烯）；苯乙烯和甲基丙烯酸甲酯的嵌段共聚物为聚（苯乙烯-b-甲基丙烯酸甲酯）；苯乙烯和马来酸酐的交替共聚物为聚（苯乙烯-alt-马来酸酐）。

4.1.3 研究共聚合的意义

链式聚合的单体种类有限，单体均聚制备的聚合物种类受到较大的限制。同时，一些均聚物的物理性能较难满足特定环境和条件下的实际应用。因此，需要对聚合物的种类和性能进行拓展。共聚合能通过不同单体的特定键接次序丰富聚合物的种类，改善高分子材料的物理性能。因此，共聚合具有重要的理论和应用价值，研究共聚合意义重大。

（1）改善高分子的性能

均聚物种类有限，利用共聚反应可以有效改变聚合物的链组成、结构和排列方式等，从而改变材料性能，如机械性能、溶解性能、抗腐蚀性能和耐老化性能等，获得综合性能优异的聚合物材料，扩大其应用范围。例如，聚乙烯和聚丙烯均为结晶高分子，用作硬塑料，而乙烯和丙烯的无规共聚物则因结晶结构的破坏而形成弹性体；聚苯乙烯作为工程塑料具有性脆的缺点，而苯乙烯与丙烯腈的无规共聚物则可以提高其韧性，具有抗冲击、耐热、耐油、耐腐蚀等优点。

PMMA 具有良好的透光度和光泽度，并且有较高的抗冲击强度，但其熔融黏度大、流动性差，加工成型困难。将苯乙烯与甲基丙烯酸甲酯共聚，可显著提高聚合物的流动性能和加工性能，成为广泛使用的塑料。表 4-1 列出了一些典型的共聚物。

表 4-1　典型共聚高分子材料

第一单体	第二单体	改进的性能及主要用途
乙烯	醋酸乙烯酯	增加柔顺性，EVA 软塑料，可用作 PVC 共混料
丙烯	乙烯	引入"结构缺陷"、降低结晶度，双向拉伸聚丙烯（BOPP）
异丁烯	异戊二烯	引入双键，供交联用，丁基橡胶（BR）
丁二烯	苯乙烯	提高玻璃化转变温度、增加强度，丁苯橡胶（SBR）
丁二烯	丙烯腈	增加耐油性，丁腈橡胶（NBR）
丁二烯	异戊二烯	引入"结构缺陷"、降低冷结晶，耐低温，丁戊橡胶
苯乙烯	丙烯腈	提高抗冲强度，增韧塑料，AS 树脂
氯乙烯	丙烯酸酯、醋酸乙烯酯	增加塑性和溶解性能，塑料和涂料
四氟乙烯	全氟丙烯	破坏结构规整性，增加柔性，特种橡胶
甲基丙烯酸甲酯	苯乙烯	改善流动性和加工性能，透明塑料
丙烯腈	丙烯酸甲酯、衣康酸	改善柔软性、可染色性，合成纤维
马来酸酐	醋酸乙烯酯或苯乙烯	改进聚合性能，用作分散剂和织物处理剂
环烯烃	乙烯、丙烯	引入"结构缺陷"、降低 T_g、提高韧性，环烯烃塑料

注：BOPP—biaxially oriented polypropylene；BR—butyl rubber；SBR—styrene-butadiene rubber；NBR—nitrile-butadiene rubber.

（2）扩大单体来源和种类

一些单体本身不能均聚，但可以与其他单体共聚制备共聚物。因此，通过共聚可以扩大单体的来源和种类，增加聚合物的品种，并开发聚合物的新用途。

马来酸酐为 1,2-二取代单体，是热力学不能均聚的单体。然而，马来酸酐能与苯乙烯、长链 α-烯烃或醋酸乙烯酯发生交替共聚。苯乙烯-马来酸酐交替共聚物可用作织物处理剂、极性聚合物和非极性聚合物的共混增容剂；长链 α-烯烃-马来酸酐交替共聚物可用作柴油降凝剂；醋酸乙烯酯-马来酸酐交替共聚物可用作织物处理剂、悬浮聚合的分散剂。

（3）理论研究

共聚反应可用于研究单体的自由基、阴离子、阳离子和配位聚合的活性大小，研究结构对单体聚合活性的影响规律，了解单体聚合活性与聚合物链结构之间的关系，进而控制共聚物的结构与组成，预测合成新型聚合物的可能性。

4.2 二元共聚物的组成

自由基共聚合的反应机理与自由基均聚基本相同，包括链引发、链增长、链转移和链终止四种基元反应。如第 3 章所述，聚合速率、平均聚合度/相对分子量和分子量分布是自由基均聚反应研究的重要内容。但是，在自由基共聚反应中，相对于上述三个研究内容，共聚物的组成及其分布则更为重要。这是因为共聚物的性能与共聚物的组成密切相关，而共聚物的组成又与共聚单体的结构有关。研究共聚物的组成对共聚物性能的调节及其应用具有重要的意义。

两种单体共聚时，由于单体的化学结构不同，聚合反应活性有所差异，经常观察到以下几种现象。

① 两种单体各自都容易均聚，但很难共聚。例如，苯乙烯和醋酸乙烯酯都容易均聚，但不容易共聚。

② 一种单体不能均聚，但能与另一种单体共聚。例如，马来酸酐不能均聚，但能与苯乙烯或醋酸乙烯酯等单体共聚。

③ 两种单体各自都不能均聚，但能相互共聚。例如，1,2-二苯乙烯与马来酸酐各自都不能均聚，但能相互共聚。

④ 两种单体既可以均聚，也容易共聚。例如，苯乙烯与甲基丙烯酸甲酯两种单体既能各自均聚，也容易共聚。

在能发生共聚合的几种情况中，通常由于单体活性不同，两种单体进入共聚物的速率也不同，因此共聚物的组成与原料的单体组成并不相同。例如，氯乙烯和醋酸乙烯酯共聚时，起始单体配比中氯乙烯含量为 85%，而起始共聚物中的氯乙烯结构单元含量达到了 91%。表明氯乙烯的活性比较高，容易进入共聚物。并且，随着单体转化率的变化，共聚物的组成也会发生变化，因而在共聚合的不同时间，共聚物的组成并不一致，存在共聚物的组成分布问题，有些共聚体系在聚合后期甚至有均聚物产生。

下面从共聚物的瞬时组成、平均组成和序列分布三方面进行重点讨论。

4.2.1 共聚物组成微分方程

二元共聚中由于有两种单体参与聚合反应，影响聚合动力学的因素增多，包括链自由基的种类和组成，单体-单体以及单体-溶剂的相互作用，链增长与解聚之间的竞争，以及共聚过程中随着聚合度增大，聚合物在溶剂中的溶解和相互作用的改变。因此，共聚合的动力学比均聚更加复杂。早在 1944 年，Mayo 和 Lewis 等提出多项假定，并通过聚合动力学方程式来描述某一瞬间共聚物组成与单体组成之间的关系，这是目前最常用的末端模型

（terminal model）。虽然，通过这种方法计算的共聚物组成并不完全与实际情况相吻合，但是该方法是目前定性预测聚合物组成最简单有效的方法。

末端模型推导的假定包括：

① 等活性假定：自由基活性与链长无关，只与单电子所在的结构单元有关。

② 长链假定：共聚物的聚合度很大，链引发和链终止对共聚物组成无影响。单体主要消耗在链增长反应过程中，而消耗在链引发中的单体数可忽略不计，即 $R_p \gg R_i$。

③ 无解聚假定（assumption of no depolymerization）：共聚过程中无解聚反应发生，即共聚反应不可逆。

④ 无前末端效应假定（assumption of no penultimate effect）：自由基活性仅决定于末端单元的结构，而与前末端单元的结构无关。如果考虑前末端效应，则聚合动力学将更为复杂。下面两式的末端结构相同，但前末端结构不同，不考虑前末端效应其自由基活性相同。

$$
\underset{\text{前末端}\quad\text{末端}}{\sim\sim CH_2CH-CH_2CH\cdot} \overset{Y\qquad X}{} \qquad\qquad \underset{\text{前末端}\quad\text{末端}}{\sim\sim CH_2CH-CH_2CH\cdot} \overset{X\qquad X}{}
$$

⑤ 稳态假定：链引发和链终止速率相等，自由基总浓度不变；两种链自由基（$M_1\cdot$ 和 $M_2\cdot$）相互转变速率相等，两种自由基浓度不变。

根据上述假定，不考虑链转移的影响，二元共聚包括如下的两种链引发、四种链增长和三种链终止反应。

（1）自由基共聚链引发

分别以 M_1 和 M_2 代表两种参加共聚的单体，则链引发反应式为：

$$I \xrightarrow{k_d} 2 R\cdot \qquad\qquad R\cdot + M_1 \xrightarrow{k_{i1}} RM_1\cdot$$
$$R\cdot + M_2 \xrightarrow{k_{i2}} RM_2\cdot$$

初级自由基与两种单体反应，形成两种自由基。两种链引发反应的速率方程为：

$$R_{i1} = k_{i1}[R\cdot][M_1] \tag{4-1}$$

$$R_{i2} = k_{i2}[R\cdot][M_2] \tag{4-2}$$

式中，k_{i1} 代表初级自由基引发单体 M_1 的速率常数；k_{i2} 代表初级自由基引发单体 M_2 的速率常数。

（2）自由基共聚链增长

根据自由基等活性假定，体系中有两种链自由基，因此有如下的四种链增长反应。

$$\sim\sim M_1\cdot + M_1 \xrightarrow{k_{11}} \sim\sim M_1M_1\cdot$$

$$\sim\sim M_1\cdot + M_2 \xrightarrow{k_{12}} \sim\sim M_1M_2\cdot$$

$$\sim\sim M_2\cdot + M_2 \xrightarrow{k_{22}} \sim\sim M_2M_2\cdot$$

$$\sim\sim M_2\cdot + M_1 \xrightarrow{k_{21}} \sim\sim M_2M_1\cdot$$

高分子化学

四种链增长反应的速率方程为：

$$R_{11} = k_{11}[M_1 \cdot][M_1] \qquad (4\text{-}3)$$

$$R_{12} = k_{12}[M_1 \cdot][M_2] \qquad (4\text{-}4)$$

$$R_{22} = k_{22}[M_2 \cdot][M_2] \qquad (4\text{-}5)$$

$$R_{21} = k_{21}[M_2 \cdot][M_1] \qquad (4\text{-}6)$$

在聚合速率（R）和聚合速率常数（k）中，下标的第一个数字表示链自由基末端，第二个数字表示所加成的单体。

（3）自由基共聚链终止

假设链终止全部为双基终止，根据等活性假定链终止反应可表示如下：

$$\sim M_1 \cdot + \cdot M_1 \sim \xrightarrow{k_{t11}} \sim \text{（死聚合物）}$$

$$\sim M_1 \cdot + \cdot M_2 \sim \xrightarrow{k_{t12}} \sim \text{（死聚合物）}$$

$$\sim M_2 \cdot + \cdot M_2 \sim \xrightarrow{k_{t22}} \sim \text{（死聚合物）}$$

链终止反应包括 2 种自终止和 1 种交叉终止。上述反应式中没有区分偶合终止和歧化终止，这是因为这两种双基终止的链终止速率常数基本相同，并不受终止方式的影响。依据无前末端效应假定，以下讨论分别用 $[M_1 \cdot]$ 和 $[M_2 \cdot]$ 代表两种链自由基的浓度。

链终止速率方程为：

$$R_{t11} = k_{t11}[M_1 \cdot]^2 \qquad (4\text{-}7)$$

$$R_{t12} = k_{t12}[M_1 \cdot][M_2 \cdot] \qquad (4\text{-}8)$$

$$R_{t22} = k_{t22}[M_2 \cdot]^2 \qquad (4\text{-}9)$$

（4）自由基共聚速率

根据链增长反应以及长链假定可以计算 M_1 和 M_2 单体的消耗速率，即共聚反应速率。

$$-\frac{d[M_1]}{dt} = R_{i1} + R_{11} + R_{21} \approx k_{11}[M_1 \cdot][M_1] + k_{21}[M_2 \cdot][M_1] \qquad (4\text{-}10)$$

$$-\frac{d[M_2]}{dt} = R_{i2} + R_{12} + R_{22} \approx k_{12}[M_1 \cdot][M_2] + k_{22}[M_2 \cdot][M_2] \qquad (4\text{-}11)$$

链增长过程中消耗的单体都进入了共聚物。因此，某一瞬间单体消耗速率之比等于两种单体的聚合速率之比，也是某一瞬间进入共聚物中两种单体单元的摩尔比（n_1/n_2）。

$$\frac{n_1}{n_2} = \frac{d[M_1]}{d[M_2]} = \frac{k_{11}[M_1 \cdot][M_1] + k_{21}[M_2 \cdot][M_1]}{k_{12}[M_1 \cdot][M_2] + k_{22}[M_2 \cdot][M_2]} \qquad (4\text{-}12)$$

引入稳态假定，即体系中 $M_1 \cdot$ 和 $M_2 \cdot$ 的浓度不变。要满足 $M_1 \cdot$ 和 $M_2 \cdot$ 的浓度不变，则要求两种自由基的引发和终止速率相等，同时要求两种链自由基 $M_1 \cdot$ 和 $M_2 \cdot$ 相互转变的速

率相等，即

$$R_{12} = k_{12}[M_1 \cdot][M_2] = k_{21}[M_2 \cdot][M_1] = R_{21} \tag{4-13}$$

变换式（4-13）得：

$$[M_2 \cdot] = \frac{k_{12}[M_2]}{k_{21}[M_1]}[M_1 \cdot] \tag{4-14}$$

将上式代入共聚物瞬时组成方程 [式（4-12）]，得：

$$\frac{d[M_1]}{d[M_2]} = \frac{k_{21}}{k_{12}} \times \frac{[M_1]}{[M_2]} \times \frac{k_{11}[M_1] + k_{12}[M_2]}{k_{21}[M_1] + k_{22}[M_2]} = \frac{[M_1]}{[M_2]} \times \frac{(k_{11}/k_{12})[M_1] + [M_2]}{[M_1] + (k_{22}/k_{21})[M_2]} \tag{4-15}$$

令 $r_1 = k_{11}/k_{12}$，$r_2 = k_{22}/k_{21}$，则上式可变换为：

$$\frac{d[M_1]}{d[M_2]} = \frac{[M_1]}{[M_2]} \times \frac{r_1[M_1] + [M_2]}{[M_1] + r_2[M_2]} \tag{4-16}$$

式中，r_1 和 r_2 分别代表链自由基 $M_1 \cdot$ 和 $M_2 \cdot$ 均聚与共聚的链增长速率常数之比，被定义为竞聚率（reactivity ratio），表示两种单体与同一种链自由基反应时的相对活性大小，对共聚物组成有决定性的影响。

式（4-16）称为 Mayo-Lewis 方程，是共聚物瞬时组成方程，表示共聚物瞬时组成与单体组成之间的关系。

设 f_1 和 f_2 分别为某一瞬时反应体系中单体 M_1 和 M_2 的摩尔分率，F_1 和 F_2 分别为某一瞬时共聚物中单体单元 M_1 和 M_2 的摩尔分率，则有：

$$f_1 = \frac{[M_1]}{[M_1] + [M_2]} \tag{4-17}$$

$$f_2 = \frac{[M_2]}{[M_1] + [M_2]} \tag{4-18}$$

$$F_1 = \frac{d[M_1]}{d[M_1] + d[M_2]} \tag{4-19}$$

$$F_2 = \frac{d[M_2]}{d[M_1] + d[M_2]} \tag{4-20}$$

很明显，根据定义：$f_1 + f_2 = 1$，$F_1 + F_2 = 1$。

用摩尔分率表示共聚物的瞬时微分组成方程，则式（4-19）和式（4-20）可分别转换为：

$$F_1 = \frac{r_1 f_1^2 + f_1 f_2}{r_1 f_1^2 + 2f_1 f_2 + r_2 f_2^2} \tag{4-21}$$

$$F_2 = \frac{r_2 f_2^2 + f_1 f_2}{r_1 f_1^2 + 2f_1 f_2 + r_2 f_2^2} \tag{4-22}$$

用式（4-16）或式（4-21）均能计算共聚物的瞬时组成，根据具体条件，可以选择一种方法，两个方程各有其便利之处。

（5） Mayo-Lewis 方程与竞聚率的讨论

我们在第 3 章引入了"自由基等活性""长分子链"和"自由基稳态"三个基本假定，推导出了自由基聚合动力学方程。在此基础上，本章又引入了"无解聚"和"无前末端效应"两个假定，推导出了共聚物瞬时组成方程，即 Mayo-Lewis 方程。很明显，"无解聚"和"无前末端效应"的合理性是决定 Mayo-Lewis 方程适用性的主要因素。

解聚是聚合的逆反应，受控于单体的空间位阻和电子效应等热力学因素。绝大多数自由基聚合在低于聚合上限温度或平衡浓度的条件下进行，此时无解聚反应发生，不影响 Mayo-Lewis 方程的正常应用。如果有解聚倾向的单体参与共聚，如 α-甲基苯乙烯和甲基丙烯酸叔丁酯等，反应温度或浓度高于 T_c 或 $[M]_e$，则共聚反应存在解聚效应（depolymerization effect），共聚物组成将偏离 Mayo-Lewis 方程。例如，苯乙烯与 α-甲基苯乙烯进行自由基共聚，随着反应温度的升高，共聚物中 α-甲基苯乙烯的含量逐渐减小。

值得注意的是，尽管高于 61℃（T_c）时 α-甲基苯乙烯不能发生均聚，但可与单取代烯类单体（$CH_2=CHX$）共聚，生成低 α-甲基苯乙烯插入率的共聚物，只是分子链不存在连续的 α-甲基苯乙烯链段。这是因为连续 α-甲基苯乙烯端自由基存在较大的空间位阻，容易发生解聚；而非连续 α-甲基苯乙烯端自由基的位阻可得到缓解，结构比较稳定，难发生解聚。

在自由基共聚过程中，受某种单体单元的空间位阻和极性基团效应的影响，可能存在前末端效应（penultimate effect）。例如，苯乙烯与反丁烯二腈共聚，当前末端为反丁烯二腈插入单元时，苯乙烯链末端自由基对反丁烯二腈的反应活性明显降低。这是因为前末端的氰基与反丁烯二腈单体之间存在着极性排斥力和空间位阻，因而反丁烯二腈的插入率较低。类似的情况还包括苯乙烯-甲基丙烯酸乙酯、甲基丙烯酸甲酯-4-乙烯基吡啶、苯乙烯-丙烯腈、α-甲基苯乙烯-丙烯腈等共聚体系。

根据 Mayo-Lewis 方程推导过程可知，共聚物瞬时组成与链引发、链终止反应无关；共聚物瞬时组成通常不等于原料单体组成，特殊情况除外。单体组成随共聚反应进程发生变化，因而共聚物组成微分方程只适用于低转化率（～5%）。

为了简化表达式，在共聚方程的推导过程中引入了竞聚率的概念，定义 $r_1=k_{11}/k_{12}$、$r_2=k_{22}/k_{21}$。竞聚率可衡量同一种链自由基与单体均聚和共聚的反应速率常数之比，亦可表示两种单体与同一种链自由基反应时的相对活性。竞聚率对共聚物组成有决定性的影响。

$r_1=k_{11}/k_{12}$，表示链自由基 $M_1\cdot$ 对单体 M_1 和 M_2 的反应能力或活性之比，链自由基

$M_1\cdot$ 加成 M_1 的能力为自聚能力，$M_1\cdot$ 加成 M_2 的能力为共聚能力，即 r_1 表征了 M_1 单体的自聚能力与共聚能力之比。竞聚率是影响共聚物组成与原料单体混合物组成之间关系的重要因素，根据竞聚率数值可以估算两种单体共聚的可能性和判断共聚物的组成情况。

两种单体的竞聚率越接近，通常越容易共聚，两种单体的竞聚率相差越大，越难共聚。下面以 $r_1 = k_{11}/k_{12}$ 的大小进行讨论。

$r_1 = 0$，则 $k_{11} = 0$，表示单体 M_1 只能共聚不能均聚，如马来酸酐；

$r_1 = 1$，则 $k_{11} = k_{12}$，表示单体 M_1 均聚和与单体 M_2 共聚的概率相等；

$r_1 = \infty$，则 k_{12} 趋于 0，表示单体 M_1 只能均聚不能共聚；

$r_1 < 1$，则 $k_{11} < k_{12}$，表示单体 M_1 的共聚倾向大于均聚倾向；

$r_1 > 1$，则 $k_{11} > k_{12}$，表示单体 M_1 的均聚倾向大于共聚倾向。

考虑前末端效应时，$\sim\!\!M_2M_1\cdot$ 和 $\sim\!\!M_1M_1\cdot$ 及 $\sim\!\!M_1M_2\cdot$ 和 $\sim\!\!M_2M_2\cdot$ 是两对活性不同的链自由基，四种链自由基分别与两种单体反应，存在八种链增长反应。

$$\sim\!\!M_1M_1\cdot + M_1 \xrightarrow{k_{111}} \sim\!\!M_1M_1M_1\cdot \qquad R_{111} = k_{111}[M_1M_1\cdot][M_1]$$

$$\sim\!\!M_1M_1\cdot + M_2 \xrightarrow{k_{112}} \sim\!\!M_1M_1M_2\cdot \qquad R_{112} = k_{112}[M_1M_1\cdot][M_2]$$

$$\sim\!\!M_2M_2\cdot + M_2 \xrightarrow{k_{222}} \sim\!\!M_2M_2M_2\cdot \qquad R_{222} = k_{222}[M_2M_2\cdot][M_2]$$

$$\sim\!\!M_2M_2\cdot + M_1 \xrightarrow{k_{221}} \sim\!\!M_2M_2M_1\cdot \qquad R_{221} = k_{221}[M_2M_2\cdot][M_1]$$

$$\sim\!\!M_2M_1\cdot + M_1 \xrightarrow{k_{211}} \sim\!\!M_2M_1M_1\cdot \qquad R_{211} = k_{211}[M_2M_1\cdot][M_1]$$

$$\sim\!\!M_2M_1\cdot + M_2 \xrightarrow{k_{212}} \sim\!\!M_2M_1M_2\cdot \qquad R_{212} = k_{212}[M_2M_1\cdot][M_2]$$

$$\sim\!\!M_1M_2\cdot + M_1 \xrightarrow{k_{121}} \sim\!\!M_1M_2M_1\cdot \qquad R_{121} = k_{121}[M_1M_2\cdot][M_1]$$

$$\sim\!\!M_1M_2\cdot + M_2 \xrightarrow{k_{122}} \sim\!\!M_1M_2M_2 \qquad R_{122} = k_{122}[M_1M_2\cdot][M_2]$$

每种单体对应两种竞聚率，分别代表链增长过程中链末端与前末端组成相同（r_1 和 r_2）和不同（r_1' 和 r_2'）的两种情况。

$$r_1 = \frac{k_{111}}{k_{112}}, r_2 = \frac{k_{222}}{k_{221}}, r_1' = \frac{k_{211}}{k_{212}}, r_2' = \frac{k_{122}}{k_{121}}$$

类似于式（4-16）可以推导出共聚物瞬时组成方程：

$$\frac{d[M_1]}{d[M_2]} = \frac{R_{111} + R_{121} + R_{221} + R_{211}}{R_{222} + R_{212} + R_{112} + R_{122}} \tag{4-23}$$

对四种链自由基进行稳态假定，可以推导出 $d[M_1]/d[M_2]$ 与 $[M_1]/[M_2]$ 的关系，令单体配比 $[M_1]/[M_2] = X$，可得：

$$\frac{d[M_1]}{d[M_2]} = \frac{1 + \dfrac{r_1'X(r_1X+1)}{r_1'X+1}}{1 + \dfrac{r_2'(r_2+X)}{X(r_2'+X)}} \tag{4-24}$$

综上所述，在链自由基存在前末端效应的情况下，二元共聚反应变得很复杂，通常产生前末端效应单体的插入率会有所降低，如反丁烯二腈（fumaronitrile，FN）与苯乙烯共聚，不仅难形成 FN-FN 链节，也很难观测到 FN-St-FN 链节。

4.2.2 共聚物组成曲线

为了简便而又清晰地反映出共聚物组成与原料单体组成的关系，常根据摩尔分率微分方程式（4-21）画出 $F_1 \sim f_1$ 曲线图，称为共聚物组成曲线（copolymer composition curve）。竞聚率是影响 $F_1 \sim f_1$ 曲线的主要因素，根据 r_1 和 r_2 数值的不同，可以将共聚曲线分为以下几类。

（1）理想共聚

两种单体共聚，当 $r_1 r_2 = 1$ 时，为理想共聚（ideal copolymerization），分为两种情况。

① $r_1 = r_2 = 1$，即 $k_{11}/k_{12} = k_{22}/k_{21} = 1$，是一种极端情况，两种链自由基进行均聚和共聚增长的概率完全相等，也即两种链自由基的活性相同。将 $r_1 = r_2 = 1$ 分别代入共聚物组成方程式（4-16）和式（4-21）可以得到：

$$\frac{d[M_1]}{d[M_2]} = \frac{[M_1]}{[M_2]} \tag{4-25a}$$

$$F_1 = f_1 \tag{4-25b}$$

共聚物组成曲线为对角线（见图 4-1），即共聚物组成总是与单体组成相同，称为理想恒比共聚（ideal azeotropic copolymerization），对角线称为恒比共聚线。四氟乙烯-三氟氯乙烯共聚、MMA-偏二氯乙烯共聚属于典型的理想恒比共聚，共聚物的组成与单体组成基本相同。

② $r_1 r_2 = 1$，$r_1 \neq r_2$，为一般理想共聚（general ideal copolymerization）。$r_1 = k_{11}/k_{12} = 1/r_2 = k_{21}/k_{22}$，表明不论何种链自由基与单体 M_1 及 M_2 反应，反应的倾向完全相同，即两种链自由基已失去了它们本身的选择特性。

将 $r_1 = 1/r_2$ 代入共聚物组成方程式（4-16）和式（4-21），可得到：

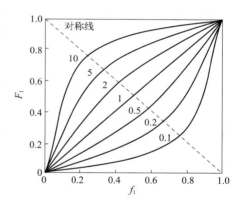

图 4-1　理想共聚曲线
（$r_1 r_2 = 1$，曲线上数字为 r_1）

$$\frac{d[M_1]}{d[M_2]} = r_1 \frac{[M_1]}{[M_2]} \tag{4-26a}$$

$$F_1 = \frac{r_1 f_1}{r_1 f_1 + f_2} \tag{4-26b}$$

$$\frac{F_1}{F_2} = r_1 \frac{f_1}{f_2} \tag{4-26c}$$

由式（4-26）可知，理想共聚物中两种单体单元的摩尔比是原料中两种单体摩尔比的 r_1 倍。如图 4-1 所示，一般理想共聚的共聚物组成曲线为一条在对称线两侧对称分布的曲线，当 $r_1 > 1$ 时，$F_1 > f_1$，曲线位于恒比共聚线的上方，且随着 r_1 值的增大其远离恒比共聚线的程度增加；当 $r_1 < 1$ 时，$F_1 < f_1$，曲线处于恒比共聚线的下方，且随着 r_1 值的减小其远离恒比共聚线的程度增加。

60℃下，丁二烯与苯乙烯自由基共聚，$r_1 = 1.39$，$r_2 = 0.78$，$r_1 r_2 = 1.08$；偏二氯乙烯与氯乙烯自由基共聚，$r_1 = 3.2$，$r_2 = 0.3$，$r_1 r_2 = 0.96$，属于一般理想共聚。

（2）交替共聚

两种单体共聚，在 $r_1 = r_2 = 0$ 的极端情况下，即 $k_{11} = k_{22} = 0$，且 $k_{12} \neq 0$，$k_{21} \neq 0$，两种链自由基都不能与同种单体反应，只能与异种单体共聚，聚合物中两种单体单元严格交替相间。

将 $r_1 = r_2 = 0$ 代入共聚物组成方程式（4-16）和式（4-21），可以得到：

$$\frac{d[M_1]}{d[M_2]} = 1 \tag{4-27a}$$

$$F_1 = 0.5 \tag{4-27b}$$

严格交替共聚的例子极其少见，1,2-二苯乙烯-马来酸酐、醋酸-2-氯烯丙基酯-马来酸酐等属于此类体系。

当 $r_2 = 0$、r_1 接近于 0 但不等于 0 时，共聚情况发生较大变化。

将 $r_2 = 0$ 代入共聚物组成方程式（4-16），可以得到：

$$\frac{d[M_1]}{d[M_2]} = 1 + r_1 \frac{[M_1]}{[M_2]} \tag{4-28}$$

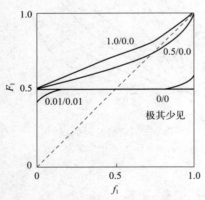

图 4-2　交替共聚曲线
（曲线上数字为 r_1/r_2 值）

如图 4-2 所示，如果 r_1 非常小，接近于 0，则单体 M_1 含量较高时，仍能得到交替共聚物；如果 r_1 不是太小，则即使单体 M_1 含量较低，也很难得到完全交替的共聚物。

根据式（4-28），当 $[M_2] \gg [M_1]$ 时，$d[M_1]/d[M_2] \approx 1$，即只有在 M_2 过量很多的情况下才能得到交替共聚物，当 M_1 消耗完后，聚合反应即宣告结束。苯乙烯（$r_1 = 0.01$）与马来酸酐（$r_2 = 0$）在 60℃ 的自由基共聚属于此类。

当 r_1 和 r_2 都接近 0 的时候，如 $r_1 = r_2 = 0.01$，则共聚物的组成曲线在较宽的单体组成范围内都可以得到交替共聚产物（图 4-2）。

（3）无恒比点的非理想共聚

两种单体共聚，当 $r_1 r_2 < 1$ 且 $r_1 > 1$ 或者 $r_2 > 1$ 时，为无恒比点的非理想共聚（non-ideal copolymerization）。该类共聚可分为两种情况。

① $r_1 > 1$，$r_2 < 1$，$r_1 r_2 < 1$，即 $k_{11} > k_{12}$，$k_{21} > k_{22}$。两种链自由基与单体 M_1 的反应倾向总是大于与单体 M_2 的反应倾向，故 $F_1 > f_1$。如图 4-3 所示，共聚物组成曲线始终处于对角线的上方，与一般理想共聚曲线比较相似。然而，与一般理想共聚不同的是，其共聚

物组成曲线相对于对称线不对称。

② $r_1<1$，$r_2>1$，$r_1r_2<1$，即 $k_{11}<k_{12}$，$k_{21}<k_{22}$。两种链自由基都更倾向于和单体 M_2 反应，故 $F_1<f_1$，如图 4-3 所示，共聚物组成曲线始终处于对角线的下方，为不对称的曲线。

无恒比点的非理想共聚体系很多。50℃下，丁二烯与苯乙烯（$r_1=1.35$，$r_2=0.58$）、氯乙烯与醋酸乙烯酯（$r_1=1.68$，$r_2=0.23$）、MMA 与丙烯酸甲酯（$r_1=1.91$，$r_2=0.5$）的自由基共聚都属于此类。

如图 4-4 所示，苯乙烯与醋酸乙烯酯的自由基共聚，r_1 高达 55，而 r_2 仅为 0.01，故实际上聚合前期得到的聚合物中，主要成分是聚苯乙烯，而后期的聚合物中主要是聚醋酸乙烯酯，产物几乎是两种均聚物的混合物。

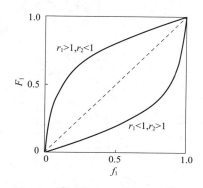

图 4-3　无恒比点的非理想共聚曲线

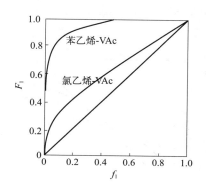

图 4-4　苯乙烯-VAc 和氯乙烯-VAc 的共聚曲线

（4）有恒比点的非理想共聚

两种单体共聚，当 $r_1<1$、$r_2<1$ 时，为有恒比点的非理想共聚。

M_1 和 M_2 的竞聚率均小于 1，表明两种单体的共聚倾向都大于均聚，共聚物组成曲线呈反 S 型，与对角线有一交点，此点称为恒比点（azeotropic point）。在恒比点，$F_1=f_1$，或 $d[M_1]/d[M_2]=[M_1]/[M_2]$，将其代入共聚物组成方程式（4-16）和式（4-21），可得恒比点的组成：

$$\frac{[M_1]}{[M_2]}=\frac{1-r_2}{1-r_1} \tag{4-29a}$$

$$(F_1)_{恒}=(f_1)_{恒}=\frac{1-r_2}{2-r_1-r_2} \tag{4-29b}$$

存在恒比点的非理想共聚合体系很多，共聚物组成曲线如图 4-5。恒比点的位置可由竞聚率作出粗略判断。

① 当 $r_1=r_2$，$(F_1)_{恒}=0.5$，共聚物组成曲线相对于恒比点对称，这种情况的聚合体系较少。丙烯腈与丙烯酸甲酯（$r_1=0.83$，$r_2=0.84$）、甲基丙烯腈和甲基丙烯酸甲酯（$r_1=0.65$，$r_2=0.67$）的自由基共聚体系属于此类型。

② 当 $r_1>r_2$，$(F_1)_{恒}>0.5$；当 $r_1<r_2$，$(F_1)_{恒}<0.5$，共聚物组成曲线相对于恒比点不对称，这类体系较多。苯乙烯-丙烯腈（$r_1=0.41$，$r_2=0.04$）、丁二烯-丙烯腈（$r_1=$

0.3，$r_2=0.02$）的自由基共聚属于此类。

（5）类嵌段共聚

与无规共聚物中单个的 M_1 或者 M_2 单体单元的随机插入不同，类嵌段共聚物在这里指共聚物中含有连续的几个到几十个不等的 M_1 或者 M_2 单体单元组成的链段，该链段插入到以另一单体为主的聚合物链中。该聚合物与活性聚合制备的嵌段聚合物不同，因此称为类嵌段聚合物。两种单体共聚，当 $r_1>1$、$r_2>1$ 时，即 $k_{11}>k_{12}$，$k_{22}>k_{21}$，M_1 和 M_2 两种单体都倾向于均聚而不易发生共聚，体系中生成类嵌段聚合物。

如图 4-6 所示，$r_1>1$、$r_2>1$ 时共聚物的组成曲线也有恒比点，曲线形状与 $r_1<1$、$r_2<1$ 时的共聚物组成曲线相反，呈 S 形。单体组成远离恒比点时，曲线宽阔平稳，主要生成均聚物；单体组成靠近恒比点时，曲线陡峭，主要生成类嵌段共聚物或无规多嵌段聚合物。

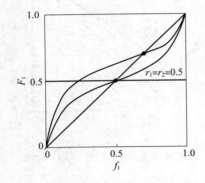

图 4-5　有恒比点的非理想共聚曲线

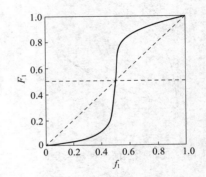

图 4-6　$r_1>1$、$r_2>1$ 时的共聚曲线

对于自由基聚合而言，该类体系并不多见。苯乙烯和异戊二烯自由基聚合的竞聚率分别为 1.38 和 2.05，是一个稀有的类嵌段共聚实例。

值得注意的是，自由基共聚具有慢引发、快增长、速终止的动力学特征，每条聚合物链的形成只需几秒至几十秒，而整个体系完成共聚合反应常需要数小时，甚至更长时间。可以认为在每条共聚物链的形成过程中，体系的单体组成不发生明显变化。然而，对整个共聚体系而言，单体组成随时间或反应进程不断变化，共聚物的链段组成也随之逐渐变化，最终将得到各种类嵌段共聚物和均聚物的混合物。因此，用普通自由基共聚合无法得到结构明确的嵌段共聚物。

当 $r_1\gg1$、$r_2\gg1$ 时，主要生成两种均聚物，类嵌段共聚物较少；当 r_1 和 r_2 仅略大于 1时，两种均聚物很少，而大部分是类嵌段共聚物或无规多嵌段共聚物。

4.2.3　转化率对共聚物组成的影响

（1）共聚物组成与转化率的关系

共聚物组成，包括单体单元在共聚物链中的比例和分布状态，对共聚物性能和应用有着重要的影响。

只有在理想恒比共聚、恒比点共聚以及交替共聚的特殊情况下，共聚物的组成才保持恒定，与单体的转化率无关。除此之外，由于单体活性与竞聚率的差异，两种单体进入聚合物链的速率不同，因而共聚物组成通常随转化率而变化。随着单体转化率的提高，共聚物组成在不断改变，所得共聚物是组成并不均一的混合物。转化率对共聚物组成的影响，本质上是单体组成（f_1）发生变化所引起的聚合物组成（F_1）的变化。根据竞聚率和共聚行为的不同，共聚物组成与单体转化率的关系可以分为下列几种。

① 无恒比点的非理想共聚。在 $r_1>1$、$r_2<1$，且 $r_1r_2<1$ 的情况下，共聚物组成曲线位于对角线上方，设起始单体组成为 f_1^0，则对应的瞬时共聚物组成为 F_1^0，显然，$F_1^0>f_1^0$。如图 4-7 中的箭头所示，由于 $r_1>1$、$r_2<1$，随着共聚反应的进行，单体转化率增大，单体组成 f_1 减小，导致共聚物组成 F_1 也随之减小。共聚物组成的变化如图 4-7 的右侧示意图，先生成的共聚物含有较高的 M_1 含量，后生成的共聚物含有较低的 M_1 含量，最终导致单体 M_1 先消耗尽，后期产物可能出现部分 M_2 的均聚物。如图 4-7 所示，F_2 的变化趋势与 F_1 相反。

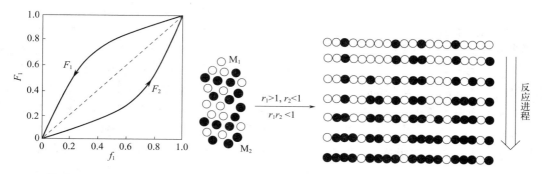

图 4-7 $r_1>1$、$r_2<1$、$r_1r_2<1$ 的无恒比点的非理想共聚体系的共聚物瞬时组成变化

在 $r_1<1$、$r_2>1$，且 $r_1r_2<1$ 的情况下，共聚物组成曲线位于对角线下方。设起始单体组成为 f_1^0，对应的瞬时共聚物组成为 F_1^0，与图 4-7 中的 F_2 相似，$F_1^0<f_1^0$。由于 $r_2>r_1$，单体 M_1 的消耗速率低于单体 M_2，即单体 M_1 进入共聚物分子链的速率小于单体 M_2。因此，如图 4-8 中的箭头所示，随着单体转化率增大，M_1 单体浓度增加，单体组成 f_1 增大，导致共聚物组成 F_1 也随之增大，M_2 先消耗尽，最终产品可能出现部分 M_1 的均聚物，与图 4-7 中 F_1 的情况刚好相反。

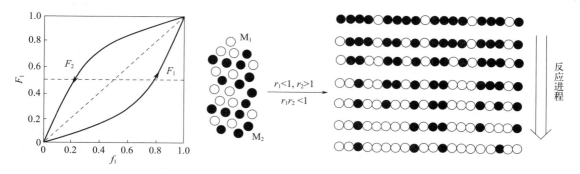

图 4-8 $r_1<1$、$r_2>1$、$r_1r_2<1$ 的无恒比点的非理想共聚体系的共聚物瞬时组成变化

② 有恒比点的非理想共聚。当两个单体的竞聚率均小于 1 时，构成了有恒比点的非理想共聚体系。在恒比点，单体转化率对共聚物组成没有影响。当起始单体组成位于恒比点上方或下方时，随共聚反应的进行，共聚物组成和单体组成都向远离恒比点的方向移动。

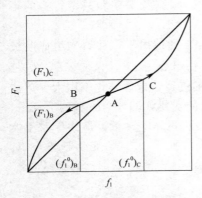

图 4-9　有恒比点的非理想共聚的共聚物瞬时组成变化

如图 4-9 所示，当起始单体组成 $(f_1^0)_B$ 低于恒比点 A 的组成时，共聚物组成曲线处于对角线的上方，随单体转化率升高，f_1 和 F_1 都沿箭头方向递减。当起始单体组成 $(f_1^0)_C$ 大于恒比点 A 的组成时，共聚物组成曲线处于对角线的下方，共聚物组成 F_1 小于单体组成 f_1，随单体转化率上升，f_1 和 F_1 都沿箭头方向递增。

③ 有恒比点的类嵌段共聚。当两个单体的竞聚率均大于 1 时，构成类嵌段共聚体系。如图 4-10 所示，当起始单体组成 f_1^0 低于恒比点组成时，共聚物组成曲线处于对角线的下方，$F_1 < f_1$，单体 M_2 进入聚合物的速率大于单体 M_1 的进入速率，随着转化率的上升，f_1 和 F_1 都递增。初期形成的共聚物类似于 M_2 的均聚物，随后 M_1 的插入率逐渐升高，形成含有几个 M_1 重复单元的类嵌段共聚物。当起始单体组成 f_1^0 大于恒比点组成时，共聚物组成曲线处于对角线的上方，$F_1 > f_1$，单体 M_1 进入共聚物的速率大于单体 M_2 的进入速率，随转化率上升，f_1 和 F_1 都递减。初期形成的共聚物类似于 M_1 的均聚物，随后 M_2 的插入率逐渐升高，形成含有几个 M_2 重复单元的类嵌段共聚物。当起始单体组成 f_1^0 靠近恒比点附近时，形成类嵌段共聚物或无规多嵌段共聚物。在这类共聚体系中，由于 r_1 和 r_2 均大于 1，共聚物链出现不连续 M_1 或 M_2 链节的几率很小。

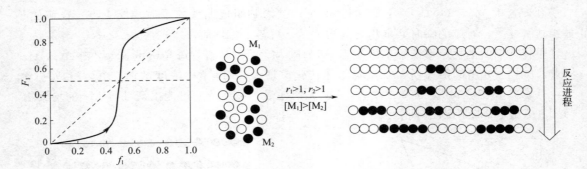

图 4-10　有恒比点的类嵌段共聚的共聚物瞬时组成变化

（2）共聚物平均组成与单体转化率关系式

前面讨论了共聚物的瞬时组成（F_1）随单体转化率的变化规律。从实际应用的角度来讲，共聚物的平均组成（$\overline{F_1}$）随单体转化率的变化规律更为重要。对于 $F_1 > f_1$ 的二元共聚体系，共聚物组成与转化率的关系可以计算如下。

设两种单体的总摩尔数为 M，在共聚后的微小时间 dt 内，进入共聚物的 M_1 单元的摩尔分率为 F_1，则瞬时进入共聚物中的 M_1 单元数为 $F_1 dM$；当 dM 摩尔单体因聚合而消耗掉，则相应地有 dM 摩尔单体单元的共聚物生成，残留单体 M_1 为 $(M-dM)(f_1-df_1)$。对 dt 瞬间前后单体 M_1 的浓度做物料衡算，则有：

$$F_1 dM = Mf_1 - (M-dM)(f_1-df_1) \tag{4-30}$$

将式（4-30）展开，由于 $dMdf_1$ 为双重无限小量，可以忽略，重排后可以得到：

$$Mdf_1 = (F_1-f_1)dM \tag{4-31}$$

将式（4-31）在 f_1^0 和 f_1 间进行数值或图解积分，其中上角标"0"代表起始时刻，则

$$\int_{M_0}^{M} \frac{dM}{M} = \ln\frac{M}{M_0} = \int_{f_1^0}^{f_1} \frac{df_1}{F_1-f_1} \tag{4-32}$$

将转化率与单体浓度的关系 $1-C=[M]/[M_0]$ 代入式（4-32），可以得到：

$$\ln(1-C) = \int_{f_1^0}^{f_1} \frac{df_1}{F_1-f_1} \tag{4-33}$$

Meyer 将式（4-21）代入式（4-33），并积分得到：

$$C = 1 - \left(\frac{f_1}{f_1^0}\right)^\alpha \left(\frac{f_2}{f_2^0}\right)^\beta \left(\frac{f_1^0-\delta}{f_1-\delta}\right)^\gamma \tag{4-34}$$

式中的四个常数分别定义为：

$$\alpha = \frac{r_2}{1-r_2}, \beta = \frac{r_1}{1-r_1}, \gamma = \frac{1-r_1 r_2}{(1-r_1)(1-r_2)}, \delta = \frac{1-r_2}{2-r_1-r_2}$$

已知 f_1^0、r_1 和 r_2 可求出不同转化率 C 时的单体组成 f_1；再利用 F_1-f_1 关系式，可求出相应转化率下的共聚物组成 F_1，从而间接获得 F_1-C 关系曲线。

在实际应用过程中，共聚物的组成需要用共聚物的平均组成（$\overline{F_1}$）来表示。经过数学推导，可获得 $\overline{F_1}$-C 关系式：

$$\overline{F_1} = \frac{M_1^0-M_1}{M^0-M} = \frac{f_1^0-(1-C)f_1}{C} \tag{4-35}$$

式中，$\overline{F_1}$ 为共聚物中单体单元 M_1 的平均组成；f_1^0 为起始原料中 M_1 单体的组成；f_1 为 t 时刻 M_1 单体的瞬时组成。

结合式（4-34）和式（4-35），由起始单体浓度 f_1^0 和单体转化率 C 可以计算共聚物的平均组成 $\overline{F_1}$。对于一些特殊的情况，可以进行简化处理，使得计算更加容易一些。例如，60℃时氯乙烯与醋酸乙烯酯进行自由基共聚，$r_1=1.68$，$r_2=0.23$，在单体组成 $f_1=0.6\sim1.0$ 范围内，F_1-f_1 呈如下线性关系：

$$F_1 = 0.605f_1 + 0.395 \tag{4-36}$$

代入式（4-33），并积分可得到：

$$C=1-\left(\frac{1-f_1^0}{1-f_1}\right)^{2.53} \tag{4-37}$$

丁二烯与苯乙烯（$r_1=1.39$，$r_2=0.78$）和丙烯腈与丙烯酸甲酯（$r_1=1.26$，$r_2=0.67$）等自由基共聚体系也可以做类似的简化处理。

（3）共聚物组成分布和控制方法

理想恒比共聚、有恒比点的非理想共聚和交替共聚的共聚物组成与单体组成相同，不随转化率而变，不存在共聚物组成控制问题。除此以外，单体组成和共聚物组成均随转化率而变化。欲获得组成比较均一的共聚物，需要对共聚反应进行调控。控制共聚物组成的方法主要有下面三种。

① 控制转化率的一次投料法。M_1 和 M_2 两种单体共聚，当主单体 M_1 的竞聚率明显高于 M_2 时，单体 M_2 消耗很慢，只有到了聚合后期两种单体的比例才会发生显著变化，因而可采用控制单体转化率的方法来调控共聚物的组成。

该方法主要适用于 $r_1>1$，$r_2<1$，且以 M_1 为主的情况。根据 F_1-C 曲线，可了解保持共聚物组成基本恒定的转化率范围，控制一定转化率终止共聚反应，可制备组成比较均匀的共聚物。例如，氯乙烯和醋酸乙烯酯共聚，$r_1=1.68$，$r_2=0.23$，醋酸乙烯酯含量要求为 $3\%\sim15\%$，最终控制单体转化率低于 80%，共聚物组成分布并不很宽，可满足工业应用。

一些 $r_1<1$，$r_2<1$ 的共聚体系也适用于此方法。例如，苯乙烯与反丁烯二酸二乙酯共聚（$r_1=0.30$，$r_2=0.07$），在不同 f_1 值、单体转化率较低时，F_1 变化都不很大。因此，控制较低的单体转化率，可制备组成基本恒定的共聚物。特别是配料在恒比点附近，一次投料，控制一定转化率，可使共聚物组成比较均匀。

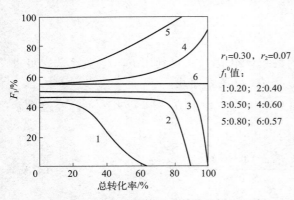

图 4-11　不同起始单体组成时苯乙烯-反丁烯二酸二乙酯共聚的 F_1-C 曲线

$r_1=0.30$，$r_2=0.07$
f_1^0值：
1:0.20; 2:0.40
3:0.50; 4:0.60
5:0.80; 6:0.57

如欲制备苯乙烯含量为 46% 的苯乙烯-反丁烯二酸二乙酯共聚物，由图 4-11 可知，当单体组成为 $f_1=0.4$，控制转化率为 70% 以下即可得到组成基本恒定的共聚物。

② 补加活泼单体法。M_1 和 M_2 两种单体共聚，当主单体 M_1 的竞聚率明显小于 M_2 时，单体 M_2 消耗很快，只有不断补加 M_2 才能保证单体配比或组成 f_1 基本不变，从而有效控制共聚物组成 F_1 不发生明显变化。单体的补加可以是连续补加，也可以是分段补加。

丙烯酸甲酯与少量丁二烯共聚，两单体的竞聚率分别为 $r_1=0.05$ 和 $r_2=0.76$，若要合成丙烯酸甲酯插入率为 65%（摩尔分数）的共聚物，丙烯酸甲酯：丁二烯须控制在 98：2。氯乙烯与少量丙烯腈共聚，两单体的竞聚率也相差很大（$r_1=0.04$，$r_2=2.7$），若要合成氯乙烯含量为 73.7%（摩尔分数）的共聚物，氯乙烯：丙烯腈也须控制在 98：2。因此，需连续补加活泼单体丁二烯和丙烯腈，以保持体系中单体组成不变。

③ 控制转化率＋补加单体法。类似于②的共聚体系，可先将起始组成为 f_1^0 的原料单体聚合至一定转化率，然后补加部分单体，使单体组成恢复至 f_1^0。再进行聚合，到一定转化

率时再补加单体。如此反复进行，直至活性较小的单体全部消耗完，即可得到组成始终为 F_1 的共聚物。控制共聚物组成的基本原则为低转化率，恒定单体组成。

4.3 共聚物微结构和链段分布

除严格交替共聚物外，无规共聚物不仅具有分子量的多分散性，还具有分子链组成的多分散性。即单体单元 M_1 和 M_2 在无规共聚物中的排列是不规则的，存在一定的链段序列分布（segment sequence distribution）。更进一步说，不同聚合物分子之间的链段分布（segment distribution）也不均匀。

例如，有一理想共聚体系，$r_1=5$，$r_2=0.2$（$r_1r_2=1$），当 $[M_1]/[M_2]=1$ 时，d$[M_1]/d[M_2]=5$。这并不表示共聚物完全是由 $5M_1$ 链段和 M_2 单元构成的交替结构，只是表示在共聚物中 M_1 单元数和 M_2 单元数的相对比例为 $5:1$。实际上，$1M_1$ 段、$2M_1$ 段、$3M_1$ 段、$4M_1$ 段、……、xM_1 段都可能存在，按一定概率排列。

共聚物中两种单体单元按一定概率排列，即为共聚物的序列分布。共聚物的序列分布通常用分子链中不同序列链段长度的相对比例或百分比来表示。共聚物的序列分布类似于分子量分布，因此可用类似的概率法导出。

链自由基 $M_1\cdot$ 与单体 M_1 或 M_2 的加成是一对竞争反应，形成 $M_1M_1\cdot$ 和 $M_1M_2\cdot$ 的概率分别为 P_{11} 和 P_{12}。

$$P_{11}=\frac{R_{11}}{R_{11}+R_{12}}=\frac{k_{11}[M_1\cdot][M_1]}{k_{11}[M_1\cdot][M_1]+k_{12}[M_1\cdot][M_2]}=\frac{r_1[M_1]}{r_1[M_1]+[M_2]} \tag{4-38}$$

$$P_{12}=1-P_{11}=\frac{R_{12}}{R_{11}+R_{12}}=\frac{[M_2]}{r_1[M_1]+[M_2]} \tag{4-39}$$

类似地，形成 $M_2M_2\cdot$ 和 $M_2M_1\cdot$ 的概率分别为 P_{22} 和 P_{21}。

$$P_{22}=\frac{R_{22}}{R_{21}+R_{22}}=\frac{k_{22}[M_2\cdot][M_2]}{k_{21}[M_2\cdot][M_1]+k_{22}[M_2\cdot][M_2]}=\frac{r_2[M_2]}{[M_1]+r_2[M_2]} \tag{4-40}$$

$$P_{21}=1-P_{11}=\frac{R_{21}}{R_{22}+R_{21}}=\frac{[M_1]}{[M_1]+r_2[M_2]} \tag{4-41}$$

由 $M_2M_1\cdot$ 形成 xM_1 序列，则必须在链自由基 $M_2M_1\cdot$ 上连续加上 $(x-1)$ 个 M_1 单元，然后再接上 1 个 M_2。

由此可见，形成 xM_1 序列的概率 $(P_{M_1})_x$ 为：

$$(P_{M_1})_x=P_{11}^{x-1}P_{12}=P_{11}^{x-1}(1-P_{11}) \tag{4-42}$$

式（4-42）为链段序列数量分布函数，从形式上与分子量数量分布函数［式（3-75）］极为相似。$(P_{M_1})_x$ 为 P_{11} 的函数，与 r_1 和［M_1］、［M_2］有关。同样地，可以推导出 xM_2 序列的概率 $(P_{M_2})_x$：

$$(P_{M_2})_x = P_{22}^{x-1} P_{21} = P_{22}^{x-1}(1-P_{22}) \tag{4-43}$$

xM_1 和 xM_2 序列的数均长度（即：M_1 和 M_2 的平均序列长度）也可参照数均聚合度的关系式［式（3-79）］求得。

$$\overline{N}_{M_1} = \sum x(P_{M_1})_x = \sum x P_{11}^{x-1}(1-P_{11}) = \frac{1}{1-P_{11}} = 1 + r_1 \frac{[M_1]}{[M_2]} \tag{4-44}$$

$$\overline{N}_{M_2} = \sum x(P_{M_2})_x = \sum x P_{22}^{x-1}(1-P_{22}) = \frac{1}{1-P_{22}} = 1 + r_2 \frac{[M_2]}{[M_1]} \tag{4-45}$$

由式（4-44）和式（4-45）可知，r_1、r_2 值越小，其序列平均长度越短。当 $r_1 = r_2 = 0$ 交替共聚时，$\overline{N}_{M_1} = \overline{N}_{M_2} = 1$；当 $r_1 = 5$、$r_2 = 0.2$ 理想共聚时，$\overline{N}_{M_1} = 6$、$\overline{N}_{M_2} = 1.2$。

按式（4-42）可计算出上述理想共聚物的 $1M_1$、$2M_1$、$3M_1$ 和 $4M_1$ 链段的百分含量分别为 16.7%、13.6%、11.5% 和 9.6%。由此可知，xM_1 链段含量随链段长度（x）的增大而减小。

根据式（4-42）和式（4-44），xM_1 链段中的 M_1 单元数占 M_1 总单元数的分数可由下式求得。

$$\frac{x(P_{M_1})_x}{\sum x(P_{M_1})_x} = x P_{11}^{x-1}(1-P_{11})^2 \tag{4-46}$$

式（4-46）与聚合度质量分布函数［式（3-78）］相当。由式（4-46）可进一步计算 xM_1 链段中 M_1 单元数占总 M_1 单元数的分数。为方便起见，以 100 个链段进行计算，数均链段长度 $\overline{N}_{M_1} = 6$，因此 M_1 单元总数为 600。$1M_1$ 链段含有 M_1 单元数为 16.7（$100 \times 16.7\%$），占 M_1 单元数的 2.8%；$2M_1$ 链段含有 M_1 单元数为 27.2（$2 \times 100 \times 13.6\%$），占 M_1 单元数的 4.5%；$3M_1$ 链段含有 M_1 单元数为 34.5（$3 \times 100 \times 11.5\%$），占 M_1 单元数的 5.8%；$4M_1$ 链段含有 M_1 单元数为 38.4，占 M_1 单元数的 6.4%；以此类推。$5M_1$ 链段和 $6M_1$ 链段中 M_1 单元数占比为 6.7%，达到峰值，如图 4-12 所示。

类似地，xM_2 链段中的 M_2 单元数占 M_2 总单元数的分数可由式（4-47）求得。

$$\frac{x(P_{M_2})_x}{\sum x(P_{M_2})_x} = x P_{22}^{x-1}(1-P_{22})^2 \tag{4-47}$$

值得注意的是，除大分子链内存在序列分布外，聚合物分子链间也存在链段分布，即两个共聚物分子通常具有不同的链段分布。因此，我们只能面向共聚物的集合体作链段序列分布的统计学研究，而无法只针对个别大分子链。

二元共聚物的序列分布（sequence distribution）不仅与两种单体的竞聚率密切相关，还受聚合反应条件的影响，其中单体投料比的影响最大。

丙烯腈共聚物不仅用于纺制腈纶纤维，也用于制备高性能碳纤维。羧基对聚丙烯腈纤维

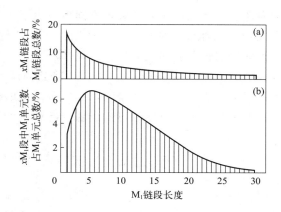

图 4-12 二元共聚物（$r_1 = 5$、$r_2 = 0.2$）的
链段序列分布（a）和链节分布（b）

的碳化具有催化作用，因此常用衣康酸（IA）、丙烯酸（AA）和甲基丙烯酸（MAA）作共聚单体。丙烯腈与三种共聚单体的竞聚率分别为：$r_1 = 0.505$，$r_2 = 1.928$，$r_1 = 0.376$、$r_2 = 2.353$，$r_1 = 0.419$、$r_2 = 3.343$。在碳纤维的制备过程中，希望共聚物的序列结构尽可能均匀，只含有 $1M_2 \sim 2M_2$ 链段为宜，不含更长的 xM_2 链段，以避免碳化过程中产生过多的结构缺陷，影响碳纤维质量。

表 4-2 是丙烯腈与酸性单体在二甲基亚砜中的自由基共聚数据。在三个共聚体系中，丙烯腈/衣康酸共聚物的序列结构分布最均匀，控制投料比 AN/IA=96/4，最长 xM_2 链节的单体单元数仅为 2；由于 AN 和 MAA 的竞聚率相差较大，控制投料比 AN/MAA=96/4，最长 xM_2 链节的单体单元数增大到 4，不利于制备高性能碳纤维。

表 4-2 丙烯腈共聚物的序列结构分布

共聚单体	链段序列参数	$M_1/M_2 = 98/2$		$M_1/M_2 = 96/4$		$M_1/M_2 = 90/10$	
衣康酸（IA）	共聚物组分率/%	0.957	0.043	0.943	0.057	0.799	0.201
	最小至最大链段长度	1~92	1	1~92	1~2	1~25	1~5
	平均链段长度	21.82	1.00	18.93	1.16	3.10	1.49
丙烯酸（AA）	共聚物组分率/%	0.950	0.050	0.904	0.096	0.782	0.618
	最小至最大链段长度	1~92	1~2	1~57	1~3	1~21	1~5
	平均链段长度	20.29	1.08	10.10	1.09	2.64	1.84
甲基丙烯酸（MAA）	共聚物组分率/%	0.954	0.046	0.903	0.097	0.767	0.233
	最小至最大链段长度	1~146	1~2	1~91	1~4	1~24	1~5
	平均链段长度	21.38	1~2	11.11	1.21	4.60	1.40

4.4 多元共聚

三种及其以上单体的共聚称为多元共聚（multicomponent copolymerization）。为了更有效地改善或者调节共聚物的性能，常采用多元共聚，不同单体赋予聚合物不同性能。三元共聚通常用两种主要单体来确定主要性能，少量第三单体则作特殊改性。例如，乙烯-丙烯共聚物是一种弹性体材料，力学性能较差，加入少量第三单体乙叉降冰片烯，则共聚物变为可硫化的三元乙丙橡胶（ethylene-propylene-diene monomer，EPDM），硫化后力学性能大幅度提高，扩大了应用范围；腈纶树脂是丙烯腈共聚物，第二单体丙烯酸甲酯可抑制聚丙烯腈的结晶倾向，提高可纺性，少量第三单体衣康酸可赋予腈纶纤维染色性能。

$$m \diagup\diagup + n \diagup\diagdown + p \;\text{（二环庚烯基）} \longrightarrow \text{EPDM}$$

氯乙烯-醋酸乙烯酯共聚物常用作涂料和黏合剂，用马来酸酐作为第三单体进行共聚，可提高对基材的黏结性。（甲基）丙烯酸酯、苯乙烯、（甲基）丙烯酸等单体的多元共聚物广泛应用于建筑涂料、黏合剂、纺织助剂等。少量（甲基）丙烯酸可提高乳液的稳定性和对基层的粘接性，其中不乏四元以至更多单体的乳液共聚，以调节聚合物的性能。ABS树脂是兼有无规共聚物和接枝共聚物的共混物，不同组合可赋予产品不同的性能，因此有多种牌号。

三元共聚的组成方程可以参考二元共聚的组成方程来推导。三元共聚时有3种链引发、9种链增长和6种链终止反应。三元共聚的链增长反应如下：

$$\sim\!\!\sim M_1\cdot + M_1 \xrightarrow{k_{11}} \sim\!\!\sim M_1M_1\cdot \qquad \sim\!\!\sim M_1\cdot + M_2 \xrightarrow{k_{12}} \sim\!\!\sim M_1M_2\cdot$$

$$\sim\!\!\sim M_2\cdot + M_1 \xrightarrow{k_{21}} \sim\!\!\sim M_2M_1\cdot \qquad \sim\!\!\sim M_2\cdot + M_2 \xrightarrow{k_{22}} \sim\!\!\sim M_2M_2\cdot$$

$$\sim\!\!\sim M_3\cdot + M_1 \xrightarrow{k_{31}} \sim\!\!\sim M_3M_1\cdot \qquad \sim\!\!\sim M_3\cdot + M_2 \xrightarrow{k_{32}} \sim\!\!\sim M_3M_2\cdot$$

$$\sim\!\!\sim M_1\cdot + M_3 \xrightarrow{k_{13}} \sim\!\!\sim M_1M_3\cdot$$

$$\sim\!\!\sim M_2\cdot + M_3 \xrightarrow{k_{23}} \sim\!\!\sim M_2M_3\cdot$$

$$\sim\!\!\sim M_3\cdot + M_3 \xrightarrow{k_{33}} \sim\!\!\sim M_3M_3\cdot$$

相应地，三元共聚有9个链增长反应速率方程。

$$R_{11}=k_{11}[M_1\cdot][M_1],\; R_{12}=k_{12}[M_1\cdot][M_2],\; R_{13}=k_{13}[M_1\cdot][M_3]$$

$$R_{21}=k_{21}[M_2\cdot][M_1],\; R_{22}=k_{22}[M_2\cdot][M_2],\; R_{23}=k_{23}[M_2\cdot][M_3]$$

$$R_{31}=k_{31}[M_3\cdot][M_1],\; R_{32}=k_{32}[M_3\cdot][M_2],\; R_{33}=k_{33}[M_3\cdot][M_3]$$

三元共聚体系包含三对单体对应关系，即 M_1-M_2、M_2-M_3 和 M_1-M_3，因此有6个竞聚率，分别为 r_{12}、r_{13}、r_{21}、r_{23}、r_{31}、r_{32}，其定义为：

$$r_{12}=k_{11}/k_{12},\; r_{13}=k_{11}/k_{13},\; r_{21}=k_{22}/k_{21}$$

$$r_{23}=k_{22}/k_{23},\; r_{31}=k_{33}/k_{31},\; r_{32}=k_{33}/k_{32}$$

作 $[M_1\cdot]$、$[M_2\cdot]$、$[M_3\cdot]$ 三种自由基的稳态假定，并且忽略前末端效应和解聚等因素，可推导出三元共聚物的组成方程。自由基的稳态假定有以下两种不同方式。

① Alfrey-Goldfinger 稳态假定，即某一自由基的消耗速率与产生速率相等。

$$R_{12}+R_{13}=R_{21}+R_{31}, \quad R_{21}+R_{23}=R_{12}+R_{32}, \quad R_{31}+R_{32}=R_{13}+R_{23}$$

由此可推导出三元共聚物的组成方程为：

$$d[M_1]:d[M_2]:d[M_3]=\begin{matrix}[M_1]\left(\dfrac{[M_1]}{r_{31}r_{21}}+\dfrac{[M_2]}{r_{21}r_{32}}+\dfrac{[M_3]}{r_{31}r_{23}}\right)\left([M_1]+\dfrac{[M_2]}{r_{12}}+\dfrac{[M_3]}{r_{13}}\right): \\[3mm] [M_2]\left(\dfrac{[M_1]}{r_{12}r_{31}}+\dfrac{[M_2]}{r_{12}r_{32}}+\dfrac{[M_3]}{r_{32}r_{13}}\right)\left([M_2]+\dfrac{[M_1]}{r_{21}}+\dfrac{[M_3]}{r_{23}}\right): \\[3mm] [M_3]\left(\dfrac{[M_1]}{r_{13}r_{21}}+\dfrac{[M_2]}{r_{23}r_{12}}+\dfrac{[M_3]}{r_{13}r_{23}}\right)\left([M_3]+\dfrac{[M_1]}{r_{31}}+\dfrac{[M_2]}{r_{32}}\right)\end{matrix}$$

(4-48)

② Valvassori-Sartori 稳态假定，即不同自由基的互相转化速率相等。

$$R_{12}=R_{21}, \quad R_{23}=R_{32}, \quad R_{13}=R_{31}$$

由此可推导出三元共聚物的另外一种组成方程为：

$$d[M_1]:d[M_2]:d[M_3]=\begin{matrix}[M_1]\left([M_1]+\dfrac{[M_2]}{r_{12}}+\dfrac{[M_3]}{r_{13}}\right): \\[3mm] [M_2]\dfrac{r_{21}}{r_{12}}\left([M_2]+\dfrac{[M_1]}{r_{21}}+\dfrac{[M_3]}{r_{23}}\right): \\[3mm] [M_3]\dfrac{r_{31}}{r_{13}}\left([M_3]+\dfrac{[M_1]}{r_{31}}+\dfrac{[M_2]}{r_{32}}\right)\end{matrix}$$

(4-49)

已知三元共聚的 6 个竞聚率，则可以根据式（4-48）或者式（4-49）计算三元共聚物的瞬时组成。类似于三元共聚，通过 5 个基本假设也可以推导出四元共聚的共聚物瞬时组成方程。表 4-3 是按照两种方式计算的典型共聚物的组成。

表 4-3 典型共聚物组成的计算值和实验值

体系	配料组成		共聚物组成（摩尔分数）/%		
	单体	摩尔分数%	实验值	按式(4-48)计算	按式(4-49)计算
1	苯乙烯	31.24	43.4	44.3	44.3
	甲基丙烯酸甲酯	31.12	39.4	41.2	42.7
	偏二氯乙烯	37.64	17.2	14.5	13.0
2	甲基丙烯酸甲酯	35.10	50.8	54.3	56.6
	丙烯腈	28.24	28.3	29.7	23.5
	偏二氯乙烯	36.66	20.9	16.0	19.9
3	苯乙烯	34.03	52.8	52.4	53.8
	丙烯腈	34.49	36.0	40.5	36.6
	偏二氯乙烯	31.48	10.5	7.1	9.6
4	苯乙烯	35.92	44.7	43.6	45.2
	甲基丙烯酸甲酯	36.03	26.1	29.2	33.8
	丙烯腈	28.05	29.2	26.2	21.0

体系	配料组成		共聚物组成(摩尔分数)/%		
	单体	摩尔分数%	实验值	按式(4-48)计算	按式(4-49)计算
5	苯乙烯	20.00	55.2	55.8	55.8
	丙烯腈	20.00	40.3	41.3	41.4
	氯乙烯	60.00	4.5	2.9	2.8
6	苯乙烯	25.21	40.7	41.0	41.0
	甲基丙烯酸甲酯	25.48	25.5	27.3	29.3
	丙烯腈	25.40	25.8	24.8	22.8
	偏二氯乙烯	23.91	6.0	6.9	6.9

值得注意，如果三元共聚时某一单体不能均聚、只能共聚，其竞聚率为零，则不能使用式（4-48）和式（4-49）进行共聚物组成计算，需要另做推导。

4.5 竞聚率的测定及影响因素

竞聚率代表单体均聚与共聚速率常数之比，是影响共聚物组成的重要因素。计算共聚物组成需要已知二元或多元共聚的竞聚率。因此，竞聚率的测定非常重要。

4.5.1 竞聚率的测定

竞聚率的测定通常经过分析测定共聚物的组成来计算。共聚物的组成可以通过元素分析、核磁共振氢谱和碳谱、紫外-可见光谱、傅里叶红外光谱等测定，或者通过液相色谱等测定聚合体系中残留单体含量间接计算共聚物的组成。测定竞聚率时要求样品必须充分纯化；分析样品是在两种单体的不同投料配比，并在低转化率下（一般为5%）获得，只有这样才能认为单体混合物组成基本不变。对于竞聚率差异较大的共聚体系，应测定在不同单体转化率下的竞聚率，并将其外推至转化率为零时求得竞聚率。常见的竞聚率计算方法主要分为线性计算法和非线性计算法，其中直线交叉法、截距斜率法、曲线拟合法等属于线性方法，积分法属于非线性方法。

（1）截距斜率法

令 $\rho = d[M_1]/d[M_2]$，$R = [M_1]/[M_2]$，将式（4-16）重排成 r_1 和 r_2 为截距或斜率的方程。

$$\frac{R(\rho-1)}{\rho} = r_1 \frac{R^2}{\rho} - r_2 \tag{4-50}$$

$$\frac{\rho-1}{R} = r_1 - r_2 \frac{\rho}{R^2} \tag{4-51}$$

式（4-50）称为 Finemann-Ross 方程，式（4-51）为反 Finemann-Ross 方程，这种方法应用最为广泛。设 $G = R(\rho-1)/\rho$，$H = R^2/\rho$，将 G 对 H 作图，斜率为 r_1，截距为 $-r_2$；以 G/H 对 $1/H$ 作图，斜率为 $-r_2$，截距为 r_1。图 4-13 是丙烯酰胺-丙烯酸沉淀共聚时，Finemann-Ross 方程和反 Finemann-Ross 方程曲线。

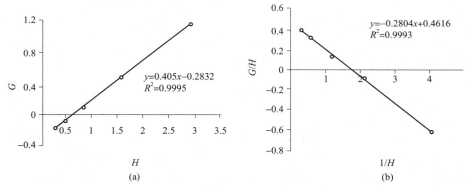

图 4-13　丙烯酰胺-丙烯酸在乙酸乙酯中共聚的竞聚率斜率图

（a）Finemann-Ross 方程法；（b）反 Finemann-Ross 方程法

（2）直线交叉法（Mayo-Lewis 法）

同样地，令 $\rho = d[M_1]/d[M_2]$，$R = [M_1]/[M_2]$，将式（4-16）进行重排，得到 Mayo-Lewis 方程：

$$r_2 = R\left[\frac{1}{\rho}(1+Rr_1)-1\right] \tag{4-52}$$

控制较低的单体转化率（5%～10%），将几组不同单体配比与共聚物组成代入式（4-52），得到几条 r_1-r_2 直线。图 4-14 是丙烯酰胺和丙烯酸共聚直线交叉法计算竞聚率的实例，所有直线的交点坐标就是 r_1、r_2 值。由于存在实验误差，通常各条直线交叉于一个区域，而不是一个点。

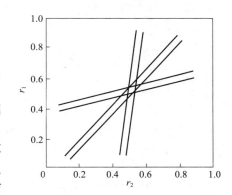

图 4-14　丙烯酰胺-丙烯酸共聚
直线交叉法计算竞聚率

（3）曲线拟合法

选取多组不同组成的单体进行共聚，控制低单体转化率（<5%），测定共聚物组成 F_1，作出 F_1-f_1 图，根据共聚物组成方程（4-21），由试差法计算 r_1 和 r_2，通过计算机辅助可以快速计算出竞聚率。

（4）Kelen-Tudos 方程

Kelen-Tudos 方程是另外一种线性的竞聚率计算方法。与前述几种方法不同，该方法用 η、ξ、α 等参数来修正 Finemann-Ross 方程式（4-50）的非对称性。

$$\eta = \xi\left(r_1 + \frac{r_2}{\alpha}\right) - \frac{r_2}{\alpha} \tag{4-53}$$

式中，$\eta = G/(\alpha+H)$；$\xi = H/(\alpha+H)$；$\alpha = \sqrt{H_{\min}H_{\max}}$，$H_{\min}$ 和 $H_{\max}$ 分别为共聚系

列中最小和最大的 H 值。同样地，$G=R(\rho-1)/\rho$，$H=R^2/\rho$。ξ、η、G 和 H 的值在 $0\sim1$ 之间。图 4-15 是丙烯酰胺-丙烯酸共聚 Kelen-Tudos 法计算竞聚率的实例。

（5）扩展的 Kelen-Tudos 方程

上面的计算中都要求单体的转化率较低，在高转化率时上述计算方法不准确，在实际应用中受到一些限制。考虑单体的转化率，则可以得到拓展的 Kelen-Tudos 方程，在低转化率（$<15\%$）到中高转化率（$<40\%$）之间可以计算单体的竞聚率，不会产生较大的系统误差。通过实验测定，M_1 和 M_2 单体的转化率分别为 θ_1 和 θ_2，则

$$Z=\frac{\lg(1-\theta_1)}{\lg(1-\theta_2)} \tag{4-54}$$

引入参数 Z［式（4-54）］，对 G 和 H 的值进行修正，修正后，$G=(\rho-1)/Z$、$H=\rho/Z^2$，利用修正后的 G 和 H 值根据式（4-53）计算可以得到扩展的 Kelen-Tudos 方程。图 4-16 是利用扩展的 Kelen-Tudos 方程计算的丙烯酰胺-丙烯酸共聚竞聚率实例。

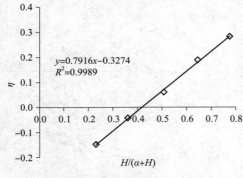

图 4-15　丙烯酰胺-丙烯酸共聚
Kelen-Tudos 法计算竞聚率

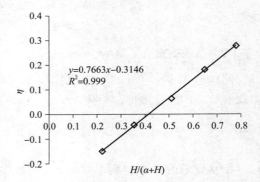

图 4-16　扩展的 Kelen-Tudos 方程计算
丙烯酰胺-丙烯酸共聚竞聚率

（6）　Mao-Huglin 法

Mao-Huglin 法是较新的线性模式计算竞聚率的方法，可适用于低到高转化率（60%），依据于共聚物组成方程的重排。

$$F=\frac{r_1 f^{*2}+f^*}{r_2+f^*} \tag{4-55}$$

式中，f^* 是平均单体组成而不是瞬时单体组成。Mao-Huglin 法的目的就是算出 f^*。假设两种单体共聚的竞聚率已知，通过式（4-55）可以计算出初始单体组成（f_0）、单体转化率（θ）和第 i 个实验点的共聚物平均组成（F_c）。假设 F_c 与瞬时共聚物组成相同，则将 F_c 代入瞬时共聚物组成方程中可以计算出单体的组成。通过这些数据可以用 Kelen-Tudos 方程计算出新的竞聚率，利用计算机反复修正，直到计算的共聚物组成（F_c）与实测的共聚物组成（F_e）之间的方差 S［式（4-56）］最小，则计算的竞聚率为最终的竞聚率。

$$S=\sum(f_i^e-f_i^c)^2 \tag{4-56}$$

（7）积分法

令 $P=(1-r_1)/(1-r_2)$，对共聚物的组成方程式（4-16）进行积分，重排后可得到：

$$r_2 = \frac{\lg \dfrac{[M_2]_0}{[M_2]} - \dfrac{1}{P}\lg \dfrac{1-P\dfrac{[M_1]}{[M_2]}}{1-P\dfrac{[M_1]_0}{[M_2]_0}}}{\lg \dfrac{[M_1]_0}{[M_1]} - \lg \dfrac{1-P\dfrac{[M_1]}{[M_2]}}{1-P\dfrac{[M_1]_0}{[M_2]_0}}} \tag{4-57}$$

积分法通过测定不同反应时间的单体浓度 $[M_1]$ 和 $[M_2]$，利用计算机辅助的试差法可以计算出 r_1 和 r_2。值得注意的是，使用不同方法测定的竞聚率并不完全一致。最大误差可能来源于单体转化率难以准确控制，实验误差也不容忽略。表4-4列出了常见单体的竞聚率。

表 4-4　常用烯类单体的竞聚率

M_1	M_2	$T/℃$	r_1	r_2
丁二烯	异戊二烯	5	0.75	0.85
	苯乙烯	50	1.35	0.58
		60	1.39	0.78
	丙烯腈	40	0.3	0.02
	甲基丙烯酸甲酯	90	0.75	0.25
	丙烯酸甲酯	5	0.76	0.05
	氯乙烯	50	8.8	0.035
苯乙烯	异戊二烯	50	0.80	1.68
	丙烯腈	60	0.4	0.04
	甲基丙烯酸甲酯	60	0.52	0.46
	丙烯酸甲酯	60	0.75	0.20
	偏二氯乙烯	60	1.85	0.085
	氯乙烯	60	17	0.02
	醋酸乙烯酯	60	55	0.01
丙烯腈	甲基丙烯酸甲酯	80	0.15	1.22
	丙烯酸甲酯	50	1.54	0.844
	偏二氯乙烯	60	0.91	0.37
	氯乙烯	60	2.7	0.04
	醋酸乙烯酯	50	4.2	0.05

M_1	M_2	$T/℃$	r_1	r_2
甲基丙烯酸甲酯	丙烯酸甲酯	130	1.91	0.50
	偏二氯乙烯	60	2.35	0.24
	氯乙烯	68	10	0.1
	醋酸乙烯酯	60	20	0.015
丙烯酸甲酯	氯乙烯	45	4	0.06
	醋酸乙烯酯	60	9	0.1
氯乙烯	醋酸乙烯酯	60	1.68	0.23
	偏二氯乙烯	68	0.1	6.0
醋酸乙烯酯	乙烯	130	1.02	0.97
马来酸酐	苯乙烯	50	0.04	0.015
	α-甲基苯乙烯	60	0.08	0.04
	反二苯基乙烯	60	0.03	0.03
	丙烯腈	60	0	6
	甲基丙烯酸甲酯	75	0.02	6.7
	丙烯酸甲酯	75	0.02	2.8
	醋酸乙烯酯	75	0.055	0.003
四氟乙烯	三氟氯乙烯	60	1.0	1.0
	乙烯	80	0.85	0.15
	异丁烯	80	0.3	0.0

4.5.2 竞聚率的影响因素

竞聚率由两个速率常数 k_{11} 与 k_{12} 之比构成，因而影响其速率常数的因素都会影响竞聚率。下面从几个方面来讨论影响竞聚率的因素。

(1) 温度

温度对竞聚率的影响可以通过 Arrhenius 方程来讨论。

$$r_1 = \frac{k_{11}}{k_{12}} = \frac{A_{11}}{A_{12}} e^{-(E_{11}-E_{12})/RT} \tag{4-58}$$

式 (4-58) 中，当 $r_1<1$ 时，$k_{11}<k_{12}$，即 $E_{11}>E_{12}$。温度上升，活化能较大的增长速率常数 k_{11} 增加较快，r_1 逐渐增大，最终趋于 1。当 $r_1>1$ 时，$k_{11}>k_{12}$，即 $E_{11}<E_{12}$。温度上升，活化能较大的增长速率常数 k_{12} 增加较快，r_1 下降，最终也趋于 1。因此，随着温度的升高，r_1 最终趋于 1，共聚反应向理想共聚方向发展，即升温对竞聚率具有"拉平效应"。整体上，r_1 随温度的变化取决于 $(E_{11}-E_{12})$ 的大小，E_{11} 和 E_{12} 本身就小，约 21~34kJ/mol，两者差值更小，一般小于 10kJ/mol，因此竞聚率对温度变化不敏感。表 4-5 列出温度对部分单体对竞聚率的影响。

表 4-5　温度对几种单体竞聚率的影响（单体 M_1 为苯乙烯）

M_2	$T/℃$	r_1	r_2
甲基丙烯酸甲酯	35	0.52	0.44
	60	0.52	0.46
	131	0.59	0.54
丙烯腈	60	0.40	0.04
	75	0.41	0.06
	99	0.39	0.06
丁二烯	5	0.44	1.40
	50	0.58	1.35
	60	0.78	1.39

（2）压力

压力对竞聚率的影响与温度相似。链自由基 $M_1\cdot$ 与单体 M_1 和 M_2 发生链增长反应的体积变化之差很小，因此竞聚率对压力的变化也不敏感。随着压力的增加，共聚反应向理想共聚的方向移动。例如，甲基丙烯酸甲酯和丙烯腈共聚时，在 0.001MPa、0.1MPa 和 10MPa 压力下 r_1 与 r_2 的乘积分别为 0.16、0.54 和 0.91。

（3）溶剂

溶剂对自由基共聚竞聚率的影响与单体的极性以及单体与溶剂的相互作用有关。如果两种单体极性不同，那么随着溶剂极性的改变，两种单体的反应活性变化的趋势也会不同，使 r 发生改变。表 4-6 是丙烯酰胺-丙烯酸在不同溶剂中自由基共聚的竞聚率。在离子共聚中，溶剂将影响活性种离子对的松紧程度，因此溶剂对聚合速率和竞聚率有较大影响。

表 4-6　丙烯酰胺-丙烯酸在不同溶剂中的竞聚率

溶剂	介电常数	r_1	r_2
1,4-二氧六环	2.2	0.35	1.02
苯	2.3	0.3	1.0
乙酸	6.15	0.85	0.55
甲醇	32.6	0.75	0.84
N,N-二甲基甲酰胺	36.7	1.00	0.52
水	78.5	1.30	0.47
本体		0.57	0.60
乙酸乙酯	6.27	0.28	0.47

溶剂对竞聚率的影响较为复杂，大致可以归纳为如下两类。

① 黏度影响：不同反应介质可能造成体系黏度不同，在不同黏度下两种单体的扩散速率率可能不同，从而导致 k_{11} 和 k_{12} 的变化不同而改变竞聚率。

② pH 值影响：酸性单体或碱性单体的聚合速率与体系 pH 值有关。例如，甲基丙烯酸（M_1）与甲基丙烯酸二乙氨基乙酯（M_2）共聚，在 pH＝1 的条件下 M_1 以酸的形式存在，

活性较高，竞聚率较大，$r_1=0.98$、$r_2=0.90$；在 pH＝7.2 条件下 M_1 可发生电离，活性较低，竞聚率较小，$r_1=0.08$、$r_2=0.65$，两者相差很大。类似地，丙烯酸与苯乙烯共聚，丙烯酸会以离解型和非离解型两种反应活性不同的形式平衡存在，pH 值不同会导致平衡状态的改变，竞聚率也随之改变。

（4）聚合方法

聚合方法不同也会影响单体的竞聚率。这是由于反应区域的局部浓度与体系宏观平均浓度不同引起的，而不是竞聚率本身有什么变化。

在乳液聚合或悬浮聚合体系中，如果两种单体的扩散速度或在水中的溶解速度相差较大，将使得反应微区的局部单体浓度之比不同于本体或溶液等均相共聚体系，影响共聚物组成，从而影响表观竞聚率。例如，丙烯腈与甲基丙烯酸甲酯共聚，在二甲基亚砜中进行溶液聚合时，竞聚率 $r_1=1.02$、$r_2=0.70$；悬浮聚合时，$r_1=0.75$、$r_2=1.54$；乳液聚合时，$r_1=0.78$、$r_2=1.04$。丙烯腈是水溶性单体，而甲基丙烯酸甲酯只微溶于水，导致单体液滴内丙烯腈的浓度低于投料比，插入率随之降低，表观竞聚率减小。

4.6　单体和自由基的活性

烯类单体的聚合活性（polymerization activity）与相应自由基的反应活性（reactivity）并不一致，有些单体的聚合活性很高，但相应自由基却比较稳定；有些单体的聚合活性不高，但相应自由基却非常活泼；而有些单体的聚合活性较高，相应自由基也比较活泼。因此，不能用单体均聚的链增长速率常数来比较单体和自由基的活性。

通常均聚的链增长速率常数不仅与单体有关，也与自由基活性有关。例如，苯乙烯的 $k_p=145L/(mol \cdot s)$，醋酸乙烯酯的 $k_p=2300L/(mol \cdot s)$，从数值上很容易误认为醋酸乙烯酯单体的聚合活性高于苯乙烯。实际上，苯乙烯的聚合活性高于醋酸乙烯酯，只是醋酸乙烯酯自由基的活性远高于苯乙烯自由基的活性，才导致醋酸乙烯酯的均聚链增长速率常数较大。因此，比较单体活性时，应该用不同单体对相同自由基的反应活性来比较；同理，比较自由基活性时，应该用不同自由基对相同单体的反应活性来比较。

4.6.1　单体的相对活性

竞聚率为同一自由基均聚与共聚反应速率常数的比值，是不同单体与同一自由基反应的速率常数之比，因此竞聚率和竞聚率的倒数可以用来衡量单体对同一自由基的相对活性。通常用竞聚率的倒数来衡量单体活性。表 4-7 是烯类单体对同一自由基的相对活性数据（$1/r_1=k_{12}/k_{11}$）。

表 4-7　烯类单体（$CH_2 = CXY$）对同一自由基的相对活性（$1/r_1$）

单体	链自由基						
	Bd·	St·	VAc·	VC·	MMA·	MA·	AN·
丁二烯（Bd）		1.7		29	4	20	50
苯乙烯（St）	0.4		100	50	2.2	6.7	25

单体	链自由基						
	Bd·	St·	VAc·	VC·	MMA·	MA·	AN·
MMA	1.3	1.9	67	10		2	6.7
甲基乙烯酮		3.4	20	10		1.2	1.7
丙烯腈（AN）	3.3	2.5	20	25	0.82		
丙烯酸甲酯（MA）	1.3	1.4	10	17	0.52		0.67
偏二氯乙烯（VDC）		0.54	10		0.39		1.1
氯乙烯（VC）	0.11	0.059	4.4		0.10	0.25	0.37
醋酸乙烯酯（VAc）		0.019		0.59	0.050	0.11	0.24

4.6.2 自由基的活性

与单体的聚合活性相似，自由基的反应活性可通过对比不同自由基与同一单体反应的速率常数大小进行比较，即可通过 k_{12} 的大小对自由基活性进行比较。在 $r_1 = k_{11}/k_{12}$ 中，r_1 和 k_{11} 都是可测定的参数，因而可以计算出 k_{12}。表 4-8 是常用单体共聚的 k_{12} 数值。

表 4-8　同一自由基对不同单体的加成反应活性（k_{12}）　　单位：$L/(mol \cdot s)$

单体	链自由基						
	Bd·	St·	MMA·	AN·	MA·	VAc·	VC·
Bd	100	246	2820	98000	41800		357000
St	40	145	1550	49000	14000	230000	615000
MMA	130	276	705	13100	4180	154000	123000
AN	330	435	578	1960	2510	46000	178000
MA	130	203	367	1310	2090	23000	209000
VC	11	8.7	71	720	520	10100	12300
VAc		3.9	35	230	230	2300	7760

表 4-8 中的横向数据代表了烯类单体自由基的相对活性，由左到右，自由基的活性依次升高。表 4-8 中的纵向数据可以比较单体活性，从上到下单体活性依次降低。由此可见，自由基活性与单体活性的大小顺序刚好相反。高活性单体形成的自由基比较稳定；低活性单体形成的自由基比较活泼。取代基的性质决定了单体和链自由基的反应活性，取代基对链自由基的影响比对单体的影响大得多。例如，St 的活性是 VAc 的 50～100 倍，VAc 自由基的活性是 St 自由基的 100～1000 倍，所以低活性单体 VAc 的聚合速率常数远高于高活性单体 St 的聚合速率常数。

4.6.3 取代基对单体活性和自由基活性的影响

表 4-7 和表 4-8 的数据表明，取代基对单体聚合活性和自由基反应活性的影响很大。类似于取代基对聚合机理选择性的影响，活性影响因素主要包括取代基的共轭效应、极性效应和空间位阻效应。

（1）共轭效应

从表 4-8 的数据可以看出，单体取代基的共轭效应越强，单体越活泼；取代基的共轭效应越强，链自由基越稳定，反应活性越低，即取代基的共轭效应对单体和链自由基的活性的影响正好相反。

共轭效应使单体的π键电子云得以分散，双键容易被打开，因而单体活性升高。共轭效应越强，单体活性越大。例如，苯乙烯的苯环与双键有强烈的共轭作用，单体活性较高；而醋酸乙烯酯分子中乙酰氧基的未共用电子对与双键之间只有微弱的共轭作用，单体活性较低。形成链自由基后，共轭效应同样使自由基的电子云得以分散，自由基稳定性增加，反应活性降低。共轭效应越强，自由基越稳定，活性越低。因此，苯乙烯自由基的反应活性远低于醋酸乙烯酯自由基。稳定单体与稳定自由基不容易发生加成反应，导致苯乙烯与醋酸乙烯酯不容易共聚。

根据有或无共轭效应，单体与链自由基之间有如下四种链增长反应。

①$R \cdot + M \longrightarrow R \cdot$ ③$R_s \cdot + M_s \longrightarrow R_s \cdot$

②$R \cdot + M_s \longrightarrow R_s \cdot$ ④$R_s \cdot + M \longrightarrow R \cdot$

式中，下角标 s 代表共轭结构。

在这四种链增长反应中，①为非共轭自由基与非共轭单体反应，不涉及共轭结构变化，属于高活性自由基与低活性单体反应；②为非共轭自由基与共轭单体反应，链自由基获得共轭能，有利于链增长，属于高活性自由基与高活性单体反应，反应活性最高，速率最快；③为共轭自由基与共轭单体反应，稳定的链自由基进一步获得共轭能，属于低活性自由基与高活性单体反应；④为共轭自由基与非共轭单体的反应，稳定的链自由基失去共轭能，属于低活性自由基与低活性单体反应，反应活性最低，速率最慢。由于自由基活性对链增长速率的影响大于单体对其的影响，因此，四种链增长反应的活性顺序为②＞①＞③＞④。

当两种单体共聚时，上述反应①和③因为具有较高的反应活性而容易发生共聚，具体为有共轭取代基的两种单体之间易发生共聚；无共轭取代基的两种单体之间也易发生共聚。对于上述反应④，由于反应活性低，聚合速率极慢，很难发生反应，因而共轭单体和非共轭单体之间难发生共聚反应。

苯乙烯和丁二烯等共轭单体很难与低活性的醋酸乙烯酯共聚，涉及低活性自由基与低活性单体的极慢反应。如果醋酸乙烯酯聚合时加入少量苯乙烯，高活性的醋酸乙烯酯自由基倾向于与高活性苯乙烯共聚，当苯乙烯消耗完以后，生成的苯乙烯自由基活性较低，引发低活性醋酸乙烯酯聚合的活性很低，因而少量的苯乙烯可以起到阻聚的作用。

（2）极性效应

在表 4-7 和表 4-8 的单体和自由基活性顺序中，丙烯腈单体和相应自由基往往处于反常状态，这是由于单体极性较大的缘故。在自由基共聚中发现，带有供电子取代基的单体往往容易和带有吸电子取代基的单体共聚，并有交替共聚倾向，这种特殊效应称为极性效应（polar effect）。极性效应来源于取代基的拉电子诱导效应，因此又称为诱导效应。

烷基、烷氧基、苯基和乙烯基等推电子取代基使碳-碳双键带部分负电性，氰基、羧基、酯基和酸酐基等吸电子取代基则使双键带部分正电性。双键带负电性的单体与双键带正电性的单体易于共聚，并有交替共聚的倾向。极性效应使单体和自由基活性增大的原因，可能是单体间发生电荷转移或形成配合物，降低了反应活化能。苯乙烯、丁二烯等含有供电子取代基，而丙烯腈含有吸电子取代基，所以苯乙烯、丁二烯与丙烯腈共聚时的反应速率常数特别大。两种单体的极性相差越大，$r_1 r_2$ 值越趋近于零，交替倾向越大。例如，顺丁烯二酸酐、反丁烯二酸二乙酯难以均聚，但却能与极性相反的烷基乙烯基醚或苯乙烯共聚。

如下所示，苯乙烯与马来酸酐交替共聚可能是因为电子给体（苯乙烯）和电子受体（马来酸酐）之间形成 1:1 的电荷转移配合物（charge-transfer complex），使过渡状态能量降低，因而更倾向于交替共聚。苯乙烯是富电子单体，易给出电子，可称为给体单体（donor monomer）；马来酸酐是典型的缺电子单体，易接受电子，可称为受体单体（receptor monomer）。

表 4-9 列出了常见的电子给体-电子受体单体对。这些给体-受体单体对自由基共聚时，通常显示出比各自均聚更快的聚合速率，并且具有较大的交替共聚倾向。

表 4-9   常见的电子给体-电子受体单体对

给体单体	受体单体
共轭二烯（丁二烯、苯乙烯）	甲基丙烯酸甲酯、衣康酸
杂环二烯（呋喃、吲哚、噻吩）	丙烯酸甲酯、甲基丙烯酸甲酯
苯乙烯及其衍生物（苯乙烯、α-甲基苯乙烯）	肉桂酸酯
乙烯基酯（醋酸乙烯酯）	乙烯基腈（丙烯腈、偏二腈乙烯）
乙烯基醚（乙烯基甲醚或乙醚）	马来酸衍生物、富马酸酯

值得说明，单体取代基的极性大小并不完全决定交替共聚倾向的大小。表 4-10 中的数据表明，相比于醋酸乙烯酯，苯乙烯单体的极性较大，它与丙烯腈共聚的交替共聚倾向也比较大。然而，当两种单体分别与反丁烯二酸二乙酯共聚时，低极性的醋酸乙烯酯与反丁烯二酸二乙酯共聚的交替倾向却大于高极性的苯乙烯。可能原因是空间位阻效应起了较大作用，醋酸乙烯酯端基的位阻比苯乙烯端基小，因而反丁烯二酸二乙酯更易于接近醋酸乙烯酯端基发生交替共聚反应。

表 4-10   VAc 和 St 与 AN 和反丁烯二酸二乙酯的交替共聚倾向

单体 M_1	M_1 的极性效应（e）	单体 M_2	$r_1 r_2$	交替共聚倾向
醋酸乙烯酯	-0.22	丙烯腈	0.21	很小
苯乙烯	-0.80	丙烯腈	0.016	大
醋酸乙烯酯	-0.22	反丁烯二酸二乙酯	0.0049	很大
苯乙烯	-0.80	反丁烯二酸二乙酯	0.021	较小

（3）位阻效应

位阻效应包括取代基的大小、数量和位置，单体的位阻效应对自由基共聚反应影响较大。其中，由于氟原子半径与氢原子接近，氟取代单体不显示位阻效应，如四氟乙烯和三氟氯乙烯既容易均聚，又容易共聚。当为其他取代基时，一取代单体不显示明显的位阻效应；二取代单体的位阻效应与取代基的位置有关。

1,1-二取代单体的两取代基电子效应叠加使单体聚合活性增强。例如，与同一链自由基共聚，偏氯乙烯的活性比氯乙烯大 2~10 倍。

1,2-二取代单体的位阻效应较大，不容易均聚，但可与单取代单体共聚。例如，1,2-二氯乙烯较难均聚，但可与丙烯腈、苯乙烯和丙烯酸酯等单体共聚。

在共聚反应中，1,2-二氯乙烯的活性比氯乙烯低 2~20 倍，其中反式比顺式活泼。这是因为顺式异构体的两个氯原子处于双键同一侧，电性排斥，构型扭曲，位阻较大；反式异构体的两个氯原子处于双键两侧，无构型扭曲，位阻较小。类似地，反丁烯二酸酯（富马酸酯）容易共聚，而顺丁烯二酸酯（马来酸酯）难共聚。

存在静电斥力  无静电斥力

4.7 Q-e 概念

竞聚率是决定共聚物组成的重要参数，不同单体组合，竞聚率并不相同，需要通过实验一一测定。100 种烯类单体两两组合可形成 5000 多个二元共聚体系，加之聚合方法和实验条件也影响竞聚率的大小，完全靠实验测定非常繁琐费时。如果能建立烯类单体自由基共聚反应的构效关系，以此来估算竞聚率，将会大大减少实验工作量。1947 年，Alfrey 和 Price 建立了 Q-e 方程式，提出在单体取代基的空间位阻效应可以忽略时，链增长反应的速率常数可用共轭效应（Q）和极性效应（e）来描述。

Q 值代表共轭效应，表示单体转变成自由基的难易程度。共轭效应越强，Q 值越大，单体越容易反应。e 值代表电子效应，吸电子基团的 e 值大于 0，吸电子效应越强，e 值越大；供电子基团的 e 值小于 0，供电子效应越强，e 值越小、绝对值越大。

用 P 值表示自由基 M· 的活性，用 Q 值表示单体 M 的活性，这两者与共轭效应有关；用 e 值表示单体 M 或自由基 M· 的极性，假定它们的极性相同，则 M_1 或 M_1· 的极性为 e_1，M_2 或 M_2· 的极性为 e_2。由此定义链增长速率常数的 Q-e 表达式为：

$$k_{11} = P_1 Q_1 \exp(-e_1 e_1), \quad k_{22} = P_2 Q_2 \exp(-e_2 e_2)$$
$$k_{12} = P_1 Q_2 \exp(-e_1 e_2), \quad k_{21} = P_2 Q_1 \exp(-e_2 e_1)$$

则由此可以计算任意单体对的竞聚率。

$$r_1 = \frac{k_{11}}{k_{12}} = \frac{Q_1}{Q_2} \exp[-e_1(e_1 - e_2)] \tag{4-59}$$

$$r_2 = \frac{k_{22}}{k_{21}} = \frac{Q_2}{Q_1} \exp\left[-e_2(e_2-e_1)\right] \tag{4-60}$$

$$r_1 r_2 = \exp\left[-(e_2-e_1)^2\right] \tag{4-61}$$

如果已知单体的 Q 和 e 值，就可估算出 r_1 和 r_2 值。然而，由实验测得 r_1 和 r_2 值后，无法通过式（4-59）和式（4-60）计算出 e_1 和 e_2 值。因此，以苯乙烯为基准，令其 $Q=1.0$，$e=-0.8$，再由实验测得其他单体与苯乙烯共聚的 r_1 和 r_2 值，代入式（4-59）和式（4-60），可以求得各种单体的 Q、e 值。常用单体的 Q、e 值见表 4-11，通过 Q、e 值可以估算不同单体共聚时的竞聚率。

表 4-11 常见单体的 Q、e 值

单体	Q	e	单体	Q	e
叔丁基乙烯基醚	0.15	−1.58	乙烯基磺酸	0.09	−0.01
对二甲氨基苯乙烯	1.52	−1.30	氯乙烯	0.044	0.20
α-甲基苯乙烯	0.98	−1.27	偏氯乙烯	0.22	0.36
异戊二烯	3.33	−1.22	甲基丙烯酸甲酯	0.74	0.40
甲基丙烯酸钠	1.35	−1.18	丙烯酸甲酯	0.42	0.60
乙基乙烯基醚	0.032	−1.17	甲基丙烯酸	2.34	0.65
N-乙烯基吡咯烷酮	0.14	−1.14	衣康酸	0.75	0.63
丁二烯	2.39	−1.05	甲基乙烯基酮	0.59	0.68
异丁烯	0.033	−0.96	丙烯酸	1.20	0.76
苯乙烯	1.0	−0.8	甲基丙烯腈	1.12	0.81
丙烯	0.002	−0.78	丙烯腈	0.60	1.24
2-乙烯基吡啶	1.30	−0.5	富马酸二乙酯	0.61	1.25
4-乙烯基吡啶	1.00	−0.28	氟乙烯	0.012	1.28
醋酸乙烯酯	0.026	−0.22	丙烯酰胺	1.18	1.30
丙烯酸钠	0.65	−0.15	甲基乙烯基砜	0.12	1.31
对氯苯乙烯	0.80	−0.19	马来酸二乙酯	0.05	1.54
对氰基苯乙烯	1.90	−0.22	反丁烯二腈	0.80	1.96
乙烯	0.015	−0.20	顺丁烯酸酐	0.23	2.25

利用 Q 值和 e 值可以预测单体的竞聚率，比较单体的聚合活性。①Q 值越大，单体聚合活性越高；②Q 值相差大，很难共聚；③Q-e 值相近的单体容易共聚，且为理想共聚；④e 值相差大的单体容易交替共聚。

值得注意，Q 和 e 值在理论和实验上都不完善。Q-e 方程的主要问题在于没有考虑空间位阻效应因素；将单体和自由基的 e 值定为相同亦不完全合理，没有考虑共轭效应和极性效应的综合影响；人为设定苯乙烯的 Q、e 值为基准也值得商榷。这些都是导致应用 Q-e 方程估算竞聚率值时发生偏差的原因，但不影响 Q-e 公式的应用。

有关研究共聚反应活性的方法还有 Hammett-Taft 方程法、产物概率法、反应性模式法和分子轨道法等。这些方法均不如 Q-e 方程简单实用。

4.8 共聚合反应速率

共聚反应动力学包括两个重要内容：一是共聚物组成，二是共聚合速率。实际上，共聚物组成也与共聚合的链增长速率密切相关。如4.2节所述，不考虑前末端效应，二元共聚有2种链引发、4种链增长和3种链终止反应。因此，与均聚相比，共聚速率的影响因素更加复杂。

通常二元共聚体系中的两种单体都能与初级自由基顺利反应，可以认为链引发反应不受单体组成的影响，因而应该更关注于链终止对共聚速率的影响。目前推导共聚速率方程有两种方法，包括化学控制终止反应和扩散控制终止反应。

4.8.1 化学控制链终止

类似于均聚反应的速率方程推导，忽略引发反应消耗的单体，认为单体的消耗速率主要由链增长反应决定，共聚总速率为四种链增长反应速率的总和，即

$$R_p = k_{11}[M_1 \cdot][M_1] + k_{12}[M_1 \cdot][M_2] + k_{22}[M_2 \cdot][M_2] + k_{21}[M_2 \cdot][M_1] \tag{4-62}$$

将上式作自由基的稳态假设处理：

① 每种自由基均处于稳态，即 $[M_1 \cdot]$ 和 $[M_2 \cdot]$ 的相互转换速率相等。

$$k_{12}[M_1 \cdot][M_2] = k_{21}[M_2 \cdot][M_1] \tag{4-63}$$

② 自由基总浓度处于稳态，即链引发与链终止速率相等。

$$R_i = R_t = 2k_{t11}[M_1 \cdot]^2 + 2k_{t12}[M_1 \cdot][M_2 \cdot] + 2k_{t22}[M_2 \cdot]^2 \tag{4-64}$$

将式（4-63）和式（4-64）代入到式（4-62）中，并引入竞聚率 r_1 和 r_2，可得到共聚速率方程：

$$R_p = \frac{(r_1[M_1]^2 + 2[M_1][M_2] + r_2[M_2]^2)R_i^{1/2}}{(r_1^2\delta_1^2[M_1]^2 + 2r_1r_2\delta_1\delta_2\phi[M_1][M_2] + r_2^2\delta_2^2[M_2]^2)^{1/2}} \tag{4-65}$$

$$\delta_1 = \left(\frac{2k_{t11}}{k_{11}^2}\right)^{1/2}, \quad \delta_2 = \left(\frac{2k_{t22}}{k_{22}^2}\right)^{1/2}, \quad \phi = \frac{k_{t12}}{2(k_{t11}k_{t22})^{1/2}}$$

式中，δ 是单体均聚综合常数 $k_p/(2k_t)^{1/2}$ 的倒数；ϕ 为交叉终止（cross termination）速率常数的一半与两种自终止速率常数几何平均值的比值。

δ_1、δ_2 可由实验测定，r_1、r_2 为竞聚率，测得共聚速率后，可由式（4-65）求得 ϕ 值。$\phi > 1$ 表示有利于交叉终止，$\phi < 1$ 表示有利于自终止。$\phi > 1$ 有利于交叉终止，也有利于交叉增长，即有利于交替共聚（r_1r_2 接近于0）；ϕ 值增大也表明极性效应增强，有利于交叉终止。

如果两种单体结构相似，极性（e 值）相近，则不易发生交叉终止，接近于理想共聚。例如，丙烯酸甲酯和甲基丙烯酸甲酯共聚，二者极性效应相近，$e_2 - e_1 = 0.2$，ϕ 值接近于1，$r_1r_2 = 0.96$，接近于理想共聚；苯乙烯和对甲基苯乙烯共聚，由于结构相近，极性效应

也相近，$e_2-e_1=0.1$，ϕ 值为 1，$r_1r_2=0.95$，交替共聚的倾向很小。

如果两种单体结构相差较大，特别是 e 值相差很多，则很容易发生交叉终止，交替共聚的倾向很强。例如，苯乙烯与丙烯酸甲酯共聚，$e_2-e_1=1.4$，交叉终止很严重，ϕ 值高达 50，$r_1r_2=0.14$，交替共聚倾向较大。

交替共聚的特点是链增长反应加速，终止反应也加速，而且终止反应加速的程度高于增长反应。因此，共聚反应的总速率一般比相应两种单体的均聚速率要有所降低。交替共聚倾向越大，ϕ 值也越大，即交叉终止越严重，聚合速率降低越多。

虽然苯乙烯和 MMA 都是共轭单体，但二者的极性效应相差较大，$e_2-e_1=1.2$，因而两种单体的共聚倾向较大，$r_1r_2=0.24$，共聚速率显著降低，与 $\phi=13$ 的理论计算值相近。如图 4-17 所示，苯乙烯-MMA 共聚速率远低于无交叉终止（$\phi=1$）的理想情况。

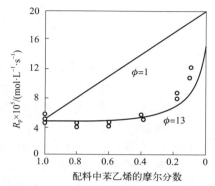

图 4-17 苯乙烯-MMA 共聚速率与单体组成的关系
（AIBN，60℃，两条实线为理论计算线，空心圆点为试验点）

在链终止受化学控制的前提下，推导出的共聚速率方程式（4-62）仅适于低转化率下的溶液聚合。只有在此种情况下，链终止反应才不受长链自由基分子运动的影响，否则就要考虑自由基的扩散问题。

4.8.2 扩散控制链终止

对于本体共聚、悬浮共聚和高浓度溶液共聚，体系的黏度很大，特别是聚合中后期黏度激增，链自由基的双基终止将受扩散控制，化学结构对链终止的影响较小。可以认为链终止是物理扩散和双基反应的串联过程。虽然在低转化率的溶液聚合过程中，自终止速率常数（k_{t11}、k_{t22}）和交叉终止速率常数（k_{t12}）不同，但在高黏体系中两类链终止反应的速率常数差别不明显，主要受扩散控制（diffusion control）。因此，不能再用 ϕ 值来计算共聚速率，而需要引入综合的扩散终止速率常数 $k_{t(12)}$。因此，可以认为所有的终止反应速率常数都是 $k_{t(12)}$，即

$$\left.\begin{array}{l} M_1\cdot\ +\ M_1\cdot \\ M_1\cdot\ +\ M_2\cdot \\ M_2\cdot\ +\ M_2\cdot \end{array}\right\} \xrightarrow{\ k_{t(12)}\ } \text{死聚合物}$$

目前扩散终止速率常数 $k_{t(12)}$ 尚无法实验测定。在扩散控制过程中，不仅聚合物链的平移和重排会影响自由基扩散，共聚物的组成也会影响其扩散速率。因此，可以认为 $k_{t(12)}$ 是

共聚物组成和两种均聚链终止速率常数的函数，按照共聚物组成的摩尔分数（F_1，F_2）进行平均加和，可以得到：

$$k_{t(12)} = F_1 k_{t11} + F_2 k_{t22} \tag{4-66}$$

对自由基总浓度作稳态处理，即

$$R_i = 2k_{t(12)}([M_1\cdot] + [M_2\cdot])^2 \tag{4-67}$$

联立方程式（4-62）、式（4-66）和式（4-67），并引入 r_1、r_2，可以计算得到扩散控制终止的共聚速率方程。

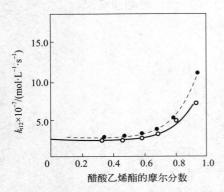

图 4-18 醋酸乙烯酯-甲基丙烯酸甲酯
自由基共聚的 $k_{t(12)}$ 值与
醋酸乙烯酯摩尔分数的关系
（虚线为计算曲线，实线为实验曲线）

$$R_p = \frac{(r_1[M_1]^2 + 2[M_1][M_2] + r_2[M_2]^2)R_i^2}{k_{t(12)}^{1/2}\left(\dfrac{r_1[M_1]}{k_{11}} + \dfrac{r_2[M_2]}{k_{22}}\right)} \tag{4-68}$$

由于自由基是高活性物种，非常容易发生双基终止，活化能很小，甚至为 0。因此，自由基终止反应确实属于扩散控制终止，应该适用于绝大部分双基终止的共聚体系。

如图 4-18 所示，醋酸乙烯酯-甲基丙烯酸甲酯自由基共聚的 $k_{t(12)}$ 值与醋酸乙烯酯摩尔分数的计算曲线与实验曲线相差较大，说明扩散终止速率常数的计算公式（4-68）尚不理想，完全忽略交叉终止和单体转化率或体系黏度并不合理，尚需建立包括更多参数的链终止模型。

本章纲要

1. 共聚物类型　依据分子链结构，共聚物可分为无规共聚物、交替共聚物、梯度共聚物、嵌段共聚物和接枝共聚物。无规共聚物和交替共聚物可由自由基共聚来合成，嵌段共聚物通常用活性聚合来合成，接枝共聚物可由多种聚合方法来合成。

2. 二元共聚物的瞬时组成方程　二元共聚物组成的微分方程可由动力学方程和统计学方法进行推导，竞聚率是关联共聚物瞬时组成和单体组成的关键参数。

$$\frac{d[M_1]}{d[M_2]} = \frac{[M_1]}{[M_2]} \times \frac{r_1[M_1] + [M_2]}{[M_1] + r_2[M_2]}, \quad F_1 = \frac{r_1 f_1^2 + f_1 f_2}{r_1 f_1^2 + 2f_1 f_2 + r_2 f_2^2}, \quad r_1 = k_{11}/k_{12}, \quad r_2 = k_{22}/k_{21}$$

3. 二元共聚物的组成曲线　共聚物组成曲线的形状与两种单体的竞聚率密切相关：（1）$r_1 r_2 = 1$ 为理想共聚；（2）$r_1 = r_2 = 0$ 为交替共聚；（3）$r_1 r_2 < 1$，且 $r_1 > 1$ 或者 $r_2 > 1$ 为无恒比点的非理想共聚；（4）$r_1 r_2 < 1$，且 $r_1 < 1$、$r_2 < 1$ 为有恒比点的非理想共聚；（5）$r_1 > 1$、$r_2 > 1$ 为"类嵌段"共聚。共聚物组成曲线如下。

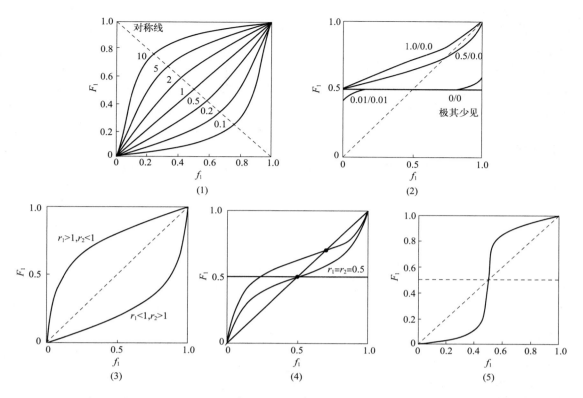

4. 共聚物的平均组成　单体组成和共聚物的瞬时组成均随单体转化率而变化，因而共聚物的平均组成是单体投料比和单体转化率的函数。

$$C = 1 - \left(\frac{f_1}{f_1^0}\right)^\alpha \left(\frac{f_2}{f_2^0}\right)^\beta \left(\frac{f_1^0 - \delta}{f_1 - \delta}\right)^\gamma$$

$$\overline{F}_1 = \frac{M_1^0 - M_1}{M^0 - M} = \frac{f_1^0 - (1-C)f_1}{C}$$

$$\alpha = \frac{r_2}{1 - r_2}, \quad \beta = \frac{r_1}{1 - r_1}, \quad \gamma = \frac{1 - r_1 r_2}{(1 - r_1)(1 - r_2)}, \quad \delta = \frac{1 - r_2}{2 - r_1 - r_2}$$

5. 共聚物的序列结构　共聚物的序列结构分布是竞聚率的函数，可由统计法测得。连续 M_1 链段的平均长度、$x M_1$ 链段中的 M_1 单元数占总 M_1 单元数的分率可由下式求得。

$$\overline{N}_{M_1} = 1 + r_1 \frac{[M_1]}{[M_2]}, \quad \frac{x(P_{M_1})_x}{\sum x(P_{M_1})_x} = x P_{11}^{x-1}(1 - P_{11})^2$$

6. 共聚物组成的偏差　在 Mayer-Lewis 方程的推导过程中，曾假定无解聚效应和无前末端效应，但某些体系存在上述效应，如苯乙烯-α-甲基苯乙烯体系存在解聚效应，而苯乙烯-反丁烯二腈体系存在前末端效应。

7. 多元共聚体系的数学处理　作五个基本假定，参照二元共聚可推导出三元共聚物的瞬时组成方程，内含 6 个竞聚率。

8.竞聚率测定方法　按几组单体配比，测定低单体转化率的共聚物组成，可以通过曲线拟合、直线交叉、截距斜率和积分等多种方法获得竞聚率；利用扩展的 Kelen-Tudos 方程和 Mao-Huglin 法也可在高单体转化率下求取竞聚率。

9.单体和自由基的活性　取代基的共轭效应、极性效应和位阻效应对单体活性和自由基活性、竞聚率均有影响。共轭效应使自由基活性显著降低。自由基活性越小，则其单体活性越大；反之亦然。极性相近的两种单体，接近理想共聚；极性相差很大的两种单体，$r_1 r_2 \rightarrow 0$，容易交替共聚。1,2-双取代烯类单体因位阻关系不能均聚，却可与单取代烯类单体共聚。

10.Q-e 概念　应用 Q-e 概念，可将两种单体的竞聚率与共轭效应 Q、极性效应 e 相关联。

$$k_{11} = P_1 Q_1 \exp(-e_1 e_1), \quad k_{12} = P_1 Q_2 \exp(-e_1 e_2),$$

$$k_{22} = P_2 Q_2 \exp(-e_2 e_2), \quad k_{21} = P_2 Q_1 \exp(-e_2 e_1),$$

$$r_1 = \frac{k_{11}}{k_{12}} = \frac{Q_1}{Q_2} \exp[-e_1(e_1 - e_2)], \quad r_2 = \frac{k_{22}}{k_{21}} = \frac{Q_2}{Q_1} \exp[-e_2(e_2 - e_1)],$$

$$r_1 r_2 = \exp[-(e_2 - e_1)^2]$$

规定以苯乙烯 $Q = 1.0$、$e = -0.8$ 作基准，即可求出共聚单体的 Q、e 值。根据单体对的 Q、e 值，可估算竞聚率。

11.共聚反应动力学　共聚速率方程可用化学控制终止和扩散控制终止两种方法来处理，其中化学控制终止模型只适用于低转化率（约 5%），扩散控制终止模型具有更宽的适用范围，但目前扩散终止常数尚无法测定。

习题

参考答案

1.研究共聚合有何意义？举例比较无规、交替、嵌段、梯度、接枝共聚物的结构差异，并如何分别命名。

2.推导二元共聚物组成微分方程作了哪些假定？试用动力学法推导组成方程。

3.说明竞聚率 r_1、r_2 的定义和意义。比较理想共聚、理想恒比共聚、交替共聚、有和无恒比点的非理想共聚、嵌段共聚等体系中竞聚率数值的特征。

4.粗略绘出下列共聚物的 F_1-f_1 曲线，并简单说明共聚物的组成。（1）$r_1 = 0$，$r_2 = 0$；（2）$r_1 = 1$，$r_2 = 1$；（3）$r_1 = 0.1$，$r_2 = 0.5$；（4）$r_1 = 0.5$，$r_2 = 0.1$；（5）$r_1 = 100$，$r_2 = 0.01$；（6）$r_1 = 0.01$，$r_2 = 100$；（7）$r_1 = 1.7$，$r_2 = 0.2$；（8）$r_1 = 0.2$，$r_2 = 1.7$。

5.为什么要对共聚物的组成进行控制？在工业上有哪几种控制方法？它们各针对哪类聚合反应？各举例说明。

6.已知丙烯腈（M_1）和偏氯乙烯（M_2）共聚时 $r_1 = 0.9$，$r_2 = 0.4$。（1）该共聚属于何种共聚类型？（2）该体系是否存在恒比点？如有，求此时单体组成；（3）试作 F_1-f_1 曲线；（4）若原料的摩尔配比为 $M_1 : M_2 = 20 : 80$，求反应初期共聚物组成。

7.0.3mol 甲基丙烯腈和 0.7mol 苯乙烯进行自由基共聚，求共聚物中每种单元的链段长。

8. 0.75mol 丙烯腈（M_1）和 0.25mol 偏氯乙烯（M_2）共聚时 $r_1=0.9$，$r_2=0.4$。（1）求共聚物中 3 个或 3 个以上单元丙烯腈链段的分数；（2）若共聚物组成不随转化率而改变，求配方中两单体组成。

9. 在自由基共聚合反应中，苯乙烯（St）的相对活性远大于醋酸乙烯酯（VAc）。在 VAc 均聚时，如果加入少量 St，则 VAc 难以聚合。试解释发生这一现象的原因。

10. 在二元共聚过程中，试述测定竞聚率的方法（至少两种），并予以评述。当聚合反应不再处于低转化率阶段（如>15%），如何测定其竞聚率？

11. 试以 Q、e 值判断丁二烯与下列单体交替聚合倾向顺序，并说明原因。苯乙烯、甲基丙烯酸甲酯、丙烯酸甲酯、马来酸酐、醋酸乙烯酯、丙烯腈。

12. 在自由基共聚中，如何利用竞聚率衡量两单体的相对活性？如何比较自由基的相对活性？随着温度升高，竞聚率和共聚行为的变化如何？现有带共轭取代基的单体 M_1 及不带共轭取代基的单体 M_2，试比较均聚反应速率常数 k_{11} 和 k_{22}，并简述理由。

13. 温度、溶剂对自由基共聚的竞聚率有何影响？竞聚率在共聚过程中有无变化？

14. 什么叫交替共聚物？要制备交替共聚物，对单体的结构有何要求？

15. 苯乙烯（$r_1=1.85$）与偏二氯乙烯（$r_2=0.085$）共聚，希望获得初始共聚物瞬时组成和 60% 转化率时共聚物平均组成为 4%（摩尔分数）偏二氯乙烯，分别求两单体的初始配比。

16. 丙烯酸（M_1）和丙烯腈（M_2）共聚，实验数据如下，试用截距法求竞聚率。

单体中 M_1 的质量分数/%	20	25	50	60	70	80
聚合物中 M_1 的质量分数/%	25.5	30.5	59.3	69.5	78.6	86.4

17. 丙烯酸（M_1）与苯乙烯（M_2）在 60℃ 聚合的竞聚率为 $r_1=0.25$，$r_2=0.15$。求：（1）恒比共聚点；（2）当投料中 M_1 为 20%（质量分数）时，瞬时共聚物组成中的 M_1 含量应该是多少。

18. 两种单体的 $Q_1=1.00$，$e_1=0.8$，$Q_2=0.60$，$e_2=1.20$，据此判断两种单体的共轭稳定性、单体自由基的活性高低和均聚速率常数的大小，并给出解释。

19. 苯乙烯（M_1）与丁二烯（M_2）在 5℃ 下进行自由基共聚时，其 $r_1=0.64$，$r_2=1.38$，已知苯乙烯和丁二烯的均聚速率常数分别为 49 L/(mol·s) 和 25.1 L/(mol·s)。（1）计算共聚时的反应速率常数；（2）比较两种单体和两种链自由基的反应活性的大小；（3）要制备组成均匀的共聚物需要采取什么措施？

20. 甲基丙烯酸甲酯（M_1）和苯乙烯（M_2）共聚，已知 $r_1=0.46$，$r_2=0.52$。（1）画出该体系的共聚物组成 F_1-f_1 曲线；（2）采用何种投料比，才能获得组成比较均匀的共聚物？（3）若体系中苯乙烯单体的初始质量分数为 15%，求共聚物的初始组成；（4）若起始 $f_1^0=0.40$，试比较 t 时刻单体组成 f_1 与 f_1^0 的大小，所形成的共聚物瞬时组成 F_1 与初始共聚物组成 F_1^0 的大小。

21. 甲基丙烯酸甲酯（M_1）的浓度为 7mol/L，5-乙基-2-乙烯基吡啶（M_2）的浓度为 2mol/L，竞聚率 $r_1=0.4$，$r_2=0.6$。（1）计算共聚物起始组成；（2）计算共聚物组成与单体组成相同时两单体的摩尔配比。

22. 根据下面表中的 Q 值和 e 值回答下列问题。（1）三对单体各倾向于哪种共聚类型？

（2）求第Ⅱ组的 r_1、r_2 值，并计算恒比点时两单体的投料比；（3）第Ⅲ组单体的均聚反应速率哪个大？为什么？

单体对（Ⅰ）	Q	e	单体对（Ⅱ）	Q	e	单体对（Ⅲ）	Q	e
甲基丙烯酸甲酯	0.74	0.40	丙烯腈	0.60	1.20	苯乙烯	1.00	−0.80
偏二氯乙烯	0.22	0.36	苯乙烯	1.00	−0.80	醋酸乙烯酯	0.026	−0.22

第 5 章

自由基聚合实施方法

5.1 聚合实施方法概述

具有特定机理的聚合反应需要通过一定的聚合方法来实施。这里的聚合方法（polymerization process）是指完成一个聚合反应所采用的实施方法和过程，聚合机理不同，所采用的聚合方法也不相同。

传统自由基聚合沿用本体、溶液、悬浮和乳液四种聚合方法；逐步聚合多采用熔融聚合、溶液聚合和界面聚合，有时也需要将本体聚合与固相聚合结合使用；离子聚合则有溶液聚合和淤浆聚合；配位聚合常采用溶液聚合、本体聚合、淤浆聚合和气相（流化床）聚合等。上述许多聚合方法本质上可以归入本体聚合和溶液聚合的范畴。

本体聚合是单体加（或不加）少量引发剂或催化剂的聚合过程，包括熔融聚合、沉淀聚合和气相沉淀聚合等，单体可以是固体、液体或气体。溶液聚合则是单体和引发剂溶于适当溶剂的聚合过程，包括淤浆聚合和溶液沉淀聚合等，溶剂可以是有机溶剂或水。悬浮聚合一般是单体以液滴状悬浮在水中的聚合过程，聚合体系主要由单体、水、分散剂和油溶性引发剂组成，反应机理与本体聚合相同，可看成是微小的本体聚合。乳液聚合则是单体在水中分散成胶束的聚合过程，反应体系呈乳液状，一般由单体、水、水溶性乳化剂和水溶性引发剂组成，聚合机理独特。

讨论聚合方法应该重点关注体系的初始相态（phase state）和聚合过程中的相态变化（phase change）。初始相态，本体聚合和溶液聚合多属于均相（homogeneous）体系，而悬浮聚合和乳液聚合则属于非均相（heterogeneous）体系。

聚苯乙烯、聚甲基丙烯酸甲酯与单体完全互溶，因此在本体聚合过程中始终保持均相，在悬浮聚合中单体液滴转变成透明的聚合物珠粒，聚合体系也始终保持均相，即均相聚合（homogeneous polymerization）。与此相反，聚氯乙烯、聚偏氯乙烯、聚丙烯腈不溶于单体，在本体聚合过程中聚合物将从单体中沉淀析出，呈不透明粉状，成为沉淀聚合（precipitation polymerization），属于非均相聚合（heterogeneous polymerization）。

溶液聚合中的溶剂一般都能溶解单体，如果不溶解聚合物，则成为沉淀聚合。例如，苯乙烯在甲醇中聚合的初期为均相，后期聚合物不溶解，因而成为沉淀聚合。气相沉淀聚合与溶液沉淀聚合有相似之处，但也有明显区别，前者一开始就是非均相反应，而后者反应初期是均相反应。

乳液聚合在微小的胶束或胶粒内进行，根据胶粒中聚合物与单体的相溶性，虽然也有均相和沉淀的情况，但不必再细分。相较于溶液聚合和本体聚合，非均相聚合要复杂得多。以上各种情况的相互关系列于表 5-1。

离子聚合或配位聚合的引发剂或催化剂对水（汽）和杂质极为敏感，容易遭到破坏而失去活性，因此只能选用惰性溶剂中的溶液聚合或本体聚合。乙烯、丙烯在烃类溶剂中进行配位聚合时，聚合物会从溶液中沉析出，呈淤浆状，故称为淤浆聚合。乙烯既可以在超临界状态下进行本体聚合生产低密聚乙烯，也可以利用气相流化床进行共聚生产线性低密度聚乙烯；聚丙烯在丙烯中具有一定溶解度，因而丙烯可进行液相本体聚合。

表 5-1 聚合体系和实施方法示例

单体-介质体系	聚合方法	聚合物-单体（或溶剂）体系	
		均相聚合	沉淀聚合
均相体系	本体聚合（气态、液态、固态）	乙烯高压聚合 苯乙烯、（甲基）丙烯酸酯	氯乙烯、丙烯腈、丙烯酰胺
	溶液聚合	苯乙烯-苯 丙烯酸-水 丙烯腈-二甲基甲酰胺	苯乙烯-甲醇 丙烯酸-己烷 丙烯腈-水
非均相体系	悬浮聚合	苯乙烯 甲基丙烯酸甲酯	氯乙烯 偏氯乙烯
	乳液聚合	苯乙烯、丁二烯	氯乙烯

常用单体采用不同方法进行自由基（共）聚合的配方、机理、生产特征和产品特性等列于表 5-2。同一单体在不同聚合方法中表现出不同的聚合行为，用不同方法所制备聚合物的链结构、分子量及其分布等往往会有很大差别。人们通常依据产品性能和单体选择聚合方法。例如，同样是苯乙烯自由基聚合，用于挤塑或注塑成型的通用聚苯乙烯（general purpose polystyrene，GPPS）多采用本体聚合，可发泡聚苯乙烯（expanded polystyrene，EPS）主要采用悬浮聚合，而高抗冲聚苯乙烯（high impact polystyrene，HIPS）则采用溶液聚合与本体聚合相结合的方法。

表 5-2 不同自由基聚合实施方法的比较

项目	本体聚合	溶液聚合	悬浮聚合	乳液聚合
体系组成	单体 引发剂	单体/溶剂 引发剂	单体/水/分散剂 油溶性引发剂	单体/水/乳化剂 水溶性引发剂
聚合场所	本体内	溶液中	液滴内	胶束与胶粒内
聚合原理	提高聚合速率的因素会使分子量降低	向溶剂链转移，分子量和速率均降低	同本体聚合	同时提高聚合速率和分子量
生产特征	不易散热，连续聚合要保证传质和传热，间歇聚合法生产板材和型材的设备简单	散热容易，可连续化生产，不宜制成干燥粉状树脂	散热容易，间歇生产，需要分离、洗涤和干燥等工序	散热容易，可连续化生产，制备粉状聚合物时，需凝聚、洗涤和干燥
聚合物特性	聚合物纯净，宜生产透明浅色制品，分子量分布较宽	一般聚合物溶液直接使用，如黏结剂、湿法纺丝液	比较纯净，可能残余少量分散剂	残余少量乳化剂和其他助剂

5.2 本体聚合

单体在不加溶剂以及其他分散剂的条件下，由引发剂或催化剂以及光、热、辐射作用引发的聚合称为本体聚合（bulk polymerization）。液态、气态和固态单体都可以进行本体聚合，自由基聚合和离子聚合以液态单体为主，而配位聚合则以气态单体为主。

5.2.1 体系组成与聚合特征

本体聚合体系主要由单体和引发剂或催化剂组成，对于热引发、光引发或高能辐射引发的体系仅由单体组成。引发剂或催化剂的选用除了从聚合反应本身需求考虑外，还要求与单体有较好的相容性。由于多数单体为油溶性，大多使用油溶性引发剂，如自由基本体聚合可选用 BPO、LPO 和 AIBN 等。此外，根据产品需求往往加入其他助剂，如着色剂、分子量调节剂、增塑剂和润滑剂等。

根据聚合物是否溶于单体，本体聚合可分为均相聚合和沉淀聚合两类。聚合物溶于单体的体系为均相聚合，如苯乙烯和甲基丙烯酸甲酯的本体聚合。在反应过程中聚合物不断析出的体系为沉淀聚合，沉淀聚合的产品多为白色不透明颗粒。在沉淀聚合过程中，聚合物不断析出，体系黏度不会明显增加，如氯乙烯的本体聚合。

本体聚合的优点是体系组成简单，因而产物纯净，特别适用于生产板材、型材等透明制品。本体聚合物可直接加工成型或挤出造粒，不需分离与纯化及介质回收等后续工序，聚合装置及工艺流程相应地也比其他聚合方法要简单，生产成本较低。各种聚合反应几乎都可以采用本体聚合，如缩聚、自由基聚合、离子聚合和配位聚合等。

本体聚合的缺点是反应热不易排出，烯类单体聚合放热，聚合热为 $55 \sim 95 kJ/mol$。聚合初期体系黏度不大，反应热可由单体运动而导出；转化率提高后，体系黏度增大，出现自动加速效应，仅靠单体已不能有效地导出反应热，体系容易出现局部过热，副反应加剧，导致分子量分布变宽、支化度升高、局部交联等，严重时会导致聚合反应失控，引起爆聚（explosive polymerization），因此控制聚合热和及时散热是本体聚合中一个必须解决的工艺问题。由于这一缺点，本体聚合的工业应用受到一定限制，不如其他聚合方法应用广泛。

本体聚合非常适合于实验室进行理论研究，如单体聚合能力的初步鉴定、少量聚合物样品的合成、聚合反应动力学的研究、单体竞聚率的测定等。所用实验仪器比较简单，如玻璃聚合管、安瓿瓶封管、热膨胀计等。

在条件允许时本体聚合是工业的首选聚合方法，为解决散热问题，装置需强化散热，如加大冷却面积、强化搅拌、薄层聚合和模具内聚合等。为了解决本体聚合的散热和传质问题，工业上多采用多段聚合工艺。应用最多的是两段聚合工艺，第一段聚合在热压搅拌釜内进行，可以是单反应器或双反应器，甚至三反应器，此阶段单体的转化率较低，如 $10\% \sim 40\%$，反应体系黏度不大，易于散热和单体扩散；第二段聚合在 $1 \sim 2$ 个高温塔式反应器内进行，聚合反应发生在流动的液膜中，散热由导热的金属塔片完成。

5.2.2 本体聚合的应用

工业上用本体聚合生产聚苯乙烯、聚甲基丙烯酸甲酯、聚氯乙烯、低密度聚乙烯和

EVA 树脂等。无论是采用间歇法还是连续法,关键问题都是聚合热的排出。采用多段聚合工艺后,前段聚合保持较低转化率,体系黏度较低,可正常散热;后段聚合可采用塔式反应器或卧式反应器,降低聚合速率,有利于撒热。本体聚合的典型工艺流程为:

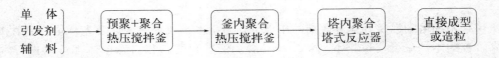

（1）苯乙烯连续本体聚合

聚苯乙烯呈无定形结构,密度 $1.04\sim1.065g/cm^3$, $T_g>100℃$,无色透明、高光泽、刚性、无毒无味,具有优异的电绝缘性、高频介电性和耐电弧性,是电气性能特别优异的几种高分子材料之一。聚苯乙烯的缺点是性脆,容易发生应力开裂,耐热性低,耐光性差。

聚苯乙烯树脂主要包括 GPPS、EPS 和 HIPS 三类。GPPS 可用连续本体法生产,为了解决散热问题,采用釜塔串联的两段聚合工艺。早期使用双反应器,第一段聚合在立式搅拌釜内进行,反应温度为 115~120℃,转化率控制在 50% 以下;第二段聚合将透明黏稠的聚合液导入聚合塔顶缓慢流向塔底,反应温度由 140℃增至 200℃,转化率可达 97%~98%,自塔底出料,经过脱挥、挤出、冷却、切粒,即成透明粒料。该产品分子量分布较宽,含有少量支化和微交联结构,力学性能稍差。

为了消除凝胶效应、提高产品质量,可用 3 个立式搅拌釜串联 1 个塔式反应器的改进工艺。3 个热压釜的温度分别为 100℃、115~120℃ 和 140℃,转化率分别控制在 35%、65% 和 85%;塔式反应器的顶部和底部温度分别为 175℃ 和 215℃,最终转化率可达到 98%。该工艺也可用于生产 HIPS 和 ABS 树脂。

（2）甲基丙烯酸甲酯间歇本体聚合

聚甲基丙烯酸甲酯(PMMA)是非晶态聚合物, T_g 为 105℃,机械性能、耐光和耐候性优异,透光率达 90% 以上,俗称"有机玻璃"。PMMA 应用非常广泛,适用于航空工业零部件、环保设备、光电子设备零部件、通信设施、交通设施、机械零部件、建筑模型、医疗设施、教学设施、科研设施、实验设施、装饰装潢、工艺品等诸多领域。

间歇本体聚合是用于制备 PMMA 板、管、棒和其他型材的主要方法。在间歇法制备有机玻璃板的过程中,存在散热困难、体积收缩、产生气泡等诸多问题。因此,MMA 的间歇聚合分成预聚合、聚合和高温后处理三个阶段,可以解决上述问题。

预聚合阶段,先将单体 MMA、引发剂 BPO、适量增塑剂与脱模剂等加入搅拌釜内,90~95℃下聚合至转化率为 10%~20%,成为黏度不高的浆液,此时已发生体积收缩,用冰水冷却,暂停聚合。聚合阶段,将黏稠预聚物灌入平板模具,移入水浴中,慢慢升温至40~50℃,缓慢聚合数天,5 cm 板需要一周才能使单体转化率达到 90%。低温聚合有利于散热和避免产生较高应力。此外,温度过高,易产生气泡。高温后处理阶段,进一步升温至玻璃化转变温度以上,如 110~120℃,进行高温热处理,使残余单体充分聚合,消除应力。本体浇铸聚合法制成的 PMMA 的分子量可高达 100 万,而悬浮聚合制备的 PMMA 分子量一般只有 5 万~10 万。

（3）氯乙烯间歇本体沉淀聚合

聚氯乙烯（PVC）为无定形的白色粉末，T_g 为 77～90℃，170℃左右开始分解，对光和热的稳定性较差，在 100℃ 以上或经长时间阳光暴晒，就会分解而产生氯化氢，并进一步自动催化分解，引起变色，物理机械性能也迅速下降。因此，在实际加工与应用过程中必须加入增塑剂和稳定剂以提高加工性能和对热及光的稳定性。PVC 树脂是大宗通用塑料，机械性能良好，抗张强度 60MPa 左右，冲击强度 5～10 kJ/m^2，在建筑材料、地板革、地板砖、人造革、管材、电线电缆、包装膜、发泡材料、密封材料、纤维等方面均有广泛应用。

PVC 主要采用悬浮聚合法生产（80%～82%），其次是乳液聚合（10%～12%），后者用于高档 PVC 树脂的生产，如用于制作奢侈品包等。为降低生产成本，最近发展了本体聚合法。本体法 PVC 的颗粒特性与悬浮法 PVC 相似，结构疏松，但无皮膜，更洁净。

本体聚合除散热、防黏外，更需要保持颗粒的疏松结构。氯乙烯间歇本体聚合法采用两段工艺。预聚阶段，将小部分氯乙烯和限量高活性引发剂［如过氧化乙酰基环己基磺酰（ACSP）或过氧化二碳酸二(2-乙基己基)酯（EHP）］加入立式反应釜内，在 50～70℃ 快速搅拌预聚 1～2h，控制转化率为 7%～11%，利用 PVC 不溶于单体的特性形成结构疏松的颗粒骨架。聚合阶段，将预聚物、单体和高低活性搭配的混合引发剂，如 ACSP 和 LPO，加入另一带有框式搅拌器的卧式反应釜，低速搅拌聚合 5～9 h，单体在预先形成的颗粒骨架上继续聚合，颗粒不断长大，并保持疏松形态，控制转化率为 70%～90%，产物过筛，即得成品。保持疏松的颗粒状形态，有利于在后续成型加工过程中 PVC 与增塑剂、稳定剂的充分混合。

（4）乙烯高压连续气相本体聚合

高压聚乙烯多支链，不易紧密堆砌，致使结晶度（55%～65%）、T_m（105～110℃）和密度（0.91～0.93g/cm³）都比较低，称为低密度聚乙烯（LDPE）。LDPE 为乳白色、无味、无毒、表面无光泽的蜡状颗粒，具有良好的柔软性、延伸性、电绝缘性、透明性和易加工性，适用于调味料、糕点、糖、蜜饯、饼干、奶粉、茶叶、鱼肉松等食品和片剂及粉剂药品的包装，也广泛用于服装、针织制品的包装，以及洗衣粉、洗涤剂、化妆品等日化用品的包装等。

在高温（150～200℃）、高压（150～200MPa）条件下，用微量氧引发乙烯的自由基聚合，合成 LDPE。在此条件下，无规支化的 LDPE 完全溶于液态乙烯，形成超临界流体。乙烯本体聚合一般采用连续法，早期多用釜式反应器，后逐渐改为管式反应器，生产成本大幅度降低，安全性得到明显改善。管式反应器长度可达 3000m，在高压下物料线速度很高，停留时间只有几分钟，单程转化率仅为 15%～30%，总反应速率很快。聚合末期，经过几段减压，聚合物与气液相分离，单体经精制后循环使用，聚乙烯熔体经挤出、冷却、切粒，即成 LDPE 成品。

（5）乙烯/醋酸乙烯酯连续本体聚合

乙烯与醋酸乙烯酯的无规共聚物称为 EVA 树脂，EVA 中醋酸乙烯酯含量＜20％，用作塑料；醋酸乙烯酯含量＞20％，用作弹性体。EVA 的耐紫外光老化和耐低温性能优异，但热分解温度较低，约为 230℃。虽然 EVA 的机械性能和耐油性较差，但弹性、柔韧性、光泽和透气性等明显优于 LDPE，耐环境应力开裂性和对填料的相容性也得到明显改善。EVA 树脂广泛用于包装薄膜、发泡鞋材、电线电缆、儿童玩具、热熔胶和光伏密封胶等。

在高温高压条件下，醋酸乙烯酯和乙烯的自由基聚合活性和竞聚率相近，因此 EVA 树脂的生产均采用高压连续本体聚合。类似于 LDPE，EVA 的生产也有管式聚合法和釜式聚合法两种工艺，管式聚合法的生产成本比釜式聚合法低 30％，但生产牌号较少。管式聚合法适于生成 EVA 塑料，醋酸乙烯酯的含量不高于 20％；釜式聚合法能生产高醋酸乙烯酯含量的 EVA 弹性体，可用作光伏密封胶。

高压连续本体聚合还可用于生产乙烯（E）与丙烯酸乙酯（ethyl acrylate）或丙烯酸丁酯（butyl acrylate）的共聚物，称为 EEA 或 EBA 树脂。丙烯酸酯可溶于超临界乙烯，但自由基聚合活性远高于乙烯，因而 EEA 和 EBA 的结构均匀性明显低于 EVA，当丙烯酸酯的插入率较高时，可能存在连续的丙烯酸酯插入链段。EEA 和 EBA 树脂主要用作 PE 和极性聚合物的共混增容剂。

5.3 溶液聚合

在溶液状态下进行的聚合称作溶液聚合（solution polymerization）。生成的聚合物溶解在溶剂中的为均相溶液聚合；聚合物不溶于溶剂而沉淀析出的，则为非均相溶液聚合或沉淀聚合。自由基聚合、离子聚合和配位聚合均可在溶液中进行，本节重点讨论自由基溶液聚合。

5.3.1 自由基溶液聚合

溶液聚合体系的黏度明显低于本体聚合体系，反应控温容易，可避免局部过热，同时消除凝胶效应，很少产生支化和交联产物。溶液聚合可通过改变引发剂用量、单体浓度、添加分子量调节剂等方法来控制聚合物分子量。

溶液聚合速率较本体聚合慢，设备生产能力与利用率下降；向溶剂的链转移还使聚合物分子量降低；生产固体聚合物需要溶剂回收等后处理工艺，增加成本和环境压力。因此，该方法多用于聚合物溶液直接使用的场景，如纺丝液、涂料、胶黏剂、浸渍剂、分散剂和增稠剂等。

生产固体聚合物时，除高温减压脱挥外，还可在溶液中加入与溶剂互溶的沉淀剂使聚合物沉淀析出，再经分离、干燥而得到固体聚合物。甲醇和乙醇的极性较强，不能溶解 PS 和 PMMA 等多数聚合物，常用作沉淀剂，但不能用作 PVAc 的沉淀剂。

溶剂选择是溶液聚合的关键。溶剂对自由基聚合有影响，可能对引发剂有诱导分解作用，对自由基有链转移反应。自由基向溶剂的链转移常数按如下顺序递增：芳烃、烷烃、醇类、醚类、胺类。链自由基向水的链转移常数为零，向苯的链转移速率常数较小，向卤代烃的链转移速率常数较大。

聚合物的溶解性与凝胶效应密切相关。使用良溶剂，为均相聚合，单体浓度不高时，可消除凝胶效应；使用不良溶剂或沉淀剂，为非均相或沉淀聚合，存在明显的凝胶效应，聚合速率增大、聚合物分子量激增；使用相容性较差的溶剂，情况介于上述两者之间。

有机溶液聚合选用油溶性的有机过氧化物或偶氮类引发剂，依据聚合温度和引发剂的半衰期确定具体引发剂；水溶液聚合使用水溶性引发剂，如过硫酸盐及其氧化-还原体系。

溶液聚合多在回流温度下进行，大多选用低沸点溶剂。为了便于控制聚合温度，通常在釜式反应器中半连续操作。直接使用的聚合物溶液，在结束反应前应尽量减少单体含量，采用化学方法或蒸馏方法将残留单体除去。要得到固体物料需要经过后处理，即采用蒸发、脱气挤出、干燥等工序脱除溶剂与未反应单体，制得粉状聚合物。

5.3.2 工业自由基溶液聚合

为了降低生产成本，溶液聚合多用于合成直接应用的聚合物溶液，如腈纶纺丝液、维纶前体、聚丙烯酸酯黏结剂和水性油田化学品等。

（1）丙烯腈溶液聚合

聚丙烯腈（PAN）纤维（腈纶）是第三大合成纤维，工业上采用湿法纺丝技术。腈纶又称"人造羊毛"，特点是蓬松性和保暖性好，手感柔软，并具有良好的耐气候性和防霉、防蛀性能。

PAN 为外观呈白色或略带黄色的不透明粉末，密度 $1.12g/cm^3$，T_g 约 $90℃$，溶于二甲基甲酰胺（DMF）、二甲基乙酰胺（DMAc）、环碳酸乙烯酯和二甲基亚砜等极性有机溶剂，还能溶于硫氰酸盐、过氯酸盐等无机盐的浓水溶液，它的软化温度和分解温度很接近，PAN 纤维可经预氧化-碳化制备耐高温的碳纤维。

PAN 分子间作用力强，加热不熔，仅溶于少数极性溶剂，很难染色。通常用丙烯酸甲酯（MA）作第二单体（7%～10%），降低分子链间作用力，增加纤维的柔顺性和手感，有利于印染过程中染料分子的扩散；用衣康酸（IA）、烯丙基磺酸钠、丙烯酰胺和乙烯基吡啶等作为第三单体（1%），有利于纤维染色。

AN/MA/IA 可在硫氰化钠水溶液中进行连续溶液自由基聚合，体系的 pH 值为 5，反应温度控制在 75～80℃，转化率达到 70%～75% 后脱除单体，即成腈纶的纺丝液。制备碳纤维纺丝液时，常用 DMF 或 DMAc 作溶剂，加入适量水可减少链转移反应，提高聚合物的分子量。

丙烯腈可溶于温水，但 PAN 不溶。因此，可选用氧化-还原引发体系，在 40～50℃进行丙烯腈的水相沉淀聚合，单体转化率可达到 80%。从水相沉淀出的丙烯腈共聚物经过分离、洗涤、干燥可得固体聚合物，再经 DMF 或 DMAc 溶解，即成比较纯净的纺丝液。

（2）醋酸乙烯酯溶液聚合

PVAc 是无定形聚合物，透明，T_g 约为 $28℃$，黏结性好，常用作涂料、胶黏剂和口香糖基料等。用作涂料或胶黏剂时，多采用乳液聚合或分散聚合，如果要进一步醇解成聚乙烯醇［poly（vinyl alcohol），PVA］，则采用溶液聚合方法。

醋酸乙烯酯的溶液聚合多选用甲醇作溶剂、AIBN 作引发剂，在回流条件（65℃）下聚合，转化率控制在 60% 左右，过高则会因向聚合物链转移而产生支化结构，聚合度为 1700～2000。PVAc 的甲醇溶液可以进一步醇解成聚乙烯醇。纺制纤维用 PVA 要求醇解度为 98%～100%，用作分散剂和织物上浆剂则要求醇解度在 80% 左右。

PVA 主要用于制备维尼纶、防弹玻璃夹层和耐汽油管道等。PVA 水溶液可湿法纺丝，然后 PVA 纤维在硫酸催化下与甲醛缩合，获得维尼纶纤维。如果用正丁醛缩醛化，则得到聚乙烯醇缩丁醛［poly（vinyl butyral），PVB］。PVB 同时含有游离羟基和较长支链，柔顺性好、T_g 较低、力学性能优异、耐光、耐水、耐热、耐寒，对玻璃有很高的黏结力，是制造夹层安全玻璃的重要原料。

（3）丙烯酸酯溶液共聚合

丙烯酸酯类单体种类很多，其共聚物具有耐光、耐候、浅色透明、黏结力强等优点，广泛用作涂料、胶黏剂以及织物、纸张、木材等的处理剂。

丙烯酸酯很少单独均聚，而是用作共聚物中的软组分；苯乙烯、MMA、丙烯腈等则用作硬组分。根据两者比例来调整共聚物的 T_g。丙烯酸酯共聚物是以丙烯酸酯为原料经共聚反应生成的聚合物，共聚物的性能、形态和用途随所选单体和聚合方法不同而有较大差异。

最简单的丙烯酸酯溶液共聚体系以丙烯酸丁酯为软单体，苯乙烯为硬单体，两者质量比为 2:1，再加少量丙烯酸（2%～3%）。以乙酸乙酯和甲苯为溶剂，溶剂量与单体量相等。将全部溶剂、少量单体混合物和 BPO 引发剂加入聚合釜内，在回流温度下聚合，反应热由夹套或釜顶回流冷凝器带走。其余单体混合物根据散热速率逐步滴加，加完单体混合物，再经充分聚合、冷却，聚合液出料装桶，即为成品。

为环保需要，丙烯酸酯类涂料和胶黏剂的生产较少使用溶液共聚法，多用乳液共聚法。

（4）丙烯酰胺的水溶液聚合

聚丙烯酰胺（polyacrylamide，PAM）是丙烯酰胺均聚物和共聚物的统称，是应用最广泛的水溶性高分子。PAM 的结构单元中含有酰胺基，易形成氢键，具有良好的水溶性和化学活性，易通过接枝或交联得到支链或网状结构的改性物。低浓度 PAM 可视为网状结构，链缠结和氢键共同形成网状节点；高浓度 PAM 含有许多链缠结与链接触点，溶液呈凝胶状。PAM 在石油开采、水处理、纺织、造纸、选矿、医药、农业等行业中具有广泛的应用。

PAM 为白色粉末或者小颗粒状物，密度为 1.302g/cm³，T_g 为 153℃，用一般干燥方法难以将水除净，干燥样品又会很快从环境中吸取水分。商品 PAM 一般含水 5%～15%，浇铸在玻璃板上制备的高分子膜，则是透明、坚硬、易碎的固体。

PAM 生产是以丙烯酰胺水溶液为原料，在过硫酸盐或氧化-还原引发剂的作用下，采用水溶液聚合，反应完成后聚丙烯酰胺凝胶块经切割、造粒、干燥、粉碎，最终制得聚丙烯酰胺产品。关键工艺是聚合反应，在其后的处理过程中要注意机械降解、热降解和交联，从而保证聚丙烯酰胺的分子量和水溶解性。

```
┌──────────┐  溶液聚合  ┌──────────┐ 造粒   干燥   粉碎  ┌──────────┐
│ AM水溶液 │ ────────→ │凝胶状PAM │ ──→ ──→ ──→  │水溶性粉状│
│水性引发剂│           │          │              │ PAM产品  │
└──────────┘           └──────────┘              └──────────┘
```

5.4 悬浮聚合

5.4.1 悬浮聚合概述

在高速搅拌和分散剂的作用下，油溶性单体以小液滴状悬浮在水分散介质中的自由基聚合称为悬浮聚合（suspension polymerization）。水为连续相，初期的单体液滴和中后期的聚合物胶珠为分散相。聚合反应在每个小液滴内和聚合物胶珠中进行，反应机理与本体聚合相同，可看作小珠本体聚合。相反，如果将单体水溶液作为分散相悬浮于油类连续相中，使用水溶性引发剂的自由基聚合称为反相悬浮聚合。

单体溶有引发剂，一个初期小液滴或中后期的聚合物胶珠就相当于本体聚合的一个小单元。为了防止聚合物胶珠相互黏结在一起，聚合体系中需加入分散剂，以便在黏性胶珠表面形成保护膜。悬浮聚合物的粒径约为 0.05～2mm，主要受机械搅拌和分散剂控制。

根据聚合物在单体中的溶解性，悬浮聚合也可分为均相聚合和沉淀聚合。如果单体是聚合物的良溶剂，均相聚合发生在单体液滴或聚合物胶珠中，最终形成均匀、坚硬、透明的球珠状粒子。如果单体不能溶解聚合物，链增长自由基在单体液滴中相互缠结沉淀，形成原始活性微粒，随后原始微粒凝聚成初级粒子核，初级粒子核很快成长为初级粒子，呈现宏观相分离，体系变浑浊。在聚合过程中，如果反应热不能及时散出，导致颗粒内局部温度过高，初级粒子熔结，形成凝聚体，即"玻璃珠"。然而，氯乙烯和偏氯乙烯等单体的聚合热不能熔结聚合物的初级粒子，最终聚合物以不透明的小颗粒沉淀出来，呈粉状。

相比于其他聚合方法，悬浮聚合具有如下优点。

① 体系黏度低，聚合热容易导出，散热和温度控制比本体聚合和溶液聚合容易；

② 聚合物分子量及其分布比较稳定，聚合速率及分子量比溶液聚合要高一些，杂质含量比乳液聚合低；

③ 聚合物为固体珠状颗粒，易分离、干燥，生产成本较低，三废较少。

凡事都有两面性，悬浮聚合也存在一些弱点和不足：①类似于本体聚合，悬浮聚合存在凝胶效应和自动加速现象；②悬浮聚合必须使用分散剂，且在聚合完成后，分散剂很难从聚合物中完全除尽，影响聚合物的外观和耐老化性能等；③聚合物颗粒会包藏少量单体，不易彻底清除，影响聚合物性能。

5.4.2 悬浮聚合体系

悬浮聚合体系通常由油溶性单体、油溶性引发剂、两亲性悬浮剂或分散剂和去离子水组成，有时也使用乳化剂和其他助剂。

① 单体应为油溶性单体，在水中的溶解度越小越好。苯乙烯、α-甲基苯乙烯、氯乙烯、四氟乙烯和三氟氯乙烯在水中的溶解度很低，最适合于悬浮聚合；甲基丙烯酸甲酯、偏氯乙烯和偏氟乙烯在水中的溶解度偏高，但也可以进行悬浮聚合；羟基苯乙烯、乙烯基吡啶、丙烯腈和甲基丙烯酸酯等高亲水性单体不适于悬浮聚合。

② 引发剂为油溶性引发剂，选择原则与本体聚合相同，主要包括中等活性的偶氮类引发剂和过氧类引发剂，如偶氮二异丁腈、偶氮二异庚腈、过氧化二苯甲酰和过氧化十二酰等。

③ 分散介质（dispersed medium）为水，为避免副反应，一般用去离子水。盐水的比热容和导热系数均高于纯水，但油-水相界面的张力增大，会降低悬浮液的稳定性，因此要使用去离子水作分散介质。

④ 悬浮剂（suspending agent），也称为分散剂（dispersant）或成粒剂，是一类能将油溶性单体分散在水中形成稳定悬浮液的物质，包括水溶性有机聚合物和非水溶性无机粉末。

聚合物分散剂包括合成聚合物和改性天然聚合物两类，用量为单体的 $0.05\%\sim0.2\%$。

合成聚合物分散剂包括苯乙烯-(甲基)丙烯酸钠共聚物、苯乙烯（或醋酸乙烯酯）-马来酸钠（或衣康酸钠）共聚物、聚（乙烯醇-co-聚醋酸乙烯酯）（约 80/20）、聚乙烯基吡咯烷酮、聚乙二醇脂肪酸酯、失水山梨醇油酸酯（Span 80）等。

改性天然聚合物分散剂包括甲基纤维素、羧甲基纤维素、羟乙基纤维素、（甲基）羟丙基纤维素、改性淀粉、明胶（水解胶原蛋白）等。

可用作分散剂的无机物包括碱式磷酸钙 $[Ca(OH)_2 \cdot 3Ca_3(PO_4)_2$，也称羟基磷灰石]、碱式碳酸镁 $[Mg(OH)_2 \cdot MgCO_3]$、硫酸钡、硫酸钙、碳酸钙、氢氧化铝、二氧化钛、氧化锌、滑石粉、膨润土、硅藻土、高岭土等，它们可吸附在单体液滴表面，起机械隔离作用。最常用的无机分散剂是碱式磷酸钙和碱式碳酸镁，用量为单体的 $0.1\%\sim0.5\%$。

随着悬浮聚合技术的发展，综合考虑悬浮液保护与隔离、降低界面张力和提高悬浮液稳定性，根据单体和聚合物的性质常常使用复合分散剂，包括两种或多种有机分散剂的复合、有机和无机分散剂的复合，有时还添加少量阴离子表面活性剂，如十二烷基硫酸钠等。

有机聚合物分散剂包括阴离子型和非离子型分散剂。非离子型分散剂与阴离子表面活性剂复合使用效果更好，阴离子型分散剂也常常用两种不同皂化度的聚合物。

⑤ 助分散剂（dispersant additive），包括阴离子表面活性剂和非离子表面活性剂。除非水溶性无机粉末、明胶、纤维素醚类、水溶性聚合物用作分散剂外，为了进一步降低表面张力、改善分散能力、提高保护能力、调节颗粒特性，还需加入阴离子型和非离子表面活性剂。

最常用的阴离子表面活性剂是十二烷基硫酸钠（sodium dodecyl sulfate，SDS）和十二烷基苯磺酸钠（sodium dodecyl benzene sulfonate，SDBS），最常用的非离子表面活性剂是失水山梨醇油酸酯和烷基酚聚氧乙烯醚（OP 系列）等，它们的主要作用是降低表面张力。

5.4.3 悬浮聚合的成粒过程

（1）液-液分散过程

悬浮聚合要求单体不溶于水，静态下单体与水分成两层。在搅拌剪切下，单体液层将分散成不规则的液滴，大液滴受到强烈搅拌，继续分散成小液滴。单体与水的界面张力越小，越容易分散，形成的液滴也越小。在缺乏强烈搅拌的情况下，受表面张力的驱动小液滴会聚并成大液滴。液-液分散和液滴聚并构成动态平衡，而最终达到一定的平均粒度。但聚合釜内各处的搅拌强度不一，因此产物的粒度有一定的分布。无分散剂时，搅拌停止后，液滴将聚并变大，最后仍与水分层。悬浮单体液滴的分散-聚并如图 5-1 所示。

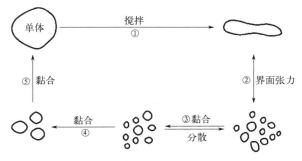

图 5-1　悬浮单体液滴分散-聚并模型

聚合到一定转化率，如 15％～30％，单体-聚合物体系发黏，两个胶珠碰撞时，将粘在一起，因此需要加分散剂来保护。当转化率升高至 60％～70％，聚合物胶珠变成富有弹性或刚性的粒子，黏结性减弱，不再聚并。

在悬浮聚合过程中，为了防止早期液滴间和中后期胶珠间的聚并，体系中常加入分散剂。如图 5-2 所示，有机高分子分散剂的疏水部分朝向液滴或胶珠表面，亲水基团与水分子形成氢键，从而有效降低油-水界面张力，起到保护单体液滴和聚合物胶珠的作用；无机分散剂则吸附在单体液滴和聚合物胶珠的表面，起机械物理隔离作用。

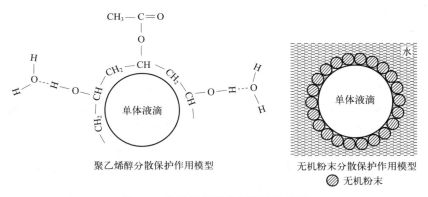

图 5-2　分散剂保护悬浮液滴的模型

总而言之，添加分散剂和强力搅拌是稳定聚合悬浮液的有效手段，是决定聚合物颗粒大小、粒度分布、颗粒形态等特性的重要因素。在搅拌强度固定的条件下，分散剂的结构、性质和用量则成为控制颗粒特性的关键因素。

（2）均相粒子形成过程

聚苯乙烯和聚甲基丙烯酸甲酯易溶于单体，因此这两种单体的悬浮聚合是典型的珠状悬浮聚合，具有均相聚合反应特征。如图 5-3 所示，聚合物的成粒过程大体上可分为三个阶段。

① 聚合反应初期。在高速搅拌和分散剂的作用下，单体分散成直径为 $0.5\sim5\mu m$ 的均相液滴，在适当温度下，引发剂分解为初级自由基引发单体聚合。

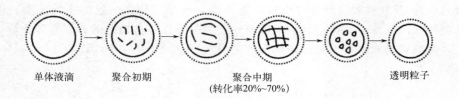

| 单体液滴 | 聚合初期 | 聚合中期
(转化率20%~70%) | | 透明粒子 |

图 5-3 均相悬浮聚合的成粒过程

② 聚合反应中期。在聚合中前期，链增长速率较慢，初生态聚合物完全溶于单体，单体液滴很快转变为聚合物胶珠。随着聚合物含量增大，透明的聚合物胶珠黏度增大。此阶段聚合物胶珠内放热量增多，黏度上升较快，胶珠间黏结的倾向增大。因此，转化率20%以后进入胶珠聚集结块的危险期，同时胶珠的体积开始减小。

当转化率超过50%，进入聚合中后期。聚合物含量增大使胶珠变得更黏稠，聚合反应速率和放热量达到最大值，此时若散热不畅，胶珠内会有微小气泡产生。转化率达到70%以后，聚合速率开始下降，单体浓度快速减小，胶珠内大分子链越来越多，分子链活动越来越受到限制，黏性逐渐降低而弹性相对增加。

③ 聚合反应后期。当转化率达到80%，单体明显减少，因体积收缩聚合物分子链黏结在一起，残余单体在这些堆砌紧密的大分子链间反应并形成新的聚合物分子链，使聚合物粒子内大分子链间越来越充实，弹性逐渐消失，聚合物颗粒变得比较坚硬。这时已渡过胶珠黏结聚集的危险期，进一步提高温度可促使残余单体在受限区域内聚合成新的大分子链，因而先前生成的聚合物分子链的间隙完全被后形成的聚合物分子链所填充。如此，若干聚合物分子链无规、无间隙地堆砌在一起，构成均一相态，最终形成均匀、坚硬、透明的球珠状聚合物粒子。

（3）非均相粒子形成过程

不同于苯乙烯和甲基丙烯酸甲酯，氯乙烯悬浮聚合是在单体液滴内进行的本体沉淀聚合，具有粉状悬浮聚合的典型特征：一是初级粒子和亚微粒子在单体液滴或分散剂保护微区内不断聚并；二是在分散微区内形成亚微观和微观层次的各种粒子。

PVC 的工业生产在强搅拌和较好分散保护下进行，分散液滴或分散微区处于分散与聚并的动态平衡，亚颗粒聚并形成多细胞状颗粒，最后形成具有亚微观和微观多层次颗粒结构的疏松树脂。粒子凝聚程度取决于剪切场强度和分散剂在粒子表面的吸附厚度等。

氯乙烯粉状悬浮聚合的成粒过程可分为 5 个阶段，如图 5-4 所示。

① 原始微粒形成期：初生的短链自由基有沉析倾向，聚合度约为 50 的链自由基发生缠绕聚结，形成最初始的相分离物种，即 $0.01\sim0.02\mu m$ 的原始微粒；

② 初级粒子核形成期：当单体转化率达到 $1\%\sim2\%$ 时，原始微粒发生絮凝，聚结成约 $0.1\sim0.2\mu m$ 的初级粒子核；

③ 初级粒子形成期：初级粒子核一旦形成就快速成长为初级粒子，聚合反应主要发生在 PVC/氯乙烯溶胀体中，初级粒子数目不再增加；

④ 初级粒子聚集期：当单体转化率达到 $4\%\sim10\%$ 时，初级粒子可长大至 $0.2\sim0.4\mu m$，体系变得不稳定，进一步絮凝成 $1\sim2\mu m$ 的初级粒子聚集体；

⑤ 聚合后期：初级粒子可长大至 $0.5\sim1.5\mu m$，初级粒子聚集体可长到 $2\sim10\mu m$，聚集

体的内聚力和强度也同时增加。由于分散剂表面发生接枝，最终形成"熔结聚合体"。

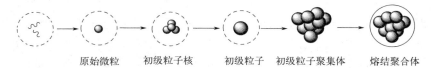

原始微粒　　初级粒子核　　初级粒子　初级粒子聚集体　熔结聚合体

图 5-4　非均相悬浮聚合的成粒过程

综合两种类型聚合物粒子的形成过程，悬浮聚合具有如下特点。

① 非均相聚合涉及相变过程，由最初均匀的液相变为液固非均相，最后变为固相。氯乙烯和偏二氯乙烯等单体的聚合属于此种类型。但很多单体的聚合无相变过程，如苯乙烯和甲基丙烯酸甲酯的聚合过程始终保持均相。

② 任何一种单体转化为聚合物时都伴随着体积收缩，液滴尺寸的收缩率为 $10\%\sim15\%$，密度相应增大 $15\%\sim20\%$。苯乙烯、甲基丙烯酸甲酯、醋酸乙烯酯和氯乙烯完全转化为聚合物时，25℃时的体积收缩率分别为 14.1%、23.1%、26.8% 和 35.8%。

③ 转化率达 $20\%\sim70\%$ 阶段，均相聚合体系的胶珠中，因溶有大量聚合物而黏度很大，凝聚黏结的危险性比同样转化率但单体只能溶胀聚合物的氯乙烯液滴要大得多。

④ 吸附在单体-聚合物胶珠表面上的分散剂，最后沉积在聚合物粒子的表面，在后处理过程中能去除。但有些分散剂能与少量单体接枝而成为单体分散剂接枝聚合物，在后处理时不易除去。

5.4.4　微悬浮聚合

传统悬浮聚合的单体液滴直径一般为 $50\sim2000\mu m$，聚合物粒径和单体液滴粒径大致相同。在微悬浮聚合中，单体液滴和聚合物粒径可降低 3 个数量级，仅为 $0.2\sim2\mu m$。微悬浮聚合的聚合机理与传统悬浮聚合相近，但聚合物粒径更接近乳液聚合。

微悬浮聚合的分散剂完全不同于传统悬浮聚合，由主分散剂和助分散剂组成，主分散剂为乳化剂（emulsifier，E），助分散剂为难溶性脂肪醇（fatty alcohol，A）。乳化剂可以是阴离子表面活性剂，如十二烷基硫酸钠（SDS），也可以是阳离子表面活性剂，如十六烷基三甲基溴化铵。难溶助剂通常使用十六醇（hexadecanol，HDA）或十八醇（octadecanol，ODA）。难溶助剂有三个作用：①降低油-水界面张力，使单体更易于分散；②促使单体从大液滴向溶有 A 的小液滴单向扩散；③在液滴表面形成 E/A 复合膜，稳定微悬浮液。

微悬浮聚合对单体水溶性的要求更严格。例如，氯乙烯、苯乙烯和 MMA 在水中的溶解度分别为 $0.1g/L$、$0.4g/L$ 和 $15g/L$，氯乙烯与苯乙烯是最合适微悬浮聚合的单体，而MMA 不能顺利发生微悬浮聚合。微悬浮聚合常用油溶性引发剂，苯乙烯聚合可用 BPO，氯乙烯聚合常用 ABVN。

苯乙烯的微悬浮聚合使用 SDS-HDA 混合分散剂。先将 SDS 和 HDA 在水中搅拌形成复合物，再在搅拌下加入单体和 BPO 引发剂进行聚合。液滴中含有少量难溶助剂即足以阻碍单体从小液滴向大液滴扩散，且只允许单体从大液滴向小液滴的单方向扩散。再加上复合物在微小液滴表面的稳定作用，使体系得以稳定存在。引发剂分解和聚合在微液滴内进行，与传统悬浮聚合相近，但产物粒径更接近乳液聚合产物，所以微悬浮聚合兼有悬浮聚合和乳液聚合的一些特征。

聚氯乙烯糊树脂是制作软质 PVC 物品的重要原料，可采用乳液聚合和微悬浮聚合法生产。采用乳液聚合只能生产粒径小于 $0.2\mu m$ 的 PVC 胶乳粒子，改用种子乳液聚合虽可制备平均粒径较大或粒度呈双峰分布的 PVC 粒子，但生产工艺相对复杂。传统悬浮聚合只能生产粒径为 $50\sim200\mu m$ 的 PVC 树脂，而微悬浮聚合可生产粒径为 $0.2\sim2\mu m$ 的 PVC 糊树脂。相比于乳液聚合，微悬浮聚合生产 PVC 糊树脂具有体系稳定性好、固含量高、操作简单、增塑糊黏度和流变性能可调性好等特点。

微悬浮法 PVC 糊树脂初级粒子粒径和粒度分布是影响增塑糊黏度和流变特性的重要因素，主要取决于聚合体系采用的乳化剂和不溶性助剂的结构、用量和两者的比例，以及引发剂种类和水油比等。用十二烷基硫酸钠和十六醇混合物作为分散剂效果最好，提高 HDA-SDS 比例，可减小树脂颗粒的粒径及其分布指数。

5.4.5 悬浮聚合工艺

悬浮聚合目前大都为自由基聚合，在工业上应用很广，相关信息汇总于表 5-3。聚氯乙烯的生产 75% 采用悬浮聚合法，聚合釜也渐趋大型化；聚苯乙烯及苯乙烯共聚物也主要采用悬浮聚合法生产；其他采用此法生产的还有聚醋酸乙烯酯、聚丙烯酸酯类、氟树脂等。

表 5-3　重要悬浮聚合比较

聚合过程	单体	单体在水中的状态		聚合物-单体相溶性	引发剂示例	分散剂示例	主要产品
		水溶性	分散状态				
珠状悬浮聚合	苯乙烯	很低	液滴	互溶	热引发或 BPO	碱式磷酸钙 SMA-Na	GPPS、HIPS EPS、交联球
	MMA	低	液滴	互溶	BPO	碱式碳酸镁	模塑 PMMA
	VAc	偏高	液滴	互溶	AIBN	PVA（醇解度约80%）	珠状聚合物
粉状悬浮聚合	氯乙烯	低	液滴	不溶沉析	EHP、ABVN	HPMC＋PVA	均聚与共聚物
沉淀聚合	四氟乙烯	低	溶液＋气泡	不溶	$K_2S_2O_8+Na_2S_2O_5$	无分散剂	氟树脂
微悬浮聚合	氯乙烯	低	液滴	不溶沉析	EHP、ABVN	十二烷基硫酸钠＋十六醇	PVC 糊树脂
反相悬浮聚合	丙烯酰胺	在己烷中很低	水溶滴	溶于单体溶液	$K_2S_2O_8$ 等	失水山梨醇油酸酯（Span-80）	水溶性树脂

注：EHP 为过氧化二碳酸二(2-乙基己基)酯；ABVN 为偶氮二异庚腈；HPMC 为羟丙基甲基纤维素。

悬浮聚合的单体或单体混合物应为液体，要求单体纯度＞99.98%。在工业生产中，引发剂、分子量调节剂分别加入到反应釜中，引发剂用量为单体量的 0.1%～1%。去离子水、分散剂、助分散剂、pH 调节剂等组成水相，水相与单体之比一般在 75：25～50：50 范围内。

悬浮聚合法的典型生产工艺过程是将单体、去离子水、热引发剂、分散剂等加入反应釜中，加热，并采取适当的手段使之保持在一定温度下进行聚合反应，反应结束后回收未反应单体，离心脱水、干燥得到产品。

悬浮聚合在带有夹套的搪瓷釜或不锈钢釜内进行，采用间歇操作。大型聚合釜除依靠夹套传热外，还装配有内冷管或（和）釜顶冷凝器，并设法提高传热系数。悬浮聚合体系黏度不大，一般采用小尺寸、高转速的搅拌桨。

5.5 乳液聚合

5.5.1 乳液聚合概述

在乳化剂和搅拌作用下，油溶性单体以乳液状态在水分散介质中的自由基聚合称为乳液聚合（emulsion polymerization）。传统乳液聚合配方由油溶性单体、水、水溶性乳化剂和水溶性引发剂构成。乳液聚合反应产物为胶乳，可直接应用，也可以把胶乳破坏，经洗涤、干燥等后处理工序，得粉状聚合物。

在本体和溶液自由基聚合过程中，除单体浓度以外的其他一切使聚合速率增大的因素均使聚合物分子量降低。例如，升高温度或增加自由基浓度导致链终止速率加快，将降低聚合物分子量。然而，乳液聚合既可在较低温度也可在较高温度下进行，高浓度自由基在乳液中不会加快链终止反应速率，可在高聚合速率下获得较高分子量的聚合物。

相比于其他聚合实施方法，乳液聚合具有如下优点。

① 聚合速率快，分子量高；

② 用廉价的水作反应介质，生产安全，可减少环境污染；

③ 水的热容和导热率高，聚合热易扩散，聚合反应温度易控制；

④ 聚合体系即使在反应后期黏度也很低，因而也适于制备高黏性的聚合物；

⑤ 胶乳可直接以乳液形式使用；

⑥ 生产方式灵活，有利于新产品开发。

乳液聚合的缺点是聚合过程中加入的乳化剂等会影响制品性能；为得到固体聚合物，还要经过凝聚、分离、洗涤等工序；反应器的生产能力也比本体聚合时低。

乳液聚合方法最早由德国开发。第二次世界大战期间，美国就用此技术生产丁苯橡胶，其后又相继生产了丁腈橡胶和氯丁橡胶、聚丙烯酸酯乳漆、聚醋酸乙烯酯胶乳（俗称白胶）和聚氯乙烯等。与悬浮聚合不同，乳液体系比较稳定，工业上有间歇式、半间歇式和连续式生产，用管道输送或贮存时不搅拌也不会分层。生产中还可用"种子聚合"、补加单体或调节剂的方法控制聚合速率、分子量和胶粒的粒径。该方法也可直接生产高浓度的胶乳。

5.5.2 乳液聚合体系组成

乳液聚合体系通常由油溶性单体、分散介质水、水溶性引发剂和水溶性乳化剂组成，有时也用其他助剂。

　　单体多为油溶性单体，一般不溶于水或微溶于水，如丙烯酸酯和醋酸乙烯酯等。体积约占总体系的 1/3。

　　分散介质为去离子水，以避免各种杂质干扰引发剂和乳化剂的正常作用。体积约占总体系的 2/3。

　　引发剂为水溶性引发剂，对于氧化-还原引发剂体系，至少有一种组分具有水溶性。

　　乳化剂为水溶性乳化剂，乳化剂可使互不相溶的油与水转变成难以分层的乳液。乳化剂通常是一些兼有亲水的极性基团和疏水的非极性基团的表面活性剂。乳液聚合用乳化剂包括阴离子型、阳离子型和非离子型三类。

（1）阴离子型乳化剂

　　极性基团为羧酸根（$-CO_2^-$）、硫酸根（$-OSO_3^-$）或磺酸根（$-SO_3^-$），非极性基团一般是 $C_{11} \sim C_{17}$ 的直链烷基或烷基苯及烷基萘。阴离子乳化剂要求在碱性或中性条件下使用，不能在酸性条件下使用，也可与其他阴离子乳化剂或非离子乳化剂配合使用，但不得与阳离子乳化剂一起使用。常用的阴离子乳化剂包括：

　　① 脂肪族羧酸钠，具有良好的乳化能力，但容易被酸和钙及镁盐破乳；

　　② 烷基硫酸钠（烷基硫酸盐 $ROSO_3Na$），如十二烷基硫酸钠、十六烷基硫酸钠、十八烷基硫酸钠，具有很强的乳化能力，耐酸和钙离子；

　　③ 烷基或烷基苯磺酸钠，如十二烷基磺酸钠、十二烷基苯磺酸钠、二丁基萘磺酸钠，具有较强乳化能力，水溶液耐酸性能较好，耐钙和镁的性能稍低于烷基硫酸盐。

（2）阳离子型乳化剂

　　极性基团通常为季铵离子，非极性基团为长链烷基，如十二烷基三甲基氯化铵。季铵盐等阳离子表面活性剂的乳化性能并不突出，主要用作杀菌剂、纤维柔软剂和抗静电剂，较少用于乳液聚合。阳离子乳化剂应在酸性条件下使用，不得与阴离子乳化剂一起使用。

$$R \sim\!\!\sim\!\!\sim \left[\begin{matrix} & R_1 & \\ -N^+ & - & R_2 \\ & R_3 & \end{matrix} \right] X^- \qquad R_1，R_2，R_3 \text{ 可形成脂肪环或芳杂环}$$

（3）非离子型乳化剂

　　非离子型乳化剂在水中不电离，亲水基是各种极性基团，如聚氧乙烯醚、聚氧丙烯醚、环氧乙烷和环氧丙烷嵌段共聚物、多元醇脂肪酸酯等。常用的非离子型乳化剂如下。

　　① 失水山梨醇脂肪酸酯，或称为脂肪酸山梨坦，俗称司盘（Span）。极性基团为多醇，非极性基团为长链烷烃或长链内烯烃。

R= $C_{11}H_{23}$, Span 20
R= $C_{15}H_{29}$, Span 40
R= $C_{17}H_{35}$, Span 60
R= $C_{17}H_{33}$, Span 80

　　② 聚氧乙烯失水山梨醇脂肪酸酯，或称聚氧乙烯脂肪酸山梨坦，俗称吐温（Tween）。极性基团为聚氧乙烯缩水山梨醇，非极性基团为长链烷烃或长链内烯烃。

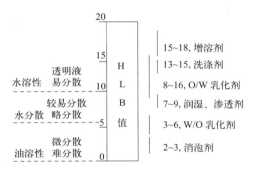

$$R = C_{11}H_{23}, \text{Tween 20}$$
$$R = C_{15}H_{29}, \text{Tween 40}$$
$$R = C_{17}H_{35}, \text{Tween 60}$$
$$R = C_{17}H_{33}, \text{Tween 80}$$

③ 烷基酚聚氧乙烯醚。如壬基酚聚氧乙烯醚（NP），$C_9H_{19}C_6H_4(OCH_2CH_2)_xOH$。

非离子型乳化剂对 pH 值变化不敏感，比较稳定。由于稳定乳液的能力不及阴离子型乳化剂，因此一般不单独使用，主要与阴离子乳化剂配合使用，以增加乳液的稳定性。

5.5.3 乳液形成机制

乳化剂是一类特殊的表面活性剂，分子含有亲水基和亲油基。通常用"亲水亲油平衡（hydrophile-lipophile balance，HLB）值"表示表面活性剂的亲水性或亲油性，HLB 值越小，其亲油性越强；HLB 值越大，其亲水性越强。如图 5-5 所示，HLB 值 3～6 的油溶性表面活性剂可用于配制油包水（W/O）型乳液，而 HLB 值 8～16 的水溶性表面活性剂可用于配制水包油（O/W）型乳液。

图 5-5 表面活性剂的 HLB 值与分散性能及其应用

表 5-4 是部分乳化剂的 HLB 值及其应用场景。阴离子型乳化剂的亲水性很强，适合于配制水乳液。烷基磺酸钠的 HLB 值适中，应用最广泛；烷基羧酸钠和烷基硫酸钠的 HLB 过高，常与非离子乳化剂复配使用。非离子型乳化剂的 HLB 值随亲水基团的变化范围很宽，其中不含聚氧乙烯链段的酯型乳化剂适合于配制油乳液。

表 5-4 部分乳化剂的 HLB 值及应用场景

乳化剂	类型	HLB 值	应用	乳化剂	类型	HLB 值	应用
丙二醇单硬脂酸酯	非离子型	3.4	油乳液	十二烷磺酸钠	阴离子型	12.3	水乳液
单硬脂酸甘油酯 Aldo 33	非离子型	3.8	油乳液	Tween 80	非离子型	15.0	水乳液
Span 80	非离子型	4.4	油乳液	Tween 40	非离子型	15.6	水乳液
丙二醇单月桂酸酯	非离子型	4.5	油乳液	油酸钠	阴离子型	18.5	水乳液
单硬脂酸甘油酯 Aldo 28	非离子型	5.5	油乳液	油酸钾	阴离子型	20.0	水乳液
Span 20	非离子型	8.6	水乳液	十六烷硫酸钠	阴离子型	38.1	复配用
聚氧乙烯月桂醚	非离子型	9.5	水乳液	十六酸钠	阴离子型	38.1	复配用
十六烷磺酸钠	阴离子型	10.4	水乳液	十二酸钠	阴离子型	40.0	复配用
十四烷磺酸钠	阴离子型	11.4	水乳液	十二烷硫酸钠	阴离子型	40.0	复配用

乳化剂能使两种或两种以上互不相溶组分的混合液体形成稳定乳液。在乳化过程中，分散相以微米级微滴的形式分散在连续相中，乳化剂降低了混合体系中各组分的界面张力，并在微滴表面形成较坚固的薄膜或由于乳化剂给出电荷而在微滴表面形成双电层，阻止微滴彼此聚集，而保持均匀的乳状液。

乳液是非均相体系，而不是真溶液。由水溶性乳化剂配制的乳液称为水乳液（O/W型），分散相是油，连续相是水；由油溶性乳化剂配制的乳液称为反相乳液（W/O型）或油乳液，分散相是水，而连续相是油。

传统乳液聚合常用的乳化剂属于阴离子型，如油酸钾（$C_{17}H_{33}COOK$），其作用是降低界面张力，使单体乳化成小液滴（$1\sim10\mu m$）并形成胶束，提供引发和聚合的场所。

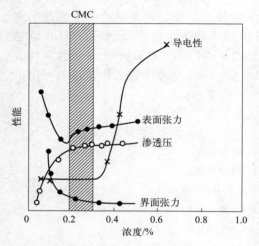

图 5-6 十二烷基硫酸钠水溶液的
性能与浓度之间的关系

当乳化剂的浓度很低时，乳化剂以分子状态真正溶解于水中，在水-空气界面处，亲水基伸向水层，疏水基伸向空气层，使水的表面张力急剧下降，有利于单体分散成细小的液滴。当乳化剂浓度达到一定值时，表面张力的下降趋向平缓，溶液的其他物理性质也有类似变化，如图5-6所示。乳化剂的浓度超过真正分子状态的溶解度后，往往由多个乳化剂分子聚集在一起，形成胶束（或胶团）。乳化剂开始形成胶束的浓度，称作临界胶束浓度（critical micelle concentration，CMC），可由溶液表面张力（或其他物理性质）随乳化剂浓度变化曲线中的转折点来确定。乳化剂的临界胶束浓度都很低，为$1\sim30$mmol/L或$0.1\sim3$g/L。

乳化剂浓度略超过CMC时，胶束较小，由$50\sim150$个乳化剂分子聚集成球形，直径为$4\sim$5nm。乳化剂浓度较大时，胶束呈棒状，长度可达$100\sim300$nm，直径相当于乳化剂分子长度的2倍。胶束中乳化剂分子的疏水基伸向胶束内部，亲水基伸向水层。

阴离子乳化剂存在一个三相平衡点，三相平衡点是乳化剂分子处于溶解、胶束和凝胶三相平衡时的温度。高于该温度，溶解度突增，凝胶消失，乳化剂只以分子溶解和胶束两种状态存在，起乳化作用。如温度降至三相平衡点以下，将有凝胶析出，乳化能力减弱。表5-5是常见阴离子表面活性剂的CMC值和三相平衡点。

表 5-5 常见阴离子表面活性剂的 CMC 值和三相平衡点

乳化剂	分子式	温度/℃	CMC		三相平衡点/℃
			/（mol/L）	/（g/L）	
月桂酸钠	$C_{11}H_{23}CO_2Na$	$20\sim70$	0.05	5.6	36
肉豆蔻酸钠	$C_{13}H_{27}CO_2Na$	$50\sim70$	0.0065	1.6	53
软脂酸钠	$C_{15}H_{31}CO_2Na$	$50\sim70$	0.0017	0.47	62
硬脂酸钠	$C_{17}H_{35}CO_2Na$	$50\sim60$	0.00044	0.13	7
月桂硫酸钠	$C_{11}H_{23}SO_4Na$	$35\sim60$	0.009	2.6	20

乳化剂	分子式	温度/℃	CMC		三相平衡点/℃
			/（mol/L）	/（g/L）	
月桂磺酸钠	$C_{11}H_{23}SO_3Na$	$35\sim80$	0.011	2.3	33
十二烷基苯磺酸钠	$C_{12}H_{25}C_6H_4SO_3Na$	$50\sim70$	0.0012	0.04	

非离子表面活性剂水溶液随温度升高而分相的温度称为浊点（cloud point），多数非离子乳化剂的浊点高于60℃。在浊点以上，表面活性剂将发生沉析，因此非离子乳化剂的使用温度应低于浊点。阴离子乳化剂和非离子乳化剂复配使用时，三相平衡点和浊点均会发生偏离。

乳化剂用量为2%～3%，CMC为0.01%～0.03%，可见乳化剂浓度比CMC值大2～3个数量级，即大部分乳化剂处于胶束状态。常用乳化剂的分子量约300，用量为30g/L（0.1mol/L），则1 cm³ 水中有6×10^{19} 个乳化剂分子，相当于$10^{17}\sim10^{18}$ 个胶束。胶束的大小和数量取决于乳化剂用量。乳化剂用量多，则胶束小而多，胶束的表面积随乳化剂用量的增加而增大。

常用烯类单体在纯水中的溶解度较小，室温下，苯乙烯、丁二烯、氯乙烯、甲基丙烯酸甲酯和醋酸乙烯酯的溶解度分别为0.37g/L、0.81g/L、10.6g/L、15g/L和25g/L。乳化剂的存在，将使单体的溶解度增加，如可使苯乙烯的溶解度增至0～20g/L，这称为增溶作用。增溶的原因有二：一是单体伴随乳化剂分子的疏水部分真正溶解在水中；二是单体增溶进入胶束内，使溶解度大增，这是增溶的主要原因。增溶后的球形胶束直径可从原来的4～5nm增大到6～10nm。

单体液滴的尺寸取决于搅拌强度和乳化剂浓度，一般为1～10μm。液滴表面吸附了一层乳化剂分子，形成带电保护层，乳液得以稳定。乳化剂除了溶于水中及形成胶束外，还有一部分存在于单体液滴的表面，它的非极性基团吸附于单体液滴表面，极性基团指向水相，在单体液滴表面形成一个带电保护层，形成了稳定的乳液。综上所述，乳化剂的作用如下。

① 分散作用。加入乳化剂可大大降低水的表面张力和油水界面张力（interface tension），使单体液滴容易分散在水中，形成细小的液滴，液滴数为$10^{10}\sim10^{12}$ 个/cm³；

② 稳定作用。乳化剂的亲油基伸向单体液滴内部，亲水基则朝向水相，如果采用离子型乳化剂时，则单体液滴表面会形成带电保护层，阻止了液滴之间的凝聚，形成稳定的水乳液；

③ 形成胶束及增溶作用。单体进入胶束内部，形成增溶胶束，为聚合反应提供聚合场所。

5.5.4　乳液聚合机理

（1）聚合场所与成核机制

聚合反应开始前，单体和乳化剂的分布情况如图5-7所示。不溶或微溶于水的单体绝大部分以细小液滴形式存在，液滴的大小取决于搅拌情况和乳化剂结构及其用量；少量单体溶解在胶束中；微量单体以分子状态溶解在水中。大部分乳化剂分子形成胶束，其中多数胶束中溶解有单体，形成"增溶胶束（solubilized micelles）"；部分乳化剂被单体液滴吸附，形成带电保护层；少量乳化剂溶于水中（等于 CMC 部分）。在单体液滴、增溶胶束和水中的单体通过扩散处于动态平衡。

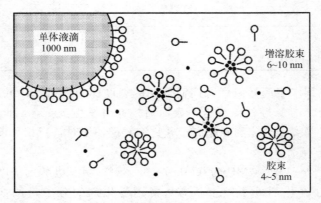

图 5-7　单体（●）和乳化剂（○—）在水中的分布

乳液聚合引发剂具有水溶性，引发剂在水中分解，或经过氧化-还原反应等形成水溶性自由基。这种自由基与溶于水的单体相遇会引发聚合反应，但水相并不是主要聚合场所。主要原因有二：一是水相溶解的单体量极少，与水相中自由基发生碰撞的概率很低；二是聚合物不溶于水，在分子量很小时就会从水相中沉淀出来，使聚合停止。

水溶性自由基很容易扩散至增溶胶束和单体液滴，引发单体聚合。乳液聚合反应的主要场所需从自由基扩散进入这两者的概率大小来考虑。单体液滴的体积大，直径约 10^3 nm，但数量较少，约 10^{10} 个/mL；胶束体积小，直径约 $4 \sim 5$nm，增溶胶束体积稍大，约 $6 \sim 10$nm，但数量很多，约 10^{18} 个/mL。两者相比较，胶束总表面积约比单体液滴总表面积大两个数量级。因此，胶束更有利于自由基的进入，成为聚合反应发生的主要场所。实验表明，单体液滴中形成的聚合物仅占反应生成聚合物总量的 0.1%。

自由基一旦扩散进入增溶胶束，立即引发反应生成聚合物，此时的增溶胶束中同时存在单体和聚合物，通常称其为乳胶粒（latex particles）。乳胶粒的形成过程称为成核作用。乳液聚合的成核有两种机制或过程，分别为胶束成核与均相成核。

① 疏水性的短链自由基在水相无法长时间稳定存在，但在乳化剂的帮助下能快速扩散进入增溶胶束，引发单体聚合，这一过程称为胶束成核（micellar nucleation）。

苯乙烯等单体难溶于水，乳液聚合按胶束成核机制进行。引发剂受热分解或经氧化-还原反应产生的自由基可引发水中的微量苯乙烯聚合，形成短链自由基。由于苯乙烯是疏水单体，短链自由基的重复单元数小于 4 就会发生沉析，被增溶胶束所捕获，引发其中的单体聚合，是胶束成核。

② 亲水性的短链自由基在水相发生聚集沉析，沉析出的粒子从水相和单体液滴表面吸附乳化剂分子而得以稳定，同时吸收扩散单体，形成乳胶粒子，这个过程称为均相成核（homogeneous nucleation）。

醋酸乙烯酯等亲水性单体的乳液聚合按均相成核机制进行。醋酸乙烯酯在水中的溶解度高达 25g/L，所形成的短链自由基也具有较高的亲水性，聚合度达到数百才能从水中沉析出来，水中多条较长的短链自由基聚集在一起絮凝成核。以此为核心，单体不断扩散进入内部发生聚合，同时不断吸附乳化剂，形成乳胶粒。

通常两种成核机制并存，具体以哪种为主取决于单体的水溶性。当单体溶解度小于 15 mmol/L 时，如苯乙烯，水相中的临界聚合度仅为 3～4，以胶束成核为主；当单体溶解度大于 170 mmol/L 时，如醋酸乙烯酯，临界聚合度高至数百，以均相成核为主；甲基丙烯酸甲酯的溶解度为 150 mmol/L，介于二者之间，临界聚合度为 50～65，两种成核机制并存，以后者为主。

由于自由基的生成速率约为 10^{13} 个/(mL·s)，而增溶胶束数量约为 10^{18} 个/mL，因此自由基只能依次缓慢进入增溶胶束。增溶胶束内的单体浓度很高，类似于本体，自由基一经进入即发生聚合反应。由于乳液聚合乳胶粒体积相较于悬浮聚合小很多，第二个自由基进入后就终止。当第三个自由基扩散进入胶粒后，又重新开始聚合反应。

随着聚合反应进行，乳胶粒内单体不断消耗，此时液滴中的单体会通过水相不断向乳胶粒扩散，保持动态平衡，这样单体液滴便成为向乳胶粒提供单体的仓库。在这一阶段单体液滴数目并不减少，只是体积不断缩小，而乳胶粒体积随聚合反应进行不断增大。为保持体系稳定，乳胶粒开始吸附水中的乳化剂分子以及单体液滴缩小后释放出的乳化剂分子。当水中乳化剂分子数目小于 CMC 值之后，未成核胶束变得不稳定，将重新溶解分散于水中。总体看，未成核胶束的消耗有两个途径：一是生成新乳胶粒；二是为不断增大体积的乳胶粒提供乳化剂分子。当体系中未成核胶束消耗完后，无法再形成新的乳胶粒，体系中的乳胶粒数目将固定下来。对于典型乳液聚合，能够成核变为乳胶粒的胶束仅占起始胶中的极少部分，约 0.1%，即最后形成的乳胶粒数约为 $10^{13}～10^{15}$ 个/cm³。

胶束的消失标志着第一阶段的结束。这一阶段的特点是随着体系中乳胶粒数目的不断增多，聚合速率不断增大。该阶段时间较短，转化率约 2%～15%，与单体种类有关。水溶性大的单体，如醋酸乙烯酯，达到恒定乳胶粒数目的时间短，转化率低；水溶性小的单体，如苯乙烯，所需时间长，转化率高。

采用高活性引发剂时，许多体系的引发速率过高，瞬间会形成高浓度乳胶粒或高比例的含自由基乳胶粒子，可能出现反常现象，即在聚合初期与恒速期的交界处出现聚合速率的最大值，见图 5-8 的单体转化率和聚合速率随时间的变化曲线。

（2）乳液聚合的三个阶段

根据聚合速率或转化率及体系中单体液滴、乳胶粒、胶束数量的变化情况，可将乳液聚合分为三个阶段。

第一阶段称乳胶粒形成期，或成核期、增速期。这一过程已经在前面作了详细描述，这里不再讨论。

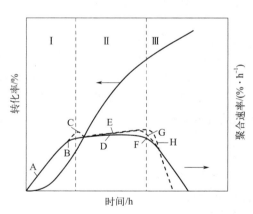

图 5-8　乳液聚合的单体转化率和
聚合速率与时间的关系曲线

第二阶段称恒速期。胶束消失后，体系中只存在乳胶粒和单体液滴两种粒子。此时，单体液滴仍起着仓库的作用，不断向乳胶粒提供单体，以保障乳胶粒内引发、增长、终止反应的正常进行。随反应进行，乳胶粒体积不断加大，最后可达 50～150nm。这一阶段的体系中乳胶粒数恒定，由于单体液滴的存在，使得乳胶粒内单体浓度恒定，因此体系为恒速反应（图 5-8 中曲线 D）。对于某些体系，由于这一阶段转化率较高，可能出现自动加速效应，使聚合速率有所上升（图 5-8 中曲线 E）。

单体液滴的消失标志着第二阶段的结束。这一阶段的转化率也与单体在水中的溶解性有关。单体水溶性大的，单体液滴消失得早。例如，此阶段氯乙烯的转化率为 70%～80%，苯乙烯、丁二烯为 40%～50%，甲基丙烯酸甲酯为 25%，醋酸乙烯酯仅为 15%。

第三阶段称降速期。这一阶段体系中只有乳胶粒存在，由于失去单体来源，聚合反应速率随乳胶粒内单体浓度下降而逐步降低，直至单体消耗完全后反应停止（图 5-8 中曲线 F、G 或 H，曲线 H 和 G 最终可能重合）。

聚合反应结束后所得聚合物粒子多为球形，直径约 50～200nm，介于最初的胶束和单体液滴之间，如图 5-9 所示。

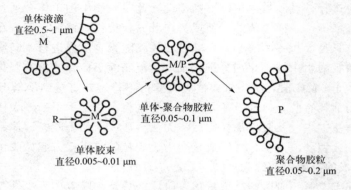

图 5-9　乳液聚合过程的示意

5. 5. 5　乳液聚合动力学

（1）聚合速率

根据前面的分析，乳液聚合过程可分为增速期、恒速期和降速期 3 个阶段，恒速期的乳胶粒数目恒定，聚合速率不变，容易处理，因此动力学研究多着重恒速期。

乳液聚合的反应场所在乳胶粒内，因此乳液聚合反应动力学可从一个乳胶粒内的聚合情况进行分析推导。一个乳胶粒内的聚合速率方程式可表示为：

$$r_p = k_p[M][M\cdot] \tag{5-1}$$

乳液聚合开始前，体系的胶束浓度约为 10^{18} 个/mL，但大约仅有 0.1% 的胶束转化成乳胶粒。因此，乳液聚合体系的乳胶粒浓度约为 $10^{14} \sim 10^{15}$ 个/mL，自由基的生成速率约为 10^{13} 个/(mL·s)，每几十秒会有一个自由基扩散进入乳胶粒。对一个乳胶粒而言，进入一个自由基，发生聚合反应；进入第二个自由基，发生双基终止反应；进入第三个自由基，又发生聚合反应；进入第四个自由基，又发生终止反应。因此，每个乳胶粒约有一半时间发生聚合，另一半时间处于无自由基的休眠状态。

对整个聚合体系而言，每一时刻约有 50% 的乳胶粒含有自由基，正在进行自由基聚合，而另外 50% 的乳胶粒不含自由基，无法发生自由基聚合。设定聚合体系的乳胶粒数目为 N 个/L，则活性乳胶粒数目约为（$N/2$）个/L。在非理想情况下，乳胶粒中的自由基可能发生脱附逃逸，也可能发生链转移反应，超大乳胶粒还可能存在多个自由基，因此有必要引入乳胶粒平均自由基数（$\bar{n}$）的概念。在理想情况下，如苯乙烯的乳液聚合，$\bar{n}=0.5$；在非理想情况下，$\bar{n}\neq0.5$。

考虑所有情况，乳液聚合体系的活性中心总浓度（mol/L）为：

$$[M\cdot]=\bar{n}\frac{N}{N_A} \tag{5-2}$$

式中，N_A 为 Avogadro 常数。总聚合反应速率为：

$$R_p=k_p[M][M\cdot]=k_p\frac{N}{N_A}\bar{n}[M] \tag{5-3}$$

式（5-3）表明，乳液聚合反应速率与单体浓度和乳胶粒数目 N 成正比。

（2）聚合度

对于一个乳胶粒而言，数均聚合度为：

$$\overline{X}_n=\frac{r_p}{r_i} \tag{5-4}$$

式中，r_i 是一个乳胶粒的链引发速率，即自由基从水相扩散进入乳胶粒的速率，也相当于一个乳胶粒的链终止反应速率。对整个乳液聚合体系而言，链引发速率为 R_i，则有：

$$r_i=\frac{R_i}{\bar{n}N} \tag{5-5}$$

对整个乳液聚合体系，联立式（5-1）、式（5-4）和式（5-5），得：

$$\overline{X}_n=\frac{R_p}{R_i}=k_p\frac{N}{N_A}\bar{n}\frac{[M]}{R_i} \tag{5-6}$$

乳液聚合的双基终止是大分子链自由基与刚进入乳胶粒的短链自由基之间的反应，不同于溶液聚合或本体聚合的双长链自由基之间的反应。当有链转移反应时，数均聚合度的表达式为：

$$\overline{X}_n=k_p\frac{N}{N_A}\bar{n}\frac{[M]}{R_i+\sum R_{tr}} \tag{5-7}$$

例如，氯乙烯和醋酸乙烯酯的自由基聚合向单体链转移反应，此时不能忽视。

乳胶粒的数目不仅与乳化剂的结构和用量有关，还与自由基的生成速率有关。乳液聚合体系的乳胶粒数目的表达式为：

$$N=k\left(\frac{\rho}{\mu}\right)^{\frac{2}{5}}(\alpha_s[S])^{\frac{3}{5}} \tag{5-8}$$

式中，ρ 是自由基的生成速率（R_i）；μ 是乳胶粒体积的增长速率；α_s 是一个乳化剂分子的表面积；$[S]$ 是体系中乳化剂的总浓度；k 是依赖于乳液聚合体系的常数，一般为 $0.37\sim0.53$。

式（5-8）表明，乳胶粒数目与乳化剂浓度（$[S]$）和自由基的生成速率（ρ）有关。乳化剂浓度越大，形成的胶束越多，成核的机会也越多；自由基的生成速率大，成核速率越大，乳胶粒的数目越多。

氯乙烯、醋酸乙烯酯等容易链转移的单体，链转移后产生的短链自由基亲水，容易解吸，水相中终止显著，致使胶粒内自由基数 $\bar{n}<0.5$，聚合速率对式（5-3）就有偏差。这些单体乳液聚合时，胶粒数 N 将与 $[S]$ 的一次方成正比，与 ρ 基本无关。

（3）$\bar{n}$ 的主要影响因素

乳胶粒的平均自由基数 $\bar{n}$ 与单体水溶性、引发剂浓度、胶粒数、粒径、自由基进入胶粒的效率因子和逸出胶粒速率、终止速率等因素有关，基本上可分成下列 3 种情况。

① 苯乙烯等单体难溶于水的理想体系，乳胶粒小，只容纳 1 个自由基，忽略自由基的逸出；第 2 个短链自由基进入后，几乎不受扩散控制，立即发生双基终止，自由基数降为零。每一个乳胶粒的平均自由基数（$\bar{n}$）为 0.5。

② 醋酸乙烯酯和氯乙烯等单体的水溶性较大而又容易发生链转移，短链自由基容易解吸，即自由基逸出速率大于进入速率，最后可能在水相中终止，每一个乳胶粒的平均自由基数（$\bar{n}$）小于 0.5，甚至可能有 $\bar{n}=0.1$ 的情况。

③ 当胶粒体积增大时，可容纳多个自由基同时增长，胶粒中的终止速率小于自由基进入速率，自由基解吸忽略，则 $\bar{n}>0.5$。例如，聚苯乙烯胶粒达 $0.7\mu m$ 和 90％转化率时，$\bar{n}$ 从 0.5 增至 0.6；当胶粒达 $1.4\mu m$ 和 80％转化率时，$\bar{n}$ 增加到 1，90％转化率时 $\bar{n}>2$。

（4）温度对乳液聚合的影响

在一般自由基聚合中，升高温度，将使聚合速率增大、聚合度降低。但温度对乳液聚合的影响却比较复杂。升高聚合温度，ρ 和 k_p 都增大，因而乳胶粒的数目 N 也增大；胶粒中的单体浓度 $[M]$ 降低；自由基和单体扩散进入乳胶粒的速率增大。

总之，温度对乳液聚合的影响非常复杂。升高温度除了使聚合速率增加、聚合度降低外，还可能引起许多副作用，如乳液凝聚和破乳，产生支链和交联（凝胶），并对聚合物微结构和分子量分布产生影响。

为了简化问题，在讨论乳液聚合机理与动力学时，选用了间歇聚合模型。在工业生产过程中，间歇聚合、半连续聚合和连续聚合均有广泛应用，除胶束成核与均相成核外，还可能存在液滴成核。乳液聚合反应行为和产品性质的影响因素非常复杂。例如，单组分乳化剂、复合乳化剂、助乳化剂、引发剂、单体与共聚单体、单体/乳化剂配比、油/水比和搅拌状态等均影响成核机制、聚合速率和共聚物结构，特别是产品的颗粒大小及其分布。

5.5.6 乳液聚合相关方法

在传统乳液聚合的基础上，改变聚合条件可衍生出种子乳液聚合、核壳乳液聚合、无皂乳液聚合、微乳液聚合、细乳液聚合和反相乳液合等。每种聚合方法均能制备特定结构和应用的聚合物乳液。下面作简要介绍。

（1）种子乳液聚合

常规乳液聚合物的粒度较小，一般仅为 $50\sim200nm$。如果需要较大粒径，则可通过种子乳液聚合来制备。种子乳液聚合（seeded emulsion polymerization）即先制备种子乳液，然后在 1％～3％种子乳液的基础上进一步聚合，最终得到所需要的大粒径聚合物乳液，乳胶粒的大小比传统乳液聚合物高 1 个数量级，粒径可达 $1\sim2\mu m$。

采用种子乳液聚合法可以有效控制乳胶粒直径及其分布。在单体量不变的前提下，增加种子乳液用量，可使粒径减小；而减少种子乳液用量，则可使粒径增大。种子乳液中的乳胶粒直径很小，年龄分布和粒径分布都很窄，有利于改善乳液的流变性质。

在 PVC 糊树脂的生产过程中采用种子乳液聚合法来控制乳胶粒尺寸、尺寸分布，改善最终产品性能。为了降低增塑剂吸收量，改善糊树脂的流动性及稳定性，要求产品粒度大于 $1\mu m$，且为宽粒径分布。采用加入两代混合种子乳液的方法，既可以制成大粒径乳胶粒的糊树脂，又可以使其粒径呈双峰分布，解决增塑剂和能量的浪费问题。

种子聚合物乳液的粒度分布均匀、乳液性能稳定，在许多乳液产品中，尤其是合成橡胶的生产中获得了广泛应用，如聚丁苯橡胶和丁腈橡胶。通常乳液聚合所得乳胶粒子为较标准的圆球状。种子乳液聚合时，由于微相分离等原因，复合粒子常形成异常的核-壳形态。这种乳液不仅应用于高性能涂料、胶黏剂等方面，还向生物医学、高分子催化剂、油墨、染料等高功能材料领域发展。

（2）核壳乳液聚合

如果种子乳液聚合前后采用不同单体，则形成核壳结构的胶粒，在核与壳的界面形成接枝层，能增加两者的相容性和粘接力，提高力学性能。核壳乳液聚合 （core-shell emulsion polymerization） 的关键是限量乳化剂，防止重新成核。核乳液和壳单体的选择视聚合物的性能要求而定，正常的核壳聚合物基本上有两种类型。

① 软乳液加硬单体形成硬壳结构。例如，用聚丁二烯作种子乳液，接枝共聚苯乙烯和丙烯腈制备 ABS 树脂；用聚丁二烯作种子乳液，接枝共聚 MMA 和苯乙烯制备 MBS 树脂；用聚丙烯酸丁酯作种子乳液，聚合 MMA 制备聚氯乙烯的抗冲改性剂 ACR （acrylic copolymer）。

② 硬乳液加软单体形成软壳结构。例如，用聚苯乙烯或 PMMA 作种子乳液，聚合丙烯酸酯形成硬核软壳结构。这类核壳聚合物主要用作涂料，硬核赋予漆膜强度，软壳则可调节 T_g 或最低成膜温度。

在影响乳胶粒核壳结构的因素中，除了两种单体的加料次序外，还与单体亲水性有关。一般先聚合的为核，后聚合的为壳。然而，如果先将亲水性的单体聚合成核，在后续疏水性单体聚合时，亲水性核会向外迁移，趋向水相，内核和外壳有逆转倾向；逆转不完全，有可能形成草莓形、雪人形等异形结构。

（3）无皂乳液聚合

在聚合过程中完全不加乳化剂或仅加入微量乳化剂（浓度小于 CMC），利用引发剂或极性共聚单体将极性或可电离的基团键接在聚合物上，使聚合物本身就具有表面活性的乳液聚合过程，称为无皂乳液聚合 （soap-free emulsion polymerization）。

无皂乳液聚合克服了传统乳液聚合由乳化剂而引起的聚合物在电性能、光学性能、表面性能及耐水性等方面的缺陷。无皂乳液聚合还可用来制备粒径为 $0.5\sim1.0\mu m$ 的单分散、表面清洁的聚合物粒子，可应用于一些特殊的场合。

亲水性单体的无皂乳液聚合常用水溶性引发剂，聚合反应最初在水相进行，生成具有亲水基团的链自由基，当其达到一定浓度时，便可起到类似乳化剂的作用。随着链增长的进行，当达到一定聚合度时，链自由基在水中的溶解性变差，逐渐从水相析出，形成基本初始粒子。基本初始粒子继续从水相捕获自由基形成初始粒子。初始粒子极不稳定，需要通过粒子间的聚并来提高稳定性。聚并的结果是形成乳胶粒，乳胶粒继续生长成为最终产物。

用过硫酸盐引发弱极性单体聚合，硫酸根就成为大分子的端基，只是硫酸根含量太少，乳化稳定能力有限，所得胶乳浓度很低（＜10％）。而利用不电离、弱电离或强电离的亲水性极性单体与苯乙烯、（甲基）丙烯酸酯类共聚，则可使较多的极性基团成为共聚物的侧基，乳化稳定作用较强，可以制备高固含量的胶乳。

综上所述，无皂乳液聚合不使用乳化剂，但要求单体或共聚单体具有亲水性。无皂乳液聚合的常用共聚单体见表 5-6。

表 5-6　无皂乳液聚合的常用共聚单体及分子特性

基团特性	共聚单体示例
极性、非离子型	丙烯酰胺类
弱电离型	（甲基）丙烯酸、马来酸
强电离型	（甲基）烯丙基磺酸钠、苯乙烯磺酸钠
离子与非离子复合型	羧酸-聚乙二醇醚复合物，$HO_2CCH=\!\!=CHCO_2(CH_2CH_2O)_nR$
可聚合的表面活性剂	2-丙烯酰胺基-2-甲基丙烷磺酸钠（AMPSNa） 甲基丙烯酸酯聚乙二醇醚，$CH_2=\!\!=C(Me)CO_2(CH_2CH_2O)_nR$

实现无皂乳液聚合的方法主要有下述三种。

① 使用水溶性共聚单体，如丙烯酸、甲基丙烯酸、马来酸、丙烯酰胺、甲基丙烯酰胺、苯乙烯磺酸钠等，使乳胶粒的外表面形成水化层，从而起到类似乳化剂的稳定作用。

② 使用具有反应活性的乳化剂，如 2-丙烯酰胺基-2-甲基丙烷磺酸钠等，其参与共聚反应，生成具有表面活性的低聚物自由基、乳胶粒，直至最终聚合物。

③ 在聚合过程中，引入可离子化的引发剂，利用引发剂裂解碎片，使聚合物粒子表面带有一定的电荷。例如，苯乙烯与 MMA 以过硫酸钾为引发剂可进行无皂乳液聚合，其中，引发剂浓度与极性单体的组成分率对乳液的稳定性具有极大的影响。

（4）微乳液聚合

微乳液聚合（microemulsion polymerization）是以制备聚合物微乳液为目的的聚合方法，即微乳液聚合与聚合物微乳液的制备密切相关。微乳液是由水、表面活性剂和助表面活性剂形成的外观透明、热力学稳定的油水分散体系，分散相的珠滴直径为 10～100nm。助表面活性剂为极性有机物，一般采用戊醇等。在微乳液体系中，微珠滴是靠乳化剂与助乳化剂形成的一层复合薄膜和界面层来维持其稳定性。

在微乳液的制备和微乳液聚合时，乳化剂的选择至关重要。乳化剂对不同油相和水相组成体系的乳化作用非常复杂，涉及乳化剂在两相的溶解度及分配系数、化学亲合力、乳化剂浓度及温度和添加剂等。使用水溶性乳化剂，形成 O/W 型的正相微乳液；当乳化剂更容易溶解于油相时，倾向于形成 W/O 型的反相微乳液；采用油溶性和水溶性均较好的两种乳化剂的混合物，能形成更稳定的微乳液；若油相的极性很大，宜选择较亲水的乳化剂；若油相的非极性明显，宜选择较亲油的乳化剂。

微乳液聚合的单体浓度很低，一般小于 10％；而乳化剂用量很高，通常高于单体用量；同时加入大量助乳化剂。单体主要以微珠滴形式分散于水中，并且少量存在于界面层。大部分助乳化剂位于界面层，同时有一部分溶于单体珠滴及水相中。在 O/W 型微乳液聚合过程中，单体浓度稍稍增加几个百分点，就可能出现粗分离或聚合物颗粒的聚并现象。

常规乳液聚合以胶束成核为主，均相成核为辅；微乳液体系没有大的单体珠滴，微水溶性单体都被增溶于胶束中，形成微乳液滴，油溶性引发剂存在于微滴内，水溶性引发剂通过扩散由水相进入微滴引发聚合，微乳液聚合最主要的成核位置是在微乳液滴中。

传统乳液聚合双基终止，而微乳液聚合主要是向单体链转移。微乳液聚合体系内单体微珠滴或混合胶束的表面积始终远大于聚合物乳胶粒的表面积，乳胶粒捕捉到水相中自由基的概率很小，因此主要发生链转移反应。链转移产生的单体自由基极易向水相解吸。

传统乳液聚合胶乳的粒径为 $50\sim200nm$，乳液不透明，呈乳白色，属于热力学不稳定体系；而微乳液聚合胶乳的粒径很小，仅为 $10\sim100nm$，呈透明状，属于热力学稳定体系。聚合微乳液的表面张力小，透明、润湿、流平等性能超好，可用于制备透明涂膜，用于金属表面的高光泽涂装等。

（5）细乳液聚合

细乳液聚合（miniemulsion polymerization）与普通乳液聚合的区别是在体系中引进助乳化剂，并采用了微乳化工艺，使原来较大的单体液滴分散成更小的单体亚微液滴。以胶束形式存在的乳化剂转移到单体亚微液滴表面，胶束数量减少，因此单体亚微液滴就成为引发成核的主要位置。细乳液聚合是液滴成核，并非胶束成核。

细乳液的制备比较繁琐，包括以下三个步骤：先将乳化剂和助乳化剂溶于单体或水中；随后将油相单体加入上述水溶液，并通过机械搅拌使之混合均匀；最后通过高强度均化器将单体分散成大小介于 $50\sim500nm$ 之间的微小单体液滴。

细乳液聚合分为细乳化和聚合两个阶段。将预先制备的细乳液转移进反应器中聚合，可在磁力搅拌或低剪切机械搅拌下进行聚合。

细乳液聚合不同于微乳液聚合，细乳液是热力学不稳定体系，微乳液是热力学稳定体系；细乳液选用 $C_{12}\sim C_{14}$ 的脂肪醇或烷烃作为助稳定剂，微乳液采用戊醇或己醇作为助乳化剂。细乳液是热力学亚稳体系，不能自发形成，必须依靠高剪切力，由乳化剂和助乳化剂共同作用来克服油相内聚能和形成液滴的表面能，使微小液滴分散在水相中才能形成。

（6）反相乳液聚合

以单体水溶液作为分散相、有机溶剂作为连续相，在乳化剂作用下形成油包水（W/O）型乳液而进行的乳液聚合，称为反相乳液聚合（inverse emulsion polymerization）。

反相乳液聚合中分散介质的性质对反相乳液聚合有着非常显著的影响。一般采用的溶剂有三类：第一类是非溶剂化作用的溶剂，如乙二醇等，在这类溶剂中可以形成与水溶液相同的正相胶束；第二类是形成反相胶束的溶剂，如烷烃、芳烃、环烷烃等；第三类是不形成胶束的溶剂，如甲醇、乙醇和二甲基甲酰胺等。

反相乳液聚合常用的单体有丙烯酰胺、丙烯酸、甲基丙烯酸、苯乙烯磺酸钠、N-乙烯基吡啶、甲基丙烯酸乙酯基三甲基氯化铵等。通常单体以水溶液的形式进行聚合，浓度一般在 $10\%\sim50\%$ 之间。

反相乳液聚合使用油溶性乳化剂（HLB＝3～6），如失水山梨醇脂肪酸酯（Span 60 和 Span 80）或 Span 与其聚氧乙烯基醚基衍生物（Tween 80）的混合物，通常 Tween 用作助乳化剂。虽然 Tween 的用量较少，但能有效提高乳化效果。在反相乳液体系中，乳化剂形成水性液滴的保护层，也可以形成反相增溶胶束。

反相乳液聚合一般使用油溶性引发剂，如偶氮二异丁腈和过氧化二苯甲酰。反相乳液聚合包括乳胶粒形成、乳胶粒增长和聚合后期三个阶段。成核机理以液滴成核为主，最终聚合物粒子很小，通常为 100～200nm。

采用反相乳液聚合的目的有两个：一是利用乳液聚合反应的特点，以较高的速率生产高分子量水溶性聚合物；二是利用胶乳微粒甚小的特点，使反相胶乳生产的含水聚合物微粒迅速溶于水中制备聚合物水溶液。反相乳液聚合主要用于各种水溶液聚合物的工业生产，其中以聚丙烯酰胺的生产最重要。例如，该法生产的高分子量聚丙烯酰胺等水溶性聚合物，用作油田用固井剂、减阻剂和驱油剂，印染行业用增稠剂，污水处理用絮凝剂和造纸助剂等。

（7）分散聚合

分散聚合（dispersion polymerization）通常是指单体溶液在稳定剂存在下聚合成不溶性聚合物而分散在连续相中。分散聚合体系通常由单体、引发剂、稳定剂和分散介质四种基本成分组成。有时为特殊需要，还要加入交联剂、共聚单体、表面活性剂和无机盐等组分。

分散聚合是一种特殊类型的沉淀聚合。在聚合反应之前，单体、引发剂和稳定剂都溶于有机介质或水中，为均相体系，但随着聚合反应的进行，体系又逐渐转化为非均相。分散聚合过程大体上可分为如下几个阶段：①聚合初期，引发剂引发单体均相聚合；②成核期，当链自由基的长度达到某一临界值，就独自或相互聚结成核，并从介质中沉析而出；③颗粒形成期，聚合物核相互聚结而形成聚合物粒子，并吸附稳定剂形成稳定颗粒；④颗粒生长期，聚合物粒子继续吸收介质中的单体与游离自由基，捕获游离的核，并在颗粒内部聚合而使其粒径逐渐增大，直至反应结束。

在分散聚合过程中，从成核聚集到聚合物粒子形成，是反应体系由均相到非均相的转变时期。此阶段虽然持续时间很短，但却决定了整个体系中所形成聚合物的颗粒数目。而这一数目在随后的反应中基本保持不变，最终获得粒度均匀的聚合物产品。聚合物颗粒大小介于悬浮聚合（50～2000μm）与乳液聚合（0.05～0.2μm）之间，颗粒大小大致为 0.5～10μm。由于使用稳定剂或保护剂，分散聚合的溶液稳定性好，不会产生块状沉淀物，性质有点像聚合物胶乳。聚合物颗粒借助于高浓度分散剂和机械搅拌而得以分散，聚合物分散体系可直接用作黏合剂和涂料等。

在较多聚乙烯醇（5%）存在下，用水溶性引发剂进行醋酸乙烯酯的聚合是典型的分散聚合；如果改用 0.2%聚乙烯醇和过氧化二苯甲酰作引发剂，则是典型的悬浮聚合。不同于悬浮聚合，醋酸乙烯酯分散聚合浆液的颗粒比较细，可沉积成连续薄膜，能用作胶黏剂、水性漆和涂料等。

使用 AIBN 等油溶性引发剂和聚乙烯基吡咯烷酮、聚环氧乙烷或改性纤维素等分散剂，可在醇、醇醚或醇水溶液中进行苯乙烯的分散聚合，制备 PS 微球。类似地，用 AIBN 等油溶性引发剂和聚乙烯基吡咯烷酮分散剂，可在甲醇/水混合液中进行甲基丙烯酸甲酯与少量苯乙烯磺酸钠的分散聚合，制备 PMMA 微球。

本章纲要

1. 聚合方法　自由基聚合实施方法包括本体聚合、溶液聚合、悬浮聚合和乳液聚合 4 种传统方法，缩聚习惯上采用熔融聚合、溶液聚合、界面聚合和固相聚合等方法，离子聚合和配位聚合则有溶液聚合、淤浆聚合、气相聚合等。聚合体系初始配方的相态和过程中的相态变化都对聚合反应有影响。

2. 本体聚合　烯类单体聚合到一定转化率，体系黏度突增，链自由基双基终止反应受扩散控制，产生凝胶效应（自动加速现象）。往往采用多段聚合措施来解决传热问题，如釜-塔串联聚合、环管连续聚合等。苯乙烯、甲基丙烯酸甲酯、氯乙烯、乙烯和丙烯等单体的连续或间歇本体聚合各有特点。

3. 溶液聚合　溶液聚合速率低，有利于传质和传热，可消除凝胶效应，但聚合产品的溶剂脱除耗能、耗时，增加生产成本。因此，自由基溶液聚合往往应用在无需脱除溶剂的特殊场合，如直接配制纺丝液、涂料和黏合剂等。

4. 悬浮聚合　悬浮聚合体系由油溶性单体、油溶性引发剂、去离子水和分散剂组成，用来制备 $0.05\sim2\mu m$ 的粉料或粒料。分散剂和搅拌是控制粒径的关键因素。分散剂有无机粉末和有机高分子两类。苯乙烯和氯乙烯的悬浮聚合各有特点，分别称珠状悬浮聚合和粉状悬浮聚合。

微悬浮聚合是分散成微米级液滴的悬浮聚合，可制备粒径更小的粉料。离子型表面活性剂和难溶助剂（如十六醇）配制复合分散剂是微悬浮聚合成功的关键技术。

5. 乳液聚合　传统乳液聚合配方由非水溶性单体、水溶性引发剂、水溶性乳化剂和去离子水四组分构成，形成增溶胶束、单体液滴、水三相。水相中形成的初始自由基和短链自由基进入胶束，引发其中的单体聚合，链增长和链终止都在胶束和胶粒的隔离环境下进行，最后发育成胶粒，即所谓胶束成核机理。胶粒内平均自由基数为 0.5，自由基寿命很长，可在短时间内以较高的速率合成高聚合度的聚合物。

乳液聚合过程可以分成增速期、恒速期、降速期三个阶段。聚合速率、聚合度与胶粒数目成正比。而胶粒数目与乳化剂用量、总表面积有关。不同于本体聚合与溶液聚合，乳液聚合可同时提高聚合速率和分子量。

几种非均相聚合物的粒径比较如下：悬浮 $50\sim2000\mu m$，微悬浮 $0.2\sim2\mu m$，乳液 $0.05\sim0.2\mu m$，微乳液 $0.01\sim0.1\mu m$。

6. 与乳液聚合相关的聚合方法　乳液聚合有较大发展，如种子乳液聚合、核壳乳液聚合、无皂乳液聚合、微乳液聚合、细乳液聚合、反相乳液聚合、分散聚合等。用来制备 $0.01\sim2\mu m$ 的粉料或粒料。

习题

参考答案

1. 比较本体聚合、溶液聚合、悬浮聚合和乳液聚合的配方、基本组成与优缺点。

2. 本体聚合制备有机玻璃和通用级聚苯乙烯都采用两段法，试比较二者的过程特征，说明如何解决传热问题，保证产品的品质。

3. 苯乙烯和氯乙烯悬浮聚合的过程特征、分散剂选用、聚合物颗粒特征有何不同？

4. 简述传统乳液聚合中单体、乳化剂和引发剂的所在场所，链引发、链增长和链终止的场所和特征，胶束、胶粒、单体液滴和聚合速率的变化规律。

5. 简述胶束成核、均相成核和液滴成核的机理与区别。

6. 简述种子乳液聚合与核壳乳液聚合的区别与关系。

7. 什么是无皂乳液聚合？举例说明实现无皂乳液聚合有几种方法。

8. 比较悬浮聚合、微悬浮聚合、乳液聚合、微乳液聚合的分散剂和聚合产物粒径。

9. 比较传统乳液聚合与反相乳液聚合的单体、引发剂、分散剂与分散相。

10. 说明分散聚合和沉淀聚合的关系，举例说明分散聚合配方中的溶剂和稳定剂及其稳定机理。

11. 通常提高自由基聚合速率的因素会使分子量降低，为什么乳液聚合可同时提高聚合速率和聚合物分子量？

12. 有机玻璃通常采用间歇本体聚合方法来制备。即在 $90\sim95℃$ 下预聚合至转化率达 $10\%\sim20\%$，然后将聚合液灌入无机玻璃平板模，在 $40\sim50℃$ 下聚合至转化率 90%，最后在 $100\sim120℃$ 下进行高温后处理，使单体完全转化。结合其聚合动力学和实际生产要求说明采用该工艺的原因。

13. 用氧化-还原体系引发 20%（质量分数）丙烯酰胺水溶液绝热聚合，起始温度为 $30℃$，聚合热为 $-74kJ/mol$，假定反应器和内容物的热容为 $4J/(g\cdot K)$，反应体系最终温度是多少？最高浓度为多少才无失控危险？

14. 已知 $60℃$ 时，苯乙烯聚合的速率常数 k_p 为 $176L/(mol\cdot s)$，单体浓度为 $5.0mol/L$，胶束浓度 N 为 3.2×10^{14} 个/L，自由基形成速率 ρ 为 1.1×10^{13} 个/$(mL\cdot s)$，计算聚合速率和聚合度。

15. 比较苯乙烯在 $60℃$ 本体聚合和乳液聚合的速率和聚合度。胶粒数 N 为 1.0×10^{15} 个/L，每个胶粒中的平均自由基个数为 0.5，单体浓度为 $5.0mol/L$，自由基形成速率 ρ 为 5.0×10^{12} 个/$(mL\cdot s)$，两体系的速率常数均为 $k_p=176L/(mol\cdot s)$，$k_t=3.6\times10^7L/(mol\cdot s)$。

16. 苯乙烯的乳液聚合配方为：苯乙烯 100g，水 200g，过硫酸钾 0.3g，硬脂酸钠 5g，请作如下计算：（1）已知苯乙烯在 $20℃$ 水中的溶解度为 $0.2mg/mL$，求溶于水中的苯乙烯分子数；（2）苯乙烯的溶解和增溶量为 2g，液滴直径为 1000nm，苯乙烯密度为 $0.9g/mL$，求单体液滴数；（3）硬脂酸钠的 CMC 为 $0.13g/L$，求溶于水的钠皂分子数；（4）如果每个胶束由 100 个钠皂分子组成，求水中的胶束数量；（5）求水中过硫酸钾的分子数量；（6）$20℃$ 时过硫酸钾的分解速率常数 $k_d=9.5\times10^{-7}/s$，求初级自由基的形成速率 ρ；（7）聚苯乙烯的密度为 $1.05g/cm^3$，求单体转化率为 50%、粒径为 100nm 的胶粒数量。

17. 在 $50℃$ 下制备聚丙烯酸酯胶乳，单体 100 份，去离子水 133 份，十二烷基硫酸钠 3 份，pH 值调节剂焦磷酸钠 0.7 份，聚合 8 小时单体转化率可达 100%。下列各组分变动时，第二阶段的聚合速率有何变化？（1）用 6 份十二烷基硫酸钠；（2）用 2 份过硫酸钾；（3）用 6 份十二烷基硫酸钠和 2 份过硫酸钾；（4）添加 0.1 份十二硫醇。

18. 苯乙烯乳液聚合的配方为：苯乙烯/去离子水/过硫酸钾/十二烷基硫酸钠＝100/180/0.85/3.5。已知苯乙烯的密度为 $0.9g/mL$，每一个表面活性剂分子的表面积为 $50\times10^{-6}cm^2$，第二阶段聚苯乙烯粒子的体积增长速率为 $5\times10^{-20}cm^3/s$，乳胶粒中苯乙烯浓度为 $5mol/L$，苯乙烯的聚合速率常数 $k_p=2000L/(mol\cdot s)$，过硫酸钾的分解聚合速率常数 $k_d=6\times10^{-6}/s$，计算 $60℃$ 时的苯乙烯乳液聚合速率 $[mol/(L\cdot s)]$。

19. 简述工业上合成下列聚合物的聚合机理及聚合实施方法。（1）聚苯乙烯、聚氯乙烯、聚甲基丙烯酸甲酯、聚醋酸乙烯酯、聚丙烯腈；（2）低密度聚乙烯、乙烯/醋酸乙烯酯共聚物、丙烯腈/丙烯酸甲酯共聚物；（3）丁苯橡胶、丁腈橡胶、氯丁橡胶、ABS 树脂；（4）粉状聚丙烯酰胺、聚氯乙烯糊树脂。

第 6 章

阴离子聚合

6.1 阴离子聚合概述

离子聚合（ionic polymerization）是由离子活性种引发的聚合反应。根据离子电荷性质的不同，又可分为阴（负）离子聚合（anionic polymerization）和阳（正）离子聚合（cationic polymerization）。类似于自由基聚合，离子聚合也是连锁聚合，即存在链引发、链增长、链终止和链转移四个基元反应。自 19 世纪人们开始研究离子聚合，由于反应条件和聚合物结构不容易控制，直到 20 世纪 50 年代才取得重大突破，首次实现了活性阴离子聚合。在活性阴离子聚合体系中，只有链引发和链增长两个基元反应，不存在链终止和链转移反应，而且链引发明显快于链增长。利用活性阴离子聚合，可以合成窄分子量分布的聚合物和结构明确的（well-defined）嵌段共聚物，如凝胶渗透色谱（GPC）用聚苯乙烯标样、热塑性弹性体材料苯乙烯-丁二烯-苯乙烯三嵌段共聚物等。

阴离子聚合主要包括碳阴离子聚合、氧阴离子聚合和硫阴离子聚合。碳阴离子聚合主要是碳阴离子引发的缺电子或共轭型烯类单体聚合；氧阴离子聚合主要是醇盐或 Lewis 碱引发的环氧乙烷等氧化烯烃单体聚合；硫阴离子聚合主要是环硫单体聚合。在阴离子聚合中，碳阴离子聚合最重要，因而本章将其作为主要内容；氧阴离子聚合放在开环聚合的章节中讨论。

碳阴离子聚合、氧阴离子聚合和硫阴离子聚合可用下式表示。

$$R^{\ominus} + H_2C=\underset{X}{\overset{|}{C}}H \longrightarrow RCH_2\underset{X}{\overset{|}{C}}H^{\ominus} \xrightarrow{nM} \text{\textasciitilde} CH_2\underset{X}{\overset{|}{C}}H^{\ominus} \xrightarrow{H^+} \text{\textasciitilde} CH_2\underset{X}{\overset{|}{C}}H_2$$

$$RO^{\ominus} + \overset{O}{\triangle} \longrightarrow ROCH_2CH_2O^{\ominus} \xrightarrow{nM} \text{\textasciitilde} CH_2CH_2O^{\ominus} \xrightarrow{H^+} \text{\textasciitilde} CH_2CH_2OH$$

$$RO^{\ominus} + \underset{R'}{\overset{S}{\triangle}} \longrightarrow ROCH_2\underset{R'}{\overset{|}{C}}HS^{\ominus} \xrightarrow{nM} \text{\textasciitilde} CH_2\underset{R'}{\overset{|}{C}}HS^{\ominus} \xrightarrow{H^+} \text{\textasciitilde} CH_2\underset{R'}{\overset{|}{C}}HSH$$

这里负电荷用"$\ominus$"表示，强调碳负离子的离域特征，有别于传统无机阴离子"—"，氢氧根、氨根和烷氧负离子等碱基阴离子类似于无机阴离子，仍然用"—"表示负电荷；X 是氰基或羰基等强吸电子取代基或苯环等能与烯键形成 π-π 共轭的基团。

6.2 碳阴离子的形成、结构与反应性

含有一对未共用电子的碳活性中间体称为碳阴离子。碳原子的电负性（2.6）明显小于氧原子（3.5）和氯原子（3.0），所以碳阴离子的稳定性明显低于氧阴离子和卤负离子。虽然稳定性较差，但人们发现，有多种形成碳阴离子的方法。

（1）活泼金属有机化合物的电离形成碳阴离子

活泼卤代烃可与碱金属或碱土金属反应，生成金属有机化合物（metallo-organic compound）。在四氢呋喃（tetrahydrofuran，THF）等醚类溶剂中，这些金属有机化合物的金属-碳键（M—C）可发生解离，形成碳阴离子。

$$RX + 2M \xrightarrow{-MX} RM \longrightarrow R^{\ominus} + M^+ \qquad M = Li，Na，K，Rb，Cs$$

$$2RX + 2M \xrightarrow{-MX_2} R_2M \longrightarrow R^{\ominus} + RM^+ \qquad M = Mg，Ca，Sr，Ba$$

（2）活泼烃与活泼金属之间的氧化还原反应生成碳阴离子

环戊二烯和端炔等活性烃可与碱金属发生氧化还原反应，生成相应的碳阴离子，同时放出氢气。

$$\text{（环戊二烯）} + M \longrightarrow \text{（环戊二烯基负离子）} + M^+ + \frac{1}{2}H_2$$

$$M = Li, Na, K, Rb, Cs$$

$$R \!=\!\!=\!\! + M \longrightarrow R \!=\!\!=\!\!^{\ominus} + M^+ + \frac{1}{2}H_2$$

（3）缺电子烯烃与亲核负离子的加成反应生成碳阴离子

丙烯腈和硝基乙烯等高度缺电子，β-碳容易受到氨基负离子和烷氧负离子等强亲核试剂的进攻，生成比较稳定的碳阴离子。

$$\diagup\!\!\diagdown NO_2 + {}^-NH_2 \longrightarrow H_2N\diagup\!\!\diagdown\!\!{}^{\ominus}NO_2$$

$$\diagup\!\!\diagdown CN + RO^- \longrightarrow RO\diagup\!\!\diagdown\!\!{}^{\ominus}CN$$

（4）共轭烯烃与碱金属的氧化还原反应生成自由基碳阴离子

在 THF 溶液中，碱金属可与苯乙烯等共轭单体发生电子转移反应，生成 α-碳带有未共用电子对、β-碳带有单电子的自由基-阴离子（radical anion），随后发生偶联反应生成双阴离子物种。

高分子化学

（5）"碳氢酸（carbon acid）"的电离形成碳阴离子

苯乙腈和丙二腈等化合物含有很活泼的C—H，这种C—H具有弱酸性，在二甲基亚砜等非水溶液中可发生电离，生成碳阴离子和质子。由于电离平衡常数很小、质子很难移出，体系中的碳阴离子浓度较低。

$$R—H \rightleftharpoons R^\ominus + H^+ \qquad\qquad K_a = \frac{[R^\ominus][H^+]}{[R—H]} = 10^{-16} \sim 10^{-25}$$

碳阴离子有两种构型，一种是sp^3杂化的三角锥，另一种是sp^2杂化的平面三角形。sp^3杂化型碳阴离子的成键电子和非键电子处于四面体的四个顶点，能量较低；sp^2杂化型碳阴离子的成键电子位于平面三角形的三个顶点，未成键电子填充在p_z轨道、位于平面三角形的上下方，未成键电子与成键电子之间存在一定的静电排斥力，结构稳定性较差。因此，一般碳阴离子为三角锥形，未共用电子对占据三角锥的顶点。

与叔胺和叔膦相似，三角锥形阴离子能通过中心碳原子的重新杂化，先由sp^3杂化转变为sp^2杂化，再转变为sp^3杂化，发生构型翻转。当与中心碳原子相连的三个基团均为不饱和取代基时，则因强共轭效应的稳定化作用，碳阴离子可变成平面形结构，如三苯甲基阴离子。

由于中心碳原子含有未共用电子对，因此任何使碳阴离子电子云密度降低的结构均会使碳阴离子的稳定性增加。从诱导效应看，吸电子基团可稳定碳阴离子。类似地，随着共轭效应的增强，碳阴离子的稳定性也随之提高。常见碳阴离子的稳定顺序如下：

$$^\ominus CH_3 \ll {}^\ominus CH_2COR \approx {}^\ominus CH_2CO_2R \approx {}^\ominus CH_2SO_2R < {}^\ominus CH_2CN < {}^\ominus CH_2NO_2$$

$$^\ominus C(CH_3)_3 < {}^\ominus CH(CH_3)_2 < {}^\ominus CH_2CH_3 < {}^\ominus CH_3 < {}^\ominus CH_2CH{=\!=}CH_2 < {}^\ominus CH_2Ph$$

反离子或称抗衡离子（counter ion）、溶剂极性和供电子能力等因素也对碳阴离子的结构稳定性和反应活性产生重要影响。例如，碳阴离子在极性THF中的稳定性明显好于其在弱极性甲苯中的稳定性。与此相反，碳阴离子在甲苯中的反应活性则高于在THF中的反应活性。

碳阴离子是富电子活性物种，具有很强的亲核性。与伯卤代烃或磺酸酯的双分子亲核取代反应（S_N2）、与叔卤代烃的双分子消去反应（E2）、与缺电子或共轭型烯类单体的加成反应是碳阴离子最重要的三类化学反应，其中后者是碳阴离子聚合的化学基础。

6.3 阴离子聚合的烯类单体

绝大部分烯类单体都能自由基聚合，但离子聚合对单体却有较高选择性。通常带有氰基、硝基、羰基和砜基等吸电子基团的烯类单体，如丙烯腈、硝基乙烯、苯基乙烯基砜和 MMA 等易于阴离子聚合；苯乙烯、α-甲基苯乙烯、丁二烯和异戊二烯等共轭单体也能阴离子聚合。根据聚合反应活性从低到高，阴离子聚合单体大体上可分为以下四类。

（1）非极性共轭单体

苯乙烯是典型的共轭单体。作为吸电子基团（electron withdrawing group）的苯环，容纳电子的能力比较强，导致苯乙烯的烯键具有缺电子特征，容易受到碳阴离子的进攻，生成新的苄基阴离子（benzyl anion）。苄基阴离子存在较强的共轭效应，即负电荷分散在 α-碳和整个苯环之上，稳定性较好。因此，苯乙烯和萘乙烯等能阴离子聚合。类似地，α-甲基苯乙烯也能阴离子聚合，但由于甲基是供电子基团（electron donating group），而且提高了空间位阻（steric hindrance），导致聚合活性明显低于苯乙烯。

在苯乙烯的苯环上引入卤素等吸电子基团，可提高苯环的吸电子能力，使阴离子聚合活性升高；与此相反，苯环上的烷基和烷氧基等供电子基团会降低苯乙烯的阴离子聚合活性。

一类特殊的共轭单体是 2-或 4-乙烯基吡啶，广泛应用于功能高分子、表面活性剂、抗静电剂、感光树脂等材料的合成。吡啶环的吸电子能力远高于苯环，使得乙烯基吡啶的烯键电子云密度远低于苯乙烯的烯键电子云密度。由于吡啶环的吸电子能力很强，乙烯基吡啶阴离子的稳定性明显好于苯乙烯阴离子，但仍具有较高反应活性，可进攻另一个乙烯基吡啶分子，所以乙烯基吡啶更容易阴离子聚合。

阴离子聚合活性（从左向右活性升高）

1,3-丁二烯也是典型的共轭单体。每个烯键的电子云密度都低于乙烯，导致 1,3-丁二烯具有亲核加成反应活性。1,3-丁二烯与碳阴离子的反应产物是烯丙基阴离子（allyl anion），具有共轭结构，负电荷分布在三个碳原子上，稳定性稍低于苄基碳阴离子，但空间位阻较小。因此，1,3-丁二烯和异戊二烯可阴离子聚合，前者的反应活性稍高于苯乙烯。

茚和环戊二烯可分别看成是环状的苯乙烯衍生物和环状的丁二烯衍生物，很容易受到碳阴离子的进攻，生成离域的碳阴离子。然而，这两个化合物的离域 π 电子数分别为 10 和 6，根据 Hückel 规则，它们具有芳香性，反应活性很低，难以进攻单体分子，所以茚和环戊二烯不能与碳阴离子聚合。

常见非极性共轭单体主要包括苯乙烯、α-甲基苯乙烯、1,3-丁二烯和异戊二烯，由于缺乏强吸电子取代基的活化作用，它们是低活性的阴离子聚合单体，超高活性的烷基锂和碱金属等才能顺利引发其阴离子聚合。

高分子化学

（2）极性共轭单体

丙烯酸酯和甲基丙烯酸酯是典型的 α,β-不饱和羰基化合物，烯键和羰基之间存在着强共轭效应。受羰基的吸电子共轭效应和诱导效应的影响，β-碳带部分正电荷，容易受到阴离子进攻，生成新的碳阴离子。这种阴离子类似于烯丙基碳阴离子，电荷分散在三个原子上，致使阴离子稳定性升高，反应活性有所降低。这种阴离子也称为酯烯醇阴离子（ester enol anion），酯烯醇阴离子的活性明显低于苄基阴离子和烯丙基阴离子，虽然很难与苯乙烯和丁二烯等非极性共轭单体反应，但可进攻丙烯酸酯类单体，形成链增长阴离子。

（甲基）丙烯酸和（甲基）丙烯酰胺也是 α,β-不饱和羰基化合物，似乎也应该具有阴离子聚合活性，但这两类单体均含有活泼氢，活泼氢与阴离子会发生快速中和反应，淬灭活性种，导致它们不能进行阴离子聚合。

以上极性烯类单体均具有很强的吸电子共轭效应和吸电子诱导效应。氯乙烯和偏二氯乙烯等卤代烯烃也具有很强的极性，即 π 电子分布不均匀，但并不能顺利进行阴离子聚合。主要原因是，卤原子的供电子 p-π 共轭效应和吸电子诱导效应方向正好相反，前者削弱了双键电子云密度降低的程度，不利于阴离子进攻，即使生成碳阴离子，其稳定性也比较差。

（3）高活性极性共轭单体

酯基由羰基和烷氧基构成，烷氧基具有供电子 p-π 超共轭效应和吸电子诱导作用，前者明显强于后者。烷基与羰基之间只能形成供电子能力很弱的 σ-π 超共轭效应，因此烷基乙烯基酮比丙烯酸酯更容易受到阴离子进攻，使得其阴离子聚合活性明显高于丙烯酸酯。然而，烷基乙烯基酮的毒性较大，通常不用作聚合单体。

乙烯砜、乙烯亚砜和乙烯膦酸酯是 α,β-不饱和类羰基（carbonyl-like）化合物。这些化合物中的乙烯基能与类羰基（S＝O 或 P＝O）形成强吸电子的共轭效应，这样就与烷基乙烯基酮或丙烯酸酯类似，β-碳容易受到阴离子的进攻，生成电荷分散的碳阴离子，这种碳阴

离子可进攻同源的 α,β-不饱和类羰基化合物。因此，乙烯砜、乙烯亚砜和乙烯膦酸酯也是高活性阴离子聚合单体，可用于合成功能高分子材料。

$$B^{\ominus} + \diagup CN \longrightarrow \left[B \diagdown \underset{\ominus}{CN} \longleftrightarrow B \diagdown C = N^{\ominus} \right]$$

氰基的吸电子能力与羰基相似，所以丙烯腈和甲基丙烯腈的 β-碳也容易受到阴离子的进攻，生成比较稳定的碳阴离子，这种碳阴离子也能进攻同源单体丙烯腈或甲基丙烯腈的 β-碳。因此，丙烯腈和甲基丙烯腈也是常见的高活性阴离子聚合单体，可用普通阴离子引发聚合。

（4）超高活性的极性共轭单体

在丙烯酸酯或丙烯腈等极性共轭单体的 α-碳上再次引入吸电子基团，可进一步降低 β-碳的电子云密度，提高单体的阴离子聚合活性。这类单体包括氰基丙烯腈（偏二氰基乙烯）、α-氰基丙烯酸酯和甲叉丙二酸酯等。另外，硝基的吸电子能力远高于羰基和氰基，所以硝基乙烯也是超高活性的极性共轭单体。

上述单体的阴离子聚合活性极高，以至于电中性的 Lewis 碱，如叔胺和叔膦，甚至烷基醚和水都能引发其聚合。然而，这种聚合反应的可控性很差，链转移副反应非常严重，很难得到高分子量、较窄分子量分布的有用聚合物。

日常生活中使用的万能胶（快干胶/502胶）就是氰基丙烯酸酯，它遇到水汽后立即发生阴离子聚合，几秒钟即可完成固化反应。氰基丙烯酸酯也是一种重要的医用黏合剂，在外科领域的应用比较广泛，粘接对象大多数是软组织，可用于替代缝合、止血、吻合血管、固定补修物等。

6.4 引发剂与链引发反应

阴离子聚合的引发反应是产生单体同源阴离子的过程。依据引发机理，阴离子引发反应可分为碱金属与单体的电子转移引发、阴离子与单体的亲核加成引发、中性 Lewis 碱与单体的亲核加成引发，聚合活性种多为阴阳离子对。

6.4.1 电子转移引发

（1）碱金属直接引发

锂、钠、钾等碱金属原子的外层轨道只有一个价电子，很容易转移给其他物种，是高还原性的活泼金属。含有活泼 C—H 键的烃类化合物，如端炔烃、环戊二烯和茚等，可与碱金属发生电子转移反应（或称氧化还原反应），生成碱金属盐和氢气。与这些活泼烃类化合物略有不同，容易极化的苯乙烯、丁二烯和异戊二烯等共轭单体可从碱金属原子上夺取电子，形成自由基-阴离子活性物种。自由基-阴离子活性种很不稳定，一经形成就立即发生两分子自由基的偶联反应生成双阴离子活性种，然后两端开始引发聚合，形成双活性种分子链。

$$2\,\dot{M} + 2H_2C = \underset{X}{\overset{}{C}}H \xrightarrow{-2M^+} 2\,H_2\dot{C} - \underset{X}{\overset{\ominus}{C}}H \longrightarrow \underset{X}{\overset{\ominus}{C}}H - CH_2CH_2 - \underset{X}{\overset{\ominus}{C}}H \qquad M= Li,\ Na,\ K,\ Rb,\ Cs$$
$$X= -Ph,\ -CH=CH_2$$

20 世纪初，人们用钠砂甲苯分散液在低温下引发丁二烯的阴离子聚合，随后拓展至其他碱金属。聚合反应在金属颗粒表面进行，引发剂效率较低，生成低顺式的聚丁二烯。俄罗斯在苏联时期曾用此法生产丁钠橡胶。丁钠橡胶不仅顺式含量低，而且还含有大量 1,2-聚合结构单元，橡胶材料的性能较差，故该技术已退出实际应用。

（2）碱金属-多环芳烃间接引发

金属钠和萘可溶于 THF，钠将外层电子转移给萘，萘被还原为自由基-阴离子。THF 具有很强的供电子能力，可与初生态的钠离子配位，生成可溶性的配位钠离子，萘自由基-阴离子与 THF 配位的钠阳离子形成疏松离子对，溶液呈墨绿色。

向体系引入苯乙烯，墨绿色的萘自由基-阴离子将电子转移给苯乙烯，形成苯乙烯自由基-阴离子。两分子自由基-阴离子偶合形成二聚苯乙烯双阴离子，溶液由墨绿色转变为红色，而后双向引发苯乙烯聚合。最终结果与金属钠直接电子转移引发相似，只是萘成了电子转移的媒介，故称为电子间接转移引发。

引发体系中自由基-阴离子浓度取决于碱金属的活性、溶剂的溶剂化能力和芳香族化合物的还原能力等。除金属钠外，其他碱金属也可用于间接电子转移引发苯乙烯、丁二烯和异戊二烯等非极性共轭单体的阴离子聚合。

除萘之外，蒽、联苯和二苯酮等芳烃都可用作电子转移媒介。萘钠在常温 THF 中可得到 95% 的自由基-阴离子，而在常温乙醚中只能得到低于 1% 的自由基-阴离子，表明烷基醚的分子结构很重要。受环状结构的制约，THF 的氧原子裸露在外，具有很强的供电子能力，可与反离子配位，稳定阴阳离子对；乙醚氧原子的孤电子对受到乙基的屏蔽，配位能力弱，分子的溶剂化能力低，不能很好地稳定阴阳离子对。

$$K = \frac{[B^\ominus Na^+]}{[B][Na]}$$

如果用乙二醇醚替代四氢呋喃，则效果更好。例如，联苯钠体系在 0℃ 的 THF 溶液中，平衡常数 $K = [B^\ominus Na^+]/([B][Na])$ 仅为 0.06；改用乙二醇甲基乙基醚（CH_3OCH_2

$CH_2OCH_2CH_3$）后，平衡常数增大至 7.00，提高了 2 个数量级。主要原因是，乙二醇醚可与碱金属离子双配位，形成更稳定的螯合金属离子（chelated metal ion），有利于电子转移反应。

$$M^+ + xO \longrightarrow M^+ \cdot \left[O \right]_x \qquad M^+ + x \begin{array}{c} OR \\ OR \end{array} \longrightarrow \ ^+M \left[\begin{array}{c} R \\ O \\ O \\ R \end{array} \right]_x$$

金属锂可溶于液氨，溶液呈蓝色。在液氨中锂原子失去外层电子，生成氨配位的阳离子和蓝色的氨配位电子。向体系引入甲基丙烯腈，氨配位电子可转移至单体，形成自由基-阴离子，随后发生自由基偶联反应生成双阴离子，引发双向链增长的阴离子聚合。

$$Li + (x+y)NH_3 \longrightarrow Li^+(NH_3)_x + \dot{e}(NH_3)_y \xrightarrow{M} \ ^{\ominus}\!\!\!\!\cdot\!\!\!\!\wedge\!\!\!\!\wedge CN + Li^+(NH_3)_x + yNH_3$$

$$2 \ ^{\ominus}\!\!\!\!\cdot\!\!\!\!\wedge CN \longrightarrow \ ^{CN}\!\!\wedge\!\!\!\!\wedge\!\!\!\!\wedge^{\ominus}_{CN} \xrightarrow{nM} \ ^{\ominus}\!\!\!\!\wedge^{CN}\!\!\!\!\wedge\!\!\!\!\wedge^{CN}\!\!\!\!\wedge^{\ominus}$$

在液氨锂引发体系中，液氨既是溶剂也是电子转移媒介。该体系的反应条件苛刻，实验操作繁琐，单体仅限于甲基丙烯腈，故实际应用很少。

6.4.2　阴离子引发

苯乙烯、甲基丙烯酸酯和甲基丙烯腈等单体均具有亲电特性，可与亲核试剂发生加成反应。阴离子是典型的亲核试剂，其中强亲核阴离子可用于引发缺电子或共轭单体的阴离子聚合。常见亲核阴离子包括有机碱金属化合物（MR）、有机碱土金属化合物（MR_2）、格利雅试剂（Grignard reagent）、碱金属烷氧基化合物（MOR）等。碱金属氨基化合物（MNH_2）虽然不是有机金属化合物，却是典型的阴离子引发剂，而且历史悠久，故一并介绍。

（1）有机金属化合物

碱金属和碱土金属都可以形成烷基化合物，但常用作阴离子聚合引发剂的却是丁基锂，其次是格利雅试剂 RMgX。有机金属化合物能否用作引发剂，需从引发活性和溶解性两方面综合考虑。

有机金属化合物的引发活性与金属的电负性有关，金属电负性越小，金属-碳键（M—C）的极性越强，离子键成分越多，引发活性也越高。Na 和 K 的电负性最低，分别为 0.8 和 0.9，Na—C 和 K—C 带有离子性，NaR 和 KR 是最活泼的引发剂，但因其溶解性差，且容易引起链转移副反应，实际上很少使用。Li 的电负性为 1.0，Li—C 为极性共价键，离子键成分约为 40%，烷基锂 LiR 的引发活性适中，且可溶于非极性烷烃、弱极性甲苯和极性THF 等各种溶剂，是最重要的阴离子聚合引发剂。

$$RLi \Longleftrightarrow R^{\ominus}Li^+ \xrightarrow{CH_2=CH \atop X} RCH_2CH^{\ominus} \xrightarrow[k_p]{nM} \ \wedge\!\!\!\!\wedge CH_2CH^{\ominus}$$
$$\qquad\qquad\qquad\qquad\qquad\qquad X \qquad\qquad\qquad\qquad X$$

链引发能否顺利进行取决于单体阴离子和引发剂阴离子的相对碱性。例如，丁基锂既可引发 MMA 的聚合，也能引发苯乙烯的聚合；芴基锂只能引发 MMA 的聚合，却不能引发苯乙烯和丁二烯等非极性共轭单体的聚合。

为了表征碳阴离子 $A^{\ominus}$ 和引发剂阴离子 $R^{\ominus}$ 的相对活性（供电子能力或亲核性），可借用碳阴离子碱性的概念，通过求出碳阴离子共轭"碳酸"AH 的 pK_a 值来表示。

$$AH \xrightleftharpoons{K_a} A^- + H^+ \qquad K_a = [A^-][H^+]/[AH]$$

式中，K_a 是共轭碳酸 AH 的解离常数。

设 $pK_a = -\lg K_a$，K_a 越大，则 pK_a 值越小，碳阴离子共轭碳酸的酸性越强；与此相反，K_a 越小，则 pK_a 值越大，碳阴离子的碱性越强，亦即供电子能力越强，反应活性越高。因此，pK_a 值大的烷基金属化合物能引发 pK_a 值小的单体，反之则不能引发。常用阴离子引发剂的相应烷烃共轭碳酸与单体的 pK_a 值列于表 6-1 中。

表 6-1　常见烷烃和烯烃的 pK_a 值（DMSO 中测定）

试剂	pK_a 值	试剂	pK_a 值	试剂	pK_a 值
甲烷	47	三苯甲烷	31.5	丙烯酸酯	24
乙烷	48	苯	41	丙酮	20
新戊烷	48	苯乙烯	40～42	环氧化物	15
甲苯	41	丁二烯、异戊二烯	38～40	硝基烯烃	11

pK_a 值与使用的溶剂有关，但各种碳阴离子的相对活性大致不变，即溶剂对各种碳阴离子稳定性的影响相似。表 6-1 所列单体中，苯乙烯的 pK_a 值最大，也就是聚苯乙烯碳阴离子的碱性最强，活性最高，它能引发所有可阴离子聚合单体的聚合。

除共轭二烯外，表中所有单体形成的聚合物阴离子活性中心都不能引发苯乙烯聚合。若聚合体系中存在着 pK_a 值很小的化合物，如甲醇，它就成了聚合反应的阻聚剂或终止剂。因此，阴离子聚合对单体和溶剂纯度的要求很高。

烷基锂被广泛用作阴离子聚合的引发剂，一个原因是烷烃的 pK_a 值较大，另一个原因是它能很好地溶解于烃类溶剂。值得注意的是，虽然烷基锂可溶于非极性的烷烃中，但并不是以单分子状态、而是以缔合体状态存在。各种烷基锂的缔合度列于表 6-2 中。

表 6-2　常见烷基锂在非极性溶剂中的缔合状态

烷基锂	溶剂	缔合度	存在形式
正丁基锂	苯、环己烷、正己烷	6	$(n\text{-}C_4H_9Li)_6$
仲（叔）丁基锂	苯、环己烷、正己烷	4	$(s/t\text{-}C_4H_9Li)_4$
苄基锂	苯、环己烷、正己烷	2	$(C_6H_5CH_2Li)_2$

烷基锂	溶剂	缔合度	存在形式
聚苯乙烯基锂	环己烷、正己烷	2	$(PSLi)_2$
聚丁二烯基锂	环己烷、正己烷	2~4	$(PBLi)_{2\sim4}$

在非极性溶剂中，烷基锂存在着缔合（association）与解缔（disassociation）平衡。虽然平衡常数很小，单量体含量很低，但却是引发阴离子聚合的关键，即缔合体烷基锂的引发活性远低于非缔合的单量体，对聚合速率的贡献可以忽略不计。例如，用丁基锂在己烷中引发苯乙烯聚合，聚合反应级数会出现分数。

$$(RLi)_n \xrightleftharpoons{K} n\,RLi \qquad K=[RLi]^n/[(RLi)_n]$$

$$RLi + M \xrightarrow{k_i} RM^{\ominus}Li^+ \xrightarrow[k_p]{n\,M} \text{\textasciitilde\textasciitilde\textasciitilde}M^{\ominus}Li^+$$

假设烷基锂缔合体的活性为 0，则引发速率方程为 $R_i=k_i[RLi][M]$。引发剂的单量体浓度可由上述平衡常数计算得到，即 $[RLi]=K^{1/n}[(RLi)_n]^{1/n}$。将其代入引发速率方程，得 $R_i=k_i K^{1/n}[(RLi)_n]^{1/n}[M]$，即引发速率与烷基锂缔合体浓度的 $1/n$ 次方成正比。

如果在非极溶剂中添加少量 THF 或乙二醇二甲醚等，则丁基锂缔合体解缔为单量体，以单阴离子的形式引发单体聚合，并以相同的方式发生链增长。THF 或乙二醇二甲醚分子中氧的孤对电子与锂离子配位，有利于松散离子对的形成，反应活性大幅度提高。

$$(BuLi)_n + n\,O\!\!\bigcirc \longrightarrow n\,Bu^{\ominus}Li^+\text{---}O\!\!\bigcirc \qquad \boxed{X=-Ph,\ -CH=CH_2}$$

$$Bu^{\ominus}Li^+\text{---}O\!\!\bigcirc + \underset{X}{CH_2=CH} \xrightarrow{-THF} \underset{X}{C_4H_9CH_2CH^{\ominus}} \xrightarrow[k_p]{n\,M} \text{\textasciitilde\textasciitilde\textasciitilde}\underset{X}{CH_2CH^{\ominus}}$$

碱土金属的电负性比碱金属大，化合物 MR_2 的共价键成分高、离子键成分少。烷基钙（CaR_2）和烷基锶（SrR_2）都能引发苯乙烯等非极性共轭单体的阴离子聚合，但聚合反应的可控性较差，聚合物的分子量分布较宽。Mg 的电负性为 1.2~1.3，Mg—C 极性较弱，所以 MgR_2 一般不能直接引发共轭单体的阴离子聚合。受卤原子吸电子诱导效应的影响，格利雅试剂 RMgX 中的 Mg—C 极性增大，可引发 MMA 等较高活性单体的阴离子聚合，但仍不能引发苯乙烯和丁二烯等非极性共轭单体聚合。

$$\text{弱极性 } R\text{—}Mg\text{—}R \xrightarrow{\quad\times\quad}$$

$$\text{强极性 } R\text{—}Mg\text{—}X \xrightarrow{k_d} M^{\ominus}Mg^{\oplus}\text{—}X \xrightarrow[k_p]{n\,M} \text{\textasciitilde\textasciitilde\textasciitilde}M^{\ominus}Mg^{\oplus}\text{—}X$$

（2）碱金属氨基化合物

K 或 Na 能与液氨发生氧化还原反应，生成氨基化物。液氨介电常数大，溶剂化能力强，KNH_2 或 $NaNH_2$ 很容易发生电离，游离状态的氨基阴离子可快速引发苯乙烯聚合，最后向氨转移而终止。

$$2K + 2NH_3 \longrightarrow 2KNH_2 + H_2\uparrow$$

$$KNH_2 \Longrightarrow K^+ + {}^-NH_2$$

$$H_2N^- + CH_2=\underset{\underset{C_6H_5}{|}}{CH} \longrightarrow H_2N-CH_2\underset{\underset{C_6H_5}{|}}{CH}{}^{\ominus} \xrightarrow[k_p]{n\,M} \sim\!\!\!\sim CH_2\underset{\underset{C_6H_5}{|}}{CH}{}^{\ominus}$$

$$\sim\!\!\!\sim CH_2\underset{\underset{C_6H_5}{|}}{CH}{}^{\ominus} + NH_3 \xrightarrow{k_{tr}} PS + {}^-NH_2$$

该体系使用液氨，毒性较大，实验操作比较麻烦，而且链转移副反应严重，很难获得高分子量聚合物。因此，虽然聚合机理和动力学已有详细报道，但目前很少应用。

（3）碱金属烷氧化合物

碱金属醇盐，又称碱金属烷氧化合物，是一类重要的亲核试剂，其亲核性和碱性取决于烷氧基结构。伯和仲烷氧阴离子的亲核性较弱，只能引发丙烯腈和硝基乙烯等高活性单体的阴离子聚合，但不能引发丙烯酸酯类单体的聚合。

叔烷基的推电子能力强，使得叔烷氧阴离子的负电荷密度增大，亲核性增强。因此，叔醇锂能引发甲基丙烯酸酯和丙烯酸酯的阴离子聚合，但仍不能引发苯乙烯和丁二烯烃等非极性共轭单体的聚合。

$$ROM \Longrightarrow M^+ + RO^-$$

$$RO^- + H_2C=\underset{\underset{X}{|}}{CH} \longrightarrow ROCH_2\underset{\underset{X}{|}}{CH}{}^{\ominus} \xrightarrow[k_p]{n\,M} \sim\!\!\!\sim CH_2\underset{\underset{X}{|}}{CH}{}^{\ominus}$$

> R=伯或仲烷基，X= CN，NO_2
> R=叔烷基，X= CO_2Me，CN，NO_2

6.4.3 中性 Lewis 碱引发

叔胺 R_3N、叔膦 R_3P、醇 ROH、醚 R_2O 和 H_2O 等中性化合物的杂原子都含有未共用电子对，因而都是 Lewis 碱，也是弱亲核试剂。它们可引发硝基乙烯、氰基丙烯腈和 α-氰基丙烯酸酯等超高活性单体的阴离子聚合。在链引发中，生成电荷分离的两性离子物种。

$$R_3N: + CH_2=\underset{\underset{X}{|}}{CH} \xrightarrow{k_i} R_3\overset{+}{N}-CH_2\underset{\underset{X}{|}}{CH}{}^{\ominus} \xrightarrow[k_p]{n\,M} \sim\!\!\!\sim CH_2\underset{\underset{X}{|}}{CH}{}^{\ominus}$$

$$\sim\!\!\!\sim CH_2\underset{\underset{X}{|}}{CH}{}^{\ominus} + M \xrightarrow{k_{tr}} \sim\!\!\!\sim CH_2\underset{\underset{X}{|}}{CH}_2 + CH_2=\underset{\underset{X}{|}}{C}{}^{\ominus} \xrightarrow[k_p]{n\,M} \sim\!\!\!\sim CH_2\underset{\underset{X}{|}}{CH}{}^{\ominus}$$

受硝基或双氰基的强吸电子效应影响，这类单体的 α-H 非常活泼，极易失去质子生成新的碳阴离子，而新的碳阴离子又可引发单体聚合，导致严重的链转移副反应，难以获得高分子量聚合物，应用受限。

6.4.4 单体和引发剂的匹配性

引发剂和烯类单体的活性可能差别很大，两者配合得当，才能顺利发生阴离子聚合。图

6-1 中引发剂和单体各分为四组，四组引发剂的活性从上至下递减，即活性顺序为 a＞b＞c＞d；四组单体的聚合活性从上至下递增，即活性顺序为 D＞C＞B＞A。指定一组单体并不一定能被任意一组引发剂引发，每一组引发剂只能引发图中有连线的单体聚合。

a 组引发剂包括碱金属和碱土金属烷基化合物及碱金属，其活性最高，可引发全部四组单体的阴离子聚合。当引发 C、D 两组高活性和超高活性单体时，反应过于剧烈，聚合难以控制，发生严重的链转移副反应。

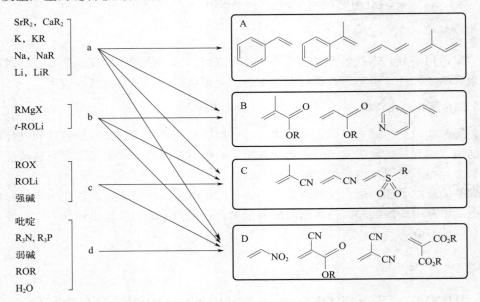

图 6-1　阴离子聚合引发剂与烯类单体的适配性

b 组引发剂只包括格利雅试剂和叔烷氧基锂，能引发 B、C、D 三组单体聚合。用格利雅试剂引发甲基丙烯酸酯聚合可制得富间规聚合物。

c 组引发剂能引发 C 和 D 两组单体聚合。

d 组引发剂是电中性的弱 Lewis 碱，活性最低，只能引发超高活性的 D 组单体聚合。在普通阴离子聚合过程中，微量水往往使阴离子聚合终止，但却可引发高活性的 α-氰基丙烯酸乙酯等单体聚合。

自由基聚合具有单体活性次序与自由基活性次序相反的规律，阴离子聚合也与此相类似，即单体活性越低，其链阴离子的活性越高；反之单体活性越高，其链阴离子的活性越低。例如，聚苯乙烯活性链是高活性物种，可引发 A～D 类单体的阴离子聚合；与此相反，聚氰基丙烯腈的活性链则不能引发 A～C 类单体的聚合。

在阴离子聚合的实际操作中，低活性非极性共轭单体的阴离子聚合，多选用高活性的丁基锂或萘钠作引发剂；活性稍高的甲基丙烯酸酯聚合，则多采用格利雅试剂和低活性的叔烷氧基锂试剂作引发剂。

6.5　链增长反应及其影响因素

阴离子聚合的链增长包括亲核活性种对一系列单体的加成反应。不论引发剂和引发机理如何，链增长始终是活性链阴离子与缺电子单体之间的亲核加成。然而，链增长反应速率通常低于链引发速率，$R_p < R_i$，即阴离子聚合具有"快引发、慢增长"的特征。

活性链阴离子的活性通常低于引发阴离子，主要有两个原因：一是前者的位阻较大，亲核加成反应变慢；二是前者具有离域性，如苄基阴离子、烯丙基阴离子或酯烯醇阴离子，其活性均随着稳定性的升高而降低。

溶剂性质对链引发和链增长也有影响。例如，在 THF 中用丁基锂引发苯乙烯聚合，引发速率远高于链增长速率，即 $R_p \ll R_i$，引发反应几乎瞬间完成；在苯或己烷等非极性溶剂中，引发速率仅仅略高于链增长速率。具体原因见下文。

不同于自由基聚合，除共轭二烯外，阴离子聚合均按"头-尾"键接方式进行，很难观察到"头-头"键接和"尾-尾"键接的错插结构单元。丁二烯的阴离子聚合，存在 1,4-和 1,2-两种插入方式，而异戊二烯的阴离子聚合更为复杂，存在 1,4-、3,4-和 1,2-三种插入方式。

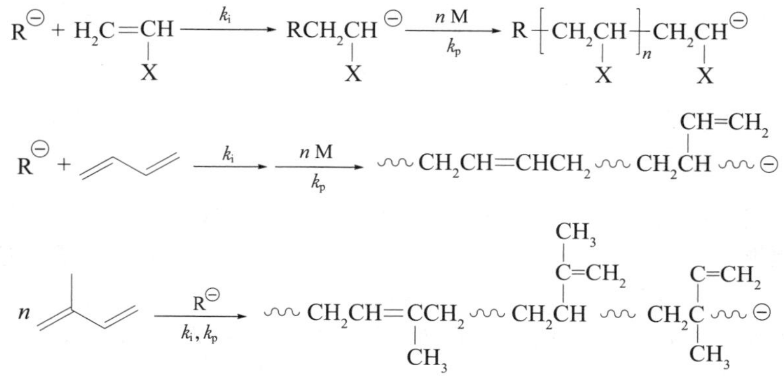

按照等活性假设，链增长速率与活性链的长度无关，而只与单体结构和溶剂极性等反应条件密切相关。在不同溶剂中，增长活性种可能处于极性共价化合物、紧密离子对、松散离子对和自由离子等不同状态，如图 6-2 所示。活性种的存在形式对聚合速率有很大的影响。

$$R\!-\!Mt \rightleftharpoons R^{\ominus}Mt^+ \rightleftharpoons R^{\ominus}\!/\!/\,Mt^+ \rightleftharpoons R^{\ominus} + Mt^+$$

共价化合物　　紧密离子对　　松散离子对　　　自由离子

// 表示溶剂分子，　 Mt^+ 表示金属反离子

图 6-2　阴离子聚合活性种的结构

溶剂性质可用溶剂的介电常数和电子给予指数定量表示。介电常数反映溶剂极性的大小，如非极性溶剂苯的介电常数为 2.2，极性溶剂 THF 的介电常数为 7.6。电子给予指数则表示溶剂的供电子能力，如乙二醇二甲醚的电子给予指数明显高于 THF。当介电常数相近时，电子给予指数大的溶剂容易使金属反离子溶剂化。介电常数和电子给予指数反映了溶剂的两种不同性质，两者之间有一定关系，但并不一定相一致。

在己烷和苯等非极性溶剂中，烷基锂以极性共价化合物的形式存在，主要是缔合体（association body），其活性很低；提高溶剂的极性和电子给予指数，烷基锂可发生电离，生成活性较低的紧密离子对（tight ion pair），此时聚合速率仍然比较慢；进一步提高溶剂的极性和电子给予指数，包括添加乙二醇二甲醚和四甲基乙二胺等高电子给予指数溶剂，受溶剂化作用或溶剂配位作用的影响，活性较低的紧密离子对可转化为高活性的松散离子对

(loose ion pair)，聚合速率迅速加快；在 THF 等醚类溶剂中，松散离子对还可能转化为自由离子（free ion），此时聚合速率最快。

溶剂性质不仅影响阴离子聚合反应速率，还影响共轭二烯聚合的立体选择性。例如，在非极性的己烷或苯中，低温下丁二烯聚合以 1,4-插入为主，生成低顺橡胶；溶剂改用 THF 后，丁二烯聚合以 1,2-插入为主，生成含有大量乙烯侧基的聚合物。

6.6 链终止反应

（1）阴离子聚合难终止

苯乙烯等烯类单体阴离子聚合的活性中心带负电荷，根据同性电荷相斥的原理，阴离子无法相互靠近，即使能靠近也不满足成键原则，无法形成稳定的化学键。因此，阴离子聚合不同于自由基聚合，无法发生偶合或歧化的双基终止反应。

$$自由基聚合 \quad P_1 \cdot + P_2 \cdot \longrightarrow P_1 - P_2 （或 P' = CR + HP_2）$$
$$阴离子聚合 \quad P_1^{\ominus} + P_2^{\ominus} \longrightarrow P_1^{\ominus} + P_2^{\ominus}$$

理论研究表明，阴离子活性中心的负电荷不完全集中在碳原子上，β-H 上也带有部分负电荷，如果碳阴离子脱掉一个负氢离子，则会形成烯键。然而，负氢离子的能量较高，不能像质子一样与水、醇、醚和烯烃等 Lewis 碱性物质结合，很难存在于溶液中，这就导致阴离子活性中心很难发生 β-H 消去反应。碳阴离子聚合的这一特性不同于自由基聚合，也不同于后续讨论的碳阳离子聚合。

$$\sim\sim CH_2 - \underset{X}{CH} = \sim\sim \underset{\delta-}{C} - \overset{H^{\delta-}}{\underset{X}{C}} - H \quad \times\!\!\!\longrightarrow \quad \sim\sim CH = \underset{X}{CH} + H^- \text{(高能态)}$$

（2）外加终止剂引起的终止反应

碳阴离子聚合活性中心带负电荷，容易和水、醇、硫醇、羧酸和胺等含有活泼氢的化合物发生质子交换反应，生成中性聚合物和羟基、烷氧阴离子、烷硫阴离子和胺阴离子等，这些阴离子的亲核性明显低于原来的碳阴离子活性种，不能引发苯乙烯等共轭单体聚合，致使阴离子聚合发生终止。

$$\sim\sim P^{\ominus} + H_2O \longrightarrow \sim\sim PH + {}^-OH$$
$$\sim\sim P^{\ominus} + ROH \longrightarrow \sim\sim PH + RO^-$$
$$\sim\sim P^{\ominus} + RNH_2 \longrightarrow \sim\sim PH + R\bar{N}H$$
$$\sim\sim P^{\ominus} + RCO_2H \longrightarrow \sim\sim PH + RCOO^-$$

除苯乙烯和甲基丙烯酸酯等烯类单体外，O_2 和 CO_2 也是缺电子化合物，可与碳阴离子发生加成反应，形成过氧阴离子或羧酸根阴离子，其亲核性明显降低，不能进一步引发图

6-1 中 A 和 B 两类单体的阴离子聚合。因此，阴离子聚合通常在高真空或惰性气氛中进行，化学试剂和玻璃器皿均需要特殊处理。

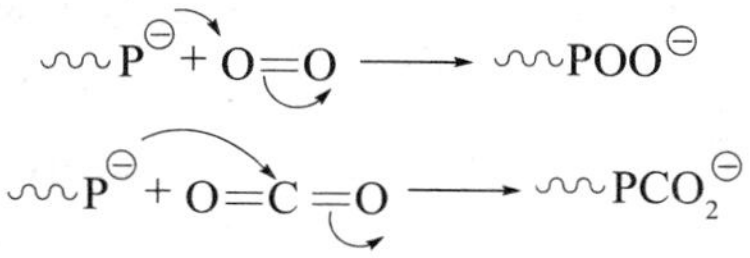

阴离子聚合需要在绝对无氧、无水、无杂质的实验条件下进行。实验前需要对单体和溶剂进行严格纯化和无水、无氧处理，对反应容器和实验管线要进行真空干燥，并用高纯氮或氩吹扫，除净吸附的痕量水、CO_2 和各种杂质。在实验过程中，要保证聚合体系密闭，不能与外部存在非必要的物质交换。

（3）特殊体系的自终止反应

在完全消除杂质影响的条件下，有些特殊结构的活性链放置较长时间后仍可能逐渐失去活性，即可能发生自发终止反应。自发终止的原因是活性端基发生了异构化（isomerization），形成不活泼的端基阴离子，最后失去阴离子形成稳定结构。例如，用烷基锂引发 α-甲基苯乙烯聚合，聚 α-甲基苯乙烯基锂在苯溶液中长期保存，长期处于饥饿状态的活性链会逐渐消除氢化锂而失去活性。自终止反应过程如下：

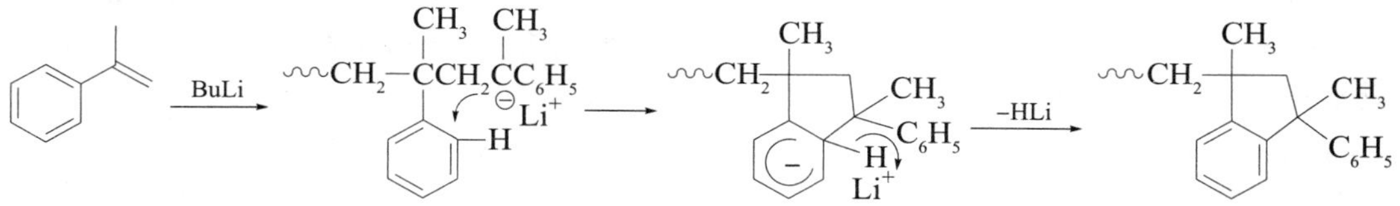

该自发终止反应能够发生并非只由于生成 LiH，主要是因为形成稳定的五元环状链端基。在类似条件下，苯乙烯的阴离子聚合并不存在这种副反应。如果聚合体系很干净，苯乙烯和丁二烯等非极性共轭单体的阴离子聚合本身没有链终止反应。

对于（甲基）丙烯酸酯和甲基丙烯腈的阴离子聚合，情况很复杂。这些单体的极性取代基（酯基和腈基）容易和引发剂或活性链阴离子发生副反应而导致链终止。以 MMA 的阴离子聚合为例，已观察到的自终止反应包括引发剂或活性链阴离子对羰基的亲核加成，随后发生消去反应，生成酮和低活性的烷氧阴离子；活性链阴离子还可能回咬进攻倒数第三个羰基，发生亲核加成-消去反应，生成稳定的六元环链端和低活性的烷氧阴离子。

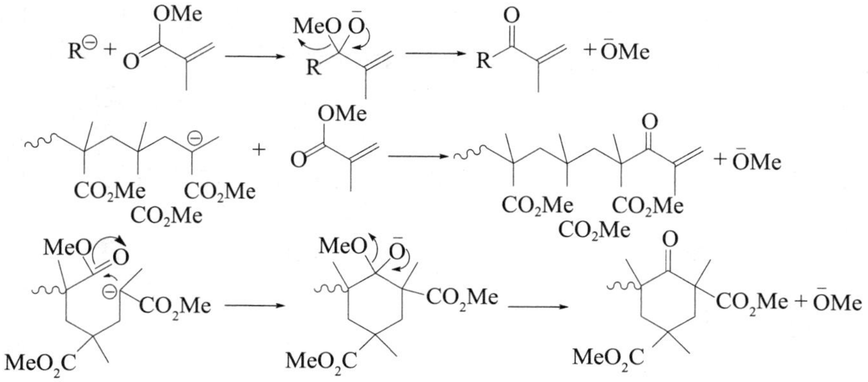

第一种副反应会消耗引发剂。后两种副反应不仅降低了聚合速率和聚合物的分子量，还会加宽聚合物的分子量分布。因此，甲基丙烯酸酯的阴离子聚合需在低温（−78℃）条件下，用体积较大、亲核性较低的引发剂引发，如烷基二苯锂或三苯甲基锂等。

将一些无机盐（如 LiCl）、叔醇锂和烷基铝等 Lewis 酸添加到 THF 等极性醚类溶剂中，进行甲基丙烯酸酯的阴离子聚合，锂离子和烷基铝可与碳阴离子发生静电相互作用，降低其亲核反应活性，从而有效抑制上述副反应，获得分子量分布较窄的高分子量聚合物。

6.7 链转移反应

在阴离子聚合体系中存在容易被夺去负氢离子的物质时，可能发生链转移反应，生成死聚合物链和新的碳阴离子。阴离子聚合过程中的链转移反应，主要包括向溶剂转移、向单体转移和向大分子转移等。

$$\sim\!\!\sim\!\!\overset{\ominus}{P}\ M^+ + RH \longrightarrow \overset{\ominus}{R}\ M^+ + \sim\!\!\sim PH$$

链转移反应的结果是使原来的增长活性链终止，聚合度减小，聚合物的分子量分布变宽。若新形成阴离子的活性与原来的活性链相同，则聚合速率不变。若新形成阴离子的活性减弱，则聚合速率减慢，表现为缓聚作用。若新形成的阴离子没有引发活性，则链转移反应变成了链终止反应。

（1）向溶剂转移

阴离子聚合的溶剂一般为苯和脂肪烃，这些溶剂分子中的氢原子比较稳定，一般不容易被活性链阴离子所夺取，因此链转移的可能性较小。如果在甲苯、二甲苯、乙苯等取代芳烃中，用 K/Na 或烷基钾/钠引发苯乙烯聚合，则活性中心将从这些分子上夺取质子而发生链转移，生成死聚合物和较稳定的苄基阴离子。

虽然向溶剂链转移是聚合过程中的副反应，但可用来制备低聚物。用少量引发剂即可得到很多产品，但分子量分布较宽。这显然比"大量引发剂法"经济和方便得多。作为链转移剂的化合物应有尽可能大的链转移活性，而且新形成的活性阴离子应该具有与原活性链相同的活性，此外还应考虑其毒性和成本等。

芳香烃是常用的链转移剂，链转移反应的难易与所形成的碳阴离子的稳定性有关。甲苯脱除一个质子形成稳定的苄基阴离子，其链转移常数较大。在甲苯的芳环上再引入供电子的甲基会降低苯环的吸电子能力，取代苄基阴离子的稳定性降低，链转移常数变小；乙苯和异丙苯脱除一个质子分别形成乙苯阴离子和异丙苯阴离子，甲基的供电子效应会使阴离子的稳定性降低。因此，阴离子聚合向芳烃链转移的活性次序为：甲苯＞二甲苯＞乙苯＞异丙苯。苄基阴离子引发活性与聚苯乙烯阴离子相当，甲苯是比较理想的链转移剂。

M= Na, K

除溶剂分子的 C—H 活性外，极性和溶剂化能力也是影响链转移的重要因素。例如，在 70℃ 的正己烷中用丁基锂引发苯乙烯聚合的链转移常数仅为 0.01×10^{-4} L/(mol·s)，但添加少量乙二醇二甲醚、四甲基乙二胺或六甲基磷酰胺，松散离子对或自由离子的含量增多，链转移常数可分别增大至 0.8×10^{-4} L/(mol·s)、2.0×10^{-4} L/(mol·s)、3.9×10^{-4} L/(mol·s)。

链转移反应还与活性种的性质有关。对同一链转移剂而言，活性种的反离子半径越大，就越容易发生链转移。半径越大的反离子越容易被"溶剂化"，导致反应活性较大的散松离子对和自由阴离子的比例越大，链转移反应越容易发生。常见反离子对链转移反应的影响次序为 $K^+ > Na^+ > Li^+$。

（2）向大分子链转移

聚苯乙烯的 α-H 有点类似于异丙苯的 α-H，似乎苯乙烯阴离子聚合存在向大分子的链转移反应。然而由于空间位阻较大，用烷基锂在烃类溶液中引发聚合，很难发生这种链转移反应。如果在 THF 等醚类溶剂中用高活性的 K 或 Na 作引发剂，活性链主要以松散离子对和自由阴离子形式存在，在较高温度下则会发生向聚苯乙烯的链转移反应，产生支化聚合物。

引发剂活性越高，向大分子链转移的可能性越大。例如，用正丁基钾作引发剂时，向大分子链转移的速率远远大于用正丁基锂作引发剂时的链转移速率。用碱金属作引发剂直接引发阴离子聚合，向大分子链转移的比例较高，这是实验室较少直接使用碱金属引发阴离子聚合制备窄分子量分布聚合物的原因。只有工业上使用，因为不要求聚合物窄分子量分布。

（3）向单体链转移

苯乙烯和丁二烯等共轭单体上的 C—H 键比较稳定，不容易被活性链阴离子所夺取，这类单体的阴离子聚合一般难以发生向单体的链转移反应。

丙烯腈、硝基乙烯和氰基丙烯腈等极性单体的烯键高度缺电子，受极性基团的吸电子效应影响，分子上的 C—H 键电子云严重偏向于碳原子，酸性增强，极易失去质子生成较稳定的烯基阴离子。因此，这类单体在室温或更高温度下进行阴离子聚合，极易发生向单体的链转移反应。为了消除这种副反应，它们的阴离子聚合需在低温下进行。

丙烯腈和硝基乙烯等单取代烯类单体的 α-H 活性高于 β-H，链转移反应优先发生在 α 位；甲基丙烯腈、二氰基乙烯和氰基丙烯酸酯等 α,α-二取代单体没有 α-H，链转移反应只能发生在 β 位。

$$\sim\text{CH}_2\overset{\ominus}{\text{CH}} + \text{CH}_2=\text{CH} \longrightarrow \sim\text{CH}_2\text{CH}_2\text{X} + \text{CH}_2=\overset{\ominus}{\text{C}} \qquad \text{X}=\text{CN, NO}_2$$

(with X substituents shown)

$$\sim\text{CH}_2\overset{\ominus}{\underset{\text{CN}}{\text{C}}} + \text{CH}_2=\underset{\text{R}}{\text{CCN}} \longrightarrow \sim\text{CH}_2\underset{\text{CN}}{\text{CH}} + \overset{\ominus}{\underset{\text{R}}{\text{CH}}}=\text{CCN} \qquad \text{R}=\text{Me, CN, CO}_2\text{Me}$$

6.8 活性阴离子聚合

6.8.1 活性阴离子聚合特征

1956 年，美国科学家 Szwarc 等人发现，在无水、无氧、无杂质、低温条件下，以 THF 为溶剂，用萘钠引发的苯乙烯阴离子聚合，首先形成墨绿色的自由基-阴离子，随即发生自由基偶联形成红色的双阴离子，引发苯乙烯聚合。聚合体系中不存在链终止和链转移反应，得到的聚合物溶液在低温、高真空条件下存放数月，活性种浓度保持不变。若再加入苯乙烯可继续聚合，得到更高分子量的聚苯乙烯；若加入丁二烯，则可得到苯乙烯-丁二烯嵌段共聚物。基于此发现，Szwarc 等人首次提出了活性聚合（living polymerization）的概念。

活性聚合是快引发、慢增长、没有链转移和链终止的聚合反应。理想的活性聚合存在以下五个基本特征。

① 聚合过程中大分子数目保持不变，忽略引发剂的分子量，单体完全转化或消耗时，聚合物的数均分子量等于单体浓度与引发剂浓度之比与单体分子量的乘积；

② 单体没有完全转化时，聚合物的数均分子量与单体转化率成正比；

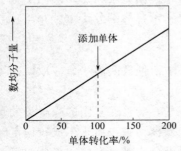

图 6-3　苯乙烯阴离子
聚合物的分子量与单体
转化率之间的关系

③ 单体耗尽，加入新单体可重新引发聚合，聚合物的分子量继续增大，如图 6-3 所示；

④ A 单体耗尽，加入活性相近的 B 单体，可合成嵌段共聚物；

⑤ 所有活性中心同步增长，聚合物的分子量分布很窄，理论上可接近 1.0，实际上可控制在 1.02～1.20。

对于苯乙烯和丁二烯等非极性共轭单体的阴离子聚合体系，很容易实现活性聚合，其主要原因有以下三点。

① 活性链末端都是阴离子，无法双基终止；

② 金属反离子与碳阴离子相互作用强，从 β-C 上夺取负氢离子极为困难；

③ 反离子是碱金属阳离子，而非离子团，无法从其中夺取某个原子或基团而发生终止。

阴离子活性聚合结束时，需加特定终止剂使聚合终止。凡 pK_a 值比单体小的化合物都能终止阴离子聚合，如甲醇（$pK_a=16$）可以终止非极性共轭单体和（甲基）丙烯酸酯的阴离子聚合。新形成的甲醇锂活性很低，不能再引发上述单体聚合。

$$\sim\overset{\ominus}{\text{M}}\text{Li}^+ + \text{CH}_3\text{OH} \longrightarrow \sim \text{MH} + \text{CH}_3\text{OLi}$$

活性阴离子聚合具有无链终止和链转移的基本特征，可用于合成窄分子量分布的聚合物。目前通过活性阴离子聚合制备的聚苯乙烯，其分子量分布最窄的为 1.04，接近于均一分子量。窄分子量分布聚合物可用作 GPC 测定聚合物分子量的标准样品，也可用于标定 Mark-Houwink 方程（$[\eta]=kM^{\alpha}$）的常数。同时，窄分子量分布聚合物可用于研究聚合物分子量与物理性能之间的定量关系。

活性阴离子聚合可用于合成各种嵌段共聚物。嵌段共聚物具有均聚物和其他共聚物所不具备的性能。理论上讲，利用活性阴离子聚合可以制备任意长度和任意数量的嵌段共聚物。

$$\sim\!\!\sim M_1^{\ominus} A^+ + x\,M_2 \longrightarrow \sim\!\!\sim M_1 M_2 \sim\!\!\sim M_2^{\ominus} A^+$$

该法制备嵌段共聚物的关键在于单体加料的先后次序，并非所有聚合物活性链都能引发另一种单体的聚合，而取决于 M$_1$ 活性链阴离子和 M$_2$ 的相对碱性，即 M$_1$ 活性链阴离子的供电子能力和 M$_2$ 的电子亲和能力。单体的加料次序可用 pK$_a$ 值大小来指导，即先引发 pK$_a$ 值大的（低活性）单体，后引发 pK$_a$ 值小的（高活性）单体。例如，用丁基锂或萘钠先引发苯乙烯聚合，苯乙烯耗尽后加入 2-乙烯基吡啶，聚苯乙烯活性链可引发 2-乙烯基吡啶聚合，生成结构明确的两嵌段共聚物；但先引发 2-乙烯基吡啶聚合，后加入苯乙烯，则聚 2-乙烯基吡啶的活性链不能引发苯乙烯聚合。

工业上用活性阴离子聚合制备的热塑性弹性体，包括苯乙烯-丁二烯-苯乙烯三嵌段共聚物（SBS）和苯乙烯-异戊二烯-苯乙烯三嵌段共聚物（SIS）。SBS 和 SIS 是两种最经典和最重要的热塑性弹性体。这里的 S 表示苯乙烯（styrene），B 表示丁二烯（butadiene），I 表示异戊二烯（isoprene）。

由于软段与硬段不相容，会产生微观相分离，聚苯乙烯链段在体系中起了物理交联点的作用，SBS 和 SIS 在常温下的力学性能与硫化橡胶十分相似，但当温度高于聚苯乙烯的 T_g 时，聚苯乙烯链段软化，物理交联点被破坏，体系可以像热塑性树脂一样成型加工。

活性阴离子聚合还可用于制备带有特殊官能团的遥爪聚合物（telechelic polymer）。活性聚合结束后，加入二氧化碳、环氧乙烷或二异氰酸酯进行反应，再水解可形成带有羧基、羟基、胺基等活性端基的聚合物。如果用双阴离子引发剂，则大分子链两端都有这些端基，形成遥爪聚合物，可在后加工过程中进一步反应。

丁二烯的活性阴离子聚合可用于合成双端羟基聚丁二烯（hydroxyl-terminated polybutadiene），俗称丁羟橡胶（HTPB）。丁羟橡胶是最重要的遥爪聚合物，被广泛用于合成涂料、胶黏剂和火箭推进剂，也用于制作弹性纤维和人造皮革的原料。

6.8.2　活性阴离子聚合动力学

根据活性阴离子聚合的快引发、慢增长、无终止、无链转移的机理特征，聚合反应动力学处理就比较简单。快引发活化能低，与光引发相当。所谓慢增长，是与快引发相对而言的，实际上阴离子聚合的链增长速率比自由基聚合还要快，且深受溶剂极性的影响。溶剂极性越大，活性种的松散离子对比例越大，聚合反应速率越快。

（1）聚合速率

在链增长过程中，再无新的引发反应发生，活性种数目不变。每一活性种所连接的单体数基本相等，聚合度就等于单体的摩尔浓度除以引发剂的摩尔浓度，而且比较均一，分布很窄。如果没有杂质，则不发生链终止，聚合将一直进行到单体耗尽。根据这一原理，就可依次写出链引发、链增长的反应式以及聚合速率方程。

链引发　　　　$B^- A^+ + M \longrightarrow BM^- A^+$

链增长　　　　$BM^- A^+ + nM \longrightarrow BM_{n+1}{}^- A^+$

$$R_p = -\frac{d[M]}{dt} = k_p [B^-][M] \tag{6-1}$$

上式表明，聚合速率对单体浓度呈一级动力学。在聚合过程中，阴离子活性种的总浓度 $[B^-]$ 始终保持不变，且等于引发剂浓度 $[C]$，即 $[B^-]=[C]$。将式（6-1）积分，可得到单体浓度（或转化率）与时间的线性关系式。

$$\ln \frac{[M]_0}{[M]} = k_p [C] t \tag{6-2}$$

式中，引发剂浓度 $[C]$ 和起始单体浓度 $[M]_0$ 已知，只要测得 t 时的残留单体浓度 $[M]$，就可求出链增长速率常数 k_p。在合适溶剂中，苯乙烯阴离子聚合的 k_p 值与自由基聚合的 k_p 值相近，但阴离子聚合无终止，阴离子浓度（$10^{-3} \sim 10^{-2}$ mol/L）比自由基浓度（$10^{-9} \sim 10^{-7}$ mol/L）高 5 个数量级，因而阴离子聚合比自由基聚合快得多。

在阴离子聚合体系中，引发剂在链增长反应发生前定量地解离为增长阴离子，并且没有链终止反应。k_p 值可以通过测定 R_p 和单体浓度，用式（6-1）计算得到。表 6-3 列出了采用这一方法计算得到的几种单体在 THF 中用萘钠引发阴离子聚合的 k_p 值。k_p 值越大，表明单体聚合活性越高。

表 6-3　几种单体的阴离子聚合的链增长速率常数

单体	k_p^{app}/[L/(mol·s)]	单体	k_p^{app}/[L/(mol·s)]	单体	k_p^{app}/[L/(mol·s)]
α-甲基苯乙烯	2.5	对叔丁基苯乙烯	220	2-乙烯基吡啶	7300
对甲氧基苯乙烯	52	苯乙烯	950	4-乙烯基吡啶	3500
邻甲氧基苯乙烯	170	1-乙烯基萘	850		

苯乙烯阴离子聚合的 k_p 值［950L/(mol·s)］是该单体自由基聚合 k_p 值［145L/(mol·s)］的 6～7 倍。2-乙烯基吡啶和 4-乙烯基吡啶的 k_p 值分别为 7300L/(mol·s) 和 3500L/(mol·s)，说明吡啶基对单体有很强的活化作用。2-乙烯基吡啶的吸电子诱导效应路径短，诱导效应强，单体活性比 4-乙烯基吡啶的高。苯环上带有供电子取代基的苯乙烯衍生物的 k_p 值均小于苯乙烯，说明供电子效应对单体活性的减弱作用。4-氯甲基苯乙烯的氯甲基具有吸电子效应，可以预计，其阴离子聚合活性大于苯乙烯。α-甲基苯乙烯 k_p 值仅为 2.5L/(mol·s)，表明甲基的供电子效应和空间位阻对单体具有双重钝化作用。

（2）聚合度和聚合度分布

根据阴离子聚合机理，所消耗的单体平均分配键接在每个活性端基上，聚合物的平均聚合度就等于消耗单体数（或起始和 t 时的单体浓度差 $[M]_0 - [M]$）与活性端基浓度 $[M^-]$ 之比，因此可将活性聚合称作化学计量聚合。

$$\overline{X}_n = \frac{[M]_0 - [M]}{[M^-]/n} = \frac{n([M]_0 - [M])}{[M^-]} \tag{6-3}$$

式中，n 为每一大分子带有的活性端基数。采用萘钠引发剂时，活性种为双阴离子，$n=2$；丁基锂活性种为单阴离子，$n=1$。如果聚合至结束，单体全部耗尽，则 $[M]=0$。

聚合度分布服从 Flory 分布或泊松（Poisson）分布，即 x 聚体的摩尔分数为：

$$n_x = \frac{N_x}{N} = \frac{e^{-\nu}\nu^{x-1}}{(x-1)!} \tag{6-4}$$

式中，ν 是每个引发剂分子反应的单体分子数，即动力学链长。若引发反应包含一个单体分子，则 $\overline{X}_n = \nu + 1$。由式（6-4）可得重均聚合度和数均聚合度之比。

$$\frac{\overline{X}_w}{\overline{X}_n} = 1 + \frac{\overline{X}_n}{(\overline{X}_n + 1)^2} \approx 1 + \frac{1}{\overline{X}_n} \tag{6-5}$$

式（6-5）表明，聚合度越大，聚合物的分子量分布越窄。当 $\overline{X}_n$ 很大时，$\overline{X}_w/\overline{X}_n$ 接近于 1，表示分子量分布很窄。例如，以萘钠-THF 引发所制得的聚苯乙烯，$\overline{X}_w/\overline{X}_n = 1.06 \sim 1.12$，接近单分散水平，可用来制备 GPC 测定分子量的标样。

以上有关聚合速率、聚合度及其分布的方程是建立在引发剂完全转变成活性种以及无链终止和无链转移的条件下推导出来的，否则，需另作处理。

总结以上机理，活性聚合有下列四个特征，这些特征可以用作活性聚合的判据。

① 大分子具有活性链末端，有再引发单体聚合的能力；

② 聚合度与单体浓度/起始引发剂浓度的比值成正比；

③ 聚合物分子量随转化率线性增加；

④ 所有大分子链同时增长，增长链数目不变，聚合物分子量分布窄。

6.9　阴离子聚合的影响因素

与自由基聚合相比，阴离子聚合速率常数 k_p 的影响因素要复杂得多。除了单体取代基的电子效应有显著影响之外，溶剂和反离子等因素的影响也不容忽视。

（1）溶剂性质的影响

从非极性溶剂到极性溶剂，阴离子活性种与反离子所构成的离子对可能处于多种状态，即可在极化共价化合物、紧密离子对、松散离子对、自由离子之间平衡变动。

$$R—Mt \rightleftharpoons R^{\ominus}Mt^{+} \rightleftharpoons R^{\ominus}/\!/Mt^{+} \rightleftharpoons R^{\ominus} + Mt^{+}$$

共价化合物　　紧密离子对　　松散离子对　　　　自由离子

紧密离子对有利于单体的定向插入聚合，甲基丙烯酸酯和 α-甲基苯乙烯等含有潜手性中心（latent chirality center，C^*），有可能形成立构规整性聚合物（stereoregular polymer），但聚合速率较低。与此相反，松散离子对和自由离子引发的聚合速率较快，却失去了立构选择性（stereoselectivity）。单体-引发剂-溶剂配合得当，才能兼顾聚合活性和立构选择性。

丁基锂是阴离子聚合的常用引发剂，可溶于从非极性到极性的多种溶剂，但最常用的却是己烷和环己烷等烃类溶剂。添加少量 THF 可调节溶剂的极性。溶剂的极性常用介电常数（dielectric constant）来评价，电子给予指数（electron giving index）则是表征溶剂化能力的重要参数，常见溶剂的相关性质列于表 6-4 中。

表 6-4　部分溶剂的介电常数与电子给予指数

溶剂	介电常数（ε）	电子给予指数	溶剂	介电常数（ε）	电子给予指数
正己烷	2.2		丙酮	20.7	17.0
苯	2.2	2.0	乙醚	4.3	19.2
二氧六环	2.2	5.0	四氢呋喃	7.6	20.0
硝基甲烷	35.9	2.7	二甲基亚砜	45.0	29.8
硝基苯	34.5	4.3	二甲基甲酰胺	35.0	30.9
乙酸酐	20.7	10.5	六甲基磷酰胺	30.0	38.8

表 6-4 的数据表明，溶剂分子的极性与溶剂化能力并不一致。硝基甲烷和硝基苯的极性很大，但溶剂化能力却很弱，而乙醚和 THF 的极性并不很大，但溶剂化能力却很强，适合用于阴离子聚合。

苯乙烯阴离子聚合速率在不同溶剂中差别非常大，说明溶剂的性质确实很重要。在弱极性的苯或二氧六环（$\varepsilon=2.2$）中，阴离子聚合活性种以紧密离子对形式存在，$k_p=2\sim5$L/(mol·s)，比自由基聚合的 k_p 值（145L/(mol·s)）低 $1\sim2$ 个数量级。在极性 THF 和乙二醇二甲醚（$\varepsilon=5.5$）中的 k_p 值分别为 550L/(mol·s) 和 3800L/(mol·s)，是苯乙烯自由基聚合的几倍至几十倍，此时阴离子聚合活性种以松散离子对和/或自由离子存在。乙二醇二甲醚的介电常数虽然不是很高，但电子给予指数很大，溶剂化能力很强，有利于松散离子对或自由离子的形成。

在低电子给予指数的非极性溶剂中进行阴离子聚合，活性种可能以离子簇（ion cluster）

或二聚体的形式存在，聚合速率很慢；在高电子给予指数的极性溶剂中进行阴离子聚合，溶剂与金属反离子配位，活性种以松散离子对形式存在，聚合速率很快。不同于 THF，乙二醇二甲醚的两个 O 都可与金属离子配位，形成更稳定的螯合物，离子对相互作用力减弱，使得苯乙烯的聚合速率更快。

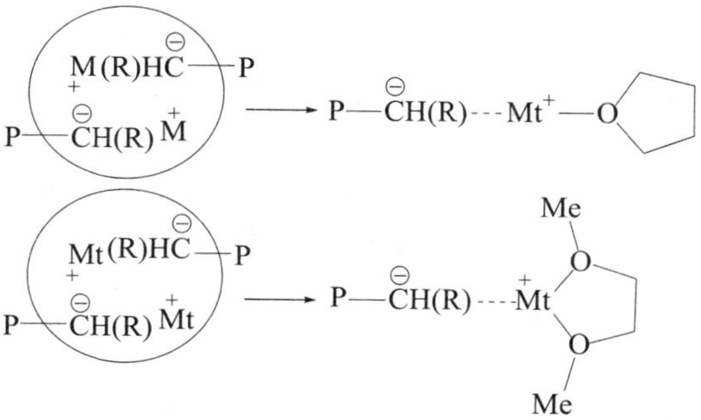

如前所述，阴离子聚合的活性种包括阴阳离子对和自由阴离子。在弱极性溶剂中，阴离子活性种只以紧密离子对形式存在；在极性醚类溶剂中，阴离子活性种主要以松散离子对和极少量自由阴离子形式存在。通常实验测得的链增长速率常数 k_p 是阴离子活性种各种状态的综合值。为了更好地理解活性种结构对阴离子聚合的影响，希望对离子对和自由离子的速率常数进行分离。离子对结合的松紧程度很难量化，为简化起见，仅将活性种区分成离子对 P^-C^+ 和自由离子 P^- 两种，其增长速率常数分别以 $k_{\mp}$ 和 k_- 表示，解离平衡可写成下式：

$$\begin{array}{ccc} P^-C^+ + M & \xrightarrow[\text{离子对增长}]{k_{\mp}} & PM^-C^+ \\ \updownarrows & & \updownarrows \\ P^- + C^+ + M & \xrightarrow[\text{自由离子增长}]{k_-} & PM^- + C^+ \end{array}$$

在高电子给予指数的极性溶剂中进行阴离子聚合，用溶剂不断稀释反应体系，上述平衡将不断下移，自由阴离子的浓度将越来越高。因此，将 k_p 实验值外推至无限稀时，k_p 值就是自由阴离子的链增长速率常数。然而，在低电子给予指数的溶剂中，即使在稀溶液中自由阴离子含量仍然很低，上述方法很难奏效。

下面介绍测定离子对和自由阴离子速率常数的方法。总聚合速率是离子对 P^-C^+ 和自由离子 P^- 聚合速率之和。

$$R_p = k_{\mp}[P^-C^+][M] + k_-[P^-][M] \tag{6-6}$$

联立式（6-1）和式（6-6），可获得表观速率常数 k_p。

$$k_p = \frac{k_{\mp}[P^-C^+] + k_-[P^-]}{[M^-]} \tag{6-7}$$

式中，活性种浓度 $[M^-] = [P^-] + [P^-C^+]$，两种活性种处于平衡状态，平衡常数 K 为：

$$K=\frac{[P^-][C^+]}{[P^-C^+]} \tag{6-8}$$

通常 $[P^-]=[C^+]$，则

$$[P^-]=(K[P^-C^+])^{1/2} \tag{6-9}$$

联立式（6-6）和式（6-9）得：

$$\frac{R_p}{[M][P^-C^+]}=k_{\mp}+\frac{K^{1/2}k_-}{[P^-C^+]^{1/2}} \tag{6-10}$$

通常离子对解离常数很小（$K=10^{-7}$），所以离子对、活性种和引发剂的浓度都相近，即 $[P^-C^+] \approx [M^-] \approx [C]$，将其代入（6-10）中，得：

$$k_p=k_{\mp}+k_-\left(\frac{K}{[C]}\right)^{1/2} \tag{6-11}$$

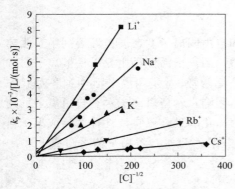

图 6-4 在 THF 中苯乙烯活性聚合表观速率常数与引发剂浓度的关系

如图 6-4 所示，以 k_p 对 $[C]^{-1/2}$ 作图得一条直线，由截距可求得 $k_{\mp}$，由斜率可求得 $K^{1/2}k_-$。再由电导法测得平衡常数 K 后，就可求出 k_-，结果见表 6-5。

从表 6-5 可以预计，以弱极性的二氧六环作溶剂时，离子对并不解离，且以紧密离子对形式存在，速率常数 $k_{\mp}$ 值很低（$0.04 \sim 24.5 \text{L} \cdot \text{mol}^{-1} \cdot \text{s}^{-1}$）。用溶剂化能力强的极性 THF 作溶剂时，极少量离子对解离成自由离子，多数以松散离子对形式存在。解离常数（$2.2 \times 10^{-7} \text{mol} \cdot \text{L}^{-1} \sim 2.0 \times 10^{-9} \text{mol} \cdot \text{L}^{-1}$）虽小，但自由离子常数 k_- 值（$6.5 \times 10^4 \text{L} \cdot \text{mol}^{-1} \cdot \text{s}^{-1}$）很高，比松散离子对 $k_{\mp}$ 值（$160 \sim 22 \text{L} \cdot \text{mol}^{-1} \cdot \text{s}^{-1}$）大 2~3 个数量级，因此 k_- 在表观速率常数中也占有重要地位。

表 6-5　反离子对苯乙烯阴离子聚合链增长速率常数的影响（25℃）

反离子	$k_{\mp}$（二氧六环中）/[L/(mol·s)]	$k_{\mp}$（THF 中）/[L/(mol·s)]	$K \times 10^7$（THF 中）/(mol/L)	k_-（THF 中）/[L/(mol·s)]
Li$^+$	0.04	160	2.2	
Na$^+$	3.4	80	1.5	
K$^+$	19.8	60~80	0.8	65000
Rb$^+$	21.5	50~80	1.1	
Cs$^+$	24.5	22	0.02	

类似于苯，二氧六环是弱极性溶剂，电子给予指数仅为 5.0，它与金属反离子只发生弱相互作用，即弱溶剂化作用。在二氧六环中进行苯乙烯的阴离子聚合，活性种为紧密离子对，链增长速率常数 $k_{\mp}$ 很低。从锂和钠到铯，离子半径递增，$k_{\mp}$ 值从 $0.04 \text{L}/(\text{mol} \cdot \text{s})$ 逐渐增大至 $24.5 \text{L}/(\text{mol} \cdot \text{s})$，可见碱金属离子半径对 $k_{\mp}$ 颇有影响。较大的原子半径，增大了阴阳离子对之间的距离，使离子对"疏松化"，类似于溶剂化作用中的溶剂隔离作用，从而使 $k_{\mp}$ 增加。

THF 是典型的极性溶剂，电子给予指数很大（20.0），它可与金属离子发生配位或强溶剂化作用，导致活性种转化为松散离子对和自由阴离子，苯乙烯阴离子聚合的速率增大。然而，从锂和钠到铯，离子对链增长速率常数 $k_\mp$ 值却从 160L/(mol·s) 逐渐递减至 22L/(mol·s)。这是因为随着反离子半径的增大，溶剂配位数并不发生明显变化，不能完全覆盖金属离子的表面，但金属离子的电负性却逐渐降低，因而阴阳离子之间的相互作用增强，松散离子对含量减小，链增长反应速率降低。对铯离子而言，二氧六环和 THF 两种溶剂中的离子对链增长速率常数 $k_\mp$ 值（24.5L·mol^{-1}·s^{-1}、22L·mol^{-1}·s^{-1}）已非常接近。

表 6-5 的数据还表明，在极性 THF 溶液中，离子对与自由阴离子的平衡常数仍然很小，尽管其链增长速率常数比离子对高 3 个数量级，但因浓度太低，自由阴离子的贡献仍然远低于离子对。

（2）温度的影响

温度对阴离子聚合速率常数 k_p 的影响比较复杂，需从对速率常数本身的影响和对解离平衡的影响两方面来考虑。

一方面，升高温度可使离子对和自由离子的链增长速率常数增大，遵循 Arrhenius 指数关系。链增长反应的表观活化能一般是较小的正值，速率随温度升高而略有增加，但并不敏感。另一方面，升高温度却使解离平衡常数 K 降低，自由离子浓度也相应降低，松散离子对的相对含量也减少，链增长速率因而减小。两方面对速率的影响刚好相反，但并不一定完全相互抵消，可能有多种综合结果。

离子对解离平衡常数 K 与温度的关系如下式：

$$\ln K = -\frac{\Delta H}{RT} + \frac{\Delta S}{R} \tag{6-12}$$

ΔH 为负值，因而 K 随 T 的升高而变小。例如，苯乙烯-钠-THF 体系，温度从 -70℃升至 25℃，K 值约降低 300 倍，活性种浓度为 10^{-3}mol/L 时，自由离子的浓度减少 20 倍。THF 与金属阳离子的配位作用随温度的升高而弱化，导致升温不利于阴阳离子对的解离。表 6-6 列出了在不同温度 THF 中进行苯乙烯阴离子聚合的链增长速率常数和离子对解离常数。

表 6-6 温度对苯乙烯在 THF 中阴离子聚合链增长速率常数的影响

反离子	温度/℃	$K \times 10^7$/(mol/L)		$k_\mp$/[L/(mol·s)]		k_-/[L/(mol·s)]
		Na$^+$	Cs$^+$	Na$^+$	Cs$^+$	
Na$^+$	25	1.5		80		65000
Na$^+$	0	5.0		90		16000
Na$^+$	-33	34		130		3900
Na$^+$	-60	160		250		1460
Na$^+$	-80	320		280		1030
Cs$^+$	25		0.020		22	65000
Cs$^+$	0		0.063		9	22000
Cs$^+$	-33		0.086		2.4	6200
Cs$^+$	-60		6.112		2.1	1100

从表中数据可以看出，不管是 Na$^+$ 还是 Cs$^+$，离子对解离常数 K 值均随温度下降而增大，说明随温度降低，体系中自由阴离子的比例增大。其次，在室温下，反离子为 Na$^+$ 时，k_- 值是 65000L/(mol·s)，而 $k_\mp = 80$L/(mol·s)，即 k_- 约为 $k_\mp$ 的 800 倍。再次，对于

反离子为 Cs^+ 的情况，k_- 和 $k_{\mp}$ 值均随温度降低而变小，这符合一般规律。但当反离子为 Na^+ 时，$k_{\mp}$ 值却随温度降低而增大。

向聚合体系中添加氯化锂等，离子对的解离将受到抑制，自由阴离子的浓度降低，聚合反应速率下降，链转移副反应也能得到有效抑制。例如，用丁基锂引发甲基丙烯酸甲酯的聚合需在低温（$<-70℃$）进行，加入过量氯化锂后，聚合温度升至 $0℃$ 左右，仍能获得分子量分布较窄的聚合物。

6.10 阴离子聚合的立体选择性

在阴离子聚合过程中，由于链增长活性中心与反离子之间存在较强的相互作用，单体与活性链进行亲核加成时，反应取向会受到这种相互作用的影响，因而具有一定的立体选择性。立体选择性的大小取决于离子对的相互作用强度。

丁二烯聚合有三种立体选择方式，包括顺 1,4-、反 1,4-和 1,2-插入方式；异戊二烯聚合有四种立体选择方式，除顺 1,4-和反 1,4-插入外，还包括 3,4-和 1,2-插入。

在非极性的烃类溶剂中进行丁二烯的阴离子聚合时，立体选择性不强。顺 1,4-选择性随反离子半径的增大而减小，反 1,4-选择性也随反离子半径的增大而减小，而 1,2-选择性则随反离子半径的增大而有所提高。例如，在 $0℃$ 的戊烷中用丁基锂引发丁二烯聚合，可获得低顺橡胶（low cis rubber）。如果选用离子性更强的碱金属或烷基碱金属化合物作引发剂，聚合物主要含有 1,2-和反 1,4-结构单元。

在极性溶剂中进行丁二烯的阴离子聚合，无论引发剂带有何种反离子，均为 1,2-选择性聚合，而且随反离子半径的增大，选择性减小。例如，用萘钠在 $0℃$ 的 THF 中引发丁二烯聚合，1,2-结构单元占 91%，反 1,4-结构单元仅占 9%，没有顺 1,4-结构单元存在。

引发剂和溶剂对丁二烯阴离子聚合的影响见表 6-7。

表 6-7 引发剂和溶剂对丁二烯阴离子聚合的影响

溶剂	反离子	聚丁二烯微结构/%			溶剂	反离子	聚丁二烯微结构/%		
		顺 1,4-	反 1,4-	1,2-			顺 1,4-	反 1,4-	1,2-
戊烷	Li^+	35	52	13	THF	Li^+	0	4	96
戊烷	Na^+	10	25	65	THF	Na^+	0	9	91
戊烷	K^+	15	40	45	THF	K^+	0	18	82
戊烷	Rb^+	7	31	62	THF	Rb^+	0	25	75
戊烷	Cs^+	6	35	59	THF	Cs^+	0	25	75

碱金属离子和溶剂的性质对聚异戊二烯微结构的影响很大，见表 6-8。以丁基锂为引发剂，异戊二烯在戊烷、苯或环己烷中聚合，顺 1,4-聚异戊二烯的含量依次递减。在戊烷中添加 10% THF 或全用 THF 作溶剂时，顺 1,4-聚异戊二烯含量降为零。总的规律是，随溶剂极性和碱金属离子半径的增大，顺 1,4-聚异戊二烯含量逐渐减小。由此可见，异戊二烯阴离子聚合的立体选择性与丁二烯的情况有较大差别。

表 6-8　引发剂和溶剂对聚异戊二烯微结构的影响

引发剂	溶剂	聚合物微结构/%			
		顺 1,4-	反 1,4-	1,2-	3,4-
BuLi	戊烷	93	0	0	7
BuLi	苯	75	12	0	13
BuLi/2THF	环己烷	68	19	0	13
BuLi	戊烷/THF (90/10)	0	26	9	65
BuLi	THF	0	13	28	59
Li	戊烷	94	0	0	6
Li	乙醚	0	49	5	46
Li	苯甲醚	64	0	0	36
Li	二苯醚	82	0	0	18
Na	戊烷	0	43	6	51
Na	THF	0	0	18	82
Cs	戊烷	4	51	8	37

在决定聚共轭二烯微结构的因素中，除碱金属的电负性和离子半径以及溶剂的极性对离子对的紧密程度有影响以外，还需考虑单体本身构型的配位和定向问题。

丁二烯阴离子聚合时，活性链末端可能有 σ-烯丙基离子对和 π-烯丙基离子对两种形式。用丁基锂在非极性的烃类溶剂中引发聚合，活性种以 σ-烯丙基离子对为主，主要进行 1,4-加成聚合；在极性的 THF 溶剂中，则以 π-烯丙基离子对为主，主要进行 1,2-加成聚合。

表面上看，σ-烯丙基离子对的能量应该高于 π-烯丙基离子对，但在非极性介质中，聚共轭二烯烃活性链以缔合体形式存在，缔合体的离子簇结构可降低体系的能量。在 THF 等醚类溶液中，溶剂的配位作用可降低体系能量，π-烯丙基离子对活性种更稳定。

在非极性的烃类溶剂中改变反离子，随金属离子半径的增大，烯丙基螯合配位的倾向增大，聚合活性种逐渐由 σ-烯丙基离子对转变为 π-烯丙基离子对，聚合方式逐渐由 1,4-插入转变为 1,2-插入，最后生成 1,2-聚丁二烯。

在低温本体或非极性浓溶液中，由丁基锂引发共轭二烯聚合时，单体首先与锂离子配位，随后碳阴离子转移至共轭二烯的低位阻端基，同时引发 π 电子转移，形成烯丙基锂。插入反应连续进行，形成顺 1,4-结构的聚合物。

R

Li—H₂C $\qquad$ Me(H)

顺1,4-插入

$$\text{Me(H)} \qquad = \quad R^{\ominus}\cdots Li^{\oplus} \longrightarrow R^{\ominus}\cdots Li^{\oplus} \longrightarrow$$

Li 顺 1 Me(H) Me(H)

在非极性溶剂中，聚异戊二烯活性链端的负电荷基本在 C2 和 C3 之间，顺 1,4-结构占优势，锂离子同时与增长链端和异戊二烯单体配位，C2 上的甲基阻碍了链端 C2—C3 单键的旋转，使单体处于 S-顺式，单体的 C4 和烯丙基的 C1 间成键后，即顺 1,4-插入聚合，其含量可以高达 90%～94%。

对于丁二烯，C2—C3 键可以自由旋转，而且单体又以 S-反式为主，因而顺 1,4-聚丁二烯的含量较低，仅为 30%～40%。在极性溶剂中，上述链端配位结合比较弱，致使链端 C2—C3 键可以自由旋转，顺、反 1,4-聚合甚至 1,2-聚合和 3,4-聚合随机进行。因此，在极性溶剂中易获得反 1,4-聚丁二烯或 1,2-聚丁二烯、3,4-聚异戊二烯。

上述规律可用来指导多种微结构聚共轭二烯的合成。丁二烯或异戊二烯的自由基聚合物呈无规结构，顺 1,4-结构仅占 10%～20%。用丁基锂在烷烃中引发阴离子聚合，可制得 36%～44% 顺 1,4-聚丁二烯和 92%～94% 顺 1,4-聚异戊二烯。在 THF 中聚合，则获得约 80% 1,2-聚丁二烯和 75% 3,4-聚异戊二烯。用非极性和极性混合溶剂，还可制得中乙烯基（35%～55%）和更高 1,2-含量的聚丁二烯。

6.11 阴离子聚合的工业应用

（1）热塑性弹性体 SBS 和 SIS

苯乙烯、丁二烯和异戊二烯等非极性共轭单体的阴离子聚合可按"活性聚合"方式进行，无链转移和链终止的特征可用于合成结构明确的嵌段共聚物和遥爪聚合物。工业上用活性阴离子聚合生产 SBS 和 SIS，SBS 是苯乙烯-丁二烯-苯乙烯的三嵌段共聚物（PS-*b*-PB-*b*-PS），SIS 是苯乙烯-异戊二烯-苯乙烯的三嵌段共聚物（PS-*b*-PI-*b*-PS）。

利用活性阴离子聚合，先制得一种单体的活性聚合物，然后加入活性较高或相近的另一种单体继续聚合，可方便地制得嵌段共聚物。目前比较成熟的工业产品为 SBS 和 SIS 三嵌段共聚物，俗称热塑性弹性体（thermoplastic elastomer）。以 SBS 为例，工业上有两种成熟合成工艺，包括三步顺序加料法和两步加料偶联法。

① 三步顺序加料法。苯乙烯和丁二烯的 pK_a 分别为 40 和 38，丁二烯的阴离子聚合活性略高于苯乙烯，但相差不大，提高温度可进一步缩小差别，在较高温度下所形成的活性中心可以互相引发。工业上在较高温度的烃类溶液中，先用丁基锂引发苯乙烯聚合，形成聚苯乙烯活性链；聚合反应结束后加入丁二烯，聚苯乙烯活性链引发丁二烯聚合，形成端基为丁二烯阴离子的两嵌段活性链；最后再加入苯乙烯，两嵌段活性链引发苯乙烯聚合，生成三嵌

段共聚物。苯乙烯的活性稍低于丁二烯，聚丁二烯活性链难以完全引发苯乙烯聚合，因而该法合成的 SBS 常含有少量两嵌段共聚物，但不影响工业应用。

$$BuLi + n\,St \longrightarrow \sim\!\!\sim St^{\ominus}Li^+ \xrightarrow{\ m\,Bd\ } \sim\!\!\sim S\sim\!\!\sim B^{\ominus}Li^+ \xrightarrow{\ n\,St\ }$$

$$\sim\!\!\sim S\sim\!\!\sim B\sim\!\!\sim S^{\ominus}Li^+ \xrightarrow{\ H^+\ } \sim\!\!\sim S\sim\!\!\sim B\sim\!\!\sim S\sim\!\!\sim \quad (SBS)$$

为使 SBS 具有优异的力学性能，中间聚丁二烯段的分子量控制在 50～100kDa，两端聚苯乙烯的分子量各为 10～20kDa，即聚苯乙烯硬段占 30%～40%，中间聚丁二烯软段占 60%～70%。聚丁二烯链段中 1,4-结构和 1,2-结构比较接近，1,4-结构的顺式含量也不高。

如果丁二烯在极性的 THF 中进行阴离子聚合，1,2-结构含量远高于 1,4-结构，聚合物的 T_g 提高幅度较大，不适合用作热塑性弹性体的软段。因此，工业上合成 SBS 和 SIS 在非极性的己烷或环己烷中进行，而不使用 THF。

② 两步加料偶联法。该法与三步加料法相似，差别在于在第二段聚合完成后加入二甲基二氯硅烷等双官能度偶联剂，经偶联反应得到三嵌段共聚物 SBS。

$$BuLi + n\,St \longrightarrow \sim\!\!\sim St^{\ominus}Li^+ \xrightarrow{\ m\,Bd\ } \sim\!\!\sim S\sim\!\!\sim B^{\ominus}Li^+$$

$$2\sim\!\!\sim S\sim\!\!\sim B^{\ominus}Li^+ + Me_2SiCl_2 \longrightarrow \sim\!\!\sim S\sim\!\!\sim B\sim\!\!\sim S\sim\!\!\sim$$

SBS 和 SIS 中聚苯乙烯与聚丁二烯或聚异戊二烯均为两相结构，一般因聚苯乙烯链段含量少而形成海岛相（分散相），起到物理交联点的作用；聚丁二烯或聚异戊二烯链段形成海洋相（连续相），提供橡胶的弹性。由于聚苯乙烯链段受热可熔融，冷却后可重新聚集，因而称其为热塑性弹性体。

（2）溶聚丁苯橡胶

用溶液阴离子聚合制备的苯乙烯-丁二烯无规共聚物称为"溶聚丁苯橡胶（solution polymerized styrene-butadiene rubber，S-SBR）"，有别于用乳液自由基聚合法制备的"乳聚丁苯橡胶（emulsion polymerized styrene-butadiene rubber，E-SBR）"。通常 S-SBR 中苯乙烯含量为 20%～30%（质量分数），分子量 300～400kDa，丁二烯的 1,2-结构含量为 30%～60%（摩尔分数）。

在 50℃的环己烷中，丁二烯和苯乙烯的竞聚率相差较大，分别为 2.12 和 0.074，升高温度和添加少量极性物质对二者的竞聚率具有拉平效应，能抑制苯乙烯的连续插入，避免产生聚苯乙烯嵌段，但后者也会增大丁二烯的 1,2-插入率，使橡胶材料的弹性降低。因此，工业上合成 S-SBR 在 130～160℃的烃类溶剂中进行，不加添加剂。

$$n\,\diagup\!\!\!\diagdown + m\,\bigcirc\!\!\!=\; \xrightarrow{\ BuLi\ } \sim\!\!\sim CH_2CH\sim\!\!\sim CH_2CH=CHCH_2\sim\!\!\sim CH_2CH\sim\!\!\sim$$
$$\underset{C_6H_5}{|}$$

与 E-SBR 相比，S-SBR 的分子量及其分布、共聚物组成、凝聚态结构，甚至大分子链形状都能在较大范围内调节，因而综合性能优异。S-SBR 主要用作汽车高性能轮胎的胎面胶。

本章纲要

1.**阴离子聚合与碳阴离子** 链增长活性种带负电荷的聚合反应称为阴离子聚合。碳阴离子聚合是快引发、慢增长、无终止的聚合反应,虽然链增长速率常数与自由基聚合的链增长速率常数相近,但活性种浓度比自由基聚合高 5 个数量级,聚合速率很快,因此其慢增长是相对于快引发而言的。

能产生碳阴离子的反应较多,包括活泼金属有机化合物的电离、活泼烃与活泼金属之间的氧化还原、缺电子或共轭单体与亲核试剂的加成、非极性共轭单体与碱金属的氧化还原、"碳氢酸"在非水溶液中的电离等。

2.**阴离子聚合单体** 带有羰基、酯羰基、氰基、硝基、吡啶基等吸电子取代基的烯类单体易于进行阴离子聚合,苯乙烯及其衍生物和共轭二烯也能进行阴离子聚合。根据反应活性从低到高,阴离子聚合单体可分为 A、B、C、D 四类。A 类单体活性较低,包括苯乙烯、α-甲基苯乙烯、丁二烯和异戊二烯等非极性共轭单体;B 类单体活性较高,包括乙烯基吡啶、甲基丙烯酸酯和丙烯酸酯等;C 类单体的活性更高,包括丙烯腈和甲基丙烯腈等;D 类单体活性最高,包括硝基乙烯、氰基丙烯腈和氰基丙烯酸酯等。A 类和 B 类单体是最常用的阴离子聚合单体。

3.**阴离子聚合引发剂** 能用于引发碳阴离子聚合的引发剂种类很多。根据引发活性的高低,引发剂也可分为四类。a 类引发剂活性最高,包括碱金属、碱金属和碱土金属的烷基化合物,可引发 A～D 类单体聚合;b 类引发剂活性较高,包括格利雅试剂和叔丁醇锂,可引发 B～D 类单体聚合;c 类引发剂活性较低,主要包括伯醇盐和强有机 Lewis 碱等,可引发 C 类和 D 类单体聚合;d 类引发剂活性很低,包括叔胺、叔膦、烷基醚和水等弱 Lewis 碱,只能引发 D 类单体聚合。

4.**常用阴离子聚合引发剂在溶液中的状态** 丁基锂和萘钠是最常用的碳阴离子聚合引发剂,前者可溶于烃类溶剂,以缔合体形式存在;后者只能在 THF 或其混合溶剂中使用。正丁基锂、仲/叔丁基锂、苄基锂在烃类溶剂中分别以六聚体、四聚体和二聚体形式存在,聚苯乙烯活性链也以二聚体形式存在。在 THF 等极性溶剂中,烷基锂和聚合物活性链均以单量体形式存在。

5.**溶剂对阴离子聚合的影响** 阴离子聚合速率与溶剂性质有关,在非极性溶剂中,活性种以极性共价物为主,活性很低;在弱极性溶剂或含有少量烷基醚的混合溶剂中,活性种以紧密离子对为主,活性明显增大;在 THF 等配位溶剂中,活性种以松散离子对为主,活性很高。

$$R-Mt \xrightleftharpoons{\hspace{1cm}} R^{\ominus}Mt^+ \xrightleftharpoons{\hspace{1cm}} R^{\ominus}/\!/Mt^+ \xrightleftharpoons{\hspace{1cm}} R^{\ominus} + Mt^+$$

共价化合物　　　紧密离子对　　　松散离子对　　　自由离子

链转移反应与活性种的活性密切相关,自由离子和松散离子对易发生链转移反应,高活性和超高活性单体的阴离子聚合也容易发生链转移反应,难以形成高分子量聚合物。

6.**金属反离子对阴离子聚合的影响** 金属反离子对阴离子聚合的影响很大。从锂到铯离子半径增大,链增长活性种稳定性降低,反应活性增大,聚合速率和链转移反应均加速,聚合物分子量分布加宽。

7.活性阴离子聚合　快引发、慢增长、没有链转移和链终止的聚合反应称为"活性聚合"。控制反应条件，A类单体的阴离子聚合可按"活性聚合"方式进行。活性阴离子聚合可用于合成窄分子量分布的聚合物和结构明确的嵌段共聚物，如热塑性弹性体 SBS 和 SIS，也可用于合成端基功能化的聚合物。

8.阴离子聚合的立体选择性　共轭二烯的阴离子聚合具有立体选择性。在非极性溶液中，丁二烯和异戊二烯以 1,4-聚合为主，生成低顺橡胶；在 THF 等醚类溶剂中，丁二烯和异戊二烯以 1,2-聚合或 3,4-聚合为主，生成高乙烯聚合物。低温下，用锂或烷基锂在本体或庚烷中引发异戊二烯聚合，可获得高顺 1,4-聚合物，但丁二烯的选择性不高。

9.阴离子聚合的工业应用　除了生产热塑性弹性体 SBS 和 SIS，阴离子聚合还用于生产丁苯橡胶，俗称"溶聚丁苯橡胶"，其性能优于自由基乳液聚合的"乳聚丁苯橡胶"，用作汽车子午轮胎的胎面胶。

习题

参考答案

1.与自由基聚合相比，阴离子聚合的活性中心有什么特点？

2.适合阴离子聚合的单体主要有哪几种？与适合自由基聚合的单体相比有什么特点？

3.阴离子聚合常用引发剂有哪几类？与自由基聚合引发剂相比有什么特点？

4.在阴离子聚合过程中，能否出现自动加速现象，阴离子聚合能否发生双基终止？

5.写出下列阴离子聚合的引发反应和链增长反应。（1）用萘钠在 THF 中引发苯乙烯聚合；（2）用钠砂引发丁二烯的阴离子聚合制备丁钠橡胶；（3）用正丁基锂引发异戊二烯合成顺 1,4-聚异戊二烯；（4）用叔丁醇锂引发甲基丙烯酸甲酯聚合；（5）α-氰基丙烯酸乙酯与空气中水分发生聚合形成粘接层。

6.比较阴离子聚合和自由基聚合的速率常数 k_p 大小，为什么阴离子聚合速率要比自由基聚合速率高 4～7 个数量级？

7.为什么进行阴离子型聚合反应时需预先将原料和聚合容器净化、干燥、除去空气并在密封条件下进行？如果溶剂或反应器中含有微量水、乙醇、乙酸、苯甲酰氯、氧、CO 或 CO_2，将会发生什么？写出相关的反应式。

8.现有苯乙烯、丁二烯、甲基丙烯酸甲酯和甲基丙烯腈，请选择合适的引发剂进行阴离子聚合，写出相关反应式。

9.阴离子聚合的活性中心有几种存在形式？存在形式主要受哪些因素影响？不同形式的活性中心对阴离子聚合有何影响？

10.支化聚合物的溶液黏度和熔体黏度低于线形聚合物，有利于加工成型，请设计实验合成支化聚苯乙烯。

11.用萘锂、萘钠和萘钾分别在甲苯、对氟甲苯和对二甲苯中引发苯乙烯的阴离子聚合，比较向溶剂链转移速率常数的大小，并说明理由。

12.什么是活性聚合？活性聚合有什么特性？为什么苯乙烯和丁二烯等非极性共轭单体的阴离子聚合容易实现活性聚合，而甲基丙烯酸酯等极性单体很难活性聚合？

13.增加溶剂极性对下列各项有何影响？（1）活性种的状态；（2）聚共轭烯烃的立体规

整性；（3）用烷基锂引发苯乙烯聚合的引发速率；（4）离子对增长速率常数、自由离子含量及其增长速率常数；（5）用萘钠引发苯乙烯聚合产物的单分散性；（6）正丁基锂引发苯乙烯聚合产物的单分散性。

14. 合成苯乙烯-丁二烯-甲基苯乙烯嵌段共聚物（PS-*b*-PB-*b*-PMSt）、甲基丙烯酸甲酯-丁二烯-甲基丙烯酸甲酯嵌段共聚物（PMMA-*b*-PB-*b*-PMMA）、苯乙烯-甲基丙烯酸甲酯-苯乙烯嵌段共聚物（PS-*b*-PMMA-*b*-PS）应选择何种引发剂？写出相关引发与聚合反应式。

15. 以正丁基锂和少量异戊二烯单体反应，得一活性聚合种（A）。以 20mmol 的 A 和 2mol 新鲜的异戊二烯混合，50min 内单体转化为聚合物，计算聚合反应的 k_p 值。假定无链转移反应，体系的总体积 100L 不变。

16. 用萘钠的 THF 溶液引发苯乙烯聚合。已知萘钠溶液的浓度为 1.5mol/L，苯乙烯为 300g（相对密度为 0.909）。试计算若制备相对分子量为 30kDa 的聚苯乙烯需加多少毫升引发剂？若体系中含有 1.8×10^{-4} mol 的水，需加多少引发剂？

17. 以萘钠/THF 为引发剂、环己烷为溶剂，合成数均分子量为 150kDa 的窄分子量分布 SBS，其中丁二烯嵌段的相对分子量为 10 万，单体转化率为 100%。第一步聚合的聚合液总量为 2L，丁二烯单体浓度为 100g/L 聚合液，请回答下列问题。

（1）计算需用浓度为 0.4mol/L 的萘钠/THF 溶液多少毫升？

（2）发现 1000s 内有一半丁二烯单体聚合，计算 1000s 时的聚合度。

（3）丁二烯聚合结束后需加入多少苯乙烯？若加入的是环氧乙烷，得到的是什么？写出相关反应式。

（4）若反应前体系中含有 18μL 水没有除去，计算此体系所得聚合物的实际分子量。

（5）丁二烯聚合时，当改变如下条件，其对反应速率和聚合度各有什么影响？请分别说明。（a）向环己烷溶剂中添加少量乙二醇二甲醚；（b）用 THF 替代环己烷溶剂，将反应温度从 50℃降低到 0℃；（c）向单体转化一半的反应体系中加入十二烷基硫醇；（d）向单体转化一半的反应体系中加入二乙烯基苯。

（6）若将引发剂换为浓度为 1mol/L 的丁基锂溶液来制备相同相对分子质量的 SBS，第一段聚合总量为 2L，苯乙烯单体浓度为 25g/L，该段转化率为 100%，需要引发剂多少毫升？

18. 写出用活性阴离子聚合制备四种不同端基（—OH、—COOH、—SH、—NH$_2$）的聚丁二烯遥爪聚合物的合成反应过程。

19. 丁二烯和异戊二烯的阴离子聚合各有几种立体选择性插入方式？如何才能获得高顺式聚异戊二烯？为什么不能用阴离子聚合方法合成顺丁橡胶？

20. 用正丁基锂分别在己烷和四氢呋喃中引发丁二烯聚合，所得聚合物的结构有何差别？要合成高 1,4-聚丁二烯应该使用何类溶剂？

第 7 章

阳离子聚合

7.1 阳离子聚合概述

在烯类单体聚合过程中，链增长活性中心具有阳离子特征的连锁聚合称为阳离子聚合（cationic polymerization）。具有较强供电子取代基或共轭体系的烯类单体可进行阳离子聚合。烷氧基等供电子取代基使双键电子云密度增加，有利于缺电子的阳离子活性种进攻；同时，供电子取代基也使碳阳离子（carbon cation）缺少电子的情况有所改善，体系能量有所降低，碳阳离子活性种的稳定性增加。虽然同是离子聚合反应，碳阳离子聚合的反应条件比碳阴离子聚合更为苛刻，具有快引发、速增长、易转移、难终止等特点。碳阳离子聚合可用下式表示。

$$B^{\ominus}A^{\oplus} + CH_2\!=\!\underset{\underset{Y}{|}}{CH} \longrightarrow A\!-\!CH_2\!-\!\underset{\underset{Y}{|}}{CH}^{\oplus}B^{\ominus} \xrightarrow{(n-1)\,M} \left[\!CH_2\!-\!\underset{\underset{Y}{|}}{CH}\!\right]_n^{\oplus}$$

式中，Y 代表供电子取代基；M 代表单体；"$\oplus$"和"$\ominus$"表示碳阳离子和复合阴离子的电荷，简单酸根离子的负电荷仍用"－"表示。

早在 18 世纪，人们就利用 $SnCl_4$ 和 BF_3 等 Lewis 酸引发苯乙烯和异丁烯的连锁聚合制备聚合物。1934 年，Whitmore 提出了阳离子聚合的概念。1937 年，Thomas 等人合成了异丁烯与异戊二烯的共聚物，称为丁基橡胶（butyl rubber）。20 世纪 40 年代，德国 BASF 公司和美国 Exxon 公司先后实现了丁基橡胶的工业生产。

理论研究表明，碳阴离子呈三角锥体，4 个 sp^3 杂化轨道充满电子，稳定性较好；碳阳离子呈平面三角形，除 3 个 sp^2 杂化轨道外，p_z 轨道没有电子，稳定性较差。虽然同是离子聚合，碳阳离子聚合不如碳阴离子聚合容易控制，因为碳阳离子活性中心的稳定性很差，非常容易发生 β-H 消去反应，生成稳定的烯烃和质子。

除活性中心稳定性差、容易发生各种副反应外，碳阳离子聚合的引发过程也非常复杂，较难实现真正意义上的活性聚合。尽管如此，在诞生活性阴离子聚合方法 28 年后的 1984 年，日本学者 Higashimura 等人率先报道了烷基乙烯基醚的活性阳离子聚合，随后美国学者 Kennedy 扩展了异丁烯的阳离子活性聚合。至此，阳离子聚合取得了划时代的突破。在随后的数十年中，活性阳离子聚合在聚合机理与动力学、新引发体系、单体扩展、嵌段共聚物和功能聚合物的合成与应用等方面都取得了重要进展。

同是离子聚合，碳阳离子聚合与碳阴离子聚合差别较大。

① 碳阴离子的稳定性较好，很难发生 β-H 消去反应，因为负氢离子不是稳定物种；与此相反，碳阳离子的稳定性很差，容易发生 β-H 消去反应，生成稳定的烯烃和质子。

② 碳阴离子聚合的活化能比较高，苯乙烯等共轭单体的阴离子聚合可在室温以上进行；然而，碳阳离子聚合的活化能较低，甚至是负值，所以低温对碳阳离子聚合有利。例如，要获得高分子量的丁基橡胶，需要在 $-100℃$ 左右进行异丁烯和异戊二烯的阳离子共聚。

③ 碳阴离子聚合不仅可在非极性的烃类溶剂中进行，也可在 THF 等呈 Lewis 碱性的醚类溶剂中进行；碳阳离子聚合通常在弱极性溶剂中进行。

7.2 阳离子聚合单体

（1）异丁烯与 α-烯烃

虽然烷基具有供电子作用，但普通 α-烯烃并不是合适的阳离子聚合单体。丙烯或丁烯等 α-烯烃的亲核性和亲质子能力都很强，有利于亲电加成反应，但一个烷基的供电子能力不够强，一方面导致单体活性较低，另一方面又使碳阳离子太活泼，容易发生重排反应，生成更稳定的叔碳阳离子，降低了进一步与单体反应的活性。例如，1-丁烯与质子反应首先生成稳定性较差的仲碳阳离子，随后经过两次 1,2-迁移反应（1,2-migration reaction），生成较稳定的叔碳阳离子，难进攻不活泼的单体，而容易发生 β-H 消去反应。因此，丙烯和丁烯等普通 α-烯烃的阳离子聚合只能得到油状低聚物。由于空间位阻较大，更高级的 α-烯烃通常发生阳离子二聚反应。

异丁烯是一种特殊的 α-烯烃，可进行阳离子聚合，生成高分子量聚合物。两个供电子的甲基使异丁烯的双键电子密度增加很多，容易和质子亲和；反应形成的叔碳阳离子的正电荷密度比较低，稳定性比较高。同时，亚甲基上的活泼 β-H 受四个甲基保护，不容易受到碱基的进攻而发生 β-H 消去副反应。

3-甲基-1-丁烯的分子形状与异丁烯有些相似，但其阳离子聚合行为与异丁烯差别很大。3-甲基-1-丁烯首先接受质子或碳阳离子生成稳定性较差的仲碳阳离子，随后可能发生1,2-迁移反应，重排生成稳定的叔碳阳离子，完成链引发或单体的一次1,3-插入反应。与此相关的阳离子聚合称为异构化阳离子聚合（isomerized cationic polymerization）。

$$H_2C=CH-CH-CH_3 \xrightarrow{H^+} H_3C-CH-C-CH_3 \longrightarrow H_3C-CH_2-\overset{\oplus}{C}-CH_3$$

（2）烷基乙烯基醚

烷基乙烯基醚是一种活性更高的阳离子聚合单体。虽然氧原子电负性较大，吸电子诱导效应使双键电子云密度有所降低；但氧原子含有孤对电子，参与形成的p-π共轭效应显著增加了双键电子云密度，占主导地位。这类单体转化为阳离子后，所形成的p-p共轭效应使碳阳离子的正电荷得到有效分散，提高了活性中心的稳定性。

$$H_2C=CH \xrightarrow{H^+} \sim\!\!\sim CH_2-\overset{\oplus}{C}H \longleftrightarrow \sim\!\!\sim CH_2-CH$$

由于甲基的供电子作用，α-甲基烷基乙烯基醚 [CH$_2$=C(CH$_3$)OR] 的聚合活性要高于非取代的烷基乙烯基醚。与烷基乙烯基醚结构相似的其他烯类单体也能顺利进行阳离子聚合。例如，乙烯基咔唑的氮含有未共用电子对（或孤对电子），芳基乙烯基醚的氧含有孤对电子，氮或氧可与乙烯基形成p-π共轭效应，所以这类单体也容易发生阳离子聚合。

（3）共轭烯类单体

共轭烯类单体可进行阳离子聚合。表面上看，丁二烯和苯乙烯等共轭单体的双键之间存在很强的共轭效应，双键电子云密度会有所降低，似乎不应该具有阳离子聚合活性。然而，一旦共轭烯烃的某个双键转化为碳阳离子，余下的双键或苯环将与碳阳离子发生很强的p-π共轭效应，此时双键或苯环的强供电子效应使阳离子活性种得以稳定，所以丁二烯、异戊二烯、1,3-戊二烯、苯乙烯及其衍生物等均可发生碳阳离子聚合。

在苯乙烯的对位引入甲基或烷氧基等供电子基团，将提高其阳离子聚合活性；如果引入羰基、氯甲基和卤原子等吸电子基团，则不利于阳离子聚合反应。1,3-戊二烯比较活泼，单体的插入方式也比较复杂，不仅可发生1,2-聚合或1,4-聚合，亦可发生3,4-聚合。1,2-聚合产物的侧基是丙烯基，其阳离子聚合活性很高，可进一步发生交联和分子内环化反应。

（4）环状单体

某些环烯烃具有阳离子聚合活性。双环戊二烯和茚等环状共轭单体的活性高于普通共轭二烯；二氢呋喃是一种环状的烷基乙烯基醚，具有很高的阳离子聚合活性；苯并呋喃可看作是环状的芳基乙烯基醚，亦可进行阳离子聚合。双环戊二烯的降冰片烯部分（左环）具有较大的环张力，可发生阳离子聚合。β-蒎烯含有一个高度活泼的环外双键，也能进行阳离子聚合，其过程包括碳阳离子重排反应。

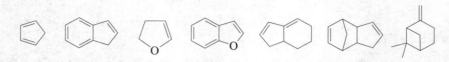

阳离子聚合单体的活性受控于分子结构，表7-1是常见单体的相对反应活性。烷基乙烯基醚的活性最高，接下来是对甲氧基苯乙烯，异丁烯的活性也比较高；苯乙烯的反应活性适中；苯乙烯衍生物的活性可由取代基的电子效应来判断；共轭二烯的活性远低于苯乙烯。在苯乙烯的α-碳上引入供电子的甲基，并没有提高阳离子聚合活性，其原因是位阻效应妨碍了碳阳离子对烯键的进攻。

表 7-1   部分阳离子聚合单体的相对活性

单体	相对活性	单体	相对活性	单体	相对活性
烷基乙烯基醚	很大	对甲基苯乙烯	1.5	对氯苯乙烯	0.4
对甲氧基苯乙烯	100	苯乙烯	1.0	异戊二烯	0.12
异丁烯	4.0	α-甲基苯乙烯	1.0	丁二烯	0.02

苯环和乙烯基像"蓄电子池"一样，既能吸电子也能供电子，取决于相连基团的电子饱和状态，当缺电子基团与之相连时，它们能给出部分电子；当富电子基团与之相连时，它们能吸入部分电子。比较而言，乙烯基的吸电子能力强于苯环，而供电子能力弱于苯环。因此，苯乙烯的阴离子聚合活性低于丁二烯，而阳离子聚合活性高于丁二烯。

7.3 阳离子聚合引发体系

与其他连锁聚合相似，碳阳离子聚合也包括链引发、链增长、链终止和链转移四个基元反应。然而，由于碳阳离子聚合存在很强的单体与引发体系的匹配性，即结构不同的富电子烯类单体常需要使用不同类型的引发剂，而每类引发剂的引发原理和性质又不尽相同。因此，本节将依据引发剂的差别，进行分类讨论。

7.3.1 质子酸引发阳离子聚合

在有机溶剂中，质子酸能发生电离生成质子和酸根阴离子，质子能与单体的烯键反应生成碳阳离子，新形成的碳阳离子还能进攻富电子烯类单体，从而引发阳离子聚合。H_2SO_4、H_3PO_4、$HClO_4$ 和 CF_3CO_2H 等强酸容易发生电离，可用作为阳离子聚合的引发剂。以硫酸为例，强酸引发带有强供电子基团烯类单体的化学原理如下：

$$H_2C = CHY + H^+HSO_4^- \longrightarrow H_3C - \underset{\underset{Y}{|}}{CH}^\oplus [HSO_4]^\ominus \xrightarrow{nM} \sim\sim CH_2 - \underset{\underset{Y}{|}}{CH}^\oplus [HSO_4]^\ominus$$

在有机溶剂中，乙酸、丙酸和苯甲酸等弱酸难发生电离释放质子，而且酸根阴离子的亲核性很强。因此，这些弱酸与富电子烯类单体亲电加成，生成极性共价化合物，而不是离子对、离子缔合物或自由离子。在没有外加强 Lewis 酸作为活化剂的情况下，这类极性共价化合物难以解离为碳阳离子和酸根阴离子，不能用作碳阳离子聚合的引发剂。

$$H_2C = CHY + RCOOH \longrightarrow \underset{\underset{Y}{|}}{CH_3CH} - O - \overset{\overset{O}{\|}}{C} - R$$

质子酸的电离不仅与本身的酸强度有关，还受溶剂极性的影响。例如，乙酸在甲苯中是弱酸，难电离，但在强极性溶剂中是强酸，容易电离。在本体中，乙酸电离后，不产生游离的乙酸根，而是以复合阴离子 $[AcOHOAc]^-$ 的形式存在，这种复合阴离子的亲核性很弱。因此，在甲苯等有机溶剂中乙酸不能引发苯乙烯聚合，但将苯乙烯滴加至乙酸介质中，却可得到高分子量的聚苯乙烯。

$$2\,CH_3CO_2H \rightleftharpoons H^+ + H_3C - \overset{\overset{O}{\|}}{C}\underset{O}{\cdots}\overset{\ominus}{\underset{}{H}}\overset{O}{\cdots}\underset{\underset{O}{\|}}{C} - CH_3 \quad (低亲核性)$$

虽然氢卤酸也是强质子酸，但卤负离子的亲核性都很强，通常它们与富电子烯类单体进行亲电加成，生成极性共价化合物，而不是离子对或自由离子。因此，在没有外加强 Lewis 酸活化剂的情况下，它们通常也不能用作碳阳离子聚合的引发剂。

氯化氢可在甲苯中引发乙烯基咔唑的聚合生成高分子量聚合物是一个特例。乙烯基咔唑是超高活性单体，链增长活性阳离子的结构特殊，存在强烈的 p-π 共轭效应，正电荷分散在 α-C 和 N 上，甚至分散在整个咔唑分子上，致使活性中心的亲电性显著减弱，抑制了形成 C—Cl 键的倾向，所以阳离子聚合可以顺利进行。

磺酸（RSO_3H）和氢卤酸的情况相似，磺酸根的亲核性也很强，不适合用于引发碳阳离子聚合。然而，三氟甲磺酸（CF_3SO_3H）却是一个例外。由于三氟甲基的强吸电子特征，磺酸根氧原子上的电子云密度显著降低，导致三氟甲磺酸根的亲核性比普通磺酸根弱得多。因此，三氟甲磺酸与富电子烯类单体反应可生成离子或离子缔合物，而不是极性共价化合物，能引发阳离子聚合。

H_2SO_4、$HClO_4$、CF_3CO_2H 和 CF_3SO_3H 等强质子酸在有机溶液中容易发生电离生成质子和酸根负离子，也容易与烷基乙烯基醚和异丁烯等富电子烯类单体反应，生成自由碳阳离子与酸根负离子或二者的离子缔合物，从而引发碳阳离子聚合。强质子酸引发碳阳离子聚合的反应过程可描述为：

链引发　　　$HA \; \rightleftharpoons \; H^{+}(A^{-})$

$$H^{+}(A^{-}) + CH_2=\underset{\underset{Y}{|}}{C}H \xrightarrow{k_i} CH_3-\underset{\underset{Y}{|}}{C}H^{\oplus}(A^{-})$$

链增长　　$CH_3-\underset{\underset{Y}{|}}{C}H^{\oplus}(A^{-}) + n\,M \xrightarrow{k_p} \sim\sim CH_2-\underset{\underset{Y}{|}}{C}H^{\oplus}(A^{-})$

链转移　　$\sim\sim CH_2-\underset{\underset{Y}{|}}{C}H^{\oplus}(A^{-}) + M \xrightarrow{k_{tr,M}} \sim\sim CH=\underset{\underset{Y}{|}}{C}H + CH_3-\underset{\underset{Y}{|}}{C}H^{\oplus}(A^{-})$

$$\sim\sim CH_2-\underset{\underset{Y}{|}}{C}H^{\oplus}(A^{-}) + X-CH_2R \xrightarrow{k_{tr,S}} \sim\sim CH_2-\underset{\underset{Y}{|}}{C}HX + RCH_2^{\oplus}(A^{-})$$

链终止　　$\sim\sim CH_2-\underset{\underset{Y}{|}}{C}H^{\oplus}(A^{-}) \longrightarrow \sim\sim CH_2-\underset{\underset{Y}{|}}{C}H-A$

$$\sim\sim CH_2-\underset{\underset{Y}{|}}{C}H^{\oplus}(A^{-}) \longrightarrow \sim\sim CH=\underset{\underset{Y}{|}}{C}H + HA$$

$$\sim\sim CH_2-\underset{\underset{Y}{|}}{C}H^{\oplus}(A^{-}) + HB \longrightarrow \sim\sim CH_2-\underset{\underset{Y}{|}}{C}H-B + HA$$

式中，M 是单体 $CH_2=CHY$；HA 是强质子酸；HB 是外加终止剂，可以是水和醇等。

虽然强酸在有机介质中可以发生电离，但电离产物主要以离子对或离子缔合物的形式存在。缔合质子与富电子烯类单体反应生成离子对或离子缔合物，碳阳离子和酸根离子间存在很强的相互作用。用质子酸引发阳离子聚合的限速步骤是质子酸的电离。

在碳阳离子聚合过程中，活性种通过 β-H 消去向单体转移是最主要的链转移方式，链转移常数为 $0.01\sim0.1$，比自由基聚合高 $2\sim3$ 个数量级，是控制聚合物分子量的主要因素。除此之外，还可能存在向溶剂链转移。例如，如果用卤代烃作溶剂，碳阳离子可与卤代烃中的卤负离子结合，同时生成新的碳阳离子，进一步引发阳离子聚合。这些链转移反应均随温度升高而迅速加快，所以碳阳离子聚合需要在低温下进行。

阳离子的主要链终止反应有三种：第一种是链端阳离子与酸根离子或反离子结合；第二种是在缺乏单体的情况下，大分子活性种的 β-H 消去反应；第三种是聚合反应结束后，常向反应体系中添加水、醇和酸等化合物来终止阳离子聚合。

与阴离子聚合的情况相似，自由碳阳离子和松散离子对的活性极高，引发阳离子聚合速率极快，同时它们的稳定性很差，极易发生 β-H 消去反应生成稳定的烯烃和质子酸，质子酸可再次引发阳离子聚合。因此，质子酸单独用作阳离子聚合引发剂的效果不佳，通常只能用于合成分子量小于 10kDa 的润滑油（lubricating oil）。

通过以上讨论可知，富电子烯类单体与质子酸加成产物的结构主要取决于烯烃单体和酸根阴离子的结构与性质。如果酸根离子的亲核性很弱，在溶剂化的作用下则主要形成松散离子对和少量自由阳离子，可快速引发碳阳离子聚合，同时存在严重的向单体链转移副反应。在这种传统阳离子聚合过程中，碳阳离子非常活泼，极易失去一个 β-H，形成稳定的烯烃和一个质子，质子再与富电子烯类单体反应，形成一个新的碳阳离子而再次引发聚合。

氢卤酸、羧酸和普通磺酸的酸根离子的亲核性都很强，将主要形成极性共价化合物，不能引发碳阳离子聚合。如果适当降低酸根离子的亲核性，极性共价化合物在溶剂化作用下可能发生缓慢解离，引发阳离子聚合，但大分子阳离子仍可与酸根反离子结合，形成极性共价键，即发生链终止反应。如果酸根离子的亲核性适中，将主要形成紧密离子对，在合适条件下可引发没有链转移和链终止的活性阳离子聚合反应。

7.3.2　质子给体/强 Lewis 酸引发阳离子聚合

强质子酸可以快速引发碳阳离子聚合，但因链转移反应严重很难获得高分子量聚合物。如何才能提高碳阳离子活性中心的稳定性，抑制 β-H 消去导致的链转移反应呢？

一种思路是降低溶剂的极性，减少溶剂化作用，从而消除自由阳离子和松散离子对，在一定程度上抑制链转移副反应。然而，由于碳阳离子和反离子之间的相互作用难以调控，实际效果并不理想。

另一种思路是通过配位作用，将酸根负离子与金属卤化物结合，形成大体积的配位阴离子（coordination anion）或缔合反离子（association counterion），这不仅能显著降低反离子的亲核性，还能调节碳阳离子与反离子之间的相互作用力，从而提高碳阳离子的稳定性，消除或抑制各种链转移副反应。

根据 Lewis 酸碱理论，卤负离子和质子酸的酸根均是 Lewis 碱，它们能与呈强 Lewis 酸性的缺电子金属卤化物反应，形成体积较大、电荷比较分散的金属配位阴离子。例如，卤负离子可与三卤化硼或四卤化锡反应，乙酸根可与二卤化锌或二卤化锡反应，生成相应的金属配位阴离子。这类阴离子的亲核性明显小于通常的酸根离子，容易和碳阳离子形成阴阳离子对或离子缔合物。两种离子之间的结合力与酸根种类和所用 Lewis 酸有关，通过结构优化能消除和抑制碳阳离子聚合过程中的链转移副反应。

$$Cl^- + BCl_3 \longrightarrow Cl \cdots BCl_3^{\ominus} \ (BCl_4^-)$$

$$H_3C-\overset{\overset{\displaystyle O}{\|}}{C}-O^- + ZnCl_2 \longrightarrow H_3C-\overset{\overset{\displaystyle O}{\|}}{C}-O \cdots ZnCl_2^{\ominus}$$

BF_3、$AlCl_3$、$TiCl_4$、$SnCl_4$、$SbCl_5$、$ZnCl_2$ 等强 Lewis 酸均可与卤化氢、羧酸、水和醇等质子给体（proton donor）进行酸碱反应，生成质子和金属配位阴离子，二者之间通常形成离子对或离子缔合物。这种离子对很容易和富电子烯类单体反应，生成碳阳离子-金属配位阴离子缔合物，引发碳阳离子聚合。

质子给体包括质子酸，但不限于质子酸。凡是含有活泼氢、能与 Lewis 酸反应、并放出质子的物质都是质子给体。例如，羧酸、醇、硫醇、酚、伯胺和仲胺均是质子给体，而叔胺、叔膦、烯烃和双烯烃等虽能与 Lewis 酸反应，但不释放质子，因而不是质子给体。

配位阴离子的亲核性与酸根阴离子种类及金属卤化物的种类和结构密切相关。

① 亲核性较强的卤负离子与 ZnX_2 或 SnX_2 等中等强度的 Lewis 酸匹配性较好；

② 亲核性更强的乙酸根和苯甲酸根等与 $AlCl_3$ 和 $TiCl_4$ 等强 Lewis 酸的匹配性较好；

③ 烷氧阴离子和羟基的亲核性更强，需要 BF_3 和 $TiCl_4$ 等强 Lewis 酸与之相匹配。

酸根阴离子与 Lewis 酸之间的匹配性，对控制碳阳离子聚合极为重要。

$$HX + ZnCl_2 \longrightarrow H^+ + X^{\ominus}ZnCl_2 \xrightarrow{CH_2=CHY} CH_3-\underset{\underset{\displaystyle Y}{|}}{CH}{\oplus} X^{\ominus}ZnCl_2$$

$$CH_3CO_2H + AlCl_3 \longrightarrow H^+ + Cl \overset{\ominus}{\cdots} Al(OAc)Cl_2 \xrightarrow{CH_2=CHY} CH_3-\underset{\underset{Y}{|}}{CH} \overset{\oplus}{} Cl \overset{\ominus}{\cdots} Al(OAc)Cl_2$$

$$H_2O + BF_3 \longrightarrow H^+ + HO \overset{\ominus}{\cdots} BF_3 \xrightarrow{CH_2=CHY} CH_3-\underset{\underset{Y}{|}}{CH} \overset{\oplus}{} F \overset{\ominus}{\cdots} B(OH)F_2$$

$$ROH + TiCl_4 \longrightarrow H^+ + RO \overset{\ominus}{\cdots} TiCl_4 \xrightarrow{CH_2=CHY} CH_3-\underset{\underset{Y}{|}}{CH} \overset{\oplus}{} Cl \overset{\ominus}{\cdots} Ti(OR)Cl_3$$

通常质子给体的用量要明显低于 Lewis 酸，如果过量将引发诸多副反应，甚至会失去引发活性。例如，过量水与 BF$_3$ 反应会生成水合质子（hydrated proton）或氧鎓离子（oxonium ion），其活性很低，不能引发碳阳离子聚合。

$$H_2O + BF_3 \longrightarrow H^+ + HO \overset{\ominus}{\cdots} BF_3 \xrightarrow{H_2O} H_3\overset{\oplus}{O} + HO \overset{\ominus}{\cdots} BF_3$$

质子给体/强 Lewis 酸引发体系广泛应用于实验室研究和工业生产，包括烷基乙烯基醚、异丁烯、苯乙烯和 α-甲基苯乙烯的碳阳离子聚合。在离子聚合过程中，碳阳离子只含有部分正电荷，其他正电荷分配在邻近原子上。通常 β-H 含有 7%～12% 的正电荷，容易受到 Lewis 碱的进攻，从而发生 β-H 消去反应。酸根、配位阴离子和单体都是 Lewis 碱，它们均可促进活性链的 β-H 消去反应。

配位阴离子可与 β-H 发生分子内反应，生成端烯聚合物和质子-配位阴离子缔合物，后者即为引发活性种；单体呈 Lewis 碱性，可与 β-H 反应，通过双分子机理，生成端烯聚合物和碳阳离子-配位阴离子缔合物，后者继续引发阳离子聚合反应。表面上看，两个链转移反应的结果没有差别，但前者对单体呈 0 级动力学，而后者对单体呈一级动力学。

$$\sim\sim CH_2-\underset{\underset{Y}{|}}{CH} \overset{\oplus}{} X \overset{\ominus}{\cdots} MX_n \longrightarrow \sim\sim CH=CHY + H^+ X \overset{\ominus}{\cdots} MX_n \xrightarrow{M} \sim\sim CH_2-\underset{\underset{Y}{|}}{CH} \overset{\oplus}{} X \overset{\ominus}{\cdots} MX_n$$

$$\sim\sim CH_2-\underset{\underset{Y}{|}}{CH} \overset{\oplus}{} X \overset{\ominus}{\cdots} MX_n + CH_2=\underset{\underset{Y}{|}}{CH} \longrightarrow \sim\sim CH=CHY + CH_3-\underset{\underset{Y}{|}}{CH} \overset{\oplus}{} X \overset{\ominus}{\cdots} MX_n$$

在异丁烯和 α-甲基苯乙烯等单体的阳离子聚合时，除通过 β-H 消去的正常方式向单体转移外，还可能存在通过夺取单体 α-负氢的"非正常"途径向单体链转移。正常链转移生成端烯聚合物和正常的活性种，而非正常链转移则生成饱和聚合物和烯丙基型活性种。

$$\sim\sim CH_2\underset{\underset{R}{|}}{\overset{\overset{CH_3}{|}}{C}} \overset{\oplus}{} X \overset{\ominus}{\cdots} MX_n + CH_2=\underset{\underset{R}{|}}{\overset{\overset{CH_3}{|}}{C}}-CH_3 \longrightarrow \sim\sim CH_2\underset{\underset{R}{|}}{CHR} + CH_2=\underset{\underset{R}{|}}{\overset{\overset{CH_3}{|}}{C}}-CH_2 \overset{\oplus}{} X \overset{\ominus}{\cdots} MX_n$$

R = CH$_3$, Ph

用氯甲烷和芳烃作为碳阳离子聚合溶剂，还会发生向溶剂的链转移反应。在丁基橡胶的工业生产中，使用氯甲烷作溶剂，此时存在严重的向溶剂链转移反应，生成氯端基聚合物和活泼甲基阳离子缔合物，后者快速引发阳离子聚合。降低温度至 −100℃，这种链转移反应会得到明显抑制。工业上在甲苯中合成低分子量的聚异丁烯，此时 Friedel-Crafts 烷基化是主要链转移反应，生成芳基链末端聚合物。相关链转移反应如下。

$$\sim CH_2\overset{\underset{\textstyle CH_3}{|}}{\underset{\textstyle CH_3}{\overset{\textstyle |}{C}}}{}^{\oplus}X{}^{\ominus}\cdot MX_n + Cl-CH_3 \longrightarrow \sim CH_2\overset{\underset{\textstyle CH_3}{|}}{\underset{\textstyle CH_3}{\overset{\textstyle |}{C}}}-Cl + CH_3{}^{\oplus}X{}^{\ominus}\cdot MX_n$$

$$\sim CH_2\overset{\underset{\textstyle CH_3}{|}}{\underset{\textstyle CH_3}{\overset{\textstyle |}{C}}}{}^{\oplus}X{}^{\ominus}\cdot MX_n + \underset{}{\bigcirc}-CH_3 \longrightarrow \sim CH_2\overset{\underset{\textstyle CH_3}{|}}{\underset{\textstyle CH_3}{\overset{\textstyle |}{C}}}-\underset{}{\bigcirc}-CH_3 + H^{\oplus}X^{\ominus}\cdot MX_n$$

类似于强质子酸，质子给体/强 Lewis 酸引发碳阳离子聚合，也存在三种链终止反应。

① 碳阳离子向反离子转移一个质子，自身终止为一个含有不饱和端基的大分子，同时再生一个质子缔合物，后者可以继续引发单体聚合，所以动力学链并没有终止；

② 碳阳离子与亲核性的酸根阴离子形成共价键而终止；

③ 活性中心与配位阴离子中的一个亲核性卤负离子形成共价键而终止。

第一种反应是最主要的链终止反应，但因动力学链未终止，对活性中心而言也是链转移反应；后两种反应动力学链终止，是真实的链终止反应，但实际发生的概率较小。

在阳离子聚合后期向体系中加入少量水、醇和盐酸等质子给体（HB），类似于强质子酸引发聚合的情况，可使聚合反应终止。

$$\sim CH_2-\overset{\underset{\textstyle Y}{|}}{CH}{}^{\oplus}A{}^{\ominus}\cdot MX_n + HB \longrightarrow \sim CH_2\overset{\underset{\textstyle Y}{|}}{CHB} + HA + MX_n$$

$$\sim CH_2\overset{\underset{\textstyle Y}{|}}{CHA} + HB + MX_n$$

在烯类单体聚合过程中，添加某些阻聚剂或链转移剂，往往是链终止的主要方式。例如，通过自由基加成反应，苯醌能终止自由基聚合；通过拔质子反应，苯醌能淬灭碳阳离子活性种，终止阳离子聚合。换句话说，虽然机理不同，但苯醌既是自由基聚合的阻聚剂，也是阳离子聚合的阻聚剂。因此，不能用苯醌的阻聚作用判断聚合机理是自由基聚合还是阳离子聚合。

$$2\sim CH_2-\overset{\underset{\textstyle Y}{|}}{CH}{}^{\oplus}A{}^{\ominus}\cdot MX_n + O=\underset{}{\bigcirc}=O \longrightarrow 2\sim CH=CHY + \left[HO-\underset{}{\bigcirc}-OH\right]^{2\oplus} 2\,[M(A)X_n]^{\ominus}$$

$$\sim CH_2-\overset{\underset{\textstyle Y}{|}}{CH}{}^{\oplus}A{}^{\ominus}\cdot MX_n + R_3N \longrightarrow \sim CH_2-\overset{\underset{\textstyle Y}{|}}{CH}[R_3\overset{\oplus}{N}-M(A)X_n]^{\ominus}$$

叔胺是典型的 Lewis 碱，可与抗衡阴离子的中心反应生成新的配位阴离子，其中 N 与碳阳离子之间存在强相互作用。因此，新生成的离子对（或离子缔合物）很稳定，没有引发活性，也不发生链转移反应。

7.3.3 碳阳离子给体/强 Lewis 酸引发阳离子聚合

卤代烃、酰卤、酸酐、羧酸酯、次磷酸酯、磺酸酯、醚和叔醇等"碳阳离子给体"可与强 Lewis 酸反应，生成碳阳离子活性中心，包括自由阳离子、松散离子对或紧密离子对。卤代烃、酰卤、酸酐、羧酸酯、次膦酸酯、磺酸酯、醚和叔醇均含有杂原子，这些杂原子的孤对电子可与 BCl_3、$TiCl_4$ 和 $SnCl_4$ 等强 Lewis 酸发生酸碱反应，生成杂原子与 Lewis 酸的配合物，随后分解成碳阳离子和金属配位阴离子组成的离子对，引发烷基乙烯基醚、异丁烯和 α-甲基苯乙烯等富电子烯类单体的阳离子聚合。

除链引发反应稍有差别外，这些体系的基元反应与质子给体/强 Lewis 酸体系相似。常见碳阳离子给体（carbon cation donor）的活化与引发活性种的形成过程如下。

为了保证阳离子引发活性种与单体的匹配性，常将叔碳阳离子给体与强 Lewis 酸配合使用。常用的叔碳阳离子给体化合物包括 2,4,4-三甲基-2-戊基化合物、枯烯基（cumenyl）化合物、1,3-和 1,4-二枯烯基化合物、1,3,5-三枯烯基化合物等。所形成的阳离子与异丁烯和 α-甲基苯乙烯形成的阳离子结构相同或相似，所以它们主要用于引发异丁烯和 α-甲基苯乙烯的阳离子聚合。

G = Cl, OH, OMe, OCOR

在碳阳离子给体/强 Lewis 酸引发体系中，Lewis 酸（MX_n）的酸性越强，形成碳阳离子活性种的速率越快，链引发与链增长速率也越快。然而，此时配位反离子 $[M(A)X_n]^-$ 的亲核性很弱，阴阳离子之间的相互作用力较小，致使碳阳离子活性种的稳定性变差，链转移副反应比较严重。与此相反，如果使用中等强度的 Lewis 酸，虽然碳阳离子活性种稳定性较好，但其形成速率过慢，类似于自由基聚合的慢引发、快增长，聚合物的分子量分布变宽。

如何才能获得高引发活性的稳定碳阳离子活性种呢？最近的研究表明，可以使用酸强度差别较大的混合 Lewis 酸：强 Lewis 酸优先与弱碱性的碳阳离子给体反应，生成碳阳离子活性种，可引发富电子单体聚合；弱 Lewis 酸可与酸根阴离子配位形成弱亲核性的配位反离子，与碳阳离子形成离子对或离子缔合物。例如，用氯乙酸乙酯作为碳阳离子给体，分别用强 Lewis 酸 $EtAlCl_2$ 和混合酸 $EtAlCl_2/SnCl_4$（4/5）作活化剂，引发异丁基乙烯基醚的阳离子聚合，后者引发的聚合速率比前者快 5 个数量级，而且在保持聚合物数均分子量大于 20kDa 的条件下，分子量分布指数仍可控制在 1.2 以下。

$$Et-OCCH_2Cl + EtAlCl_2 \longrightarrow Et^{\oplus}Cl^{\ominus}AlEt(OCOCH_2Cl)Cl$$

$$Et^{\oplus}Cl^{\ominus}AlEt(OCOR)Cl + SnCl_4 \longrightarrow Et^{\oplus}Cl^{\ominus}SnCl_4 + EtAl(OCOR)Cl$$

$$Et^{\oplus}Cl^{\ominus}SnCl_4 + CH_2{=}CH{\underset{OR}{|}} \longrightarrow \sim\sim CH_2CH^{\oplus}{\underset{OR}{|}}Cl^{\ominus}SnCl_4$$

碳阳离子给体/强 Lewis 酸引发体系的链增长、链转移和链终止反应与前述的质子给体/强 Lewis 酸引发体系基本相同，影响因素也相近。从本质上来讲，碳阳离子给体/强 Lewis 酸引发体系的引发原理与前述的质子给体/强 Lewis 酸引发体系相同，前者多用于科学研究，包括活性阳离子聚合、嵌段共聚物和星形聚合物的合成等；后者多用于工业生产，包括高分子量丁基橡胶和低分子量聚异丁烯的生产等。

7.4　阳离子异构化聚合

不同于自由基聚合，阳离子聚合具有较好的结构可控性，通常按 1,2-插入方式进行，很难观察到"头-头"连接和"尾-尾"连接错插结构。丁二烯受到碳阳离子进攻，形成烯丙基阳离子，烯丙基阳离子的正电荷分散在 2,4-两个碳原子上，C2 和 C4 两个带正电荷的位点均可进攻另一个单体，完成 1,2-插入或 1,4-插入。由于 C4 的空间位阻较小，因而丁二烯的阳离子聚合主要生成 1,4-聚丁二烯。

受 2-甲基供电子作用的影响，异戊二烯的 C1 电子云密度较高，优先受到阳离子的进攻，形成甲基取代的丙烯基阳离子，由于烯丙位 C2 有三个取代基，空间位阻较大，反应活性降低，只能由小位阻的 C4 进攻单体，生成 1,4-聚异戊二烯。

1,3-戊二烯的情况刚好与异戊二烯相反，单体受到阳离子进攻形成烯丙基型阳离子，但 C4 连有一个甲基，空间位阻增大，反应活性有所降低，烯丙位 C2 的反应活性相对增加。因此，1,3-戊二烯的阳离子聚合生成含有 1,2-和 1,4-两种插入方式的聚合物，其 1,4-结构单元含量少于丁二烯的阳离子聚合物。

在某些条件下，阳离子聚合常伴有重排或异构化反应。例如，用微量水/AlCl$_3$ 引发 3-甲基丁烯的阳离子聚合，在通常条件下生成低分子量的聚（3-甲基丁烯）；但在较低温度下，不太稳定的仲碳阳离子可通过负氢 1,2-迁移发生重排反应，生成更稳定的叔碳阳离子，随后进攻另一个单体，发生异构化聚合，生成高分子量聚合物。在 −80℃聚合，重排结构单元占 86%；在 −130℃聚合，重排结构单元占比可接近 100%。

環烯烃和环烷基乙烯在阳离子聚合过程中也会通过负氢 1,2-迁移发生重排反应，生成特殊结构的聚合物。例如，环己基乙烯受到碳阳离子进攻后，先生成仲碳阳离子，随后重排成更稳定的叔碳阳离子，重复上述过程进行链增长，通过连续 1,3-插入聚合生成一种结构奇特的高分子量聚合物。

3-甲基环戊烯的阳离子聚合也经历类似的重排过程，先生成稳定性较差的仲碳阳离子，随后通过负氢 1,2-迁移形成稳定的叔碳阳离子，叔碳阳离子连续进攻另一单体的双键，发生异构化聚合，最后生成 1,3-插入的聚甲基环戊烯。

环戊二烯可进行阳离子聚合，聚合过程中发生重排反应。在 −78℃的二氯甲烷中，用 SnCl$_4$ 活化 3-氯环戊烯，可引发环戊二烯的阳离子聚合，生成 1,2-和 1,4-聚合物，分子量分布指数为 2.0 左右；如果向聚合体系中添加四正丁基氯化铵（^{n}Bu$_4$NCl），则可将普通的阳离子聚合转化为准活性阳离子聚合，聚合物的数均分子量与单体转化率呈线性增加。

蒎烯是一种来源丰富的天然萜类化合物，它有两种异构体 α-蒎烯和 β-蒎烯。α-蒎烯含有一个三取代的环内双键，反应活性较低，很难发生阳离子聚合；β-蒎烯含有环外双键，比较活泼，可发生阳离子异构化聚合，聚合产物称为"萜烯聚合物"。

β-蒎烯除含有一个高能量的环外双键外，还有一个张力很大的四元环，容易发生开环重排反应。β-蒎烯的环外双键容易受到碳阳离子的进攻，首先生成一个相对稳定的环状叔碳阳离子，随后 β-蒎烯分子中四元环的一个 C—C 键发生断裂，环状的叔碳阳离子重排成一个新的非环状叔碳阳离子，解除了桥环碳阳离子的环张力。这种叔碳阳离子可进攻另一个 β-蒎烯的环外双键，重复上述的重排过程将完成一次 β-蒎烯的插入反应。β-蒎烯的碳阳离子重排聚合反应过程如下。

用质子酸引发 β-蒎烯聚合，并不能获得高分子量聚合物。用 $EtAlCl_2$ 活化枯烯基氯 $[Me_2C(Ph)Cl]$ 可引发 β-蒎烯的快速阳离子聚合，但聚合物分子量仍然较低，分子量分布较宽。在引发体系中添加适量的乙醚或乙酸乙酯等弱 Lewis 碱，可抑制链转移反应，获得高分子量聚合物。

7.5 阳离子聚合机理与动力学

（1）链引发反应

碳阳离子聚合的引发体系较多，包括强质子酸、质子给体/强 Lewis 酸和碳阳离子给体/强 Lewis 酸等引发体系。其中，质子给体/强 Lewis 酸体系用得最多。将质子给体（HA）看作引发剂（I），活化剂 Lewis 酸看作共引发剂或催化剂（C），引发剂和共引发剂反应生成引发活性种（I^*），引发活性种的形成和单体引发过程可简化如下。

在碳阳离子聚合的实施过程中，通常使用强 Lewis 酸作为活化剂。质子给体或碳阳离子给体与 Lewis 酸的活化反应速率很快，即引发活性种的形成速率通常快于链引发反应。因此，链引发反应速率方程为：

$$R_i = k_i[I^*][M] = k_i K[I][C][M] \tag{7-1}$$

式中，R_i 是引发速率；k_i 是引发速率常数；K 是质子给体的活化反应平衡常数；$[I]$ 和 $[I^*]$ 分别是引发剂浓度和引发活性种浓度；$[M]$ 和 $[C]$ 分别是单体浓度和活化剂 Lewis 酸的浓度。

式（7-1）表明，引发反应速率不仅对质子给体浓度和单体浓度呈一级动力学，而且对活化剂 Lewis 酸浓度也呈一级动力学。由此可见，提高 Lewis 酸用量和平衡常数 K 均有利于加快引发反应速率。通常，平衡常数 K 与 Lewis 酸强度密切相关，Lewis 酸强度越高，平衡常数越大。

如果 Lewis 酸的强度较低，质子给体或碳阳离子给体与 Lewis 酸之间的活化反应就会很慢，此时链引发速率取决于活化反应，引发速率方程可改写为式（7-1′）。

$$R_i = K[I][C] \tag{7-1′}$$

在使用强 Lewis 酸作为活化剂的情况下，阳离子聚合引发速率极快，几乎瞬间完成，其引发反应活化能仅为 $8.4 \sim 21 kJ/mol$，远低于传统自由基聚合的引发反应活化能（$105 \sim 125 kJ/mol$）。

（2）链增长反应

与自由基聚合等其他连锁聚合一样，碳阳离子聚合也是活性种与单体的加成反应。假设阳离子活性种的反应活性与其分子量大小或分子链的长短无关，均为 M^*，则链增长反应速率方程为：

$$R_p = k_p[M^*][M] \tag{7-2}$$

式中，R_p 是链增长反应速率；k_p 是链增长反应速率常数；$[M^*]$ 是阳离子活性种的浓度；$[M]$ 是单体浓度。

阳离子聚合的链增长活化能与链引发活化能相同（$8.4 \sim 21 kJ/mol$），链增长速率很快，具有"低温高速"的特征。阳离子聚合的活性中心浓度为 $(3 \sim 4) \times 10^{-4} mol/L$，比自由基聚合活性中心浓度 $10^{-8} mol/L$ 高 4 个数量级。

（3）链转移反应

阳离子聚合的链转移反应主要包括向单体转移和向溶剂转移，链转移导致聚合物链终止，但动力学链不终止，动力学链长没有意义，即聚合速率或单体消耗速率基本不发生变化。链转移反应的速率方程为：

$$R_{tr} = k_{tr,M}[M^*][M] + k_{tr,S}[M^*][S] \tag{7-3}$$

式中，R_{tr} 是链转移反应速率；$k_{tr,M}$ 和 $k_{tr,S}$ 分别是向单体和向溶剂的链转移速率常数；$[S]$ 是链转移剂的浓度。

碳阳离子向单体的链转移常数很大（$0.1 \sim 0.01$），比自由基高 $2 \sim 3$ 个数量级，是控制聚合物分子量的主要因素；碳阳离子聚合也很容易向溶剂转移，造成分子量降低，为了得到高分子量聚合物，需在低温条件下聚合。例如，只有在−100℃左右的低温下引发异丁烯和异戊二烯的阳离子共聚合，才能获得高分子量的丁基橡胶。

在阳离子聚合过程中，β-H消去产生带有端双键的聚合物和质子/反离子复合物，即质子给体与活化剂Lewis酸的加合物$H^+(A\text{-}C)^-$。由于$H^+(A\text{-}C)^-$可立即作为引发活性种I^*与单体反应，该反应可认为是向单体的链转移反应。

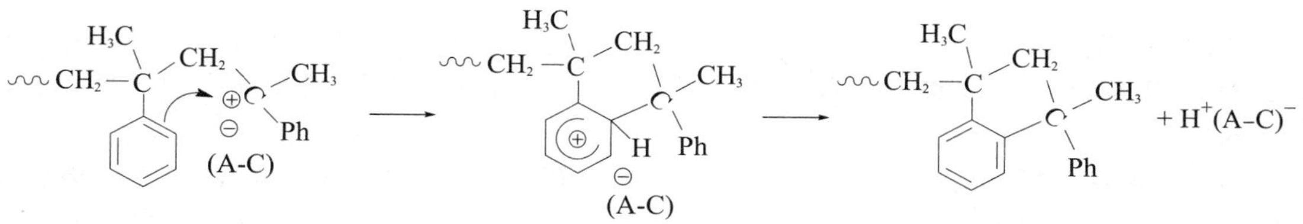

在α-甲基苯乙烯的阳离子聚合过程中，常发生异构化反应，生成苯并五元环结构，同时生成质子/Lewis酸加合物$H^+(A\text{-}C)^-$。后者可继续引发单体聚合，也是链转移反应。该反应是0级动力学，此时式（7-3）可改写为式（7-3'）。

$$R_{tr}=k_{tr,M}[M^*][M]+k_{tr,S}[M^*][S]+k_{tr,M^*}[M^*] \tag{7-3'}$$

（4）链终止反应

β-H消去反应既可以按单分子机理进行也可以按双分子机理进行，如果按单分子机理进行，且体系中存在THF、二甲基甲酰胺和二甲基亚砜等Lewis碱，β-H消去产生的质子会与Lewis碱形成惰性物种"$^{\oplus}HB$"。在此情况下，β-H消去由链转移反应变成链终止反应，即聚合物链和动力学链同时终止。

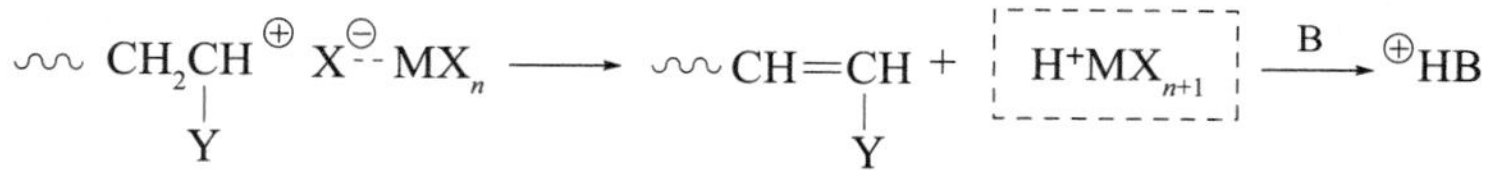

如果活性链阳离子与始终伴随着它的配位反离子发生反应，则会形成没有活性的极性共价链末端，即发生链终止反应。通常配位反离子（$[MX_{n+1}]^-$）由缺电子金属离子与卤负离子、酸根离子、烷氧负离子或烷基负离子等构成，包括$[B(OH)Cl_3]^-$、$[Ti(OAc)Cl_4]^-$、$[EtAlCl_3]^-$、$[Sn(OR)Br_4]^-$和$[SbF_6]^-$等，相应的链终止反应可表示为：

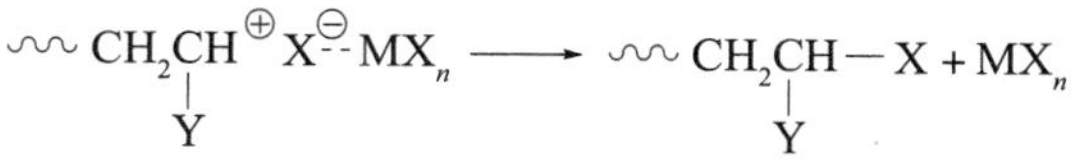

$M = B, Al, Ti, Sn, Zn, Sb$

$X = F, Cl, Br, I, OH, OR, OCOR, R$

$Y = $ 供电子取代基及苯基等

除上述两种链终止外，还包括碳阳离子活性种与聚合后期外加的链终止剂之间的反应。综合上述情况，链终止动力学方程可描述为：

$$R_t=k_t[M^*] \tag{7-4}$$

式中，R_t是链终止速率；k_t是链终止反应速率常数。

假设当阳离子聚合达到稳态后，链引发反应速率[式（7-1）]与链终止反应速率[式

（7-4）〕相同，即

$$k_t[M^*] = k_i K[I][C][M] \tag{7-5}$$

将式（7-5）代入式（7-2）得：

$$R_p = \frac{k_p k_i K}{k_t}[I][C][M]^2 \tag{7-6}$$

不同于碳阴离子聚合，碳阳离子聚合速率不仅对引发剂浓度和活化剂浓度呈一级动力学，而且对单体浓度呈二级动力学。主要原因是阳离子聚合使用活化剂，而阴离子聚合无需活化剂。

与自由基聚合呈鲜明对照，在碳阳离子聚合过程中，链引发反应通常快于链终止反应（$R_i > R_t$），即不存在真实的稳态，这是阳离子聚合动力学推导过程中存在的问题。为了使阳离子聚合平稳地进行，工业上采用连续聚合工艺，很少使用自由基聚合常用的间歇聚合工艺。

质子给体或碳阳离子给体与 Lewis 酸的反应可称为阳离子活化反应。如果阳离子活化反应较慢，而链引发速率很快，则通过式（7-1′）可得聚合反应速率方程为：

$$R_p = \frac{k_p K}{k_t}[I][C][M] \tag{7-6'}$$

通过聚合反应动力学研究结果，似乎可以判断链引发反应与阳离子活化反应哪个更快。如果聚合反应对单体浓度呈一级动力学，说明阳离子活化反应慢于链引发反应；如果聚合反应对单体浓度呈二级动力学，则说明阳离子活化反应快于链引发反应。在实际阳离子聚合过程中，引发剂的活化反应总是快于链引发反应，所以很难观察到一级反应动力学。

在只有链终止而没有链转移的情况下，聚合物的数均聚合度为 R_p/R_t，即

$$\overline{X}_n = \frac{k_p}{k_t}[M] \tag{7-7}$$

在只有链转移而没有链终止的情况下，聚合物的数均聚合度为 R_p/R_{tr}，即

$$\overline{X}_n = \frac{k_p[M]}{k_{tr,M}[M] + k_{tr,S}[S]} \tag{7-8}$$

在实际阳离子聚合过程中，同时存在链转移和链终止反应，此时聚合物的数均聚合度为 $R_p/(R_{tr}+R_t)$，即

$$\frac{1}{\overline{X}_n} = \frac{k_t}{k_p[M]} + C_M + C_S\frac{[S]}{[M]} \tag{7-9}$$

式中，C_M 是向单体链转移速率常数与链增长速率常数的比值（$k_{tr,M}/k_p$），称为向单体链转移常数；C_S 是向溶剂链转移速率常数与链增长速率常数的比值（$k_{tr,S}/k_p$），称为向溶剂链转移常数。

7.6 阳离子聚合的主要影响因素

类似于阴离子聚合，除单体结构外，影响阳离子聚合的链引发速率、链转移反应方式与

速率、聚合物分子量的主要因素包括反应温度、溶剂性质和反离子或抗衡离子的结构和性质。

（1）聚合温度的影响

温度是影响碳阳离子聚合反应的重要因素。根据 Arrhenius 关系式，从聚合反应速率方程式（7-6）可知：

$$k_p = K \frac{A_p A_i}{A_t} e^{-\frac{E_p + E_i - E_t}{RT}} \tag{7-10}$$

式中，E_p、E_i 和 E_t 分别是链增长、链引发和链终止的活化能。聚合反应的总活化能为 $E = E_p + E_i - E_t$。

多数阳离子聚合体系属于快引发、速增长、难终止体系，即 $E_t \gg E_p$，因此总活化能 E 可能出现负值，即温度降低聚合速率反而会增大。例如，在含有微量水的氯甲烷中用 $TiCl_4$ 引发异丁烯的阳离子聚合，聚合速率随温度降低而升高。

活性种的形成是阳离子聚合的关键步骤，所以链引发活化能的大小对聚合反应总活化能的贡献很大。表 7-2 所列数据表明，无活化剂时质子酸的链引发活化能很高，导致总活化能为很大的正值；增大溶剂极性有利于质子酸电离，链引发活化能有所降低；在强 Lewis 酸活化下，链引发活化能显著降低至负值，总活化能随之降至负值。无引发性的水经中等强度的 Lewis 酸活化，链引发活化能较小，总活化能是一个较小的正值；改用强 Lewis 酸作活化剂，链引发活化能进一步降低，总活化能可降低至绝对值较大的负值。

聚合反应的总活化能为负值，即链终止反应的活化能很大，表示聚合反应难终止；总活化能为较小的正值，则链终止反应活化能不大，意味着聚合反应能终止；总活化能为较大的正值，说明链增长活化能很高、链终止活化能很小，实际聚合反应难以进行。

表 7-2　苯乙烯阳离子聚合的活化能

引发体系	溶剂	总活化能 $E/(kJ/mol)$	引发体系	溶剂	总活化能 $E/(kJ/mol)$
CCl_3CO_2H	C_2H_5Br	126	$CCl_3CO_2H/TiCl_4$	甲苯	-6.3
CCl_3CO_2H	CH_3NO_2	58.6	$H_2O/SnCl_4$	苯	23.0
CCl_3CO_2H	CH_2Cl_2	33.5	$H_2O/TiCl_4$	CH_2Cl_2	-35.5

控制聚合反应条件，向单体链转移可成为碳阳离子聚合的主要链转移方式，包括双分子反应和单分子反应，前者的动力学链并未终止，而后者动力学链终止了。前者是呈 Lewis 碱性的单体与活性种的 β-H 反应，形成新的碳阳离子活性种 $R^{\oplus}[MX_{n+1}]^{\ominus}$；后者是活性种内部的配位反离子夺取碳阳离子的 β-H，形成质子活性种 $H^{\oplus}[MX_{n+1}]^{\ominus}$。通常配位阴离子的碱性强于单体，使得单分子反应快于双分子反应，占链转移的主导地位。因此，在大多数情况下，链转移也是聚合物活性链的终止反应，可简化问题，用方程式（7-7）描述聚合物的平均聚合度，根据 Arrhenius 关系式，可得到平均聚合度对温度的依赖关系式：

$$\overline{X}_n = \frac{A_p}{A_t} e^{-\frac{E_p - E_t}{RT}} \tag{7-11}$$

聚合物数均聚合度的活化能为 $E_{X_n} = E_p - E_t = -29 \sim -12.5 kJ/mol$，即随反应温度的下降，聚合物分子量增大。另外，随反应温度的变化可能会引起链转移性质的变化。例如，

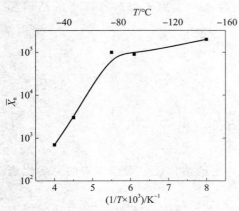

图 7-1 AlCl₃ 在氯甲烷中引发异丁烯
聚合的数均聚合度与温度的关系

异丁烯在微量水/AlCl₃ 引发下的阳离子聚合，低于 －100℃的主要链转移反应是向单体链转移，而高于－100℃的主要链转移反应是向溶剂氯甲烷的链转移。

图 7-1 是在氯甲烷中，用微量水/AlCl₃ 引发异丁烯聚合所得聚合物的数均聚合度与反应温度的关系曲线。曲线在－100℃左右有一个拐点，高于－100℃时的数均聚合度活化能为－23.4kJ/mol，而低于－100℃时的数均聚合度活化能为－3.1kJ/mol。这是因为在－100℃以上，主要链转移反应是向溶剂转移，而在－100℃以下，主要链转移反应是向单体转移。

从以上讨论可知，阳离子聚合需在低温下进行，不仅可保证高聚合速率，还可有效抑制各种链转移副反应，获得高分子量聚合物。

（2）溶剂的影响

类似于阴离子聚合，阳离子聚合的活性中心也存在多种形式，各活性中心处于动态平衡中。如图 7-2 所示，阳离子活性种主要包括极化分子、紧密离子对、松散离子对和自由离子。其中，极化分子的活性很低，不适于引发阳离子聚合。与此相反，自由阳离子的活性极高、稳定性很差，极易发生各种副反应。

图 7-2 阳离子聚合活性种的结构

溶剂极性和溶剂化能力是控制阳离子活性种结构的主要因素。在非极性烃类溶剂中，强质子酸的解离、质子给体和碳阳离子给体的活化速率均比较慢。随着溶剂极性的增大和溶剂化作用增强，上述反应速率均迅速加快，即增大溶剂极性和溶剂化能力有利于链引发和链增长。例如，在 25℃的卤代烃中用高氯酸引发苯乙烯的阳离子聚合，表观速率常数随溶剂极性增大而迅速增大（表 7-3）。

表 7-3 溶剂极性对苯乙烯阳离子聚合速率常数的影响

聚合溶剂	CCl₄	CCl₄/CH₂Cl₂(45/55)	CCl₄/CH₂Cl₂(25/75)	CH₂Cl₂
介电常数 ε	2.30	5.16	7.00	9.72
k_p^{app}/[L/(mol·s)]	0.12	0.31	1.80	17

如果溶剂的极性太强，阳离子聚合活性种主要以松散离子对，甚至以自由阳离子形式存在，此时不仅链引发和链增长反应速率加快，还会使链转移反应变得更加严重。因此，碳阳离子聚合通常在弱极性溶剂中进行，包括氯甲烷、二氯甲烷和二氯甲烷/己烷混合物等。

碳阳离子聚合很少使用芳烃溶剂，以避免发生 Friedel-Crafts 烷基化反应，即向溶剂的链转移反应。阴离子聚合常用 THF 等强极性或弱碱性溶剂，但它们不适用于碳阳离子聚合。因为这类溶剂可与 Lewis 酸发生反应，破坏 Lewis 酸对引发剂的活化反应。

虽然工业上用廉价的氯甲烷作为溶剂合成丁基橡胶，但氯甲烷等活泼卤代烃并不是好的阳离子聚合反应溶剂。氯甲烷等活泼卤代烃可与碳阳离子活性种发生链转移反应，生成卤端基聚合物和新的高活性碳阳离子活性种，继续引发阳离子聚合反应。

$$\sim\!\!\sim\!\!CH_2CH^{\oplus} X^{\ominus}\cdot MX_n \xrightarrow{RCH_2X} \sim\!\!\sim\!\!CH_2CHX + RCH_2^{\oplus} X^{\ominus}\cdot MX_n \xrightarrow{M} \sim\!\!\sim\!\!CH_2CH^{\oplus} X^{\ominus}\cdot MX_n$$
$$\underset{Y}{|} \qquad\qquad \underset{Y}{|} \qquad\qquad\qquad\qquad\qquad \underset{Y}{|}$$

（3）反离子的影响

反离子或抗衡离子对阳离子聚合的影响很大。反离子亲核性过强，将导致形成没有活性的极性共价化合物，聚合反应被终止；反离子亲核性过弱，将导致形成自由阳离子，聚合反应难以控制；反离子亲核性适中，有利于形成离子对结构，聚合反应可平稳进行。用不同强度的 Lewis 酸活化质子给体或碳阳离子给体，产生体积较大的配位反离子引发阳离子聚合，就是这个道理。例如，在室温下的二氯乙烷中，用高氯酸引发苯乙烯聚合，由于高氯酸根的亲核性很弱，聚合很快，表观速率常数为 $1.7\,L/(mol\cdot s)$，但分子量分布较宽；如果用微量水/$SnCl_4$ 引发聚合，反离子为亲核性适中的 $[(HO)SnCl_4]^-$，聚合速率减慢，表观速率常数降至 $0.42\,L/(mol\cdot s)$，分子量分布较窄。

7.7 典型阳离子聚合的引发体系

阳离子聚合具有快引发、速增长和易链转移的特点，聚合反应的可控性较差。如何改善阳离子活性中心的稳定性是控制阳离子聚合的关键。一般来讲，阳离子活性中心的稳定性和亲电反应性主要由形成碳阳离子的单体所决定。富电子单体的亲核性越强，碳阳离子活性中心的亲电反应性越弱、稳定性越好。同时，抗衡离子与阳离子的相互作用也是影响活性中心稳定性与反应性的重要因素，即离子对之间的作用力强弱可调节碳阳离子的结构稳定性和亲电反应性。

链增长的快慢不仅取决于阳离子活性中心的亲电反应性，还与单体的亲核反应性密切相关。因此，不同化学结构和性质的单体，进行阳离子聚合时，所需的引发体系和反应条件通常各不相同，有必要进行分类讨论。

7.7.1 烷基乙烯基醚的引发体系

通过 p-π 共轭效应，烷基乙烯基醚（$CH_2\!=\!CHOR$）分子中的烷氧基表现出很强的供电子能力，使得其成为高活性的阳离子聚合单体。同时，强供电子的烷氧基也赋予碳阳离子活性中心 $CH_2CH^{\oplus}(OR)$ 良好的稳定性。因此，烷基乙烯基醚最容易发生阳离子聚合，其引发体系大体上分为两类：一类是质子酸/Lewis 酸体系，另一类是碳阳离子给体/Lewis 酸体系。

（1）质子酸/Lewis 酸体系

① HI/I$_2$ 引发体系。碘（I$_2$）与烷基乙烯基醚可发生亲电加成反应，生成极性共价化合物 ICH$_2$CHI(OR)。该化合物中，与烷氧基相邻的 C—I 键比较活泼，容易发生解离，生成碳阳离子和碘负离子（I$^-$）。Higashimura 等人利用这一反应，在 −15℃ 的己烷中引发烷基乙烯基醚的阳离子聚合，得到了长寿命的碳阳离子活性中心，但生成的聚合物分子量分布很宽。由于碘负离子的亲核性较强，使得引发反应速率很慢，即 $k_i < k_p$，不能做到同时引发、齐步链增长，所以不具有活性聚合特征，聚合物的分子量分布很宽。

$$CH_2=CHOR + I_2 \longrightarrow ICH_2-\underset{OR}{CH}-I \Longleftrightarrow ICH_2-\underset{OR}{CH}^{\oplus}I^-$$

用 HI 替代 I$_2$ 引发烷基乙烯基醚聚合，在 −15℃ 下反应 48 小时，仍只能得到两者的加成产物 CH$_3$CHI(OR)，即单独用 HI 无法引发烷基乙烯基醚聚合。如果在 HI 的基础上再添加 I$_2$，各种烷基乙烯基醚的阳离子聚合均可快速进行，聚合速率几乎与 I$_2$ 浓度成正比，而聚合物的分子量只与 HI 浓度相关，聚合物分子量分布指数小于 1.1，该聚合过程与活性阴离子聚合相似，具有典型的活性聚合特征。

a. 聚合物的数均分子量与单体转化率呈线性关系；
b. 向已完成聚合的体系中补加单体，聚合物的数均分子量继续呈比例线性增长；
c. 向已完成聚合的体系中补加对甲氧基苯乙烯，可继续引发阳离子聚合生成嵌段共聚物；
d. 聚合速率与 HI 的初始浓度 $[HI]_0$ 成正比；
e. 聚合速率随 I$_2$ 浓度增加而增大，但不影响聚合物的分子量；
f. 在任意转化率下，聚合物的分子量分布都很窄，PDI < 1.1；

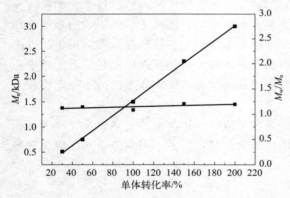

图 7-3　HI/I$_2$ 引发异丁基乙烯基醚聚合的
分子量及其分布与单体转化率的关系

如图 7-3 所示，在 −40℃ 的甲苯溶液中，用 HI/I$_2$ 引发异丁基乙烯基醚的阳离子聚合没有诱导期，聚合物分子量随单体转化率线性增大；单体完全耗尽后再补加单体，聚合物分子量仍然随补加单体的消耗而线性增大。在补加单体前后，聚合物的分子量分布没有明显变化，分子量分布指数均小于 1.2，说明在整个聚合过程中，活性中心数量保持恒定。

在该聚合反应体系中，弱 Lewis 酸 I$_2$ 和强 Lewis 碱 I$^-$ 之间的强相互作用使 C—I 键得到活化，产生带有正电荷的碳阳离子活性中心，单体可顺利插入到 C—I 键之间而发生链增长反应，链增长之后又可形成稳定的 C—I$_3$ 链末端。这样既保证了单体的连续插入，同时也由于反离子 I$_3^{\ominus}$ 对碳阳离子的保护作用，使其不像裸露的自由碳阳离子那样易发生 β-H 消去反应，得以实现活性阳离子聚合。聚合反应原理如下：

$$CH_2{=}CHOR + HI \longrightarrow \underset{OR}{CH_3{-}CH{-}I} \xrightarrow{I_2} \underset{OR}{CH_3{-}\overset{\oplus}{CH}}\ I_3^{\ominus} \xrightarrow{n\,M} \underset{OR}{\sim CH_2{-}\overset{\oplus}{CH}}\ I_3^{\ominus}$$

② HX/ZnX$_2$ 引发体系。HI/ZnI$_2$ 是烷基乙烯基醚阳离子聚合的高效引发体系。首先 HI 与单体快速加成，生成 α-碘乙基醚，随后 α-碘乙基醚作为碳阳离子给体经 Lewis 酸活化，形成阳离子活性种，引发单体聚合。采用 HI/ZnI$_2$ 引发体系时，当［HI］/［ZnI$_2$］=1～50 时，在 $-40\sim0\,℃$ CH$_2$Cl$_2$ 中或在 $-40\sim40\,℃$ 甲苯中引发异丁基乙烯基醚聚合，可得到分子量分布很窄的聚合物。

$$\underset{OR}{CH_2{=}CH} \xrightarrow{HI} \underset{OR}{CH_3CH{-}I} \xrightarrow{ZnX_2} \underset{OR}{CH_3\overset{\oplus}{CH}}\ I^{\ominus}{\text -}ZnX_2 \xrightarrow[]{n\,H_2C{=}\overset{OR}{CH}} \underset{OR}{\sim CH_2\overset{\oplus}{CH}}\ I^{\ominus}{\text -}ZnX_2$$

氯离子和溴离子的亲核性与碘离子的相差较小，所以用 ZnX$_2$ 也能活化烷基乙烯基醚与 HCl 或 HBr 的加成物（α-氯或溴乙基醚），生成具有良好稳定性的碳阳离子活性种，引发烷基乙烯基醚的活性阳离子聚合。

在上述引发体系中，常用中等强度的 Lewis 酸作为活化剂，包括 ZnX$_2$ 和 SnX$_2$（X=Cl、Br、I）。如果提高 Lewis 酸的酸强度，则阴阳离子对结构将向自由离子方向转变，虽然聚合速率加快，但 β-H 消去导致的向单体链转移反应也随之加剧，聚合物分子量分布加宽。例如，用 HCl/SnCl$_4$ 替代 HCl/SnCl$_2$，就无法获得高分子量、窄分布的聚合物。

阳离子聚合体系中可能存在多种活性种，包括紧密离子对、松散离子对和自由离子等。紧密离子对的活性较低，不容易发生链转移副反应；松散离子对的活性较高，可能发生链转移副反应。因此，用 HX/中强 Lewis 酸体系产生紧密离子对，可引发活性阳离子聚合；用 BF$_3$、EtAlCl$_2$ 和 TiCl$_4$ 等强 Lewis 酸作为活化剂，则将产生松散离子对和自由离子，只能引发非活性阳离子聚合。

$$\underset{OR}{CH_2{=}CH} \xrightarrow{HX}_{ZnX_2} \underset{OR}{CH_3\overset{\oplus}{CH}}\ X^{\ominus}{\text -}{\text -}{\text -}ZnX_2 \xrightarrow[\text{可控聚合}]{n\,M} \underset{OR}{\sim CH_2\overset{\oplus}{CH}}\ X^{\ominus}{\text -}{\text -}{\text -}ZnX_2$$

$$\underset{OR}{CH_2{=}CH} \xrightarrow{HX}_{MtX_4} \underset{OR}{CH_3\overset{\oplus}{CH}} + MtX_5^{\ominus} \xrightarrow[\text{不可控聚合}]{n\,M} \underset{OR}{\sim CH_2\overset{\oplus}{CH}} + MtX_5^{\ominus}$$

如果在 HX/强 Lewis 酸体系中添加季铵盐，季铵盐在极性溶剂中发生解离生成卤负离子和电荷分散的季铵阳离子，游离的卤负离子将与过量的强 Lewis 酸快速反应生成配位阴离子。过量的配位阴离子将促使阴阳离子对与自由离子之间的平衡向离子对方向移动，抑制自由阳离子的产生，从而使普通阳离子聚合转变成活性阳离子聚合。例如，HCl/SnCl$_4$/四正丁基氯化铵（^{n}Bu$_4$NCl）可引发烷基乙烯基醚的活性阳离子聚合。

$$CH_2{=}CHOR \underset{(M)}{\overset{k_p}{\frown}} \underset{OR}{\sim CH_2CH\overset{\oplus}{}}\ X^{\ominus}SnCl_4 \rightleftharpoons Sn(X)Cl_4^{} + \underset{OR}{\sim CH_2\overset{\oplus}{CH}} \overset{k_p}{\frown} M$$

$$^n Bu_4NX \rightleftharpoons {}^n Bu_4N^+ + X^- \xrightarrow{SnCl_4}$$

普通羧酸的酸性较弱，酸根负离子的亲核性较强，它与烷基乙烯基醚的加成产物（半缩醛酯）是典型的极性共价化合物，中低强度的 Lewis 酸不足以活化这种半缩醛酯，所以普通羧酸/ZnX$_2$ 不能用于引发烷基乙烯基醚的阳离子聚合。虽然苯甲酸和氯代苯甲酸的酸性强于脂肪酸，但其酸根的亲核性仍然较强，情况与普通脂肪酸相似，所以普通芳羧酸/ZnX$_2$ 也不适于用作阳离子聚合的引发剂。如果在苯甲酸的苯环上引入强吸电子的硝基，可明显增加羧酸的酸性和降低酸根的亲核性，因而（多）硝基苯甲酸/ZnX$_2$ 可引发烷基乙烯基醚的活性阳离子聚合。

CH$_3$SO$_3$H 的酸性与 HX 相近，其酸根的亲核性也与卤离子相当，所以用甲磺酸替代 HX，CH$_3$SO$_3$H/ZnX$_2$ 也能引发烷基乙烯基醚的活性阳离子聚合，聚合物的分子量分布指数可控制在 1.10 以下。值得注意的是，当用酸性更强的 CF$_3$SO$_3$H 作引发剂时，无论是否存在活化剂 ZnX$_2$，烷基乙烯基醚的聚合均在瞬间完成，聚合物的分子量分布很宽。这是因为三氟甲磺酸根的亲核性很弱，碳阳离子与三氟甲磺酸根之间仅存在正负电荷间的相互作用，即以自由离子的形式存在。

综上所述，如果酸根的亲核性太强，没有活化剂或催化剂时根本不能引发烷基乙烯基醚的聚合，即使有 ZnCl$_2$ 等活化剂存在，阳离子聚合也很难控制；如果酸根的亲核性太弱（如 CF$_3$SO$_3^-$ 和 C$_4$F$_9$SO$_3^-$ 等），即使没有活化剂，也能引发阳离子聚合高速进行，但根本不能使碳阳离子稳定化，体系中会存在很多链转移和链终止副反应。

（2）碳阳离子给体/强 Lewis 酸引发体系

由烷基乙烯基醚转化而来的 α-卤代半缩醛羧酸酯 ［CH$_3$CH(OR)OCOR′］ 可与 ZnCl$_2$ 等中强 Lewis 酸反应，形成阳离子引发活性种，那么能否用乙酸乙酯或苯甲酸乙酯和强 Lewis 酸组成活性阳离子聚合的引发剂呢？考虑到单体同源阳离子活性种的引发效果最好，在烷基乙烯基醚的阳离子聚合过程中，通常用 CH$_3$CH(OR)OCOR′ 作为引发剂。

用 EtAlCl$_2$ 作为活化剂，可在 0℃ 的正己烷中引发异丁基乙烯基醚的阳离子聚合，获得高分子量聚合物。然而，由于铝原子缺电性较强，所形成的配位反离子亲核性较弱，阳离子活性中心活性过高，使得聚合物的分子量分布较宽，$M_w/M_n = 2.6$ 左右。如果向引发体系中添加具有供电子特性的醚类化合物（弱 Lewis 碱），醚氧的孤对电子可与缺电子的铝原子发生弱配位作用，增加配位反离子的亲核性；或者同时与碳阳离子和铝原子发生弱配位作用，可使高度活泼的松散离子对转变为稳定性较好的紧密离子对，两种作用机理都会使存在链转移副反应的阳离子聚合变成可控阳离子聚合。

在 0～70℃ 的正己烷中添加 10% 弱 Lewis 碱 1,4-二氧六环或 1.6% 强 Lewis 碱 THF，均可实现异丁基乙烯基醚的准活性阳离子聚合，生成窄分子量分布（$M_w/M_n = 1.06～1.15$）的聚合物。如果用 1.0mol/L 的乙酸乙酯替代醚类化合物，同样可在 0～70℃ 的正己烷中进行异丁基乙烯基醚的准活性阳离子聚合，聚合物分子量和分子量分布与上述情况相似。

7.7.2　异丁烯的引发剂

异丁烯的阳离子聚合始于 20 世纪 50 年代末。丙烯配位聚合催化剂的发明人 Natta 在专利中声称 Et_2AlCl 可催化异丁烯聚合。Kennedy 等人的进一步研究发现，纯净的 Et_2AlCl 不能催化或引发异丁烯的聚合；如果体系中存在微量水作为质子给体，则首先发生 Lewis 酸碱反应，产生质子/配位阴离子缔合物，从而引发异丁烯的阳离子聚合。

用 BCl_3 和 $TiCl_4$ 等强 Lewis 酸替代 Et_2AlCl，这种阳离子聚合仍能顺利进行，但聚合反应的可控性变差。主要原因有两个，其一是聚合体系中微量水的含量具有不确定性；其二是 B 和 Ti 高度缺电子，所形成的配位阴离子 $[B(OH)Cl_3]^{\ominus}$ 和 $[Ti(OH)Cl_4]^{\ominus}$ 亲核性较差，导致阳离子活性种不稳定，容易发生 β-H 消去反应，致使聚合反应和聚合物分子量不可控。

为了克服微量水产生活性中心数目的不确定性，Kennedy 用枯烯基氯、二枯烯基氯和氯代丁基橡胶等叔卤代烃与过量 Lewis 酸 Et_2AlCl 反应，定量生成叔碳阳离子，其结构与异丁烯聚合产生的阳离子结构相似，可顺利引发异丁烯的阳离子聚合。

用叔氯代烷/强 Lewis 酸引发异丁烯的阳离子聚合，Lewis 酸结构和反应条件对聚合速率、聚合物分子量及其分布影响很大。当使用 BCl_3 作为活化剂，同时缓慢加入单体，聚合物的分子量随单体消耗而逐渐增大，聚异丁烯的分子量分布较窄。聚合反应用甲醇终止后，再用 Et_2AlCl 活化，可引发 α-甲基苯乙烯聚合，得到高分子量的嵌段共聚物 PIB-b-PMS。这个实验结果说明，在异丁烯的阳离子聚合过程中，存在可逆的链终止，而且链终止反应速率（R_t）明显大于向单体的链转移反应速率（$R_{tr,M}$）。

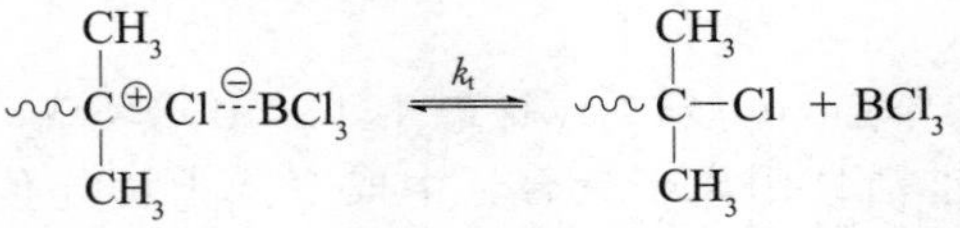

时任 Akron 大学教授的 Kennedy 等人将这种具有活性特征的聚合称为"准活性聚合（quasi-living polymerization）"。虽然二者都能有效调控聚合物的分子量，但准活性聚合和理想活性聚合具有本质区别。理想活性聚合只有链引发和链增长反应，没有链转移和链终止反应；而准活性聚合存在可逆的链终止反应。换句话说，理想活性聚合体系中只有活性种 A，而准活性聚合体系中存在活性种 A 与休眠种 D 之间的动态平衡。

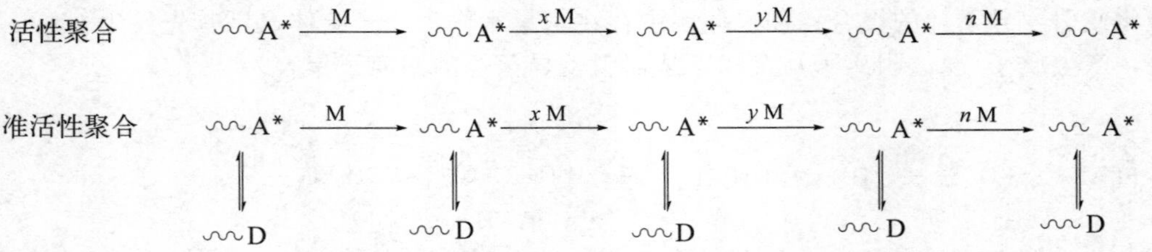

在这类阳离子聚合引发体系中，引发剂可由叔卤代烃扩展至叔酯、叔醚和叔醇等，引发剂与强 Lewis 酸活化剂的摩尔比一般为 5～20，聚合通常在低温下的极性溶剂中进行，如 CH_2Cl_2 或其与己烷的混合溶剂。活性中心的反离子为由 BCl_3 或 $TiCl_4$ 等与氯离子、酸根离子、烷氧负离子或羟基等复合而成，其组成与烷基乙烯基醚活性阳离子聚合体系中的 $I^- \cdots ZnX_2$ 相似，对链增长活性种起稳定作用。反应结束后，用甲醇作为终止剂，产物的末端无一例外地变为叔烃基氯端基 [$—C(CH_3)_2Cl$]。例如，Kennedy 用叔醚/BCl_3/弱 Lewis 碱引发体系在卤代烃溶剂中实现了异丁烯的准活性阳离子聚合，聚合反应在 $-50～-10℃$ 低温条件下进行，聚合物的分子量分布很窄。聚合反应基本原理如下：

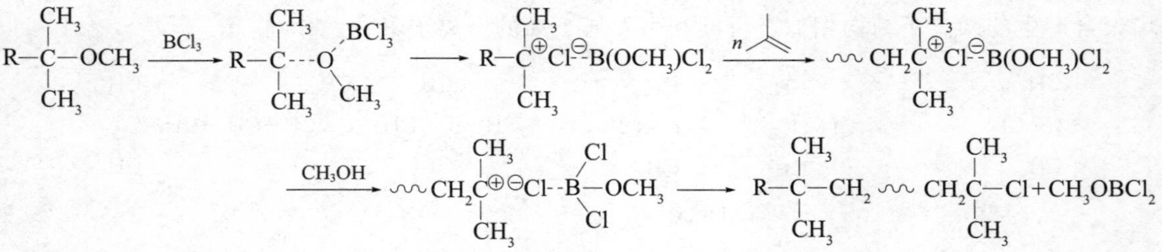

7.7.3　苯乙烯及其衍生物的引发剂

虽然苯乙烯是最适合于活性阴离子聚合的单体，但由于其分子中没有强供电子取代基，属于中低活性的阳离子聚合单体。当使用传统的阳离子引发剂时，苯乙烯聚合的阳离子活性种不稳定，容易发生链转移和链终止等副反应。

在 $-15℃$ 纯净的 CH_2Cl_2 中，可用强 Lewis 酸 $SnCl_4$ 活化 α-氯代乙苯（PhECl）产生苄基阳离子，引发苯乙烯聚合，但聚合物分子量呈双峰分布。说明聚合体系中存在自由阳离子和离子对两类活性种。改用 CH_2Cl_2/CCl_4 混合溶剂，可降低极性溶剂的极性和溶剂化能力，抑制自由阳离子活性种的产生，使聚合速率减慢，聚苯乙烯分子量逐渐从双峰分布转变为单峰分布，但分子量分布仍然较宽。这说明在极性 CH_2Cl_2 中，可能存在自由阳离子，减小溶剂极性也同时降低了溶剂化能力，自由阴阳离子的能量升高，二者倾向于以离子对形式存在。

通过添加四正丁基季铵盐，可在聚合体系中引入 ClO_4^-、Cl^-、Br^- 和 I^- 等离子。研究发现，低亲核性的 ClO_4^- 可使聚合在瞬间完成，而卤负离子可减缓聚合速率，抑制链转移和链终止副反应，获得高分子量、窄分子量分布的聚合物。

在未添加四丁基卤化铵前，聚合体系存在离子对和自由碳阳离子两种引发活性物种，所以聚合物呈双峰分布。添加四丁基卤化铵后，自由阳离子转化为活性较低的稳定离子对；原来的松散离子对结构也随之变化，转化为稳定的紧密离子对。虽然稳定离子对的活性较低，链增长反应速率较慢，但链转移和链终止等副反应被稳定结构所消除和抑制，将传统阳离子聚合转变为可控阳离子聚合。$PhECl/SnCl_4/Bu_4N^nCl$ 体系的反应机理如下：

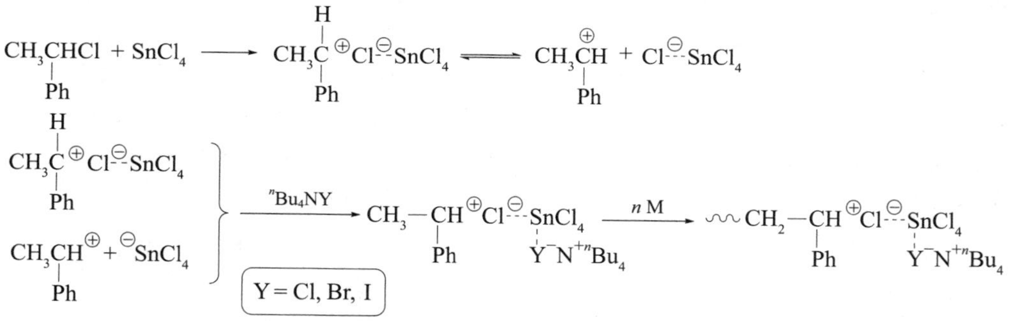

带有吸电子取代基的苯乙烯衍生物，由于活性中心不稳定更难实现可控阳离子聚合。然而，Sawamoto 等人发现，四正丁基氯化铵也可稳定具有吸电子取代基的苯乙烯衍生物所形成的阳离子。在二氯甲烷中，用 $SnCl_4$ 和过量四丁基氯化铵活化引发剂，可在 $-15\sim25℃$ 条件下引发对氯苯乙烯、对氯甲基苯乙烯和对乙酰氧甲基苯乙烯聚合，聚合物的数均分子量在 5000 以下时接近理论预测值，分子量分布指数可控制在 1.1 至 1.2 之间。

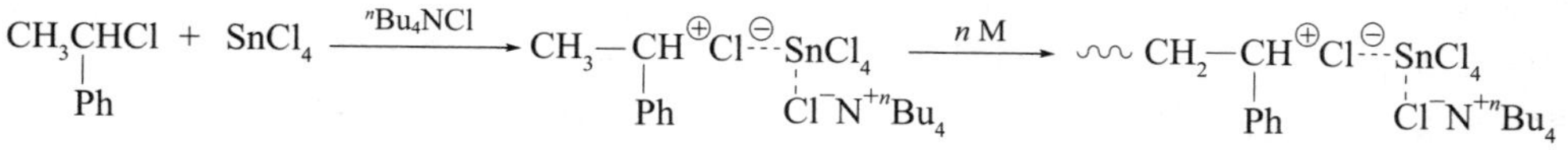

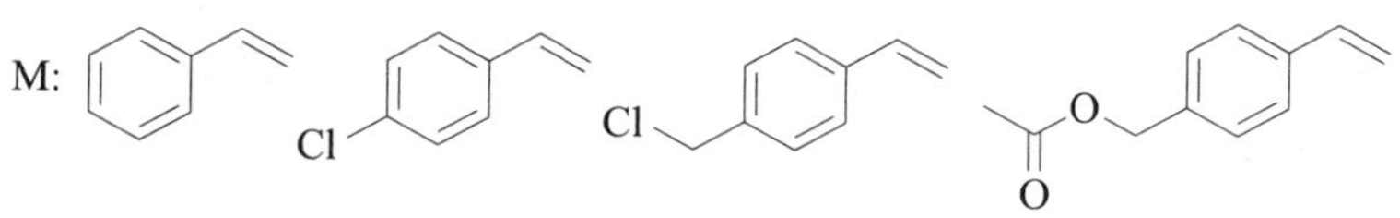

苯环的供电子能力不强，引入供电子取代基可促进其活性阳离子聚合，苯环上取代基位置和性质的不同，导致单体的反应活性有明显差别，所以采用的引发体系也有很大差异。三氟甲基和卤素等吸电子取代基不利于阳离子聚合，而烷基和烷氧基等供电子取代基则有利于

阳离子聚合，聚合活性甚至可与烷基乙烯基醚相媲美。

　　Higashimura 将 HI/ZnI$_2$ 引发体系用于引发对甲氧基苯乙烯和对叔丁氧基苯乙烯的聚合，在室温下就可得到阳离子活性聚合物，产物的分子量分布很窄，且聚合物的分子量比较高。

R = OCH$_3$, O^{t}Bu

7.7.4　α-甲基苯乙烯的引发剂

　　同异丁烯相似，α-甲基苯乙烯（MSt）也可看成是 2-取代丙烯衍生物，可与质子或碳阳离子反应生成稳定的叔碳阳离子。由于苯环具有弱的吸电子效应，MSt 的亲核反应性低于异丁烯；苯环容易和碳阳离子形成 p-π 共轭效应，可进一步稳定所形成的叔碳阳离子。同时，苯环与 C=C 形成的共轭效应远强于甲基与 C=C 形成的超共轭效应，所以 MSt 阳离子聚合的活性链更容易发生 β-H 消去反应，形成端烯结构，导致聚合物分子量难于控制。另外，α-取代基的空间位阻作用使 MSt 的临界聚合温度（T_c）降低至室温。因此，通常需在低温（例如，−78℃）条件下进行阳离子聚合，才能使单体完全转化并获得到高分子量聚合物。

　　20 世纪 50 年代中期发现，在低温的二氯甲烷中用 BF$_3$·Et$_2$O/H$_2$O 可引发 MSt 的阳离子聚合。然而，由于存在严重的 β-H 消去和分子内环化反应，聚合反应动力学比较复杂，很难获得高分子量和相对窄分子量分布的聚合物。由此可见，虽然 MSt 和异丁烯的阳离子聚合都很容易进行，但前者阳离子聚合的副反应更多，聚合过程和分子量更难控制。

　　由于上述原因，异丁烯的可控阳离子聚合引发体系并不适用于 MSt。尽管如此，Kennedy 仍然在研究异丁烯阳离子聚合过程中，发现了 MSt 的准活性聚合体系。像异丁烯一样，在低温下用枯烯基氯/BCl$_3$ 引发 MSt 阳离子聚合，并结合慢加料技术，没有发现明显的链转移，而只存在可逆的链终止反应。在此聚合过程中，聚合物数均分子量随单体的消耗逐渐增大，且分子量分布始终较窄。

　　考虑到 MSt 与苯乙烯的结构相似性，能否在苯乙烯活性阳离子聚合引发体系的基础上，发展出 MSt 的活性阳离子引发剂呢？由于 MSt 的反应活性高于苯乙烯，活化剂的 Lewis 酸性应低于苯乙烯阳离子聚合体系使用的 SnCl$_4$；降低温度有可能会拉平链引发反应和链增长的反应速率，MSt 与 HCl 的加成物不适于用作引发剂，需要活性更高的碳阳离子给体。考虑到烷基乙烯基醚的反应活性高于 MSt，可选择用烷基乙烯基醚的氯化产物作为引发剂。

　　通过上述思路，Higashimura 等人实现了 MSt 的活性阳离子聚合。在低温条件下，用 CH$_3$CH(Cl)OCH$_2$CH$_2$Cl/SnBr$_4$ 引发 MSt 的阳离子聚合，聚合反应没有诱导期，聚合物的数均分子量随单体转化率升高而线性增大，分子量分布指数可控制在 1.1 左右。第一批单体完全耗尽后补加第二批单体，聚合物的数均分子量仍随单体转化率增大而线性增长，聚合物分子量最终可达到 10 万以上，分子量分布指数仍保持在 1.1 左右。

$$CH_3\overset{\underset{\displaystyle |}{Cl}}{CH}-OCH_2CH_2Cl \xrightarrow{SnBr_4} CH_3\overset{\oplus}{CH}\ Cl^{\ominus}\cdot SnBr_4 \xrightarrow{M} CH_3\underset{\underset{\displaystyle OR}{|}}{CH}\overset{\overset{\displaystyle CH_3}{|}}{\underset{\underset{\displaystyle Ph}{|}}{C}}{}^{\oplus}\ Cl^{\ominus}\cdot SnBr_4 \xrightarrow{n\,M}$$

$$CH_3\underset{\underset{\displaystyle OR}{|}}{CH}\left[CH_2\overset{\overset{\displaystyle CH_3}{|}}{\underset{\underset{\displaystyle Ph}{|}}{C}}\right]_n CH_2\overset{\overset{\displaystyle CH_3}{|}}{\underset{\underset{\displaystyle Ph}{|}}{C}}{}^{\oplus}\ Cl^{\ominus}\cdot SnBr_4 \xrightarrow{CH_3OH} CH_3\underset{\underset{\displaystyle OR}{|}}{CH}\left[CH_2\overset{\overset{\displaystyle CH_3}{|}}{\underset{\underset{\displaystyle Ph}{|}}{C}}\right]_n CH_2\overset{\overset{\displaystyle CH_3}{|}}{\underset{\underset{\displaystyle Ph}{|}}{C}}-X$$

R=CH$_2$CH$_2$Cl, X=Cl或Br

在 $CH_3CH(Cl)OCH_2CH_2Cl/SnBr_4$ 引发体系中，不需要添加季铵盐、羧酸酯和醚类等供电子体或弱 Lewis 碱。如果使用 MSt 或苯乙烯与 HCl 的加成物替代氯乙烯乙烯基醚与 HCl 的加成物，或者用其他强 Lewis 酸替代 $SnBr_4$，其活性聚合反应特征均不明显，聚合物分子量的可控性较差，分子量分布也比较宽。

7.8 阳离子共聚

自由基聚合的活性种能量很高，可以进攻各种烯类单体形成新自由基，导致两种单体的竞聚率相差较小，容易进行共聚。例如，缺电子的丙烯酸酯可与富电子的醋酸乙烯酯进行无规共聚或梯度共聚。更特别的是，高度缺电子的马来酸酐可与富电子的 α-烯烃等单体进行交替共聚。

与自由基聚合的情况不同，抗衡离子或反离子对碳阳离子具有稳定化作用，阳离子活性种的能量明显低于自由基，只能进攻同源单体或反应活性明显高于或接近的单体，所以阳离子共聚体系较少，远不如自由基共聚普遍。

极性相近的富电子烯类单体可以进行阳离子共聚，但极性相差较大的两种单体很难进行阳离子共聚。例如，苯乙烯及其衍生物之间可进行阳离子共聚，但高活性的烷基乙烯基醚很难与低活性的异戊二烯进行阳离子共聚。表 7-4 是一些常见单体对阳离子共聚的竞聚率。

表 7-4　常见单体对阳离子共聚的竞聚率

M$_1$	M$_2$	引发剂	溶剂	温度/℃	r_1	r_2
异丁烯	异戊二烯	$H_2O/AlCl_3$	二氯甲烷	−100	2.5 ±0.5	0.4 ±0.5
异丁烯	丁二烯	$H_2O/AlCl_3$	二氯甲烷	−100	1.15	0.01
异丁烯	苯乙烯	$H_2O/TiCl_4$	正己烷	−20	0.54 ±0.34	1.2 ±0.11
苯乙烯	α-甲基苯乙烯	$H_2O/BF_3 \cdot Et_2O$	二氯甲烷	−20	0.2～0.5	12
苯乙烯	异戊二烯	$H_2O/SnCl_4$	氯苯	−20～0	0.8	0.1

取代基对阳离子共聚单体活性的影响源于其使双键电子云密度改变的程度，即对碳阳离子的稳定化程度。取代基供电子能力越强，形成的碳阳离子越稳定，单体活性越高，竞聚率越大。常见阳离子聚合单体的活性顺序为：

烷基乙烯基醚类≫异丁烯＞苯乙烯＞异戊二烯

根据共聚理论，$1/r_1$（k_{12}/k_{11}）可用来比较单体 M_1 对单体 M_2 的共聚活性。取代苯乙烯进行阳离子共聚合时，共聚活性可用 Hammett 方程 $[\lg(1/r_1)=\rho\sigma]$ 中的 σ 值作出半定量的判断，σ 值表征了取代基的电子效应，供电子基团的 σ 值为负值，吸电子基团的 σ 值为正值。σ 称为极性取代常数，常见基团的极性取代常数为：

$$p\text{-}OCH_3(-0.27)<p\text{-}CH_3(-0.17)<p\text{-}H(0)<p\text{-}Cl(0.23)<m\text{-}Cl(0.37)<m\text{-}NO_2(0.71)$$

烷氧基和烷基是供电子基团，σ 为负值，共聚活性高于苯乙烯；卤素是吸电子基团，σ 为正值，共聚活性低于苯乙烯；硝基是强吸电子基团，σ 高达 0.71，共聚活性显著降低。可以预见，CF_3 和羰基等强吸电子基团，σ 值也是比较大的正值，对苯乙烯共聚的活性很低。

虽然苯乙烯衍生物之间可进行阳离子共聚，但不同单体对的差别较大。通常两种单体的极性取代常数差值越小，越容易共聚；差值越大，越难共聚。例如，苯乙烯与对甲基苯乙烯容易共聚，间氯苯乙烯很难与对甲氧基苯乙烯进行阳离子共聚，对硝基苯乙烯更难与甲氧基苯乙烯共聚。

取代基的空间位阻也有很大影响。从表 7-5 可以看出，在苯乙烯的 α-位引入甲基，单体活性升高是由于甲基的供电能力；β-位引入甲基，单体活性明显下降，这是由于 1,2-二取代造成的空间位阻起了作用。

表 7-5　α-甲基苯乙烯和 β-甲基苯乙烯（M_1）与对氯苯乙烯（M_2）阳离子共聚的位阻效应[①]

M_1	r_1	M_2	r_2
苯乙烯	2.31	对氯苯乙烯	0.21
α-甲基苯乙烯	9.44	对氯苯乙烯	0.11
反-β-甲基苯乙烯	0.32	对氯苯乙烯	0.74
顺-β-甲基苯乙烯	0.32	对氯苯乙烯	1.0

①在 0℃ 的四氯化碳中用微量水/$SnCl_4$ 引发的阳离子共聚。

阳离子共聚对反应条件的变化十分敏感，尤其是反应溶剂和抗衡离子。在阳离子聚合过程中，抗衡离子的结构决定了引发体系的性能，引发体系不同，阳离子的反离子结构不同，两种单体的竞聚率将发生变化。表 7-6 是引发剂和溶剂对苯乙烯与对甲基苯乙烯阳离子共聚产物结构组成的影响。

表 7-6　引发剂和溶剂对苯乙烯/对甲基苯乙烯阳离子共聚物结构组成的影响

引发剂体系	共聚物中苯乙烯结构单元含量/%		
	甲苯	二氯甲烷	硝基苯
$H_2O/SbCl_5$	46	25	28
H_2O/AlX_3	34	34	28
$H_2O/TiCl_4 \cdot SnCl_4 \cdot BF_3 \cdot Et_2O \cdot SbCl_5$	28	27	27
CCl_3COOH		27	30

在阳离子共聚中，溶剂的极性对活性中心离子对的状态有较大的影响，根源在于影响了离子对的平衡，改变了活性中心的状态和浓度，因而对竞聚率的影响要比自由基共聚大得多。这种影响常与抗衡离子种类等多种因素的影响交织在一起，使得对离子共聚竞聚率的研究更为复杂。

温度对阳离子共聚竞聚率的影响比自由基共聚大得多。升高温度，阳离子活性种逐渐从紧密离子对向松散离子对，甚至自由离子转变，其反应活性或亲电性逐渐增大，导致对亲核性单体的选择性减小，竞聚率差值变小，即升高温度对阳离子竞聚率的"拉平效应"显著。例如，异丁烯与苯乙烯的阳离子共聚，反应温度由 $-90℃$ 上升到 $-30℃$，高活性单体异丁烯的竞聚率 r_1 增加 1.5 倍，而低活性单体苯乙烯的竞聚率 r_2 增加 3 倍。值得注意的是，虽然升高温度有利于提高竞聚率，但同时会增加链转移副反应。

7.9 阳离子聚合的工业应用

尽管碳阳离子聚合条件苛刻、工艺复杂，但有些聚合物只能用阳离子聚合制备。因此，碳阳离子聚合在高分子工业具有实际应用，主要用来生产丁基橡胶（异丁烯/异戊二烯共聚物）和聚异丁烯等。分子量为 $5\sim10$kDa 的聚异丁烯用作胶黏剂、增黏剂和涂料等；分子量大于 1000kDa 的聚异丁烯用作密封材料和绝缘材料。

高分子量聚异丁烯具有良好的气密性、阻尼性、化学稳定性和耐候性等，但难于硫化、材料强度较低。如果将异丁烯与少量异戊二烯进行阳离子共聚，则可合成易于硫化的高性能橡胶材料，称为丁基橡胶。丁基橡胶的异戊二烯结构单元含量为 $1\%\sim2\%$。丁基橡胶的工业生产用过量的 $AlCl_3$ 作为活化剂，在 $-100℃$ 的氯甲烷溶液中利用微量水引发两种单体的阳离子共聚。异丁烯主要按 1,4-插入方式参与共聚。

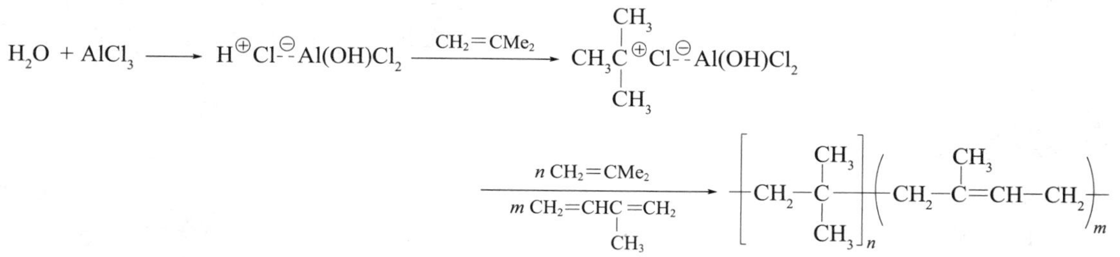

$$H_2O + AlCl_3 \longrightarrow H^{\oplus}Cl^{\ominus}{\cdot}Al(OH)Cl_2 \xrightarrow{CH_2=CMe_2} CH_3\overset{\overset{\textstyle CH_3}{|}}{\underset{\underset{\textstyle CH_3}{|}}{C}}{}^{\oplus}Cl^{\ominus}Al(OH)Cl_2$$

$$\xrightarrow[m\,CH_2=CHC{=}CH_2]{n\,CH_2=CMe_2} \left[CH_2{-}\overset{\overset{\textstyle CH_3}{|}}{\underset{\underset{\textstyle CH_3}{|}}{C}}\right]_n\left(CH_2{-}\overset{\overset{\textstyle CH_3}{|}}{C}{=}CH{-}CH_2\right)_m$$

异丁烯和异戊二烯的竞聚率分别为 2.5 ± 0.5 和 0.4 ± 0.1，异戊二烯结构单元在大分子链中呈统计分布，其中90%的异戊二烯结构单元为反式结构。共聚物组成遵循共聚组成方程式：

$$\frac{d[M_1]}{d[M_2]}=\frac{[M_1]}{[M_2]}\times\frac{r_1[M_1]+[M_2]}{r_2[M_2]+[M_1]}$$

式中，$[M_1]$ 和 $[M_2]$ 分别是异丁烯和异戊二烯的单体浓度；r_1 和 r_2 分别是异丁烯和异戊二烯单体的竞聚率。

异丁烯链节中两个对称取代的甲基使得丁基橡胶分子链成为随意卷曲的无定形态，侧甲基的密集排列限制了分子链热运动，因而具有优异的气密性和吸收能量的特性；在拉伸时结晶，有自补强作用。丁基橡胶具有良好的化学稳定性和热稳定性，最突出的是气密性和水密性。它对空气的透过率仅为天然橡胶的1/7，丁苯橡胶的1/5，而对蒸汽的透过率则为天然橡胶的1/200，丁苯橡胶的1/140。因此主要用于制造内胎、蒸汽管、水胎、水坝底层以及垫圈等各种橡胶制品。

为了进一步改善丁基橡胶不易硫化和共混相容性差的缺点，1960 年以来出现了卤化丁基橡胶。卤化丁基橡胶的主要工业化生产方法是丁基橡胶的卤化，包括溶液氯化和溴化反应，相应地生成氯化丁基橡胶（chlorobutyl rubber）和溴化丁基橡胶（bromobutyl rubber）。丁基橡胶的工业卤化在 CCl_4 或烃类溶剂中进行。在卤化过程中，聚合物分子链中的异戊二烯结构单元发生取代反应，主要改性基团以烯丙基卤存在，每一个双键伴有一个卤原子。氯化丁基橡胶的氯含量为 $1.1\%\sim1.3\%$，溴化丁基橡胶的溴含量为 $1.9\%\sim2.1\%$。异戊二烯结构单元的卤化反应比较复杂，可生成四种结构，其比例主要受控于卤素种类。

X = Cl: 86%, 0, 9%, 5%; X = Br: 75%, 14%, 1%, 10%

丁基橡胶卤化后，除了产生额外的交联反应位点外，同时也增加了双键的反应活性。卤化丁基橡胶保持了普通丁基橡胶的气密性、高减振性、耐老化性、耐候性、耐臭氧性及耐化学药品腐蚀性等，还增加了普通丁基橡胶所不具备的硫化加速性、与天然橡胶及丁苯橡胶的良好相容性与共硫化性等。

碳溴键的反应活性明显高于碳氯键，因而与氯化丁基橡胶相比，溴化丁基橡胶具有更快的硫化速率、更好的粘接性、更高的交联密度、对高不饱和度胶种的更好共硫化性能等。

本章纲要

1. 阳离子聚合与碳阳离子　链增长活性中心具有阳离子特征的连锁聚合称为阳离子聚合。碳阳离子呈 sp^2 杂化状态，是高能量活性种，其稳定性明显低于碳阴离子，因而碳阳离子聚合的可控性较差，易发生 β-H 消去反应。

2. 碳阳离子聚合单体　富电子烯类单体和共轭单体可进行阳离子聚合，重要的碳阳离子聚合单体包括：①烷基乙烯基醚及其衍生物；②异丁烯及其类似物，如 α-甲基苯乙烯；③苯乙烯及其衍生物，如对甲氧基苯乙烯；④其他能形成稳定阳离子的共轭烯烃，如环戊二烯、茚和氧杂茚、异戊二烯和间戊二烯等。

3. 强质子酸引发碳阳离子聚合　硫酸、三氟甲磺酸和高氯酸等强质子酸在有机介质中易于电离，其酸根阴离子的亲核性较弱，可引发富电子烯类单体的阳离子聚合，生成低分子量、宽分布的聚合物。虽然氢卤酸和磺酸也是强酸，但酸根阴离子的亲核性较强，通常不能引发碳阳离子聚合。

4. 质子给体/强 Lewis 酸和碳阳离子给体/强 Lewis 酸引发阳离子聚合　质子给体/Lewis 酸和碳阳离子给体/Lewis 酸是两类最重要的阳离子聚合引发体系，其中质子给体和碳阳离子给体是引发剂，Lewis 酸是活化剂或催化剂。常用的质子给体包括质子酸、醇和水，常用的碳阳离子给体包括叔或苄基卤、叔醇、叔醚和叔酯。

5. 碳阳离子异构化聚合　碳阳离子的稳定性是烯丙基＞叔（3°）＞仲（2°），因而阳离子聚合常伴随着重排反应，这种聚合反应称为异构化聚合。3-甲基丁烯、乙烯基环己烷、3-甲基环戊烯、环戊二烯和 β-蒎烯等均能发生阳离子异构化聚合。由于阳离子重排的活化能小于0，降低温度有利于异构化聚合。例如，3-甲基丁烯在 $-80℃$ 和 $-130℃$ 聚合时的1,3-插入率分别为 86% 和 100%。

6. 碳阳离子聚合反应动力学　以质子给体/强 Lewis 酸引发碳阳离子聚合为例，链引发反应为：

$$链引发 \quad HA + C \underset{}{\overset{K}{\rightleftharpoons}} H^+(A-C)^\ominus$$

$$H^+(A-C)^\ominus + M \xrightarrow{k_i} HM^+(A-C)^\ominus$$

$$\left.\begin{array}{c} \end{array}\right\} \Longrightarrow \quad I + C \underset{}{\overset{K}{\rightleftharpoons}} I^*$$

$$I^* + M \xrightarrow{k_i} M^*$$

通常活化平衡常数（K）很大，链引发速率方程为 $R_i = k_i[I^*][M] = k_i K[I][C][M]$，参照自由基聚合，假设阳离子聚合也存在链引发和链终止的"稳态平衡"，则存在聚合反应动力学方程 $R_p = \dfrac{k_p k_i K}{k_t}[I][C][M]^2$，即聚合速率对引发剂浓度和活化剂（或催化剂）浓度均呈一级动力学，对单体浓度则呈二级动力学。

实际上，碳阳离子聚合的链终止反应很慢，不存在"稳态平衡"，链转移占主导地位，聚合物的分子量受控于链转移，数均聚合度可由下式求得。

$$\frac{1}{\overline{X}_n} = \frac{k_t}{k_p[M]} + C_M + C_S \frac{[S]}{[M]} \approx C_M + C_S \frac{[S]}{[M]}$$

7. 温度对碳阳离子聚合的影响　根据公式 $R_p = \dfrac{k_p k_i K}{k_t}[I][C][M]^2$，阳离子聚合的总活化能为 $E = E_p + E_i - E_t$。多数阳离子聚合属于快引发、快增长、难终止体系，$E_t \gg E_p$，总活化能可为负值，即降低温度聚合速率反而增大，如微量水/$AlCl_3$ 引发异丁烯聚合；活性种的形成是阳离子聚合的关键步骤，链引发活化能对总反应贡献很大。

根据公式 $\overline{X}_n = \dfrac{k_p}{k_t}[M]$，数均聚合度的活化能（$E_{X_n} = E_p - E_t$）也为负值，因而阳离子聚合物的分子量随温度降低而迅速增大。

8. 碳阳离子聚合活性种的结构及影响因素　阳离子聚合的活性中心存在多种形式，主要包括极化分子、紧密离子对、松散离子对和自由离子，各种活性中心处于动态平衡中。极化分子的活性很低，不适合于引发阳离子聚合；而自由阳离子的活性极性高、稳定性很差，易引发各种副反应；离子对则是合适的引发活性种，特别是紧密离子对。

$$\sim\!\!C\!-\!X \xrightarrow{极化} \sim\!\!C\!\!\overset{\delta+}{-}\!\!\overset{\delta-}{X} \underset{}{\overset{解离}{\rightleftharpoons}} \sim\!\!C^\oplus X^\ominus \underset{}{\overset{溶剂化}{\rightleftharpoons}} \sim\!\!C/\!/X^\ominus \underset{}{\overset{解离}{\rightleftharpoons}} \sim\!\!C^\oplus + X^\ominus$$

极性共价物　　极化分子　紧密离子对　　松散离子对　　　自由离子

中高活性种　　　　　　超高活性种

溶剂极性和溶剂化能力是控制阳离子活性种的主要因素。在非极性烃类溶剂中，强质子酸的解离、质子给体和碳阳离子给体的活化均比较慢，不利于提高聚合速率。在强极性溶剂中，活性种主要以松散离子对和自由阳离子形式存在，不仅链引发和链增长反应速率加快，还会使链转移反应变得更加严重。因此，碳阳离子聚合通常在弱极性溶剂中进行，包括氯甲烷、二氯甲烷和二氯甲烷/己烷混合物等。

9. 常用碳阳离子聚合引发剂　反离子的亲核性对阳离子聚合的影响很大。强亲核性反离子易与活性中心结合，形成极化分子，使活性中心失去反应活性；弱亲核性反离子对活性中心的约束力比较小，易形成自由阳离子，导致诸多副反应；亲核性适中的反离子可有效调控活性中心的反应活性，有效控制阳离子聚合反应。常用过渡金属卤化物与酸根或碱基配对，构建亲核性可调的复合阴离子，从而获得适用于不同单体的引发体系。常用的重要引发体系如下：

① 烷基乙烯基醚及其类似物，HI/I_2、HX/ZnX_2 和 $CH_3CH(OR)OCOR'$/Lewis 酸；

② 异丁烯，微量水/强 Lewis 酸（$AlCl_3$ 和 $TiCl_4$ 等）、枯烯基氯/BCl_3；

③ 苯乙烯及其衍生物，$MeCH(Ph)Cl/SnCl_4/{}^nBu_4NX$；

④ α-甲基苯乙烯，$MeCH(Cl)OCH_2CH_2Cl/SnBr_4$。

10. 碳阳离子共聚　不同单体的阳离子聚合活性可相差几个数量级，而且链增长活性种的结构和活性也有较大差异，因而可阳离子共聚的单体组合较少，仅限于结构相近的同系列单体，如苯乙烯和氯代苯乙烯、异丁烯与异戊二烯等。聚合反应条件对单体的竞聚率影响很大，升高温度和压力对竞聚率有"拉平效应"。

习题

参考答案

1. 从化学结构、离子电荷和反离子或抗衡离子考虑，阴离子聚合和阳离子聚合的活性中心各有什么特点？

2. 适合阳离子聚合的单体主要有哪些？与适合阴离子聚合的单体相比有什么特点？哪些单体既能进行阴离子聚合也能进行阳离子聚合，说明理由。

3. 阳离子聚合常用引发剂有哪几类？与阴离子聚合引发剂相比有什么特点？

4. 什么是准活性聚合？比较准活性聚合与理想活性聚合的异同点。

5. 烯类单体阳离子聚合活性主要受取代基电子效应和空间位阻的影响，请比较下列单体的阳离子聚合活性，并说明理由。

（结构式 A-F，略）

(A)　　　(B)　　　(C)　　　(D)　　　(E)　　　(F)

6. 用强质子酸引发异丁烯聚合只能获得分子量小于 10kDa 的低分子量聚合物；用质子给体/Lewis 酸引发异丁烯聚合却能获得高分子量聚合物，试从反离子或抗衡离子的碱性和链转移反应来分析原因。

7. 在 Lewis 酸的活化下，哪些化合物能释放出质子？哪些化合物能释放出碳阳离子？水、乙醇、乙酸、丁烷、乙酸叔丁酯、苯甲酰氯、乙酸酐、二乙胺、三乙胺、乙基叔丁基醚、2-丁酮、异丁烯、甲苯、叔丁醇。

8. 哪些强质子酸可用于引发阳离子聚合？为什么氢卤酸、羧酸和磺酸等不能用于引发阳

高分子化学

286

离子聚合，当用 Lewis 酸活化后又可用于引发阳离子聚合？

9. 阳离子聚合的活性中心有几种存在形式？活性中心的存在形式主要受哪些因素影响？不同活性中心对阳离子聚合有何影响？

10. 举例说明什么是质子给体，什么是碳阳离子给体。写出质子给体/Lewis 酸和碳阳离子给体/Lewis 酸在氯乙烷或甲苯中引发异丁烯阳离子聚合的链引发、链增长、链转移和链终止反应。Lewis 酸的作用是什么？

11. 写出下列阳离子聚合反应的引发反应和链增长反应。（1）用硫酸、高氯酸和三氟甲磺酸引发异丁烯聚合；（2）用 HI/I$_2$ 或用 HCl/ZnI$_2$ 引发异丁基乙烯基醚聚合；（3）用枯烯基甲基醚/二氯化乙基铝引发异丁烯聚合；（4）用枯烯基氯/BCl$_3$ 引发 α-甲基苯乙烯聚合；（5）用 α-氯代乙苯/SnCl$_4$ 引发苯乙烯聚合。

12. 用硫酸、高氯酸、三氟甲酸或甲磺酸引发阳离子聚合，要提高产物的聚合度，可采用哪些手段？

13. 写出质子酸/Lewis 酸体系在低温下引发 3-甲基丁烯、环戊二烯和 β-蒎烯阳离子异构化聚合的反应过程。

14. 写出用 AlCl$_3$ 在低温氯甲烷中引发异丁烯聚合的基元反应，为什么聚合速率和聚合物分子量随温度降低而升高？

15. 工业上用廉价的氯甲烷作为丁基橡胶合成的溶剂，聚合反应通常在 −98℃ 进行，如果改用甲苯，预计会有什么影响？

16. 以硫酸为引发剂，使苯乙烯在惰性溶剂中聚合。如果链增长反应速率常数 $k_p = 7.6$L/(mol·s)，自发链终止速率常数 $k_t = 0.049$/s，向单体链转移的速率常数 $k_{tr,M} = 0.12$L/(mol·s)，聚合体系中单体的浓度为 200g/L。计算聚合初期形成聚苯乙烯的数均分子量。

17. 假定在异丁烯聚合反应中向单体链转移是主要终止方式，聚合物末端是不饱和端基。现有 4.0g 聚合物使 6.0mL 0.01mol/L 的 Br$_2$/CCl$_4$ 溶液正好褪色，计算聚合物数均分子量。

18. 在 1,2-二氯乙烷中用 H$_2$O/SnCl$_4$ 引发异丁烯聚合，聚合速率 $R_p = k_p$[SnCl$_4$][H$_2$O][IB]^2。起始生成聚合物的数均分子量为 20kDa，1g 聚合物含羟基 30μmol，不含氯。写出该聚合的链引发、链增长和链终止反应方程式。推导聚合反应速率和聚合度的表达式，推导过程中需要做哪些假设？什么情况下聚合速率对水或 SnCl$_4$ 是零级、对异丁烯是一级反应？

19. 1,3-戊二烯比较活泼，单体的插入方式也比较复杂，可以是 1,2-聚合或 1,4-聚合，也可以是 3,4-聚合。1,2-聚合产物的侧基是丙烯基，其阳离子聚合活性很高，可进一步发生交联反应和分子内环化反应。请写出阳离子聚合原理与交联反应及环化反应过程。

20. 异丁烯阳离子聚合时的单体浓度为 2mol/L，链转移剂浓度分别为 0.2mol/L、0.4mol/L、0.6mol/L 和 0.8mol/L，所得聚合物的聚合度依次为 25.34、16.01、11.70 和 9.20。向单体转移和向链转移剂转移是主要链转移方式，试用作图法求出链转移常数 C_M 和 C_S。

21. 为什么可进行阳离子共聚的单体对比较少，竞聚率差别比较大？温度、溶剂对竞聚率有何影响？

22. 丁二烯分别与下列单体进行共聚：a 叔丁基乙烯基醚、b 甲基丙烯酸甲酯、c 丙烯酸甲酯、d 苯乙烯、e 顺丁烯二酸酐、f 醋酸乙烯酯、g 丙烯腈。试问：（1）哪些单体能与丁二烯进行阳离子共聚，将它们按共聚由易到难的顺序排列，并说明理由；（2）哪些单体能与丁二烯进行阴离子共聚，将它们按共聚由易到难的顺序排列，并说明理由。

23. 分别用不同的引发体系使苯乙烯（M_1）与甲基丙烯酸甲酯（M_2）共聚，起始单体配比 $f_1^0 = 0.5$，共聚物中 F_1 的实测值列于下表。

编号	引发体系	反应温度/℃	F_1（摩尔分数）%
1	$BF_3 \cdot Et_2O$	30	＞99
2	BPO	60	51
3	K（液氨中）	−30	＜1

（1）给出每种引发体系的聚合机理；（2）定性画出三种共聚体系的 F_1-f_1 曲线；（3）从单体结构及引发体系解释数据表中 F_1 的数值及相应 F_1-f_1 曲线形态产生的原因。

第 8 章

配位聚合

8.1 配位聚合概述

烯烃 π 键的键能远低于 σ 键的键能，从热力学判断，乙烯和丙烯等 α-烯烃能够发生加成聚合。然而，由于缺少合适的引发剂和动力学原因，在很长时间内人们未能合成出高分子量的聚烯烃。

1933 年，英国帝国化学工业公司（ICI）的研究人员，将乙烯和苯乙醛置于 180～200℃ 和 150～300MPa 的条件下试图进行缩合反应，却意外得到了少量白色固体。后来分析证实氧在高温、高压条件下引发了乙烯聚合反应，首次制得了高分子量的聚乙烯。随后荷兰人 Michiels 发明了 300MPa 的压缩机，于 1939 年实现了高压聚乙烯的工业化生产。

在环境温度条件下，O_2 通过与活性自由基（R·）快速反应，生成活性较低的过氧自由基（ROO·），起阻聚作用，无法引发乙烯聚合。然而，在高温活化下，过氧自由基的活性大幅度提升，能引发不活泼乙烯的自由基聚合。实际上，乙烯高压自由基聚合在超临界状态下进行，向大分子的链转移反应很严重，聚合产物具有高度无规支化结构，即侧链上还有侧基。因此，高压聚乙烯的密度较低，约为 $0.915～0.925 \text{g/cm}^3$，故称为低密度聚乙烯（LDPE）。支化结构使 LDPE 的结晶度和熔点均比较低，分别为 50%～60% 和 105～110℃。

1953 年，德国金属有机化学家 Ziegler 用氢化铝锂（$LiAlH_4$）还原乙烯时，发现氢化铝锂会与乙烯发生亲核加成，生成烷基铝。在一次实验中发现结果异常，不像以往反应产物经水解处理得到低分子量的烷烃，而是生成了丁烯。Ziegler 对这一异常现象非常关注，仔细分析原因，发现是高压釜残留痕量镍化合物所致，历史上将这种现象称为"镍效应（nickel effect）"。Ziegler 请助手 Breil 调查添加镍以外的过渡金属化合物的情况。研究发现，钴、铂、铁、铜、银和金等化合物对上述反应没有影响；但将其替换为四氯化锆时，情况大变，反应釜内生成了大量的固体聚乙烯。进一步研究发现，$TiCl_4/AlEt_3$ 的催化效果最佳，常温常压下就能合成高分子量的聚乙烯。相关反应如下：

$$\text{LiAlH}_4 + 4\,\text{CH}_2{=}\text{CH}_2 \longrightarrow \text{LiAl(CH}_2\text{CH}_3)_4 \xrightarrow{\text{H}_3^+\text{O}} 4\,\text{CH}_3\text{CH}_3$$

$$\text{LiAlH}_4 + \text{CH}_2{=}\text{CH}_2 \xrightarrow{\text{Ni}} \xrightarrow{\text{H}_3^+\text{O}} \text{CH}_2{=}\text{CHCH}_2\text{CH}_3$$

$$n\,\text{CH}_2{=}\text{CH}_2 \xrightarrow[\text{AlEt}_3]{\text{TiCl}_4} \left[\!\!\begin{array}{c} \text{CH}_2\text{CH}_2 \end{array}\!\!\right]_n$$

随后，意大利高分子化学家 Natta 对 Ziegler 的研究工作进行了扩展，转向去研究丙烯的催化聚合。1954 年 3 月，他用 Ziegler 使用的 TiCl$_4$/AlEt$_3$ 催化剂获得少量聚丙烯（PP），其中大部分为橡胶状物质，但有少量结晶成分。经研究后推测结晶性 PP 分子链上所有手性碳原子都具有相同的构型，这种结构称为"全同立构"或"等规立构"。研究还发现，分别用 TiCl$_3$ 和 AlEt$_2$Cl 替代 TiCl$_4$ 和 AlEt$_3$ 进行丙烯的催化聚合，能使等规聚丙烯（iPP）的产率大幅度提高。

Ziegler 和 Natta 的研究工作建立了在环境温度和低压条件下合成聚烯烃的创新技术。这项技术被称为 Ziegler-Natta 聚合，并很快于 20 世纪 50 年代实现了工业化，广泛用于 HDPE、线形低密度聚乙烯（LLDPE）和 iPP 的工业生产。二位科学家因为这一巨大发现于 1963 年分享了诺贝尔化学奖。

为了纪念 Ziegler 和 Natta 的杰出贡献，人们把过渡金属卤化物（或羧酸盐等）和有机主族金属化合物（烷基铝等）组成的烯烃聚合催化体系称为 Ziegler-Natta 催化剂。

为了解释 Ziegler-Natta 催化剂引发烯烃聚合的反应机理，Natta 提出了"配位聚合（coordination polymerization）"的概念。在配位聚合过程中，烯烃与催化剂或引发剂通过"配位-插入（coordination-insertion）"方式聚合，即烯烃的 C=C 首先在过渡金属引发活性中心上进行配位与活化，由此单体分子相继插入至过渡金属-碳键（Mt—C）中进行链增长。

$$\text{R}-[\text{Mt}] + /\!\!/ \xrightarrow{\text{配位}} \text{R}-[\text{Mt}] \xrightarrow{\text{插入}} \text{RCH}_2\text{CH}_2-[\text{Mt}] \xrightarrow{/\!\!/} \sim\!\!\sim [\text{Mt}]$$

式中，R—[Mt] 表示活性种；Mt 表示过渡金属。不同于自由基聚合与离子聚合，配位聚合的链增长包括"配位"和"插入"两步连串反应。

乙烯配位聚合通常在较低压力下进行，由此获得的聚乙烯又称为低压聚乙烯。这种聚乙烯仅含极少量的甲基侧基，结晶度很高，熔点（T_m）可高达 141℃，密度可达 0.94g/cm^3，因而又称为高密度聚乙烯（HDPE）。将乙烯与 α-烯烃共聚，生成含有烷基侧链的线形聚乙烯，其结晶度和密度均低于 HDPE，为了区别于高压自由基聚合生产的 LDPE，将其称为线形低密度聚乙烯（LLDPE）。

配位聚合是乙烯、α-烯烃和环烯烃等烯烃单体特有的连锁聚合方式。应该强调的是，这里的烯烃系指狭义的"olefin"，不包括苯乙烯（styrene）及其衍生物、氯乙烯（vinyl chloride）及其类似物和丙烯酸酯类（acrylics）单体等。烯烃和烯类单体（vinyl monomer）的内涵有差别，二者不能混为一谈。

除烯烃外，丁二烯和异戊二烯等共轭二烯、苯乙烯及其衍生物也能发生配位聚合，但所用催化剂有差别，催化聚合机理也不尽相同。共轭二烯的配位聚合用于合成顺丁橡胶和异戊橡胶等；苯乙烯的配位聚合可用于制备高度结晶、高熔点的间规聚苯乙烯。

8.2 配位聚合的基本原理

过渡金属元素包括副族元素（ⅠB～ⅦB）和第八族元素（Ⅷ），具有电子不饱和性，外层轨道电子数小于 18（饱和电子数），电子结构为 $(n-1)d^{1\sim10}ns^{2(1)}$（$n\geqslant4$），镧系元素的电子不饱和性更大，其电子结构为 $4f^{1\sim14}5d^{0\sim1}6s^{2(1)}$。与中性金属原子相比，过渡金属离子的电子不饱和度更高，即存在更多 $(n-1)d$ 和 $(n-2)f$ 空轨道，因而容易形成配合物。例如，二价锆离子可与 2 个环戊二烯基、1 分子吡啶和 1 分子乙烯形成 16 电子配合物 $Cp_2Zr(Py)(CH_2\!=\!CH_2)$，环戊二烯负离子的 6 个 π 电子同时配位；四价锆离子可与环戊二烯基、乙烯等形成桥联的双核配合物 $Cp_2Zr(Et)(CH_2\!=\!CH_2)(Et)ZrCp_2$。相关配合物的分子结构图如下：

环戊二烯基（Cp）或茂基等配体具有空间位阻效应，导致大多数过渡金属配合物无法达到 18 电子的饱和状态。不饱和的过渡金属配合物仍具有与弱配体 C=C 进一步配位的倾向，有些形成稳定的配合物，有些形成介稳态的配合物，有些形成不稳定的配合物或仅仅是弱的相互作用，取决于中心离子的缺电子程度和配合物的空间位阻。

过渡金属离子采用杂化轨道配位成键，常见的杂化轨道包括：四面体构型的 sp^3 杂化轨道、平面四边形的 dsp^2 杂化轨道、三角双锥的 dsp^3 杂化轨道、四方锥体的 d^2sp^2 杂化轨道、八面体的 d^2sp^3 杂化轨道，还可能形成 d^3sp^3 和 d^4sp^3 杂化轨道；主族金属离子则可能采用 sp^3d 和 sp^3d^2 杂化轨道。常见杂化轨道的形状如图 8-1 所示。使用哪种杂化轨道形成配合物，取决于金属离子的外层空轨道数目和配体的空间位阻。ⅢB～ⅤB 族金属常采用 $dsp^3\sim d^4sp^3$ 杂化轨道成键，形成高配位数配合物；第八族金属的空轨道少，通常只形成低配位数配合物。例如，Ni(Ⅱ) 和 Pd(Ⅱ) 多采用 dsp^2 杂化轨道成键，形成四配位的平面四边形配合物；Fe(Ⅲ) 的 5 个 3d 电子可挤压在 3 个 d 轨道中，空出 2 个 3d 轨道，采用 d^2sp^3

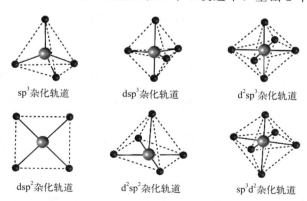

图 8-1　常见杂化轨道的形状

杂化轨道成键，形成八面体配合物；Co（Ⅱ）的 7 个 3d 电子最少占据 4 个 d 轨道，可采用 dsp^3 杂化轨道成键，形成五配位的配合物。

过渡金属配合物可以是卤化物或者烷基化合物，两者之间可进行转换，不影响螯合配位键。在无氧无水条件下，过渡金属卤化物与烷基化合物的合成过程相对简单。例如，$TiCl_4$ 或 $ZrCl_4$ 可与环戊二烯负离子或其衍生物进行配位反应，生成二氯二茂钛或锆；二氯二茂锆经甲基化，生成二甲基二茂锆。相关反应如下。

$$TiCl_4 + CpNa \xrightarrow[\text{R.T.}]{\text{THF}} Cp_2TiCl_2$$

$$Cp_2ZrCl_2 + 2\,MeLi \longrightarrow Cp_2ZrMe_2$$

$$ScCl_3 + Cp^*Na \xrightarrow[\text{R.T.}]{\text{THF}} Cp_2^*ScCl$$

$$Cp_2^*ScCl + MeLi \longrightarrow Cp_2^*ScMe$$

有些烷基化过渡金属配合物的金属中心与 C＝C 形成介稳态的配位键，由于存在空间位阻和电子效应，C＝C 容易向烷基转移，经过四元环过渡态引发烯烃的"配位-插入"反应。

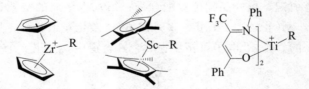

介稳态配合物　　四元环过渡态

烷基化的过渡金属配合物是配位聚合的引发剂，习惯上，专业人士称其为催化剂，因为一分子有机金属配合物可产生 $10 \sim 10^4$ 条聚合物分子链，这与自由基聚合或离子聚合的情况呈鲜明对照。

配位聚合的催化活性中心常常带有正电荷，但也可以是中性原子。例如，带正电荷的二茂锆烷基阳离子（Cp_2Zr^+R）、五甲基环戊二烯基钪的烷基化合物（Cp_2^*ScR）、带正电荷的 β-酮亚胺钛烷基化合物（L_2Ti^+R）都是结构明确的烯烃配位聚合催化活性种。

阳离子茂锆化合物 Cp_2Zr^+R 是 14 电子配合物，中性稀土茂化合物 Cp_2^*ScR 也是 14 电子配合物，而 β-酮亚胺钛化合物 L_2Ti^+R 是 10 电子配合物，它们的外层轨道电子数均小于 18，因而能与烯烃形成介稳态配合物，催化烯烃的配位-插入反应。

在配位聚合过程中，链增长的本质是单体对增长链末端金属配合物的配位-插入反应。过渡金属离子的作用有三个：一是形成配位催化活性中心（Mt—C 键）；二是为烯烃配位反应提供可配位的空轨道，三是为四元环过渡态提供给电子效应。

对于 α-烯烃的配位聚合，有两种插入方式，即 1,2-插入和 2,1-插入。α-烯烃的 π 电子分布不均匀，受烷基给电子效应的影响，不带取代基的一端（α-碳）电荷密度较高，在四元环过渡态中通常与过渡金属相连接，因而配位聚合通常按 1,2-插入方式进行。

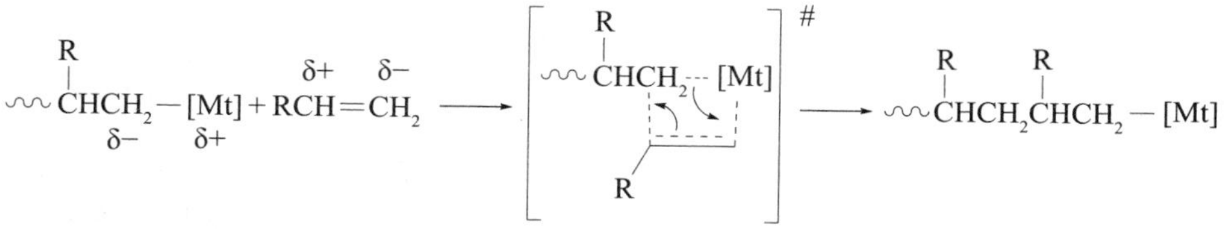

  α-烯烃带取代基的一端（β-碳）电荷密度较低，但在四元环过渡态中仍可能与过渡金属相连接，此时聚合反应按 2，1-插入方式进行。发生这种反常现象是由催化活性中心所处的空间环境所决定的。

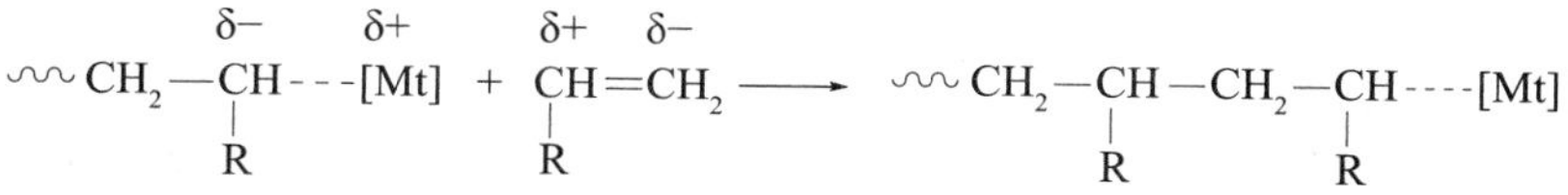

  不同于烯类单体的自由基聚合，α-烯烃的配位聚合通常只按"头-尾"键接方式进行，发生"头-头"键接或"尾-尾"键接的概率很小。这主要得益于"配位-插入"过程中，金属催化活性中心与烯烃配位反应的高选择性。

8.3 配位聚合的基元反应及影响因素

8.3.1 配位聚合的基元反应

  类似于自由基聚合和离子聚合等连锁聚合，配位聚合也包括链引发、链增长、链转移和链终止四个基元反应。然而，配位聚合机理却完全不同于其他连锁聚合，其链引发和链转移反应很有特点，下面作详细介绍。

（1）链引发反应

  配位聚合的活性中心通常是过渡金属烷基配合物（LMt$^+$R），这类化合物容易合成，但对水汽、酸气、氧、CO_2 以及含有活泼氢的化合物极为敏感，容易分解成没有反应活性的过渡金属盐。因此，通常使用性质稳定的卤化过渡金属配合物作为催化剂的前体，在催化聚合体系中引入烷基铝或有机硼化合物等活化剂（也称助催化剂），二者快速反应生成活性种，原位引发烯烃聚合。

$$LMtX_2 + 2\,AlR_3 \longrightarrow LMtR_2 + 2\,AlR_2X \longrightarrow [LMt^+R]^-\,AlR_3X \quad (R-[Mt])$$

$$R-[Mt] + CH_2=CH_2 \xrightarrow{\ k_i\ } RCH_2CH_2-[Mt]$$

  式中，L 是配体；X 是卤素原子。

  第一步是活化反应，速率相对较慢；第二步是链引发反应，速率很快。由于催化活性种对杂质极为敏感，所以配位聚合需要在干燥洁净的条件下进行，类似于阴离子聚合。

（2）链增长反应

  配位聚合的链增长是一个连串反应，严格讲不能算作基元反应。配位和插入两步反应的速率与催化活性中心的电子结构和空间位阻有关。有机配体的电子效应与空间位阻、过渡金属活性中心的电子结构与价态是决定催化剂性能的重要因素。

$$\sim\!\!\text{[Mt]}^+ \quad \xrightarrow{\ \text{配位}\ } \quad \sim\!\!\text{[Mt]} \quad \xrightarrow{\ \text{插入}\ } \quad \sim\!\!\text{CH}_2\text{CH}_2\text{—[Mt]}$$

空间位阻小、高度缺电子的有机过渡金属物种容易和烯烃配位形成较稳定的配合物，但第二步插入反应困难；与此相反，低缺电性的有机过渡金属物种与烯烃配位的倾向较小，甚至对烯烃聚合没有引发活性。因此，理想催化剂既要有适度的电子不饱和度，又不能过度缺电子。

配位聚合的反应动力学方程可简写为：

$$R_p = k_p[\text{C}][\text{M}] \tag{8-1}$$

式中，R_p 和 k_p 分别是聚合速率和聚合速率常数；[C] 和 [M] 分别是催化活性种浓度和单体浓度。

（3）链终止反应

与离子聚合的情况非常类似，理论上讲配位聚合也不能发生双基终止。然而，实际配位聚合确实存在链终止或催化剂失活反应，包括中心离子还原失活、活性种复分解失活、Lewis 碱毒化失活和活泼氢交换失活等。

（4）链转移反应

配位聚合的链转移反应比较丰富，包括向 β-H 链转移、向单体链转移、向助催化剂链转移和向 H_2 链转移等，但不存在向大分子和溶剂的链转移反应。主要原因是配位聚合在惰性溶剂中进行，而饱和聚烯烃对催化剂也呈惰性，双烯烃除外。

8.3.2　配位催化剂的失活

通常认为，催化剂的失活即为链终止反应，但在许多情况下，催化剂失活可能发生在链引发之前，此时催化剂失活和链终止反应就并非同义语了。实际上，催化剂失活可能发生在聚合反应引发之前，也可能发生在聚合反应过程中，或在聚合反应之后人为终止聚合反应。下面详细讨论配位聚合催化剂的失活问题。

（1）中心离子还原失活

高氧化态的过渡金属催化剂可被体系中的有机铝或烯烃还原为低氧化态的金属物种。高价金属离子的 d 轨道缺电子，即不饱和度高，通常具有高催化活性；低价金属离子的不饱和度低，催化活性降低甚至没有催化活性。例如，五价或四价钒能高效催化乙烯聚合，三价钒的催化活性有所降低，钒被还原到二价或 0 价后，则完全失去催化活性。

$$
\begin{array}{ccc}
\text{Ti(IV)} \longrightarrow \text{Ti(III)} & \longrightarrow & \text{Ti(II)} \\
\text{V(V)} \longrightarrow \text{V(IV)} & \longrightarrow \text{V(III)} & \longrightarrow \text{V(II,0)} \\
\text{高活性} & \text{低活性} & \text{无活性}
\end{array}
$$

（2）活性种双分子失活

有些催化剂的配体空间位阻较小，缺乏对催化活性中心的有效保护，在升高温度的条件下，容易发生复分解反应，生成双配体化合物和过渡金属盐。前者没有催化活性；后者催化活性很低，稳定性很差，这种失活反应称为"双分子失活"。

式中，E 表示配位原子，包括 O、N、P 和 S 等；B 表示各种 Lewis 碱基。

例如，O-邻位苯基取代的水杨醛亚胺镍可高效催化乙烯聚合，但在高温条件下，催化剂发生解配位和重新配位反应，生成没有催化活性的双（苯基水杨醛亚胺）镍和低活性的吡啶镍烷基化合物，后者随即被乙烯还原成 0 价镍。在聚合过程中，可以观测到黑色的镍粉和双水杨醛亚胺配合物。

如果用 9-蒽基替代苯基，则可通过增大空间位阻有效保护镍活性中心，在高温下催化剂不会发生双分子失活反应，催化寿命延长。

（3）Lewis 碱配位失活

呋喃、吡啶、膦和噻吩等 Lewis 碱可与催化剂的中心离子发生强配位反应，占据空轨道和增加位阻的双重作用常常使催化剂失活。杂原子的配位能力或 Lewis 碱性越强，越容易发生碱配位失活。因此，配位聚合反应的溶剂需要纯化，去除可能存在的微量噻吩等杂质。

（4）活泼氢诱导失活

水、醇、酸、胺等化合物含有活泼氢。过渡金属有机化合物的 Mt—C 键是极性共价键，碳原子一端带部分负电荷，可夺取质子形成稳定的饱和链端，过渡金属离子则与碱基结合生成稳定的金属盐。因此，含有活泼氢的化合物或质子给体都是配位聚合的链终止剂。

（5）氧化性气体和羰基诱导失活

活性链端的 α-碳带有部分负电荷，因而具有强亲核性，可与 O_2、CO_2、CO 和羰基化合物等发生亲核加成反应，同时 O 的孤对电子对过渡金属有亲和性，从而导致链终止。因此，配位聚合的单体和溶剂需要严格纯化，聚合体系要严格排出空气，烯烃单体中也不能含有 CO 和 NO 等杂质。

$$\sim\!\!\text{CH}_2-[\text{Mt}] \;+\; \begin{matrix} O_2 \\ CO_2 \\ CO \\ {}^R_R\!\!>\!\!C\!\!=\!\!O \end{matrix} \longrightarrow \left\{ \begin{matrix} \sim\!\!\text{CH}_2-\text{OOMt} \\ \sim\!\!\text{CH}_2-\overset{O}{\underset{}{\text{C}}}-\text{OMt} \\ \sim\!\!\text{CH}_2-\overset{O}{\underset{R}{\text{C}}}-\text{Mt} \\ \sim\!\!\text{CH}_2-\overset{}{\underset{R}{\text{C}}}-\text{OMt} \end{matrix} \right.$$

8.3.3　配位聚合的链转移反应

不同于自由基聚合，配位聚合的动力学链长没有实际意义。在工业生产中，由于几乎没有链终止反应，多重链转移使一分子催化剂产生几十至上万条聚合物分子链。因此，配位聚合的催化剂用量很少，工业聚合物的催化剂残留量仅为 ppm 量级，因而无需分离纯化，可直接应用。

聚合物的数均聚合度等于聚合速率与链终止和各种链转移速率之和的比值。在正常情况下，链终止反应速率远低于链转移速率，因此数均聚合度即为聚合速率与链转移速率的比值。

$$\overline{X}_n = \frac{R_p}{R_t + \sum R_{tr}} \approx \frac{R_p}{\sum R_{tr}} \tag{8-2}$$

（1）向 β-H 链转移

理论计算表明，配位聚合活性链端的负电荷并非完全集中在 α-碳上，而是分散在 α-碳和 β-H 上。缺乏单体时，活性中心处于"饥饿"状态，金属离子与 β-H 之间存在强相互作用，形成"抓氢配合物"。虽然"抓氢配合物"的稳定性高于"自由"活性链，但仍可能发生电子转移，生成稳定的 α-烯烃链端和过渡金属氢化物。后者也是高活性物种，能继续引发烯烃聚合。向 β-H 链转移又称为 β-H 消去反应（β-H elimination），阳离子聚合也存在类似反应。

$$\sim\!\!\overset{H}{\underset{H\,\delta-}{\overset{|}{\text{C}}}}\!\!\overset{\delta-}{-}\text{CH}_2-[\text{Mt}] \;\rightleftharpoons\; \sim\!\!\overset{}{\underset{}{\text{C}}}\!\!\cdots\!\![\text{Mt}] \;\rightleftharpoons\; \sim\!\!\text{CH}\!\!=\!\!\text{CH}_2 + \text{H}-[\text{Mt}]$$

β-H 链转移反应的动力学方程为：

$$R_{tr,\beta H} = k_{tr,\beta H}[\text{C}] \tag{8-3}$$

β-H 链转移反应速率对单体浓度呈 0 级动力学。由于链增长速率对单体浓度呈一级动力学，所以此时聚合物的分子量随单体浓度或压力增大而增大。

（2）向单体链转移

在正常的配位聚合反应中，单体与催化剂的金属中心配位，而后发生插入反应，完成链增长。但在有些情况下，单体的烯氢键（=C—H）会与活性链的 Mt—C 键发生相互作用，先形成四元环过渡态，再通过电子转移生成增加一个端双键的聚合物链和过渡金属氢化物。

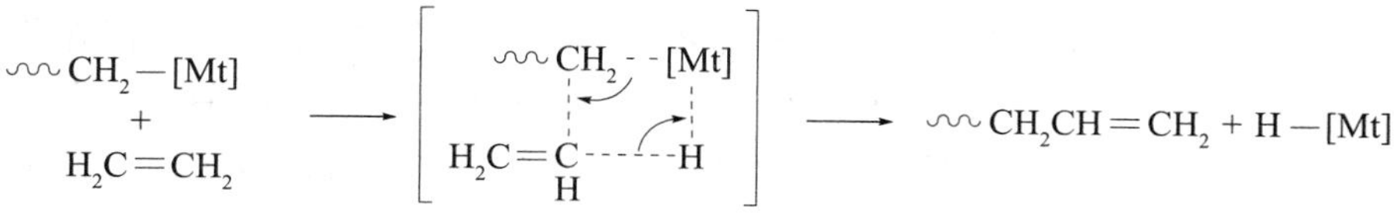

向单体链转移（transfer to monomer）的动力学方程为：

$$R_{tr,M} = k_{tr,M}[C][M] \tag{8-4}$$

该链转移反应速率对单体浓度呈一级动力学。如果聚合体系只存在这种链转移反应，则聚合物分子量与单体浓度无关。

（3）向助催化剂（有机铝）链转移

烷基铝的 Al—C 键也是极性共价键，可与配位聚合的活性链端发生相互作用，通过四元环过渡态发生"转金属反应"，即向有机铝的链转移反应。如果体系中存在其他主族或副族金属有机化合物，也会发生类似的向助催化剂链转移（transferto cocatalyst）的反应。

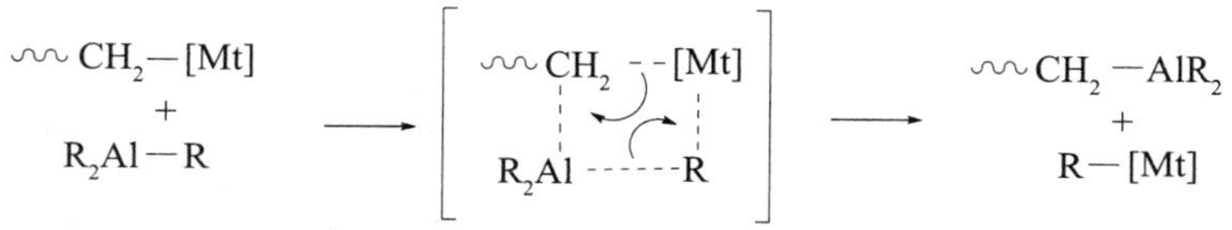

向有机铝链转移的动力学方程为：

$$R_{tr,Al} = k_{tr,Al}[C][Al] \tag{8-5}$$

这种链转移反应速率对单体浓度呈 0 级动力学，对有机铝浓度呈一级动力学。此时聚合物分子量随有机铝用量的增大而降低，随单体浓度升高而增大。这一特征可用于调节聚合物的分子量。

配位聚合的助催化剂用量较大，向铝的链转移不可忽视。是否存在向烷基铝的转移反应，主要取决于催化剂结构，另外也与有机铝的结构有关。例如，小位阻的三甲基铝的链转移常数较大，大位阻的三异丁基铝的链转移常数较小。与有机铝相比，烷基锌的链转移常数更大，常用作聚合物分子量的调节剂，而不是用作助催化剂。

二烷基锌的锌离子半径和电荷与钛锆等催化活性中心的匹配性好，二者之间极易发生转金属反应，因而烷基锌常用作配位聚合的链转移剂。

（4）向氢分子链转移——氢调反应

在高压条件下，氢气与烯烃竞争，可与配位聚合的活性链端发生反应，通过四元环过渡态，完成电子转移，生成饱和烷基链端和金属氢化物，后者继续引发烯烃聚合。

$$\begin{array}{ccccc}
\text{\textasciitilde CH}_2-\text{[Mt]} & & \left[\begin{array}{c}\text{\textasciitilde CH}_2 \cdots \text{[Mt]} \\ \vdots \qquad \vdots \\ \text{H} \cdots \text{H}\end{array}\right] & \longrightarrow & \text{\textasciitilde CH}_2-\text{H} \\
+ & \longrightarrow & & & + \\
\text{H}-\text{H} & & & & \text{H}-\text{[Mt]}
\end{array}$$

向氢分子链转移的动力学方程为：

$$R_{\text{tr},\text{H}_2}=k_{\text{tr},\text{H}_2}[\text{C}][\text{H}_2] \tag{8-6}$$

该链转移速率对单体浓度呈 0 级动力学。聚合物分子量随 H_2 浓度升高而降低，随单体浓度升高而增大。工业上广泛使用这种链转移反应调节聚合物的分子量，俗称"氢调反应（hydrogen modulation reaction）"。氢调敏感性是催化剂的固有特性，是评价催化剂性能的一个重要参数。

不同于自由基聚合与离子聚合，配位聚合的链转移反应非常丰富，除向单体转移外，链转移速率与单体浓度无关，而对活性中心浓度呈一级动力学，说明配位聚合的链转移是催化剂的固有特征，取决于中心金属的电子结构、催化剂分子构型和配体的空间位阻。

在优化条件下，配位聚合很少发生链终止反应，可以忽略不计，因此一分子催化剂可产生几十至数万条聚合物分子链。将链增长和链转移的速率方程代入式（8-2），可得数均聚合度的表达式：

$$\overline{X}_\text{n}=\cfrac{k_\text{p}[\text{C}][\text{M}]}{k_{\text{tr},\beta\text{H}}[\text{C}]+k_{\text{tr},\text{M}}[\text{C}][\text{M}]+k_{\text{tr},\text{Al}}[\text{C}][\text{Al}]+k_{\text{tr},\text{H}_2}[\text{C}][\text{H}_2]} \tag{8-7}$$

上述公式有些复杂，取其倒数得：

$$\frac{1}{\overline{X}_\text{n}}=\frac{1}{k_\text{p}}\left(k_{\text{tr},\text{M}}+k_{\text{tr},\beta\text{H}}\frac{1}{[\text{M}]}+k_{\text{tr},\text{Al}}\frac{[\text{Al}]}{[\text{M}]}+k_{\text{tr},\text{H}_2}\frac{[\text{H}_2]}{[\text{M}]}\right) \tag{8-8}$$

链转移速率常数与链增长速率常数之比 k_{tr}/k_p 定义为链转移常数，代表两种反应竞争能力的大小，向 β-H、单体、有机铝和氢气的链转移常数定义为：$C_{\beta\text{H}}=k_{\text{tr},\beta\text{H}}/k_\text{p}$、$C_\text{M}=k_{\text{tr},\text{M}}/k_\text{p}$、$C_\text{Al}=k_{\text{tr},\text{Al}}/k_\text{p}$、$C_{\text{H}_2}=k_{\text{tr},\text{H}_2}/k_\text{p}$，将它们代入式（8-8），得：

$$\frac{1}{\overline{X}_\text{n}}=C_\text{M}+C_{\beta\text{H}}\frac{1}{[\text{M}]}+C_\text{Al}\frac{[\text{Al}]}{[\text{M}]}+C_{\text{H}_2}\frac{[\text{H}_2]}{[\text{M}]} \tag{8-9}$$

配位聚合的链转移反应是催化剂的固有特性。通常向单体和 β-H 的链转移常数很小，而高 C_M 和 $C_{\beta\text{H}}$ 的催化剂则用于合成长链 α-烯烃。有机铝等助催化剂和氢气均可用于调节聚合物的分子量。从成本和聚烯烃纯度的角度考虑，工业上通常用氢调技术控制聚合物的分子量。

8.3.4 配位聚合的支化机理

聚乙烯的支化结构是决定材料性能的重要因素。无支化 HDPE 的结晶度高达 90%，熔点高于 $140℃$，虽然材料力学性能优良，但熔体强度过高，成型加工困难。在聚乙烯分子链中引入少许支化结构，可有效降低结晶度和熔点，提高加工性能。为了平衡材料的力学性能和加工性能，目前市售 HDPE 均含有少量支化结构。

除与 α-烯烃共聚合生成支化聚乙烯外，乙烯均聚过程中也能产生支化结构。支链的长短和数目主要取决于催化剂结构和聚合条件。例如，铬系催化剂生产的 HDPE 含有少许长支链，而钛系催化剂生产的 HDPE 只有甲基短支链。另外，聚合温度和压力也是影响聚乙烯支化结构的重要因素，通常高温低压有利于形成支化结构。

（1）聚乙烯的甲基支化

钛系 Ziegler-Natta 催化剂引发乙烯聚合时，聚合物带有甲基侧基。原因是 β-H 链转移或向单体转移生成不饱和链端或 α-烯烃，α-烯烃没有及时脱离催化活性中心，而是立即再配位-反向插入（2,1-插入），形成仲烷基金属催化活性中心，随后引发乙烯聚合，产生了甲基支化结构。

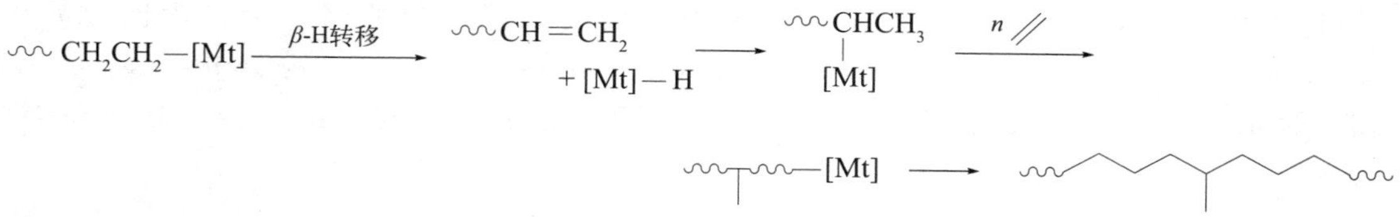

聚乙烯支化结构的形成受催化剂电子结构与空间位阻的控制，钛和锆等前过渡金属催化乙烯聚合产生支化的能力弱，镍和钯等后过渡金属产生支化的能力强。

（2）聚乙烯的长链支化与"链行走"

后过渡金属催化活性中心的电子不饱和度比较低，容易发生 β-H 链转移和烯烃原位反向插入反应，形成支化结构。如下所示，第一次 β-H 链转移/配位-反向插入反应，形成甲基取代的金属活性中心。新活性中心引发乙烯聚合形成甲基支化，如果单体来不及扩散至催化活性中心，将发生第二次 β-H 链转移/配位-反向插入，形成乙基取代的金属活性中心。这个活性中心既可引发乙烯聚合形成乙基支化链，也可以发生第三次 β-H 链转移/配位-反向插入，形成丙基取代的金属活性中心，再引发乙烯聚合形成丙基支化链。上述过程可以连续进行，形成各种链长的支化结构。

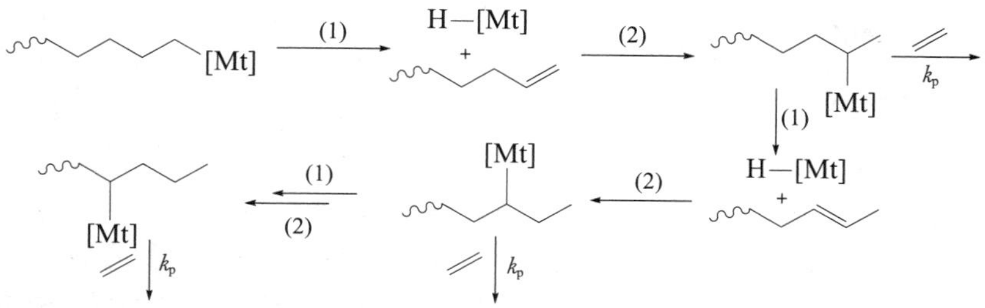

上述复杂的链转移过程常称为"链行走（chain walking）"。可将催化活性中心比作铺设轨道的机器人，机器人活力四射，永远不知疲倦，铁轨及时送到他手中，他就不停地工作；如果铁轨不能及时送到他手中，他就沿轨道跑动，接到铁轨后原地铺设，使轨道产生支杈。

后过渡金属催化剂引发乙烯聚合容易发生"链行走"的原因是聚合速率太快，催化活性中心常处于"饥饿"状态，整个聚合催化过程受控于单体扩散速率。例如，用 α-双亚胺钯或镍催化乙烯聚合，低温高压下乙烯溶解度高，扩散速率接近聚合速率，生成低支化度、短支链的聚乙烯；在高温低压条件下，乙烯溶解度低，此时聚合速率快于乙烯扩散速率，β-H 链转移/配位-反向插入的机会多，则生成高度支化的聚乙烯。

8.4 配位聚合的立体化学

类似于有机小分子化合物，聚合物也存在异构现象，包括同分异构和立体异构。立体异构是影响高分子材料性能的重要因素之一。

8.4.1 同分异构

化学组成相同，分子链中原子或基团相互键接次序不同的聚合物称为同分异构（isomerism），也称为构造异构（constitutional isomerism）或结构异构（structural isomerism）。例如，聚乙醛、聚氧化乙烯和聚乙烯醇的化学组成完全相同，但构造或化学键接方式不同，它们是同分异构体。

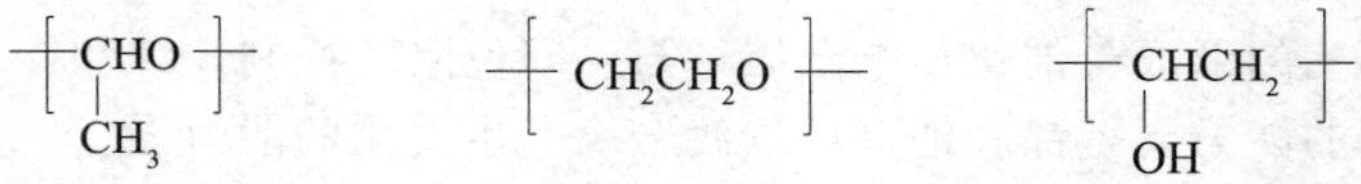

聚乙醛　　　　　　　聚氧化乙烯　　　　　　　聚乙烯醇

聚甲基丙烯酸甲酯和聚丙烯酸乙酯也是同分异构体，它们由两种同分异构的单体合成。同分异构的聚合物也可能由非同分异构的单体合成。例如，尼龙-6 由己内酰胺的开环聚合制备，而尼龙-66 由己二胺与己二酸的缩聚制备，二者为同分异构体。

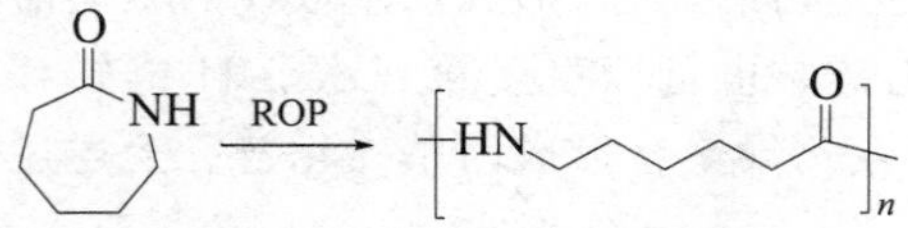

尼龙-6

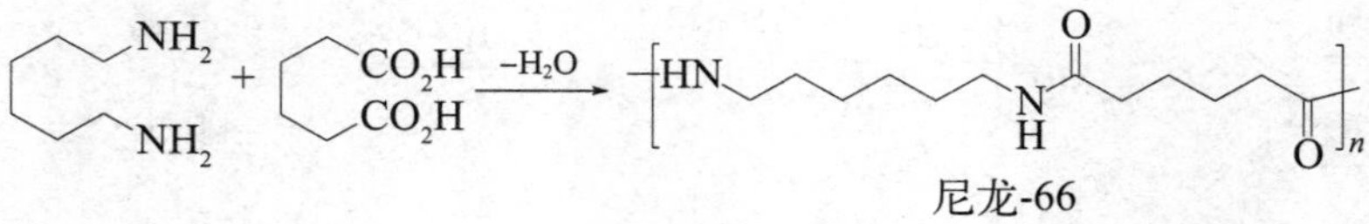

尼龙-66

某些单体能以不同方式发生聚合，形成同分异构聚合物。例如，4-甲基丁烯的阳离子聚合容易发生重排反应，由于异构化可生成两种结构单元的同分异构聚合物；丁二烯可发生 1,4-聚合或 1,2-聚合，分别生成 1,4-聚丁二烯和 1,2-聚丁二烯，前者的 T_g 较低，是典型的橡胶，后者的 T_g 较高，可用作塑料；使用不同类型的催化剂，降冰片烯可分别发生加成聚合和开环易位聚合（ring-opening metathesis polymerization，ROMP），生成两种异构聚合物。

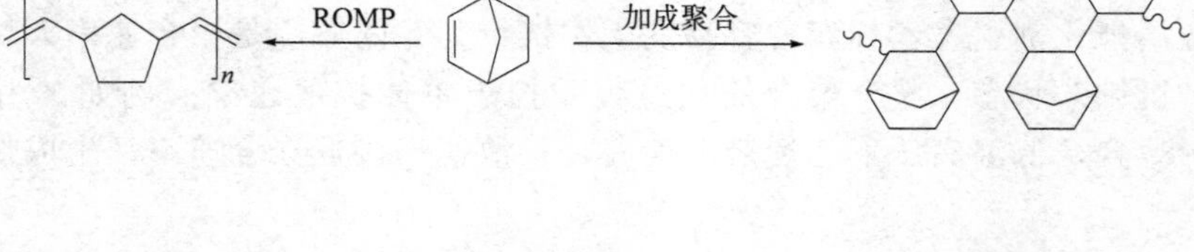

二元共聚时，两种单体单元沿分子链可形成不同排列形式的序列结构。例如，苯乙烯-丁二烯共聚，可形成无规共聚物 SBR 或嵌段共聚物 SBS，它们可称为结构异构或同分异构。

8.4.2　立体异构

分子式相同，分子中原子或基团连接次序也相同，但原子或基团在空间的排布方式不同所造成的异构现象称为立体异构（stereo-isomerism）。立体异构包括构型异构（configurational isomerism）和构象异构（conformational isomerism）。聚合物的构型异构包括几何异构和光学异构。

几何异构（geometrical isomerism）是由某一双键或环状结构上取代基的排列方式不同引起的异构现象。几何异构也称为顺-反异构或 Z-E 异构。共轭二烯进行 1,4-聚合时，聚合物主链含有双键，存在几何异构。例如，丁二烯和异戊二烯的配位聚合形成的 1,4-聚丁二烯和 1,4-聚异戊二烯，结构单元有顺 1,4-和反 1,4-两种结构。

顺-1,4-聚丁二烯　　反-1,4-聚丁二烯　　　顺-1,4-聚异戊二烯　　反-1,4-聚异戊二烯

环烯烃的开环易位聚合也会得到主链含有双键的聚合物，存在顺式和反式两种结构单元。炔烃的叁键也可发生催化聚合，生成主链含有双键的聚乙炔或其取代衍生物，也会形成顺式和反式两种异构。

光学异构（optical isomerism）又称为对映异构（enantiotropy），是由取代基在不对称碳原子上排列方式不同引起的。不应混淆光学异构和构象异构，构象异构可通过原子或取代基绕单键旋转得到；而构型异构体只有通过原化学键的断裂，重新成键，才能互相转化。

连有四个不同基团的 sp^3 杂化碳原子称为不对称碳原子或手性碳原子（chiral carbon）。含有一个手性碳的化合物为手性化合物（chiral compound），有互为镜像但不能重叠地对映异构体（enantiomer）存在。手性化合物能使偏振光的偏振面发生偏转，所以手性化合物又称为光学活性化合物。具有手性、能使偏振光的偏振面旋转的聚合物称为光学活性聚合物（optically active polymer）。

Fischer 用四面体模型在平面上的投影来表示化合物的构型，把四面体模型前面的棱边横放，后面的棱边则在垂直的方向上，这样将模型投影在平面上，获得的图像称为 Fischer 投影式。Fischer 投影式的书写原则为：手性碳位于纸面上，用横竖线的交叉点表示，以横线相连的原子或基团在纸面前方，以竖线相连的原子或基团在纸面后方，碳链竖放，编号小的碳在上。例如，乳酸的 Fischer 投影式为：

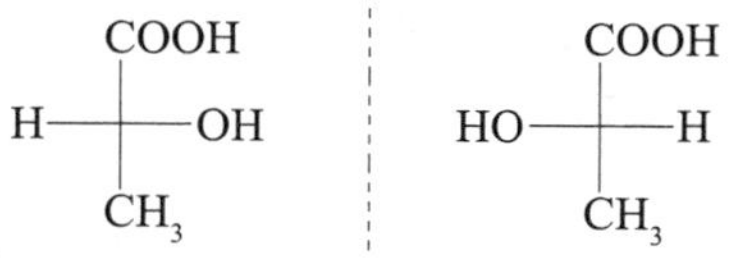

对映体的构造式相同，但空间的排列方式（构型）不同，所以需要用构型式来表示。R/S 命名法规定：将与手性碳相连的四个基团按次序规则排列 A＞B＞C＞D，排在最后的基团 D 指向离开观察者的方向，距离最远看最小的基团，由大到小顺序绕，顺时针记为 R，

反时针记为 S，见图 8-2。

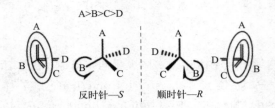

A>B>C>D

反时针—S　　顺时针—R

图 8-2　对映异构体的 R/S 命名法规则

通过催化配位聚合，α-烯烃（$CH_2 =\!\!\!= CHR$）形成的聚合物分子链中，与 R 连接的碳原子具有如下两种结构：

如果连接 C^* 两端的分子链不等长，或端基不同，C^* 应当是手性碳原子。然而，这种聚合物并不显示旋光性，原因是紧邻 C^* 的原子差别极小；而且对整个分子链而言，中间对称，第一个手性中心和倒数第一个手性中心相抵消，第二个手性中心和倒数第二个手性中心相抵消，以此类推，故称这类碳原子为"假手性碳原子（pseudo chiral carbon）"。

对于 1,1-二取代烯类单体，当两个取代基相同时，没有立体异构，如聚偏氯乙烯和聚异丁烯等。当两个取代基不同时，如甲基丙烯酸甲酯中的—CH_3 和—CO_2CH_3、α-甲基苯乙烯中—CH_3 和—C_6H_5，有立体异构存在。

对于含有不同取代基的 1,2-二取代烯类单体，如 $R_1CH =\!\!\!= CHR_2$，聚合物结构单元中有两个手性碳原子，存在立体异构，包括 RR 构型、RS 构型和 SS 构型。

R, R
R, S
S, S

8.4.3　立构规整性聚合物

对于聚合物来说，只讨论某一个结构单元的立体构型没有实际意义。决定聚合物性能的是整条大分子链，所以人们更关心的是整条大分子链上每一个结构单元的立体构型。从立体化学角度看，结构单元含有立构中心的大分子链原则上应该能形成立体构型都相同的聚合物。然而，实际上很难合成出所有结构单元均为一种构型的大分子链，更不用说聚合物中所有大分子链都是一种立体构型。因此，定义同一立构规整性结构单元占全部聚合物结构单元的百分含量为立构规整度。当聚合物链上超过 75% 的结构单元是同一种立体构型时，称该聚合物为有规立构聚合物（stereoregular polymer），或立构规整聚合物；反之，则称为无规立构聚合物（atactic polymer）。

对单取代 α-烯烃聚合物而言，若分子链上每个结构单元上的立构中心均具有相同的构型，称为等规立构（isotactic）或全同立构聚合物；若分子链上相邻的立构中心具有相反的构型，称为间规立构（syndiotactic）或间同立构聚合物；其他的称为无规立构（atactic）聚合物。图 8-3 表示了三种立构分子链。图中左侧表示聚合物的碳-碳主链在纸面内，用三角形和虚线相连的取代基 R 在这个平面的上方和下方。图中右侧为 Fischer 投影式，竖线表示键是向着纸页的后面，横线表示键是从纸页平面伸出来。由于是假手性中心，因此聚合物没有光学活性。

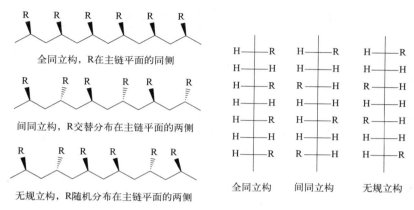

图 8-3　α-烯烃（$CH_2 = CHR$）的等规、间规和无规立构聚合物分子链

如图 8-4 所示，1,1-二取代烯烃（$CH_2 = CR_1R_2$）聚合物的情况与聚 α-烯烃的情况相似。如果将聚合物主链放在纸面内，则等规聚合物的两个取代基 R_1 和 R_2 分别位于纸面外侧和内侧；间规聚合物的两个取代基 R_1 和 R_2 分别在纸面内侧和外侧交替排列。

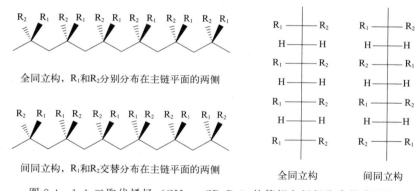

图 8-4　1,1-二取代烯烃（$CH_2 = CR_1R_2$）的等规和间规聚合物分子链

氧化 α-烯烃不同于 α-烯烃，本身含有手性碳原子。弱碱性引发剂只进攻非手性碳，环氧开环后手性碳的构型保持不变，并仍留在聚氧化烯烃的大分子链中。使用手性环氧单体，如果聚合方法和条件适合，可以获得光学活性聚合物。

$$\bar{B} + H_2C-CH \xrightarrow{nM} \sim CH_2\overset{*}{C}HO - CH_2\overset{*}{C}HO \sim$$

如果起始环氧单体是含有等量 R 和 S 对映体的外消旋混合物，所用引发剂（如

$CH_3OH/ZnCl_2$ 体系）对 2 种对映体的聚合无选择性，则 R 和 S 对映体将等量地进入大分子链中，聚合产物是外消旋化聚合物，不显示光学活性。纯的全同立构聚合物具有旋光活性，而间同立构聚合物的相邻手性中心之间有对称面，内补偿使旋光活性消失。

聚合物的立构规整性影响高分子链堆砌程度和结晶度，进而影响聚合物的密度、熔点、溶解性能、力学强度、高弹性等一系列宏观性能。表 8-1 列出了部分数据。

表 8-1　聚 α-烯烃和聚共轭二烯的部分物理性能

聚烯烃	密度/（g/cm³）	熔点/℃	聚共轭二烯	密度/（g/cm³）	熔点/℃	T_g/℃
LDPE	0.91～0.93	105～110	顺 1,4-聚丁二烯	1.01	2	−102
HDPE	0.94～0.96	130～140	反 1,4-聚丁二烯	0.97	146	−58
无规聚丙烯	0.85	75	等规 1,2-聚丁二烯	0.96	126	
等规聚丙烯	0.92		间规 1,2-聚丁二烯	0.96	156	
间规聚丙烯	0.91	150	顺 1,4-聚异戊二烯	0.91	28	−73
等规聚丁烯	0.91	124～130	反 1,4-聚异戊二烯		74	−58
等规聚 3-甲基丁烯		300				
等规聚 4-甲基戊烯		250				
无规聚苯乙烯		无				
等规聚苯乙烯		240				
间规聚苯乙烯		270				

（1）聚 α-烯烃

PP 是聚 α-烯烃的典型代表。无规聚丙烯（aPP）结晶性差，易溶于烃类溶剂，材料力学强度低，用途有限。而等规聚丙烯（iPP）却是高熔点（175℃）、耐溶剂、比强度高的结晶性聚合物，广泛用作塑料与合成纤维。除聚丁烯外，等规聚 α-烯烃的熔点均随取代基的增大而显著提高，如 HDPE 的熔点为 130～140℃，iPP 的熔点为 175℃，聚 3-甲基-1-丁烯的熔点为 300℃，聚 4-甲基-1-戊烯的熔点为 250℃。因此，高等规的聚高级 α-烯烃可用于耐高温场合。

（2）聚共轭二烯

不同立构规整性的聚共轭二烯，其结晶度、密度、熔点、高弹性、机械强度等也有差异。全同和间同 1,2-聚二烯烃是熔点较高的塑料，顺 1,4-聚丁二烯和顺 1,4-聚异戊二烯都是 T_g 和 T_m 较低、不易结晶、高弹性能良好的橡胶，而反 1,4-聚二烯烃则是 T_g 和 T_m 相对较高、易结晶、弹性较差、硬度大的塑料。天然的巴西三叶胶是顺 1,4-异构体含量在 98％以上的聚异戊二烯，而产于中美洲和马来西亚的古塔胶和巴拉塔胶则主要是反 1,4-异构体。

（3）天然高分子

许多天然高分子也具有立构规整性，存在立体异构现象。例如纤维素与淀粉互为异构体，纤维素的葡萄糖苷结构单元按反 1,4-键接，以伸直链的构象存在，分子堆砌紧密，结晶度较高，不溶于水，难水解，有较高的力学性能，可用作纤维材料。而淀粉中的葡萄糖苷单元则按顺 1,4-键接，以无规线团构象存在，能溶于水，易水解，是重要的食物来源。蛋白质是氨基酸的缩聚物，具有立构规整性。酶是具有高度定向能力的生化反应催化剂，在生物高分子合成中起着关键作用。

化学合成很难获得结构完美的立构规整性聚合物。立构规整性结构单元含量是影响聚合物物理性能的重要参数。为了方便讨论聚合物的物理性能和催化剂的结构可控性，有必要定义聚合物的立构规整度。

聚合物的立构规整度是指立构规整性结构单元占总聚合物的分数，称为等规度（isotacticity），或间规度（syndiotacticity）。利用立构规整聚合物化学键的特征吸收或振动，采用仪器分析是目前常用的测定手段，如红外光谱法（IR）、核磁共振法（NMR）等。

由于立构规整聚合物的物理性质如结晶度、密度、熔点、溶解行为等与无规立构聚合物有较大差别，因此可以采用常规的分析方法。如利用聚合物的立构规整度与其结晶度有关，采用 X 射线衍射法、密度法和熔点法测聚合物的结晶度，进而表征出聚合物的立构规整度。

PP 的立构规整度，也称全同指数（isotactic index of polypropylene，IIP）或等规度，工业上常用沸腾正庚烷萃取法测定，不溶于沸腾正庚烷的结晶部分所占的质量分数代表 iPP 含量。

$$IIP = (沸腾正庚烷萃取剩余物重量/未萃取时的 PP 重量) \times 100\%$$

对于聚共轭二烯，常用顺 1,4-、反 1,4-、全同 1,2-、间同 1,2-等的百分数来表征立体和立构规整度。根据红外光谱特征吸收峰的位置（波数，cm^{-1}）和核磁共振氢谱（^{1}H NMR）的化学位移能定性测定各种立构单元的存在，从各个特征吸收峰面积的积分则可定量计算这 4 种立体和立构规整度的比值。

为方便起见，有时也用溶解性能、结晶度、密度等物理性质来间接表征等规度。例如，PP 的等规度 IIP 可用沸腾正庚烷的萃取剩余物占 PP 试样的质量百分数、测定无规和等规聚丙烯的密度计算结晶度、X 射线衍射直接测定 iPP 的结晶度等方法表示。

理论上，立构规整度应该由二元组、三元组或五元组等多元组的序列结构来表征。红外光谱难以分析这些立体结构单元的序列分布，核磁共振波谱（^{1}H NMR 和 ^{13}C NMR）则是重要工具。

二元组合（dyads）只有两种序列结构，等规或间规序列是相邻两个重复单元的立体构型相同或相反的组合，其分数（或概率）以 m（meso，内消旋）或 r（racemic，外消旋）来表示。三元组合（triads）有三种序列结构，等规三元组、间规三元组和杂规三元组序列，分别以 mm、rr、mr 表示。随着结构单元数的增加，序列结构数迅速增多。如图 8-5 所示，四元组（tetrads）有六种序列结构，而五元组（pentads）则有 10 种序列结构。

聚 α-烯烃的等规和间规二元组中的 CH_2 所处的化学环境不同，^{1}H NMR 和 ^{13}C NMR 中均显示不同的化学位移信号。类似地，多元组中 CH_2 所处的化学环境也不同，在 ^{1}H NMR 和 ^{13}C NMR 中呈现多重化学位移信号。各种信号峰的强度可用于计算聚合物的立构规整度。

对于二元组，等规序列和间规序列分数的总和为 1，即 $[m]+[r]=1$，等规度为 $[m]/([m]+[r])$，间规度为 $[r]/([m]+[r])$。对于三元组，等规序列、间规序列和杂规序列分数的总和为 1，即 $[mm]+[mr]+[rr]=1$，等规度、间规度和杂规度分别为 $[mm]/([mm]+[mr]+[rr])$、$[rr]/([mm]+[mr]+[rr])$ 和 $[mr]/([mm]+[mr]+[rr])$。二元组和三元组的序列结构分数之间存在如下关系：

$$[m]=[mm]+0.5[mr]$$
$$[r]=[rr]+0.5[mr]$$

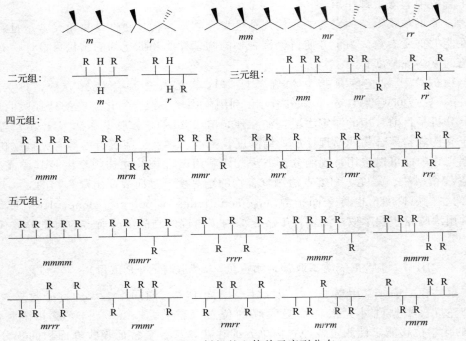

二元组:
三元组:

m r

mm mr rr

四元组:

mmm mrm mmr mrr rmr rrr

五元组:

$mmmm$ $mmrr$ $rrrr$ $mmmr$ $mmrm$

$mrrr$ $rmmr$ $mrrm$ $rmrm$

图 8-5　聚 α-烯烃的立体单元序列分布

（为简便起见，三元组、四元组和五元组忽略了 CH_2）

　　只需测得任意两个三元组的序列结构分数，即可按以上关系式求得聚合物二元组和三元组的完整序列结构信息。无规聚合物的 $[m]=[r]=0.5$，二元组和三元组无序分布时，$[mr]=0.5$。完全等规聚合物，$[m]=[mm]=1.0$；无规分布时，$[m]\neq[r]\neq0.5$，$[mm]\neq[rr]\neq0.25$，等规度和间规度不同。$[m]>0.5$ 或 $[mm]>0.25$ 时，等规立构占优势。必须强调的是，用三元组描述聚合物的立构规整度明显优于用二元组描述。

　　如果能用四元组或五元组分析聚合物的序列结构分布，其精确度会得到进一步提高。能否用多元组方案，取决于聚合物结构和 NMR 的分辨率。例如，400 兆赫 NMR 可清晰给出 PP 五元组的 ^{13}C NMR 信号，但高分辨 NMR 仍无法获取 PMMA 的五元组 ^{13}C 谱信号。

8.4.4　配位聚合的立构选择性控制机理

　　很多研究表明，控制 PP 的立构规整性有两种方式，包括"链端控制机理（chain end control mechanism）"和"活性中心控制机理（site control mechanism）"。有些催化剂的活性中心没有手性，配体的空间位阻较小，链增长的选择性受控于链末端叔碳原子的构型，聚合反应按链端控制机理进行。有些催化剂的配体空间位阻较大，为催化活性中心塑造手性环境，如 C_2 或 C_s 对称性，单体的"配位-插入"受催化中心手性环境的控制，即聚合按活性中心控制机理进行。

　　无论聚合反应按何种控制机理进行，丙烯的不同插入方式都可能发生，无法获得立构规整度为 100% 的聚合物。通常，用非手性催化剂引发丙烯聚合时，聚合按链端控制机理进行，生成低立构规整性的 PP，主要原因是链端控制力较弱；用 C_2 对称性的催化剂引发丙烯聚合，生成 iPP；用 C_s 对称性的催化剂引发丙烯聚合，生成间规聚丙烯（sPP）。

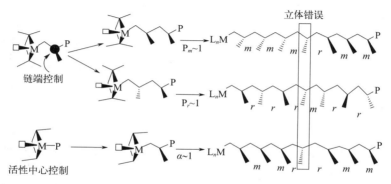

图 8-6　丙烯聚合的两种立构选择性机制

如图 8-6 所示，如果丙烯聚合按照链端控制机理进行，等规聚合每正常插入一个单体产生一个等规链节（m），发生一次错误插入产生一个间规链节（r），这是因为配体的空间效应较弱，没有纠错能力；间规聚合的情况与此类似，间规插入一个单体产生一个间规链节（r），一次错误插入产生一个等规链节（m）。因此，链端控制机理存在关系式：等规聚合 $[mmmr]=[mmrm]$，间规聚合 $[rrrm]=[rrmr]$。

用 C_2 对称性的催化剂引发丙烯聚合，正常情况下，每插入一个单体增加一个等规链节（m），发生一次错误插入增加一个间规链节（r），恢复正常插入又增加一个间规链节（r），之后的正常插入均增加等规链节（m）。在这种情况下，存在关系式：$[mr]=2[rr]$，$[mmmr]=[mmrr]=2[mrrm]$。

用 C_s 对称性的催化剂引发丙烯聚合，正常情况下，每插入一个单体增加一个间规链节（r），发生一次错误插入增加一个等规链节（m），恢复正常插入又增加一个等规链节（m），之后的正常插入均增加间规链节（r）。类似于等规聚合，存在关系式：$[mr]=2[mm]$，$[rrrm]=[mmrr]=2[rmmr]$。

利用高分辨^{13}C NMR，可测定和分析聚丙烯的三元组和五元组序列结构，并利用上述关系式，可以判断立构选择性聚合的控制机理。

影响丙烯聚合立构选择性的主要因素是催化剂的分子对称性和空间位阻，单体浓度和反应温度只是次要因素。C_{2v} 对称性催化剂，有两个对称面和一个 C_2 对称轴，无其他对称因素，催化聚合产生无规聚合物；C_2 对称性催化剂，只有一个 C_2 对称轴，无其他对称因素，催化聚合产生等规聚合物；C_s 对称性催化剂，只有一个更替对称轴，催化聚合产生间规聚合物；C_1 对称性催化剂，实际上没有对称因素，催化聚合可能产生等规聚合物或间规聚合物，也可能产生无规聚合物。

通常，提高单体浓度或压力，有利于提高聚合物的立构规整度；升高反应温度，催化中心的活性提高，立构选择性下降；降低单体浓度或压力，催化中心处于饥饿状态，定向配位-插入产生错误的机会增多，使聚合反应的立构选择性降低。

8.5 Ziegler-Natta 催化剂

催化剂的类型、分子结构与对称性是决定配位聚合立构选择性（stereo-selectivity）的主要因素。不同类型催化剂的催化聚合原理有很大差别，应用范围也不相同，因此有必要讨论各种类型的配位聚合催化剂。

配位聚合催化剂种类较多，主要包括 Ziegler-Natta 催化剂、Phillips 铬系催化剂、π-烯丙基镍催化剂、茂金属催化剂和非茂金属催化剂等。本节主要讨论 Ziegler-Natta 催化剂。

8.5.1 双组分 Ziegler-Natta 催化剂

在早期研究中，Ziegler 用 $TiCl_4/AlEt_3$ 催化乙烯聚合合成了 HDPE。$TiCl_4$ 呈液态，当用烷基铝在 $-78℃$ 的庚烷中与等量 $TiCl_4$ 混合时，得到暗红色的配合物溶液，为均相催化剂。该溶液在 $-78℃$ 下可催化乙烯快速聚合，但对于丙烯聚合却活性不高。

Natta 用结晶性 $TiCl_3$ 替代液态 $TiCl_4$，催化丙烯聚合效果良好。$TiCl_3$ 有四种晶型，分别为 α、β、γ 和 δ 型，其中 α、γ 和 δ 三种结构相似，为层状结晶，堆砌紧密；β 型是线形结构。在庚烷中 $TiCl_3$ 与 $AlEt_3$ 反应，产物为非均相体系。这种非均相催化剂的结晶表面对立构规整性聚合物的形成具有重要作用。用 α、γ 或 δ 型 $TiCl_3$ 与 $AlEt_3$ 组合催化丙烯聚合，聚丙烯的 IIP 为 $80\sim90$；若用 β 型 $TiCl_3$ 与 $AlEt_3$ 组合，所得聚丙烯的 IIP 只有 $40\sim50$。$TiCl_4$ 直接与 $AlEt_3$ 反应生成 β 型 $TiCl_3$ 和 $AlEt_2Cl$，因而用其催化丙烯聚合无法得到高等规聚丙烯。

用 α、γ 或 δ 型 $TiCl_3$ 与 $AlEt_3$ 组合催化丁二烯的配位聚合，得到顺 1,4-结构含量为 $85\%\sim90\%$ 的聚丁二烯；用 β 型 $TiCl_3$ 与 $AlEt_3$ 组合催化聚合，聚合产物为顺 1,4-结构含量为 50% 左右的聚丁二烯。

在上述工作的基础上，通过众多科学家的共同努力，逐渐发展了一大类配位聚合催化剂。20 世纪 60 年代以后，将其通称为双组分 Ziegler-Natta 催化剂。它们由作为主催化剂的过渡金属化合物和作为助催化剂的主族金属有机化合物组成。

主催化剂包括过渡金属卤化物、卤氧化物、羧酸盐和有机配合物等，范围非常广泛。常用的主催化剂包括 $TiCl_4$、$TiCl_3$、$VOCl_3$、VCl_3、$MoCl_5$ 和 $ZrCl_3$ 等，其中以 $TiCl_3$ 最常用。助催化剂是离子半径小、带正电性的一些主族金属有机化合物，它们的有机基团配位能力强，容易生成稳定的双核配位化合物。例如，Be、Mg 和 Al 等金属的烷基化合物，其中尤以 $AlEt_3$ 和 $AlEt_2Cl$ 最常用。

通常，双组分 Ziegler-Natta 催化剂的性能取决于两组分的化学组成、过渡金属的种类及价态、两组分的配比等。一般来说，高活性催化剂的立构选择性较低，而立构选择性高的催化剂往往活性较低。虽然聚合物的立构规整度有时也与助催化剂有关，但多数情况下主要取决于主催化剂，即过渡金属化合物。能使 α-烯烃聚合的催化剂一般也能使乙烯聚合，但反过来则不一定。与烷基铝或 AlR_nX_{3-n} 搭配时，Ⅷ族过渡金属的催化剂能使共轭二烯聚合，但不能使 α-烯烃聚合；而 ⅣB～ⅥB 族过渡金属的催化剂则能使 α-烯烃和共轭二烯聚合。

为什么过渡金属卤化物与烷基铝的简单混合物可催化烯烃聚合？催化活性种的结构及其形成过程是困扰催化科学界的一个难题。由于缺少直接证据，截至目前，这个问题仍然没有完全研究清楚。下面以 Ziegler 最初使用的催化体系为例进行简要讨论。

助催化剂烷基铝的作用有三个：一是将四价钛还原为三价钛，二是卤化钛的烷基化，三是与钛化合物协同形成催化活性中心。相关反应如下。

$$2TiCl_4 + 2AlR_3 \longrightarrow 2TiCl_3 + 2AlR_2Cl + R\!-\!R$$

$$TiCl_3 + AlR_3 \longrightarrow TiRCl_2 + AlR_2Cl$$

$$TiCl_4 + AlR_3 \longrightarrow TiRCl_3 + AlR_2Cl$$

$$TiRCl_2 + AlR_2Cl \longrightarrow TiRCl_2\text{-}AlR_2Cl(多核配合物)$$

$$TiRCl_3 + AlR_2Cl \longrightarrow TiRCl_3\text{-}AlR_2Cl(双核配合物)$$

$TiRCl_2$、$TiRCl_3$ 和烷基氯化铝均是缺电子化合物，于是钛化合物与烷基氯化铝"抱团取暖"，通过氯桥形成多核配合物。三价钛中心的外层轨道则由 7 电子转变为 11 电子，11 电子分别填充至 1 个 d 轨道和 5 个 d^2sp^3 杂化轨道中，剩余一个 d^2sp^3 杂化空轨道，可供烯烃的 π 电子配位，引发烯烃聚合。类似地，四价钛中心的外层轨道由 8 电子转变为 10 电子，分别填充至 5 个 d^2sp^3 杂化轨道中，剩余一个 d^2sp^3 杂化空轨道，可供烯烃的 π 电子配位。

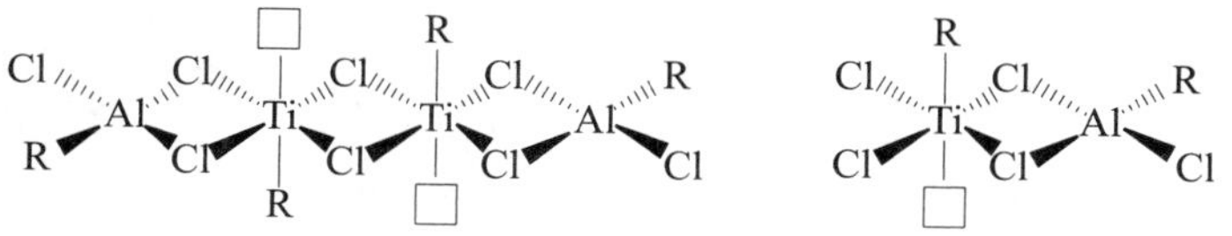

三价钛活性种　　　　　　　四价钛活性种

两种配合物的钛中心均处于缺电子状态，从空间上看，乙烯很容易与之配位形成介稳态的 σ-π 配位键，从而引发乙烯聚合，生成高分子量聚乙烯。

$$R\!-\![Ti] + CH_2\!=\!CH_2 \longrightarrow RCH_2CH_2\!-\![Ti] \xrightarrow{n\ /\!/} \sim\!\sim\!\sim[Ti]$$

为什么 Natta 用 $TiCl_3$ 替代 $TiCl_4$ 催化丙烯聚合，可以获得等规聚丙烯？如果仅仅是化合价变化引起的，那么 Ziegler 催化剂也能获得等规聚丙烯，因为烷基铝可将大部分 $TiCl_4$ 还原为 $TiCl_3$。为了解释双组分 Ziegler-Natta 催化剂可获得等规聚丙烯的事实，Cossee 于 1960 年提出单金属活性种模型，后经 Arlman 充实，得到学术界的认同。因此，单金属活性种模型又称为 Cossee-Arlman 模型。

Cossee-Arlman 模型认为，在 α、γ 或 δ 型 $TiCl_3$ 晶粒的边或棱上存在带有空位的五氯配位八面体物种。在这个五氯配位八面体物中，只有两个单配位氯，另外三个氯是氯桥。向体系中加入烷基铝后，五氯配位体通过一个四元环过渡态被烷基化，生成的钛中心是带有一个 R 基、一个空位和四个氯的五配位正八面体物种。

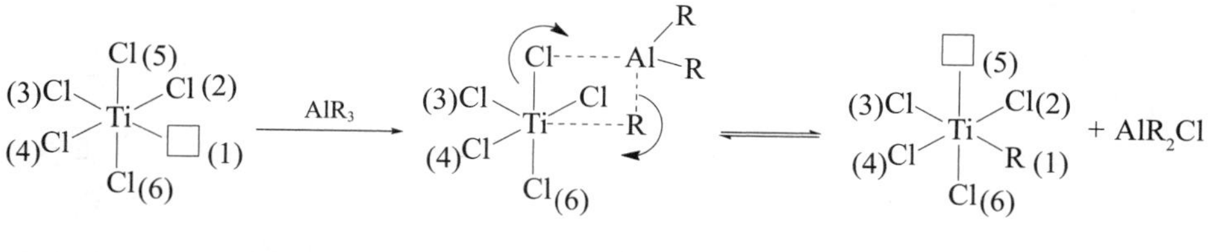

含有烷基和空位的八面体是烯烃配位聚合的活性中心，可引发丙烯的立构选择性聚合。如图 8-7 所示，首先定向吸附在 Ti 表面的丙烯在空位（5）与 Ti^{3+} 配位，随后形成四元环

过渡状态，然后 R 基和单体发生顺式加成，结果使单体插入在 Ti—C 键间，同时空位重现，但位置由（5）改为（1）。按照这种方式，丙烯在空位（5）和空位（1）交替配位-插入，所得聚合物将是 sPP。

如果空位（5）和空位（1）的立体化学环境和空间位阻不同，R 基在空位（5）上受到较多 Cl 原子的排斥而不稳定，因而在下一个丙烯分子占据空位（1）之前，它又回到空位（5），即在每次配位-插入后，空位先"跳回"到原来位置上，然后再继续丙烯的配位-插入，则可得到 iPP。

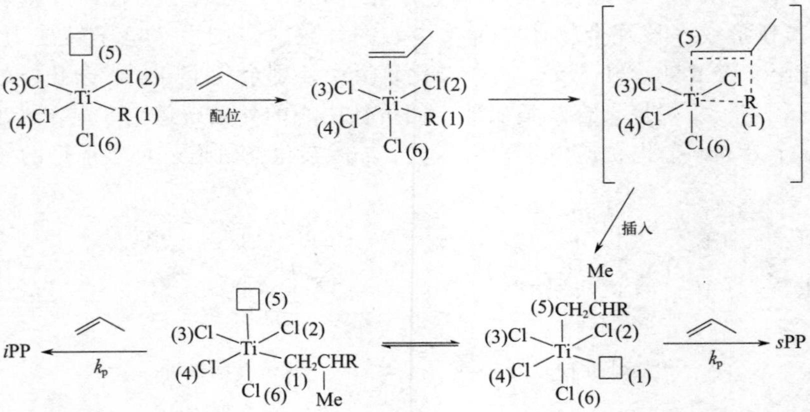

图 8-7　丙烯聚合的 Cossee-Arlman 模型

按此假定，聚丙烯的全同立构与间同立构的比例，应取决于 R 基的跳回速率与丙烯配位-插入速率之比。R 基的跳回需要能量，升高温度有利于该反应；丙烯的配位-插入是放热反应，升温不利于该反应。因此，降低温度有利于生成 sPP，升温有利于生成 iPP。实验证明，丙烯在 $-70℃$ 聚合可获得 sPP，而早期的双组分催化剂也确实无法得到高等规聚丙烯。

Ziegler-Natta 立构选择性聚合的两个显著特征是每步增长都是 R 基连在单体的 β-碳原子上，是顺式加成，即丙烯聚合按 1,2-插入方式进行。用单一组分的 ⅠA～ⅢA 族金属有机化合物引发丙烯聚合，未能制得全同聚丙烯。但单用钛组分引发制得全同聚合物却有很多例子。加上一些其他数据，使 Cosser-Arlman 单金属机理更推进了一步，被更多人所接受。

然而，ⅠA～ⅢA 族金属有机化合物的参与，对丙烯配位聚合的立构选择性和催化活性都有很大提高，单金属模型还不能解释这些实验结果。因此，前面述及的双金属配位催化模型更符合实际情况。

后来人们将这种双组分催化剂称为第一代 Ziegler-Natta 催化剂，其催化活性为 0.5～1.0kg/g（PP/Ti），PP 的等规度为 90%～94%。用这种催化剂进行工业生产，需要脱除无规聚丙烯和催化剂杂质等工序。

影响双组分 Ziegler-Natta 催化剂性能的主要因素有两个：一是过渡金属化合物，二是ⅠA～ⅢA 族金属烷基化合物。等规度和分子量是评价聚丙烯性能的重要参数，也是衡量 Ziegler-Natta 催化剂性能的主要指标。催化剂中两组分的组合和配比不同，上述指标会有很大的变化。从表 8-2 中数据可以看出影响聚丙烯立构规整度的一般规律。

表 8-2　Ziegler-Natta 催化剂组分对聚丙烯等规度的影响

组别	过渡金属化合物	助催化剂	IIP	组别	过渡金属化合物	助催化剂	IIP
I	$TiCl_4$	AlEt$_3$	30～60	III	$TiCl_3$ (α, γ, δ)	BeEt$_2$	94
	$TiBr_4$		42			MgEt$_2$	81
	TiI_4		46			ZnEt$_2$	35
	VCl_4		48			NaEt	0
	$ZrCl_4$		52	IV	$TiCl_3$ (α)	AlMe$_3$	50
II	$TiCl_3$ (α, γ, δ)	AlEt$_3$	80～92			AlEt$_3$	85
	$TiBr_3$		44			Al^{n}Pr$_3$	78
	$TiCl_3$ (β)		40～50			Al^{n}Bu$_3$	60
	TiI_3		10			Al (^{n}C$_5$H$_{11}$)$_3$	64
	$TiCl_2(OBu)$		35			AlPh$_3$	约 60
	$TiCl(OBu)_2$		10	V	$TiCl_3$ (α)	AlEt$_2$F	83
	VCl_3		73			AlEt$_2$Al	83
	$CrCl_3$		36			AlEt$_2$Br	93
	$ZrCl_3$		53			AlEt$_2$I	98

（1）过渡金属组分的影响

立构选择性与过渡金属元素的种类和价态、相态和晶型、配体的性质和数量等有关。研究最多的过渡金属是钛，＋4、＋3、＋2 等不同价态均有可能成为活性中心，但定向能力各异，其中 $TiCl_3(\alpha, \gamma, \delta)$ 的立构选择性最高。过渡金属对定向能力的影响规律如下。

① 三价过渡金属氯化物，$TiCl_3(\alpha, \gamma, \delta) > VCl_3 > ZrCl_3 > CrCl_3$

② 高价过渡金属氯化物，$TiCl_4 \approx VCl_4 \approx ZrCl_4$

③ 不同价态的氯化钛，$TiCl_3(\alpha, \gamma, \delta) > TiCl_2 > TiCl_4 \approx \beta\text{-}TiCl_3$

④ 四卤化钛的卤离子，$TiCl_4 \approx TiBr_4 \approx TiI_4$

⑤ 三价卤化钛的阴离子，$TiCl_3(\alpha, \gamma, \delta) > TiBr_3 \approx \beta\text{-}TiCl_3 > TiI_3$
$TiCl_3(\alpha, \gamma, \delta) > Ti(OR)Cl_2 > Ti(OR)_2Cl$

（2） I A～Ⅲ A 族金属烷基化合物的影响

Ⅰ A～Ⅲ A 族金属有机化合物组分的参与，对催化活性和立构选择性均有显著影响。Ⅰ A 族的 Li、Na 和 K，Ⅱ A 族的 Be 和 Mg，Ⅱ B 族的 Zn 和 Cd，Ⅲ A 族的 Al 和 Ga 等的烷基化合物，用于乙烯或丙烯立构选择性聚合都很有效，但铝化合物使用方便，应用最广泛。Ga 是稀缺元素，Be 是有毒元素，除烷基锂外，Ⅰ A 族烷基物难溶于烃类溶剂，都很少应用。

若采用 $TiCl_3$ 且条件相同，金属烷基化合物共引发剂中的金属和烷基对 IIP 有如下影响。

① 金属，$BeEt_2 > MgEt_2 > ZnEt_2 > NaEt$

② 烷基铝中的烷基，$AlEt_3 > Al^nPr_3 > Al^nBu_3 \approx Al(^nC_6H_{13})_3 \approx AlPh_3$

③ 一卤代乙基铝的卤原子，$AlEt_2I > AlEt_2Br > AlEt_2Cl \approx AlEt_2F$

④ 氯代乙基铝中的氯原子数，$AlEt_2Cl > AlEt_3 > AlEtCl_2 > AlCl_3$

如果 Ⅰ A～Ⅲ A 族金属原子大小和电负性与过渡金属相当，如 Be、Al 与 Ti，可使活性种的稳定性增加。烷基铝中的烷基如被一个氯原子取代，可使 Al 的电负性更接近于 Ti；第二个取代氯原子则使 Al 的正电性过大，从而失去活性。

如上所述，Ziegler-Natta 催化剂两组分对 PP 等规度的影响因素非常复杂。从等规度考虑，主催化剂首选 $TiCl_3(\alpha,\gamma,\delta)$，助催化剂优选 $AlEt_2Cl$。虽然使用 $AlEt_3$，聚合速率比 $AlEt_2Cl$ 快 2 倍，但 IIP 将下降 10% 左右。对于乙烯配位聚合，无立构选择性问题，催化效率成为考虑的首要问题，选用 $TiCl_4/AlEt_3$ 最佳。

立构规整度和催化效率不仅取决于两组分的搭配，也与配比有关。对于许多单体，最高立构规整度和最高转化率处在相近的 Al/Ti 比值（1.5～3.0），这对聚合工艺参数的选定颇为有利。$TiCl_3(\alpha,\gamma,\delta)$-$AlEt_2Cl$ 作催化剂时，聚丙烯的分子量也受 Al/Ti 比的影响，呈钟形曲线变化或正态分布，Al/Ti 比为 1.5～2.5 时，转化率和分子量均达最大值，因此是优化条件。

8.5.2 三组分 Ziegler-Natta 催化剂

双组分 Ziegler-Natta 催化剂仅利用了 $TiCl_3(\alpha,\gamma,\delta)$ 晶粒的边或棱上的五配位钛，大部分 $TiCl_3$ 没有发挥作用，所以表观催化活性很低。20 世纪 60 年代，人们为了提高 $TiCl_3$ 的利用率，将各种含氧、氮、硫和磷的给电子体（electron donor）与 $TiCl_3$ 反应，生成各种钛配合物。这些钛配合物结晶性差，分散性好，可充分与烷基铝反应，形成催化活性种，大幅度提高了聚合催化效率。

给电子体也是 Lewis 碱，给电子基是含有孤对电子的杂原子，可与呈 Lewis 酸性的过渡金属发生配位。给电子体的种类繁多，包括烷基醚、芳基醚、半芳基醚、双醚、硫醚、芳硫醚、硅醚、二烷氧基硅、叔胺、叔膦、酰胺、羧酸酯、二羧酸酯、次膦酸酯和膦酸酯等，多数给电子体是单齿配位，双醚和双酯等少数给电子体是双齿配位。苯甲酸酯和邻苯二甲酸酯是三组分 Ziegler-Natta 催化剂最常用的给电子体。

结构多样的给电子体能与晶态 $TiCl_3$ 表面的钛进行配位反应，形成高催化活性的钛化合物。这类反应包括单齿和双齿中性配体的简单配位反应、含活泼氢双齿配体的螯合配位反应，后者伴随着配体脱质子和 $TiCl_3$ 的脱氯反应。代表性给电子体与 $TiCl_3$ 的配位反应如下。

近年来的研究表明，在 $AlEt_3$ 和 $AlEt_2Cl$ 等烷基铝的活化下，结构多样的三价和四价钛配合物都可作为均相催化剂引发烯烃的高效聚合。这一实验结果进一步证明了三组分

Ziegler-Natta 催化剂中给电子体的重要作用。

Natta 早期用结晶性的 α-$TiCl_3$ 结合各种烷基铝催化丙烯聚合，发现用 $AlEt_2Cl$ 替代 $AlEt_3$，聚丙烯的 IIP 更高；但用 $AlEtCl_2$ 作为活化剂的效果却很差，可将其视为 Ziegler-Natta 催化剂的"毒物"。$AlEt_2Cl$ 的主要作用是使 $TiCl_3$ 烷基化，自身则转变为 $AlEtCl_2$。进一步研究发现，某些给电子体可使 $AlEtCl_2$ 发生歧化反应，生成 $AlEt_2Cl$ 和 $AlCl_3$ 与给电子体的配合物。游离 $AlCl_3$ 有毒化作用，但 $AlCl_3 \cdot LB$ 对催化反应无毒。

$$(TiCl_3)_x \cdot TiCl_3 + AlR_2Cl \longrightarrow (TiCl_3)Ti(R)Cl_2 + AlRCl_2$$
$$2\,AlRCl_2 + LB \longrightarrow AlR_2Cl + AlCl_3 \cdot LB \qquad (LB=路易斯碱)$$

根据以上化学原理，20 世纪 60 年代开发了三组分 Ziegler-Natta 催化剂，也称为第二代 Ziegler-Natta 催化剂。催化活性可达 50kg/g（PP/Ti），比第一代催化剂活性提高 1 个数量级，聚丙烯的等规度提高至 94%～97%。聚丙烯生产工艺中不需要脱除无规聚合物的工序，但仍需要去除催化剂和助催化剂的脱灰工艺。

三组分 Ziegler-Natta 催化剂的关键是给电子体，给电子体的作用可概括如下。
① 与 $TiCl_3$ 配位，提高钛化合物的利用率和聚合催化效率；
② 将低效能有机铝 $AlEtCl_2$ 转化为高效能的活化剂 $AlEt_2Cl$；
③ 与含多个空轨道的钛配位，消除非等规活性中心，提高聚丙烯的等规度；
④ 将聚合过程中产生的毒性物种转化为无毒性物种，提高催化剂寿命。

8.5.3　负载型 Ziegler-Natta 催化剂

（1）第三代 Ziegler-Natta 催化剂

在第一代和第二代 Ziegler-Natta 催化剂中，晶态 $TiCl_3$ 形成有效活性中心的比例仍然很低。为了提高过渡金属化合物的利用率，人们尝试把钛化合物负载于各种无机载体的表面和孔表面，再经烷基铝和给电子体处理形成固相催化剂。20 世纪 60 年代末，人们发现 $MgCl_2$ 的晶体结构和晶胞参数与 $TiCl_3$ 相近，二者可以共晶。因此，氯化钛可负载在 $MgCl_2$ 晶体表面，效果最好。

如果将 $TiCl_4$ 直接负载于 $MgCl_2$ 上，并不能制备出高等规度的聚丙烯催化剂，需要添加给电子体。当用苯甲酸酯作为给电子体时，催化活性显著提高，聚丙烯的等规度也有大幅提升。在丙烯的聚合过程中还需要随烷基铝一同补充部分给电子体。催化剂制备过程中添加的给电子体被称为内给电子体（internal electron donor，ID），聚合过程中添加的给电子体被称为外给电子体（external electron donor，ED）。将 $TiCl_4$、$MgCl_2$ 和苯甲酸酯在球磨机中共研磨，就形成了负载催化剂，又称为第三代 Ziegler-Natta 催化剂。负载催化剂分别使用廉价的 $TiCl_4$ 和 $AlEt_3$，催化剂体系可表达为 $TiCl_4$/苯甲酸酯（ID）/$MgCl_2$-AlR_3/苯甲酸酯（ED），左侧是主催化剂，右侧是助催化剂。催化剂的制备和活化过程的相关化学反应可表述如下。

$$TiCl_4 + x\,LB \longrightarrow (LB)_x TiCl_4$$

$$(LB)_x TiCl_4 + AlEt_3 \longrightarrow (LB)_y TiCl_3 + (LB)_{x-y} AlEt_2Cl + \frac{1}{2}C_4H_{10}$$

$$(LB)_x TiCl_3 + AlEt_3 \longrightarrow (LB)_y TiEtCl_2 + (LB)_{x-y} AlEt_2Cl + \frac{1}{2}C_4H_{10}$$

$$TiEtCl_2 + x LB \longrightarrow (LB)_x TiEtCl_2$$

①$x=1,y=0,1$；②$x=2,y=1$

第三代催化剂活性为 $15\sim30kg/g$（聚丙烯/催化剂），聚丙烯的等规度为 $90\%\sim95\%$。在催化剂的制备过程中，$TiCl_4$ 同 $MgCl_2$ 共晶，同时会与 ID 配位，形成 5 配位或 6 配位的化合物。体系中加入 $AlEt_3$ 后，钛化合物立即发生还原和烷基化反应，生成含有空位的 5 配位的烷基钛和少量 4 配位的烷基钛。在没有外给电子体的条件下，5 配位的烷基钛可催化丙烯等规聚合，4 配位的烷基钛则产生无规聚丙烯。添加 ED 后，4 配位的烷基钛可与之反应生成 5 配位烷基钛，催化丙烯的等规聚合。

（2）第四代 Ziegler-Natta 催化剂

相比于简单的三组分催化剂，第三代 Ziegler-Natta 催化剂引发 α-烯烃聚合的等规选择性并没有显著提高。可能的原因是苯甲酸酯作为弱碱性配体，不能保证所有烷基钛活性种都是 5 配位。因此，人们改用邻苯二甲酸酯作为内给电子体，它既能单配位也能螯合配位，可抑制双空位烷基钛活性种的形成，有效提高 α-烯烃聚合的等规选择性。

与此同时，人们将繁琐耗能的共球磨技术发展为简单高效的化学结晶法，通过不同结晶手段可制备粒径、孔径、孔容可控的球型载体。用球型氯化镁负载 $TiCl_4$，并分别用邻苯二甲酸酯和有机硅氧烷作为内、外给电子体，发展了第四代 Ziegler-Natta 催化剂。这类催化剂可表述为 $TiCl_4$/双酯/$MgCl_2$-AlR_3/硅氧烷。第四代催化剂活性可达 $30\sim60kg/g$（聚丙烯/催化剂），聚丙烯的等规度为 $95\%\sim99\%$。由于催化活性得到了大幅度提高，聚丙烯生产不再需要脱灰工艺。第四代 Ziegler-Natta 催化剂是目前工业界使用最多的催化剂，前三代催化剂已经被淘汰。

第四代 Ziegler-Natta 催化剂的制备过程大体上可分为三个阶段：第一阶段是制备氯化镁醇配合物溶液，第二阶段是四氯化钛与氯化镁醇配合物反应形成结晶氯化镁，第三阶段是氯化镁载钛。相关化学反应如下。

氯化镁醇溶液的制备

$$MgCl_2(s) + ROH \longrightarrow MgCl_2 \cdot ROH$$

$$MgCl_2 \cdot ROH + LB \rightleftharpoons MgCl_2 \cdot ROH \cdot LB$$

结晶氯化镁的形成

$$MgCl_2 \cdot ROH \cdot LB + TiCl_4 \longrightarrow MgCl_2 \cdot Ti(OR)Cl_3 \cdot LB + HCl$$

$$n MgCl_2 \cdot Ti(OR)Cl_3 \cdot LB + TiCl_4 \longrightarrow MgCl_2 + MgCl_2 \cdot LB + TiCl_4 \cdot LB + \cdots$$

$$n MgCl_2 \longrightarrow n MgCl_2(s) \xrightarrow{MgCl_2} x MgCl_2(s, ccp) + y MgCl_2(s, hcp)$$

$$x MgCl_2 \cdot LB + y MgCl_2 (or\ MgCl_2 \cdot LB) \longrightarrow n\ MgCl_2(s, rd)$$

结晶氯化镁载钛

$$MgCl_2(s, rd) + TiCl_4 \longrightarrow MgCl_2 \cdot TiCl_4$$

$$MgCl_2(s, rd) + Ti(OR)Cl \longrightarrow MgCl_2 \cdot Ti(OR)Cl_3$$

氯化镁结晶可形成立方晶系（ccp）、六方晶系（hcp）和单斜晶系（rd）。其中，立方晶系和六方晶系表面平滑，没有缺陷；单斜晶系不规整、缺陷多、有棱角和沟槽。单斜晶系棱角和沟槽中的氯化镁可有效负载四氯化钛和烷氧基氯化钛。负载于单斜晶系氯化镁上的 4 价钛很容易被三乙基铝还原为 3 价钛，而后经烷基化形成带有空位的烷基钛活性种。

$$MgCl_2 \cdot TiCl_4 + AlEt_3 \longrightarrow MgCl_2 \cdot TiCl_3 + AlEt_2Cl + \frac{1}{2}C_4H_{10}$$

$$MgCl_2 \cdot TiCl_3 + AlEt_3 \longrightarrow MgCl_2 \cdot Ti(Et)Cl_2 + AlEt_2Cl$$

$$MgCl_2 \cdot Ti(Et)Cl_2 + R_2Si(OCH_3)_2(LB) \longrightarrow MgCl_2 \cdot Ti(Et)Cl_2 \cdot LB$$

外给电子体也是影响丙烯聚合立构规整度的重要因素。第三代 Ziegler-Natta 催化剂的内外给电子体相同，均为苯甲酸乙酯；第四代 Ziegler-Natta 催化剂使用硅氧烷［$R_2Si(OCH_3)_2$］作为外给电子体，改变硅氧烷的结构不仅可调节丙烯聚合的立构选择性，还能调变乙烯/丙烯的共聚行为。

常用硅氧烷外给电子体包括二异丙基二甲氧基硅烷、二丁基二甲氧基硅烷、二异丁基二甲氧基硅烷、二仲丁基二甲氧基硅烷、二环戊基二甲氧基硅烷、二环己基二甲氧基硅烷和甲基环戊基二甲氧基硅烷等。大位阻硅氧烷有利于提高聚丙烯的等规度，但同时会降低催化剂的氢调敏感性；而小位阻硅氧烷有利于提高氢调敏感性，但会降低聚丙烯的等规度。这一基本规则可为外给电子体的选配提供指导。

（3）第五代 Ziegler-Natta 催化剂

在负载型 Ziegler-Natta 催化剂的发展过程中，给电子体起到了非常重要的作用。20 世纪 90 年代及以后发展的催化剂主要是内给电子体的发展。下面是新型内给电子体的结构。

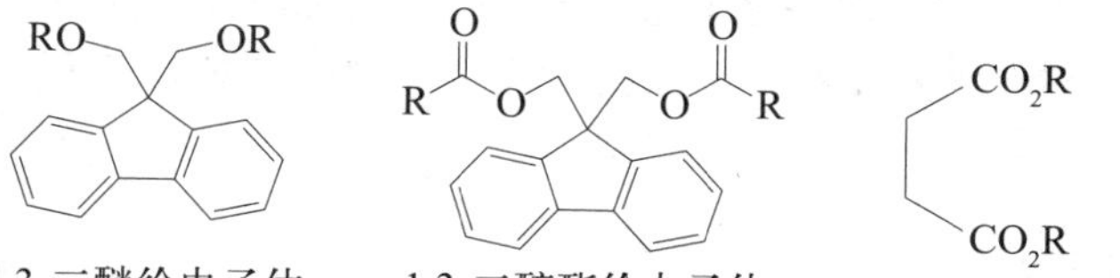

1,3-二醚给电子体　　　　1,3-二醇酯给电子体　　　丁二酸酯给电子体

采用 1,3-二醚化合物作为内给电子体时，Ziegler-Natta 催化剂可以不再使用外给电子体，催化剂的活性可达 $80\sim120kg/g$（聚丙烯/催化剂），聚丙烯的等规度为 $95\%\sim99\%$，而且分子量分布较窄，分子量可在较宽范围内调节。采用丁二酸酯作为内给电子体，以硅氧烷作为外给电子体，则聚丙烯的分子量分布比较宽，加工性能好。采用 1,3-二醇酯作为内给电子体，催化剂的活性比邻苯二甲酸酯作为内给电子体时更高，其他性能接近。

8.6 Phillips 铬系催化剂

20 世纪 50 年代，Phillips 公司的 Hogan 和 Banks 发明了一种铬系非均相乙烯聚合催化剂。Phillips 铬系催化剂的制备过程如图 8-8 所示。先用热水溶解和分散铬酸酐（CrO_3），用其浸渍硅胶（SiO_2），经水洗、干燥和焙烧制备铬酸酐的硅胶负载物。铬酸酐的水溶性很差，负载效率低。改进的方法是用水溶性的三价铬盐进行硅胶负载化，经氧化焙烧，得到六价铬的负载物，再经乙烯或 CO 还原，得到二价铬和三价铬的 Phillips 催化剂。无需烷基铝的活化，Phillips 催化剂可在 $3\sim5MPa$ 的条件下引发乙烯聚合，合成高密度聚乙烯。这种铬系 HDPE 具有宽分子量分布和长支链的特点，加工性能优异。

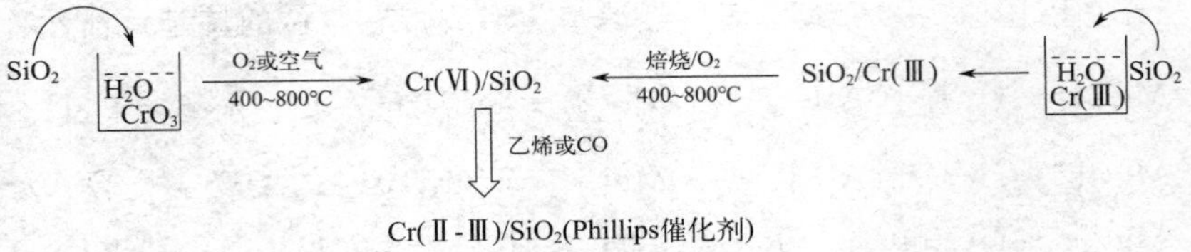

图 8-8　Phillips 催化剂的制备过程

　　硅胶表面含有大量硅羟基，硅羟基与铬酸酐反应生成铬酸硅酯和少量重铬酸硅酯。乙烯和 CO 可将负载于硅胶表面的六价铬还原为二价铬和少量三价铬，释放 CO_2 和甲醛。

　　Phillips 催化剂是一种活性组分负载量通常很低［0.2%～2%（质量分数）］的非均相催化剂，其表面配位环境复杂，实际反应中活性中心比较少，反应迅速，难以动态捕捉与实验观察，以至于人们对其活性价态、引发机理等问题长期没有完整的认识。最近的研究表明，负载在硅胶表面的二价铬和三价铬均可催化乙烯聚合，但催化活性中心的形成有差异。

　　二价铬含有 3d 空轨道，可与乙烯配位，随后发生氧化重排，生成四价的乙烯基铬氢化物，四价铬是非稳定物种，可迅速被乙烯还原成三价的乙烯基铬。二价铬也可与两分子乙烯配位，经 2＋2＋1 环加成形成五元环，随后经过氧化重排形成四价的烯丁基铬氢化物，被乙烯还原后形成三价的烯丁基铬。

　　三价的烯丁基铬和乙烯基铬都含有两个 3d 空轨道，易于形成 d^2sp^3 杂化轨道，呈近似的八面体构型。三个杂化轨道分别与 2 个氧原子和 1 个碳原子成键，剩余的三个杂化空轨道可供乙烯配位。因此，硅胶负载的三价烯丁基铬和乙烯基铬均是配位聚合的活性种。可能的活化机理见图 8-9，四价铬物种被乙烯还原成三价铬，同时乙烯被氧化为乙基自由基，随即发生偶联反应形成丁烷。

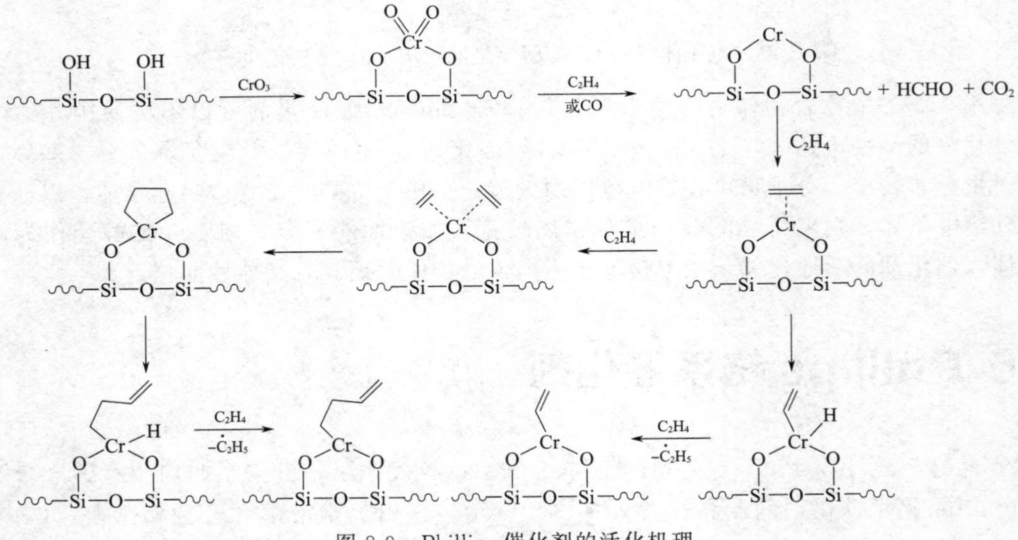

图 8-9　Phillips 催化剂的活化机理

　　采用结构明确的二价有机铬作为模型催化剂，在高压下可催化乙烯聚合，但活性远低于 Phillips 催化剂；用三价有机铬作为模型催化剂，可在中等压力下催化乙烯聚合，活性大幅度升高。因此，有理由认为，在 Phillips 催化剂活化过程中形成的少量三价铬物种，也是乙烯配位聚合的活性种。

刘柏平等通过理论研究表明，吸附在硅胶表面的六价铬可被乙烯和 CO 等还原为三价铬。三价铬物种可与乙烯配位，单乙烯配位能为 $-9kJ/mol$，双乙烯配位能约为 $-12.1kJ/mol$。两种配合物转变成乙烯基三价铬所需能量分别为 $32.9kJ/mol$ 和 $24.5kJ/mol$，双乙烯配位是优先路径。乙烯基铬配合物的 Cr—C 键再插入一个乙烯分子，形成配位聚合的活性种烯丁基铬。后续的链增长和链转移反应遵循配位聚合的基本原理。

Phillips 型铬系催化剂生产的 HDPE 分子量较高、分子量分布较宽，多分散指数一般为 $10\sim30$，同时具有少量的长支链，既可以保证聚乙烯产品具有良好的机械性能，同时又赋予其独特的流变行为，可以改善产品的加工性能，尤其适合大口径容器的吹塑、管材和汽车油箱等产品的生产。

8.7 茂金属催化烯烃聚合

8.7.1 茂金属催化剂

茂金属（metallocene）是指过渡金属与环戊二烯负离子配位形成的有机金属配合物。茂金属的"茂"来源于"环戊二烯基"中的"戊"，上加草字头表示配体具有芳香性的环戊二烯基负离子。根据 IUPAC 定义，茂金属包含一个过渡金属原子和两个平面构型的环戊二烯基配体，结构为"三明治"夹心结构，环戊二烯基的六电子大 π-键整体与金属配位，可认为形成了 10 个碳-金属键（C—Mt），所有 C—Mt 键长和键能均完全相同。

最简单的茂金属是二茂铁 Cp_2Fe（ferrocene），Cp 表示环戊二烯基（cyclopentadienyl）。二茂铁是 Fischer 于 1951 年发现的第一个含有 C—Mt 键、结构明确的有机金属化合物。基于茂金属和有机金属化学的研究成果，Fischer 和 Wilkinson 于 1973 年获得诺贝尔化学奖。

继稳定 18 电子结构的二茂铁后，Fischer 等人又合成二茂钒（Cp_2V）、二茂铬（Cp_2Cr）、二茂锰（Cp_2Mn）、二茂钴（Cp_2Co）和二茂镍（Cp_2Ni）。由于这些化合物的金属中心均不具有稳定的 18 电子结构，它们在空气中不能稳定存在。随后，人们先后合成了可在空气中稳定存在的 IVB 族茂金属化合物 Cp_2MCl_2（M＝Ti、Zr、Hf）。

类似于环戊二烯，茚和芴失去一个质子分别形成 10 电子和 14 电子的共轭体系，即茚基负离子和芴基负离子。通常认为，环戊二烯基、茚基和芴基都是 6 电子配体，与过渡金属离子配位的方式相同。虽然茚基（Ind）和芴基（Flu）与环戊二烯基（Cp）相似，但空间位阻和电子效应却发生了很大变化，导致配位能力各不相同，三者配位能力的大小顺序为

Cp＞Ind＞Flu。根据配位反应的相似性，茂金属化合物可扩展至过渡金属环戊二烯基衍生物的"夹心"配合物，如 $Cp_2' TiCl_2$（Cp'＝环戊二烯衍生物）、Cp（Flu）$HfCl_2$、（Ind）$_2 ZrMe_2$ 和 $Cp_2^* ScR$（Cp^*＝五甲基环戊二烯基）等。

Ziegler-Natta 催化剂广泛用于聚乙烯、聚丙烯和乙丙橡胶的工业生产，但催化机理并不完全清楚。1957 年，Natta 等人用结构明确的 $Cp_2 TiCl_2$ 替代氯化钛、以 $AlEt_2Cl$ 为活化剂，催化乙烯聚合，希望能揭示烯烃配位聚合的分子机理，但活性很低。催化机理类似于 Cossee-Arlman 模型，首先 $Cp_2 TiCl_2$ 被烷基化生成 $Cp_2 Ti(Et)Cl$，随后 $Cp_2 Ti(Et)Cl$ 与 $AlEtCl_2$ 通过氯桥形成钛中心带有部分正电荷和空位的活性种，然后发生乙烯配位-插入反应，引发乙烯聚合。

1973 年，Meyer 等人用 $Cp_2 Ti(Et)Cl/AlEt_2Cl$ 催化乙烯聚合，发现催化活性仍然很低，但微量水可加速聚合反应速率。1974 年，Breslow 深入研究 $Cp_2 TiCl_2/AlMe_2Cl$ 体系，也发现微量水有利于提高催化活性，认为 $AlMe_2Cl$ 水解生成了更强的 Lewis 酸 ClAl(Me)—O—(Me)AlCl。1978 年，德国汉堡大学的 Sinn 和 Kaminsky 发明了水解三甲基铝制备甲基铝氧烷的方法，使用 $Cp_2 ZrMe_2$ 催化乙烯聚合的活性提高到 10^4 kg PE/(molZr·h)。这一重大发现，引发了学术界和工业界对茂金属催化烯烃聚合的广泛研究。

烷基铝水解成烷基铝氧烷的相关反应如下。两分子烷基铝与一分子水反应，生成二聚体；三分子烷基铝与两分子水反应，生成三聚体；（$n+2$）个烷基铝与（$n+1$）个水分子反应，则生成（$n+2$）聚体。烷基铝氧烷可以是线形分子，也可以是支化分子或环形分子，取决于水解反应条件。

烷基铝是高活性有机金属化合物，遇水气发生激烈燃烧和爆炸。然而，在微量水和有效散热的条件下，烷基铝的水解能按可控方式进行。例如，将烷基铝与水合硫酸盐混合，可缓慢释放与金属离子配位的水分子，进行烷基铝的水解反应。

三甲基铝的水解产物称为甲基铝氧烷（MAO），商品 MAO 常含有大量 $AlMe_3$，表明水解反应受扩散控制，并非在均相条件下进行。MAO 的溶解性稍差，后来人们用三异丁基铝或长链烷基铝替代部分三甲基铝合成了改性甲基铝氧烷，称为 MMAO。商品 MAO 通常为甲苯溶液，去除游离的三甲基铝和溶剂可得到粉末状的 dMAO，使用非常方便。

8.7.2 茂金属的活化

Cp_2TiCl_2 和 Cp_2ZrCl_2 均是 16 电子配合物，中心金属存在空轨道，但 Cp 负离子和氯离子的给电子能力都很强，中心离子电子不饱和性较小；Cp 与中心金属紧密结合，空间位阻比较大，因而没有催化活性。类似于茂金属氯化物，$Cp_2Ti(R)Cl$ 类型的化合物也没有烯烃聚合的催化活性。在体系中引入 $AlEt_2Cl$ 或 $AlEt_3$，仍很难改变茂金属配合物的分子结构，因此催化活性很低或者没有催化活性。

不同于 $AlEt_2Cl$ 或 AlR_3，MAO 或 MMAO 不仅烷基化能力很强，可将茂金属氯化物转化为烷基化物，而且还可抽提烷基化茂金属的烷基，使其形成茂金属阳离子催化活性种，引发烯烃配位聚合。相关反应如下。

$$Cp_2MCl_2 + R_2Al\left[OAl\overset{R}{\mid}\right]_n OAlR_2 \longrightarrow Cp_2MR_2 + Cl(R)Al\left[OAl\overset{R}{\mid}\right]_n OAl(R)Cl$$

$$Cp_2MR_2 + R_2Al\left[OAl\overset{R}{\mid}\right]_n OAlR_2 \longrightarrow Cp_2\overset{+}{M}-R[MAO-R]^- \text{（松散负离子）}$$
$$\text{稳定离子对}$$

$$Cp_2\overset{+}{M}-R \xrightarrow{\quad} \sim\sim CH_2-\overset{+}{M}Cp_2 \xrightarrow{\quad} \left[\right]_n$$

松散的低分子铝氧烷齐聚物（MAO）阴离子可稳定茂金属阳离子，形成烯烃配位聚合活性中心是 Kaminsky 的主要学术贡献。许多实验证实，茂金属的催化活性中心是茂金属阳离子 Cp_2Zr^+R，在溶液中以离子对形式存在。构建茂金属阳离子的方法有三种，包括烷基化茂金属的脱烷基反应、烷基化茂金属氯化物的脱氯反应、茂金属氯化物的烷基化-脱烷反应。前两种方法主要用于理论研究，后一种方法适合于工业生产。

$$Cp_2MR_2 + [PhNHMe_2]^+[B(C_6F_5)_4]^- \text{ 或 } [Ph_4C]^+[B(C_6F_5)_4]^- \longrightarrow Cp_2\overset{+}{M}-R$$

$$Cp_2MR_2 + B(C_6F_5)_3 \longrightarrow Cp_2\overset{+}{M}-R + R\overset{-}{B}(C_6F_5)_3$$

$$Cp_2MRCl + AgBF_4(PF_6, CF_3SO_3) \longrightarrow Cp_2\overset{+}{M}-R + AgCl$$

$$Cp_2MCl_2 + \overset{R}{\underset{R}{Al}}-O-\overset{R}{\underset{\mid}{Al}}-O-\overset{R}{\underset{R}{Al}}\Bigg]_n \longrightarrow Cp_2\overset{+}{M}-R$$

继 Kaminsky 发现 MAO 后，人们相继合成了各种茂金属催化剂，并发现了 C_2 和 C_s 对称性的桥联茂锆可分别高效催化丙烯的等规聚合和间规聚合，单茂钛可高效催化苯乙烯的间规聚合，限制几何构型的单茂钛可催化乙烯聚合制备长链支化聚乙烯等。

8.7.3 茂金属催化聚合的立构选择性

类似于茂环的 6 电子结构配体可变性很大，包括取代环戊二烯基、茚基及其衍生基团和芴基及其衍生物等，所以茂金属催化剂的种类繁多。根据配位结构，茂金属催化剂大体上可分为：A 类非桥联均配型，如 Cp$_2$HfMe$_2$ 和（Ind）$_2$ZrCl$_2$；B 类非桥联混配型，如（C$_5$Me$_5$）（Flu）ZrCl$_2$ 和 Cp（Ind）ZrCl$_2$；C 类碳或硅桥联型，如 Et（Ind）$_2$ZrCl$_2$、Me$_2$Si（4HInd）$_2$ZrCl$_2$ 和 Ph$_2$CCp（Flu）ZrCl$_2$；D 类限制几何构型催化剂，如 Me$_2$SiN^{t}Bu（C$_5$Me$_4$）TiCl$_2$ 和 Me$_2$SiN^{t}Bu（Flu）TiCl$_2$ 等。

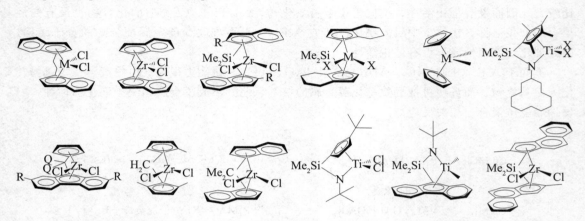

Cp$_2$ZrCl$_2$ 等均配茂金属的分子有 2 个相互垂直的对称面和 1 个 C$_2$ 对称轴，是 C$_{2v}$ 型非手性分子，属于 A 类催化剂。C$_{2v}$ 对称性的茂金属能催化 α-烯烃聚合，但没有立构选择性，生成无规聚合物。

B 类非桥联混配型茂金属的结构丰富，分子大多没有对称性，催化 α-烯烃聚合通常按"链端控制机理"进行，具有一定的立构选择性，但产生"错插"的概率较大，而且没有"纠错"能力，只能"将错就错"，因此无法获得高等规或高间规的聚合物。此时，聚合物的五元组序列结构存在关系式：[mmmr]＝[mmrm]或[rrrm]＝[rrmr]。

C 类茂金属的情况非常复杂，可分为双原子（乙基）桥联和单原子（碳或硅）桥联两类。在乙基桥联催化剂中，乙基桥联二茚锆 Et（Ind）$_2$ZrCl$_2$ 和二（四氢茚）锆 Et（4HInd）$_2$ZrCl$_2$ 最具有代表性。Et（Ind）$_2$ZrCl$_2$ 有两个手性碳，存在一对对映体（enantiomer）和一个内消旋体（mesomer），经过分离可获得外消旋催化剂 *rac*-Et（Ind）$_2$ZrCl$_2$ 和内消旋茂金属 *meso*-Et

$(Ind)_2ZrCl_2$，前者只有一个 C_2 对称轴，即分子绕 C_2 轴旋转 $180°$ 后与原分子重合，是两个手性分子的等量混合物，催化 $α$-烯烃聚合按"活性中心控制机制"进行。C_2 对称性茂金属产生"错插"的概率很小，而且有"纠错"能力，易获得高等规聚合物。等规聚丙烯的序列结构存在关系式：$[mr]=2[rr]$，$[mmmr]=[mmrr]=2[mrrm]$。

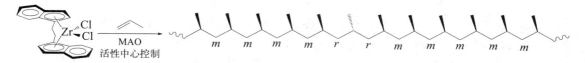

内消旋茂金属 $meso$-Et$(Ind)_2ZrCl_2$ 含有一个对称面，是非手性分子，经过 MAO 活化形成阳离子活性中心后，对称面消失转变为 C_s 对称性。由于空间阻位较小，催化 $α$-烯烃聚合可能按"链端控制"机理进行，生成低间规度的聚合物。

二甲基硅桥联和碳桥联的 Cp/芴锆等茂金属分子只有 1 个交替对称轴 C_s，也是典型的手性分子，催化 $α$-烯烃聚合按"活性中心控制"机理进行，生成高间规聚合物。类似于 C_2 对称性的 rac-Et$(Ind)_2ZrCl_2$，这类 C_s 对称性的茂金属产生"错插"的概率很小，而且也有"纠错"能力。此时，sPP 的序列结构存在关系式：$[mr]=2[rr]$，$[rrrm]=[mmrr]=2[rmmr]$。

在环戊二烯和芴分子上引入取代基，可构建 C_1 对称性桥联茂金属催化剂，催化 $α$-烯烃聚合也按"活性中心控制"机理进行，但立构选择性极为复杂，可能生成等规聚合物、半等规聚合物和间规聚合物，取决于取代基的大小与位置。

8.8 共轭二烯的配位聚合

8.8.1 合成橡胶

橡胶是一类具有可逆形变的高弹性聚合物材料，在室温下富有弹性，在很小的外力作用下能产生较大形变，除去外力后能恢复原状。根据来源不同，橡胶可以分为天然橡胶和合成橡胶。天然橡胶是从橡胶树、橡胶草等植物中提取胶质后加工制成；合成橡胶则由丁二烯和异戊二烯等单体经聚合而得。

合成橡胶中有少数品种的性能与天然橡胶相似，大多数与天然橡胶不同，但两者都是高弹性的高分子材料，一般均需经过加工和硫化之后，才具有使用价值。天然胶具有良好的综合性能，但其性能受地域、环境和处理方式等多种因素的影响，并且其在耐老化性和功能性方面存在短板。合成橡胶一般在综合力学性能方面不如天然橡胶，但因单体不同而具有不同性能，如气密性、耐油、耐高温、阻燃等性能，是制造飞机、军舰、汽车、拖拉机、收割机、水利排灌机械、医疗器械等所必需的材料，广泛应用于工农业、国防、交通以及日常生活中。

共轭二烯的配位聚合物是重要的合成橡胶，主要包括顺 1,4-聚丁二烯橡胶，俗称顺丁橡胶；顺 1,4-聚异戊二烯橡胶，俗称异戊橡胶；1,2-聚丁二烯橡胶，俗称高乙烯基聚丁二烯橡胶（其中 1,2-结构含量大于 75%）；反 1,4-聚异戊二烯橡胶，俗称反 1,4-异戊橡胶。

丁二烯和异戊二烯是一类特殊单体，既可自由聚合，也可阴离子聚合，又可配位聚合，但三种聚合方法的立体选择性相差很大。自由基聚合通常情况下没有立体选择性，倾向于生成无规共聚物；阴离子聚合根据离子对存在形式的不同可以具有一定的立体选择性，改变反应条件可合成高顺 1,4-聚合物或高 1,2-聚合物；配位聚合往往具有高立体选择性，选择合适的催化剂和反应条件，可合成高顺 1,4-聚丁二烯和聚异戊二烯、高反 1,4-聚丁二烯、高全同和间同 1,2-聚丁二烯等。

与天然橡胶和丁苯橡胶相比，顺丁橡胶具有优异的弹性、耐磨性、耐寒性，较低的动态生热性，以及良好的耐屈挠性、动态性能和耐水性等优点。高乙烯基聚丁二烯橡胶（HV-BR）在高温下湿滑阻力大，动态生热低，改善了合成橡胶低油耗和安全性能这一对矛盾，特别适用于高性能轮胎，从而推动了其工业技术开发。反式聚异戊二烯由于高结晶度、无弹性，仅能作为塑料代用品、医用夹板、形态记忆功能材料，需求量小，生产工艺要求苛刻、生产成本高。20 世纪 80 年代，中国科学院长春应用化学研究所发现，反式聚异戊二烯经过硫化处理或与其他橡胶并用硫化，显示出弹性性能，可作为橡胶使用。

Ziegler-Natta 催化剂可引发丁二烯和异戊二烯的立体选择性聚合，或称定向聚合。不同于聚烯烃主要采用负载化的固相催化剂，共轭二烯的立体选择性聚合可选择的催化剂种类较多，最具有代表性的工业催化剂包括钛系催化剂 TiI_4-AlR_3、钴系催化剂 $CoCl_2-AlR_2Cl$、环烷酸镍催化剂 $Ni(naph)_2-AlR_3-BF_3 \cdot OEt_2$ 和以环烷酸钕为代表的三元稀土催化剂 $La(naph)_3-AlR_3-AlR_2Cl$。在顺丁橡胶生产中，钛系占 10%，钴系占 21%，镍系占 42%，稀土橡胶占 27%。

8.8.2 共轭二烯聚合的 Ziegler-Natta 催化剂

Ziegler-Natta 催化剂的中心离子通常有两种成键轨道，一种是呈八面体构型的 d^2sp^3 杂化轨道，另一种是呈平面四边形的 dsp^2 杂化轨道。三价钛、四价钛、三价钒、五价钒、三价铬、三价铁和三价钴等过渡金属离子含有 0~6 个 3d 电子，电子重排后可空出 2~5 个 3d 轨道，因而可形成 d^2sp^3 杂化轨道与给电子配体成键。

二价镍和二价钯含有 8 个 3d 电子或 4d 电子，电子重排后可空出 1 个 d 轨道，形成 dsp^2 杂化轨道或正四面体构型的 sp^3 杂化轨道。杂化轨道的能级与参与杂化的轨道能级密切相关，$(n-1)d$ 轨道的能级低于 np 轨道，因而 dsp^2 杂化轨道能级低于正四面体构型的 sp^3 杂化轨道。在配位催化过程中，镍和钯等后过渡金属离子通常以 dsp^2 杂化模式进行催化聚合。

　　在钛系催化剂的配制过程中，部分四价钛被还原为三价钛，同时发生烷基化反应，生成三价和四价钛共存的烷基钛卤化物。烷基钛卤化物随后与二烷基卤化铝发生配位反应，通过卤桥形成八面体构型的催化活性种。两种价态的中心离子均拥有 6 个呈八面体构型的 d^2sp^3 杂化轨道，催化活性中心拥有一个 Ti—R 键和一个空轨道。非负载型钛系 Ziegler-Natta 催化剂有两种活性种：一种是三价态活性种，另一种是四价态活性种。包括稀土在内的其他前过渡金属催化剂与钛系催化剂相似，也有 Mt—R 键和空轨道。为了便于后续讨论，将活性种简写为 [Mt](R)X。

三价钛活性种　　　　　　　　　　四价钛活性种　　　　[Ti](R)Cl

　　类似于烯烃配位聚合，共轭二烯配位聚合也包括链引发、链增长、链转移和链终止反应。其中，链引发与链增长也按"配位-插入"的连串反应方式进行，但配位方式有差别，可以是单烯配位，也可以是双烯配位。单烯配位，发生 1,2-插入，生成 1,2-聚丁二烯或 3,4-聚异戊二烯；双烯配位，发生 1,4-插入，插入位点决定产物的立体结构。如果插入点是烯丙基链端的 α-碳，生成顺 1,4-聚丁二烯或聚异戊二烯；如果插入位点是 γ-碳，则生成 1,2-聚丁二烯或 3,4-聚异戊二烯。前过渡金属和稀土金属高度缺电子，共轭二烯倾向于双烯配位；而后过渡金属催化剂的电子饱和度高，提高了配体的空间位阻，有发生单烯配位，生成 1,2-聚丁二烯或 3,4-聚异戊二烯的倾向。

　　共轭二烯顺 1,4-选择性聚合的过程如下。

首先，共轭二烯与含有一个空位的催化剂配位，脱除一个卤离子生成阳离子双烯配合物；随后通过电子转移完成插入反应，生成 η^3-金属配合物。这种 η^3-金属配合物可发生重排反应，生成 η^1-金属化合物，二者之间的平衡常数为 K_1，其大小与催化剂结构和反应条件有关。这个平衡反应和单体再配位反应是竞争关系，低温和高浓单体有利于单体直接配位。无论是 η^3-金属配合物还是 η^1-金属化合物均可与单体快速配位，形成新的双烯金属配合物，随后再次发生插入反应，完成一次链增长。

共轭二烯的配位聚合活性链端为过渡金属的烯丙基配合物。这种活性链端基难以发生 β-H 链转移反应和向单体转移反应，但可通过与烷基铝的平衡反应（平衡常数为 K_2），形成过渡金属与烷基铝的复合物，随后发生烷基交换反应，通过这种向烷基铝的链转移反应生成带有铝端基的聚合物和新的引发活性种 R—[Mt]—X。共轭二烯配位聚合难发生链转移反应，有利于合成高分子量的合成橡胶产品。

聚合反应体系中存在 η^1-金属化合物链末端，该物种的双键存在顺反异构化反应（K_3）。虽然反式链端不会明显影响聚合反应，但这种异构化反应会降低聚合产物的顺式结构含量，劣化橡胶性能。链末端异构化速率受其含量、催化剂结构和温度的影响，η^1-金属化合物链末端含量越少、催化剂位阻越大、温度越低，异构化反应越慢。因此，顺丁橡胶和异戊橡胶的合成宜在较高压和较低温度下进行。

钛系催化剂是经典的共轭二烯配位聚合催化剂，研究比较深入。四价钛的催化性能好于三价钛；在四卤化钛中，顺 1,4-选择性的顺序为 $TiI_4 > TiBr_4 > TiCl_4$，因而工业上使用 TiI_4-$AlEt_3$ 催化共轭二烯聚合。钛系异戊橡胶的顺式含量为 96.7%～98%，可部分替代天然橡胶。

虽然钛系催化剂可获得高顺 1,4-选择性，但催化效率低，橡胶生产成本高，而且有颜色。为了提高聚合效率和产品性能，随后发展了钴系催化剂（$CoCl_2$-AlR_2Cl）。不同于钛系催化剂，钴系催化剂需使用二烷基氯化铝作为助催化剂。

二价钴含有 7 个 3d 电子，最多只能腾 1 个 3d 空轨道，因而钴催化剂利用 dsp^2 杂化轨道催化聚合。首先，二氯化钴与氯化二烷基铝发生烷基交换反应，生成烷基氯化钴和二氯化烷基铝，随后发生桥联配位反应，形成钴中心含有一个空位的复合型催化剂。钴的电子饱和度明显高于钛和钒等前过渡金属，为了提高催化活性中心的电子不饱和度，需要使用具有更强 Lewis 酸性的二氯化烷基铝作助催化剂。类似于钛系催化剂，钴系催化剂的活性种也可简记为 R—[Co]—Cl。

以钛为代表的 d^2sp^3 型催化剂，在引发共轭二烯聚合时，易于脱除 1 个卤离子，形成含有双空位的阳离子活性种，有利于双烯配位，保持高顺 1,4-选择性。钴系催化剂脱除氯离子的反应不如 d^2sp^3 型催化剂，因而聚合体系中可能存在双空位和单空位两种活性种。双空位活性种可与共轭二烯形成双烯配合物，引发顺 1,4-聚合；单空位活性种通常与共轭二烯形成单烯配合物，引发 1,2-聚合。由于两种活性种处于动态平衡中，通常钴系橡胶中的 1,2-结构单元含量较多。钴系催化剂的这一特点，可用来合成高乙烯橡胶。

类似于钛系催化剂，钴系催化剂也是非均相催化剂，需要使用毒性较大的苯作为溶剂。

为了克服钛系和钴系催化剂的缺点，人们发展了溶解性好、催化活性高且立体选择性好的三元镍系催化剂 $Ni(naph)_2$-AlR_3-$BF_3 \cdot OEt_2$。镍系催化剂使用可溶于烷烃的环烷酸盐 $[Ni(naph)_2]$ 和对湿气低敏感性的三异丁基铝，另需添加强 Lewis 酸三氟化硼的乙醚配合物。镍系顺丁橡胶综合性能优异，所占市场份额最大。

环烷酸是石油提取物，是一种混合物，其结构并不明确。使用环烷酸配制催化剂的原因有两点：一是催化剂不结晶、溶解性好，二是来源方便、成本低。如果用 2-乙基己酸（异辛酸）替代环烷酸，也能获得性能优异的镍系催化剂。

与钛、锆、钒、铬、铁、钴和镍等具有 d 空轨道的过渡金属离子相似，稀土离子更缺电子，其外层具有 f 空轨道可供 Lewis 碱性基团配位。然而，镧系元素的 4f 轨道受到 5s 轨道的屏蔽，受外界配位场的影响较小，表现为在一定范围内改变配体对立构选择性的影响较小，但却具有性能稳定的优点。20 世纪 60 年代，$U(\eta^3\text{-allyl})_4$-$AlEt_2Cl$、$U(OR)_4$-$AlEtCl_2$ 等铀催化剂被发现可用于引发丁二烯配合聚合，不仅催化活性高，而且顺式含量可高达 98.5%～99%。但由于残存的放射性问题而被放弃。铈系催化剂也具有高立构选择性，但残存高价铈具有氧化性，使橡胶发黄而被放弃。钕系催化剂也具有高活性和高选择性的特点，且无放射性和氧化性，活性高于其他稀土催化剂，得以广泛应用。

钕系催化剂为三价，早期采用二元体系，为了提高立体选择性，后采用三元体系，如 $Nd(OCOR)_3$-$AlEt_2Cl$-Al^iBu_3［1∶（2～3）∶（20～30）］。钕催化剂需要与氯离子结合，才具有高顺式选择性。例如，用三苄基钕配制催化剂，引发丁二烯聚合生成 95% 反 1,4-和 5% 1,2-插入的聚丁二烯；引发异戊二烯聚合生成 95% 反 1,4-和 5% 3,4-插入的聚异戊二烯。改用三苄基钕/$SnCl_4$ 混合物，聚异戊二烯的顺 1,4-、反 1,4-和 1,2-结构的含量分别为 97%、2% 和 1%。

8.8.3 共轭二烯聚合的 π-烯丙基金属催化体系

既然聚共轭二烯的链增长活性种均为 π-烯丙基配合物，理论上讲，可直接用 π-烯丙基金属配合物催化丁二烯和异戊二烯的聚合。基于此，人们发展了一系列性能优异的 π-烯丙基过渡金属催化剂。

π-烯丙基阴离子是一个通用配体，可与各种过渡金属离子和稀土离子配位，形成可溶性的配合物 $(\eta^3\text{-}C_3H_4R)MtX_n$ 配合物，催化共轭二烯的立体选择性聚合，活性链端始终呈 π-烯丙基结构。其他类型的烯丙基衍生物也可用于构建 π-烯丙基金属催化体系。

20 世纪 60 年代，Natta 首先用 $(\eta^3\text{-}C_3H_5NiBr)_2$-$AlEt_2Cl$ 催化丁二烯的配位聚合，获得高顺 1,4-聚合物。NMR 研究表明，$\eta^3\text{-}C_3H_5Ni^+$ 是催化活性种。后来发现，$U(\eta^3\text{-}C_3H_5)_4$-$AlEt_2Cl$ 体系的催化活性和立体选择性更高，聚合物顺式含量高于 98.5%。

不同于传统的钛系和钴系 Ziegler-Natta 催化剂，π-烯丙基金属催化体系是均相催化剂，可不使用助催化剂，配合物可全部转化为链引发活性种。另外，虽然 π-烯丙基金属催化剂无需助催化剂，但添加烷基铝、烷基氯化铝和 $SnCl_4$ 等 Lewis 酸可降低聚合反应活化能，提高催化活性和立体选择性。

烯丙基镍卤化物 $\eta^3\text{-}C_3H_5NiX$（X=Cl，Br，I）是 14 电子配合物，镍离子的 4 个 3d 轨道填充 4 对非成键电子，4 个 dsp^2 杂化轨道中只有 3 对成键电子，尚有 1 个轨道没有填充电子，因而不是稳定物种。与此相反，烯丙基镍卤化物二聚体可看作 16 电子配合物，镍离子的 4 个 dsp^2 杂化轨道全充满，是稳定结构。

烯丙基镍卤化物二聚体是稳定物种，因而没有催化活性。但二聚体存在解聚平衡，增加溶剂极性和升高温度均有利于二聚体的解聚。解聚的烯丙基镍卤化物可引发丁二烯的顺1,4-选择性聚合。聚合反应速率对单体浓度呈一级动力学，对催化剂（$\eta^3\text{-}C_3H_5NiX)_2$ 呈0.5级动力学，证实了存在二聚体的解聚平衡，活性种为 $\eta^3\text{-}C_3H_5NiX$。二聚体的解聚速率较慢，而且明显受温度的影响，导致丁二烯的配位聚合速率较低，活化能（66.88kJ/mol）明显高于正常的配位聚合反应。

$$K = \frac{[\eta^3\text{-}C_3H_5RNiX]^2}{[(\eta^3\text{-}C_3H_5RNiX)_2]}$$

$$R_p = k_p[C][M] = k[C]^{0.5}[M]$$

式中，C 为催化剂，即烯丙基镍卤化物二聚体（$\eta^3\text{-}C_3H_5NiX)_2$。代入解聚平衡常数，可得 $[C] = [\eta^3\text{-}C_3H_5NiX]^2/K = [C^*]^2/K$。真正的催化活性种 C^* 即为 $\eta^3\text{-}C_3H_5NiX$。

用具有双配位基的三氯乙酸根替代卤负离子，可形成稳定的烯丙基镍配合物 $\eta^3\text{-}C_3H_5NiOCOCCl_3$。羧基和镍离子之间不是简单的离子键，而是一个 4 电子 4 中心的复杂化学键，介于离子键和配位键之间；也可以认为形成了两个化学键，一个是离子键、另一个是弱配位键。因此，$\eta^3\text{-}C_3H_5NiOCOCCl_3$ 是 16 电子配合物，Ni—O 配位键易于离解，使得单体能够与镍离子配位，引发共轭二烯聚合。

$\eta^3\text{-}C_3H_5NiOCOCCl_3$ 引发丁二烯聚合的动力学方程为 $R_p = k_p[C][M]$，聚合速率对单体和引发剂的浓度均呈一级动力学，而且受温度的影响较小，活化能为 45.98kJ/mol，明显低于（$\eta^3\text{-}C_3H_5NiX)_2$ 的 66.88kJ/mol。该催化体系中，活性种的浓度和催化剂的浓度相同，即 $[C^*] = [C]$。

在上述反应过程中，双烯配合物是 18 电子体系。因此，对于烯丙基镍催化体系而言，镍中心的 p_z 轨道可能参与了催化过程，亦或镍中心采用了 dsp^3 杂化轨道催化聚合。这种情况在配位聚合过程中并不多见。

π-丙烯基钕是另一种重要的共轭二烯配位聚合催化剂。在烷基铝的作用下，六配位中性（$\eta^3\text{-}C_3H_4R)_3Nd$ 的 1 个 π-丙烯基配体被烷基取代，形成含有 1 个 d^2sp^3 杂化空轨道的活性种（$\eta^3\text{-}C_3H_4R)_2NdR$，随后通过双烯配位和顺 1,4-插入引发共轭二烯聚合。催化聚合机理类似于前述的传统 Ziegler-Natta 催化体系。

与钛、锆、钒等前过渡金属相比，镧系金属钕更缺电子，形成配合物的倾向更大。因此，在催化聚合过程中，η^3-型活性链末端占主导地位，η^1-型活性链末端含量极少，很难发生顺反异构化反应，这样就保持了高顺 1,4-聚合的选择性。

本章纲要

1. 配位聚合的基本原理　过渡金属具有电子不饱和性，镧系金属的电子不饱和性更大。过渡金属离子比中性原子更缺电子，存在较多 d 或 f 空轨道，容易形成配合物，而且多数配合物仍然具有电子不饱和性。

过渡金属配合物可以是卤化物或者烷基化合物（R—[Mt]），两者之间可进行转换，金属中心可以带正电荷，也可以不带电荷，取决于中心金属的价态和配体结构。有些烷基金属配合物的金属中心可与烯键形成介稳态的配合键，在空间位阻和电子效应的作用下，烯键容易向烷基转移，经过四环状过渡态引发烯烃聚合反应。

$$R-[Mt]^{+} \not\Longrightarrow \xrightarrow{\text{配位}} \underset{\text{介稳态配合物}}{\overset{R-[Mt]}{\vdots}} \longrightarrow \underset{\text{四元过渡态}}{\left[\overset{R-[Mt]}{\vdots}\right]} \xrightarrow{\text{插入}} RCH_2CH_2-[Mt]$$

钛、锆、铪和钒等前过渡金属离子含有多个 d 空轨道，配位聚合多采用 d^2sp^3 杂化轨道，催化活性种呈八面体构型；镍和钯等后过渡金属离子只能腾出 1 个 d 空轨道，故采用平面四边形的 dsp^2 杂化轨道催化烯烃配位聚合。

2. 配位聚合的基元反应　配位聚合的基元反应包括链引发、链增长、链转移和链终止反应。不同于自由基聚合和离子聚合，配位聚合的链转移反应非常丰富，但没有向溶剂和大分子的链转移反应，具体包括：①向 β-H 转移，形成一分子端烯聚合物和一分子过渡金属氢化物，链转移速率只与活性种浓度有关，而与单体浓度无关；②向单体转移，产物同向 β-H 转移，但反应速率对活性种浓度和单体浓度均呈一级动力学；③向助催化剂烷基铝转移，即两种金属有机化合物的烷基交换反应，交换结果是大分子链活性种转变为小分子活性种，烷基铝转换为大分子烷基铝。烷基锌的链转移常数更大，可用作分子量调节剂；④向氢分子链转移，形成一分子带有饱和端基的聚合物和一分子过渡金属氢化物。

类似于活性阴离子聚合，烯烃配位聚合似乎没有链终止反应，但存在催化剂失活反应，也相当于存在终止反应。常见的催化剂失活反应包括：①高价态催化活性中心被还原为低价态金属；②催化活性种双分子失活，通过复分解形成两分子非活性物种；③噻吩等 Lewis 碱对催化活性种的毒化失活；④活泼氢对催化活性种的分解失活。为了避免催化剂失活，应使用化学价态和结构稳定的催化剂，尽可能去除溶剂中的微量水和含硫、含氮化合物等杂质。

3. 配位聚合的立构选择性　在 α-烯烃的聚合过程中，连续同向"配位-插入"形成等规聚 α-烯烃，连续反向"配位-插入"形成间规聚 α-烯烃，无序"配位-插入"形成无规聚合物。催化活性中心和链端均可以控制 α-烯烃的立构选择性，前者称为"活性中心控制机理"，后者称为"链端控制机理"。

聚 α-烯烃的立构规整性用等规度、间规度和杂规度表示。二单元组只有等规（m）和间规（r）两种序列结构；三单元组有等规（mm）、间规（rr）和杂规（mr）三种序列结构；五单元组则有 mmmm、rrrr 和 mrmr 等十种序列结构。

二单元组的等规度和间规度分别为 $[m]/([m]+[r])$ 和 $[r]/([m]+[r])$，三单元组的等规度、间规度和杂规度分别为 $[mm]/([mm]+[mr]+[rr])$、$[rr]/([mm]+[mr]+[rr])$ 和 $[mr]/([mm]+[mr]+[rr])$。二单元组和三单元组序列结构存在如下关系：$[m]=[mm]+0.5[mr]$，$[r]=[rr]+0.5[mr]$。

α-烯烃按"链末端控制机理"聚合时，富等规聚合物存在关系式 $[mmmr]=[mmrm]$，富间规聚合物存在关系式 $[rrrm]=[rrmr]$。α-烯烃按"活性中心控制机理"聚合时，C_2 对称性催化剂引发等规聚合，序列结构关系为 $[mr]=2[rr]$、$[mmmr]=[mmrr]=2[mrrm]$；C_s 对称性催化剂引发间规聚合，序列结构关系为 $[mr]=2[mm]$，$[rrrm]=[mmrr]=2[rmmr]$。

4. Ziegler-Natta 催化剂　Ziegler-Natta 催化剂从早期用于乙烯聚合的 $TiCl_4$-$AlEt_3$ 和用于丙烯聚合的 $TiCl_3(\alpha,\gamma,\delta)$-$AlEt_2Cl$ 发展到由ⅢB～ⅧB等过渡金属化合物、ⅠA～ⅢA主族金属有机化合物和邻苯二甲酸酯等给电子体组成的三组分系列。其中以钛系为代表的非均相催化剂用于乙烯聚合（合成 HDPE 和 LLDPE）和丙烯立构选择性聚合（合成 iPP），而以钒系为代表的均相体系则用于乙丙橡胶的合成。

在丙烯聚合催化剂的制备过程中，$TiCl_4$、$AlEt_3$ 和邻苯二甲酸酯（内给电子体）三组分在氯化镁载体表面经过配位、复分解、氧化还原和烷基化等一系列反应，三价钛在不规则 $MgCl_2$ 单斜晶体的棱角和表面沟槽中形成五配位（含桥键）的立构选择性活性中心 $[Ti^{3+}R(OR)Cl_3]$，在聚合现场需添加二烷基硅氧烷（外电子给体）以提高聚丙烯的立构选择性。

5. Phillips 催化剂　负载于硅胶表面的 CrO_3 可用乙烯或 CO 还原为二价铬和三价铬，二价铬通过两个氧桥负载于硅胶表面；三价铬则通过三个氧桥负载于硅胶表面。二价铬可与 2 分子乙烯配位，随后通过氧化成键和还原等一系列反应，形成催化活性种（烯丁基铬或乙烯基铬）；三价铬也可与 2 分子乙烯配位，随后经过复分解反应形成烯丁基铬。Phillips 催化剂无需助催化剂，可在 3～5MPa 的条件下引发乙烯聚合，合成高密度聚乙烯。

6. 茂金属催化剂　环戊二烯及其衍生物的负离子可作为 6 电子配体，与三价或四价的过渡金属离子配位，形成三明治型的茂金属配合物。在甲基铝氧烷（MAO）的活化下，茂金属卤化物可转变为带有空位的茂金属活性种，用于催化烯烃的配位聚合反应。

茂金属催化剂的种类繁多，依据分子对称性可分为非手性的 C_{2v} 型、手性的 C_2 型和 C_s 型等。非桥联的二氯二茂锆（Cp_2ZrCl_2）是典型的 C_{2v} 对称性催化剂，催化丙烯聚合没有立构选择性；乙基桥联和硅桥联的二氯二茚锆 $[rac$-$Et(Ind)_2ZrCl_2$、$Me_2Si(Ind)_2ZrCl_2]$ 是典型的 C_2 对称性催化剂，可催化丙烯的等规聚合；碳桥联和硅桥联的茂芴锆氯化物 $[XCp(Flu)ZrCl_2]$ 是典型的 C_s 对称性催化剂，可催化丙烯的间规聚合。

7. 共轭二烯的配位聚合　在共轭二烯的"配位-插入"聚合过程中，单体可以双烯配位，亦可单烯配位，前者生成顺 1,4-聚合物，后者生成 1,2-或 3,4-聚合物。丁二烯的配位聚合，可选择性地生成顺 1,4-聚合物和高 1,2-聚合物；异戊二烯的配位聚合，可选择性生成顺 1,4-聚合物和高 3,4-聚合物，受空间位阻的影响，很难生成高 1,2-聚合物。

前过渡和镧系金属催化活性中心有丰富的 $(n-1)d$ 空轨道，可供共轭二烯的顺式配位，催化双烯烃聚合生成顺 1,4-聚合物。

8. 配位聚合对比阴离子聚合　在高分子化学的学习过程中，容易产生一种混淆不清的认识，以为配位聚合属于阴离子聚合，并冠以"配位阴离子聚合"，或许主要依据的是配位聚合也需要"无氧无水"条件，含活泼氢的化合物也能终止配位聚合反应。然而，从化学原理上讲，配位聚合与阴离子聚合有着本质上的区别，主要区别如下。

① 阴离子聚合的链增长是简单的一步加成反应；而配位聚合的链增长按照"配位-插入"的连串反应机理进行，烯烃单体先与缺电子的过渡金属中心配位，生成介稳态的 π-配合物，而后经四元环过渡态发生转移插入至 Mt—C 中。

② 阴离子聚合的活性种是碳阴离子或阴阳离子对，链末端碳是引发中心，明确带负电荷；而配位聚合的活性种是过渡金属有机配合物，过渡金属中心带正电荷或不带电荷，链末端的碳基本不带电荷，而是与过渡金属形成极性共价键。

③ 阴离子聚合的引发剂进入聚合物链首端；而在配位聚合过程中，只有催化剂的烷基或 H 进入聚合物链首端，过渡金属配合物位于链末端，最终通过链转移或与酸性物质反应而脱离聚合物链末端。

④ 链转移反应是离子聚合的副反应；与此相反，链转移反应则是配位聚合提高催化效率和降低成本的重要途径，一分子催化剂可产生数百甚至数万条聚合物链。

⑤ 配位聚合单体主要是 α-烯烃，烯键可与催化活性中心配位；而阴离子聚合要求单体缺电子，如此才能顺利发生亲核加成反应。

习题

参考答案

1. 简述烯烃配位聚合的基本原理，为什么过渡金属烷基配合物可催化烯烃配位聚合，但主族金属有机化合物却不能用作烯烃聚合的催化剂？

2. 给出下列过渡金属离子 Sc^{3+}、Ti^{3+}、Ti^{4+}、V^{3+}、V^{5+}、Cr^{3+}、Cr^{5+}、Mn^{5+}、Fe^{2+}、Fe^{3+}、Co^{3+}、Ni^{2+} 的 3d 电子排布情况，试问哪些离子能通过 d^2sp^3 杂化轨道形成八面体配合物，哪些离子只能通过 dsp^2 杂化轨道形成四边形配合物？

3. 烯烃配位聚合催化剂的活性与中心金属离子的价态有关，请阐述五价钒催化剂的活性高于三价钒催化剂的原因。

4. 比较配位聚合、阴离子聚合和自由基聚合的基元反应，配位聚合的链引发和链增长有什么特征？

5. 配位聚合与阴离子聚合有何异同点？简要回答配位聚合不是阴离子聚合的理由。

6. 总结和比较配位聚合、阴离子聚合、阳离子聚合和自由基聚合的适用单体。

7. 为什么配位聚合需要在无氧、无水、无杂质的条件下进行？如果聚合体系中含有 O_2、CO、CO_2、乙醛、丙酮、乙醇、乙酸、微量水、二乙胺和噻吩，对配位聚合有何影响？写出相关反应式。

8. 用 Ziegler-Natta 催化剂和茂金属催化剂引发乙烯聚合生成甲基支化的聚乙烯，用有机镍和有机钯催化乙烯聚合生成高度支化聚乙烯，而且支链不限于甲基，还包括乙基、丙基和丁基等，降低压力和升高温度均有利于形成超支化结构。请简要解释其原因。

9. 自由基聚合、离子聚合、配位聚合都存在链转移反应，比较它们的异同点。为什么配位聚合催化剂的用量显著低于其他聚合方法的引发剂用量，工业上如何调节聚烯烃的分子量？

10. 为什么配位聚合可能具有立体选择性，而自由基聚合和阴离子聚合却很难合成立构规整性聚合物？合成 sPP 应使用何种类型的催化剂？

11. 二氯二茂锆 Cp_2ZrCl_2 和氯化二（五甲基茂）钪 Cp_2^*ScCl 是典型的茂金属催化剂，

试问其催化活性种的结构，两类催化剂的活性种是如何形成的？

12. A 和 B 两种催化剂引发乙烯聚合生成线形长链 α-烯烃，使用 A 催化剂，线形高 α-烯烃的分子量随乙烯压力的升高而增大；使用 B 催化剂，线形高 α-烯烃的分子量不随乙烯压力变化，问两种催化剂的主要链转移方式。

13. 在甲基铝氧烷（MAO）的活化下，二氯二茂锆 Cp_2ZrCl_2 可催化乙烯聚合，生成线形聚乙烯。分析聚合产物发现，有些聚乙烯含有一个不饱和端基，有些聚乙烯没有不饱和端基；当增大 MAO 用量时，聚合物的不饱和端基含量减少；当提高乙烯压力时，聚合物的分子量增大，但不存在线性关系；在反应器中引入氢气，聚乙烯分子量降低，不饱和端基含量减少。请分析该体系的链转移反应，写出相关的反应式。

14. Ziegler-Natta 催化剂不具有明确的手性结构，请以双组分催化剂为例说明可获得等规聚丙烯的化学原理，用化学反应式阐述烷基铝的作用。

15. 简述第四代 Ziegler-Natta 催化剂的制备原理与方法，为什么无需使用 α、β 或 δ 型 $TiCl_3$？常用的内、外给电子体是何种化合物，其作用原理是什么？

16. 什么是 Phillips 催化剂？简述其制备方法和催化聚合机理，为什么该催化剂不需要烷基铝活化？

17. C_1 对称性茂金属催化丙烯聚合，生成富等规聚丙烯，聚合物的五元组序列结构分布 $[mmmm]$、$[mmrr]$、$[rrrr]$、$[mmmr]$、$[mmrm]$、$[mrrr]$、$[rmmr]$、$[rmrr]$、$[mrrm]$ 和 $[mrmr]$ 为 87.6、0、0、5.3、5.3、0、1.2、0、0 和 0.6。求该聚合物的等规度和立构选择性控制机理。

18. 有一柄型二甲基硅桥型茂金属，在 MMAO 的活化下，催化丙烯聚合生成高间规聚丙烯，^{13}C NMR 分析表明，五元组序列结构分布 $[mmmm]$、$[mmrr]$、$[rrrr]$、$[mmmr]$、$[mmrm]$、$[mrrr]$、$[rmmr]$、$[rmrr]$、$[mrrm]$ 和 $[mrmr]$ 为 0、0.8、98、0、0、0.8、0.4、0、0 和 0，问茂金属催化剂的分子对称性、聚合物的间规度和立构选择性控制机理。

19. 类似于 1,3-丁二烯，1,3-戊二烯也能发生配位聚合，画出 1,3-戊二烯配位聚合的立体结构单元，哪种结构单元可能占优？

20. 简述哪种类型的催化剂可用于合成顺丁橡胶和异戊橡胶，哪种类型的催化剂可用于合成高乙烯基聚丁二烯橡胶。

21. π-烯丙基氯化镍二聚体（η^3-$C_3H_6NiCl)_2$ 和 π-烯丙基苯甲酸镍（η^3-C_3H_6）$NiOCOC_6H_5$ 均可催化丁二烯的立体选择性聚合。（1）写出链引发、链增长和链终止反应；（2）推导聚合反应动力学方程；（3）简述两种催化聚合反应的异同点。

第 9 章

开环聚合

9.1 开环聚合概述

在引发剂或催化剂的作用下，环状单体的 σ 键发生断裂而后开环、形成线形聚合物的反应，称为开环聚合（ROP）。利用杂环单体（heterocyclic monomer）的开环聚合来合成杂链聚合物，在高分子化学和高分子工业中均占有重要地位。开环聚合的通式为：

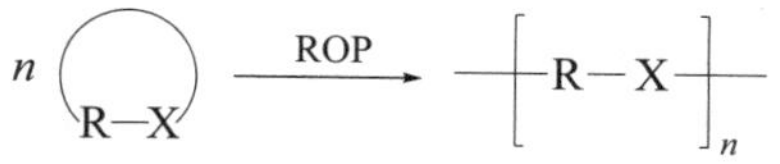

$$n\ \underset{R-X}{\bigcirc} \xrightarrow{\text{ROP}} \left[R-X \right]_n$$

式中，R 代表 $[CH_2]_n$；X 代表 O、N、S、P 和 Si 等杂原子或基团。

能够发生开环聚合的单体很多，主要包括环醚、环硫醚、环缩醛、环酯、环硫酯、环酰胺和环硅氧烷等。许多半无机和全无机高分子也可由开环聚合方法来合成。环氧乙烷、环氧丙烷、三氧六环（三聚甲醛）、丙交酯、ε-己内酯、ε-己内酰胺和环硅氧烷的开环聚合，广泛用于高分子材料的工业生产。代表性的环状单体如下：

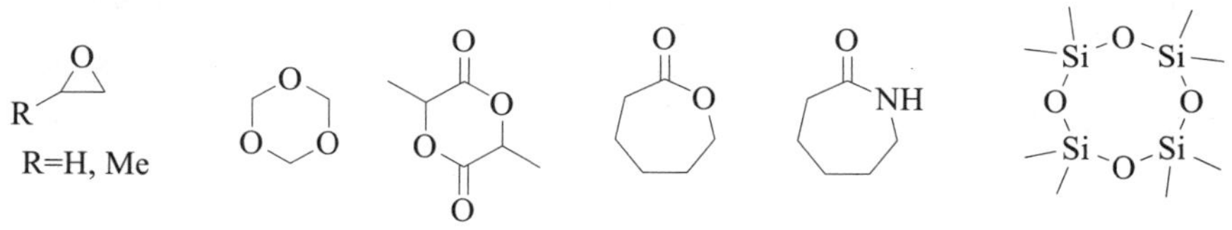

环氧乙(丙)烷　三氧六环　丙交酯　ε-己内酯　ε-己内酰胺　八甲基环四硅氧烷

继加成聚合与缩合聚合之后，开环聚合是第三大类聚合反应。三者之间既有很大差别，也有某些相似之处。大部分开环聚合物属于杂链高分子，与缩聚物相似。例如，ε-己内酰胺开环聚合生成聚酰胺-6，ε-氨基己酸的自缩聚也生成聚酰胺-6。开环聚合没有小分子副产物，聚合物与单体的元素组成相同，貌似加成聚合。

开环聚合也存在热力学问题和引发剂-动力学问题。从反应机理考虑，除小部分按逐步聚合机理进行外，大部分开环聚合遵循连锁聚合机理。烯类单体离子聚合常用的引发剂也可用于杂环单体的开环聚合，但开环聚合的链增长活性种往往是氧阴离子（—O⁻ M⁺）、硫阴离子（—S⁻ M⁺）、胺阴离子（—NH⁻ M⁺），反离子 M⁺ 通常是碱金属离子；阳离子活性种常常是氧鎓离子（—O⁺ R₂B⁻）、锍离子（—S⁺ R₂B⁻）和硅阳离子等，反离子 B⁻ 通常是酸根离子。

由环状单体开环聚合得到的聚合物，其重复单元与环状单体开裂时的结构相同，这与加成聚合相似；开环聚合物主链中常常含有醚键、酯键、酰胺键或硅氧键等，与缩聚反应得到的聚合物常具有相同结构，只是没有小分子释放出。开环聚合与缩聚相比，还具有反应条件温和、能够自动保持官能团数目相等的特点，由此所得聚合物的平均分子量通常要比缩聚物高得多。有些单体，如乳酸（lactic acid），采用缩聚反应难以得到高分子量聚合物；而采用丙交酯（lactide，LA）的开环聚合，就能够获得高分子量的聚乳酸（PLA）。

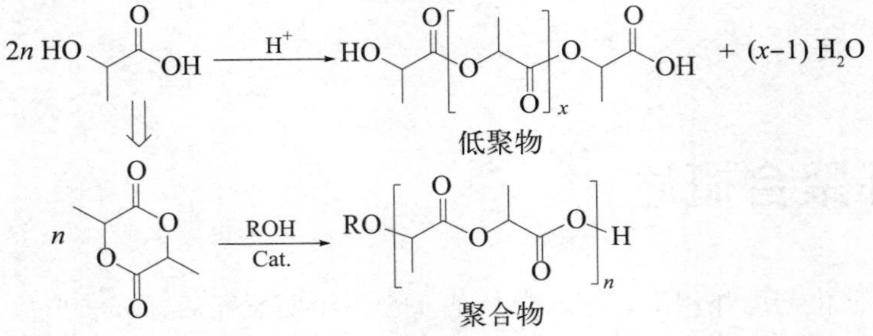

低聚物

聚合物

然而，与缩聚相比，开环聚合可供选择的环状单体相对较少。例如，将各种二元醇与二元酸组合，可通过缩聚反应制备各种半芳香族和脂肪族聚酯；而开环聚合，通常只有 α-或 ω-羟基酸形成的环内酯或交酯可供选择，其他实例不多。类似地，只有 ω-内酰胺的开环聚合能用于合成聚酰胺。另外，有些环状单体合成困难，因而由开环聚合制备相应聚合物受到限制。

9.2 环状单体的可聚合性

环状化合物种类很多，开环聚合的倾向各异。三元和四元环容易开环聚合，五元、六元和七元环能否开环聚合与环内的杂原子有关。例如，环戊烷、环己烷、环庚烷、四氢吡喃、1,4-二氧六环等环状化合物均不能发生开环聚合；四氢呋喃、丁内酰胺、三氧六环、ε-己内酯和ε-己内酰胺等可开环聚合。

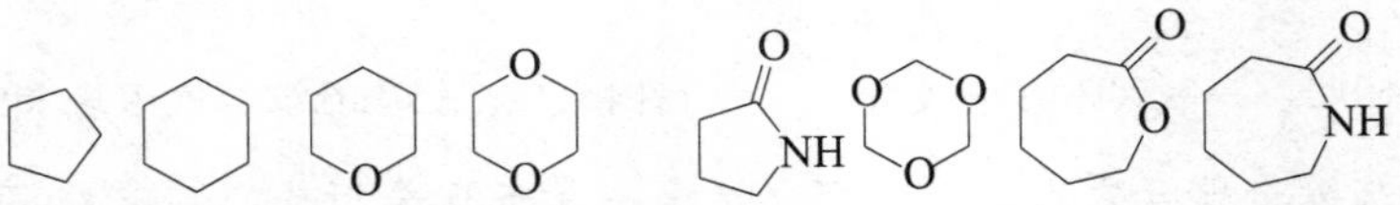

不可聚合的环状化合物   可聚合的环单体

环状化合物的开环能力或倾向可用环张力的大小作初步判断，进一步需要自由能变化（ΔG）来量化。如果开环放热，即焓变 $\Delta H < 0$，则 $\Delta G < 0$，环状单体可开环聚合；如果开环吸热，即焓变 $\Delta H > 0$，则 $\Delta G > 0$，不能开环聚合；如果开环的焓变接近于 0，熵变（ΔS）则起主导作用，对于熵增加的过程，开环聚合可进行，相反则不能进行。

环的大小、环上取代基和构成环的元素（碳环或杂环）是影响环张力的三大因素。

9.2.1 环大小对环张力和聚合能力的影响

环烷烃的稳定性与环的大小密切相关。由于几何构型的限制，环烷烃可能存在非正常键角引起的"角张力（angle strain）"和重叠式构象引起的"扭转张力（torsional tension）"。环的内角与 sp³ 轨道夹角差别引起的张力称为角张力；C—H 键重叠式构象引起的张力称为扭转张力。在小环化合物中，角张力是主要因素，扭转张力是次要因素；但在中环和大环化合物中，角张力和扭转张力大小相近。

环丙烷分子呈平面三角形，虽然碳原子 sp^3 杂化轨道间的夹角仍为 109.5°，但两个碳原子的 sp^3 杂化轨道不能正常交叠，只能形成弯曲键或称为"香蕉键"。弯曲键的电子云偏向于环平面外侧，重叠很少，导致键能很小，因而环丙烷的稳定性很低，具有很强的开环反应倾向。

通常认为环丁烷具有平面结构，但环丁烷的稳定构象是接近平面的折叠式或蝶式结构。因此，环丁烷的 C—C 键也是弯曲键，但电子云的重叠程度好于环丙烷，键能有所提高，稳定性大于环丙烷。另外，受几何构型的限制，C—H 键重叠式构象引起的扭转张力降低了环丁烷的稳定性。因此，环丁烷也具有较高的开环反应倾向。

环戊烷的稳定构象是微扭曲的信封式结构，键角接近于 109.5°，角张力很小，扭转张力适中。环己烷的稳定构象是椅式结构，键角为 109.5°，任意两个氢原子的间距均大于范德华半径之和，没有任何扭转张力。环庚烷和环辛烷的稳定构象均为船式结构，键角接近109.5°，几乎没有角张力；但二者均存在 C—H 键重叠式构象引起的扭转张力，类似于环戊烷，其分子张力都比较小。

环张力很大　　无环张力　　　　　　　环张力很小

在热力学上，人们用环烷烃和直链烷烃的燃烧热差值来研究环烷烃的环张力能。环张力是每一个亚甲基的张力与组成环的亚甲基数目的乘积。张力以内能的形式储存在环内，开环聚合时张力消失，以聚合热的形式释放出来，聚合热就等于张力能，实测的聚合热与张力能的计算值相近。表 9-1 给出了环烷烃的开环聚合热力学数据。表 9-1 的数据表明，多数开环聚合是焓减（放热）过程。环丙烷和环丁烷的环张力很大，开环聚合热很高；环己烷没有张力，因而没有聚合倾向；环戊烷和 7～12 元环的环烷烃张力很小，开环聚合热较低，实际难以开环聚合。

表 9-1　环烷烃及其开环聚合的热力学参数（25℃）

环烷烃$(CH_2)_n$ 的 n 值	CH_2 燃烧热 /(kJ/mol)	CH_2 张力 /(kJ/mol)	张力能 /(kJ/mol)	聚合热$-\Delta H$ /(kJ/mol)	聚合熵$-\Delta S$ /(J/mol·K)	聚合自由能 $-\Delta G$/(kJ/mol)
3	697.6	38.6	115.8	113.0	69.1	92.5
4	686.7	27.7	110.8	105.1	55.4	90.0
5	664.5	5.5	27.5	21.2	42.7	9.2
6	659.0	0	0	−2.9	10.5	−5.9

环烷烃$(CH_2)_n$ 的 n 值	CH_2 燃烧热 /(kJ/mol)	CH_2 张力 /(kJ/mol)	张力能 /(kJ/mol)	聚合热$-\Delta H$ /(kJ/mol)	聚合熵$-\Delta S$ /(J/mol·K)	聚合自由能 $-\Delta G$/(kJ/mol)
7	662.8	3.8	26.6	21.8	15.9	16.3
8	664.1	5.1	40.6	34.8	3.3	34.3
9	664.9	5.9	53.1	46.9		
10	664.1	5.1	51.0	48.2		
11	663.2	4.2	46.2	45.2		
12	660.3	1.3	15.6	14.2		

仅凭张力能或聚合热来评价环烷烃的聚合活性似乎失之偏颇。根据热力学原理，开环聚合能否进行的热力学判据是聚合自由能变化为负值，即 $\Delta G < 0$。聚合过程的自由能变化可由热力学公式 $\Delta G = \Delta H - T\Delta S$ 求得。开环聚合多为放热和熵减过程，但聚合熵的数值较小，起决定作用的仍然是聚合热。

环丙烷和环丁烷的张力能和聚合热都很大，易于开环聚合，ΔH 成为 ΔG 的决定因素。环戊烷的张力能和聚合热大小适中，此时聚合熵（$-\Delta S$）对自由能变化ΔG 起重要作用，导致 ΔG 变得很小，开环聚合不易进行。环己烷结构舒展，没有角张力和扭转张力，聚合自由能变化$\Delta G > 0$，不能聚合。$7\sim12$ 元环的环烷烃只存在扭转张力，张力能和聚合放热较小，而聚合熵又为负值，导致 ΔG 稍小于 0，开环聚合不易进行。碳环数大于 12 的环烷烃没有环张力，$\Delta H \cong 0$，$\Delta G > 0$，开环聚合不能进行。

9.2.2 取代基对开环聚合能力的影响

环状化合物的取代基的位阻效应不利于开环聚合。线形聚合物的 1,3-取代基呈平行状态，可能存在空间排斥力（b 或 c），内能较高。与此相反，环状分子的 1,3-取代基呈非平行状态（a），存在一定夹角，距离较远，即环状分子起到舒缓空间位阻的作用，内能较低。这类环状分子的开环自由能 $\Delta G > 0$，不能发生开环聚合。例如，四氢呋喃能聚合，但 2-甲基四氢呋喃却不能聚合。

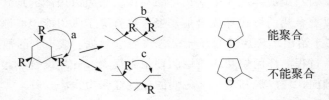

小侧基环状低聚物的 1,3-取代基也接近平行状态，与线形聚合物类似，二者的分子内斥力大致相近，聚合热约为 0，此时聚合熵起决定作用，即熵增过程可顺利进行，而熵减过程则不能发生。大环单体的情况与环状低聚物类似。

聚合体系的熵可分为平动熵和构象熵，随着聚合反应的进行，体系中分子数目逐渐减少，平动熵降低；同时聚合物分子量增大，构象异构体的数目迅速增大，因而构象熵逐渐增大。溶液聚合体系的分子数目庞大，平动熵变占主导地位；本体聚合体系的分子数目随聚合反应的进行迅速减少，构象熵变可能大于平动熵变。随着温度的升高，σ 键旋转运动加快，聚合物链的构象数目激增，$T\Delta S$ 迅速增大，ΔG 逐渐变为负值。

小环单体的溶液聚合既是焓减也是熵减过程，但由于 ΔS 较小，$-T\Delta S$ 可忽略，ΔH 仍起决定作用，反应温度对开环聚合的影响较小。与此相反，环状低聚物和大环单体几乎没有环张力，ΔH 接近于 0，开环聚合只能按熵增的方式进行。环状低聚物和大环单体的分子量比较大，本体聚合体系中又没有溶剂分子，因而平动熵变相对较小，构象熵变占主导地位，开环聚合是熵增过程，升高温度有利于聚合。

9.2.3 杂原子对开环聚合能力的影响

在环烷烃中引入杂原子或基团，可形成环醚、环酯和环酰胺等杂环化合物。碳-杂原子的键长与碳-碳键长有偏差，相应键角也会偏离 109.5°，导致杂环单体的结构发生扭曲，环张力和开环反应活性增加。另外，杂原子带有孤对电子，呈 Lewis 碱性，可为引发剂提供进攻位点，因而杂环单体常具有更高的开环聚合活性。例如，虽然五元环化合物存在环张力，似乎应该具有开环倾向，但环戊烷缺少反应位点，受动力学因素的控制，难以发生开环聚合；醚键可提供反应位点，因而五元环的四氢呋喃可进行阳离子开环聚合。

杂环单体的开环聚合活性与杂原子的性质和数目密切相关。例如，分别含有 1 个和 2 个氧原子的四氢吡喃和 1,4-二氧六环的键角均接近 109.5°，具有类似于环己烷稳定椅式构象的舒展结构，热力学稳定性好，不能发生开环聚合；三氧六环的 $\angle OCO$ 为 111.6°，偏离正常键角较多，存在环张力，同时醚键可作为引发剂进攻的反应位点，容易发生阳离子开环聚合。

表 9-2 列出了各种环醚和环缩醛的聚合焓（$-\Delta H$）和聚合熵（$-\Delta S$）。三元和四元环醚的环张力很大，其聚合焓与烯类单体接近，但明显高于羰基的聚合焓。较大的环醚单体环张力较小，聚合焓则比烯类单体小得多。

环醚和环缩醛的聚合焓与根据环大小作为相对稳定性的次序很接近。三元和四元环醚的聚合焓最大、放热最多，五元和七元环醚的聚合放热量明显减小，八元环醚的聚合放热量有所增加，其后十一元环醚的聚合放热量再度降低。三聚甲醛是唯一能聚合的六元环醚单体，其聚合焓略大于 0。环上取代基减小环醚单体的聚合倾向，但氧杂环丁烷是个例外。

表 9-2　环醚和环缩醛的聚合焓（$-\Delta H$）与聚合熵（$-\Delta S$）

环醚单体	环的大小	$-\Delta H/(\text{kJ/mol})$	$-\Delta S/[\text{J/(mol·K)}]$
环氧乙烷	3	94.5	174
氧杂环丁烷	4	81.0	—
3,3-双（氯甲基）氧杂环丁烷	4	84.5	83.0
四氢呋喃	5	15.0	49.0
1,3-二氧环戊烷	5	17.6	47.7
4-甲基-1,3-二氧环戊烷	5	13.4	53.1
三聚甲醛/三氧六环	6	4.5	18.0
1,3-二氧环庚烷	7	15.1	48.1
2-甲基-1,3-二氧环庚烷	7	8.8	37.2
1,3-二氧环辛烷	8	18.3	—
1,3,6-三氧环辛烷	8	13.0	21.3
2-正丁基-1,3,6-三氧环辛烷	8	7.9	16.3
1,3,6,9-四氧环十一烷	11	8.0	6.2

9.3 环醚的阴离子开环聚合

环醚又称为环氧烷烃，无取代基的三、四、五元环醚分别称为环氧乙烷、氧杂环丁烷和四氢呋喃，其聚合活性依次递减。二氧五环和三氧六环也能开环聚合，但后者列为缩醛类单体，将另作讨论。六元环的四氢吡喃和1,4-二氧六环完全呈惰性，不能发生开环聚合。

如前所述，取代基能提高环状化合物的稳定性，降低开环聚合活性。因此，取代的五元环醚和缩醛单体难以用来制备高分子量聚合物。例如，3-甲基四氢呋喃和4-乙基-1,3-二氧六环的开环聚合活性很低，只能得到低聚物。

环醚可看作是一种 Lewis 碱，碱基可与阳离子结合，活化单体。普通环醚单体，如氧杂环丁烷和四氢呋喃，可进行阳离子开环聚合，但很难进行阴离子聚合和配位聚合。然而，三元环醚的环张力很大，开环反应活性很高，可进行阴离子聚合。由于三元环醚阳离子聚合的链转移副反应严重，所以工业上多采用阴离子聚合。

9.3.1 环氧乙烷阴离子开环聚合的机理和动力学

环氧乙烷（ethylene oxide，EO）和环氧丙烷（propylene oxide，PO）是开环聚合的常用三元环醚单体，环氧氯丙烷和氧杂环丁烷多用作共聚单体，环氧氯丙烷更多用作合成环氧树脂的原料。

$$
\begin{array}{cccc}
H_2C\!\!-\!\!CH_2 & H_2C\!\!-\!\!CHCH_3 & H_2C\!\!-\!\!CHC_2H_5 & H_2C\!\!-\!\!CHCH_2Cl \\
\diagdown\!O\!\diagup & \diagdown\!O\!\diagup & \diagdown\!O\!\diagup & \diagdown\!O\!\diagup \\
\text{环氧乙烷} & \text{环氧丙烷} & \text{环氧丁烷} & \text{环氧氯丙烷}
\end{array}
$$

三元环醚张力大，热力学上有很强的开环倾向。同时，C—O 键是极性共价键，富电子的氧原子易受到阳离子进攻，缺电子的碳原子易受到阴离子进攻，因此，阳离子、阴离子和中性有机 Lewis 碱甚至水均能使 C—O 键断裂开环。在动力学上，三元环醚也极易开环聚合。

环氧乙烷开环聚合的产物是线形聚醚，分子量可达 $30 \sim 40 kDa$。经碱土金属氧化物引发聚合或配位聚合，聚醚分子量甚至可高达百万。聚环氧乙烷柔性大、强度低，主要用来合成聚醚二元醇和非离子型表面活性剂。

环氧烷烃开环聚合常用的阴离子引发剂包括碱金属的烷氧化物（如醇钠）、氢氧化物、氨基化物、有机金属化合物及碱土金属氧化物等。

环氧乙烷是高活性单体，低活性甲醇钠可顺利引发其聚合。本节以此为例，来讨论环氧烷烃的阴离子开环聚合机理。甲醇与氢氧化钠反应，加热、减压脱水，形成甲醇钠。由甲氧基阴离子（CH_3O^-）或醇钠离子对（$CH_3O^- Na^+$）来引发环氧乙烷的开环聚合。聚合反应过程如下：

链引发
$$CH_3O^- Na^+ + \underset{\diagdown O \diagup}{H_2C\!\!-\!\!CH_2} \xrightarrow{k_i} CH_3OCH_2CH_2O^- Na^+$$

链增长
$$CH_3OCH_2CH_2O^- Na^+ + n\,M \xrightarrow{k_p} CH_3O\!\!\left[\!CH_2CH_2O\!\right]_n\!CH_2CH_2O^- Na^+$$

链终止 $\quad CH_3O\left[CH_2CH_2O\right]_n CH_2CH_2O^- Na^+ \xrightarrow[k_t]{H^+} CH_3O\left[CH_2CH_2O\right]_{n+1}H + Na^+$

这一开环聚合体系按活性阴离子聚合方式进行，即只由链引发和链增长两步基元反应组成，很难发生链终止。如果要结束聚合，需要人为加入草酸和磷酸等质子酸终止剂，使链增长活性种失活。如果不加终止剂而另加环氧丙烷，PEO 活性链可引发 PO 聚合，生成两亲性的嵌段共聚醚（PEO-b-PPO），可用作表面活性剂。

环氧乙烷开环聚合属于双分子亲核取代反应（S_N2），聚合速率（R_p）与单体浓度（[M]）、引发剂浓度（[C]=[CH_3ONa]）成正比，与苯乙烯的阴离子活性聚合相似。

$$R_p = -\frac{d[M]}{dt} = k_p[C][M] \tag{9-1}$$

$$\overline{X}_n = \frac{[M]_0 - [M]}{[C]} \tag{9-2}$$

环氧乙烷的阴离子开环聚合虽有活性聚合特征，即聚合物分子量和单体转化率均随时间逐步增大，但反应较慢，速率常数接近于缩合聚合，具有逐步聚合的动力学特征。

以乙二醇盐为引发剂，环氧乙烷的开环聚合产物为聚醚二元醇 $HO\left(CH_2CH_2O\right)_n H$，数均分子量可控制在 0.2～5kDa，主要用于合成聚氨酯。如果将环氧乙烷与环氧丙烷共聚，可制得无规共聚醚二元醇。如果以甘油或季戊四醇作为起始剂，由环氧丙烷开环聚合，可制得三官能度或四官能度的聚醚多元醇。由此可见，通过分子设计就可以由环氧烷烃开环（共）聚合，生产多种聚醚产品。

9.3.2 聚醚型表面活性剂的合成原理

聚醚型表面活性剂分子由疏水端基和亲水的环氧乙烷聚醚链段组成。疏水端基由特定的起始剂来提供。起始剂（RXH）和环氧乙烷聚合生成聚醚表面活性剂的通式如下：

$$RXH + n\,EO \xrightarrow[(2)酸]{(1)碱} RX\left(CH_2CH_2O\right)_n H$$

起始剂中的 R 是烃基，X 是连接原子（如 O、S 和 N），H 是活泼氢。以 OP-10 [$C_8H_{17}C_6H_4O(CH_2CH_2O)_{10}H$] 为例，叔辛基酚起始剂所提供端基的分子量为 189，10 个环氧乙烷单元的分子量为 440，属于低聚物，端基所占比例不能忽略。

OP-10

改变疏水基 R、连接原子 X、聚合度三个变量，可衍生出成千上万种表面活性剂产品。起始剂种类很多，如脂肪醇（ROH）、烷基酚（RC_6H_4OH）、脂肪酸（RCOOH）、脂肪胺（RNH_2）等，可形成多种系列的聚醚型表面活性剂。

环氧丙烷低聚物具有亲水性，但聚合度大于 15 的聚环氧丙烷变为疏水聚合物。因此，可利用环氧乙烷与环氧丙烷合成两亲性嵌段共聚物，获得特定的大分子表面活性剂。

聚醚型表面活性剂的合成原理也遵循环氧乙烷活性阴离子聚合的一般规律。先将起始剂转换成钠盐，然后引发环氧乙烷聚合，最后用磷酸等终止反应，可通过控制投料比定制所需分子量的表面活性剂。这种方法需要大量的碱和酸，成本相对较高。

为了节约成本，工业生产使用少量钠盐引发剂和大量起始剂。酸性起始剂起链转移剂的作用，即在烷氧阴离子活性种引发环氧乙烷聚合的同时，也存在脂肪醇与活性种的快速交换反应。

$$\sim\sim CH_2O^-Na^+ + RXH \Longrightarrow \sim\sim CH_2OH + RX^-Na^+$$

链增长活性种与起始剂的交换反应形成新的引发活性种，可引发环氧单体聚合。在此过程中，聚合速率并不发生明显变化，但使原来的活性链终止，导致聚合物分子量降低。因此，数均聚合度应为：

$$\overline{X}_n = \frac{[M]_0 - [M]}{[C] + [RXH]} \tag{9-3}$$

如果起始剂为脂肪醇，链交换前后，链末端均为醇钠。两者活性相当，平衡常数 $K = 1$，两类活性种并存。烷基酚、脂肪酸、硫醇等起始剂 RXH 的酸性远强于醇，此时平衡常数 $K > 1$，平衡很快向右移动。

$$RO^-Na^+ + RXH \xrightarrow{k_{tr}} ROH + RX^-Na^+$$

$$RX^-Na^+ + M \xrightarrow{k_i} RXCH_2CH_2O^-Na^+$$

$$RXCH_2CH_2O^-Na^+ + ROH \Longrightarrow RO^-Na^+ + RXCH_2CH_2OH$$

$$RO^-Na^+ + M \xrightarrow{k_i} ROCH_2CH_2O^-Na^+$$

$$RXCH_2CH_2O^-Na^+ + n\,M \xrightarrow{k_p} \sim\sim CH_2CH_2O^-Na^+$$

在上述反应中，链交换速率快于链引发（$k_{tr} > k_i$），链引发稍快于链增长（$k_i \geqslant k_p$）。引发剂醇盐先与 RXH 交换形成 RX^-，当醇盐全部转化为 RX^- 后，才开始同步链引发，并形成单环氧加成物 $RXCH_2CH_2O^-$。此时，体系中同时存在烷氧阴离子和醇 ROH，活性种的交换反应优先进行。由于链交换反应快于链增长，聚合产物分子量分布很窄，反映出快引发、慢增长的活性阴离子聚合特征。在聚醚型表面活性剂合成过程中，链交换反应是重要的基元反应。

综上所述，用酸性较强的脂肪酸或烷基酚作起始剂时，链交换反应总是向酸性较弱的生成物方向移动。起始剂酸性和引发剂活性不同，链引发、链增长、链交换反应的相对速率也有差异，最终会影响到聚合速率和聚合物分子量。

9.3.3　环氧丙烷阴离子开环聚合的机理和动力学

环氧丙烷阴离子开环聚合的机理与环氧乙烷有些差异，反映在开环方式和链转移上。环氧丙烷结构不对称，存在两种开环方式，其中 β-C(CH$_2$) 的空间位阻较小，容易受到亲核负离子的进攻，使 β-C—O 键（1）成为主要开环反应位点。

$$\underset{(1)(2)}{\text{RO}^-\text{Na}^+ + \text{H}_2\text{C}\underset{\overset{\displaystyle\diagdown\diagup}{O}}{\text{———}}\text{CHCH}_3} \longrightarrow \underset{(主)}{\text{ROCH}_2\overset{\overset{\displaystyle\text{CH}_3}{|}}{\text{CHO}}^-\text{Na}^+} + \underset{(副)}{\text{ROCHCH}_2\text{O}^-\text{Na}^+\overset{\overset{\displaystyle\text{CH}_3}{|}}{}}$$

　　环氧乙烷阴离子聚合物的分子量很容易达到 $30\sim40\text{kDa}$，而环氧丙烷开环聚合物的分子量仅为 $3.0\sim4.0\text{kDa}$，原因是环氧丙烷分子中甲基上的氢原子容易被活性链夺取而发生链转移，转移后形成的单体活性种很快转变成烯丙醇钠离子对，可继续引发聚合，但分子量降低。

$$\overset{\overset{}{|}}{\underset{\text{CH}_3}{\sim\sim\sim\text{CH}_2\text{CHO}^-\text{Na}^+}} + \text{M} \xrightarrow{k_{\text{tr,M}}} \underset{\text{CH}_3}{\sim\sim\sim\text{CH}_2\text{CHOH}} + \underset{O}{\diagdown\diagup}\text{CH}_2^-\text{Na}^+ \xrightarrow{\text{快}}$$

$$\text{CH}_2{=}\text{CHCH}_2\text{O}^-\text{Na}^+ \xrightarrow[k_p]{n\,\text{M}} \underset{\text{CH}_3}{\sim\sim\sim\text{CH}_2\text{CHO}^-\text{Na}^+}$$

　　向单体链转移时，聚环氧丙烷的聚合度可作如下动力学处理。当转移速率很快时，单体消耗速率为链增长速率和链转移速率之和。

$$-\frac{\text{d[M]}}{\text{d}t} = (k_p + k_{\text{tr,M}})[\text{C}][\text{M}] \tag{9-4}$$

　　因为聚合无终止，聚合物仅由链转移生成，所以聚合物的生成速率为：

$$\frac{\text{d[N]}}{\text{d}t} = k_{\text{tr,M}}[\text{C}][\text{M}] \tag{9-5}$$

　　将式（9-5）式（9-4）相除，积分得：

$$[\text{N}] = [\text{N}]_0 + \frac{C_\text{M}}{1+C_\text{M}}([\text{M}]_0 - [\text{M}]) \tag{9-6}$$

　　式中，$C_\text{M} = k_{\text{tr,M}}/k_p$；$[\text{N}]_0$ 是没有链转移时的聚合物浓度。

　　有、无链转移时的平均聚合度分别为：

$$\overline{X}_\text{n} = \frac{[\text{M}]_0 - [\text{M}]}{[\text{N}]} \tag{9-7}$$

$$(\overline{X}_\text{n})_0 = \frac{[\text{M}]_0 - [\text{M}]}{[\text{N}]_0} \tag{9-8}$$

　　联立式（9-6）、式（9-7）和式（9-8），得平均聚合度与链转移常数之间的关系式：

$$\frac{1}{\overline{X}_\text{n}} = \frac{1}{(\overline{X}_\text{n})_0} + \frac{C_\text{M}}{1+C_\text{M}} \tag{9-9}$$

　　以 $1/\overline{X}_\text{n}$ 对 $1/(\overline{X}_\text{n})_0$ 作图，得一条直线，由直线的截距可求得 C_M 值。用甲醇钠分别在 70℃ 和 93℃ 下引发环氧丙烷聚合，C_M 值分别为 0.013 和 0.027，比一般单体的 C_M 值大 $2\sim3$ 个数量级，致使聚环氧丙烷的数均分子量为 $3.0\sim4.0\text{kDa}$。

引发剂不同，聚醚的分子量不同，材料性能和用途也不相同。较高分子量的聚醚二元醇用于合成软泡聚氨酯，常用于制作床垫及沙发、家具、汽车坐垫等；较低分子量的聚醚二元醇用于合成硬泡聚氨酯，常用于制作冰箱等保冷设备；分子量适中的聚醚二元醇用于合成聚氨酯弹性体，主要用于制作跑道、涂料、黏合剂和密封剂等。根据实际用途，三种聚醚二元醇分别称为软泡聚醚、硬泡聚醚和弹性体聚醚。

9.4 环醚的阳离子开环聚合

除三元环醚外，能开环聚合的环醚还有氧杂环丁烷、四氢呋喃和二氧五环等。七元和八元环醚存在环张力，有开环聚合活性，但研究的较少。六元环的四氢吡喃和二氧六环均不能开环聚合。环醚的开环活性次序为：环氧乙烷＞氧杂环丁烷＞四氢呋喃＞七元环醚。

氧杂环丁烷　　3,3-双(氯甲基)　　四氢呋喃　　二氧五环
　　　　　　　氧杂环丁烷

热力学研究表明，三元环醚的环张力很大，开环的焓变很大（$\Delta H \ll 0$），导致自由能变化也很大（$\Delta G \ll 0$），容易聚合；五元和七元环醚的环张力较小，虽然开环的焓变较小，熵减的幅度也比较小，根据热力学公式 $\Delta G = \Delta H - T\Delta S$，自由能变化仍然小于 0，因此能发生开环聚合。

四元和五元环醚的环张力比较小，阴离子不足以进攻正电荷密度较低的碳原子，而阳离子能进攻负电荷密度较高的氧原子，形成氧鎓离子来活化醚键，随后诱导 C—O 键断裂，引发开环聚合。

环醚的阳离子开环聚合常在较高温度下进行，此时线形聚醚容易解聚成环状低聚物，构成线-环平衡，保持熵增过程，以使 $\Delta G \leqslant 0$。因此，环醚的阳离子聚合不仅无法使单体完全转化，而且聚合产物中还含有少量结构稳定的环状低聚物，这是杂环单体阳离子开环聚合的普遍现象。

9.4.1 氧杂环丁烷和四氢呋喃的阳离子开环聚合

在 0℃ 或较低温度下，含有微量水的氧杂环丁烷可用 BF$_3$ 或 PF$_5$ 等强 Lewis 酸引发开环聚合，生成线形聚醚。聚合机理与"质子给体/强 Lewis 酸"引发富电子烯类单体的阳离子聚合相似。首先水分子与强 Lewis 酸反应，生成阴阳离子对 H$^+$[B(OH)F$_3$]$^\ominus$ 或 H$^+$[P(OH)F$_5$]$^\ominus$，随后质子与环醚的氧原子结合，醚键被活化，最后另一个环醚分子的 O 进攻 α-C 原子，发生开环聚合。类似地，也可以用质子给体/强 Lewis 酸引发双（氯甲基）氧杂环丁烷的阳离子开环聚合，生成高分子量线形聚合物。

氧杂环丁烷的制备成本较高，聚合物材料的性能特点不突出，应用受限。与此相反，双（氯甲基）氧杂环丁烷的开环聚合物俗称氯化聚醚，是一种结晶性高分子，熔点高达

177℃，力学强度比氟树脂好，吸水性低，耐化学药品，尺寸稳定性好，电性能优良，可用作工程塑料。

氯化聚醚可制作防辐射板，阻隔射线辐射，防紫外线，防海水侵蚀；纺制特种纤维，用于编制渔网，其抗拉强度是尼龙丝的 6 倍，使用寿命是尼龙丝的 10 倍，耐紫外线和海水中次氯酸的腐蚀，耐老化和耐高温性能均高于尼龙；经吹塑和双轴拉伸制成薄膜，可用于仪器仪表、隔膜阀、密封膜、离子膜、烧碱工业电解槽等；制作特种涂料，耐化学腐蚀，喷涂后与金属表面黏结效果好，可用于船体、舰艇外表面、海港、水坝坝体、沿海防潮坝、核电站设施、油田大型储罐、大型反应釜等的内部喷涂。

四氢呋喃是五元环醚，环张力小，反应活性低，开环聚合对引发剂和单体纯度都有更高要求，PF_5 和 SbF_5 均可与微量水组成引发体系，也可用 $[Ph_3C]^{\oplus}[SbCl_6]^{-}$ 阴阳离子对直接引发聚合。在 30℃用 PF_5 引发含有微量水的四氢呋喃聚合 6h，生成分子量约 300kDa 的聚醚，T_m 为 45℃。如果选用 Lewis 酸性较低的五氯化锑，聚合速率和聚合物分子量均比较低。

相对而言，Lewis 酸与阳离子给体形成的离子对仍然不够活泼，直接用于引发四氢呋喃开环的速率较慢，因而常加入少量环氧乙烷作为活化剂。

聚四氢呋喃（polytetrahydrofuran，PTHF）主要用作嵌段聚氨酯或嵌段聚醚酯的软段。由平均分子量 1.0kDa 的 PTHF 合成的聚氨酯橡胶可用作轮胎、传动带、垫圈等，也可用于合成涂料、人造革、薄膜等。平均分子量 2.0kDa 的 PTHF 可用于制作聚氨酯弹性纤维，俗称氨纶。

9.4.2　环醚的阳离子开环聚合机理

有些环醚的阳离子开环聚合具有活性聚合特性，如活性种寿命长、分子量分布窄、链引发速率比链增长速率快，但往往伴有链转移和解聚反应，使分子量分布变宽，也有链终止反应存在。下面结合四元和五元环醚阳离子开环聚合，讨论各基元反应的特征。

（1）链引发与单体活化

可用于引发四元和五元环醚阳离子开环聚合的引发剂包括强质子酸、强固体酸和质子给体/强 Lewis 酸等。浓硫酸、三氟乙酸、氟磺酸、三氟甲基磺酸是常用的强质子酸，BF_3、PF_5、$SnCl_4$、$SbCl_5$ 是常用的强 Lewis 酸，通常与微量水构成复合引发体系。其中，水分子是质子给体，Lewis 酸是活化剂或催化剂。

环醚阳离子开环聚合的活性种是氧鎓离子或其离子对。类似于碳阳离子或离子对，仲氧鎓离子的稳定性小于叔氧鎓离子，导致仲氧鎓离子的形成速率较慢。质子或其离子对引发环醚开环先形成仲氧鎓离子，随后 α-C 原子受到环醚 O 的进攻而开环，才形成叔氧鎓离子，因而存在诱导期。

环氧乙烷的环张力很大，质子化环氧乙烷非常活泼，容易发生阳离子开环，与四氢呋喃结合直接形成叔氧鎓离子，从而缩短或消除诱导期。因此，环氧乙烷常用作四氢呋喃开环聚合的活化剂。

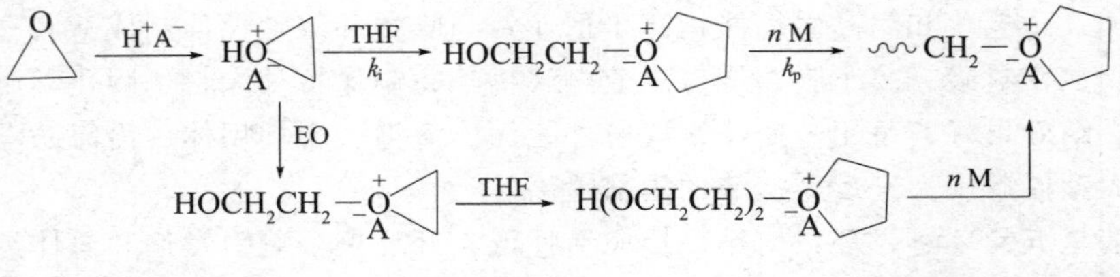

可用三乙基氧鎓离子的氟硼酸盐（$Et_3O^+[BF_4]^-$）直接引发四氢呋喃和氧杂环丁烷的开环聚合，生成高分子量聚醚，进一步证实了叔氧鎓离子是环醚阳离子开环聚合的链增长活性种。

（2）链增长

链增长活性种氧鎓离子带正电荷，使 O 的吸电子能力增强，C—O 键电子云集中在 O 附近，因而 α-C 也带有部分正电荷，有利于环醚单体中 O 对 α-C 的亲核进攻而发生开环，并形成新的氧鎓离子。以 3,3-双（氯甲基）氧杂环丁烷为例，链增长反应如下。

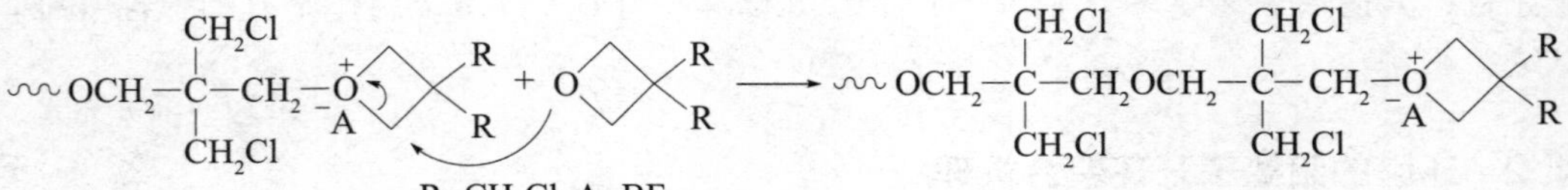

链增长是典型的双分子亲核取代反应，即遵循 S_N2 机理。

（3）链终止

强亲核性的反离子可与活性种结合，使链增长反应发生终止。例如，用三氟化硼催化含微量水氧杂环丁烷的开环聚合，配位反离子有分解成氢氧根和三氟化硼的倾向，氢氧根的亲核性较强，可与氧鎓离子反应，生成羟端基。

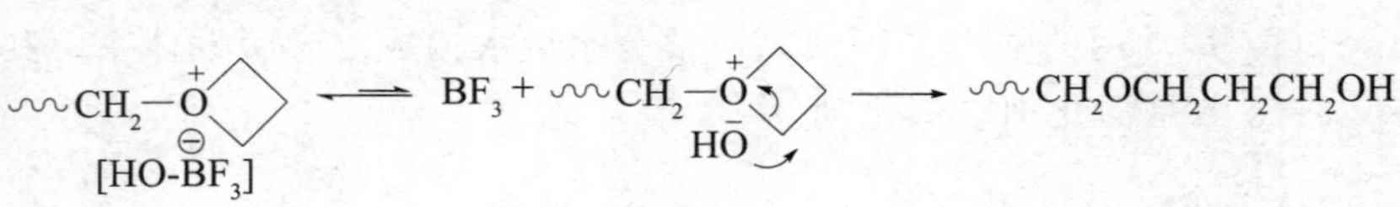

（4）链转移和解聚

链转移与链增长是一对竞争反应，当链增长较慢时，链转移更容易显现出来。大分子链中的氧原子也可亲核进攻活性链端的 α-碳原子，即增长链氧鎓离子与大分子链中醚氧进行分子间的烷基交换而发生链转移。链转移结果使聚合物的分子量分布变宽。

$$\sim\sim (CH_2)_4\overset{+}{\underset{A^-}{O}} + O\begin{matrix}(CH_2)_4\sim\sim\\(CH_2)_4\end{matrix} \longrightarrow \sim\sim(CH_2)_4-O(CH_2)_4\overset{+}{\underset{A^-}{O}}\begin{matrix}(CH_2)_4\sim\sim\\(CH_2)_4\end{matrix} \xrightarrow{THF}$$

$$\sim\sim(CH_2)_4-O(CH_2)_4-O(CH_2)_4\sim\sim + \sim\sim(CH)_4-\overset{+}{\underset{A^-}{O}}$$

环醚的线形聚合物也可发生分子内"回咬链转移（backbiting chain transfer）"，解聚成环状低聚物，与开环聚合构成平衡，"回咬"在 1~4 单元处均有可能，形成多种环状低聚物的混合物。例如，聚环氧乙烷的解聚产物是二聚体 1,4-二氧六环，有时可高达 80%。

$$\sim\sim CH_2CH_2O-CH_2CH_2-\overset{+}{\underset{A^-}{O}} \longrightarrow \sim\sim CH_2CH_2-\overset{+}{\underset{A^-}{O}} \bigcirc O \longrightarrow \sim\sim CH_2CH_2-\overset{+}{\underset{A^-}{O}} + O\bigcirc O$$

环醚的亲核性随着环的增大而降低，因而与环氧乙烷相比，聚氧杂环丁烷解聚成环状低聚物明显要少一些，四氢呋喃则更少。在氧杂环丁烷的开环聚合过程中，环状低聚物以四聚体为主，还有少量三聚体、五到九聚体，但没有二聚体。在四氢呋喃的开环聚合过程中，二到八聚体都有，也以四聚体为主。

碳阳离子给体与 Lewis 酸结合，也能形成环醚阳离子开环聚合的引发活性种。例如，卤代烃或酰卤与 Lewis 酸反应，分别生成碳阳离子和酰基阳离子。另外，磺酸酯受热分解也产生碳阳离子，能用于引发环醚单体的阳离子开环聚合。阳离子的形成反应如下所示。

$$Ph_3CCl + AgSbF_6 \longrightarrow Ph_3C^{\oplus}[SbF_6]^- + AgCl$$

$$PhCOCl + SbCl_5 \longrightarrow PhCO^{\oplus}[SbCl_6]^-$$

$$CF_3SO_3R \longrightarrow R^{\oplus}[CF_3SO_3]^-$$

大位阻碳阳离子，如三苯甲基阳离子，直接进攻氧原子有困难，但可夺取 α-H，形成大位阻的三苯甲烷和环醚碳阳离子，而后引发阳离子聚合。例如，二氧五环的阳离子开环聚合可按下式进行。

$$Ph_3C^{\oplus}A^- + O\bigcirc O \longrightarrow Ph_3CH + \overset{A^-}{O\overset{\oplus}{\bigcirc}O} \xrightarrow{nM} \sim\sim OCH_2CH_2OCH_2OH$$

式中，A^- 是反离子，如 $[B(C_6F_5)_4]^-$。

9.4.3　环醚阳离子开环聚合的动力学

环醚阳离子开环聚合与烯类单体的阳离子聚合有相似之处，但环醚单体不能完全转化，存在开环聚合与解聚的动态平衡。因此，不能简单套用烯类单体的阳离子聚合动力学方程。

无链终止但存在链增长-解聚平衡的开环聚合可用下述反应式来描述。

$$M_n^* + M \underset{k_{dp}}{\overset{k_p}{\rightleftharpoons}} M_{n+1}^*$$

聚合速率可以表示为链增长速率和解聚速率之差。

$$R_p = -\frac{d[M]}{dt} = k_p[M^*][M] - k_{dp}[M^*] \tag{9-10}$$

当聚合达到平衡时，聚合速率为 0，此时：

$$k_p[M]_c = k_{dp} \qquad (9\text{-}11)$$

式中，$[M]_c$ 是平衡单体浓度。

将式（9-11）代入式（9-10），可得平衡聚合的速率方程：

$$-\frac{d[M]}{dt} = k_p[M^*]([M]-[M]_c) \qquad (9\text{-}12)$$

将式（9-12）积分得到单体转化率与时间的线性关系式：

$$\ln\left(\frac{[M]_0-[M]_c}{[M]-[M]_c}\right) = k_p[M^*]t \qquad (9\text{-}13)$$

式中，$[M]_0$ 是起始单体浓度。在 25℃用 $Ph_2CH^{\oplus}SbF_6^{-}$ 引发四氢呋喃开环聚合时，按式（9-13）将单体转化率对反应时间作图，得到一条通过原点的直线（图 9-1）。

将式（9-13）左边的数据对时间作图得一直线，直线的斜率即为 $k_p[M^*]$。如果没有链转移反应，链增长活性种 $[M^*]$ 应等于聚合物的摩尔浓度，因而就很容易求得链增长速率常数。聚合速率可通过式（9-10）求得，$[M]_c$ 可根据聚合速率对起始单体浓度作图，从直线的截距求得，如图 9-2 所示。

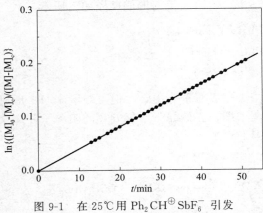

图 9-1　在 25℃用 $Ph_2CH^{\oplus}SbF_6^{-}$ 引发四氢呋喃开环聚合的动力学

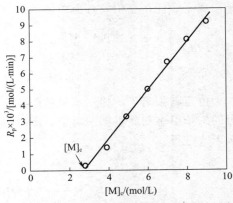

图 9-2　在 0℃的二氯乙烷中用 $Et_3O^+BF_4^-$ 引发四氢呋喃开环聚合的平衡浓度测定

环醚阳离子聚合速率常数与逐步聚合的相应常数十分接近。例如，环氧乙烷、氧杂环丁烷、四氢呋喃、1,3-二氧环庚烷和 1,3,6-三氧环辛烷的 k_p 值在 $10^{-1} \sim 10^{-3}\, L/(mol \cdot s)$。该数值与醇酸聚酯化的 k_p 值很接近，但远小于各种连锁聚合的 k_p 值。典型阳离子开环聚合的链增长活性中心浓度为 $10^{-2} \sim 10^{-3}\, mol/L$，与烯类单体阳离子聚合的链增长中心浓度相近。研究四氢呋喃在不同溶剂中，如 CCl_4、CH_2Cl_2 和 CH_3NO_2，进行的开环聚合时，发现离子对和自由离子的增长速率常数 $k_p^{\pm}$ 和 k_p^+ 值均相同，这与烯类单体的阳离子聚合有很大差别。

如果没有链转移，不同分子量聚合物的分子数目应为引发剂的分解数目，即

$$[N] = [I]_0 - [I]_c \qquad (9\text{-}14)$$

引发单体聚合的量应为起始单体浓度与平衡单体浓度的差值，即

$$[M]=[M]_0-[M]_c \tag{9-15}$$

式（9-15）和式（9-14）两式相除，即可得到平衡聚合的数均聚合度。

$$\overline{X}_n=\frac{[M]}{[N]}=\frac{[M]_0-[M]_c}{[I]_0-[I]_c} \tag{9-16}$$

对于环醚的阳离子平衡聚合，单体不能完全转化，存在平衡单体浓度 $[M]_c$。通常环醚阳离子聚合引发活性种的结构和链增长活性种有差异，因而引发剂是否能够完全分解，并不完全决定于单体结构，活化剂或助催化剂、溶剂极性和反应温度也有较大影响。

温度对环醚聚合速率和聚合度的影响随反应体系而变化。提高反应温度使聚合速率增大，即链增长的活化能 $E(R_p)$ 是正值，通常在 $20\sim80kJ/mol$ 范围内。例如，环氧氯丙烷、氧杂环丁烷、THF、二氧五环、氧杂环庚烷和 1,3-二氧环庚烷的 $E(R_p)$ 值分别为 $25kJ/mol$、$47kJ/mol$、$61kJ/mol$、$49kJ/mol$、$75kJ/mol$ 和 $86kJ/mol$。与烯类单体的阳离子聚合相似，环醚阳离子开环聚合的活化能随反应条件变化而变化。主要影响因素包括溶剂和反离子结构等。

温度对聚合度的影响较为复杂。对于大多数聚合反应来说，提高反应温度导致聚合物分子量下降，这是链转移和链终止反应速率增大的结果。在微量水存在下，用三氟化硼引发氧杂环丁烷聚合，温度对聚合的影响见表 9-3。随反应温度升高，聚合物分子量减小，源于分子内链转移反应增加。这可从环四聚体的含量随温度升高而增多得到证实。

表 9-3　温度对氧杂环丁烷聚合的影响

温度/℃	聚合物特性黏数/（dl/g）	单体极限转化率/%	聚合物中四聚体比例/%
−80	2.9	95	4
0	2.1	94	10
50	1.3	64	66
100	1.1	62	62

表 9-3 的数据表明，氧杂环丁烷聚合的单体极限转化率随温度升高而降低。这一现象在其他环醚的阳离子聚合中也可观察到。随着温度升高，链增长-解聚平衡要向左移动，即平衡单体浓度增大。图 9-3 是苯胺重氮盐（$PhN_2^+PF_6^-$）引发四氢呋喃聚合，反应温度和平衡单体浓度之间的关系。

从本质上讲，平衡单体浓度对应着聚合体系的热力学平衡点，即自由能变化为 0（$\Delta G=0$）的位点，此时 $\Delta H=T\Delta S$。聚合热随温度变化不大，可视为只依赖于环醚结构的常数。因此，在保持平衡状态的条件下，熵变随温度升高而降低。假定平动熵占主导地位，聚合熵随体系分子数目或浓度（$[M]_0-[M]_c$）的减小而降低，因而 $[M]_c$ 随温度升高而增大。

环醚阳离子聚合的链终止和链转移受温度的影响较大。如图 9-4 所示，在温度低于 −5℃时，聚合物分子量随温度升高而增大，而温度高于 −5℃后，聚合物分子量却随温度升高而迅速下降。在低温区 BF_3 与微量水结合，形成离子对 $H^+[B(OH)F_3]^-$ 引发聚合，阳离子与阴离子结合比较紧密，几乎不发生链终止反应，因而聚合物分子量随温度升高而增大。当体系升温至临界温度（−5℃）后，反离子发生解离，生成 BF_3 和 OH^-，后者可与

链增长活性中心结合，即发生链终止反应。由于链增长-解离平衡随温度升高而向右移动，链终止反应速率加快，同时链转移反应也加剧，因而聚合物分子量随温度升高而降低。

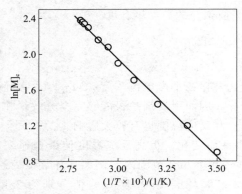

图 9-3 $PhN_2^+PF_6^-$ 引发四氢呋喃
聚合时平衡单体浓度对温度的依赖关系

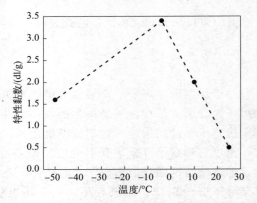

图 9-4 H_2O/BF_3 引发四氢呋喃聚合中
温度对聚合物分子量的影响

9.4.4 羰基化合物和三氧六环的阳离子开环聚合

（1）羰基化合物的阳离子开环聚合

理论上讲，类似于 C═C 双键，C═O 双键也能发生加成聚合。依此推论，醛和酮都能发生聚合，生成碳氧交替的杂链聚合物。然而，由于空间位阻和动力学等原因，只有甲醛可聚合成高分子量聚合物。

羰基化合物中的 C═O 双键经极化后，π 键有异裂倾向，产生正负电荷两个中心，不利于自由基聚合，而适合于离子聚合，聚合物主链上的每个碳原子均连接两个烷氧基，故称为聚缩醛。

$$n \ \overset{R'}{\underset{R}{C{=}O}} \longrightarrow \text{\small∼∼∼} \overset{R'}{\underset{R}{\underset{|}{\overset{|}{C}}}}{-}O{-}\left(\overset{R'}{\underset{R}{\underset{|}{\overset{|}{C}}}}{-}O\right){-}\overset{R'}{\underset{R}{\underset{|}{\overset{|}{C}}}}{-}O\text{\small∼∼∼}$$

当 R＝R′＝H 时，上式就成为了甲醛的聚合。实际上，羰基化合物也只有甲醛才用于聚合。乙醛分子中的甲基有位阻效应，聚合热较低，仅为 29kJ/mol，聚合上限温度也很低，仅为 −31℃。除位阻增大之外，乙醛聚合活性低于甲醛的另一个原因是甲基与羰基可形成 σ-π 超共轭效应，提高了乙醛的稳定性，降低了聚合热。乙醛需要采用高活性的阳离子或阴离子引发剂，在较低温度下才勉强聚合，产物分子量也不高。

（2）三氧六环（三聚甲醛）的阳离子开环聚合

虽然甲醛可进行阳离子聚合，但甲醛精制困难，工业上往往先预聚成三聚甲醛，又称为三氧六环，精制后，再经阳离子开环聚合，生成聚甲醛。类似地，二氧五环（乙二醇缩甲醛）、1,3-二氧七环（丁二醇缩甲醛）、1,3-二氧八环（戊二醇缩甲醛）也能阳离子开环聚合。

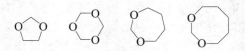

类似于四元和五元环醚的阳离子聚合，可用超强质子酸或质子给体/强 Lewis 酸引发三氧六环等多元环醚的开环聚合。下面以微量水/BF_3 体系为例，讨论三氧六环的阳离子开环聚合。

引发反应是 H^+A^- 离子对与三氧六环反应，先形成氧鎓离子，而后开环转化为较稳定的碳阳离子；碳阳离子成为增长活性种，三氧六环就在离子对 $CH_2^{\oplus}A^-$ 之间插入链增长。碳阳离子得以稳定的原因是氧原子与碳阳离子间存在共轭效应，正电荷并不完全集中在碳原子上，而是分布在氧原子和碳原子之间。

$$\sim\!\!\sim OCH_2O-\overset{\oplus}{C}H_2 \rightleftharpoons \sim\!\!\sim OCH_2\overset{\oplus}{O}=CH_2$$

三氧六环开环聚合时，发现有聚甲醛-甲醛平衡或链增长与解聚平衡的现象，诱导期就相当于产生平衡甲醛的时间。如果预先加入适量甲醛，则可消除诱导期。聚合结束后，这种平衡仍然存在。如果排出甲醛，将使聚甲醛不断解聚。

$$\sim\!\!\sim OCH_2O\overset{\oplus}{C}H_2 \rightleftharpoons \sim\!\!\sim O\overset{\oplus}{C}H_2 + CH_2O$$

聚甲醛有显著的解聚倾向，受热时，往往从链末端开始，发生"解拉锁"式解聚。改进方法有如下两种。

① 利用乙酸酐对聚合物进行封端，这是防止聚甲醛从链末端开始解聚的重要措施。这一类产物称作均聚甲醛。

$$\sim\!\!\sim OCH_2OCH_2OH + Ac_2O \longrightarrow CH_3COO[(CH_2O)_3]_nCH_2OCOCH_3 + CH_3CO_2H$$

② 将三氧六环与少量二氧五环共聚，在聚甲醛主链中引入—CH_2CH_2O—链节，即使聚甲醛受热从链末端开始解聚，也就到此而停止，阻断解聚反应。这类聚合产物则称为共聚甲醛。

$$\sim\!\!\sim (CH_2O)_n-CH_2CH_2O-(CH_2O)_xCH_2OH \longrightarrow \sim\!\!\sim (CH_2O)_n-CH_2CH_2OH + (x+1)\,CH_2O$$

由三氧六环合成均聚甲醛或共聚甲醛，都可以选用溶液聚合或本体聚合。均聚甲醛的密度大，熔点高，机械强度高，而其他性能如热稳定性、对酸和碱的稳定性则均比共聚甲醛差。

聚甲醛具有良好的物理和机械性能，是一种工程塑料，可代替金属与合金，在汽车、机床、化工、电气、仪表、农机等行业应用广泛。一般可用作轴承、弹簧、凸轮、辊子、齿轮、阀门上的螺母、垫圈、法兰、球头碗、垫片、汽车仪表板、汽化器，各种外壳、罩盖、箱体泵叶轮、鼓风机、叶片、配电盘、运输箱、管道以及农药喷雾器等化工容器、农用药械和喷灌设备的零部件。另外，作为食品及医药工业方面输送带以及手柄，录音带盒、卡式录音机组件等家用电器零配件，可广泛代替有色金属黄铜、铝、锌及铸铁等。

9.5 环酯的开环聚合

脂肪族聚酯具有良好的生物可降解性和生物相容性，是性能优异的环境友好材料和生物医用材料。酸催化缩聚是脂肪族聚酯的传统合成方法，但耗能高、速度慢、难以获得高分子量聚合物。环酯单体的开环聚合是合成脂肪族聚酯的节能方法，可获得结构多样的聚酯材料，应用广泛。

环酯单体包括环内酯、环交酯以及环碳酸酯。环酯单体可阴离子、阳离子和配位聚合，生成脂肪族聚酯。常见的环内酯单体包括 β-丙内酯、β-丁内酯、γ-丁内酯、δ-戊内酯、ε-己内酯和 ω-十五内酯等，环交酯单体主要包括乙交酯、丙交酯和 β-丁交酯等，环碳酸酯单体主要是环碳酸丙二酯。

β-丁内酯　γ-丁内酯　δ-戊内酯　ε-己内酯　　ω-十五内酯

乙交酯　　丙交酯　　环碳酸丙二酯　　β-丁交酯

环酯的聚合能力与环的大小密切相关。四元环的 β-丙内酯和 β-丁内酯的环张力大，聚合活性很高。γ-丁内酯的环张力很小，不易聚合，但 γ-丁硫内酯却容易聚合。最近的研究表明，使用稀土催化剂或环状膦腈碱可在低温下引发 γ-丁内酯的开环聚合，生成高分子量聚合物。δ-戊内酯和 ε-己内酯存在环张力，均可顺利开环聚合。ω-十五内酯没有环张力，难以发生焓驱动的溶液聚合，但可在高温本体条件下，发生熵驱动的开环聚合，生成高分子量的聚合物。

虽然乙交酯、丙交酯和环碳酸丙二酯均为六元环，但仍存在环张力，可发生开环聚合，活性次序为：乙交酯＞丙交酯＞环碳酸丙二酯。八元环的 β-丁交酯环张力较小，在稀土配合物的催化下可开环聚合，合成高分子量聚酯。

9.5.1　环酯的阳离子开环聚合

类似于环醚的阳离子聚合，在微量水等质子给体的存在下，可用 $AlCl_3$、$ZnCl_2$、$SnCl_4$、$SbCl_5$ 和 $BF_3 \cdot OEt_2$ 等强 Lewis 酸催化引发环酯单体的开环聚合，聚合按连锁方式进行。以 $SnCl_4$ 催化引发 ε-己内酯（CL）的开环聚合为例，各基元反应如下。

链引发　$H_2O + SnCl_4 \longrightarrow H^+[Sn(OH)Cl_4]^{\ominus}$　$A = [Sn(OH)Cl_4]$

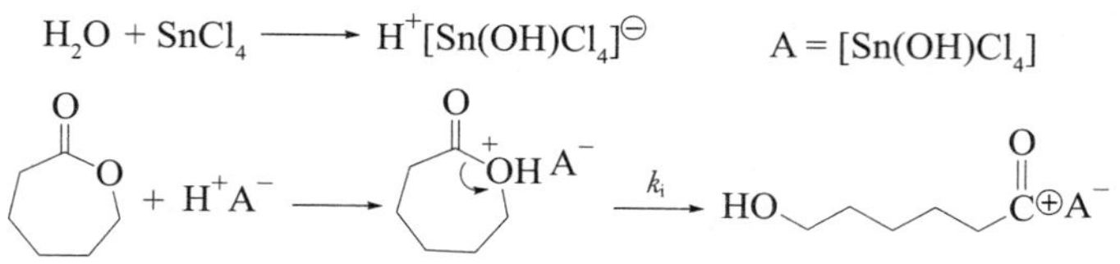

首先 Lewis 酸活化水分子，生成质子和复合酸根组成的离子对，随后质子与烷氧基快速结合，形成氧鎓离子，酯键被活化，接下来氧鎓离子与羰基之间的 C—O 键发生断裂，生成线形的酰基阳离子，完成链引发。

链增长

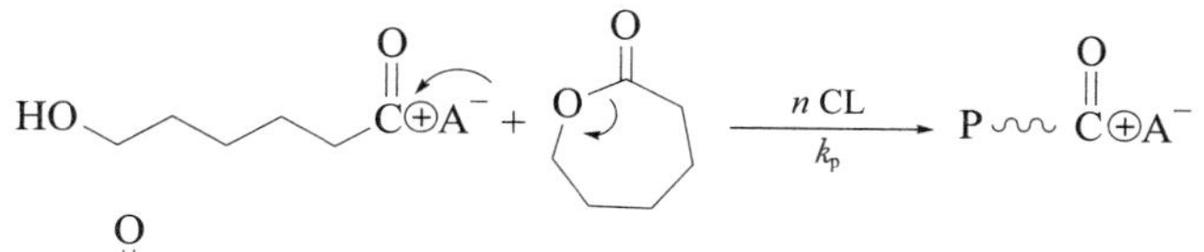

链终止

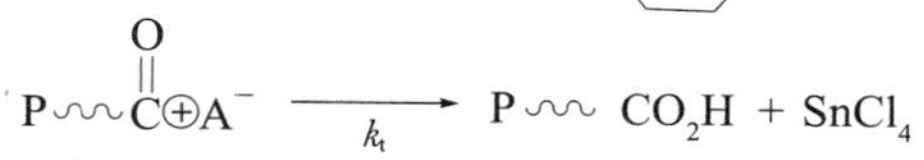

链增长反应类似于链引发，链增长活性种是酰基阳离子，对单体呈一级动力学。受控于传质速率，链增长稍慢于链引发。复合酸根可分解为 Lewis 酸和 OH^-，后者可与酰基阳离子结合，发生链终止反应，生成端羧基聚合物。

链转移

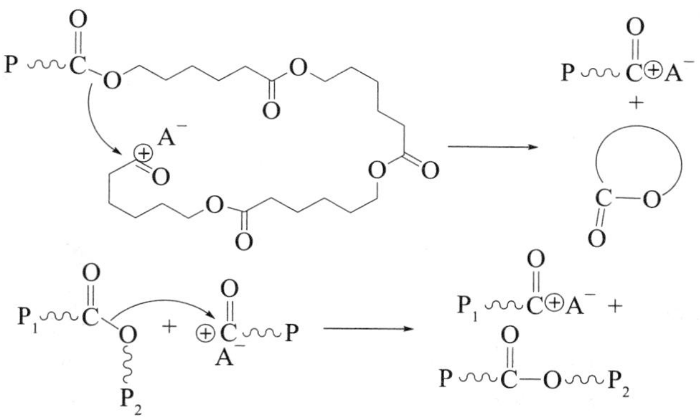

不同于四氢呋喃等环醚的阳离子聚合，环酯的阳离子聚合存在严重的链转移反应。一种链转移是聚酯活性链的分子内"回咬"酯交换反应，生成环状低聚物和分子量较低的活性链；另一种是聚酯分子间的酯交换反应。

9.5.2　环酯的阴离子开环聚合

亲核加成-消去（nucleophilic addition-elimination）反应是酯羰基的特征反应，受环张力的影响，环酯单体的羰基更容易发生该类反应，因而大多数环酯单体均可发生阴离子开环聚合。类似于环氧化物的开环聚合，环酯的阴离子开环聚合常用醇盐和胺基化物作为引发剂。以醇钠引发 ε-己内酯的开环聚合为例，各种基元反应如下。

链引发 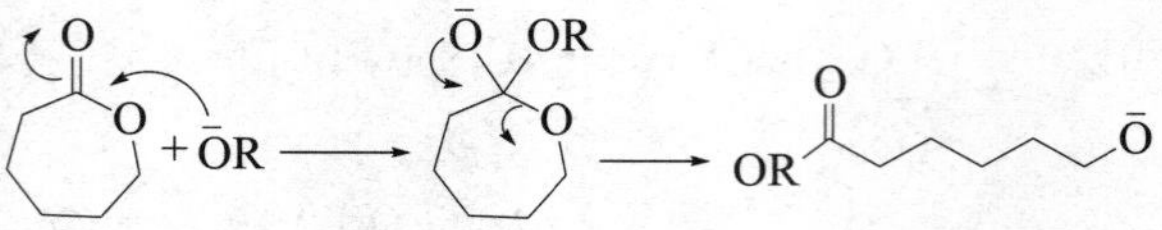

链增长 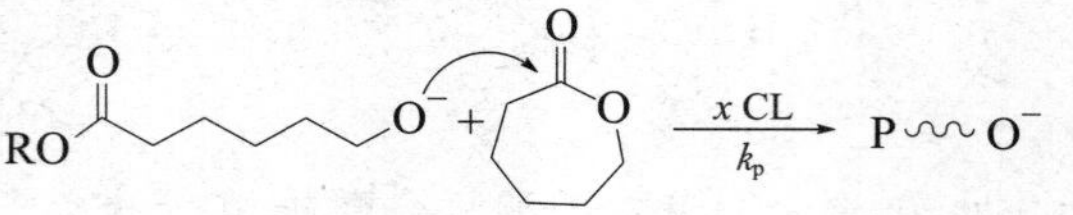

链终止 $P\sim O^- + ROH \xrightarrow{k_t} P\sim -OH + R\bar{O}$

链转移 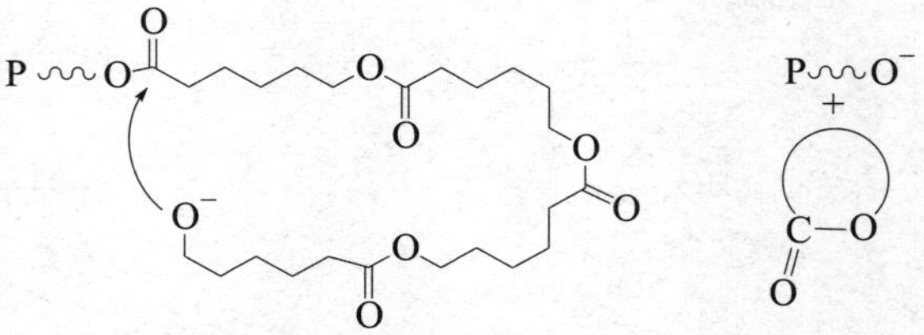

环酯单体阴离子开环聚合的链增长活性种是烷氧阴离子，其亲核性很强，除进攻环酯单体的羰基外，还会进攻聚酯链的羰基，发生严重的分子内和分子间酯交换反应。分子内的“回咬”酯交换降低了聚合物的分子量，因而阴离子聚合很难用于合成高分子量聚酯。

叔胺类化合物的氮原子带有未成键的孤对电子，不仅可以和质子结合，也能和缺电子原子配位，是典型的 Lewis 碱，常称作有机超碱（organic superbase）。有机 Lewis 碱还包括叔膦、膦腈碱和 *N*-杂环卡宾等。常见的电中性有机 Lewis 碱如下：

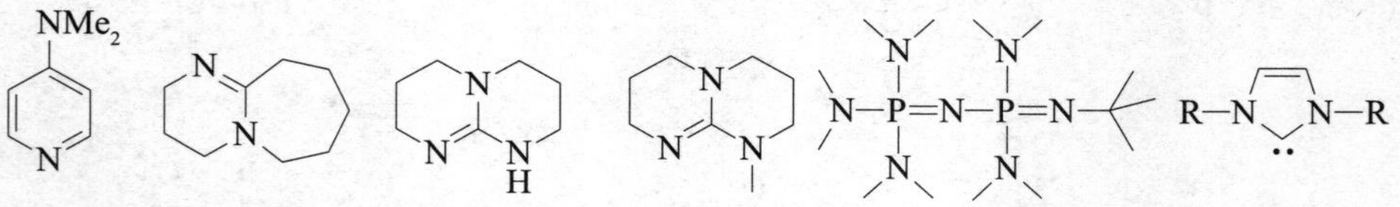

DMAP　DBU　TBD　MTBD　P_2-*t*Bu　NHC

类似于烷氧阴离子，有机 Lewis 碱也具有很强的亲核性，可与酯羰基发生亲核加成-消去反应，引发环酯单体的阴离子开环聚合。下面以丙交酯（LA）的开环聚合为例进行讨论。在甲苯等非极性或弱极性溶剂中，首先有机碱基与环酯的羰基进行亲核加成，生成四面体中间体，随后 C—O 键快速断裂，生成两亲性的环状内盐离子对，完成链引发反应。

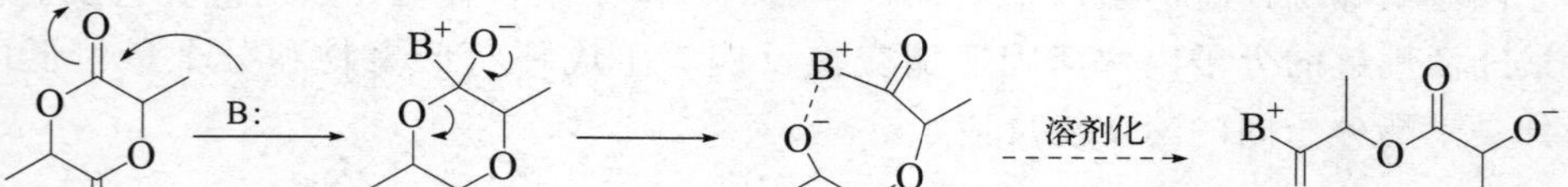

(B: = 有机碱)　非极性介质中　极性介质中

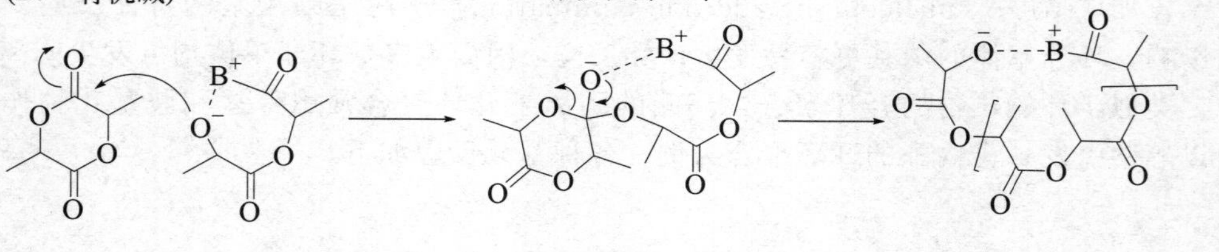

环状内盐离子之间只存在弱相互作用，负离子一端仍具有亲核性，可进攻环酯单体的酯羰基，发生亲核加成-消去反应，进行链增长。不同于醇盐负离子引发聚合的情况，在非极性溶剂中有机 Lewis 碱引发聚合的活性种始终是环状的内盐离子对，其活性明显低于烷氧负离子，因而不会发生链转移或酯交换副反应。聚合结束后，用氯化氢的乙醚溶液处理反应物，可得到环形聚合物；如果用盐酸/乙醇混合物处理，则得到线形聚酯。

(B: =有机碱)

如果在强极性溶剂中，用有机 Lewis 碱引发环酯单体的开环聚合，产物是线形聚合物。因为极性溶剂的溶剂化作用很强，能破坏阴阳离子对的弱相互作用，链增长活性种不能以环状的内盐离子对形式存在，主要是线形离子对，此种情况类似于普通的阴离子聚合，存在酯交换副反应。

9.5.3 Lewis Pair 催化开环聚合

有机 Lewis 碱的亲核性明显低于烷氧阴离子，导致环酯单体开环聚合速率较慢。为了提高聚合速率，可以添加等量的 Lewis 酸，如 $Zn(C_6F_5)_2$，活化环酯单体的羰基。然而，在聚合反应过程中，除活化单体的羰基外，Lewis 酸仍与 Lewis 碱之间存在较强相互作用，形成 Lewis 酸碱对（Lewis Pair）。

Lewis 酸与 Lewis 碱之间的相互作用强度、酸碱强度和空间位阻有关，低空间位阻的 Lewis 酸和 Lewis 碱之间倾向于形成经典酸碱对（classical Lewis pair，CLP），如 DMAP 和 $Zn(C_6F_5)_2$；当二者之间存在较大空间位阻时，则倾向于形成受阻酸碱对（frustrated Lewis pair，FLP），如 MTBD 与 $Zn(C_6F_5)_2$。无论是 CLP 还是 FLP，在较高温度下，均会转变为松散酸碱对（loose pair）。

环酯单体的羰基 O 将与松散酸碱对的酸基配位，从而活化羰基，同时松散酸碱对的碱基进攻环酯的羰基，通过亲核加成-消去反应，形成环状的两性离子对活性种。这个过程相当于松散酸碱对插入至环酯的酯键中，完成链引发。随后环形两性离子对活性种不断进攻环酯单体，发生链增长。在聚合体系中不存在游离的阴、阳离子，因而不会发生酯交换副反应。聚合反应结束后，用氯化氢的乙醚溶液处理反应液将得到环形聚合物；如果用 HCl/EtOH 处理聚合液，则得到线形聚合物。

理论计算和实验证明了 Lewis Pair 催化环酯开环聚合的"环状两性离子对机理"。①增大溶剂的极性可显著提高聚合速率，说明 Lewis Pair 引发环酯开环聚合具有离子聚合特征；②不加质子酸或水终止剂，用乙醚沉淀分离反应物，聚合物完全呈环状结构；③环形聚合物的分子量与原料配比和单体转化率成正比；④聚合物的分子量分布较窄，与单体转化率无关；⑤丙交酯（LA）或 ε-己内酯（CL）转化完全后，加入另一种环酯单体，生成结构明确的两嵌段环形共聚酯（PLA-b-PCL）。

LA 和 CL 等小环单体的开环聚合是焓驱动反应。ω-十五内酯（PDL）等大环内酯几乎没有环张力，开环反应的焓变接近于零（$\Delta H \approx 0$），开环聚合能否发生决定于熵变 ΔS，只有熵增大（$\Delta S > 0$）时，才能使自由能减小（$\Delta G < 0$）。

环酯开环聚合的熵变等于平动熵与构象熵之和，前者与体系中分子数目有关，而后者与聚合物链的构象数目有关。随着开环聚合的进行，分子数目减少，平动熵减小，聚合物构象数目随分子量增大而激增，构象熵增大。对大环内酯的溶液聚合而言，随着开环聚合的进行，平动熵减高于构象熵增，总聚合熵减小，对开环聚合不利；对高浓溶液或本体聚合而言，随着反应的进行，平动熵减远低于构象熵增。因此，ω-PDL 的开环聚合需要在高浓度或本体条件下进行。然而，提高聚合温度也会增加链转移副反应。

根据 ZnR_2/Lewis 碱催化体系的特点，可用 Lewis pair 催化 ω-PDL 的开环反应形成环状活性种，由于 2 个链末端之间存在强相互作用，烷氧基链末端受限，进攻聚合物链段间酯羰基或回咬进攻聚合物链内酯羰基非常困难，能有效抑制酯交换副反应。基于这一原理，可用 ZnR_2（R＝C_6F_5，C_6H_5，C_2H_5）与 DMAP 或 DBU 等有机超碱组成 Lewis pair，催化 ω-PDL 的开环聚合。当反应体系中没有醇类引发剂时，ω-PDL 的开环聚合遵循"环状两性离子对"机理，聚合终止后生成环状的聚十五内酯（c-PPDL）。单体完全转化后，继续延长反应时间，聚合物的分子量及其分布不发生明显变化，表明聚合过程不存在酯交换副反应。在优化条件下，很容易合成分子量高于 100kDa 的环状 PPDL。另外，利用次序加料法还可以合成结构明确的环状两嵌段共聚酯 c-Poly(PDL-b-CL)，所得聚合物的结构与加料次序无关，进一步证明了 ZnR$_2$/有机碱催化体系可以消除酯交换副反应。

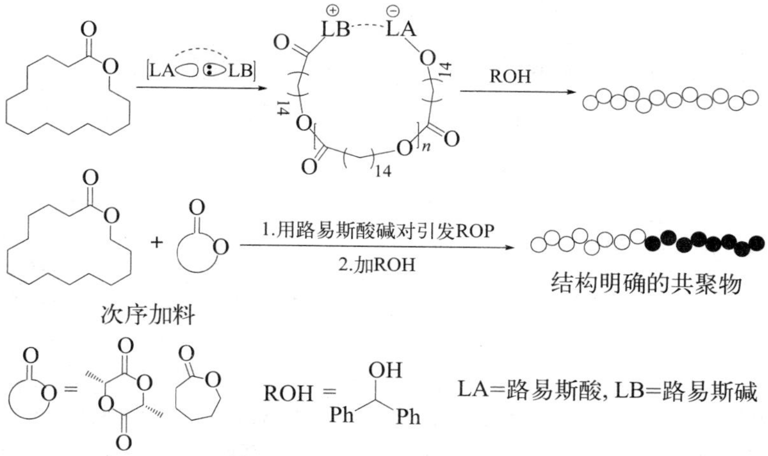

次序加料

ROH =

LA=路易斯酸, LB=路易斯碱

结构明确的共聚物

9.5.4　配位开环聚合

含有烷氧基的铝（Ⅲ）、锌（Ⅱ）和锡（Ⅱ）等缺电子配合物（LMOR）具有弱 Lewis 酸性，它们可与环酯单体配位形成配合物。在环酯单体羰基被活化的同时，M—OR 键也被拉长弱化，随后烷氧基脱离金属进攻被活化的羰基，同时酰氧键断裂，烷氧负离子与金属结合，形成新的配合物，完成链引发。

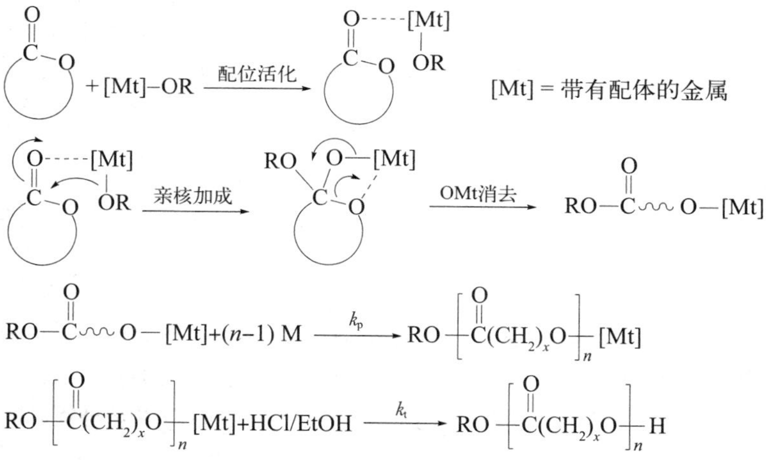

[Mt] = 带有配体的金属

在环酯单体的配位开环聚合中，烷氧基金属配合物有三个作用：①通过配位反应活化环酯单体的羰基；②束缚烷氧基团，降低其反应活性，使 ROP 平稳进行；③有效抑制酯交换副反应，提高聚合物的分子量。

在环酯开环聚合过程中，配位聚合与阴离子聚合的链引发和链增长均通过"亲核加成-RO 基消去"反应，但二者存在明显差别。阴离子聚合的引发剂为"自由阴离子"，反应活性很高，容易发生酯交换副反应；而配位聚合的烷氧阴离子受到中心金属的束缚，反应活性适中，酯交换反应能得到有效抑制。

烯烃配位聚合催化剂的中心金属常以 d^2sp^3 杂化轨道催化烯键的"配位-插入"反应，而环酯的 ROP 催化剂则常采用 sp^3d^2 杂化轨道催化"配位-亲核加成-消去"反应。后者的电子不饱和度低、轨道能量高，不能与烯烃配位，催化烯烃和双烯烃的配位聚合，但可与高 Lewis 碱性的羰基配位，催化环酯的 ROP。例如，双水杨醛亚胺四齿配体与三价铝配位形成 Salen 铝催化剂，配位成键占用 4 个 d^2sp^3 轨道，烷氧基（—OR）与铝成键占用 1 个 d^2sp^3 轨道，剩余 1 个空轨道可与环酯单体的裸露羰基配位，引发环酯的 ROP 反应。

　　锌和锡的 3d 轨道已充满电子，只能由 4s、4p 和能量较高的 4d 轨道杂化，形成八面体构型的 sp^3d^2 杂化轨道，与螯合配体反应，形成带有烷氧基和空位的配合物，引发环酯单体的 ROP 反应。与此不同，铁的 3d 轨道只含 6 个电子，可腾出 2 个 3d 空轨道，因而铁能形成能量较低的 d^2sp^3 杂化轨道，形成带有烷氧基和空位的八面体配合物，引发环酯的 ROP 反应，但活性不高。

　　乙交酯、丙交酯、δ-戊内酯和 ε-己内酯等环酯单体均可发生配位开环聚合，生成高分子量的脂肪族聚酯。聚合反应活性和速率受控于环酯单体的环张力和催化剂结构，前者是热力学因素，后者是动力学因素。热力学因素决定环酯单体能否开环聚合，动力学因素决定聚合反应速率和适宜的反应条件。

　　前面述及，γ-丁内酯（γ-BL）的环张力很小，很难开环聚合。理论研究表明，γ-BL 的聚合焓仅为 $-5.4kJ/mol$，聚合熵约为 $-39.6\ J/(mol\cdot K)$，当单体浓度为 $1.0mol/L$ 时，聚合上限温度（T_c）仅为 -136℃。使用高活性的稀土配合物，可催化 γ-BL 的高效配位开环聚合。

　　有机镧配合物遇到醇引发剂，迅速发生复分解反应，生成带有烷氧基团和空位的催化剂 [La]—OR 和弱碱性的硅胺 $HN(SiMe_3)_2$，随后前者引发 γ-BL 的开环聚合。使用钇配合物的情况与此相似，形成催化剂 [Y]—OR 的同时，伴生惰性的四甲基硅烷，对开环聚合反应的影响很小。

　　γ-BL 的开环聚合在浓溶液中进行，需及时结晶或沉淀分离出聚合物，打破环酯的聚合和解聚平衡，使其向链增长方向移动，能高效合成高分子量的聚酯材料。控制反应温度为 -40℃、γ-BL 起始浓度为 $10mol/L$，用有机镧和有机钇催化剂，环酯单体转化率可达 90%，聚合物的数均分子量可达 300kDa。

　　不同于离子聚合，环酯单体的配位聚合可能具有立构选择性，取决于环酯单体和催化剂的结构。类似于丙烯的立构选择性聚合，丙交酯的选择性聚合也包括"链末端控制"和"活性中心控制"两种机理。手性催化剂或外消旋催化剂可引发外消旋丙交酯（D-LA/L-LA 混合物）的选择性聚合。例如，Salen-Al 引发 D-LA/L-LA 混合物的开环聚合时，催化活性中心的手性环境能区分 D-LA 和 L-LA，并优先引发一种手性单体聚合，理论上只生成一种等规聚丙交酯。在实际聚合过程中，一旦出现手性单体的“错误”插入，催化活性中心的手性环境会发生反转，重新选择另一种手性单体聚合，从而生成立体多嵌段聚合物 ［P(D-LA)-*b*-P(L-LA)］$_x$。

外消旋丙交酯   等规聚丙交酯

工业上用异辛酸亚锡催化 ε-己内酯和丙交酯的配位开环聚合，生产高分子量的聚 ε-己内酯和聚乳酸。这两种脂肪族聚酯均具有优异的力学性能和生物降解特性，是重要的环境友好高分子材料。

9.6 环酰胺及含氮杂环的开环聚合

能开环聚合的含氮杂环单体种类较多，主要包括内酰胺、内氨酯、*N*-羧基内酸酐、噁唑啉和氮丙啶等。内酰胺既可阴离子聚合，也可阳离子聚合；内氨酯的开环聚合类似于环酯；*N*-羧基内酸酐可阴离子聚合；噁唑啉和氮丙啶只能阳离子聚合。

内酰胺   *N*-羧基内酸酐   内胺酯   噁唑啉   氮丙啶

许多内酰胺，从丙内酰胺到十二内酰胺都能开环聚合，其聚合活性与环的大小有关，次序大致为：4＞5＞7＞8、6＞12。酰胺基和亚甲基比值不同，聚内酰胺的性能差异很大，例如，聚丙内酰胺，又称聚酰胺-3(尼龙-3)，性能类似于多肽酶；聚十二内酰胺，又称聚酰胺-12(尼龙-12)，性能接近于聚乙烯。

工业上应用最多的环酰胺单体首推 ε-己内酰胺，其次是 ω-十二内酰胺，下面着重介绍 ε-己内酰胺的聚合机理。ε-己内酰胺是七元杂环化合物，具有一定环张力，在热力学上，有开环聚合的倾向，最终产物中线形聚合物与环状单体并存，构成线-环平衡，其中环状单体占 8%～10%。

ε-己内酰胺可用水、酸或碱来引发开环聚合，分别按逐步、阳离子和阴离子机理聚合。

① 水解聚合：工业上由 ε-己内酰胺合成尼龙-6 时，多采用水作引发剂，在 250～270℃ 的高温下进行连续聚合，包括逐步聚合和开环聚合两种机理。

② 阳离子聚合：可用质子酸或质子给体/Lewis 酸引发开环聚合，但伴有许多副反应，

单体转化率和分子量都不高，最高分子量为 $10\sim20$ kDa，工业上较少应用。

③ 阴离子聚合：主要用于模具内浇铸（mold casting，MC）成型，即以碱金属引发己内酰胺成预聚体，浇铸入模具内，继续聚合成整体铸件，制备大型机械零部件，成为工程塑料。

9.6.1 己内酰胺的水解聚合

在工业生产中，己内酰胺的水解聚合采用间歇法或连续法。通常在 $5\%\sim10\%$ 的水存在下，将单体在 $250\sim270$ ℃加热 $12\sim24$ 小时。用水引发的己内酰胺聚合包括水解、缩聚和开环聚合，具体如下。

在高温条件下，首先己内酰胺发生水解生成氨基酸，随后氨基酸发生缩聚反应生成尼龙低聚物。水解和缩聚对整个聚合速率的贡献较小，但氨基酸及其低聚物是引发剂，氨基可进攻己内酰胺的羰基，发生开环聚合反应。

己内酰胺转化为聚合物的总速率，比仅靠氨基酸自缩聚的聚合速率高 1 个以上数量级，后者仅占己内酰胺总聚合速率的百分之几，即开环聚合是形成聚酰胺的主要途径。开环聚合对己内酰胺、端氨基和端羧基均呈一级动力学，说明羧基对己内酰胺的活化非常重要。虽然己内酰胺的碱性较弱，质子化的己内酰胺浓度很低，但活性很高。

$$R_p = k_p[M][-NH_2][-COOH]$$

尽管氨基酸的自缩聚对内酰胺转化成聚合物的总转化率贡献不大，但它却决定着平衡聚合产物的最终聚合度，聚合度在很大程度上取决于聚合体系中水的浓度。为了得到高分子量的聚合物，需在转化率 $80\%\sim90\%$ 时将用作引发剂的水大部分除去，之后低分子量聚合物经过缩聚转化为高分子量聚合物。

9.6.2 己内酰胺的阴离子聚合

ε-己内酰胺的阴离子开环聚合可按活性聚合方式进行，但链引发和链增长均有其特殊性。

（1）链引发

环状单体内酰氨的 N—H 呈弱酸性，具有碱性和亲核性双重特性的阴离子不会直接进攻羰基引发开环，而是先与内酰胺的 N—H 进行中和反应，生成内酰胺负离子。通常用碱金属（Li、Na 和 K 等）或其衍生物（MOH、CH_3OM）等与己内酰胺反应，形成单体阴离子（Ⅰ）。

$$Mt= Li, Na, K$$
$$B=OH, OCH_3$$

选用氢氧化钠和甲醇钠等强碱，形成单体阴离子（Ⅰ）的过程是平衡反应，需减压排净副产物水或甲醇，而后才能进入真正的链引发阶段。

单体阴离子（Ⅰ）的 N 与环羰基形成很强的 p-π 共轭效应，亲核性较低；而单体的羰基与 N 之间也存在 p-π 共轭效应，不太缺电子，亲电性不强。因此，二者的反应速率较慢，导致开环聚合存在诱导期。相比于单体阴离子（Ⅰ），二聚体胺阴离子（Ⅱ）不存在共轭效应，反应活性很高。

（2）链增长

己内酰胺阴离子聚合的链增长要比经典活性阴离子聚合复杂得多。虽然二聚体胺阴离子（Ⅱ）无共轭效应、非常活泼，但仍不会直接进攻单体的羰基引发开环，而是先夺取内酰胺单体的质子，生成电中性的二聚体（Ⅲ），同时再生内酰胺阴离子（Ⅰ）。

二聚体（Ⅲ）是 N-酰化内酰胺，由于氮原子两侧的羰基都缺电子，环内羰基通过 p-π 共轭效应得到的额外电子补偿较少，因而环内羰基的碳原子带有部分正电荷，活性明显高于己内酰胺单体，很容易受到单体阴离子（Ⅰ）的进攻而发生开环反应，随后反应产物很快再与己内酰胺发生质子交换，再生成内酰胺阴离子（Ⅰ）和含有活性羰基的增长链，即活性增长链。

上述反应表明，己内酰胺开环聚合的活性中心不是阴离子，而是酰化的环酰胺。链增长反应不是单体加成到活性链上，而是低活性的单体阴离子加成到高活性的增长链上。不同于传统的阴离子聚合，这种开环聚合的链引发和链增长均包括开环和质子交换两步反应。己内酰胺的开环聚合速率与单体浓度无关，而与活化单体和内酰胺阴离子（Ⅰ）的浓度有关，即与引发剂碱性物质的浓度有关。

既然酰化的内酰胺为活性中心，则可采用酰氯、酸酐、异氰酸酯等酰化剂与单体反应，使己内酰胺先形成 N-酰化己内酰胺。把 N-酰化己内酰胺（酰化剂）加入到聚合体系中，可消除诱导期，加速开环聚合，缩短反应周期。目前工业上生产浇铸尼龙的配方中均加有酰化剂。

聚酰胺-6 用于制作各种高负荷的机械零件、电子电器开关等设备、建筑及结构材料、交通运输工具零件等；用于制造汽车零件，特别是要求高强度、耐高温的机械部件；大量用于纺织工业制造纤维；广泛用于制造机械零部件、齿轮、外壳、耐油容器、电缆护套等。

δ-戊内酰胺具有六元环结构，虽然只比己内酰胺少一个亚甲基，但它却不能用强碱引发开环聚合，原因是无法形成类似于（Ⅲ）的二聚体。为了使戊内酰胺顺利开环聚合，可添加少量 N-酰化戊内酰胺。引发反应包括单体阴离子与 N-酰化戊内酰胺的开环反应和开环阴离子与单体的快速交换反应，这种聚合反应没有诱导期。

其他内酰胺，包括 β-丙内酰胺、γ-丁内酰胺和 α-胺基 ε-己内酰胺等，均可采用强碱引发阴离子开环聚合，低活性单体聚合需加少量 N-酰化内酰胺活化剂。

9.6.3　氮丙啶的开环聚合

类似于环氧化合物和环硫化合物，氮丙啶也是很活泼的杂环单体。然而，不同于强吸电子的 O 和大体积的 S，N 的电负性小、可极化性低，导致氮丙啶很难发生阴离子开环反应。

N 的 Lewis 碱性强，容易与呈 Lewis 酸性的阳离子结合，从而活化 N—C 键，使其容易发生阳离子开环聚合，聚合产物称为聚乙烯亚胺（polyethyleneimine）。常用的阳离子引发剂包括强质子酸和质子给体/Lewis 酸体系，如硫酸、三氟乙酸、微量水/BF$_3$·Et$_2$O 等。聚合机理如下：

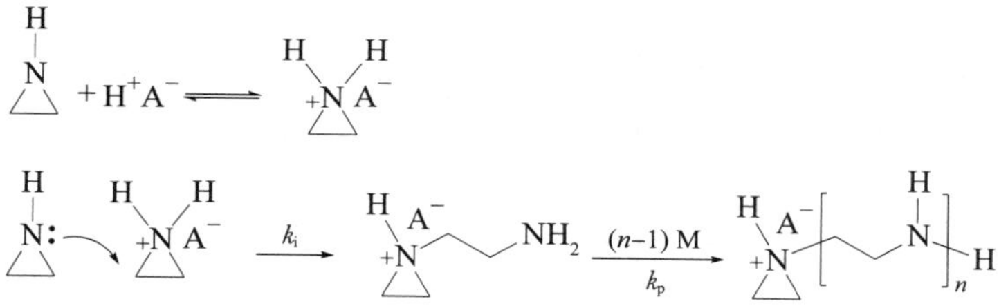

$$\text{(反应机理图示)}$$

三元环的氮丙啶具有很大的环张力，开环聚合速率很快，甚至在室温下聚合反应仍相当剧烈。聚乙烯亚胺溶于水，工业上用作纸张及纺织品的处理剂。

开链胺的碱性较高，所以氮丙啶季胺上的质子可以转移至开链胺上，这种转移可以发生在分子内，也可以转移至其他聚合物链的伯胺和仲胺氮上，使得聚合物的端基往往含有氮丙啶环。

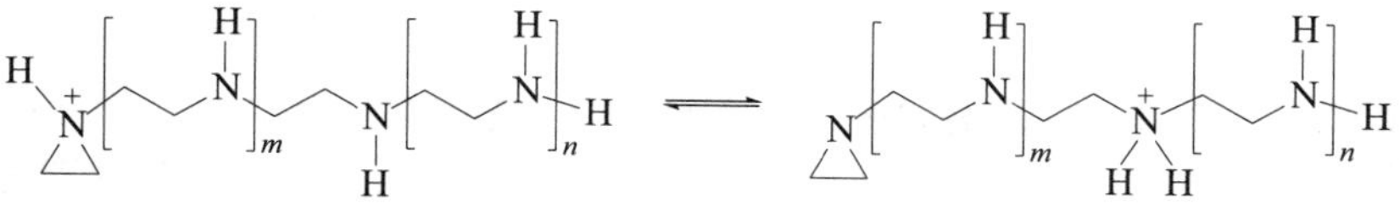

$$\text{(反应机理图示)}$$

由于开链仲胺和伯胺的 Lewis 碱性较强，可以进攻季胺化的氮丙啶链端基，这样就产生了支化结构。氨基反应具有随意性，最终会产生无规的多支化结构，或称超支化结构。

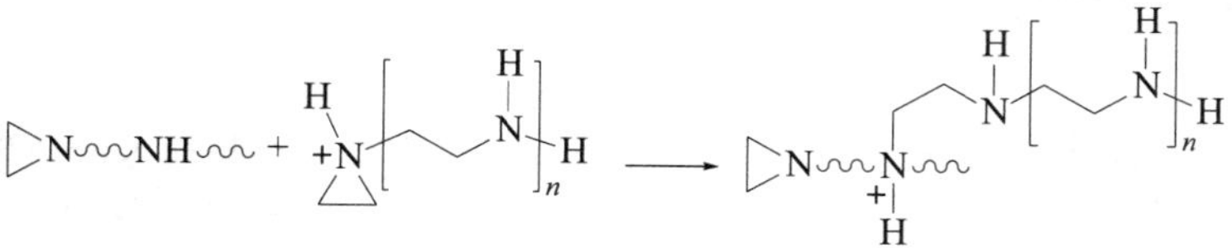

$$\text{(反应机理图示)}$$

这种非正常的链增长反应并不限于分子间，也可以在分子内进行，导致形成环形聚乙烯亚胺，可以是二聚、三聚、四聚和多聚体。

9.6.4　环亚胺醚的开环聚合

在加热条件下，ω-羟基伯胺可与各种羧酸、酸酐和酰卤等酰基化试剂发生缩合反应，生成各种 2-取代环亚胺醚。除改变醇胺的分子链长度外，酰化试剂的 R 基也可以有很大变化。如果用乙醇胺为原料，则得到 2-取代噁唑啉。

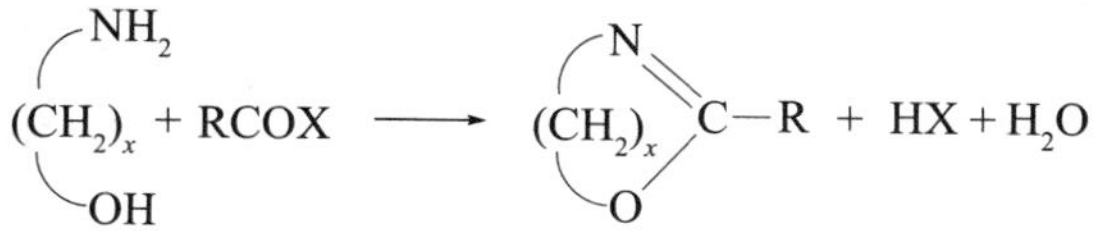

$$\text{(反应式图示)} \quad (CH_2)_x + RCOX \longrightarrow (CH_2)_x C-R + HX + H_2O$$

噁唑啉及其类似物具有 Lewis 碱性，特别是亚胺氮原子上的孤对电子可与质子或碳阳离子结合，形成季铵离子化的噁唑啉。此时，环内 C—O 键被活化，碳原子一侧带有部分正电荷，容易受到另一分子噁唑啉的亲核进攻，从而发生开环反应，生成端基仍为季铵离子化的噁唑啉的化合物；这个物种作为链增长活性中心，可进一步与噁唑啉发生亲核开环反应，不断重复上述过程，最后生成高分子量的聚噁唑啉（polyoxazoline）或聚酰基乙烯亚胺。

聚噁唑啉可用作涂料、黏合剂和生物医用材料。在酸或碱的催化下，聚噁唑啉可发生水解反应，作为侧基的酰基被脱除，最后生成线形的聚乙烯亚胺，两个端基分别为羟基和伯胺基。这也是合成线形聚乙烯亚胺的唯一方法。

9.7 羧基内酸酐的开环聚合

环酯、环硫酯和环酰胺的开环聚合是合成脂肪族聚酯、聚硫酯和聚酰胺的重要方法，但单体的来源受限。取代基大于甲基的 α-羟基酸和 α-巯基酸难以形成交酯单体，而 α-氨基酸很容易二聚形成六元环酰胺，但不能开环聚合。

为了获得可聚合的环状单体，可将 α-羟基酸、α-巯基酸和 α-氨基酸与三光气反应，合成具有环张力的羧基内酸酐。羧基内酸酐可开环聚合生成高分子的聚酯、聚硫酯和聚酰胺，释放 CO_2。本节讨论 O-羧基环内酸酐和 N-羧基环内酸酐的开环聚合。

9.7.1 O-羧基环内酸酐的开环聚合

聚 α-羟基酸是一类可生物降解且具有生物相容性的脂肪族聚酯，广泛应用于生物医学和制药领域，如可降解的手术缝合线。聚羟基乙酸和聚 α-羟基丙酸（聚乳酸）可分别经乙交酯和丙交酯的开环聚合制备。然而，受位阻效应的影响，取代基更大的 α-羟基酸难以形成交酯，即使能形成交酯也会发生外消旋化，失去手性特征。为了解决上述问题，人们先将

α-羟基酸转化为 O-羧基环内酸酐（O-carboxyl intracyclic anhydride，OCA）或称为 O-羧基-α-羟基酸酐，再经开环聚合，获得高分子量的手性聚 α-羟基酸。

$$n \quad \underset{\text{(结构)}}{\overset{R}{\bigcirc}} \xrightarrow{\text{ROP}} \left[\underset{R}{\overset{O}{\|}} \right]_n + n\, CO_2$$

不同于 γ-丁内酯，虽然 OCA 也是五元环，但仍存在较大的环张力和高活性酐键，同时 OCA 开环释放出 CO_2，是熵增过程，所以 OCA 的开环活性远高于相应的六元环交酯单体，如丙交酯。

碱金属氢氧化物、烷氧化物和酚盐的碱性太强，引发 OCA 的开环聚合速度过快，酯交换副反应无法控制。另外，强碱可与 α-H 反应，形成平面构型的酯烯醇负离子，随后质子可从两面与 α-C 结合，导致外消旋化，无法得到手性聚合物。

$$\text{(反应式)} \quad +B^- \xrightleftharpoons{-HB} \quad \text{(中间体)} \quad \xrightleftharpoons{+HB} \quad \text{(产物)} +B^-$$

用伯醇作为引发剂、有机 Lewis 碱作为催化剂时，OCA 开环聚合的可控性较好，可获得高分子量、等规聚 α-羟基酸。催化剂的碱性是控制聚合反应的关键，低活性 Lewis 碱不足以活化引发剂，开环聚合速率很慢；高活性 Lewis 碱不仅会夺取 OCA 的 α-H，导致外消旋化，也会使引发剂变成游离的烷氧阴离子，引发酯交换等副反应。

$$\text{R'OH} + \underset{\text{(4-MOP)}}{\text{(吡啶环)}} \longrightarrow \text{R'O}^-\text{HB}^+ \longrightarrow \text{(结构)} \xrightarrow{-CO_2} \text{(结构)}$$

$$\text{(链结构)}_{n-1} \xrightarrow{\text{OCA}} \text{(链结构)}_n \xrightarrow{-CO_2} \text{(链结构)}_n + \underset{\text{(吡啶)}}{\text{(4-MOP)}}$$

上式中的 Lewis 碱（B）为 4-甲氧基吡啶（4-MOP）。4-MOP 是催化 OCA 开环聚合最适宜的有机碱催化剂，在温和条件下可获得高分子量、高等规度的聚 α-羟基酸。

9.7.2　N-羧基环内酸酐的开环聚合

α-氨基酸易发生脱水缩合形成稳定的六元环交酰胺，交酰胺难以开环聚合。然而，α-氨基酸可转化为五元环的 N-羧基环内酸酐（N-carboxyl intracyclic anhydride，NCA），或称为 N-羧基-α-氨基酸酐。不同于五元环的戊内酰胺，NCA 仍存在较大环张力，开环时不仅放热，还会释放 CO_2，也是熵增过程，所以 NCA 的开环聚合活性很高。

（1）伯胺引发聚合

脂肪族伯胺的亲核性强，常用于引发 NCA 的开环聚合。NCA 分子中含有两个羰基，反应活性受控于电子效应，存在供电子 p-π 共轭效应的酰胺羰基活性较低，酐羰基的活性较高。因此，高亲核性的伯胺氮原子首先进攻酰羰基，引发 NCA 的开环反应，生成端羧基的线形分子，而后脱除 CO_2 生成端伯胺基化合物。端伯胺基化合物作为聚合活性种，继续引发 NCA 的开环聚合，最终形成高分子量的聚氨基酸。

如果使用碱性更强的仲胺作为引发剂，碱基会夺取酰胺的质子而活化 NCA 单体，诱发副反应。类似地，醇盐、酚盐和硫醇（酚）盐等强碱也不适于用作 NCA 开环聚合的引发剂，很难得到理想的聚合结果。

（2）有机碱引发聚合

碱金属氢氧化物和醇盐引发 NCA 开环的速率太快、副反应严重，聚合反应难以控制。因此，人们多用有机 Lewis 碱引发 NCA 的开环聚合，聚合反应按"单体活化机理"进行。以有机 Lewis 碱作为引发剂，NCA 的聚合反应过程如下。

有机 Lewis 碱首先夺取单体 N 上的质子，形成 NCA 阴离子活性种；N 阴离子进攻酰羰基引发 NCA 的开环，形成一个环-线分子，随后脱除 CO_2 形成首端为伯胺基、末端基为被活化 NCA 环的增长链；游离的有机 Lewis 碱反复活化单体，活化单体的 N 阴离子不断进攻增长链的酰羰基引发 NCA 的开环聚合。聚合结束后，向体系中加入水或酸，聚合物的 NCA 端发生分解，最终形成聚 α-氨基酸。

尽管 NCA 分子中的 N—H 酸性较强，但手性 α-H 也有机会被强碱拔除，形成平面构型的酰胺烯醇阴离子，导致外消旋化。另外，增长链的另一端是伯胺，当取代基 R 较小时，亲核性的伯胺会进攻 NCA 的酰羰基，引发开环聚合。因此，用有机碱引发 NCA 的开环聚合非常复杂，如欲制备高等规、窄分布的等规聚 α-氨基酸，宜使用低碱性的有机 Lewis 碱引发大位阻的 NCA 聚合。

9.8 环硅氧烷的水解缩合与开环聚合

9.8.1 聚硅氧烷的结构与性能

聚硅氧烷（polysiloxane）是一类以 Si—O—Si 键为主链，硅原子上直接连接 2 个有机基团的半有机聚合物，结构通式为：

聚有机硅氧烷　　　　石英

式中，R_1 和 R_2 是烷基或芳基。

主链类似于无机石英（SiO_2），侧基是有机基团，使得聚硅氧烷兼具有机聚合物和无机材料的特性。硅氧烷的 Si—O 键具有 $40\% \sim 50\%$ 的离子键成分和部分双键特征，实测键长为 0.164nm，小于按原子半径加和计算得到的 0.183nm。Si—O 的离解能为 460.5kJ/mol，显著高于 C—O 键的 358.0kJ/mol、C—C 键的 304.0kJ/mol 和 Si—C 键的 318.2kJ/mol。正是由于 Si—O 键具有高键能，使得聚硅氧烷具有突出的耐热性。

每个硅原子上的取代基都可以围绕 Si—O 键自由旋转，而且分子间作用力很小，使得聚二甲基硅氧烷（polydimethylsiloxane，PDMS）的分子链非常柔顺、T_g 很低、表面张力很小、溶度参数和介电常数都很低。当硅原子上的甲基被其他基团取代后，上述性能将发生不同程度的改变，变化的强弱与取代基的种类、性质和数目有关。

聚硅氧烷具有耐高温、耐化学品、耐氧化、耐老化、疏水、电绝缘等优点，可在许多重要领域中应用。聚硅氧烷及其衍生物已达数百种，常用的聚硅氧烷包括 PDMS、聚甲基苯基硅氧烷、氨基聚硅氧烷、聚醚聚硅氧烷共聚物等。

高分子量线形聚硅氧烷进一步交联，就成为硅橡胶。低分子量线形 PDMS 和环状低聚物的混合物可用作硅油。三官能度的聚硅氧烷，俗称硅树脂，可以交联固化，用作涂料。

9.8.2 氯硅烷的水解缩合

卤代和烷氧基等官能化的有机硅烷极易水解生成硅醇，随后受热脱水生成硅氧烷。各种官能化有机硅烷的水解反应如下。

$$R_3SiX + H_2O \longrightarrow R_3SiOH + HX$$
$$R_2SiX_2 + 2 H_2O \longrightarrow R_2Si(OH)_2 + 2HX$$
$$RSiX_3 + 3 H_2O \longrightarrow RSi(OH)_3 + 3HX$$

式中，R 是烷基、芳基、烯基、烯烷基和芳烷基等；X 是卤素、烷氧基和酰氧基等。

在受热条件下，氯硅烷水解生成的硅醇立即发生脱水缩合反应，生成聚硅氧烷。类似地，硅胺和硅醚等活性官能基团也能发生缩合反应，包括同官能基团的缩合和异官能基团的缩合。

$$R_1R_2Si(OH)_2 \longrightarrow \left[\begin{array}{c} R_1 \\ Si-O \\ R_2 \end{array}\right]_n + H_2O$$

有机二氯硅烷（$R_1R_2SiCl_2$）是最常用的有机硅单体，在潮湿的空气中会潮解发烟，氯硅烷水解放热会导致体系迅速升温。二氯硅烷易水解，生成的中间产物硅醇难以分离，在酸与热的共同作用下，硅醇随机脱水缩合，生成分子量较低的聚硅氧烷。如果使用少量三氯硅烷为单体，则生成交联的网状聚合物。

反应条件对二氯硅烷的水解产物影响很大。如果水量不足，或者虽然水量充足，但反应条件非常温和，则所得产物末端含有氯原子。例如，用二氧六环/水混合物在乙醚溶液中水解二甲基二氯硅烷，则生成双氯端基的低聚硅氧烷。

$$n\,Cl-\underset{Me}{\overset{Me}{Si}}-Cl + (n-1)\,H_2O \xrightarrow{Et_2O} Cl\left[\underset{Me}{\overset{Me}{Si}}-O\right]_n\underset{Me}{\overset{Me}{Si}}-Cl + 2(n-1)\,HCl$$

在含有过量水的芳烃和醚类有机溶剂中，质子酸催化水解产物多以环状硅氧烷为主，酸性越强环状低聚物收率越高。如果在水溶液中进行水解缩合，则会生成很多线形聚合物。例如，使用 6mol/L 的浓盐酸催化二甲基二氯硅烷的水解缩合反应，线形聚合物可达 30%。

$$n\,Cl-\underset{Me}{\overset{Me}{Si}}-Cl + H_2O(过量) \xrightarrow[有机溶剂]{HCl} （环状硅氧烷）_x + HO\left[\underset{Me}{\overset{Me}{Si}}-O\right]_y H \quad (少量)$$

如果使用中高浓度的硫酸催化二甲基二氯硅烷的水解缩合，则主要生成线形聚硅氧烷，仅能得到很少量的环状低聚物，原因是 H_2SO_4 对环硅氧烷的开环聚合具有促进作用。

大位阻的二氯硅烷和含有烯基、芳基或多氟烷基的二氯硅烷稳定性好，在酸性条件下难以发生水解，产物硅醇也不易发生脱水缩合反应。因此，只能用强碱催化这类有机氯硅烷的水解缩合，形成低分子量的线形低聚物。

$$n\,Cl-\!\!\underset{R_2}{\overset{R_1}{\underset{|}{\overset{|}{Si}}}}\!\!-Cl \;+\; H_2O(过量) \xrightarrow[\text{有机溶剂}]{\text{强酸/强碱}} HO-\!\!\left[\underset{R_2}{\overset{R_1}{\underset{|}{\overset{|}{Si}}}}-O\right]_n\!\!H \;+\; x\,HO-\!\!\underset{R_2}{\overset{R_1}{\underset{|}{\overset{|}{Si}}}}\!\!-OH$$

类似于酸催化水解缩合，在体系中添加有机溶剂和无机盐均有利于水解反应，并能适当提高环硅氧烷的比率。有机溶剂的作用是萃取，水解缩合产物进入有机相有利于平衡反应右移；无机盐的作用是盐析，有利于低水溶性的环硅氧烷进入有机相。

三官能团的氯硅烷水解缩合倾向于生成体形聚合物，产物结构受介质 pH 值、溶剂性质和用量、加料顺序和温度的影响很大。$MeSiCl_3$ 在水溶液中进行水解，生成高度交联的凝胶；但在含水乙醚中水解，则可得到含有大量羟基的可溶性聚硅氧烷。$^t BuSiCl_3$ 和 $^i PrSiCl_3$ 在醚中水解时，可得到环硅氧烷。

在搅拌下将 $PhSiCl_3$ 慢慢加入二甲苯/异丙醇/乙酸钠/水混合物中进行水解缩合，反应结束分离有机相，减压浓缩，可得到梯形聚硅氧烷。

$$x\,PhSiCl_3 + 3x\,H_2O \xrightarrow[PhMe_2\text{-}^iPrOH]{NaOAc\text{-}H_2O} \begin{array}{ccccccc} & Ph & & Ph & & Ph & \\ & | & & | & & | & \\ HO-&Si&-O-&Si&-O-&Si&-OH \\ & | & & | & & | & \\ & O & & O & & O & \\ & | & & | & & | & \\ HO-&Si&-O-&Si&-O-&Si&-OH \\ & | & & | & & | & \\ & Ph & & Ph & & Ph & \end{array}_n$$

有机二氯硅烷水解缩合法制备的聚硅氧烷分子量比较低，为了提高聚硅氧烷的分子量，可将聚合产物在酸或碱的催化下进一步平衡化。在此过程中，体系中的分子数变化不大，平动熵基本不变；但高分子量成分增加，聚合物链的构象数激增，使体系的构象熵随之增大，有利于提高聚合物的分子量。

$$n\,HO-\!\!\left[\underset{Me}{\overset{Me}{\underset{|}{\overset{|}{Si}}}}-O\right]_x\!\!H \longrightarrow HO-\!\!\left[\underset{Me}{\overset{Me}{\underset{|}{\overset{|}{Si}}}}-O\right]_m\!\!H \;+\; (n-1)\,HO-\!\!\left[\underset{Me}{\overset{Me}{\underset{|}{\overset{|}{Si}}}}-O\right]_y\!\!H \qquad \begin{array}{l} m \gg x \\ x > y \end{array}$$

9.8.3 环硅氧烷的开环聚合

（1）环硅氧烷单体

无论是酸催化还是碱催化，二氯硅烷的水解缩合反应均比较复杂，很难用于高分子量聚硅氧烷的可控合成。因此，人们转向发展环硅氧烷的高效制备技术与开环聚合方法，以合成各种聚硅氧烷。

常用的环硅氧烷单体包括二甲基硅氧烷的三聚体（D_3）和四聚体（D_4）。常见的功能化环硅氧烷单体包括甲基苯基环三硅氧烷（D_3^{MD}）、甲基环四硅氧烷（D_4^H）、甲基乙烯基环硅氧烷（D_3^V、D_4^V）、甲基三氟丙基环三硅氧烷（D_3^F）等。不同环硅氧烷的合成原理相同，但具体方法各异。只有 D_4 最容易合成。工业上，利用 Me_2SiCl_2 与甲醇的气相醇解缩合来合成 D_4，同时产生副产物氯甲烷，D_4 的收率高达 99%。

D₃ 存在环张力，开环聚合是焓减过程（$\Delta H < 0$），分子量易于控制，但单体的成本较高。D₄ 易于合成，但没有环张力，开环聚合是熵增过程（$\Delta S > 0$）。根据热力学原理（$\Delta G = \Delta H - T\Delta S$），$\Delta S$ 增大可使 ΔG 减小，有利于开环聚合。聚合熵包括平动熵（减小）和构象熵（增大），为保证体系的熵增过程，需要采用高温（120～160℃）本体聚合。即便如此，单体仍然无法完全转化，保持环-线平衡，聚合体系的自由能最低。

环硅氧烷类似于环醚单体，既可发生阴离子聚合，也可发生阳离子聚合。阴离子聚合适用于合成高分子量聚硅氧烷，而阳离子聚合适用于合成中、低分子量的硅油。环硅氧烷的开环聚合过程也包括链引发、链增长、链转移和链终止四个基元反应。

（2）环硅氧烷的阴离子聚合

环硅氧烷阴离子聚合的引发剂种类很多，包括碱金属的氢氧化物（MOH）、醇盐（ROM）、酚盐（ArOM）、硅醇盐（R₃SiOM）、硫醇盐（RSM），季铵碱（R₄NOH）、季鏻碱（R₄POH），硅醇季铵盐（R₃SiONR₄）和硅醇季鏻盐（R₃SiOPR₄）等。

同一种金属氢氧化物和相应硅醇盐的活性基本相同；不同金属氢氧化物的引发活性随碱性的增强而增强，与离子半径递减的顺序相同，即 CsOH > RbOH > KOH > NaOH > LiOH，硅醇铯盐的活性很高；Bu₄POH 和 Me₄NOH 对 D₄ 开环聚合的催化活性，分别比 KOH 高 50 倍和 150 倍。

氧阴离子可进攻环硅氧烷单体中缺电子的硅原子，引发开环聚合，形成链末端为硅醇盐的活性增长链，随后活性增长链的氧阴离子再次进攻环硅氧烷单体，发生链增长反应，聚合结束后需要加酸中和硅醇盐。为了对聚硅氧烷进行封端和控制分子量，常用六甲基硅醚（Me₃Si—O—SiMe₃）作为链转移剂。相关的链引发、链增长、链终止和链转移反应如下。

如果用季铵碱或季鏻碱引发 D₄ 的聚合，则反应结束后不需要加酸中和，进一步加热后，活性链末端自动分解为硅醚和氧化叔胺或氧化叔膦。

$$\underset{\underset{Me}{|}}{\overset{\overset{Me}{|}}{\sim\!\!\sim\!Si\!-\!\bar{O}\;\overset{+}{N}R_4}} \xrightarrow{\triangle} \underset{\underset{Me}{|}}{\overset{\overset{Me}{|}}{\sim\!\!\sim\!Si\!-\!R}} + R_3N\!=\!O$$

多数功能化的环硅氧烷单体为六元环，存在环张力，硅醇盐引发的阴离子开环聚合是焓驱动反应，可按活性聚合方式进行，不存在线-环平衡问题，因而可通过顺序加料法合成各种嵌段共聚物。例如，以 D_3、D_3^P 和 D_3^F 单体，可合成如下嵌段聚合物。

$$\left[\underset{\underset{Me}{|}}{\overset{\overset{Me}{|}}{Si\!-\!O}}\right]_n\left[\underset{\underset{Me}{|}}{\overset{\overset{Ph}{|}}{Si\!-\!O}}\right]_m\left[\underset{\underset{Me}{|}}{\overset{\overset{C_2H_4CF_3}{|}}{Si\!-\!O}}\right]_p$$

（3）环硅氧烷的阳离子聚合

强质子酸和质子给体/强 Lewis 体系也可引发环硅氧烷的阳离子开环聚合，聚合机理类似于环醚的阳离子聚合。常用的质子酸包括硫酸、磺酸和氢卤酸等；常用的 Lewis 酸包括 $AlCl_3$、$TiCl_4$、$SnCl_4$、$FeCl_3$、$ZnCl_2$ 等，质子给体包括卤化氢、羧酸和体系中的微量水等。

首先，质子和环硅氧烷分子中的 1 个氧结合，形成氧鎓离子，而后开环形成首端为硅醇、末端是硅阳离子/酸根组成的增长链活性种；随后，增长链活性种的硅阳离子与环硅氧烷的 1 个氧结合，再次形成氧鎓离子，随后开环形成新的增长链活性种。盐酸/$AlCl_3$ 催化环硅氧烷的阳离子开环聚合反应如下。

$$H_2O + HCl + AlCl_3 \longrightarrow H^+[Al(OH)Cl_3]^-\;(H^+A^-)$$

D_4 阳离子开环聚合产物的分子量不高，主要用于合成中、低分子量的硅油。这种聚硅氧烷含有不稳定的硅羟基，在微量酸或碱性物质的存在下，易发生解聚。为了提高硅油的稳定性，常用六甲基硅醚（$Me_3SiOSiMe_3$）进行封端。

$$D_4 + Me_3SiOSiMe_3 \xrightarrow{H_2SO_4} Me_3SiO\left[\underset{\underset{Me}{|}}{\overset{\overset{Me}{|}}{Si\!-\!O}}\right]_n SiMe_3$$

有些环硅氧烷单体分子中含有对碱或亲核试剂敏感的基团，如与硅原子相连的氯甲基可与阴离子引发剂发生亲核取代反应，硅氢键可与碱发生氧化还原，生成氢气和硅氧烷，此时只能使用阳离子聚合。

$$\sim\underset{\underset{R_2}{|}}{\overset{\overset{R_1}{|}}{Si}}H \;+\; ^-OH \;\longrightarrow\; \sim\underset{\underset{R_2}{|}}{\overset{\overset{R_1}{|}}{Si}}-OH \;+\; \tfrac{1}{2}\,H_2$$

未封端的聚硅氧烷受热易解聚形成环状低聚物。Me_3SiCl 水解后只有 1 个硅羟基，可用作聚硅氧烷的封端剂。$MeSiCl_3$ 的水解产物有 3 个硅羟基，可用作聚硅氧烷的交联剂。$SiCl_4$ 的水解生成原硅酸 $Si(OH)_4$，会引起深度交联。引入苯基，可提高聚硅氧烷的耐热性；引入乙烯侧基，可供后交联之用。

除环硅氧烷的开环聚合和二氯硅烷的水解缩合聚合外，还可利用硅氢键与不饱和烃的加成反应来合成有机硅聚合物。

Si—H 键比 C—H 键弱，容易发生断键反应，可作为加成试剂使用。在铂盐的催化下，烯烃和炔烃均可发生硅氢加成，形成 Si—C 键。硅氢加成也可用于合成有机硅聚合物。例如：

$$H-\underset{|}{\overset{|}{Si}}-O-\underset{|}{\overset{|}{Si}}-H + HC\equiv CH \xrightarrow{Pt} \left[\;\underset{|}{\overset{|}{Si}}-O-\underset{|}{\overset{|}{Si}}-CH_2CH_2\;\right]_n$$

硅氢加成聚合的常用单体包括乙炔、丁二烯、α,ω-非共轭二烯、α,ω-二硅氢化物和 α-硅氢-ω-烯等。硅氢加成聚合可用于合成线形聚合物、接枝共聚物、嵌段共聚物和支化聚合物等。

9.8.4　聚硅氧烷的改性与应用

聚硅氧烷具有耐高温、耐化学药品、耐氧化、耐老化、疏水、电绝缘等优点，可应用于许多重要领域。聚硅氧烷的工业产品主要有硅橡胶、硅油和硅树脂三类。高分子量线形聚硅氧烷进一步交联，就成为硅橡胶。低分子量线形聚二甲基硅氧烷和环状低聚物的混合物可用作硅油，最常见的是甲基硅油，在硅油的侧基引入苯基可提高其耐热性。含有三官能度的聚硅氧烷，俗称硅树脂，可以交联固化，用作涂料。

硅油是应用最广泛的有机硅材料，包括润滑硅油、导热硅油和功能性硅油等。甲基封端的二甲基硅油的润滑性能最好，甲基封端的甲基苯基硅油耐热性好。功能性硅油的种类较多，包括甲基含氢硅油、甲基烷氧基硅油、氨烃基改性硅油、羟烃基改性硅油和氯烃基改性硅油等，它们可用于嵌段共聚物的合成和各种高分子材料的改性。合成硅油的典型反应如下。

$$x\,D_4 + y\,D_4^H + Me_3SiOSiMe_3 \xrightarrow{H^+} Me_3SiO\left[\underset{\underset{Me}{|}}{\overset{\overset{Me}{|}}{Si}}-O\right]_n\left[\underset{\underset{Me}{|}}{\overset{\overset{H}{|}}{Si}}-O\right]_m SiMe_3$$

$$x\,D_4 + y\,D_4^V + Me_3SiOSiMe_3 \xrightarrow{H^+} Me_3SiO\left[\underset{\underset{Me}{|}}{\overset{\overset{Me}{|}}{Si}}-O\right]_n\left[\underset{\underset{Me}{|}}{\overset{\overset{\diagup\!\!\!\diagdown}{|}}{Si}}-O\right]_m SiMe_3$$

$$n \ \text{MeSiCl}_3 + m \ \text{Me}_2\text{SiCl}_2 \xrightarrow[\text{H}_2\text{O/EtOH}]{\text{H}^+}$$

功能性硅油的合成方法包括功能环硅氧烷单体的开环共聚、功能单体的水解缩合共聚和硅氢加成等。下面是端基功能化硅油的合成实例。

聚硅氧烷的交联方法较多，主要包括：①过氧化二（氯代苯）甲酰在 110～150℃ 下分解成自由基，夺取有机硅侧甲基上的氢，形成亚甲基自由基，随后发生自由基交联；②加少量（0.1%）乙烯基硅氧烷作共聚单体，引入乙烯侧基交联点，可进行热交联或硅氢加成交联；③加有机硅烷固化剂，经脱水缩合交联等。

甲基硅三乙酸酯 [MeSi(OAc)$_3$] 常用作有机硅密封胶的交联固化剂。MeSi(OAc)$_3$ 与端羟基硅油（HOSiMe$_2$-PDMS-Me$_2$SiOH）混合后，发生缩合生成四官能度的有机硅和乙酸，遇到空气中的微量水后，进一步发生酸催化的水解缩合，形成体形聚合物。交联反应过程如下：

硅橡胶分子链的高度柔顺性是其具有高渗透性的原因，可用作 O_2/N_2 分离膜材料。例如，利用其渗透性可研制潜水员的人工鳃；利用其惰性、疏水性和抗凝血性，可用于制作人工心脏瓣膜和有关脏器配件、接触眼镜、药物控制释放制剂以及防水涂层等。

聚硅氧烷可化学改性，也可用作其他高分子材料的改性剂。例如，有机硅可与环氧树脂、醇酸树脂、丙烯酸酯类树脂结合，制备复合涂料；硅氧烷单体可与甲基（三氟丙基）二氯硅烷 $[CF_3C_2H_4Si(Me)Cl_2]$ 共聚，制备耐高温的氟硅橡胶，用于航空航天领域。

聚二甲基硅氧烷限在 180℃ 以下使用，加热至 250℃，就迅速解聚成环状低聚物。现已有多种方法可使其耐热性提高至 300℃ 以上。例如，可由苯基三氯硅烷水解制备可溶性的梯形有机硅，或在其主链中引入芳杂环或碳硼烷等。

9.9 环烯烃的开环易位聚合

有些环烯烃具有环张力，存在断键开环释放张力的倾向。在过渡金属卡宾化合物的催化下，环烯烃的双键发生断裂，首尾连接成聚合物的反应称为开环易位聚合（ring-opening metathesis polymerization，ROMP）。ROMP 的反应通式如下。

要理解 ROMP 需先了解卡宾化合物。卡宾（carbene）是一种高活性反应中间体，一般以 R_2C：表示，碳原子连接两个有机基团，此外还剩两个未成键电子。卡宾有两种结构，一种是 V 型分子，碳原子利用两个 sp^2 杂化轨道形成两个 σ 键，剩余杂化轨道含有一对未成键电子，称为单线态卡宾；另一种是线形分子，碳原子利用 sp 杂化轨道形成两个 σ 键，两个 p 轨道各有一个单电子，称为三线态卡宾。

卡宾是一种 Lewis 碱，能与缺电子的过渡金属配位，同时过渡金属的外层 d 电子也能与卡宾的空轨道反配位成键，形成具有双键特征的过渡金属卡宾化合物。这种 $Mt=C$ 化合物也是缺电子化合物，能与具有弱 Lewis 碱性的烯烃配位，而后发生 2+2 环加成反应，生成"亚稳态"的四元环，随后通过电子重排生成新的金属卡宾和新的烯烃，这种反应称为烯烃易位或复分解反应。

常见的烯烃易位反应包括开环易位（ring-opening metathesis，ROM）、交叉易位（cross metathesis，CM）和闭环易位（ring-closing metathesis，RCM）。与之相对应的烯（炔）烃易位聚合反应则包括开环易位聚合（ROMP）、非环二烯烃易位聚合（acyclic diene metathesis polymerization，ADMET）、非环二炔烃的环化易位聚合（cyclization metathesis polymerization，CMP）。

ROMP 是环张力驱动的链式聚合，环张力越大，开环聚合越容易。环烯烃的张力大小取决于环的大小、顺反异构和分子构象等，如反式环辛烯的张力远高于其顺式异构体，降冰片烯的环张力远高于环戊烯。

| 227.8 | 127.9 | 113.7 | 69.1 | 30.9 | 28.4 | （单位：kJ/mol） |

虽然环丙烯和环丁烯的环张力最大，但成本过高，难以修饰，一般不用作单体。降冰片烯和反式环辛烯的环张力也比较大，聚合活性很高。其中，降冰片烯类化合物可通过环戊二烯和烯烃的 Diels-Alder 反应简易制备得到，单体可修饰性强，是当前最常用的一类单体；环辛烯和环戊烯的环张力小，在高活性催化剂和高浓度下的条件下，单体转化率仍然很低。

ADMET 是典型的缩聚反应，要获得高分子量聚合物需要不断除去副产物乙烯，因乙烯的溶解性较大很难获得高分子量聚合物。非环二烯烃的 R 基可变性很大，可含有多种有机极性官能团，但端双键不能与芳环或羰基等其他基团共轭，否则活性显著降低，甚至不能获得聚合物。CMP 的反应机理和聚合物结构都比较复杂，这里不作讨论。

烯烃易位反应和易位聚合的奠基人是法国科学家 Chauvin，他确立了烯烃易位反应的"卡宾机理"。ROMP 包括链引发、链增长和链终止反应，常用烷基乙烯基醚作链终止剂。

$$\xrightarrow{(n-2)\ \bigcirc} \quad LM \!=\!\! \left[\!\!\!\begin{array}{c}\ \\ \end{array}\!\!\!\right]_{\!n} \!\!\! R$$

链终止 $\quad LM\!=\!\!\left[\!\!\!\begin{array}{c}\ \\ \end{array}\!\!\!\right]_{\!n}\!\!\!R \ +\ CH_2\!\!=\!\!CHOR'' \ \longrightarrow \ CH_2\!=\!\!\left[\!\!\!\begin{array}{c}\ \\ \end{array}\!\!\!\right]_{\!n}\!\!\!R \ +LM\!=\!CH_2OR''$

继 Chauvin 里程碑式的工作之后，美国科学家 Schrock 和 Grubbs 发展了烯烃易位的过渡金属卡宾催化剂，三人获得了 2005 年的诺贝尔化学奖。除合适的单体外，ROMP 和 ADMET 的关键是过渡金属卡宾催化剂。已报道的过渡金属易位聚合催化剂种类很多，其中 Ti 和 V 等前过渡金属催化剂的活性很高，但稳定性差；中、后过渡金属催化剂的活性和稳定性都比较好，最著名的是 Schrock 催化剂和 Grubbs 催化剂。

M = W, Mo (以 Mo 为主)
R_1 = C(CH$_3$)$_3$, C(CF$_3$)$_2$CH$_3$
R_2 = CH$_3$, Ph (苯基为主)

Schrock 催化剂

Grubbs 一代催化剂

Grubbs 二代催化剂

Grubbs 三代催化剂　R′ = H 或 Br

芳香族亚胺基 Mo、W 的卡宾化合物称为 Schrock 催化剂，其特点是合成简便、催化活性高，但对极性官能团的耐受性较差。后来 Schrock 催化剂又扩展至取代的 2,2′-联苯或联萘酚氧基 Mo 卡宾化合物，其构型选择性得到了明显提高。

钌系卡宾化合物称为 Grubbs 催化剂，其特点是结构易于修饰、耐受各种极性官能团，对绝大多数降冰片烯衍生物和功能化的非环二烯烃具有高催化活性。第一代 Grubbs 催化剂可大规模合成，活性较高，空气中稳定，可耐受大部分极性官能团；第二代 Grubbs 催化剂的活性超高，与 Schrock 催化剂相当；第三代 Grubbs 催化剂不仅活性高，极性官能团耐受性好，而且引发速率极快，非常适合用于活性聚合。

ROMP 的应用极为广泛。例如，降冰片烯的反式开环聚合物用作高吸油性树脂，其填充体可用作隔音材料；环辛烯的开环聚合物用作橡胶改进剂，以提高生胶的流动性及硫化胶的弹性、硬度和稳定性；环戊烯的顺式聚合物性能接近天然橡胶；二次甲基八氢萘经开环聚合和加氢后，可得高性能光学材料，广泛用于制备手机镜头和汽车摄像头等。

$$n\ \bigtriangleup\!\!\!\bigtriangledown \xrightarrow{\text{ROMP}} \left[\!\!\!\begin{array}{c}\ \\ \end{array}\!\!\!\right]_{\!n}$$

根据单体的结构特征，选择合适的 Grubbs 催化剂并控制反应条件，环烯烃的 ROMP 大多可按活性聚合方法进行，能用于嵌段共聚物的合成。此外，通过在聚合体系中加入对称性烯烃作为链转移剂也可用于合成端基功能化的遥爪聚合物。例如，用 1,4-二溴-2-丁烯或 1,4-二乙酸酯-2-丁烯作为链转移剂，1,4-环辛二烯的 ROMP 生成端溴甲基或乙醇酸酯的橡胶低聚物，前者可作用烯类单体的 ATRP 引发剂，后者经醇解生成端羟基低聚物，用作环酯和环醚的 ROP 引发剂，合成 ABA 型三嵌段共聚物。

9.10 自由基开环聚合

依据单体结构，开环聚合具有多种机理。其中，自由基开环聚合（radical ring-opening polymerization，RROP）通常具有反应速率高、条件温和、对杂质耐受度高等优点，但是适用于 RROP 的单体有限，主要包括乙烯基环丙烷衍生物和环外甲叉基杂环单体。

9.10.1 乙烯基环丙烷衍生物的开环聚合

受几何形状的限制，环丙烷的 C—C 电子云重叠较少、环张力很大。乙烯基环丙烷的乙烯基可为自由基进攻提供反应位点，因而乙烯基环丙烷及其衍生物容易发生自由基开环聚合反应，在适当条件下生成类似于聚 1,4-丁二烯的橡胶态聚合物。

常见的环丙烷类单体包括一取代和二取代乙烯基环丙烷。乙烯基环丙烷（I）的聚合活性并不高，反应 2～3 天单体转化率仍然不高，聚合物的分子量小于 2kDa。在环丙烷上引入一个氯原子形成单体（Ia），能提高重排自由基（$R_2\cdot$）的稳定性，但并没有明显改善单体的反应活性。然而，苯基和羧酸酯基衍生物［(Ib) 和 (Ic)］的聚合活性大增，在 120℃聚合，单体 (Ib) 的转化率可升至 85%，但聚合物分子量不高；(Ic) 聚合物的分子量可增至 10kDa 以上。

苯基和酯基的主要作用是稳定重排自由基（R₂·），抑制链终止反应。值得注意的是，过度增大自由基 $R_2\cdot$ 的稳定性，不利于开环聚合反应。例如，由（Ⅱb）产生的自由基 $R_2\cdot$ 类似于二苯甲基自由基，难以进攻单体的烯键，因而（Ⅱb）不能自由基聚合。

二取代单体具有增强的空间位阻和电子效应，自由基重排反应方式增多，除形成类似于单取代单体生成的线性自由基外，还会生成四元环状自由基。在四种重排自由基中，线性自由基 R_{l1} 最稳定，接下来是环状自由基 R_{c2}，而线性自由基 R_{l2} 的稳定性最差。

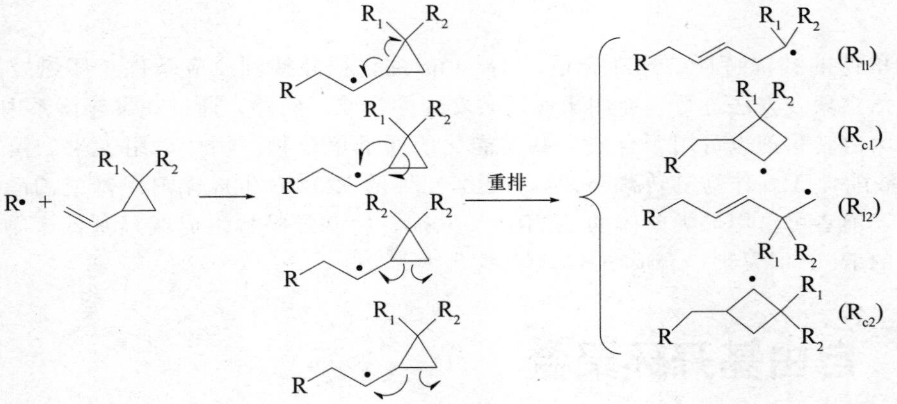

改变取代基的结构，二取代乙烯基环丙烷的自由基聚合方式将发生变化。例如，单体（Ⅱc）的自由基聚合速度很快，生成二元共聚物；而单体（Ⅱa）的自由基聚合速度很慢，生成四元共聚物，包括两种线性结构单元和两种环状结构单元。

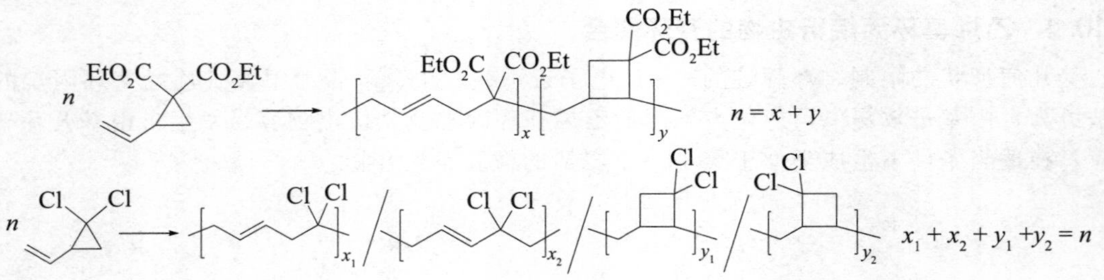

二取代的乙烯基环丙烯聚合物含有大量的 1,2-环丁烷结构单元，而且环丁烷的 3-位还有两个大取代基，聚合物分子链无法紧密堆砌，自由体积很大。如图 9-5 所示，这类单体聚合可能伴随着体积膨胀现象，与常见烯类单体聚合的体积收缩情况恰好相反。例如，苯乙烯和甲基丙烯酸甲酯聚合的体积收缩率分别为 14.5% 和 21.2%；单体（Ⅱc）聚合的体积收缩率为 10.4%；而二甲酸金刚酯和二甲酸苯酯取代的乙烯基环丙烷自由基聚合，体积膨胀率可分别达到 5.6% 和 6.8%。

9.10.2 环外甲叉基杂环化合物的开环聚合

环外亚甲基或甲叉基环（硫）醚单体可发生自由基开环聚合。这类单体主要包括三类：①5~8 元环的 2-甲叉基-1,3-二氧杂环烷烃，也称环状乙烯酮缩醛；②5-甲叉基-1,3-二氧杂环烷烃，2-碳带有 1 或 2 个取代基 A 和 B；③3-甲叉基-1,5-二硫杂环烷烃。

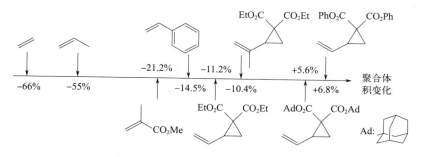

图 9-5　烯类单体聚合时的体积变化

虽然环状乙烯酮缩醛的张力较小，但环外双键的能量较高，容易受到自由基攻击生成较稳定的叔碳缩醛自由基，缩醛自由基可重排生成含有稳定酯基的伯自由基，继续进攻环单体发生自由基开环聚合反应。这种开环聚合的链自由基非常活泼，容易发生双基终止反应，因而很难得到高分子量聚合物。

5-甲叉基-1,3-二氧杂环烷烃受到自由基的进攻生成较稳定的叔自由基（Ⅰ），自由基（Ⅰ）可重排成（Ⅱ），自由基（Ⅱ）的稳定性受取代基 A 和 B 的控制，（Ⅱ）可脱除一分子羰基化合物，如二苯酮及其衍生物，生成自由基（Ⅲ）。（Ⅰ）~（Ⅲ）均可作为链增长自由基进攻单体，发生自由基开环聚合。

这种单体的自由基非常复杂，既能进行简单的加成聚合，也能发生包括自由基重排的开环聚合，而且开环聚合还可能伴随着脱羰基反应，可能形成结构复杂的共聚物，也可能生成几种均聚合物的混合物，主要受取代基 A 和 B 的控制。

3-甲叉基-1,5-二硫杂环烷烃的环外双键的能量也比较高，容易受到自由基的进攻，首先生成叔自由基，随后发生重排反应形成双键和烷硫自由基，烷硫自由基进攻单体的双键发生自由基开环聚合，生成含有大量甲叉基的聚硫醚。

线性链和环状单体的甲叉基具有类似的反应活性，因而这类单体的自由基开环聚合易发生分子内"回咬"链转移和分子间链转移反应，前者生成环状低聚物，后者仍为线性聚合物，但分子量都不高，很难超过 10kDa。

9.11　环膦腈的开环聚合

聚膦腈（polyphosphazene）是以—P＝N—结构为主链的无机-有机高分子。聚膦腈的分子结构与聚硅氧烷类似，将无机和有机分子紧密地结合起来，从而表现出传统有机聚合物无法比拟的优越性。

聚膦腈主链上的氮原子留有一对 p 电子，磷原子留有 d 空轨道，所以 P—N 键之间存在着 d-p 共轭稳定作用，使得主链的化学稳定性较高。由于轨道对称性的限制，d-p 轨道在每一个磷原子上均形成一个结点，导致主链上的交替单双键不能形成长程共轭体系，双键没有对 P—N 键的旋转造成障碍，所以整个聚合物链很柔顺，使得聚膦腈具有很大的自由度和较低的 T_g。

聚膦腈高分子的性能受磷原子上 2 个取代基的影响特别大，通过引入不同的取代基可以制备各种不同性能的功能高分子。例如，聚膦腈可以是水溶性的、油溶性的、容易被水降解的塑料或玻璃，也可以是高分子电解质。

聚膦腈的结构多样性导致材料性质的多功能性，侧链的各种有机取代物赋予膦腈聚合物新奇特性，应用前景广阔。例如，聚膦腈弹性体耐油、阻燃，可用作输油管线、垫圈和阻燃泡沫橡胶制品；聚膦腈用作生物医药载体时，在体内可降解成磷酸盐、氨和氨基酸；聚膦腈还可用作电池的固体离子导体载体、燃料电池中的质子传导膜以及高折射率光学材料等。

除特殊品种外，聚膦腈的缺点是加热至 200~250℃ 以上，将部分解聚成环状低聚物（主要是三、四聚体），这是开环聚合物的普遍现象。因此，耐热性也受到一定限制。

9.11.1　开环聚合制备聚二氯膦腈中间体

聚二氯膦腈（PDCP）是合成聚膦腈的中间体，可由六氯环三膦腈开环聚合而成。

在 170℃ 左右，五氯化磷与氯化铵发生脱 HCl 缩合反应，形成以六氯环三膦腈为主的二氯膦腈低聚物（N=PCl$_2$）$_n$，$n=3\sim6$。六氯环三膦腈是白色晶状化合物，熔点为114℃，可溶于有机溶剂，在240～260℃和减压下，可开环聚合生成PDCP，分子量可达200kDa。

在Lewis酸的作用下，六氯环三膦腈可脱除氯离子形成活泼的膦阳离子，膦阳离子受到单体N原子的亲核进攻，发生开环反应（链引发），生成端基为膦阳离子的增长活性链。增长活性链再与环状单体反应，发生链增长，最终增长活性链与氯离子结合，发生链终止，生成高分子量的PDCP。

PDCP的合成既可本体聚合，也可溶液聚合。在α-氯代萘或三氯苯中进行开环聚合，常用氨基磺酸和硫酸钙复合催化剂，聚合温度可降至220℃，聚合物的分子量可高达200kDa，并易于控制交联副反应。

PDCP全部由无机元素构成，是真正的无机高分子，分子链很柔顺，T_g为−63℃，低温高弹性能优异，俗称"无机橡胶"。但P—Cl键是弱键，长期在空气中存放，易水解成磷酸盐、氨和氯化氢，变成粉末，无法直接使用，只能用作合成聚膦腈的中间体。

9.11.2 聚二氯膦腈的取代反应和聚膦腈系列聚合物的制备

聚二氯膦腈中的P—Cl键是弱极性键，P原子容易受到亲核试剂的进攻而发生取代反应，而主链并不断裂。氯原子被有机基团取代后，就成为稳定的半无机高分子。

已有数百种亲核试剂用于聚二氯膦腈的取代反应。例如，PDCP与醇钠（如乙醇钠、三氟乙醇钠）或酚钠反应，生成烷氧基或酚氧基衍生物；与胺类化合物RNH$_2$（如苯胺或丁胺）反应，生成氨基衍生物；与有机金属化合物（如格利雅试剂、二烷基镁、有机锂）反应，可引入烷基和芳基。

$$\left[\begin{array}{c} OR \\ | \\ P=N \\ | \\ OR \end{array}\right]_n$$

$\uparrow$ RONa, $-NaCl$

$$\left[\begin{array}{c} R \\ | \\ P=N \\ | \\ R \end{array}\right]_n \xleftarrow[{-LiCl\ 或\ MgXCl}]{RLi\ 或\ RMgX} \left[\begin{array}{c} Cl \\ | \\ P=N \\ | \\ Cl \end{array}\right]_n$$

$\xrightarrow[{-HCl}]{RNH_2}$

$$\left[\begin{array}{c} NHR \\ | \\ P=N \\ | \\ NHR \end{array}\right]_n$$

$\xrightarrow[{-HCl}]{R_2NH}$

$$\left[\begin{array}{c} NR_2 \\ | \\ P=N \\ | \\ NR_2 \end{array}\right]_n$$

$\downarrow$ RSNa, $-NaCl$

$$\left[\begin{array}{c} SR \\ | \\ P=N \\ | \\ SR \end{array}\right]_n$$

聚膦腈的性能主要决定于侧基。引入甲氧基或乙氧基，则成为弹性体；引入氟代烷氧基、酚氧基或芳氨基，则成为成膜材料；引入氨基，可增加亲水性。

聚合物的结晶性与侧基排布的规整性有关。在同一磷原子上引入两种不同的取代基，如2种烷氧基（OR 和 OR'）、烷氧基和二乙基氨基、2种氨基（NEt_2 和 NHR）等，破坏了链结构的规整性，取代产物的性能都趋向于橡胶。

引入三氟乙氧基更有价值。如引入2个三氟乙氧基 $[-N-P(OCH_2CF_3)_2]$，则形成微结晶的软塑料，其 T_g 低（$-66℃$）、熔点高（$242℃$），类似聚乙烯，能熔纺、成膜，其疏水性能与聚四氟乙烯、聚硅氧烷相当。如引入 $-OCH_2CF_3$ 和 $-OCH_2(CF_2)_xCF_2H$ 两种基团时，则成为特种橡胶，其热稳定性、疏水性、耐溶剂性、低温弹性均佳，有些甚至优于氟橡胶和硅橡胶。

本章纲要

1. 环的稳定性与开环聚合倾向　环状单体的开环聚合活性与环的大小、环中杂原子、环上取代基三个因素有关。三元和四元环张力大、容易开环，开环聚合是熵减过程。六元环烷烃不能开环聚合，但五元和六元杂环的开环倾向较大，可能发生聚合。七元和八元杂环也能开环聚合，但存在聚合与解聚的可逆平衡，聚合焓（$-\Delta H$）和聚合熵（$-\Delta S$）对反应的贡献都不容忽视。

多数开环聚合属于连锁离子聚合机理，少数按"配位-插入"机理进行，而自由基机理在开环聚合中并不多见。阴离子活性种往往是氧阴离子、硫阴离子和胺阴离子；阳离子活性种大多是三级氧鎓离子和锍离子，也可能是碳阳离子和硅阳离子；杂环单体的配位聚合具有某些阴离子聚合特征，但能有效抑制链转移反应。

2. 三元环醚的阴离子开环聚合　三元环醚的开环活性很高，可以进行阳离子聚合和阴离子聚合。为避免副反应，多选用阴离子聚合，常用醇钠作引发剂。环氧乙烷开环聚合按双分子亲核取代（S_N2）机理进行，合成聚醚型表面活性剂时，加入大量起始剂，存在可逆的链交换或链转移反应；环氧丙烷聚合时，易发生向单体的链转移反应，形成烯丙醇钠离子对，活性降低，分子量受到限制。

硫原子半径大、变形性强，导致四元环硫醚也能像三元环硫醚一样发生阴离子开环聚合。

3. 环醚的阳离子开环聚合　氧杂环丁烷和四氢呋喃可进行阳离子开环聚合，链增长活性种是三级氧鎓离子，为消除链引发活性种（二级氧鎓离子）活性低造成的诱导期，可添加环氧乙烷作为活化剂。环醚的阳离子聚合不仅存在"回咬"副反应，形成环醚低聚物，而且受热力学控制，单体不能完全转化，存在"聚合-解聚"平衡。平衡聚合速率方程和聚合度方程分别为：

$$R_p = k_p[M^*]([M]-[M]_c)$$

$$\overline{X}_n = \frac{[M]}{[N]} = \frac{[M]_0-[M]_c}{[I]_0-[I]_c}$$

三氧六环聚合时，存在聚甲醛-甲醛平衡，加入少量甲醛，可消除诱导期；均聚甲醛的热稳定性差，易发生连锁解聚，可加乙酸酐对端羟基进行乙酰化封端，或与二氧五环共聚。

除二氧五环和三氧六环外，其他1,3-环双醚和1,3,6-环三醚也能进行阳离子开环聚合。

4. 环酯的开环聚合　4～7元环的环酯均能开环聚合，丙交酯和己内酯是最重要的环酯单体。环酯开环聚合可按阴离子、阳离子和"配位-插入"方式进行。环酯的离子聚合存在严重的分子内和分子间链转移反应，无法获得高分子量聚合物，有机Lewis Pair催化开环聚合是消除链转移的重要途径。金属配合物催化的配位聚合也能有效抑制链转移反应，并应用于聚乳酸和聚己内酯的工业生产。

5. 内酰胺的开环聚合　不同于环醚和环酯，几乎所有内酰胺均能开环聚合。受热力学控制，己内酰胺开环聚合存在可逆平衡，聚合产物中含8%～10%环状单体。己内酰胺可用多种引发剂进行开环聚合，阳离子聚合副反应多，实际应用较少。纤维用尼龙-6采用水和质子酸作引发剂，缩聚和开环聚合并存，后者占主导；浇铸尼龙工程塑料则选用金属钠进行阴离子聚合。

己内酰胺阴离子活性较低，较难引发低活性的己内酰胺单体开环，诱导期长。一旦形成活性较高的二聚体胺阴离子，就能很快地转化为高活性的N-酰化内酰胺物种，随后单体阴离子亲核进攻N-酰化内酰胺活性种，使单体快速开环聚合。浇铸尼龙配方中常加有酰氯或酸酐，对单体进行预先酰化是技术关键。

三元环氮丙啶和五元环噁唑啉不是内酰胺化合物，但可阳离子开环聚合，前者形成支化的聚乙烯亚胺，后者形成N-酰化聚乙烯亚胺，水解后生成线形聚乙烯亚胺。

6. 羧基内酸酐的开环聚合　许多α-羟基酸和α-巯基酸难以形成环状单体，而α-氨基酸二聚形成的六元环酰胺不能开环聚合，α-羟基、α-巯基和α-氨基酸均能形成可脱CO_2聚合的羧基内酸酐，生成高分子的聚酯、聚硫酯和聚酰胺。

强碱不仅会诱导酯交换反应，而且还会与α-H反应，形成平面构型的酯烯醇负离子，随后质子可从两面与α-C结合，导致外消旋化，无法得到手性聚合物。用ROH/有机弱Lewis碱引发O-羧基环内酸酐的开环聚合，可有效抑制链转移和外消旋化副反应，合成手性聚α-羟基酸。

常用伯胺和大位阻的弱 Lewis 碱引发 N-羧基环内酸酐（NCA）的开环聚合，可合成高分子量的手性聚氨基酸。

7. 环硅氧烷的开环聚合　聚硅氧烷是主链由硅和氧交替而成的半有机聚合物，硅原子上通常带有甲基，也可是其他烷基、乙烯基、苯基等取代基。聚硅氧烷的起始单体是二烷基二氯硅烷，先水解缩合成三聚体六元或四聚体八元环硅氧烷，进一步经阴离子或阳离子开环聚合而成。

以 D_3 为代表的六元环硅氧烷有环张力，开环聚合是放热反应，单体可完全转化；以 D_4 为代表的八元环硅氧烷几乎没有环张力，开环聚合存在环-线平衡，是典型的平衡聚合。常用阴离子聚合制备高分子量的聚二甲基硅氧烷（PDMS），用阳离子聚合制备低分子量的硅油，用六甲基二硅氧烷（$Me_3SiOSiMe_3$）通过可逆链转移反应对聚合物进行封端。如果用季铵碱或季鏻碱引发开环聚合，反应结束后经加热即可脱除叔胺或叔鏻，而聚合端基转化为稳定的三烷基硅。

$$\sim\!\!\!\overset{\overset{\displaystyle Me}{|}}{\underset{\underset{\displaystyle Me}{|}}{Si}}\!-\!\overset{-}{O}\ \overset{+}{NR_4} \xrightarrow{\ \triangle\ } \sim\!\!\!\overset{\overset{\displaystyle Me}{|}}{\underset{\underset{\displaystyle Me}{|}}{Si}}\!-\!R + R_3N\!=\!O$$

聚硅氧烷有硅橡胶、硅油、硅树脂三类工业产品，硅橡胶能在 180℃ 以下长期使用。硅橡胶通常用自由基在高温下进行"硫化"，在 PDMS 分子中引入乙烯基有利于硫化。

8. 环烯烃的开环易位聚合　在过渡金属卡宾化合物的催化下，降冰片烯及其衍生物等具有环张力的环烯烃能发生开环易位聚合（ROMP），非共轭的 α,ω-二烯烃也能发生易位聚合，称为 ADMET。ROMP 是链式聚合，可按活性聚合方式进行，ADMET 是典型的缩聚反应。

9. 自由基开环聚合　乙烯基环丙烷衍生物和环外甲叉杂环化合物可发生自由基开环聚合（RROP）。单体聚合通常伴随着体积收缩，但大位阻的乙烯基环丙烷衍生物的 RROP 却可能存在体积膨胀现象。

10. 聚鏻腈　聚鏻腈是以"$-P\!=\!N-$"结构为主链的无机-有机高分子。其起始单体是二氯鏻腈（或二氯磷氮烯），经高温预聚成六元环三聚体，再开环聚合成聚二氯鏻腈，该聚合物是无机弹性体，但不稳定，易水解，只能用作中间体。其氯原子进一步被烷氧基、酚氧基、氟烷氧基和氨基等取代后，形成结构和性能多样的半无机聚合物。

习题

参考答案

1. 列举 4～6 种不能开环聚合的六元环化合物，为什么三氧六环却能开环聚合？

2. 对比下列各组名词。（1）聚合自由能与聚合自由能变化；（2）聚合热（焓）与聚合焓变；（3）聚合熵与聚合熵变；（4）平动熵与构象熵。

3. 丙交酯和 ε-己内酯可通过溶液聚合获得高分子量聚合物，而 ω-十五内酯只有通过本体聚合才能获得高分子量聚合物。试通过热力学分析解释上述实验事实。

4. 环醚和环酯能否开环聚合与环大小有关，但所有环内酰胺均可阴离子开环聚合，根据反应机理说明原因。

5. 用醇盐引发环氧乙烷聚合，可获得分子量为 30～40kDa 的聚醚；在相同条件下，环氧丙烷开环聚合只能获分子量为 3.0～4.0kDa 的聚醚，根据反应机理分析说明原因。

6. 氧杂环丁烷和四氢呋喃只能阳离子聚合，环氧乙烷和环氧丙烷可用阴离子引发聚合，为什么硫杂环丁烷既可阳离子聚合也可阴离子聚合？

7. 用 BF_3 引发氧杂环丁烷聚合时，添加少量水能提高聚合反应的速率，但却降低了聚合度，说明原因。

8. 为什么用烷氧阴离子引发环氧化合物开环聚合常在醇的存在下进行？试讨论醇如何影响反应速率和聚合物分子量。

9. 甲醛和三氯乙醛是少数能发生加成聚合的羰基化合物，但工业上用三氧六环的阳离子聚合生产聚甲醛，为什么不直接用甲醛？在受热条件下，聚甲醛易发生"解拉链式"降解，如何提高聚甲醛的热稳定性？

10. 用方程式表示环酯离子开环聚合过程中的链转移反应。为什么 Lewis Pair 和金属配合物引发的环酯开环聚合易获得高分子量聚合物？

11. 己内酰胺可由水、阴离子和阳离子引发聚合，为什么工业上不用阳离子聚合？阴离子聚合的机理特征是什么？如何采用酰化剂消除诱导期和提高聚合速率？

12. 大位阻的 α-羟基酸不能形成环交酯，α-氨基酸可形成环交酰胺，但却不能开环聚合。试问可用何种方法合成等规聚 α-羟基酸和聚 α-氨基酸。

13. 三聚环硅烷 D_3 和四聚环硅氧烷 D_4 均可进行阴离子聚合和阳离子聚合，为什么 D_3 聚合物分子量明显高于 D_4 聚合物？为什么 D_4 的阳离子聚合只能得到低分子量的聚合物？

14. 环硅氧烷的阴离子聚合物链末端为硅醇阴离子，聚合结束时需要中和，然而残留酸碱会降低聚硅氧烷的热稳定性，采用何种引发剂可以解决这个问题？

15. 如何制备硅氢、氨丙基、羟丙基和氯丙基封端的硅油？如何制备硅氢、乙烯、烯丙基功能化的硅橡胶？

16. 用方程式说明用哪种引发剂可以使下列单体开环聚合，并说明属于何种机理。（1）2,2-双氯甲基氧杂环丁烷；（2）二氧五环；（3）氧化苯乙烯；（4）δ-戊内酰胺；（5）四甲基四苯基环四硅氧烷；（6）环硫乙烷；（7）乙烯亚胺；（8）丙交酯。

17. 给出合成下列聚合物所需的环状单体、引发剂和反应条件。（1）线形聚乙烯亚胺；（2）氨丙基封端的聚二甲基硅氧烷；（3）不含硅羟基的聚二甲基硅氧烷；（4）聚酰胺 4；（5）聚 α-羟基丁酸，（6）聚 α-氨基丙酸。

18. 在 70℃用甲醇钠引发环氧丙烷聚合，环氧丙烷和甲醇钠的浓度分别为 0.8mol/L 和 2.0×10^{-4}mol/L，有链转移反应，计算在转化率为 80% 时聚合物的数均分子量。

19. 在 220℃下用水引发 ε-己内酰胺的平衡聚合反应，当 $[I]_0 = 0.352$mol/L，$[M]_0 = 8.79$mol/L，$[M]_e = 0.484$mol/L 时平衡聚合度为 152，计算平衡时的 k_i 和 k_p 值。

20. 在 THF 的平衡聚合中，THF 起始浓度为 12.1mol/L，$[M^*] = 2.0 \times 10^{-3}$mol/L，$k_p = 1.3 \times 10^{-2}$ L/(mol·s)，如果 $[M]_e = 1.5$mol/L，分别计算反应开始时和 THF 转化率为 20% 时的聚合反应速率。

第 10 章

高分子的化学反应

10.1 高分子反应概述

　　类似于有机小分子，聚合物能发生各种类型的有机化学反应。高分子参与的化学反应常简称为高分子反应（polymer reaction），主要包括聚合物分子链上或分子间的官能团转化反应。虽然高分子反应与普通有机反应具有相似性，但也有特殊之处，即存在着高分子效应（polymer effects）。高分子效应包括聚合物骨架的机械支架作用（mechanical support action）、邻近基团效应（neighbouring group effect）、协同效应（synergy effect）、概率效应（probability effect）、模板效应（template effect）、包络效应（envelope effect）和聚集态效应（phase effect）等，常使化学反应速率减慢、效率降低，但也有加速反应的情况。

　　高分子反应大体上可分为三类：①聚合度不变的反应，即聚合度和总体结构不变或者变化较小，只是侧基和端基发生变化，因此也称为相似转变或基团化学反应。②聚合度增大的反应，主要包括接枝、嵌段、扩链和交联反应。③聚合度减小的反应，包括解聚、无规降解与侧基脱除等。

　　高分子反应有四方面的重要应用。

　　① 扩大高分子材料的品种和应用范围，如聚醋酸乙烯酯的醇解用来生产聚乙烯醇，聚乙烯醇的缩醛化用来生产维尼纶纤维等；通过聚合物化学改性合成具有特殊功能的高分子，如离子交换树脂等。

　　② 在理论上研究和验证高分子的结构，如用高碘酸氧化聚乙烯醇，邻二醇断键形成两个醛基，通过结构表征可获得醋酸乙烯酯自由基聚合过程中产生错位"头-头"键接的比例。

　　③ 研究热氧化降解和光氧化降解反应，可揭示聚合物老化的影响因素，提出切实可行的防老化方案。例如，聚丙烯含有大量叔氢，易发生光氧化降解反应，添加紫外光吸收剂和紫外光淬灭剂等可显著提高其耐候性。

　　④ 研究高分子的解聚与降解，有利于废旧聚合物的处理和回收利用。例如，聚甲基丙烯酸甲酯和聚 α-甲基苯乙烯在高温、无氧条件下主要发生解聚，利用这一性质可在适宜条件下回收甲基丙烯酸甲酯和 α-甲基苯乙烯单体。

10.2 高分子反应的基本特征

在适当条件下能进行各种化学反应是有机小分子的重要特征。例如，烯烃和炔烃能进行加成和氧化反应，芳烃易发生亲电取代反应，烷烃能进行自由基卤代反应，羧酸和醇或胺能进行酯化或酰化反应，羧酸酯和酰胺易发生水解反应等。类似地，在合适条件下，聚合物也能发生这些化学反应。

单烯类聚合物往往带有烷基、苯基、卤素、羟基、烷氧基、羧基、酯基和酰胺基等，双烯聚合物不仅主链留有双键，侧基也可能带有乙烯基，这些基团都能进行取代、加成、氧化、消去和环化等反应。缩聚物主链含有醚键、酯键、酰胺键、氨酯键和脲键等特征基团，在酸或碱的催化下可进行水解、醇解、氨解等反应。

研究聚合物基团反应的主要目的是对价廉、性能单一的聚合物进行改性，提高材料性能和引入新功能，制备新聚合物以扩大应用范围。例如，将纤维素转变成醋酸纤维素，将聚醋酸乙烯酯转变成聚乙烯醇，将聚丙烯酸酯转变成聚丙烯酸，合成接枝和嵌段共聚物，橡胶硫化（交联）以提高材料强度和弹性等。

10.2.1 大分子基团的活性

理论上讲，聚合物和低分子同系物可以进行相似的基团转化反应。例如，纤维素和乙醇中的羟基都可以酯化，聚乙烯和己烷都能进行自由基氯代，聚丙烯酸酯和醋酸乙烯酯都能水解。然而，聚合物与低分子同系物的反应活性和转化率却有很大差异。

在高分子反应中，不能用分子数计量而应该以基团数计量来表述转化率。例如，丙酸甲酯水解，可得 80% 纯丙酸，残留 20% 丙酸甲酯尚未转化，水解的转化率为 80%（摩尔分数）。聚丙烯酸甲酯也能进行类似的水解反应，可转变成含 80% 丙烯酸单元和 20% 丙烯酸甲酯单元的无规共聚物，两种结构单元无法分离，因此只能以"基团"的转化程度［80%（摩尔分数）］来表述。

$$\left[\begin{array}{c} CH_2CH \\ | \\ CO_2Me \end{array} \right]_n \xrightarrow[\triangle]{^-OH} \left[\begin{array}{c} CH_2CH \\ | \\ CO_2H \end{array} \right]_{0.8n} \left[\begin{array}{c} CH_2CH \\ | \\ CO_2Me \end{array} \right]_{0.2n}$$

从单个基团比较，聚合物的反应活性似乎应该与同类小分子化合物相似，如前几章处理聚合反应动力学时所采用的"等活性"假设。但在更多情况下，聚合物中的基团活性、反应速率和最高转化率一般都低于同系物小分子化合物，少数也有增大的情况。主要原因是聚合物和小分子化合物的基团所处环境不同。

10.2.2 物理因素对基团活性的影响

聚合物与小分子试剂进行化学反应，要求反应基团发生分子级接触，因此不同聚合物的结晶、相分离、溶解性等方面的差异，都会影响试剂分子扩散，从而导致基团表观活性和反应速率的明显差异。

对于高结晶度聚合物，试剂分子很难渗透进入晶区，反应多局限于聚合物表面或非晶区。玻璃态聚合物的链段被冻结，也不利于小分子试剂的扩散和反应。因此，在反应之前最好将这些固态聚合物先溶解或溶胀，并关注反应过程中产物的溶解度和相态变化。

聚合物链构象、溶解性和温度对高分子反应的影响较大。①聚合物分子链在溶液中可呈螺旋状或无规线团状态，改变溶剂，链构象可能发生变化，官能团的反应活性也会发生明显改变。②聚合物的溶解性随化学反应的进行可能不断发生变化，一般溶解性好对反应有利，但假若沉淀的聚合物对反应试剂有吸附作用，可使聚合物上的反应试剂浓度增大，反而使反应速率加快；轻度交联聚合物，需加适当溶剂溶胀才能进行反应。③化学反应需要活化能，通常提高温度有利于提高反应速率，但温度太高可能导致氧化、降解等副反应发生。

10.2.3 化学因素对基团转化反应的影响

影响高分子反应的化学因素主要有几率效应、邻近基团效应和空间位阻效应等。

（1）概率效应

当聚合物相邻侧基作无规成对反应时，中间往往留有未反应的孤立单个基团，最高转化率因此受到限制，这种情况称为概率效应。例如，聚氯乙烯与锌粉共热脱氯成环，按概率计算，环化程度只有86.5%，尚有13.5%的氯原子被孤立隔离在两环之间无法反应。实验测定结果与理论计算值相近。这种结果就是相邻基团按概率反应引起的，聚乙烯醇的缩醛化反应与此相似。

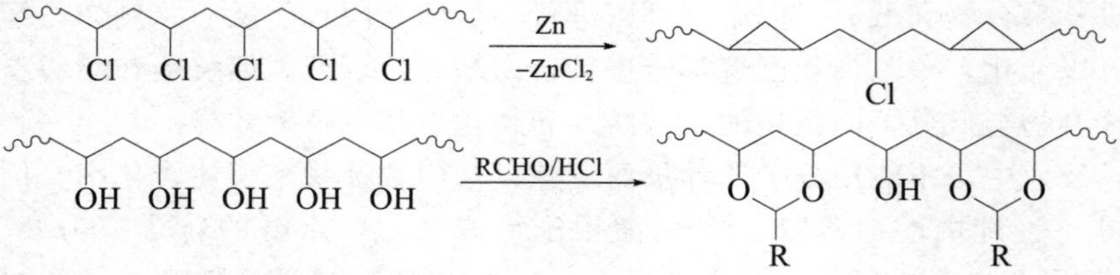

（2）邻近基团效应

聚合物中原有基团和新形成基团的空间位阻、电子效应、静电相互作用均可能影响到邻近基团的反应活性和官能团的转化率，这种情况称为邻近基团效应。

不带电荷的基团转变成带电荷基团的高分子反应速率往往随转化率的提高而降低，带电荷聚合物和含相反电荷的试剂反应，速率加快；而与含相同电荷的试剂反应，则速率减慢，转化率也随之降低。

在酸催化下，聚丙烯酰胺容易水解成聚丙烯酸。初期反应速率与丙烯酰胺水解速率相同，但随着水解度升高反应速率自动加速几千倍。主要原因是水解形成的羧基可与邻近酰胺基中的羰基发生静电相吸，进而有利于进攻羰基，先亲核加成、后消去电中性的氨而形成六元环状酸酐，随后快速水解生成羧基。

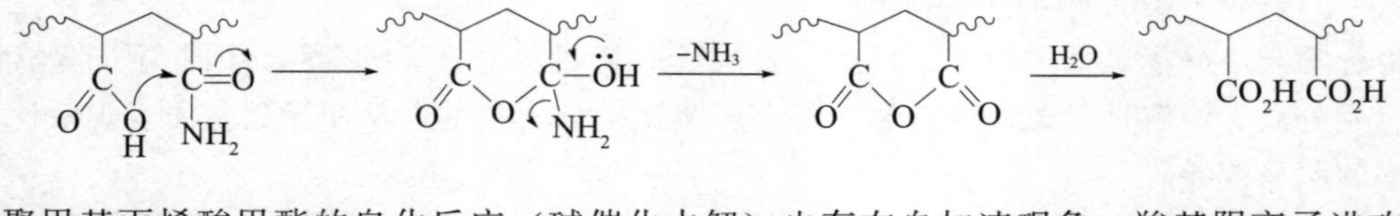

聚甲基丙烯酸甲酯的皂化反应（碱催化水解）也存在自加速现象。羧基阴离子进攻相邻

的酯羰基，发生亲核加成-消去反应，形成六元环状酸酐，随后被氢氧根离子进攻而开环形成羧基。除反应初期外，皂化反应并非由氢氧根离子直接进攻酯羰基而水解成羧基。

凡是有利于形成五元、六元环中间体的反应，邻近基团都具有加速反应的作用。

在官能团转化反应中，如果反应试剂与聚合物反应形成的新基团所带电荷相同，由于静电排斥作用会阻碍反应试剂与聚合物分子链的有效接触，使反应难以充分进行。

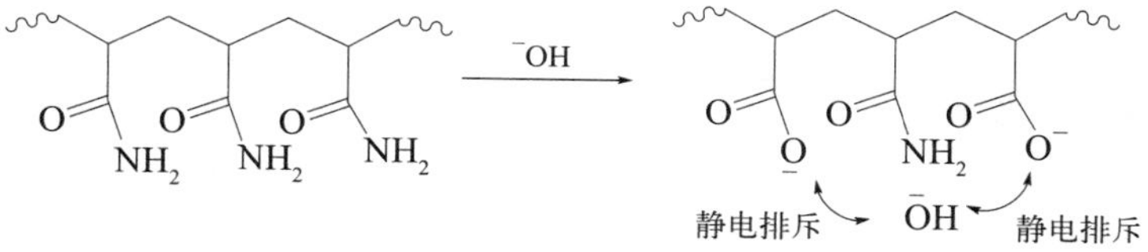

聚丙烯酰胺在强碱性条件下水解，当某个酰胺基邻近的基团都已转化为羧酸根离子后，进攻基团氢氧根与高分子链上新生成的羧酸根带相同电荷，二者相互排斥，难以和残留的酰胺基接触，不能再进一步水解。因此，聚丙烯酰胺的碱性水解度一般低于70%。

（3）空间位阻效应

如果基团转化反应生成大位阻基团，将导致其邻近官能基团难以继续参与反应。例如，在有机碱催化下，聚乙烯醇可与三苯基乙酰氯反应成酯，由于新引入庞大基团的位阻效应，邻近羟基难以再与三苯基乙酰氯反应，聚乙烯醇无法完全转化为聚三苯基乙酸乙烯酯，而只能得到"共聚物"。

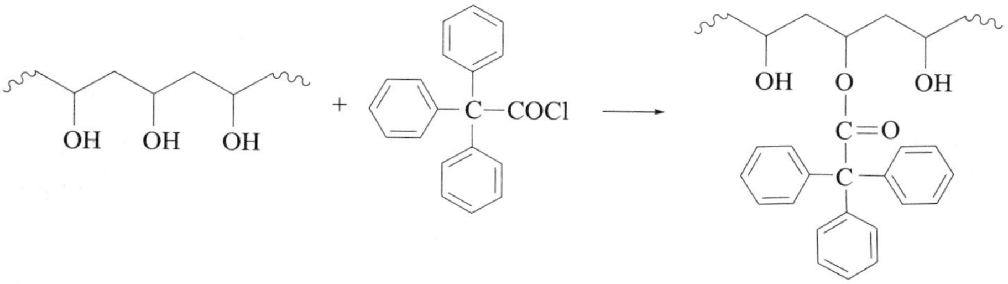

10.3 聚合物的基团反应

10.3.1 聚双烯烃的加成反应

同小分子烯烃相似，橡胶的主链双键和侧基双键也能进行各种加成反应，包括加氢、加卤素、加卤化氢和硼氢化-氧化反应等，从而引入新的原子或基团。

（1）加氢反应

顺丁橡胶、天然橡胶、丁苯橡胶、丁腈橡胶、热塑性弹体 SBS 和 SIS 等都是双烯烃聚合物，其主链含有双键，容易氧化和老化。这些聚合物可被加氢成饱和聚合物，其玻璃化转变温度和结晶度均有改变，可提高耐候性，部分氢化的橡胶可用作电缆涂层。

除顺丁橡胶和天然橡胶外，经自由基或阴离子聚合制备的其他橡胶和热塑性弹性体均含有大量乙烯或异丙烯侧基，其完全氢化产物也呈橡胶态或为新的热塑性弹性体。例如，SBS 的聚丁二烯链段（B）加氢转变为乙丁橡胶链段（EB），加氢聚合物俗称为 SEBS，应用极为广泛。

$$\left[\begin{array}{c} CH_2CH \\ | \\ C_6H_5 \end{array}\right]_n\left(CH_2CH=CHCH_2\right)\left(\begin{array}{c} CH_2CH \\ | \\ CH=CH_2 \end{array}\right)_m\left[\begin{array}{c} CH_2CH \\ | \\ C_6H_5 \end{array}\right]_n \xrightarrow[\text{Ni或Pd}]{H_2} SEBS$$

聚苯乙烯是无定形聚合物，虽然透明性好，但在近紫外区有吸收，而且有双折射现象，T_g 仅为 100℃。利用 Pd-CaCO$_3$ 催化剂，可将聚苯乙烯氢化成聚乙烯基环己烷（polyvinyl cyclohexene，PVCH）。PVCH 在近紫外区完全透明，而且双折射现象几乎可完全消除，耐热性也得到明显改善。

（2）加卤素和卤化氢

顺丁橡胶的加成氯化与加氯化氢反应比较简单，但天然橡胶的加成氯化反应要复杂得多。天然橡胶的氯化可在 80～100℃ 的四氯化碳或氯仿溶液中进行，产物的含氯量可高达 65%，相当于每一个重复单元含有 3.5 个氯原子。显然，除双键的亲电加成外，还发生了自由基氯代反应，反应位点包括烯丙位的 C—H 键和氯代碳原子的邻位 C—H 键。

类似于丙烯基自由基，卤代烃的 α-自由基也比较稳定，因而自由基氯代可能先于加成氯化也可能后于加成氯化，或二者不分先后。由于自由基容易发生偶联反应，因而天然橡胶的氯化不仅可能产生环状结构，也可能会发生轻度交联。

加成氯化橡胶不透水、耐无机酸、耐碱和大部分化学品，可用作防腐蚀涂料和胶黏剂，如混凝土涂层。氯化天然橡胶能溶于四氯化碳，氯化丁苯橡胶却不溶，但两者都能溶于苯和氯仿。加成氯化橡胶对水汽的阻透性好，耐大多数化学药品，可用于制作包装薄膜。

通过异丁烯和异戊二烯阳离子共聚合成的丁基橡胶（isobutylene isoprene rubber，IIR），气密性好，广泛用于制备轮胎的内胎。为了提高轮胎性能，内外胎一体化技术成为该领域的发展趋势。然而，丁基橡胶与其他胶种的相容性差，硫化速率不匹配，成为该技术领域的障碍。为了解决这一问题，最近改用溴化丁基橡胶（brominated IIR，BIIR）替代丁基橡胶。丁基橡胶的溴化按自由基和离子两种机理进行，主要生成烯丙基溴化物。

除烯键外，BIIR 的烯丙基溴也参与硫化反应。BIIR 既可自身硫化，也能与顺丁橡胶、天然橡胶和丁苯橡胶等共硫化，从而增大内胎与外胎间的黏结力，提高轮胎的整体性能。

10.3.2 聚烯烃和聚氯乙烯的氯化

聚烯烃的氯化是自由基取代反应，属于比较简单的高分子基团反应。

（1）聚乙烯的氯化和氯磺化

聚乙烯与烷烃相似，在适当温度下或经紫外光照射，聚乙烯容易被氯化，形成氯化聚乙烯（chlorinated PE，CPE），释放出氯化氢。

$$\sim\!\!\text{CH}_2\text{CH}_2\!\!\sim + \text{Cl}_2 \longrightarrow \sim\!\!\underset{\underset{\text{Cl}}{|}}{\text{CH}_2\text{CH}}\!\!\sim + \text{HCl}$$

HDPE 常被选作氯化原料，高分子量聚乙烯氯化后可形成韧性的弹性体，低分子量聚乙烯的氯化产物则容易加工。CPE 的氯含量可在 $10\%\sim70\%$ 范围内调节。氯化后，聚合物可燃性降低，溶解度有增有减，视氯含量而定。氯含量低时，性能与聚乙烯相近；而氯含量 $30\%\sim40\%$ 的 CPE 却是弹性体，具有阻燃性，可用作 PVC 的抗冲改性剂；氯含量 $>40\%$，则刚性增加，材料变硬。

聚乙烯的工业氯化可采用两种方法：一是溶液氯化法，以四氯化碳作溶剂，在 $95\sim130℃$ 和加压条件下进行氯化，产物的氯含量达到 15% 时体系变为均相，可以适当降低温度继续反应，产物中氯原子分布比较均匀；二是水悬浮氯化法，反应温度为 $65℃$ 左右，氯化反应多在表面进行，氯含量可达到 40%，升高温度可进一步提高氯含量，但会发生粘釜现象，产品中的氯原子分布不均匀。

聚乙烯还能进行氯磺化。聚乙烯的四氯化碳悬浮液与氯、二氧化硫的吡啶溶液进行反应，则形成氯磺化聚乙烯，产物含 $26\%\sim29\%$ 氯和 $1.2\%\sim1.7\%$ 硫，相当于每 $3\sim4$ 个结构单元引入 1 个氯原子，每 $40\sim50$ 个结构单元引入 1 个磺酰氯基团（$-\text{SO}_2\text{Cl}$）。

$$\sim\!\!\text{CH}_2\text{CH}_2\!\!\sim\!\!\text{CH}_2\text{CH}_2\!\!\sim \xrightarrow[-\text{HCl}]{\text{Cl}_2/\text{SO}_2} \sim\!\!\underset{\underset{\text{Cl}}{|}}{\text{CH}_2\text{CH}}\!\!\sim\!\!\underset{\underset{\text{SO}_2\text{Cl}}{|}}{\text{CH}_2\text{CH}}\!\!\sim$$

氯磺化聚乙烯是特种弹性体，在 $-50℃$ 时仍保持良好的柔顺性。少量磺酰氯基团即可供金属氧化物（如氧化铅）、硫或二苯基胍 $[(\text{PhNH})_2\text{C}=\!\text{NH}]$ 来交联。氯磺化聚乙烯耐化学药品、耐氧化，在较高温度下仍能保持较好的机械强度，可用于制作特殊应用场合的填料和软管，也可以用作特种涂层材料。

（2）聚丙烯的氯化

聚丙烯含有的叔氢原子更容易被氯原子所取代。聚丙烯经氯化，结晶度降低，容易降解，力学性能变差。但氯原子的引入增加了极性和黏结力，可用作聚丙烯的附着力促进剂。

$$\sim\!\!\text{CH}_2\underset{\underset{\text{CH}_3}{|}}{\text{CH}}\!\!\sim + \text{Cl}_2 \longrightarrow \sim\!\!\text{CH}_2\overset{\overset{\text{CH}_3}{|}}{\underset{\underset{\text{Cl}}{|}}{\text{C}}}\!\!\sim + \text{HCl}$$

常用氯化聚丙烯（CPP）的氯含量为 $30\% \sim 40\%$，软化点为 $60 \sim 90℃$，溶解度参数（solubility parameter）δ 为 $18.5 \sim 19.0 \ J^{1/2}/cm^{3/2}$，能溶于氯仿等弱极性溶剂，不溶于强极性的甲醇和非极性的正己烷。

（3）聚氯乙烯的氯化

PVC 的氯化可用水作介质，在悬浮状态下于 50℃ 进行，亚甲基氢被氯取代。

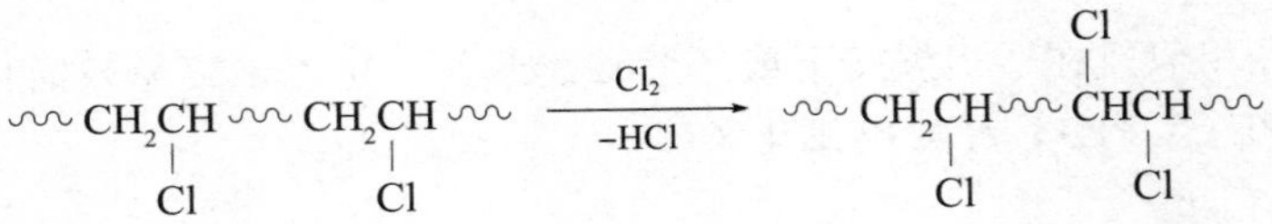

$$\sim CH_2CH \sim CH_2CH \sim \xrightarrow[-HCl]{Cl_2} \sim CH_2CH \sim CHCH \sim$$

（结构式中 Cl 取代基）

PVC 是通用塑料，但其热变形温度低，约 80℃。经氯化，氯含量可从原来的 56.8% 提高至 $62\% \sim 68\%$，耐热性可提高 $10 \sim 40℃$，溶解性、耐候性、耐腐蚀性、阻燃性等也得到相应改善，因此氯化 PVC 可用于制备热水管、涂料、化工设备等。

10.3.3　聚醋酸乙烯酯的醇解

聚乙烯醇可用于制备液晶显示屏的偏光膜，也可用作胶黏剂和分散剂，缩醛化后可纺制维尼纶纤维和制作防弹玻璃夹层。在羰基化合物的酮式和烯醇式互变异构体系中，酮式结构是稳定结构，烯醇式是不稳定结构，因而乙烯醇无法游离存在，会迅速异构化为乙醛，聚乙烯醇只能由聚醋酸乙烯酯经醇解来制备。

醋酸乙烯酯（VAc）是乙炔与乙酸的亲核加成产物，也可用贵金属催化乙烯与乙酸的气相氧化来制备。VAc 经自由基聚合得到聚醋酸乙烯酯。聚醋酸乙烯酯不溶于水，但溶于甲醇，因此用碱催化的醇解反应合成聚乙烯醇。

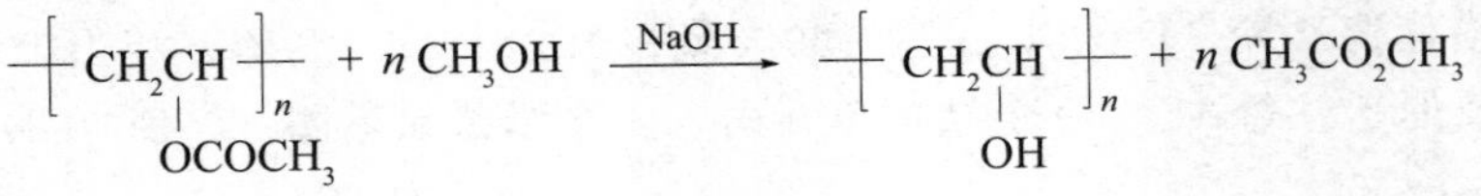

$$\left[CH_2CH \right]_n + n\,CH_3OH \xrightarrow{NaOH} \left[CH_2CH \right]_n + n\,CH_3CO_2CH_3$$

（左侧侧基 OCOCH₃，右侧侧基 OH）

碱金属氢氧化物均可用作催化剂，工业上常用廉价的 NaOH。醋酸酯侧基很难完全转化为羟基，其转化率称作醇解度，醇解度直接影响产物的水溶性。纤维用聚乙烯醇要求醇解度大于 99%，用作氯乙烯悬浮聚合分散剂则要求醇解度为 80% 左右，这两者都溶于水；当醇解度小 50%，则为油溶性聚合物。

聚乙烯醇配成热水溶液，经纺丝、拉伸，即得部分结晶的纤维。聚乙烯醇的晶区虽不溶于热水，但非晶区却亲水，可在水中溶胀。因此，尚需强酸作催化剂，进一步与甲醛或丁醛缩合，形成缩醛化产物。聚乙烯醇的分子链内缩醛形成六元环；分子链间缩醛则形成交联结构。由于概率效应，缩醛化反应并不完全，尚有孤立羟基存在。经过适度缩醛化，足以降低纤维的亲水性，并保持适度吸湿性。

10.3.4　聚（甲基）丙烯酸酯的基团反应

类似于脂肪酸酯，聚（甲基）丙烯酸酯能在碱催化下发生水解反应，生成聚（甲基）丙烯酸。聚（甲基）丙烯酸的羧基体积较小、极性很强，分子间可形成氢键，也能与水分子形成氢键，内能较低，而聚（甲基）丙烯酸酯的位阻较大、极性较低，内能较高，而且随烷氧基增大，内能进一步升高。因此，聚（甲基）丙烯酸酯的水解反应可释放较多能量，容易进行，并且随着烷氧基的增大而加速。

类似于聚丙烯酸酯，聚丙烯酰胺和聚丙烯腈也容易水解，生成聚丙烯酸。

理论上讲，能碱催化的水解反应也可以酸催化水解，但两者之间仍有一些差别。聚丙烯酸酯的碱催化速率明显高于酸催化；聚丙烯酰胺的碱催化初期可能快于酸催化，但因静电排斥作用却不能反应完全，而酸催化却能使水解反应完全。在酸催化过程中，亲核加成-消去反应后半段的离去基团是电中性的氨；而在碱催化过程中，亲核加成-消去反应后半段的离去基团是氨基负离子。在水溶液中，氨是稳定物种，而氨基负离子是高能态物种，因此酸催化水解容易进行，而碱催化水解后期难以进行。

聚丙烯腈也能发生碱催化水解，分两步进行：首先是氰基水解为酰胺，随后是酰胺水解成羧酸盐。由于碱催化不能使聚丙烯酰胺水解完全，因而聚丙烯腈的最终水解产物是丙烯酸盐和丙烯酰胺的共聚物。如果水解后期改成酸催化，无论是聚丙烯酰胺还是聚丙烯腈最终均能形成聚丙烯酸。

聚丙烯酸或部分水解的聚丙烯酰胺可用作锅炉水的防垢剂和水处理的絮凝剂，水中含有铝离子时，聚丙烯酸呈絮状与杂质一起沉降除去。

10.3.5 苯环侧基的取代反应

聚苯乙烯是无定形聚合物，具有良好的溶解性，可看成是烷基苯，侧基苯环可进行烷基苯的各种反应，包括卤代、硝化、磺化、氯磺化、付氏烷基化、付氏酰基化、氯甲基化、甲醛化和苯环氢化等。

苯乙烯和二乙烯基苯的共聚物是离子交换树脂的母体，与发烟硫酸反应，可以在苯环上引入磺酸基，即成阳离子交换树脂；与氯代二甲醚反应，则可引入氯甲基，进一步季铵化即成阴离子交换树脂。在氯甲基化交联聚苯乙烯中还可以引入其他基团。

10.3.6 环化反应

不同于线形链段，环状结构运动受阻，具有较强的刚性。因此，在聚合物主链引入环状结构单元，可提高耐热性和力学强度。有多种反应可在大分子链中引入环状结构，如前面提及的聚氯乙烯与锌粉共热、聚乙烯醇缩醛化等。

聚丙烯腈经过热分解可环化形成梯形结构，甚至稠环结构，进一步脱氢和大部分氮，最终形成碳纤维。碳纤维是高强度、高模量、高耐热的石墨态纤维，与合成树脂复合后，用于制备高性能复合材料，可用于航空、航天等特殊场合。

聚共轭二烯的环氧化是另一类成环反应，其目的是引入可继续反应的环氧基团。环氧化可采用过氧乙酸或过氧化氢作氧化剂。环氧化聚丁二烯容易与水、醇、酸酐、胺等反应。

环氧化聚共轭二烯经交联，可用作涂料和增强塑料。环氧化程度为33%的天然橡胶可增加聚乙烯与炭黑的相容性，用来制备填充型导电高分子材料。

线形聚合物含有两个端基，环形聚合物没有端基。在相同分子量和相同浓度条件下，环形聚合物与线形聚合物在溶液性质、流变性质及高次结构等方面存在明显差异。环状聚合物通常由线形聚合物前体通过适当的成环反应来合成。

（1）α,ω-双官能团线形聚合物前体的单分子偶合法

利用缩聚反应的环-线平衡来合成环形聚合物（cyclic polymer），聚合物链端官能团既可发生分子内成环反应，又能发生分子间反应而增大分子量。这两种反应的概率与反应体系的浓度有关。两种反应概率相同时的浓度称为临界浓度，低于临界浓度时以分子内环化为主；在高稀溶液中，不同分子间没机会相遇发生分子间反应，只能发生分子内环化反应。例如，利用功能引发剂，通过活性阳离子聚合，可制备 α,ω-双官能团化的线形聚合物前体，然后将线形聚合物前体缓慢加入高温溶剂中，两种官能团间的偶合反应快速进行，即在假高稀溶液（pseudo dilute solution）中通过分子内环化可制备环状聚合物。

（2）α,ω-双官能团线形聚合物前体与小分子偶联剂的双分子偶合法

利用双阴离子与双亲电试剂或双阳离子与双亲核试反应，控制稀溶液浓度，使分子内成环和分子间扩链两种反应中成环比例增大，合成环形聚合物。例如，利用萘锂引发苯乙烯聚合可合成窄分布、α,ω-双阴离子化的苯乙烯预聚物，进一步在稀溶液中用二溴甲烷进行偶联反应，可获得以环状聚苯乙烯为主的聚合物，经色谱分离可得到纯净的环形聚苯乙烯。

10.3.7　纤维素的化学改性

纤维素是由 D-葡萄糖苷 $[C_6H_7O(OH)_3]$ 按 β-1,4-键接而成的天然高分子。纤维素（cellulose）广泛分布在树木和草本植物中，棉花的纤维素含量为 $94\%\sim96\%$。纤维素分子中每个葡萄糖单元含有 1 个伯羟基（CH_2OH）和 2 个仲羟基，它们均能参与酯化和醚化等反应，形成黏胶纤维、铜氨纤维、硝化纤维素、醋酸纤维素、甲基纤维素和羟丙基纤维素等衍生物。

纤维素分子间存在强氢键，结晶度高达 $60\%\sim80\%$，高温下只分解不熔融，不溶于一般有机溶剂，可溶于 N-甲基氧化吗啉、咪唑盐离子液体和尿素-碱溶液，也能溶于铜氨 [Cu$(NH_3)_4(OH)_2$] 溶液和铜乙二胺（[$NH_2CH_2CH_2NH_2$]$_2$Cu$(OH)_2$）溶液；还能被浓碱、硫酸、醋酸所溶胀。因此，纤维素可进行各种官能团转化反应。

（1）再生纤维素纤维——黏胶纤维和铜氨纤维

制备再生纤维素纤维（regenerated collulose fiber）一般使用价廉的木浆或棉短绒为原料，经溶胀和化学反应，再水解沉析凝固而成。与原始纤维素相比，再生纤维素的结构发生了两个变化：一是纤维素在溶胀过程中发生轻度降解，聚合度有所减小；二是结晶度显著降低。

① 黏胶纤维。从纤维素制备黏胶纤维（viscose fiber）的原理和过程大致如下：首先用氢氧化钠溶液（$18\%\sim20\%$）处理纤维素（P—OH），使其溶胀并部分转变成碱化纤维素（P—ONa）；室温下放置几天熟化，经过氧化降解，聚合度适当降低。然后在 $20\sim30℃$ 用二硫化碳对碱纤维素进行黄原酸化处理，形成纤维素黄原酸钠（P—OCS$_2$Na）胶液，只要每个糖苷单元平均有 $0.4\sim0.5$ 个羟基转变为黄原酸钠就足以使纤维素溶解。黄原酸（ROCS$_2$H）及其钠盐的分子结构类似于羧酸和羧酸钠，但稳定性较低，在稀酸存在下容易水解，脱除 CS$_2$ 后黄原酸转变成羟基。

$$
\begin{array}{ccc}
P-\text{OH} & \xrightarrow[\text{(1)}]{\text{NaOH}} & P-\text{ONa} \\
\text{(4)} \downarrow -\text{CS}_2 & & \text{(2)} \downarrow \text{CS}_2 \\
P-\text{OCS}_2\text{H} & \xleftarrow[\text{(3)}]{\text{H}^+} & P-\text{OCS}_2\text{Na}
\end{array}
$$

(1)碱液溶胀
(2)黄原酸化
(3)(4)纺丝与纤维素再生

黄原酸钠不稳定，在室温熟化过程中部分水解成羟基，可增加黏度，转化为容易凝固的黏稠纺丝胶液。胶液经纺丝拉伸凝结成丝或膜，进入凝固浴后与酸反应，先水解成纤维素黄原酸（P—OCS$_2$H），再进一步水解脱出二硫化碳，再生出纤维素。

释放出来的 CS$_2$ 应尽量回收循环使用，以避免尾气对大气造成的污染。

② 铜氨纤维。利用纤维素能在铜氨溶液中溶解以及在酸中凝固的性质，也可以制备再生纤维素纤维。将纤维素溶于铜氨溶液（25%氨水、40%硫酸铜、8%NaOH）中，充分搅拌溶解，利用空气中的氧使纤维素适当降解，降低聚合度，再经纺丝拉伸，在 7% 硫酸浴中凝固，洗去残留的铜盐和氨，即得铜氨纤维。铜氨纤维（cuprammonium fiber）的生产过程比黏胶纤维简单，而且 95% 的铜盐和 80% 的氨可循环使用，应用比较广泛。食品和日用品的包装玻璃纸（纤维素纸）也用该法生产。

近年来发现，N-甲基氧化吗啉和咪唑盐离子液体均能溶解纤维素，经过湿法纺丝和溶液成膜可制备再生纤维素纤维和纤维素膜，具有替代黏胶纤维和铜氨纤维的潜力。

（2）纤维素的酯化

纤维素的羟基类似于多糖和单糖的羟基，也可以发生酯化反应，生成纤维素酯。常见的纤维素酯包括硝酸酯、醋酸酯、丙酸酯、丁酸酯以及混合酯等。纤维素的硝酸酯称为硝化纤维素，是较早研究成功的改性天然高分子（1868年），醋酸纤维素继后。

① 硝化纤维素。硝化纤维素（nitrocellulose）是由纤维素在 $25\sim40\,℃$ 经硝、硫混酸硝化而成。浓硫酸起溶胀纤维素和活化硝酸的双重作用，硝酸则参与酯化反应。

$$HO—NO_2 + H_2SO_4 \longrightarrow {}^+NO_2 + H_2O + HSO_4{}^-$$

$$P—OH + {}^+NO_2 + HSO_4{}^- \longrightarrow P—ONO_2 + H_2SO_4$$

由于高分子效应，并非3个羟基都能全部酯化，每个糖苷单元中被取代的羟基数定义为取代度（DS），工业上以含氮量（质量分数）来表示硝化度。理论上硝化纤维素的最高硝化度为 14.4%（DS＝3），实际上低于此值，硝化纤维素的取代度或硝化度可以由硝酸的浓度来调节。

不同取代度的硝化纤维素应用于不同场合，高氮（$12.5\%\sim13.6\%$）硝化纤维素用作火药，低氮（$10.0\%\sim12.5\%$）硝化纤维素可制作照相的成像"胶卷"和电影胶片、粘接剂和涂料等，见表10-1。

表 10-1　硝化纤维素的取代度和用途

氮含量/%	取代度	主要用途	氮含量/%	取代度	主要用途
14.4	3	理论研究			
12.6～13.4	2.7～2.9	炸药	10.6～12.4	2.25～2.6	硝化漆
11.8～12.4	2.5～2.6	胶片	10.6～12.4	2.25～2.6	赛璐珞①

①赛璐珞指硝酸纤维素塑料。

供赛璐珞用的硝化纤维素，在硝化之后含有 $40\%\sim50\%$ 水分，用酒精排水，经离心或压榨挤出水分，仍含有 $30\%\sim45\%$ "湿度"，但其中 80% 是酒精，20% 是水。再与 $20\%\sim30\%$ 樟脑（增塑剂）共混，经辊炼或捏合，将酒精降至 $12\%\sim18\%$。在 $80\sim90\,℃$ 和 $50\sim300\,N/cm^2$ 下压成块，切割成棒、管、板等半成品，再加工成塑料制品。硝化纤维素最主要的用途是涂料，其聚合度约200，取代度约2.0。赛璐珞易燃，已被醋酸纤维素所取代。

② 醋酸纤维素。醋酸纤维素（cellulose acetate）是以硫酸为催化剂，经醋酸酐的乙酰化而成。硫酸和醋酸酐还有脱水作用。理论上纤维素可直接乙酰化为三醋酸纤维素，实际上最高取代度为2.8。如果用醋酸酐在醋酸中进行乙酰化反应，则形成取代度接近2.0的二醋酸纤维素。

$$CH_3CO_2H + HA \longrightarrow CH_3\overset{+}{C}O + H_2O\cdot A^- \xrightarrow{\ P-OH\ } P-OCOCH_3 + HA$$

$$HA = H_2SO_4, CH_3CO_2H$$

虽然三醋酸纤维素能溶于氯仿或二氯甲烷与乙醇的混合物中，也可直接制成薄膜或模塑制品，但使用更多的醋酸纤维素是 2.2～2.8 取代度的品种，可用作塑料、纤维、薄膜、涂料等。因强度高和透明性好，醋酸纤维素常用来制作录音带、胶卷、片基、玩具、眼镜架、电器零部件等。

纤维素的醋酸-丙酸混合酯和醋酸-丁酸混合酯具有更好的溶解性能、抗冲性能、尺寸稳定性和耐水性，容易加工，可用作模塑粉、动画片基材、涂料和包装材料等。

（3）纤维素的醚化

纤维素醚品种很多，包括甲基纤维素（methyl cellulose）、乙基纤维素（ethyl cellulose）、羟乙基纤维素（hydroxyethyl cellulose）、羟丙基纤维素（hydroxypropyl cellulose）、甲基羟丙基纤维素（methyl hydroxypropyl cellulose）、羧甲基纤维素等（carboxymethyl cellulose）。乙基纤维素具有油溶性，可用作织物浆料、涂料和注塑料，其他为水溶性。甲基纤维素可用作食品增稠剂，以及胶黏剂、墨水、织物处理剂的重要组分。羧甲基纤维素、羟乙基纤维素、羟丙基纤维素可用作胶黏剂、织物处理剂和乳化剂。甲基羟丙基纤维素用作悬浮聚合的分散剂。

制备纤维素醚时，首先需用碱液使纤维素溶胀，然后由碱化纤维素与卤代烃或硫酸酯反应。工业上用廉价的氯甲烷、氯乙烷和氯乙酸等醚化剂。烷氧基减弱了纤维素分子间的氢键，因而增加了水溶性。取代度增加过多或使用长链烷基，会使溶解度降低。

羧甲基纤维素由碱化纤维素与氯乙酸反应而成，取代度为 0.5～0.8 的品种主要用作织物处理剂和洗涤剂，高取代度品种则用作增稠剂和钻井泥浆添加剂。

$$P{-}ONa + R{-}Cl \longrightarrow P{-}OR + NaCl \qquad R=CH_3, CH_2CH_3, CH_2COOH$$

羟乙基纤维素或羟丙基纤维素则由碱化纤维素与环氧乙烷或环氧丙烷反应而成。羟乙基纤维素可用作水溶性的织物整理剂和锅炉去垢剂。甲基羟丙基纤维素是混合醚，醚化反应需用氯甲烷和环氧丙烷混合试剂。

$$P{-}ONa + \overset{O}{\triangle}R \longrightarrow P{-}OCH_2\overset{OH}{CHR} + NaCl$$

10.4 反应性功能高分子与离子交换树脂

10.4.1 功能高分子概述

功能高分子（functional polymer）是指除力学强度外还具有某些特定功能的高分子。它们之所以具有特定的功能，是由于在其大分子链中结合了特定的功能基团，或聚合物与具有特定功能的其他材料进行了复合，或者二者兼而有之。功能高分子通常按其特定功能分类，如：① 反应性功能高分子（reactive functional polymer）；② 吸附分离高分子（adsorption separation polymer）；③ 光敏高分子（photosensitive polymer）；④ 光、电、磁功能高分子（optical, electrical, and magnetic functional polymers）；⑤ 生物医用高分子（biomedical polymer）；⑥ 仿生高分子（biomimetic polymer）；⑦ 智能高分子（intelligent polymer）等。

反应性功能高分子主要包括高分子试剂（polymer reactant）、高分子催化剂（polymer catalyst）和高分子药物（polymer drug），离子交换树脂（ion exchange resin）兼有试剂和催化功能，而固定化酶则类似于高分子催化剂。

吸附分离高分子主要包括离子交换树脂、高吸水树脂、高吸油树脂和分离膜等；光交联和光致分解聚合物是最重要的光敏高分子，用于制作微电子行业广泛使用的光刻胶；光、电、磁功能高分子包括导电高分子、磁性高分子、光电转换高分子和电致发光高分子等；生物医用高分子指用以制造人体内脏、体外器官、药物剂型及医疗器械的聚合物；仿生高分子在形态、观感以及性能方面与天然高分子物质类似；智能高分子对环境具有"自我感知"和自我反应功能，如液晶膜、"人造皮肤"和"人造肌肉"等。

功能高分子的合成有三种策略或方法：一是高分子功能化法，即先合成聚合物母体，再通过化学反应，接上功能基团，属于聚合物基团转化反应；二是功能单体的高分子化法，即先将功能基团引入单体，然后聚合，如由丙烯酸聚合制备聚丙烯酸；三是结构/功能一体化构筑法，即将聚合物骨架和功能基团同时键接在一起，在许多情况下聚合物骨架本身就是功能基团，如导电高分子聚噻吩和 H_2/CH_4 分离膜材料聚酰亚胺等。电光转换等功能高分子常采用第三种合成方法。

10.4.2　反应性功能高分子

反应性功能高分子是指由起骨架作用的聚合物与起化学反应作用的化合物或活性基团相结合，吸取双方优点而发展起来的一类化学试剂。这种功能高分子具有如下特点：①高分子骨架的难溶性，能使均相反应转变成多相反应，使产物分离纯化过程简化，方便试剂回收再生；②高分子骨架的分隔和固定作用，能获得在小分子反应中难以见到的"无限稀释"和"邻位效应"，避免或抑制副反应，提高反应的专一性；③利用高分子骨架的立体效应，能实现"模板反应"，提高选择性；④利用高分子骨架的负载作用，能实现固相合成，有利于合成反应的自动化。

高分子药物也可归入高分子试剂，将药物通过共价键结合或配位键接在聚合物母体上；或令带有药效基团的单体聚合，如缓释药物高分子青霉素的合成。

在乙烯醇-乙烯胺共聚物的分子链中引入青霉素即为高分子药物——高分子青霉素。

10.4.3　离子交换树脂

离子交换树脂是带有交换离子的活性基团、具有网状结构、通常为球形颗粒状聚合物。离子交换树脂还可以根据其基体的种类分为聚苯乙烯型和聚丙烯酸型等。树脂中化学活性基团的种类决定了树脂的主要性质和类别。首先区分为阳离子树脂和阴离子树脂两大类，它们可分别与溶液中的阳离子和阴离子进行离子交换。

聚苯乙烯型离子交换树脂的合成分为两步：①先用苯乙烯和少量对二烯基苯为单体，通过悬浮共聚制备轻度交联的体形聚苯乙烯（聚苯乙烯微球）；②再利用聚合物的化学反应制备离子交换树脂。

磺化聚苯乙烯微球为阳离子交换树脂，而季铵化聚苯乙烯微球则为阴离子交换树脂。阳离子交换树脂又分为强酸性和弱酸性两类，阴离子交换树脂分为强碱性和弱碱性两类。

强酸性阳离子交换树脂含有大量的强酸性基团，如磺酸基（—SO_3H），容易在溶液中解离出 H^+，故呈强酸性。树脂离解后，本体所含的负电基团，如 SO_3^-，能吸附结合溶液中的其他阳离子。这两个反应使树脂中的 H^+ 与溶液中的阳离子互相交换。强酸性树脂的离解能力很强，在酸性或碱性溶液中均能离解和产生离子交换作用。

树脂在使用一段时间后，要进行再生处理，即用化学药品使离子交换反应按相反方向进行，使树脂恢复原来状态，以供再次使用。例如，上述的阳离子树脂用强酸进行再生处理，此时树脂放出被吸附的阳离子，再与 H^+ 结合而恢复原来的组成。

弱酸性阳离子树脂含弱酸性基团，如羧基（—COOH），能在水中离解出 H^+ 而呈酸性。树脂解离后余下的负电基团，如—CO_2^-，能与溶液中的其他阳离子吸附结合，从而产生阳离子交换作用。这种树脂的酸性即离解性较弱，在低 pH 下难以离解和进行离子交换，只能在碱性、中性或微酸性溶液（如 pH＝5～14）中起作用。

强碱性阴离子树脂含有强碱性基团，如季铵碱基（—NR_3OH），能在水中解离出 OH^- 而呈强碱性。这种树脂的正电基团能与溶液中的阴离子吸附结合，从而产生阴离子交换作用。强碱性阴离子树脂的离解性很强，在不同 pH 下都能正常工作，它用强碱（NaOH）再生。

$$— NHR \ + \ H_2O \ \Longleftrightarrow \ —\overset{+}{N}H_2R \ + \ OH^-$$

弱碱性阴离子树脂含有弱碱性基团，如伯胺基（—NH_2）、仲胺基（—NHR）或叔胺基（—NRR'），它们在水中能产生 OH^- 而呈弱碱性。这种树脂的正电基团能与溶液中的阴离子吸附结合，从而产生阴离子交换作用。弱碱性阴离子树脂能吸附溶液中的大多数酸分子。它在中性或酸性条件（pH＝1～9）下工作，用 Na_2CO_3 或 NH_4OH 再生。

以上是离子交换树脂的四种基本类型。在实际使用上，常将这些树脂转变为其他离子形式运行，以适应各种需求。例如，常将强酸性阳离子树脂与 NaCl 作用，转变为钠型树脂再使用。工作时钠型树脂放出 Na^+ 与溶液中的 Ca^{2+}、Mg^{2+} 等阳离子交换吸附，除去这些离子。离子反应时没有放出 H^+，可避免溶液 pH 下降和由此产生的副作用。这种离子交换树脂以钠型运行使用后，可用盐水再生。

类似地，阴离子树脂可转变为氯型树脂，工作时放出 Cl^- 而吸附交换其他阴离子，如 NO_3^- 和 SO_4^{2-} 等，需用食盐水溶液再生。阴离子树脂也可转变为碳酸氢型（HCO_3^-）树脂运行。强酸性树脂及强碱性树脂在转变为钠型和氯型后，就不再具有强酸性及强碱性，但它们仍然有这些树脂的其他典型性能，如离解性强和工作 pH 范围宽广等。

离子交换树脂对溶液中不同离子的亲合力不同，可选择性吸附不同离子。各种离子受吸附作用的强弱程度有普适性规律，但不同树脂可能略有差异。主要规律如下。

对阳离子的吸附，高价离子通常被优先吸附，而对低价离子的吸附性较弱。在同价离子中，直径较大的离子被优先吸附。一些阳离子被吸附的顺序如下：

$$Fe^{3+} > Al^{3+} > Pb^{2+} > Ca^{2+} > Mg^{2+} > K^+ > Na^+ > H^+$$

对阴离子的吸附，强碱性阴离子树脂对无机酸根吸附的一般顺序为：

$$SO_4^{2-} > NO_3^- > Cl^- > HCO_3^- > OH^-$$

弱碱性阴离子树脂对阴离子吸附的一般顺序为：

$$OH^- > SO_4^{2-} > 酒石酸根^{2-} > C_2O_4^{2-} > PO_4^{3-} > NO_2^- > Cl^- > CH_3COO^- > HCO_3^-$$

离子交换树脂广泛用于水处理，去除各种阴阳离子，约占离子交换树脂用量的 90%，包括核能、半导体、微电子、制药、制糖、石油化工和实验室用水处理等。

在石化工业中，常用离子交换树脂替代无机酸或碱，催化酯化、水解、酯交换与水合等反应，离子交换树脂可反复使用，产品容易分离，反应器不会被腐蚀，不污染环境，反应容易控制等。例如，在工业上用大孔离子交换树脂催化异丁烯与甲醇的成醚反应，生产汽油添加剂甲基叔丁基醚（MTBE）。

离子交换树脂可以从贫铀矿里分离、浓缩、提纯铀，也可用于提取稀土元素和贵金属。在电镀行业，离子交换树脂用于回收重金属离子和分离有毒有害阴离子。

除离子吸附外，离子交换树脂还可吸附有色物质。例如，糖液脱色常使用强碱性阴离子树脂，它对拟黑色素（还原糖与氨基酸反应产物）和还原糖碱性分解产物的吸附较强，而对焦糖色素的吸附较弱。这被认为是由于前两者通常带负电，而焦糖的电荷很弱。

10.5 接枝共聚

前述的官能团转化反应不改变聚合物的主链结构。然而，有些高分子反应能改变聚合物的主链结构，同时显著增大聚合物的分子量。这类高分子反应主要包括接枝共聚（graft copolymerization）、嵌段共聚（block copolymerization）和扩链（chain extension）反应，新形成的聚合物分别称为接枝共聚物、嵌段共聚物和扩链聚合物（chain extended polymer）。

| 接枝共聚物 | 嵌段共聚物 | 扩链聚合物 |

不同于扩链聚合物，接枝共聚物和嵌段共聚物是多组分共聚物，可形成多相结构。通过接枝共聚和嵌段共聚，可以将亲水性和亲油性、酸性和碱性、塑性和高弹性等互不相容的两种链段键接在一起，赋予聚合物特殊性能。

接枝共聚物的性能取决于主链和支链的组成结构、长度以及支链数。接枝共聚物的合成策略大体有三种，包括由主链反应位点接枝聚合的长出支链法（graft from）、侧链与主链反应位点偶联的嫁接支链法（graft onto）、少量大分子单体与主单体无规共聚的共聚接枝法

（graft through）。

10.5.1 长出支链

在乙烯和氯乙烯的自由基聚合过程中，链自由基向大分子链转移可长出支链。由于主链结构与支链结构相同，不能将他们看成是接枝共聚物。然而，人们可以根据链转移反应原理，在某种大分子的主链上键接另一单体单元的支链，形成接枝共聚物。

通过某些侧基反应，可产生活性位点，引发单体聚合长出支链，形成接枝共聚物。例如，纤维素、淀粉、聚乙烯醇等都含有侧羟基。侧羟基具有还原性，能与 Ce^{4+}、Co^{2+}、V^{5+}、Fe^{3+} 等高价过渡金属化合物构成氧化-还原引发体系，在聚合物侧基上产生自由基活性位点，而后引发接枝聚合。

上述接枝聚合反应，自由基在主链上原位产生，而后引发单体聚合形成支链，可防止或抑制均聚物的形成。

聚苯乙烯通过侧基反应，可以形成多种类型的接枝位点，然后通过自由基或离子机理引发单体接枝聚合。例如，通过付氏烷基化反应可在苯环上引入异丙基，氧化成氢过氧化物，再分解成自由基，而后可引发烯类单体聚合长出支链，形成接枝共聚物。

通过相关反应，可在聚苯乙烯某些苯环的对位引入甲基和氯甲基。前者可与丁基锂反应，形成苄基锂活性位点，引发丁二烯和甲基丙烯酸甲酯等单体的阴离子接枝聚合；后者可作为碳阳离子给体，在 Lewis 酸的活化下，引发异丁烯和 α-甲基苯乙烯等单体的阳离子接枝聚合。

高分子化学

在改性甲基铝氧烷（MMAO）的活化下，双（β-二酮亚胺）钛可催化乙烯与羟甲基降冰片烯的配位共聚，合成带有羟甲基的聚乙烯。这种羟基化的聚乙烯可溶于热甲苯，用氢化钠或丁基锂处理可得醇盐，形成阴离子聚合的反应位点，引发丙交酯（LA）和环氧烷烃等杂环单体的开环聚合，合成聚乙烯接枝聚乳酸或环氧丙烷等共聚物。如果在该共聚物体系中添加冠醚或季铵盐，还可引发甲基丙烯酸甲酯等单体的阴离子接枝聚合。

聚氯乙烯、氯丁橡胶、聚醋酸乙烯酯、EVA 和溴化丁基橡胶等含有碳阳离子给体的聚合物可通过强 Lewis 酸活化，形成碳阳离子反应位点，引发阳离子接枝聚合。

在真空条件下，用高能射线（γ-射线、电子束、UV 等）辐射固体聚合物能使聚合物主链上形成自由基，然后再加入烯类单体可引发接枝聚合。例如，利用辐照接枝聚合可制备聚乙烯接枝聚丙烯酸酯（PE-g-PRA）。

也可用单体溶胀的聚合物为原料进行辐照接枝聚合。然而，在产生高分子自由基的同时，单体受到高能辐照也会形成自由基引发单体均聚，最后得到接枝聚合物和均聚物的混合物。

综上所述，自由基聚合、阴离子聚合、阳离子聚合、配位聚合、开环聚合等都可用于合成支链结构不同于主链的接枝共聚物，广泛用于高分子材料改性、高分子共混物和有机-无机纳米复合材料的界面增容剂等。

10.5.2 嫁接支链

预先定制合成主链和支链，主链含有活性位点 A，支链含有活性端基 B，就像嫁接果树一样，通过两者的偶联反应就可将支链嫁接到主链上。这类接枝方法要求 A 和 B 的偶合反应具有快速、高效的特点，但对工业应用则无此要求，甚至可用逐步缩合反应实现接枝。

主链和支链可以预先定制合成与结构表征，嫁接支链法为结构明确接枝共聚物的分子设计与高效合成提供了基础。活性阴离子聚合、准活性阳离子聚合、"活性/可控"自由基聚合和活性开环聚合等均可用于嫁接支链法。该方法的关键是在聚合物主链上构建合适的反应位点，同时选择快速高效的偶联反应。亲核取代、硫-烯加成和叠氮基与端炔的1,3-偶极加成是最常用的三种偶联反应。

　　苯环上的氯甲基和ω-碘代侧基容易受到亲核试剂的进攻，发生亲核取代反应，这类反应常用于合成接枝聚合物。例如，将苯乙烯与少量对氯甲基苯乙烯共聚，在聚苯乙烯分子链中引入氯化苄基，再与聚丁二烯阴离子活性链（PB—CH_2Li）或含有端巯基的聚乳酸（PLA—CH_2SH）进行亲核取代反应，即可高效合成聚苯乙烯接枝聚丁二烯（PS-g-PB）和聚苯乙烯接枝聚乳酸（PS-g-PLA）。

　　巯基（—SH）与烯键的加成反应可按自由基或阴离子两种机理进行，取决于烯键的取代基结构。共轭烯烃的硫-烯加成可按阴离子机理进行，反应速率明显快于非共轭烯烃，这一反应可用于合成接枝共聚物。例如，用非茂铪能高效催化丙烯与4-烯丁基苯乙烯的等规聚合，聚合产物的苯乙烯侧基能与PLA—CH_2SH进行快速硫-烯加成，形成结构明确的接枝共聚物。

　　在亚铜盐的催化下，叠氮基和端炔的1,3-偶极加成反应极快，可在瞬间完成，被称为"点击化学（click chemistry）"反应，常用于合成结构明确的接枝共聚物。

　　根据亲核取代反应原理，离子聚合可用于接枝聚合物的高效合成。带有酯基、环酸酐、苄卤、环氧、叔胺和吡啶等亲电侧基的聚合物很容易与活性链阴离子偶联形成接枝链，接枝效率可达80%～90%。类似地，活性链阳离子可进攻环氧基团发生开环反应，从而形成接枝链。例如，侧基环氧化的聚合物既可与阴离子活性链偶联也可与阳离子活性链偶联形成接枝共聚物。

10.5.3　大单体共聚接枝

　　大单体与普通烯类单体共聚，包括自由基共聚、离子共聚和配位共聚，可以形成接枝共聚物。多数大单体是带有端烯基的低聚物，可看作是长链烯类单体，与普通单体共聚后，大单体的长尾链成为聚合物的支链，而普通烯类单体就成为主链。这一方法可避免链转移法的低效率和混有均聚物的缺点。

　　大单体一般由活性或准活性聚合制得，活性聚合可以控制链长、链长分布和端基，这一特点有利于分子设计、裁制预定接枝共聚物。大单体也可以均聚，生成梳形聚合物。大单体共聚遵循烯类单体共聚的一般规律，共聚物组成方程和竞聚率均适用。

　　大单体的种类很多，包括苯乙烯型、（甲基）丙烯酸酯型、丙烯酰胺型、长链 α-烯烃和降冰片烯型等，长尾链可以是低聚苯乙烯、低聚丁二烯、低聚异丁烯、低聚（甲基）丙烯酸酯、低聚乙二醇（PEG）、低聚丙二醇（PPG）、低聚二甲基硅氧烷（PDMS）、低聚乳酸（PLA）、低聚 ε-己内酯（PCL）、低聚乙烯和低聚丙烯等。

　　现举一例说明大单体共聚接枝法。在有机铝配合物的存在下，先用甲基丙烯酸羟乙酯引发丙交酯的开环聚合，控制投料比可获得数均聚合度为 $20\sim40$ 的 PLA 大单体；然后以 AIBN 为引发剂，将大单体与苯乙烯共聚，即可合成主链疏水、侧链亲水的接枝共聚物 PS-g-PLA。

10.5.4　链转移接枝

　　在自由基聚合体系中引入其他聚合物，添加聚合物的叔氢或烯丙基氢比较活泼，容易被自由基夺取而成为自由基接枝反应位点。因此，聚合体系除均聚外，还会发生接枝聚合，生成均聚物和接枝共聚物的混合物。尽管这类体系较为复杂、接枝效率低、结构不明确，但成本低，可获得性能优异的高分子材料，因而在工业生产中已得到广泛应用。

（1）单烯类聚合物的链转移接枝

　　烯类单体在含有叔氢聚合物的溶液中进行自由基聚合时，除均聚外还容易发生向聚合物的链转移反应，先形成叔碳自由基，而后引发单体聚合而长出支链。产物中均聚物和接枝共聚物共存。在此过程中，链增长和链转移相互竞争，链转移反应比链增长反应要慢，接枝效率将受到一定限制，接枝共聚物远比均聚物少，但这并不妨碍工业应用。

　　接枝效率的高低与自由基的活性有关，引发剂的选用非常关键。以 PS-g-PMA 体系为例，用 BPO 作引发剂，可以产生相当量的接枝共聚物；但用过氧化二叔丁基作引发剂，接枝共聚物很少；用 AIBN 作引发剂，就更难形成接枝共聚物。这是因为叔丁基和异丁腈自由基活性较低，不容易发生链转移。此外，不论采用何种引发剂，PS 和聚丙烯酸甲酯（PMA）都很难与 VAc 形成接枝共聚物。

温度对接枝效率也有影响。升高聚合温度一般使接枝效率提高，因为链转移反应的活化能比链增长反应高，温度对链转移速率常数的影响比较显著。但在聚丙烯酸丁酯乳液中接枝苯乙烯，在 $60\sim90℃$ 范围内，温度对接枝效率的影响甚微。

（2）共轭双烯聚合物的链转移接枝

通过自由基或阴离子聚合制备的聚丁二烯和丁苯橡胶均含有主链双键和侧基双键，当遇到自由基时可发生四种反应：第一种是侧基双键与自由基加成，形成侧基自由基；第二种是主链双键与自由基加成，形成主链自由基；第三种是自由基夺取主链烯丙位的仲氢，形成主链烯丙位仲自由基；第四种是自由基夺取主链烯丙位的叔氢，形成主链烯丙位叔自由基。这四种自由基均可作为接枝位点，引发自由基接枝聚合。

现以聚丁二烯（PB）/苯乙烯体系进行接枝共聚合成高抗冲聚苯乙烯（high impact PS，HIPS）为例，来说明共轭双烯聚合物的链转移接枝反应过程。将 PB 和引发剂溶于苯乙烯中，引发剂受热分解成初级自由基，一部分引发苯乙烯聚合形成 PS，另一部分与聚丁二烯大分子加成或链转移，进行下列四种反应而形成接枝共聚物。初级自由基和链增长自由基均能与聚丁二烯反应形成接枝位点。为了简化问题，对两种自由基不加以区分，将四种反应均看成是向大分子的链转移反应，反应常数记为 $k_{tr1}\sim k_{tr4}$。

四种链转移速率常数大小依次为 $k_{tr1}>k_{tr2}\gg k_{tr3}\approx k_{tr4}$，可见高 1,2-结构含量的聚丁二烯有利于接枝，因此低顺丁二烯橡胶（含 $30\%\sim40\%$ 1,2-结构）优先选作合成 HIPS 的接枝母体。

上述方法合成得到的接枝产物是接枝共聚物 PB-g-PS 和均聚物 PB、PS 的混合物，其中 PS 占比可达 90%，成为连续相；PB 含量较少，以 $2\sim3\mu m$ 的粒子分散在 PS 连续相内。PB-g-PS 处于 PB、PS 两相的界面，成为增容剂，从而提高了聚苯乙烯的抗冲击性能。

从化学角度看，链转移接枝法缺点很多，包括接枝效率低、接枝共聚物与均聚物共存、接枝数和支链长度等结构参数难以测定和控制，因而无法得到结构明确的接枝共聚物。然而，该法简便经济，适合于工业应用。例如，苯乙烯和丙烯腈在聚丁二烯乳胶粒上接枝合成 ABS 树脂；MMA 和苯乙烯在聚丁二烯乳胶粒上接枝合成 MBS 树脂，MMA 在聚丙烯酸丁酯乳胶粒上接枝合成 ACR 树脂，两者均用作透明聚氯乙烯制品的抗冲改性剂。

10.6　嵌段共聚

由两种或多种长链段构成的线形聚合物称作嵌段共聚物，常见的有 AB 型、ABA 型（如 SBS 和 SIS 等）和 ABC 型，其中 A、B 和 C 都是长链段；也有（AB）$_n$ 型多嵌段共聚物，其中 A、B 链段相对较短。

嵌段共聚物的性能与链段结构、长度、数量有关。有些嵌段共聚物中两种链段不相容，凝聚态将分离成两相，其中一相可以是结晶或玻璃态的分散相，另一相可以是高弹态的连续相。嵌段共聚物的相态结构取决于链段结构。

常用两种方法合成结构明确的嵌段共聚物，包括基于活性聚合的顺序加料法和基于预制链段的偶联法。

10.6.1　基于活性聚合的顺序加料法

利用活性聚合先合成链段 A；单体耗尽后再加入等活性或更高活性的第二种单体，在 A 链端继续聚合形成新链段 B，最后终止形成 AB 型嵌段共聚物。活性阴离子聚合、活性/可控自由基聚合、准活性阳离子聚合和活性开环聚合等均可用于嵌段共聚物的合成。

$$R^* \xrightarrow{n\,A} \text{——}A^* \xrightarrow{n\,B} \text{——}A\text{～～}B^* \xrightarrow{n\,A} \text{——}A\text{～～}B\text{——}A^* \xrightarrow{\text{终止}} \text{——}A\text{～～}B\text{～～}A\text{——}$$

SBS 是工业嵌段共聚物的典型代表，S 代表苯乙烯链段，分子量为 10～15kDa；B 代表丁二烯链段，分子量为 50～100kDa。常温下 SBS 反映出 B 段高弹性，S 段处于玻璃态微区，起物理交联作用。温度升至聚苯乙烯玻璃化转变温度以上，SBS 具有流动性，可以模塑成型，因此 SBS 称作热塑性弹性体，无需硫化。SBS 和 SIS 的合成已在第 6 章作过详细讨论，这里不再赘述。

准活性阳离子聚合也可用于合成热塑性弹性体材料。例如，在 BCl$_3$ 的活化下，可用双枯烯基氯引发异丁烯（IB）聚合，待 IB 消耗完全加入 α-甲基苯乙烯（MSt），继续准活性阳离子聚合，最后加入乙醇终止，获得聚 α-甲基苯乙烯为硬段、聚异丁烯为软段的 ABA 型三嵌段共聚物 PMS-b-PIB-b-PMS。

常温下 PIB 段呈高弹性，PMS 段处于玻璃态微区，后者起物理交联作用。温度升至 PMS 的 T_g 以上，共聚物具有良好的流动性，可以模塑成型。另外，这种三嵌段共聚物没有不饱和双键，耐化学药品和耐候性优于 SBS 和 SIS。

活性/可控自由基聚合速率较慢，通常单体不能完全转化。因此，用其合成嵌段共聚物时，不能简单地使用顺序加料法，而是在每个链段合成之后需要分离去除未反应的单体，再加入新单体和引发剂后重新引发聚合，如此可合成多嵌段共聚物。

例如，在氯化亚铜/四甲基三乙烯四胺的催化下，用 α-氯代乙苯引发苯乙烯聚合，当转化率达到 $70\%\sim80\%$ 后，用乙醇沉淀分离端基氯代的聚苯乙烯，然后以此作为大分子引发剂，嵌段共聚甲基丙烯酸甲酯，可制备结构明确的嵌段共聚物 PS-b-PMMA。

10.6.2 偶联嵌段法

类似于合成接枝共聚物的嫁接支链法，将两种组成结构不同的活性链段键接在一起可简捷高效地合成嵌段共聚物，包括自由基活性链的偶合、预聚物的亲核取代、硫-烯加成和亚铜盐催化的 1,3-偶极加成反应等。

现举一例说明偶联法合成三嵌段共聚物。用 RAFT 聚合可制备巯基封端的聚苯乙烯（PS—SH）或聚甲基丙烯酸甲酯（PMMA—SH），将 α,ω-二氨丙基聚硅氧烷与丙烯酰氯反应可制备丙烯酰胺封端的 PDMS。丙烯酰胺具有很高的迈克尔加成反应活性，巯基是高活性亲核试剂，因此上述两种反应性聚合物极易发生硫-烯加成反应，无需催化剂或紫外光辐照，可快速偶联成为结构明确的三嵌段共聚物 PS-b-PDMS-b-PS 和 PMMA-b-PDMS-b-PMMA。

类似于 SBS 和 SIS，这两种三嵌段共聚物都具有热塑性弹性体的性能，硅橡胶链段呈连续相，PMMA 或 PS 链段的凝聚态呈分散相，形成物理交联点。

10.6.3 特殊引发剂法

用双功能引发剂先后引发两种烯类单体的自由基聚合，合理调配单体和反应条件能使聚合只按偶合终止或歧化终止进行，合成结构明确的嵌段共聚物。例如，在 $60\sim70\,^{\circ}\!\text{C}$ 下用偶氮过氧酸酯（Ⅰ）引发醋酸乙烯酯的溶液聚合，聚合反应按歧化方式终止，每个引发剂分子产生两条链末端含有过氧羧酸酯的 PVAc；聚合结束后除去残余引发剂，引入丙烯腈和少量 N,N-二甲基苯胺，在室温下通过氧化-还原体系引发丙烯腈聚合，聚合反应按偶合方式终止，最后生成 ABA 型三嵌段共聚物 PVAc-b-PAN-b-PVAc。

$$\underset{(\text{I})}{Me_3CO_2C-CH_2CH_2\overset{\overset{\displaystyle Me}{|}}{\underset{\underset{\displaystyle CN}{|}}{C}}-N=N-\overset{\overset{\displaystyle Me}{|}}{\underset{\underset{\displaystyle CN}{|}}{C}}CH_2CH_2\overset{\displaystyle O}{\overset{\|}{C}}O_2CMe_3} \xrightarrow[60\sim70\text{℃}]{x\ \text{VAc}} Me_3C-O-O-\overset{\displaystyle O}{\overset{\|}{C}}-CH_2CH_2\overset{\overset{\displaystyle Me}{|}}{\underset{\underset{\displaystyle CN}{|}}{C}}\sim\ (\text{PVAc})$$

$$\xrightarrow{PhNMe_2}\ (\text{PVAc})\sim\sim\overset{\displaystyle O}{\overset{\|}{C}}-O\cdot\ \underset{(\ PhNMe_2\ +\ Me_3CO^-\ )}{} \xrightarrow{y\ \text{AN}}\ (\text{PVAc})\sim\sim\left[\overset{}{\underset{\underset{\displaystyle CN}{|}}{CH_2CH}}\right]_n\sim\sim(\text{PVAc})$$

如果用甲基丙烯酸甲酯替代丙烯腈，由于体系以歧化终止为主，则最后得到 PVAc-*b*-PMMA 为主要产物、PMMA-*b*-PVAc-*b*-PMMA 为次要产物的共混物。类似地，如果先引发丙烯腈聚合，后通过氧化还原体系引发醋酸乙烯酯聚合，则也可获得 ABA 型嵌段共聚物 PVAc-*b*-PAN-*b*-PVAc。

利用双功能引发剂，可将加成聚合与开环聚合相结合制备结构明确的嵌段共聚物。例如，端羟基的偶氮化合物（Ⅱ）可在室温下引发环酯单体的活性开环聚合，形成中间含有偶氮引发剂的聚酯，加入烯类单体并升温至 60～70℃，引发烯类单体的自由基聚合，可形成各种两嵌段和三嵌段共聚物或混合物。

$$\underset{(\text{Ⅱ})}{HOCH_2CH_2\overset{\overset{\displaystyle Me}{|}}{\underset{\underset{\displaystyle CN}{|}}{C}}-N=N-\overset{\overset{\displaystyle Me}{|}}{\underset{\underset{\displaystyle CN}{|}}{C}}CH_2CH_2CH_2OH} \xrightarrow[\text{[Al]}]{n\ \overset{O}{\bigcirc\!\!=}} (\text{PEs})\sim\sim CH_2\overset{\overset{\displaystyle Me}{|}}{\underset{\underset{\displaystyle CN}{|}}{C}}-N=N-\overset{\overset{\displaystyle Me}{|}}{\underset{\underset{\displaystyle CN}{|}}{C}}CH_2\sim\sim(\text{PEs})$$

$$\xrightarrow{m\ CH_2=CHY}\ (\text{PEs})\sim\sim\left[\overset{}{\underset{\underset{\displaystyle Y}{|}}{CH_2CH}}\right]_x\sim\sim(\text{PEs})\text{或者}(\text{PEs})\sim\sim\left[\overset{}{\underset{\underset{\displaystyle Y}{|}}{CH_2CH}}\right]_x\quad \begin{array}{l}\text{PEs = 聚酯}\\ \text{Y = CN 或 OAc}\end{array}$$

如果第二段引发丙烯腈聚合，只发生偶合终止，得到三嵌段共聚物 PEs-*b*-PAN-*b*-PEs；如果第二段引发醋酸乙烯酯聚合，只发生歧化终止，得到两段共聚物 PEs-*b*-PVAc；如果第二段引发苯乙烯或 MMA 的聚合，同时存在两种链终止方式，最后得到两嵌段和三嵌段共聚物的混合物。

10.7 扩链反应

扩链反应（chain extension reaction）是指以适当方法，将分子量为数千的低聚物或预聚物键接起来，使分子量成倍或成几十倍增长，最终形成高分子量聚合物。分子量为数千的低聚物没有力学强度，不能作为材料使用。如果这种低分子量聚合物带有活性端基，则可以通过适当方法，使两个大分子链端基键接在一起，形成具有力学强度的材料。例如，受体系黏度和官能团亲水性的限制，很难通过缩聚法获得高分子量的非晶态脂肪族聚酯，但可以先合成聚酯二醇，而后加入适量二异氰酸酯，通过聚加成反应获得高分子量聚合物，这一过程是典型的扩链反应，相关反应如下。

$$n\ HO_2C\underset{x}{\overbrace{(\quad\quad)}}CO_2H + (n+1)HO\overset{OH}{\frown}\xrightarrow{\text{缩聚}} HO\sim\sim OCO(CH_2)_xCO_2CH_2\underset{CH_3}{CHOH} + 2n\ H_2O$$

$$HO\sim\sim OCO(CH_2)_xCO_2CH_2\underset{CH_3}{CHOH} + O{=}C{=}NRN{=}N{=}C{=}O \xrightarrow{\text{扩链}} 聚酯$$

  1,2-丙二醇基聚酯不结晶，很难合成高分子量聚酯，用二异氰酸酯扩链很易获得高分子量聚合物，因氨酯基团含量很低，扩链聚合物仍称作聚酯。

  两端基含有反应基团的低聚物称为遥爪聚合物。遥爪聚合物的分子量一般在 $3\sim6\text{kDa}$，常呈液体状，通过扩链反应，可得到高分子量聚合物。带有端羟基的聚丁二烯或聚异戊二烯称作液体橡胶（liquid rubber），常用作火箭推进剂的黏合剂，在浇注成型过程中，通过链端基间的反应，扩链成具有力学强度的高聚物。

  扩链反应的重要特征是使用扩链剂（chain extender），即没有扩链剂参与的缩聚不是扩链反应。例如，分子量较低的涤纶树脂可通过固相缩聚，制备分子量较高的塑料级 PET 树脂，这里的固相缩聚是典型的缩聚反应，不是扩链反应。另外，预聚物侧基之间的反应多形成交联聚合物，没有扩链剂的参与，也不能称作扩链反应。

  遥爪聚合物可通过多种聚合反应合成，包括活性阴离子聚合、准活性阳离子聚合、活性开环聚合、活性/可控自由基聚合、双功能引发剂引发的自由基聚合和缩聚等，现各举例说明。

  ① 活性阴离子聚合。用萘锂作引发剂，可合成双阴离子活性高分子，聚合末期加环氧乙烷或二氧化碳作终止剂，即形成带端羟基或端羧基的遥爪聚合物。

  ② 准活性阳离子聚合。用双枯烯氯作引发剂，在三氯化硼的催化下进行异丁烯的准活性阳离子聚合，最后用氨终止，可合成带端氨基的聚异丁烯预聚物。

  ③ 活性开环聚合。在有机铝配合物的催化下，用丁二醇引发丙交酯的活性开环聚合，调节投料比，可合成定制分子量的聚丙交酯二醇。

  ④ 活性/可控自由基聚合。用双端链转移剂，进行丙烯酸酯的 RAFT 聚合，聚合结束后，经还原可得分子量可控的聚丙烯酸酯二硫醇。

  ⑤ 自由基聚合。用带有羟基或羧基的偶氮类引发剂，引发丙烯腈聚合，经偶合终止，即得带官能团端基的丙烯腈预聚物。

  ⑥ 缩合聚合。二元酸或环酸酐与二元醇缩聚，酸或醇过量，可制得端羟基或端羧基的预聚物。

  具体的扩链反应使用何种扩链剂要依据预聚物的端基官能团而定，对于不同活性端基，相应的扩链剂也不相同。①端羟基常使用二异氰酸酯；②端氨基优先选择二异氰酸酯，也可使用酸酐和二酸；③端巯基（—SH）可选用二异氰酸、双卤代烃或双丙烯酰胺等；④端异氰基酸酯基可选用二胺、二醇或氨基醇等；⑤端羧基可使用环氧、氮丙啶、二氨或二醇；⑥端环氧基可选用酸酐、胺或醇等；⑦端氮丙啶基可选用二酸或活泼双卤代烃等。

10.8 交联反应

  聚合物侧基之间发生化学反应，形成网状或体型聚合物的过程称为化学交联。与此相对应，经过氢键、强极性相互作用或结晶等形成的交联称为物理交联。化学交联聚合物不溶不熔，只能溶胀；物理交联聚合物在特定条件下可以溶解，也可以熔融。

化学交联可以提高聚合物的使用性能，在聚合物改性方面应用非常广泛。例如，橡胶硫化能赋予材料高弹性，塑料交联可提高强度和耐热性，漆膜交联可以固化，皮革交联能增加强度、耐磨性和耐水性等，棉、丝织物交联可以防皱，牙科材料交联可以固化和提高硬度等。

10.8.1 双烯类橡胶的硫化

无论是天然橡胶还是合成橡胶生胶，大分子链间容易相互滑移，导致其硬度和强度都很低，缺乏弹性，难以实际应用。1839 年，Goodyear 发现了加热时硫黄对橡胶的硫化作用。人们把天然橡胶和单质硫共热交联，制得具有应用价值的橡胶制品。硫化（vulcanization）也就成了交联（cross-linking）的同义词。顺丁橡胶、异戊橡胶、氯丁橡胶、丁苯橡胶、丁腈橡胶等二烯类橡胶以及乙丙三元胶主链上都留有双键，经过交联才能发挥其高弹性。

研究发现，自由基引发剂和阻聚剂对硫化并无明显影响，用电子顺磁共振波谱也未检测到自由基，但有机酸或碱以及高介电性的溶剂却可加速硫化。因此，人们认为橡胶的硫化属于离子机理。单质硫以八元环 S_8 存在，在适当条件下 S_8 极化或开环形成硫离子对。硫化反应的第一步是橡胶和极化后的硫或硫离子对反应成锍离子。随后锍离子夺取聚双烯烃中的负氢，形成烯丙基碳阳离子。碳阳离子先与硫反应，而后再与大分子双键加成，发生交联。通过氢转移，继续与大分子反应，再生出大分子碳阳离子。如此反复，形成交联网络结构。

硫黄的硫化速率较慢，需要数小时；硫的利用率较低，仅为 40%～50%。主要原因有：①硫化伴随着 S_8 的开环齐聚反应，生成的多硫分子参与硫化反应，生成含 40～100 个硫原子的长硫链；②形成相邻双交联结构，却只起单交联作用；③形成环硫结构，不起交联作用。

长硫桥　　　　　　邻双硫桥　　　　　　环硫结构

为了提高硫化速度和硫黄的利用率，人们发展了硫化促进剂。硫化促进剂是各种有机硫化物，如二硫化四烷基秋兰姆（Ⅰ）、二烷基二硫代氨基甲酸锌（Ⅱ）、2,2-二硫代双苯并噻唑（Ⅲ）等，以及一些非硫化物，如芳基胍等。

结构 I、II、III

单独使用硫化促进剂，橡胶交联效率提高并不多。为了获得更大的交联效率，还需加入金属氧化物和脂肪酸等活化剂。最常用的活化剂是氧化锌和硬脂酸，脂肪酸与氧化锌作用使其形成盐而溶解。单纯用硫进行硫化时，硫化反应往往需要几个小时；而加入促进剂和活化剂后，硫化只需几分钟即可完成。对交联产物的分析表明，促进剂与活化剂配合使用，能大幅度减少无效反应。在优化体系中，大多数交联键为单硫或二硫键，而邻近或环形硫化物单元很少。

10.8.2 过氧化物自由基交联

聚乙烯、乙丙二元胶、硅橡胶的大分子链中没有双键，不能用硫黄交联，却可与过氧化二异丙苯、过氧化叔丁基等共热发生自由基交联。聚乙烯交联后，可提高强度和耐热性，用于生产地热管；乙丙胶和硅橡胶交联后，才成为有用的弹性体。

过氧化物受热分解成自由基，易于夺取大分子链中的叔氢或仲氢形成大分子自由基，而后大分子自由基之间发生偶合交联。

$$ROOR \xrightarrow{\triangle} 2\,RO\cdot \qquad \sim\!\!CH_2CH_2\!\!\sim + RO\cdot \longrightarrow \sim\!\!CH_2\overset{\cdot}{C}H\!\!\sim + ROH$$

$$2\sim\!\!CH_2\overset{\cdot}{C}H\!\!\sim \longrightarrow \begin{array}{c} \sim\!\!CH_2CH\!\!\sim \\ | \\ \sim\!\!CHCH_2\!\!\sim \end{array}$$

当聚合物含有不饱和双键时，自由基优先夺取烯丙基的氢，形成相对稳定的烯丙基自由基，随后发生自由基偶联形成交联网络。

$$\sim\!\!CH_2CH\!\!=\!\!CHCH_2\!\!\sim \xrightarrow[\triangle]{ROOR} \begin{array}{c} \sim\!\!CH_2CH\!\!=\!\!CHCH\!\!\sim \\ | \\ \sim\!\!CHCH\!\!=\!\!CHCH_2\!\!\sim \end{array}$$

聚二甲基硅氧烷（PDMS）结构比较稳定，虽然也可以用过氧化物来交联，但效率比聚乙烯交联低得多。在 PDMS 侧基引入少量乙烯基可提高交联效率。这种情况下首先进行自由基加成反应形成较为稳定的链自由基，随后发生自由基偶联反应，形成交联网络。

$$\sim\!\!\underset{CH_3}{\overset{}{Si}}\!\!-\!\!O\!\!\sim (PDMS) + RO\cdot \longrightarrow \sim\!\!\underset{CH_3}{\overset{\overset{\textstyle \cdot CH_2OR}{|}}{Si}}\!\!-\!\!O\!\!\sim (PDMS) \longrightarrow 交联PDMS$$

醇酸树脂的"干燥"原理也相似。有氧存在时，经不饱和油脂改性的醇酸树脂可由重金属的有机酸盐（如萘酸钴）来固化或"干燥"。氧先使带双键的聚合物在烯丙位形成氢过氧化物，随后钴使过氧基团还原分解，形成大分子自由基而后交联。

$$\sim\!\!CH_2CH\!\!=\!\!CHCH_2\!\!\sim \xrightarrow{O_2} \sim\!\!CH_2CH\!\!=\!\!CH\overset{\overset{\textstyle OOH}{|}}{CH}\!\!\sim \xrightarrow[-Co(OH)]{Co^{2+}} \sim\!\!CH_2CH\!\!=\!\!CH\overset{\overset{\textstyle O\cdot}{|}}{CH}\!\!\sim \xrightarrow{聚合物}$$

$$\sim\!CH_2CH\!=\!CH\overset{\overset{\displaystyle OH}{|}}{C}H\sim + \sim\!CH_2CH\!=\!CH\overset{\displaystyle \cdot}{C}H\sim \longrightarrow \sim\!CH_2CH\!=\!CHCH\sim$$

10.8.3　光交联与光固化

光具有波粒二象性，一个光子的能量正比于光波频率（$E=h\nu$），反比于波长（$E=hc/\lambda$）。深紫外等短波光能量高于 σ 键能，可切断聚合物的 C—H 键、C—X 键和 C—C 键，形成大分子自由基，甚至发生降解；中紫外光能量适中，可激发某些共轭分子的成键 π 电子至反键轨道，而后发生光致交联反应。

肉桂酸（苯基丙烯酸）是一种含有 10 个 π 电子的共轭分子，最高占有分子轨道（highest occupied molecular orbital，HOMO）和最低空分子轨道（lowest unoccupied molecular orbital，LUMO）的能量差较小，受近紫外光辐照能发生 π-π^* 电子跃迁，形成激发态，发生 2+2 环加成反应。将肉桂酰基引入聚合物中，可合成光敏性（photosensitive）聚合物，受近紫外光辐照发生光交联。例如，肉桂酰基等光敏聚合物常用作光刻胶（photoresist），广泛应用于微电子行业。

第一个肉桂酰基聚合物是聚肉桂酸乙烯酯，它是典型的光敏聚合物，在近紫外光（$\lambda>$ 300nm）的辐照下发生光交联反应。

光敏剂是一些能够吸收光子形成三线态，之后通过碰撞将能量转移给其他分子的化合物。硝基芳胺类和叠氮类光敏剂可提高光交联反应速率。例如，N-甲基-4-硝基苯胺、4-硝基联苯和 N-酰基-4-硝基-1-萘胺可分别将肉桂酸乙烯酯的光交联速率提高 137 倍、200 倍和 1100 倍。

光固化油墨和光固化涂料种类多，应用广泛。这些光固化体系通常由低分子量的成膜预聚物、多官能团的单体及光引发剂等组成。自由基光固化涂料的单体通常由单官能度、二官能度、三官能度的丙烯酸酯，及含有丙烯酸酯基的遥爪聚合物等组成。但这些组分不具有足够的光敏性进行固化交联，需加入光敏剂用以产生自由基。

二元丙烯酸酯是最常用的活性稀释剂，用来降低黏度并参加交联反应。三官能度单体包括季戊四醇三丙烯酸酯和三羟甲基丙烷三丙烯酸酯等。为了提高漆膜的硬度，常使用如下所示的氨酯基丙烯酸酯和环氧基丙烯酸酯进行交联。

常用芳香族羰基化合物作为光引发剂，它们受近紫外光照射快速分解，形成自由基。苯偶姻及其醚类、苯偶酰二烷基缩酮等通过 Norrish Ⅰ 型裂解反应形成自由基。

苯甲酰自由基上的孤电子不能离域到苯环上，因而活性高，能够引发自由基聚合；而苄基醚上的孤电子较为稳定，仅能引发少数单体聚合，更多的时候用来终止聚合。

苯偶酰二烷基缩酮也是高效光引发剂，通过 Norrish Ⅰ 型裂解产生苯甲酰基自由基和二甲缩酮自由基，后者进一步分解形成高活性的甲基自由基，能快速引发聚合。

X 射线、γ 射线、电子束、中子束类似于紫外线，但能量更高，可以打断任何 σ 键，产生自由基或离子。聚合物受到高能辐射将发生交联或降解，降解和交联哪一反应占优势与辐射剂量和聚合物的结构有关。高剂量辐射有利于降解，而低辐射剂量时，哪一反应为主则取决于聚合物结构。①1，1-双取代的烯类单体聚合物，如聚甲基丙烯酸甲酯、聚 α-甲基苯乙烯、聚异丁烯和聚四氟乙烯倾向于解聚成单体；②聚氯乙烯则在分解脱氯化氢的同时在大分子链上产生了烯键，因而容易交联；③聚乙烯、聚丙烯、聚苯乙烯、聚丙烯酸酯等单取代烯类单体聚合物，以及共轭二烯类聚合物，则以交联为主。

高能辐射交联与过氧化物交联的机理相似，都属于自由基反应。高能辐射交联的聚合物往往也能用过氧化物交联。交联老化将使聚合物性能变坏，但有目的的轻度交联却能提高材料强度，并增加热稳定性。然而，辐射交联所能穿透的深度有限，仅限用于薄膜和薄壁管。聚乙烯的辐射交联常用于生产电缆热塑套管。

10.9 聚合物的解聚与降解

聚合物分子链在热、高能辐射、超声波或化学反应等的作用下，分裂成较低聚合度产物的反应过程称为降解（degradation）。聚合物的降解有以下几种基本形式，包括热降解（thermal degradation）、光降解（photo degradation）、氧化降解（oxidative degradation）、水解（hydrolysis）与生物降解（biodegradation）等。

研究聚合物降解有三个目的。①有效利用废旧高分子，如某些废聚合物的高温裂解以回收单体，纤维素和蛋白质的水解以制备葡萄糖和氨基酸；②剖析降解产物，研究聚合物结构，为合成新型高性能聚合物导向，如耐热高分子、易降解塑料等；③探讨降解机理，提出预防降解措施，延长聚合物使用寿命。

影响聚合物降解的因素很多，包括：（a）化学因素，即水、醇、酸和碱等的作用；（b）生物因素，即水和氧会参与其中的酶和微生物作用；（c）物理因素，即热、光、辐射和机械力等；（d）物理化学因素，即热氧化和光氧化作用。

10.9.1 聚合物的热降解

聚合物的热降解是指在隔绝空气和辐射的情况下，单纯由热引起聚合物的某些化学键发生断键或重排。在聚合物加工和使用过程中常涉及热降解，包括聚合物的热稳定性和热稳定剂的选用。

链式聚合物通常为碳链高分子，其热降解反应主要是 C—C、C—H 和 C—X（杂原子）键的断裂。逐步聚合物在分子链上有规律地分布着极性功能团，除通过断链反应以外，也能通过重排反应发生分解，重排反应可在比断链反应更低的温度下进行。

聚合物的热降解主要有解聚、无规断链和侧基脱除三种类型。

（1）解聚反应

解聚（depolymerization）反应起始于聚合物链末端，单体单元逐个脱落生成单体，是聚合反应的逆过程。解聚反应主要发生于 1,1-二取代烯类单体聚合物，包括聚甲基丙烯酸酯、聚 α-甲基苯乙烯、聚异丁烯和聚四氟乙烯等。

1,1-二取代烯类单体的聚合上限温度和聚合热都比较低。当温度高于聚合上限温度时，就会吸收解聚能（等于聚合能）发生解聚，生成单体。例如，高于 270℃，PMMA 大部分解聚成单体。

解聚反应能否顺利进行，除热力学因素外还要满足动力学反应条件。甲基丙烯酸酯（RMA）聚合需要自由基引发剂，聚合物解聚也需要形成链端自由基。RMA 的自由基聚合主要通过歧化终止，生成等比例的饱和链端基聚合物和不饱和链端基聚合物。饱和链端的 α-H 受热易断键形成大分子链端自由基和氢自由基；后者与不饱和链端基发生自由基加成，也形成链端自由基，从而引发解聚反应。

聚 α-甲基苯乙烯的解聚更容易，受热时先从中间无规断链形成两个大分子自由基，然后从链端自由基连锁解聚成单体，单体回收率接近 100%。

C—F 键能很大，四氟乙烯自由基聚合时无歧化终止和链转移反应，形成超高分子量的线形聚四氟乙烯（polytetrafluorethylene，PTFE）。加热至 510℃ 以上，PTFE 无规断链，因无链转移反应，迅速从链端自由基开始"解拉链"式分解成四氟乙烯单体。

表 10-2 给出了典型烯类单体聚合物的降解特性。由表中数据可知，所有 1,1-双取代烯类单体聚合物都容易发生热解聚反应；除聚苯乙烯之外的单取代烯类单体聚合物则很难发生热解聚反应，几乎全部发生无规降解。

通过开环聚合方法合成的脂肪族聚醚和聚酯受热也可能发生解聚，重新形成环状单体。聚三氧六环（聚甲醛）、聚 γ-丁内酯和聚四氢呋喃最具有代表性，受热后按"解拉链"式解聚成环状单体。在有残留催化剂的条件下，聚乳酸受热也发生类似的解聚反应。

表 10-2 典型烯类单体聚合物的降解特性

聚合物	分解温度 /℃	单体产率 /%	活化能 /(kJ/mol)	聚合物	分解温度 /℃	单体产率/%	活化能 /(kJ/mol)
聚 α-甲基苯乙烯	286	100	230	聚三氟氯乙烯	380	25.8	238
PMMA	327	91.4	125	聚氯乙烯	260	0	134
聚异丁烯	348	18.1	202	聚醋酸乙烯酯	269	0	71
聚苯乙烯	364	40.6	230	聚丙烯	387	0.17	243
聚四氟乙烯	509	96.6	333	支化聚乙烯	404	0.03	262

（2）无规断链

对于烯类单体聚合物，一旦分子链产生断链生成自由基，除解聚反应外，还可发生向大分子的夺氢转移反应，特别是聚合物中存在活泼 α-H 时。

链转移反应产生新自由基不再限于分子链末端，分子链主要从弱键处发生断裂，分子链断裂成数条聚合度减小的分子链，导致分子量迅速下降，该过程称为无规断链反应。

链转移反应与解聚反应的相对比例取决于链末端自由基的稳定性以及是否存在容易被夺取的活泼氢。聚 α-甲基苯乙烯和 PMMA 的链内没有活泼 α-H，难以发生链转移反应，因而解聚产物几乎 100% 为单体。

聚丙烯酸甲酯存在较活泼的 α-H，容易发生夺氢转移，因而热降解产物中单体含量不超过 1%，多为低聚物混合物或碳化产物。

聚苯乙烯链端自由基是比较稳定的自由基，但聚苯乙烯含活泼 α-H，因而解聚和链转移相互竞争，导致解聚和无规断链同时发生。聚苯乙烯在 350℃ 热解，产生约 40% 单体，其他为甲苯、乙苯、甲基苯乙烯和 2～4 聚体；在 325℃ 热解，苯乙烯的收率可达 85%，但剩余产物极为复杂。

（3）侧基脱除

聚氯乙烯、聚氟乙烯和聚醋酸乙烯酯等受热时，在温度不高的条件下，主链可暂不断裂，而是首先脱除侧基。聚氯乙烯脱除 HCl，聚醋酸乙烯酯脱除醋酸，主链转化成聚乙炔。

硬聚氯乙烯一般需在 180～200℃ 下成型加工，但在 100～120℃ 就开始脱氯化氢，颜色变黄；200℃ 下脱氯化氢更快，形成共轭结构生色基团，聚合物颜色变深，强度变差。聚氯乙烯受热脱氯化氢属于自由基机理，且从弱的双键开始。首先，聚氯乙烯分子中某些薄弱结构，特别是烯丙基氯，分解产生氯自由基；随后，氯自由基向聚氯乙烯分子链转移，从中夺取氢原子，形成氯化氢和链自由基；最后，聚氯乙烯链自由基脱除氯自由基，在大分子链中形成双键或烯丙基。

$$\sim CH=CHCHCH_2\sim \longrightarrow \sim CH=CH\overset{\cdot}{C}HCH_2\sim + \cdot Cl$$
$$\underset{Cl}{|}$$

$$\cdot Cl + \sim CH_2\overset{|}{C}H-CH_2\overset{|}{C}H\sim \longrightarrow \sim \overset{\cdot}{C}H\overset{|}{C}H-CH_2\overset{|}{C}H\sim + HCl$$
$$\underset{Cl}{|} \quad \underset{Cl}{|} \qquad\qquad \underset{Cl}{|} \quad \underset{Cl}{|}$$

$$\sim \overset{\cdot}{C}H\overset{|}{C}H-CH_2\overset{|}{C}H\sim \longrightarrow \sim CH=CH-CH_2\overset{|}{C}H\sim + \cdot Cl$$
$$\underset{Cl}{|} \quad \underset{Cl}{|} \qquad\qquad\qquad \underset{Cl}{|}$$

双键的形成将使邻近单元活化，其中烯丙基氢更易被新生的氯自由基所夺取，于是按后两步反应反复进行，发生所谓"解拉链"式连锁脱氯化氢反应。

在氯乙烯聚合和后处理过程中，难免在大分子链中留有双键、支链等缺陷。分子链中部的烯丙基氯最不稳定，端基烯丙基氯次之。有研究曾测得聚氯乙烯平均每 1000 个碳原子含有 $0.2\sim1.2$ 个双键，多的可达 15 个，双键旁的氯就是烯丙基氯。双键越多，越不稳定，越容易连锁脱氯化氢。氯化氢一旦形成，对聚氯乙烯继续脱氯化氢有催化作用，可加速降解。

除氯化氢外，氧、铁盐对聚氯乙烯脱氯化氢也有催化作用。热解产生的氯化氢与加工设备反应形成的金属氯化物（如氯化铁）又促进脱氯化氢。因此聚氯乙烯加工时需加入热稳定剂，这是制备硬聚氯乙烯制品获得成功的必要条件。

聚氯乙烯热稳定剂有三个作用。一是中和氯化氢，二是使催化杂质钝化，三是破坏和消除残留引发剂和自由基。根据这些作用要求，需将多种稳定剂复合使用才能显示更好的效果，常用稳定剂包括无机酸铅盐和有机羧酸铅盐、金属皂类、有机锡类、亚磷酸酯和不饱和脂肪酸的环氧化合物等。

氧易使聚氯乙烯的烯丙基氢或叔氢氧化，增加了氯原子的不稳定性。波长小于 300nm 的紫外光能促进叔 H 的脱除，经历氧接触和光照历史的聚氯乙烯更容易热分解。因此，在伴有氧、光的条件下，聚氯乙烯更不稳定，必须同时添加抗氧剂和光稳定剂以提高其稳定性。

10.9.2　聚合物的光降解

聚合物受光照，当吸收的光能大于键能时，便会发生断键反应使聚合物降解，即光降解反应。聚合物的光降解反应必须满足三个前提：①聚合物受到光照；②聚合物能够吸收光子并被激发；③被激发的聚合物发生降解，而不是以其他方式失去能量。

聚合物共价键的解离能为 $160\sim600kJ/mol$，波长为 $300\sim400nm$ 的紫外光的能量为 $400\sim300kJ/mol$，高于弱共价键的解离能。聚合物吸收光能后，可使一些分子片段或基团转变成激发态，然后按以下两种方式进一步变化：一是激发态发射荧光、磷光，或转变为热能后恢复成基态；二是激发态能量高使化学键断裂，聚合物发生降解。

羰基是常见聚合物中最重要的发色团之一，特别是脂肪族羰基吸收光能后被激发，然后发生分解，其断键机理有 Norrish Ⅰ 和 Norrish Ⅱ 型两种。

$$\sim CH_2CH_2-\overset{O}{\overset{||}{C}}-CH_2CH_2\sim \quad \begin{array}{c} \xrightarrow{\text{Norrish I}} \sim CH_2CH_2-\overset{O}{\overset{||}{C}}\cdot + \cdot CH_2CH_2\sim \\ \\ \xrightarrow{\text{Norrish II}} \sim CH_2CH_2-\overset{O}{\overset{||}{C}}-CH_3 + CH_2=CH\sim \end{array}$$

光化学 Norrish Ⅰ反应是简单的断键反应，活化能比较高；光化学 Norrish Ⅱ也称为麦氏（Mclafferty）重排反应，涉及六元环过渡态，活化能相对较低，易于发生。

通常聚合物吸收光能发生断链反应的量子效率都很低，因而像聚碳酸酯、芳香族聚酯、聚甲基丙烯酸甲酯等虽然含有羰基，但都很稳定。

10.9.3 聚合物的力化学降解

聚合物在机械力和超声波的作用下获得能量可能使大分子断链而降解，包括固体聚合物的粉碎、橡胶塑炼、熔融挤出和纺丝液强力搅拌的场景。力化学降解和热降解都是由吸收能量使聚合物主链化学键断裂而引起的降解，本质上相同。

C—C键能约 350kJ/mol，当作用力超过这一数值时，受强剪切力作用聚合物就可能断链。机械力平均分布在每一化学键上且超过键能，并不容易实现，但若集中在某一弱键上，就有可能发生断链，这就是所谓"力化学反应（mechanochemical reaction）"。

超声波降解是特殊的机械力降解。在溶液中，超声能产生周期性的应力和压力形成"空穴"，其大小相当于几个分子。空穴迅速碰撞，释放出相当大的压力和剪切应力，释放出来的能量超过共价键的键能时，就使大分子无规断链。超声降解与输入的能量有关，当溶液彻底脱气时，难以形成空穴的核，也就减弱了降解。

在机械降解过程中，剪切应力将分子链撕裂，产生 2 个链自由基。两个自由基再相遇发生偶合，分子量不变；发生歧化则分子量减半。由于相当数量的自由基发生歧化反应，聚合物的分子量便逐渐减小。

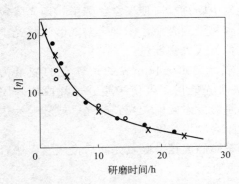

如图 10-1 所示，聚苯乙烯经研磨发生降解，分子量随研磨时间的延长而降低，但降到一定数值时，分子链间不再发生缠结，难以使应力集中在聚合物链的单一化学键上，不再发生断键，分子量达到某一极限值保持不变。例如，聚苯乙烯的极限值为 7kDa，聚氯乙烯为 4kDa，聚甲基丙烯酸甲酯为 9kDa，聚醋酸乙烯酯为 11kDa。聚苯乙烯在 −60～−20℃ 的温度范围内进行机械降解时，特性黏数与时间的关系同落在一条曲线上，表明降解速率几乎不受温度影响，活化能几乎是零。

图 10-1　聚苯乙烯特性黏数与研磨时间的关系
−20℃（×）；−40℃（○）；−60℃（•）

天然橡胶的塑炼（plasticate）是力化学降解的工业应用。天然橡胶分子量高达百万，经塑炼后，可使分子量降低至几十万，便于成型加工。塑炼时往往添加苯肼一类塑解剂

（peptizer）来捕捉自由基，防止重新偶合，以加速降解。

按照力化学原理，共研磨两种聚合物可制备结构复杂的嵌段共聚物。例如，将聚苯乙烯和聚丙烯酸酯共研磨，两种聚合物断键分别产生聚苯乙烯自由基和聚丙烯酸酯自由基，两种不同类型自由基发生偶联将形成两嵌段共聚物，如果长时间研磨，则可能形成多嵌段共聚物。在单体存在时，力化学降解产生的大分子自由基，也能引发单体聚合形成嵌段共聚物。

10.9.4 聚合物的水解与生物降解

（1）聚合物的水解

聚合物能否发生水解取决于聚合物结构和所处环境，包括是否接触水、环境的酸碱度和温度等。碳链聚合物的主链没有易水解基团，不发生水解；杂链聚合物的羰基和杂原子对水分子有亲合力，在合适条件下能发生水解。不同杂链聚合物的水解条件差别很大，有些杂链聚合物在湿热条件下即可水解，如非晶态的脂肪族聚酯；有些杂链聚合物的水解则需要高温碱催化，如聚酰胺和聚酰亚胺；而有些芳杂环高分子即使在高温、高压和浓碱存在下也不发生水解，如聚喹啉。

聚酯、聚酰胺、聚碳酸酯和聚氨酯等主链含有酯基或酰胺基的缩聚物都有水解倾向。酸和碱对酯基和酰胺基的水解有催化作用。酯基和酰胺基的水解反应性取决于羰基的亲电性。酯基的 p-π 共轭效应很小，基本上被 O 的诱导效应所抵消，羰基碳带有较多正电荷，容易受到水分子的亲核进攻，发生水解；N 的电负性明显低于 O，酰胺基的 p-π 共轭效应较大，N 的诱导效应较小，羰基碳带电荷很少，不容易受到亲核进攻，水解反应性锐减；氨酯基团含有酰胺键，其水解反应性明显低于酯键；碳酸酯基团有两个 O 与羰基相连，两个 O 的诱导效应方向相反，相互抵消，但 p-π-p 共轭效应仍然存在，致使羰基碳的正电荷减少，水解反应性降低。以上分析表明，随着共轭效应的增强，聚酯、聚碳酸酯、聚氨酯和聚酰胺的水解反应性逐渐减弱。

除羰基环境外，分子链刚性和结晶性也是影响聚合物水解反应的重要因素。通常芳香族聚酯和聚碳酸酯的水解稳定性极高，在服役条件下，不会发生水解反应。PET 和 PBT 等半芳香聚酯的水解稳定性明显好于脂肪族聚酯，但在湿热条件下仍然会发生水解。

脂肪族聚醚也具有亲水性，但醚键对强碱和弱酸稳定，很难发生水解反应。

许多天然高分子，如纤维素、半纤维素、淀粉和蛋白质等，吸水性大，又含有可水解基团，因而容易在合适的 pH 下发生水解。

（2）聚合物的生物降解

酶和微生物催化的降解反应称为生物降解。生物降解高分子在水存在的环境下，能被酶或细菌、霉菌、藻类等微生物降解，从而使高分子链断裂，分子量逐渐变小，以致最终降解为单体，甚至代谢成二氧化碳和水。

由于酶在水性环境下才能起催化作用，因此耐水性聚合物一般也耐生物降解。通常碳链聚合物都具有耐酶性，而且具有较低的表面能，不易被水润湿和渗透，因而通常具有较高的耐生物降解性。脂肪族聚酯、聚氨基酸、蛋白质、核酸和聚糖等天然高分子因能被自然界存在的酶催化断键，因此都具有高生物降解性。

影响材料生物降解性的因素有环境因素和聚合物结构因素。环境因素是指水、温度、pH 值和氧浓度。水是微生物生存的基本条件，只有在一定湿度下微生物才能侵蚀材料。每一种微生物都有其适合生长的最佳温度。一般来说，真菌宜生长在酸性环境中，而细菌适合生长在碱性条件下。虽然很多环境因素影响材料的降解性，但是材料的结构是决定其是否能生物降解的根本因素。

易生物降解高分子通常为亲水性的直链、非晶态的脂肪族杂链聚合物，如脂肪族聚酯、聚氨基酸等。聚合物链上的羟基、氨基和羧基具有强亲水性和自催化作用，因此容易水解和生物降解。例如，虽然聚乙烯醇（PVA）是碳链聚合物，但在细菌和真菌的作用下，可缓慢降解为 CO_2 和水。

通常认为，在 PVA 氧化酶的催化下，首先 PVA 氧化脱氢为酮基化合物，随后再被 PVA 水解酶催化裂解。

难生物降解高分子则为交联、晶态或芳香族聚合物，具有较高分子量。由于低分子量聚合物的溶解或溶胀性能优于高分子量聚合物，因此对于同种高分子材料，分子量越大，降解速度越慢，在主链或侧链含有疏水长链烷基或芳基的疏水性高分子，生物降解性往往较差。

10.10　聚合物老化与耐候性

高分子材料在加工、贮存和使用过程中，由于内外因素的综合影响，逐步发生物理化学性质变化、物理机械性能变坏，以致最后丧失使用价值，这一过程称为"老化（ageing）"。高分子老化主要包括氧化降解、光氧化降解和水解等。材料应用于室外经受气候的考验，如光照、冷热、风雨、细菌等造成的综合破坏，其耐受能力称为耐候性（weather fastness）。高分子的耐候性受其结构控制。

10.10.1　聚合物的氧化降解

在空气的氧化作用下，聚合物分子链上形成过氧基团或含氧基团，从而引起分子链断裂或交联，导致聚合物力学性能损失和外观发生显著变化，如聚合物变硬、变色、变脆等。热、光、辐射等对氧化反应都有促进作用。聚合物的氧化降解与含有易氧化的弱化学键有关。例如，高密度聚乙烯没有弱键，不易氧化降解；而聚丙烯含有很多弱的叔 C—H 键，容易发生氧化降解。

聚共轭二烯和聚丙烯易氧化，而无支链的线形聚乙烯和聚苯乙烯却比较耐氧化。聚合物的氧化活性与结构密切相关。烯键、烯丙基和叔 C—H 键都是弱键，容易受到氧的进攻。烯键被氧化，多形成过氧化物；C—H 键氧化，则形成氢过氧化物；两者分解，都形成自由基，而后发生一系列连锁反应。

聚合物氧化的关键步骤是氢过氧化物的形成，即 C—H 键转变成 COOH，氧化活性可以通过比较 C—H 和 O—H 的键能差作初步判断。氢过氧化物 ROOH 中 O—H 的键能约为 $377kJ/mol$，低于或近于这一数值的 C—H 键容易被氧化，即 C—H 键能越小，越容易氧化。烯丙基和叔烷基 C—H 的键能分别为 $356kJ/mol$ 和 $368kJ/mol$，小于 $377kJ/mol$，是容易氧化的弱键；而仲和伯 C—H 的键能分别为 $402kJ/mol$ 和 $410kJ/mol$，明显大于 $377kJ/mol$，不易发生氧化反应。

聚合物氧化是连锁自由基反应过程，可大致分为两个阶段。第一阶段相当于"链"引发阶段，聚合物 P—H 与氧反应，直接产生初始自由基 $P\cdot$，或先形成过氧化合物，而后分解成自由基。聚合物中残留的引发剂或包埋自由基对引发反应都有促进作用。第二阶段是"链"增长阶段，自由基一旦形成，就迅速增长、转移，进入连锁氧化过程。下列基元反应和相关的活化能可供参考。

$$引发 \quad PH + O_2 \longrightarrow P\cdot + \cdot OOH$$

$$增长 \quad P\cdot + O_2 \longrightarrow POO\cdot$$

$$POO\cdot + PH \longrightarrow POOH + P\cdot \qquad E = 30\sim45kJ/mol$$

$$转移 \quad POOH \longrightarrow PO\cdot + \cdot OH \qquad E = 150kJ/mol$$

$$POOH + \cdot P \longrightarrow POH + PO\cdot$$

$$PO\cdot + PH \longrightarrow POH + P\cdot$$

$$HO\cdot + PH \longrightarrow H_2O + P\cdot$$

$$终止 \quad 2P\cdot \longrightarrow P—P$$

$$P\cdot + \cdot OP \longrightarrow POP$$

自由基 $P\cdot$ 对氧的加成反应极快，活化能几乎为零；过氧自由基（$POO\cdot$）与聚合链的反应相对较慢，但仍比一般化学反应却要快得多；过氧化氢（$POOH$）可缓慢分解为烷氧自由基（$PO\cdot$）和羟基自由基，随后与聚合物反应，产生新自由基，继续自由基氧化反应。在上述反应过程中，虽然过氧化氢的分解活化能很高，却可被初始自由基诱导分解，或与铁、铜、钛等过渡金属构成氧化-还原体系，加速分解而被氧化。

在上述反应过程中，烷氧自由基也发挥着重要作用，除夺氢形成醇外，烷氧自由基还会发生分解，生成羰基化合物。二级烷氧自由基脱除一个烷基自由基，生成醛，醛很容易被氧化成酸。三级烷氧自由基脱除一个烷基自由基，则生成酮，酮吸收紫外光易分解成酰基自由基和烷基自由基。酰基自由基可夺取聚合物的氢，形成醛和链自由基。

聚合物链常含有叔氢、烯丙基氢和羰基 α-H 等，容易发生氧化降解。聚丙烯、聚丁烯和橡胶等聚合物在热空气中更易发生氧化降解。

根据氧化反应的自由基特征，高分子抗氧化的关键是利用抗氧剂（antioxidant）阻止或抑制初始自由基的产生，并及时消灭已形成的自由基。依据作用机理，抗氧剂大体可分为链终止剂、氢过氧化物分解剂和金属钝化剂三类，三者配合使用，效果良好。

（1）连锁阻断型抗氧剂

过氧自由基可夺取位阻酚或芳香仲胺的氢，生成氢过氧化物和稳定自由基，终止自由基连锁反应，起到抗氧化的作用，类似于阻聚反应。

$$POO\cdot \ + \ AH \longrightarrow POOH \ + \ A\cdot$$

常用的位阻酚抗氧剂包括 4-甲基-2,6-二叔丁基苯酚、2,2'-亚甲基双（4-甲基-6 叔丁基）苯酚和四［β-（3,5-二叔丁基-4-羟基苯基）丙酸］季戊四醇酯。2,6-位的大取代基可提高抗氧化能力，多聚体有利于保持与聚合物的相容性。

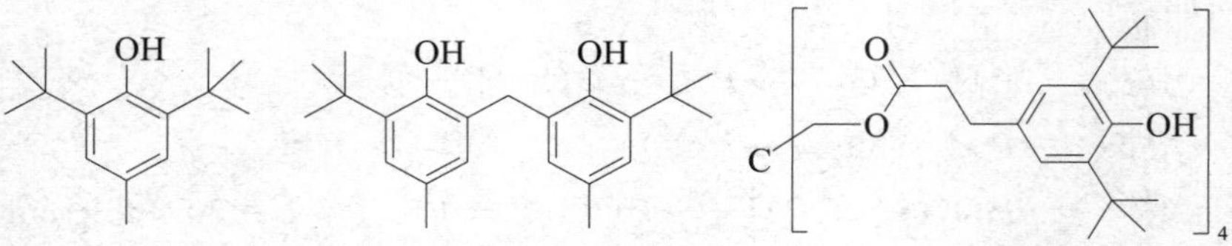

芳香仲胺也是常用的链终止型抗氧剂，包括 N-苯基-2-萘胺、N,N'-二苯基对苯二胺和 N,N'-二（2-萘基）对苯胺等，抗氧化效果良好，但呈淡黄色和低毒性，应用不如位阻酚广泛。

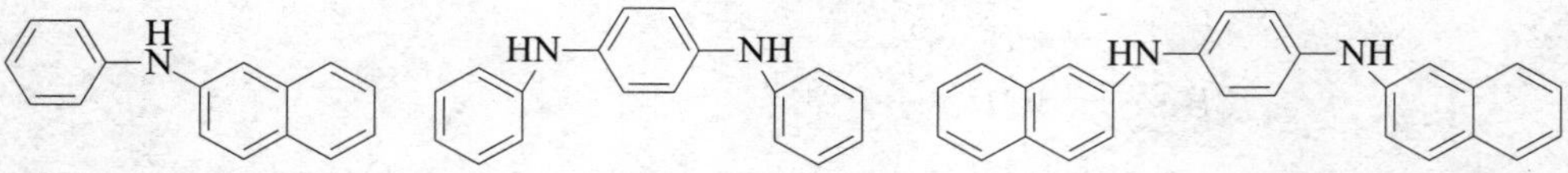

聚合物自由基能发生向芳香仲胺的链转移反应，生成离域的芳胺自由基，这种自由基带有颜色、比较稳定，但仍能与聚合物自由基生发生偶合反应，从而阻断自由基氧化反应。

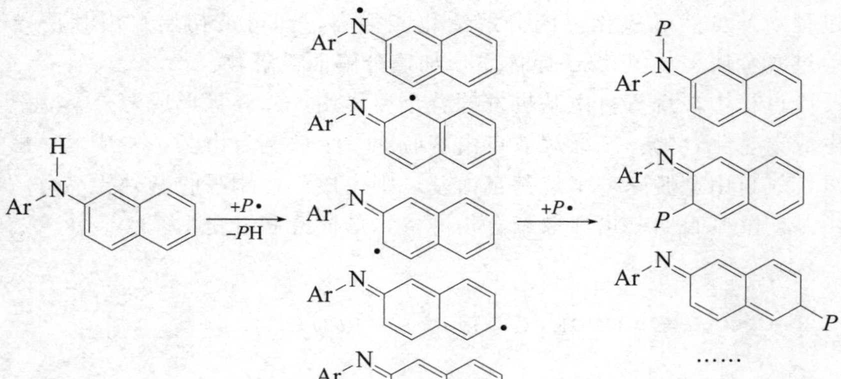

有些芳香仲胺自由基的位阻较大，如萘环上的 1-和 10-位自由基，较难与聚合物叔碳或仲碳自由基发生偶合反应，而以稳定自由基的形式存在于聚合物基体中，因而使用这类抗氧基常使聚合物制品带有颜色。

（2）预防型抗氧剂

硫醚（RSR）、过硫醚（RSSR）、叔胺（R_3N）和亚膦酸酯［$(RO)_3P$］是典型的有机还原剂，能快速还原氢过氧化物和有机过氧化物。聚合物生产过程中可能残留的少许过氧化物、使用过程中产生的氢过氧化物都会与硫醚和叔胺等反应，失去产生自由基的能力，阻断氧化降解反应。

$$\text{ROOH} + \text{RSR} \xrightarrow{\substack{R_3N \\ (RO)_3P}} \text{ROH} + \substack{R_3N=O \\ R(SO)R \\ (RO)_3P=O}$$

（3）金属钝化剂

铁、钴、铜、锰、钛等过渡金属离子对聚合物的氧化降解有催化作用，因此常用酰肼、醛肟和水杨醛亚胺等有机配体与之反应，形成稳定的配合物后，过渡金属即失去催化作用。

上述三种抗氧剂常需要复合使用，各种抗氧剂的结构和配比随聚合物种类和牌号而异。

10.10.2 聚合物的光氧化降解

很多聚合物含有弱化学键，如叔 C—H 和 α-C—H。在空气气氛下，这类聚合物还可能发生光氧化降解。在紫外光的照射下，聚合物的弱键可与氧反应，形成过氧化物，按氧化降解机理发生快速降解。

$$PH + O_2 \xrightarrow{h\nu} POOH \longrightarrow P\cdot + \cdot OOH$$

$$P\cdot + O_2 \longrightarrow POO\cdot \xrightarrow{PH} POOH + P\cdot$$

为了避免聚合物在紫外光照射下的光降解与光氧化降解，通常在聚合物中添加光屏蔽剂（light screener）、紫外光吸收剂（UV absorbent）和紫外光淬灭剂（UV quenching agent）。

（1）光屏蔽剂

光屏蔽剂一般是指能够反射和吸收紫外线的物质。在聚合物材料中加入光屏蔽剂，可使聚合物制品屏蔽紫外光波，减少紫外线的照射作用，从而降低其内部受紫外线危害的程度。通常光屏蔽剂多为一些无机颜料、炭黑、氧化锌、氧化钛和氧化硅等。

（2）紫外光吸收剂

紫外光吸收剂是目前最广泛使用的光稳定剂，它们是一类能够强烈地选择性吸收高能量的紫外线并进行能量转换，以热能形式或无害的低能辐射将能量释放或消耗的物质。紫外光吸收剂主要包括邻羟基二苯甲酮类、水杨酸苯酯类、苯并三唑类、三嗪类和位阻胺类。代表性紫外光吸收剂的结构如下。

2-羟基-4-正辛氧基二苯甲酮和 2-(2′-羟基-3′,5′-二叔丁基)-5-氯化苯并三唑是最常用的 UV 吸收剂，前者能够强烈地吸收波长为 240～340nm 的紫外线，广泛应用于聚乙烯、聚丙烯、聚苯乙烯、ABS 树脂、聚碳酸酯、聚氯乙烯等；后者能强烈吸收波长为 270～380nm 的紫外线，特别适用于聚乙烯和聚丙烯。此外，还可用于聚氯乙烯、聚甲基丙烯酸甲酯、聚甲醛、聚氨酯、不饱和聚酯、ABS 树脂、环氧树脂和改性纤维素等。

邻羟基二苯甲酮类化合物受紫外线照射，羰基 π 电子发生跃迁，形成双自由基，而后形成醌式结构，随后释放能量，恢复为邻羟基二苯酮。

自由基捕获剂（radical scavenger）简称受阻胺类光稳定剂（light stabilizer），此类化合物几乎不吸收紫外线，但通过捕获自由基、分解过氧化物、传递激发态能量等多种途径，赋予聚合物以高度的光稳定性。例如，4-苯甲酰氧基-2,2,6,6-四甲基哌啶几乎没有吸收紫外线的能力，但可有效地捕获高分子材料在紫外线作用下产生的活泼自由基，从而发挥光稳定效用。这种光稳定剂适用于聚丙烯、聚乙烯、聚苯乙烯、聚氨酯、聚酰胺和聚酯等多种塑料，在聚烯烃中效果尤为突出。该种光稳定剂的耐光性为一般紫外线吸收剂的数倍，与抗氧剂和紫外线吸收剂并用，具有优异的协同效应。

（3）紫外光淬灭剂

紫外光淬灭剂也称为能量转移剂，主要是有机镍配合物，它不同于紫外光吸收剂，并不能强烈地吸收紫外线，也不像紫外光吸收剂那样通过分子内的结构变化转移能量，而是通过分子间的能量转移，迅速而有效地将激发态分子"淬灭"，使其回到基态，从而达到保护高分子材料，使其免受紫外线破坏的作用。

处于基态的聚合物 P 经紫外光照射，转变成激发态 P^*。淬灭剂 D 接受 P^* 的能量，转变成激发态 D^*，使 P^* 失去紫外光辐射能回到稳定的基态 P。激发态 D^* 以热或荧光及磷光的形式释放出能量，恢复成原来的基态 D。紫外光淬灭剂与紫外光吸收剂的作用机理相似。

$$P \xrightarrow{h\nu} P^* \xrightarrow{D} P + \boxed{D^*} \longrightarrow D + 热$$

最常用的紫外光淬灭剂是二价镍配合物，包括 2,2'-硫代双（4-叔辛基苯酚）镍、3,5-二叔丁基-4-酚苄膦酸酯镍和二硫代氨基甲酸镍等。代表性紫外光淬灭剂的结构如下。

为了更有效地防止紫外线老化，常将二价镍配合物等紫外光淬灭剂与紫外光吸收剂配合使用，二者起协同作用。

10.10.3　聚合物的老化与防老化

聚合物的老化包括化学老化和物理老化，前者占主导。化学老化是一种不可逆的化学反应，是链结构变化的结果，如塑料脆化、橡胶龟裂、纤维变黄等。化学老化可以分为降解和交联两种类型。降解和交联对聚合物的性能影响很大，降解使分子量降低，材料变软发黏，抗拉强度和模量降低；交联使聚合物变硬变脆，断裂伸长率下降。

聚合物老化现象可归纳为四种情况：①外观的变化，出现污渍、斑点、银纹、裂缝、喷霜、粉化及光泽与颜色改变等；②物理性能的变化，包括溶解性、溶胀性、流变性及耐寒、耐热、透气、透光、透水等性能；③力学性能的变化，如抗拉、抗弯、抗压和抗冲强度及断裂伸长率等；④电性能的变化，如绝缘电阻、介电损耗、击穿电压等。

太阳光是引起聚合物老化的主要因素，对户外使用的聚合物影响较大。太阳光中的紫外线容易被含有醛、酮、羰基的聚合物所吸收，引起光化学反应。太阳光中的红外线为聚合物所吸收，转变为热量；随着温度的升高，聚合物热老化和热氧老化加剧。氧是一种活泼气体，能使许多物质发生氧化。聚合物的化学老化主要是在光、热或其他因素影响下进行的氧化反应。聚合物在加工、贮存和使用过程中，不可避免地要和空气接触，所以氧也是引起聚合物化学老化的重要因素之一。

影响聚合老化的内在因素包括聚合物链结构和聚集状态。通常支链聚合物比直链聚合物更容易老化，因为支化点的键能较低，所以当支链增长、增多时，会降低聚合物的抗老化性能。某些聚合物含有亲水基团，容易吸收水而引起水解。此外，水渗入聚合物内部，会使制品内某些防老剂被水溶解，从而去除了制品内部的保护剂，使制品加速老化。

根据材料老化因素，可采用不同试验方法对聚合物的大气老化、光老化、光氧老化、臭氧老化、热老化、热氧老化、湿热老化和生物老化等类型进行研究。聚合物老化和防老化的研究紧密相联，对于聚合物采取的各种防老化措施，其目的是提升性能和延长使用寿命。聚合物防老化的一般途径包括如下四种。

① 采用合理的聚合工艺路线和纯度合格的单体及辅助原料，或针对性地采用共聚、共混、交联等方法提高聚合物的耐老化性能；

② 采用适宜的加工成型工艺，包括添加各种改善加工性能的助剂和热、氧稳定剂等，防止加工过程中的老化，防止或尽可能减少产生新的老化诱发因素；

③ 根据具体聚合物材料的主要老化机制和制品的使用环境添加各种稳定剂，如热、氧、光稳定剂以及防霉剂等；

④ 采用适当的物理保护措施，如表面涂层等。

在高分子材料的应用过程中，要根据服役场所的特点选择合适结构和性质的聚合物。例如，高原地区的紫外光含量高，户外使用的塑料不能选用耐候很差的聚丙烯；湿热条件下不宜使用易水解的 PET 或 PBT 等聚酯材料；高于 150℃ 的场景应尽量使用耐热性芳杂环聚合物。

10.10.4 聚合物阻燃

燃烧的三要素是可燃物、氧气和温度，三者缺一不可。有机聚合物基本上都是可燃物，但不同类型聚合物的可燃性差异很大。根据极限氧指数（limit oxygen index，LOI）的大小，有机聚合物可分为易燃、可燃、缓慢燃烧、难燃和自熄五个等级。

$$LOI = \frac{V_{O_2}}{V_{O_2} + V_{N_2}}\%$$

LOI 是指在规定的条件下，室温下可燃物在氧氮混合气流中进行有焰燃烧所需的最低氧气浓度，以氧气所占体积百分数的数值来表示。LOI 高表示材料不易燃烧，LOI 低表示材料容易燃烧。

聚合物呈凝聚相，氧是气相，燃烧似乎只能在聚合物表面进行。然而，实际的燃烧过程非常复杂，聚合物受热会发生解聚或降解，产生挥发性低分子可燃物，发生气相燃烧。如果氧气和温度条件得到保证，则会加速聚合物的燃烧。除水和 CO_2 外，聚合物的燃烧产物还包括 CO、卤化氢和 HCN 等有毒气体。

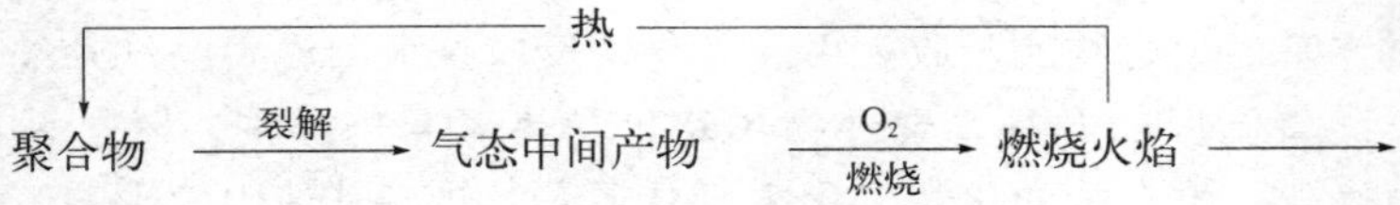

$$\text{聚合物} \xrightarrow{\text{裂解}} \text{气态中间产物} \xrightarrow[\text{燃烧}]{O_2} \text{燃烧火焰} \longrightarrow H_2O, CO_2, CO$$

（上方横跨标注：热）

聚合物的可燃性取决于元素组成和化学结构。脂肪族聚醚、脂肪族聚酯、聚（甲基）丙烯酸酯、聚醋酸乙烯酯、聚烯烃、聚双烯烃和聚苯乙烯是易燃聚合物，LOI 为 15%～18%；聚乙烯醇、聚丙烯腈和含有大量羟基的天然高分子是可燃性聚合物，LOI 为 20%～23%；聚酰胺、有机硅橡胶、氯丁橡胶、半芳香聚酯、聚碳酸酯等芳杂环聚合物为缓慢燃烧或难燃聚合物，LOI 为 23%～29%；聚氯乙烯、聚偏氟乙烯和聚酰亚胺等是自熄性聚合物，LOI 可达 45% 以上。

为了防止火灾和释放有毒气体的伤害，根据应用场景，很多聚合物制品需进行阻燃处理，其中添加阻燃剂（fire retardant）是最有效的方法。常用如下四种方法进行聚合物阻燃。

（1）切断自由基阻燃

含卤阻燃剂的挥发温度和聚合物分解温度相近，聚合物燃烧时阻燃剂受热挥发进入气相燃烧区，捕捉燃烧反应中的自由基，从而阻止火焰的传播，使燃烧区的火焰密度下降，最终使燃烧反应速度下降直至终止。卤素阻燃剂与 Sb_2O_3 配合使用效果最佳，受热时二者反应形成 SbOX 和 SbX$_3$ 等挥发性气体进行气相反应，终止自由基，起到气相阻燃作用。例如，四溴邻苯二甲酸乙二醇酯/Sb$_2$O$_3$ 可用作聚酯材料的阻燃剂，效果良好。

（2）降温阻燃

向聚合物中掺混无机水合物阻燃剂，在达到燃点之前（200～300℃），氧化铝和氧化镁水合物大量分解，产生水蒸气并吸收大量的热，降低可燃物表面温度，能有效抑制可燃性气体的生成，阻止燃烧的蔓延。从而避免材料被小火点燃，水蒸气也有稀释空气降低氧浓度的效果；碳酸钠受热释放出 CO$_2$，也可使反应物与 O$_2$ 隔离。

（3）形成碳膜阻燃

有机磷化合物燃烧形成氧化磷或磷酸，氧化磷或磷酸具有很强的脱水能力，在高温下可与苯环类化合物反应形成致密、难燃的碳膜，阻断可燃物和空气接触，从而起到自熄作用。二价镍等过渡金属盐可催化聚烯烃燃烧中间体沉积成碳膜，也具有类似的阻燃作用。

（4）受热膨胀阻燃

在高温条件下，作为脱水剂的磷酸、三氯氧磷、聚磷酸铵和硼酸等能与季戊四醇和淀粉等多羟基化合物反应形成碳膜，同时三聚氰胺和双氰胺等受热分解生成 N$_2$ 等气体，两者共同作用形成膨胀的不燃发泡层，使燃烧自熄。

上述阻燃方法各有其优点和缺点，如切断自由基阻燃法会释放大量有毒烟气，含磷阻燃剂高温分解时产生熔滴，降温阻燃法使用的无机水合物会劣化聚合物材料的性能等。因此，工业上常常使用复合型阻燃剂，通过不同机理实现高效协同阻燃。

本章纲要

1. 高分子反应　类似于有机小分子，聚合物能发生各种类型的化学反应。高分子反应大体上可分为：①聚合度不变的反应，即聚合度和总体结构不变或者变化较小，只是侧基和端基发生变化，因此称为相似转变或基团化学反应；②聚合度增大的反应，主要包括接枝、嵌段、扩链和交联反应；③聚合度减小的反应，包括解聚、无规降解与侧基脱落等。

2. 大分子基团的基本特征　受物理因素和化学因素的影响，大分子基团的反应活性不同于有机小分子。物理因素涉及凝聚态结构和溶解性能，聚合物链构象、溶解性和温度对高分子反应的影响较大。化学因素主要包括概率效应、邻近基团效应和空间位阻效应等。

3. 聚合物的基团转化反应　聚合物的基团转化反应包括烯键加成、自由基取代、亲核取代、环化、芳环的亲电取代、羰基的亲核加成-消去反应等。

聚共轭二烯的主链含有不饱和双键，可以进行催化加氢、氯化氢加成、卤素加成等反应。自由基取代反应主要包括聚烯烃和聚氯乙烯的氯化和氯磺化。聚醋酸乙烯酯的醇解、聚（甲基）丙烯酸酯和聚丙烯腈的水解是典型的亲核加成-消去反应。聚苯乙烯的苯环可发生氯代、烷基化和酰基化等各种亲电取代反应。橡胶环氧化、聚乙烯醇缩醛化和聚氯乙烯脱氯（Cl$_2$）是环化反应的典型代表；α,ω-双官能团线形高分子前体的偶联反应可用于合成大环聚合物。

4. 纤维素的化学改性　纤维素葡萄糖苷单元中的 3 个羟基可以进行多种取代反应。纤维素高度结晶，反应之前，需用适当浓度的碱液、硫酸、铜氨液等溶胀。改性纤维素包括再生纤维素纤维、纤维素酯、纤维素醚等多种衍生物。

再生纤维素纤维有黏胶纤维和铜氨纤维两种。黏胶纤维主要用CS_2处理，铜氨纤维则用铜氨配合物溶液处理。纤维素酯类主要有硝化纤维素和醋酸纤维素两类。硝化纤维素由硝硫混酸反应而成，按硝化程度有不同品种。醋酸纤维素则由醋酸/醋酸酐先反应成三醋酸纤维素，而后再部分水解成低取代度的品种。纤维素醚类品种更多，如甲基、羧甲基、乙基、羟丙基纤维素等，由氯代烷或环氧烷烃反应而成。

5. 反应性功能高分子　反应性功能高分子由起骨架作用的聚合物与起化学反应的化合物或活性基团构成，主要包括高分子试剂、高分子催化剂和高分子药物。离子交换树脂兼有试剂和催化功能，而固定化酶则类似于高分子催化剂。

6. 接枝共聚　接枝共聚方法包括长出支链、嫁接支链、大单体共聚接枝和链转移接枝等多种方法，接枝活性点的产生涉及自由基、阴阳离子、缩聚和偶联基团的形成，聚合机理包括自由基聚合、离子聚合、开环聚合和缩聚等。

7. 嵌段共聚　基于活性聚合的顺序加料法、偶联嵌段法和特殊引发剂法被广泛用于合成结构明确的嵌段共聚物，常用的聚合反应包括活性阴离子聚合、准活性阳离子聚合、活性/可控自由基聚合、活性开环聚合等。

8. 扩链反应　利用预聚物的端基反应进行扩链，可使分子量成倍增大。扩链反应涉及自由基聚合、离子聚合、聚加成反应和缩聚等。

9. 交联反应　聚共轭二烯橡胶的硫化是最典型的交联（硫化）反应，饱和聚合物多用过氧化物进行自由基交联；辐射可以引起交联和降解，随聚合物种类而异。

10. 解聚与降解　聚合物分子链可在机械力、热、高能辐射、超声波或化学反应等作用下发生降解，包括热降解、光降解、氧化降解、机械力降解、水解和生物降解。

热降解有解聚、无规断链、侧基脱除三种类型。聚甲基丙烯酸甲酯、聚异丁烯、聚四氟乙烯、聚甲醛倾向于解聚，聚硅氧烷有线-环平衡，聚乙烯倾向于无规断链，苯乙烯兼有无规断链和解聚，聚氯乙烯倾向于脱除氯化氢。聚氯乙烯热分解脱除氯化氢是连锁自由基机理，烯丙基氯、双键、支链是聚氯乙烯热降解的弱键。

力化学降解是在机械力、超声波等作用下所产生的降解现象，可用于生橡胶塑炼以降低聚合度，降解过程中可能有不规则嵌段共聚物形成。

聚酯、聚酰胺和聚硅氧烷等杂链聚合物易发生水解、化学降解和生化降解，除积极避免外，应用这一原理，可以设法处理回收废旧缩聚物。

11. 老化与耐候性　高分子老化主要包括氧化降解、光氧化降解和水解等。烯烃的 π 键、烯丙基和叔碳上的 C—H 键是弱键，易被氧化成过氧化物和氢过氧化物，构成自由基连锁氧化过程。有多种类型抗氧剂，如链终止剂（位阻型酚类和芳胺类）作主抗氧剂、氢过氧化物分解剂（硫醇、多硫化物）作副抗氧剂、过渡金属钝化剂（芳胺、酰胺、酰肼类）作助抗氧剂等，配合使用防老化效果良好。

在紫外光的照射下，聚合物的弱键可与氧反应，形成过氧化物，加速老化。为了提高耐候性，通常在聚合物中添加邻羟基二苯甲酮衍生物和位阻胺等紫外光吸收剂，这些分子吸收紫外光后由基态转化为激发态，随后将能量转化为热能或者荧光、磷光等释放出去。

有机聚合物是可燃物，而且多数是分解型气相燃烧。聚合物的可燃性取决于元素组成和化学结构。脂肪族聚醚、聚酯、聚烯烃、聚双烯烃和聚苯乙烯是易燃聚合物，聚乙烯醇、聚丙烯腈和天然高分子是可燃聚合物，脂肪族聚酰胺、半芳香聚酯、聚碳酸酯和含卤橡胶等可缓慢燃烧，聚氯乙烯和聚酰亚胺等是自熄性聚合物。为了防止火灾和释放有毒气体的伤害，根据应用场景，常添加阻燃剂进行阻燃，阻燃机理包括切断自由基阻燃、降温阻燃、形成碳膜阻燃和受热膨胀阻燃等。

习题

参考答案

1. 凝聚态结构对聚合物化学反应影响的核心问题是什么？举一例说明促使反应顺利进行的措施。

2. 概率效应和邻近基团效应对聚合物基团反应有什么影响？各举一例说明。

3. 聚丙烯酰胺在酸性介质中水解反应慢于碱性介质中，但在酸性介质中能完全水解，而在碱性介质中不能水解完全，说明理由。采用何种反应条件或过程才能将聚丙烯腈完全水解成聚丙烯酸钠？

4. 在聚合物基团反应中，各举一例说明基团变换、引入基团、消去基团、环化反应。

5. 从醋酸乙烯酯到维尼纶纤维，需经过哪些反应？写出反应式、要点和关键。

6. 由纤维素合成部分取代的醋酸纤维素、甲基纤维素、羟乙基纤维素、羧甲基纤维素，写出反应式，简述合成原理。

7. 比较黏胶纤维和铜氨纤维的合成原理和过程要点，能否使用新型溶剂替代上述工艺？

8. 试就高分子功能化和功能基团高分子化学，各举一例说明功能高分子的合成方法。

9. 高分子试剂和高分子催化剂有何关系？各举一例。

10. 有几种常见类型的离子交换树脂？简述它们吸附离子的规律，有何重要应用？

11. 什么是钠型和氯型离子交换树脂，用化学方程式表示两种树脂的合成，简述其工作原理和再生方法。

12. 比较长出支链法、嫁接支链法和大单体共聚技术合成接枝共聚物的基本原理。

13. 工业生产常用链转移接枝法，根据链转移原理合成抗冲聚苯乙烯，简述丁二烯橡胶品种和引发剂种类的选用原则，写出相应反应式。

14. 以丁二烯和苯乙烯为原料，比较溶液丁苯橡胶、SBS弹性体、液体橡胶的合成原理。

15. 下列聚合物选用哪一类反应进行交联？（1）天然橡胶；（2）聚二甲基硅氧烷；（3）聚乙烯涂层；（4）乙丙二元胶和三元胶。如何提高橡胶的硫化效率，缩短硫化时间和减少硫化剂用量？

16. 影响聚合物降解的因素有哪些？

17. 热降解有几种类型？简述聚甲基丙烯酸甲酯、聚苯乙烯、聚乙烯、聚氯乙烯热降解的机理特征。

18. 抗氧剂有几种类型？写出位阻酚抗氧剂及芳香仲胺抗氧剂的作用机理。

19. 简述紫外光屏蔽剂、紫外光吸收剂、紫外光淬灭剂对高分子材料光稳定作用的机理。

20. （1）比较聚乙烯、聚丙烯、聚氯乙烯、聚氨酯装饰材料的耐燃性和着火危害性。评价耐热性的指标是什么？（2）物质的气、液、固三种状态对燃烧有何影响？阐述面粉和煤粉在空氧中能发生爆炸的原因。

21. 简述高分子材料阻燃的四个基本策略或方法，比较它们的优缺点和各自的适用场景。

参考文献

主要参考文献

[1] 潘祖仁. 高分子化学[M]. 5版. 北京：化学工业出版社，2011.

[2] 潘才元. 高分子化学[M]. 合肥：中国科学技术大学出版社，2001.

[3] Flory P J. 高分子化学原理[M]. 北京：世界图书出版公司，2003.

[4] Ravve A. 高分子化学原理[M]. 张超灿，陈艳军，刘长生，等译. 北京：化学工业出版社，2007.

[5] 奥迪安. 聚合反应原理[M]. 4版. 北京：机械工业出版社，2013.

[6] Hiemenz P C, Lodge T P. Polymer Chemistry[M]. 2nd ed. New York：CRC Press，2007.

[7] 张兴英，程珏，赵京波，等. 高分子化学[M]. 2版. 北京：化学工业出版社，2012.

[8] 江波，殷勤俭，王亚宁. 高分子化学教程[M]. 5版. 北京：科学出版社，2019.

[9] 唐黎明，庹新林. 高分子化学[M]. 2版. 北京：清华大学出版社，2016.

[10] 卢江，梁晖. 高分子化学[M]. 3版. 北京：化学工业出版社，2021.

[11] 刘向东. 高分子化学[M]. 北京：化学工业出版社，2021.

[12] 林泉，崔占臣. 高分子化学[M]. 北京：高等教育出版社，2015.

[13] 张小舟，王宇威，贾宏葛. 高分子化学[M]. 哈尔滨：哈尔滨工业大学出版社，2015.

[14] 西久保忠臣. 高分子化学[M]. 北京：北京大学出版社，2013.

[15] 姚志光，白剑臣，郭俊峰. 高分子化学[M]. 北京：北京理工大学出版社，2013.

[16] 李青山. 高分子化学教程[M]. 北京：化学工业出版社，2012.

[17] 高春波. 高分子合成工艺[M]. 北京：北京大学出版社，2021.

[18] 柴春鹏，李向梅，李国平. 高分子合成工艺学[M]. 北京：北京理工大学出版社，2022.

[19] 韦军. 高分子合成工艺学[M]. 上海：华东理工大学出版社，2011.

[20] 左晓兵，宁春花，朱亚辉. 聚合物合成工艺学[M]. 北京：化学工业出版社，2014.

[21] 柴春鹏，李国平. 高分子合成材料学[M]. 北京：北京理工大学出版社，2019.

[22] 陈平，廖明义. 高分子合成材料学[M]. 北京：化学工业出版社，2017.

[23] 张宝华，张剑秋. 精细高分子合成与性能[M]. 北京：化学工业出版社，2005.

[24] Cowie J M G, Arrighi V. Polymers：chemistry and physics of modern materials [M]. 3nd ed. 黄鹤注释. 北京：机械工业出版社，2014.

[25] 魏无际，俞强，崔益华. 高分子化学与物理基础[M]. 2版. 北京：化学工业出版社，2011.

[26] 胡国民，周智敏，张凯. 高分子化学与物理教程[M]. 北京：科学出版社，2013.

[27] 梁晖，卢江. 高分子科学基础[M]. 2版. 北京：化学工业出版社，2014.

[28] 韩哲文，张德震，庄启昕，等. 高分子科学教程[M]. 2版. 上海：华东理工大学出版社，2011.

[29] 董炎明，熊晓鹏. 高分子科学简明教程[M]. 3版. 北京：科学出版社，2021.

[30] 贾红兵. 高分子化学导读与题解[M]. 北京：化学工业出版社，2023.

[31] 李凤红，马少君. 高分子化学学习指导与习题解答[M]. 北京：中国石化出版社，2016.

[32] 乌兰，吴尚. 高分子化学学习指南[M]. 北京：科学出版社，2015.

[33] 师奇松，于建香. 高分子化学试题精选与解答[M]. 4版. 北京：化学工业出版社，2009.

[34] 钱保功，王洛礼，王霞瑜. 高分子科学技术发展简史[M]. 北京：科学出版社，1994.

[35] 全国科学技术名词审定委员会. 高分子化学命名原则[M]. 北京：科学出版社，2005.

缩聚参考文献

[1] 张留城，李佐邦. 高分子化学丛书——缩合聚合[M]. 北京：化学工业出版社，1986.

[2] Rogers M E，Long T E. Synthetic methods in step-growth polymers [M]. Hoboken：Wiley，2003.

[3] Kricheldorf H. Polycondensation：History and New Results [M]. Berlin：Springer，2014.

[4] 魏家瑞. 合成树脂及应用丛书——热塑性聚酯树脂及其应用[M]. 北京：化学工业出版社，2012.

[5] 李玲. 合成树脂及应用丛书——不饱和聚酯树脂及其应用[M]. 北京：化学工业出版社，2012.

[6] 朱建民. 合成树脂及应用丛书——聚酰胺树脂及其应用[M]. 北京：化学工业出版社，2012.

[7] 刘益军. 合成树脂及应用丛书——聚氨酯及其应用[M]. 北京：化学工业出版社，2012.

[8] 丁孟贤. 聚酰亚胺——化学、结构与性能的关系及材料[M]. 北京：科学出版社，2006.

[9] 赵彤，周恒. 高性能热固性树脂[M]. 北京：中国铁道出版社，2020.

[10] 吴忠文. 特种工程塑料及其应用[M]. 北京：化学工业出版社，2011.

[11] 蹇锡高，王锦艳，刘程. 高性能高分子材料[M]. 北京：科学出版社，2022.

[12] 葛震，罗运军. 热塑料性聚氨酯弹性体材料[M]. 北京：北京理工大学出版社，2021.

[13] 洪啸吟，冯汉保，申亮. 涂料化学[M]. 北京：科学出版社，2019.

[14] 王凤洁，刘效源. 涂料与胶黏剂[M]. 北京：中国石化出版社，2019.

[15] Kuchanov S，Slot H，Stroeks A. Development of a quantitative theory of polycondensation [J]. Progress in Polymer Science，2004，29：563-633.

自由基聚合参考文献

[1] 潘祖仁，于在璋. 自由基聚合[M]. 北京：化学工业出版社，1983.

[2] 赵亚奇. 高分子自由聚合技术研究[M]. 北京：中央民族大学出版社，2017.

[3] 刘晓暄，廖正福，崔艳艳. 高分子光化学原理与光固化技术[M]. 北京：科学出版社，2019.

[4] Moad G，Solomon D H. The chemistry of radical polymerization [M]. 北京：科学出版社，2007.

[5] Matyjaszewski K，Davis T P. Handbook of Radical Polymerization[M]. Hoboken：Wiley，2002.

[6] Buback M，van Herk A. Radical polymerization（kinetics and mechanism，selected contributions from the conference in Il Ciocco（Italy）September 3-8，2006 [M]. Weinheim：Wiley-VCH，2007.

[7] Madruga E L. From classical to living/controlled statistical free-radical copolymerization [J]. Progress in Polymer Science，2002，27：1879-1924.

[8] Rzaev Z M O. Complex-radical alternating copolymerization [J]. Progress in Polymer Science，2001，25：163-217.

[9] Merna J，Vlcek P，Volkis V，et al. Li$^+$ catalysis and other new methodologies for the radical polymerization of less activated olefins [J]. Chemical Reviews，2016，116：771-785.

[10] Mahdavian A R，Abdollahi M，Mokhtabad L，et al. Kinetic study of radical polymerization. Ⅳ. Determination of reactivity ratio in copolymerization of styrene and itaconic acid by 1H NMR [J]. Journal of Applied Polymer Science，2006，101：2062-2069.

[11] Nazaripour S，Rafizadeh M，Bouhendi H. Percipitation copolymerization of acrylamide and acrylic acid：determination of reactivity ratio by various methods [J]. e-Polymers，2011：n017.

[12] Chapiro A. Influence of solvents on apparent reactivity ratios in the free radical copolymerization of

polar monomers [J]. European Polymer Journal, 1989, 25: 713-717.

[13] 李雨萧，王青月，Lim K H，等. 自由基聚合反应动力学常数测定技术[J]. 化工学报，2023，74：559-570.

[14] 王国建. 高分子合成新技术[M]. 北京：化学工业出版社，2004.

[15] 单国荣，杜淼，尚玥. 本体聚合[M]. 北京：化学工业出版社，2014.

[16] 潘祖仁，翁志学，黄志明. 悬浮聚合[M]. 北京：化学工业出版社，1997.

[17] 张洪涛，黄锦霞. 乳液聚合新技术及应用[M]. 北京：化学工业出版社，2007.

[18] 曹同玉，刘庆普，胡金生. 聚合物乳液合成原理性能及应用[M]. 3 版. 北京：化学工业出版社，2022.

离子聚合参考文献

[1] 张洪敏，侯元雪. 活性聚合[M]. 北京：中国石化出版社，1998.

[2] 王国建. 高分子合成新技术[M]. 2 版. 北京：化学工业出版社，2004.

[3] 薛联宝，金关泰. 阴离子聚合的理论和应用[M]. 北京：中国友谊出版社，1990.

[4] 应圣康，郭少华. 高分子化学丛书——离子聚合[M]. 北京：化学工业出版社，1988.

[5] 武寇英，吴一弦. 控制阳离子聚合及其应用[M]，北京：化学工业出版社，2005.

[6] Hsieh H L, Quirk R P. Anionic polymerization: Principles and practical applications[M]. Boca Raton: CRC Press，1996.

[7] Morton M. Anionic polymerization: Principles and practice [M]. New York: Academic Press，1983.

[8] Nikos H, Akira H. Anionic polymerization: Principles, practice, strength, consequences and applications[M]. Tokyo: Springer, 2015.

[9] Kroschwitz H F, Mark J I. Encyclopedia of polymer science and engineering, Volume 2, Anionic polymerization[M]. New York: Wiley, 1985.

[10] Baskaran D, Axel H. E. Mueller A H E. Anionic vinyl polymerization——50 years after Michael Szwarc [J]. Progress in Polymer Science，2007，32：173-219.

[11] Swarc M, van Beylen M. Ionic polymerization and living polymers[M]. New York: Spring, 1993.

[12] Plesch P H. The chemistry of cationic polymerization. Oxford: Pergamon Press，1963.

[13] Kennedy J P. Cationic polymerization of olefins: A critical inventory[M]. New York: Wiley, 1975.

[14] Kennedy J P. Carbocationic polymerization[M]. New York: Wiley, 1982.

[15] Matyjaszewski K. Cationic polymerizations: Mechanisms, synthesis and applications[M]. New York: Marcel Dekker Inc. ，1996.

[16] Faust R, Shaffer T D. Cationic polymerization: Fundamentals and applications[M]. Washington: American Chemical Society, 1997.

[17] Aoshima S, Kanaoka S. A renaissance in living cationic polymerization [J]. Chemical Review, 2009, 109：5245-5287.

[18] Puskas J E, Kaszas G. Living carbocationic polymerization of resonance-stabilized monomers [J]. Progress Polymer Science, 2000，25：403-452.

[19] Sigwalt P, Moreau M. Carbocationic polymerization: Mechanisms and kinetics of propagation reactions [J]. Progress Polymer Science, 2006，31：44-120.

[20] Goethals E J, Du Prez F. Carbocationic polymerizations [J]. Progress Polymer Science，2007，32：220-246.

[21] 朱李继，李杨，王玉荣，等. 活性阴离子聚合与单体的研究进展[J]. 高分子通报，2009,(8)：14-23.

[22] 韩丙勇，杨万泰，金关泰. 阴（负）离子聚合 20 年[J]. 高分子通报，2008,（7）：29-34.

[23] 郑安呐，管涌，危大福，等. 烯烃阴离子聚合发展 60 年的现状与释疑的努力[J]. 功能高分子学报，2017，30：367-423.

[24] 吕新平，高克克. 活性阴离聚合进展[J]. 石油化工，2004，33：519-521.

[25] 吴迪，魏峰，鄂彦鹏，等. 活性阴离子聚合研究进展[J]. 弹性体，2020，30：63-67.

[26] 吴一弦，黄强，武冠英，等. 可控/活性正离子聚合的研究与发展[J]. 高分子通报，2008,（7）：35-55.

[27] 程广文，范晓东，刘国涛，等. 可控/活性阳离子聚合的研究进展[J]. 化学通报，2009,（3）：229-237.

[28] 马育红，程斌，武冠英，等. 异丁烯正离子聚合的进展与应用[J]，合成橡胶工业，2003，26：53-58.

[29] 李岸龙，梁晖，卢江. α,β-蒎烯的可控阳离子聚合[J]. 石油化工，2004，33：82-86.

配位聚合参考文献

[1] 林尚安，于同隐，杨士林，等. 配位聚合[M]. 上海：上海科学技术出版社，1988.

[2] 焦书科. 烯烃配位聚合理论与实践[M]. 北京：化学工业出版社，2013.

[3] 肖士镜，余赋生. 烯烃配位聚合催化剂及聚烯烃[M]. 北京：北京工业大学出版社，2002.

[4] 黄葆同，沈之荃. 烯烃双烯烃配位聚合进展[M]. 北京：科学出版社，1998.

[5] 张爱民，姜连升，姜森，等. 配位聚合二烯烃橡胶[M]. 北京：中国石化出版社，2017.

[6] 黄葆同，陈伟. 茂金属催化剂及其烯烃聚合物[M]. 北京：化学工业出版社，2000.

[7] B. 里格尔，L. S. 鲍，S. 卡克. 后过渡金属聚合催化[M]. 黄葆同，李悦生，译. 北京：化学工业出版社，2005.

[8] 胡杰，朱博超，义建军. 金属有机烯烃聚合催化剂及其烯烃聚合物[M]. 北京：化学工业出版社，2010.

[9] 库兰. 配位聚合原理：高分子化学中的均相和多相催化反应——烃类、杂环和含有杂原子的不饱和单体的聚合[M]. 北京：化学工业出版社，2022.

[10] 张丹枫. 烯烃聚合[M]. 上海：华东理工大学出版社，2014.

[11] Boor J. Ziegler-Natta catalysts and polymerizations[M]. New York：Academic Press，1979.

[12] Ziegler K W，Chien J C W. Coordination polymerization：a memorial to Karl Ziegler [M]. New York：Academic Press，1975.

[13] Kissin Y V. Alkene polymerization reactions with transition metal catalysts [M]. Amsterdam：Elsevier，2008.

[14] Severn J R，Chadwick J C. Tailor-made polymers：via immobilization of α-olefin polymerization catalysts [M]. Weinheim：Wiley-VCH，2008.

[15] Guan Z B. Metal catalysts in olefin polymerization [M]. Berlin Heidelberg：Springer，2009.

[16] Kaminsky W. Polyolefins：50 years after Ziegler and Natta II：Polyolefins by metallocene and other single-site catalysts [M]. Berlin Heidelberg：Springer，2013.

[17] Angermund K，Fink G，Jensen V R，et al. Toward quantitative prediction of stereospecificity of metallocene-based catalysts for alpha-olefin polymerization [J]. Chemical Reviews，2000，100：1457-1470.

[18] Alt H G，Koppl A. Effect of the nature of metallocene complexes of group IV metals on their performance in catalytic ethylene and propylene polymerization [J]. Chemical Reviews，2000，100：1205-1221.

[19] Resconi L，Cavallo L，Fait A，et al. Selectivity in propene polymerization with metallocene catalysts [J]. Chemical Reviews，2000，100：1253-1345.

开环聚合参考文献

[1] 朱树新. 开环聚合[M]. 北京：化学工业出版社，1987.

[2] 冯圣玉，张洁，李美江，等. 有机硅高分子及其应用[M]. 北京：化学工业出版社，2004.

[3] 周宁琳. 有机硅聚合导论[M]. 北京：科学出版社，2000.

[4] 黄世强，孙争光，李盛彪. 新型有机硅高分子材料[M]. 北京：化学工业出版社，2004.

[5] 朱晓敏，章基凯. 有机硅材料基础[M]. 北京：化学工业出版社，2013.

[6] Dubois P，Coulembier O，Raquez J-M. Handbook of ring-opening polymerization [M]. Weinheim：Wiley-VCH，2009.

[7] Grubbs R H，Wenzel A G，O'Leary D J，et al. Handbook of metathesis[M]. 2nd edition Weinheim：Wiley-VCH，2015.

[8] Penczek S，Kubisa P，Matyjaszewski K. Advances in polymer science. v. 37. Cationic ring-opening polymerization of heterocyclic monomers [M]. Berlin：Springer，1980.

[9] Penczek S，Kubisa P，Matyjaszewski K. Advances in polymer science. v. 68/69，Cationic ring-opening polymerization Part Ⅱ：Synthetic applications [M]. Berlin：Springer，1985.

[10] Ivin K J，SaegusaT. Ring-opening polymerization [M]. London：Elsevier，1984.

[11] Hadjichristidis N，Iatrou H，Pitsikalis M，et al. Synthesis of well-defined polypeptide-based materials *via* the ring-opening polymerization of α-amino acid *N*-carboxyanhydrides [J]. Chemical Reviews，2009，109：5528-5578.

[12] Tardy A，Nicolas J，Gigmes D，et al. Radical ring-opening polymerization：Scope, limitations, and application to(bio)degradable materials [J]，Chemical Reviews. 2017，117：1319-1406.

[13] 张志国，尹红. 环氧乙烷和环氧丙烷开环聚合反应动力学研究[J]. 化学进展，2007，19：575-582.

[14] 袁国俊，洪缪. "非张力环"γ-丁内酯及其衍生物的开环研究进展[J]. 高分子学报，2019，50：327-337.

[15] 王彬，季鹤源，李悦生. Lewis Pairs 催化环酯开环聚合与环酐/环氧化物的开环交替共聚[J]. 高分子学报，2020，51：1104-1120.

[16] 和文婧，陶友华. 有机催化的氨基酸来源单体的开环聚合[J]. 高分子学报，2020，51：1083-1091.

[17] 王丹，张颂培，张晓玲. 丙交酯开环聚合催化体系的研究进展[J]. 应用化学，2010，39：1244-1247，1256.

[18] 杨继发，伍川，董红，等. 环硅氧烷开环聚合研究进展[J]. 高分子通报，2010，(10)：43-49.

[19] 朱秀忠，范晓东，张万斌，等. 阳离子开环聚合中氧杂环类单体的活化及链增长机理研究进展[J]. 高分子通报，2014，(1)：7-13.

[20] 陈争艳，颜红侠，冯书耀，等. 聚膦腈的合成与应用研究进展[J]. 化工新型材料，2014，42：222-225.

[21] 梁文俊，赵培华，母登辉，等. 膦腈类化合物的合成及应用进展[J]. 化工新型材料，2014，42：209-212.

[22] 张东阳，陈殿峰. 乙烯基环丙烷自由基开环聚合研究进展[J]. 功能高分子学报，2023，36(3)：261-273.

高分子反应参考文献

[1] 赵彩霞，张洪文. 聚合物反应原理[M]. 北京：科学出版社，2018.

[2]　陈义铺. 高分子效应[J]. 高分子通报，1989，(1)：24-39.

[3]　王国全. 聚合物改性[M]. 北京：中国轻工业出版社，2016.

[4]　黄军左，葛建芳. 高分子化学改性[M]，北京：中国石化出版社，2009.

[5]　杨明山，郭正虹. 高分子材料改性[M]. 北京：化学工业出版社，2013.

[6]　萧聪明. 可再生高分子[M]. 北京：科学出版社，2023.

[7]　段久芳. 天然高分子材料与改性[M]. 北京：中国林业出版社，2020.

[8]　张俐娜. 天然高分子改性材料及应用[M]. 北京：化学工业出版社，2006.

[9]　廖学品. 天然高分子材料[M]. 成都：四川大学出版社，2022.

[10]　张政朴. 反应性与功能高分子[M]. 北京：化学工业出版社，2005.

[11]　张治红，何领好. 功能高分子材料[M]. 武汉：华中科技大学出版，2022.

[12]　陈学思. 可降解医用高分子材料[M]. 北京：科学出版社，2022.

[13]　丁建东. 生物医用高分子材料[M]. 北京：科学出版社，2022.

[14]　朱锦，刘小青. 生物高分子材料[M]. 北京：科学出版社，2018.

[15]　侯亚合，游长江. 橡胶硫化[M]. 北京：化学工业出版社，2013.

[16]　张士齐. 塑料、橡胶的力化学反应[M]. 青岛：青岛出版社，1991.

[17]　刘晓暄，廖正福，崔艳艳. 高分子光化学原理与光固化技术[M]. 北京：科学出版社，2019.

[18]　钟世云，许乾慰. 王公善. 聚合物降解与稳定化[M]. 北京：化学工业出版社，2002.

[19]　吴永忠，徐丙根. 高分子助剂与催化剂[M]. 北京：中国石化出版社，2019.

[20]　钱立军，邱勇，王佩璋. 高分子材料助剂[M]. 北京：中国轻工业出版社，2020.

[21]　彭治汉. 聚合物阻燃新技术[M]. 北京：化学工业出版社，2015.

[22]　钱立军. 现代阻燃材料与技术[M]. 北京：化学工业出版社，2021.